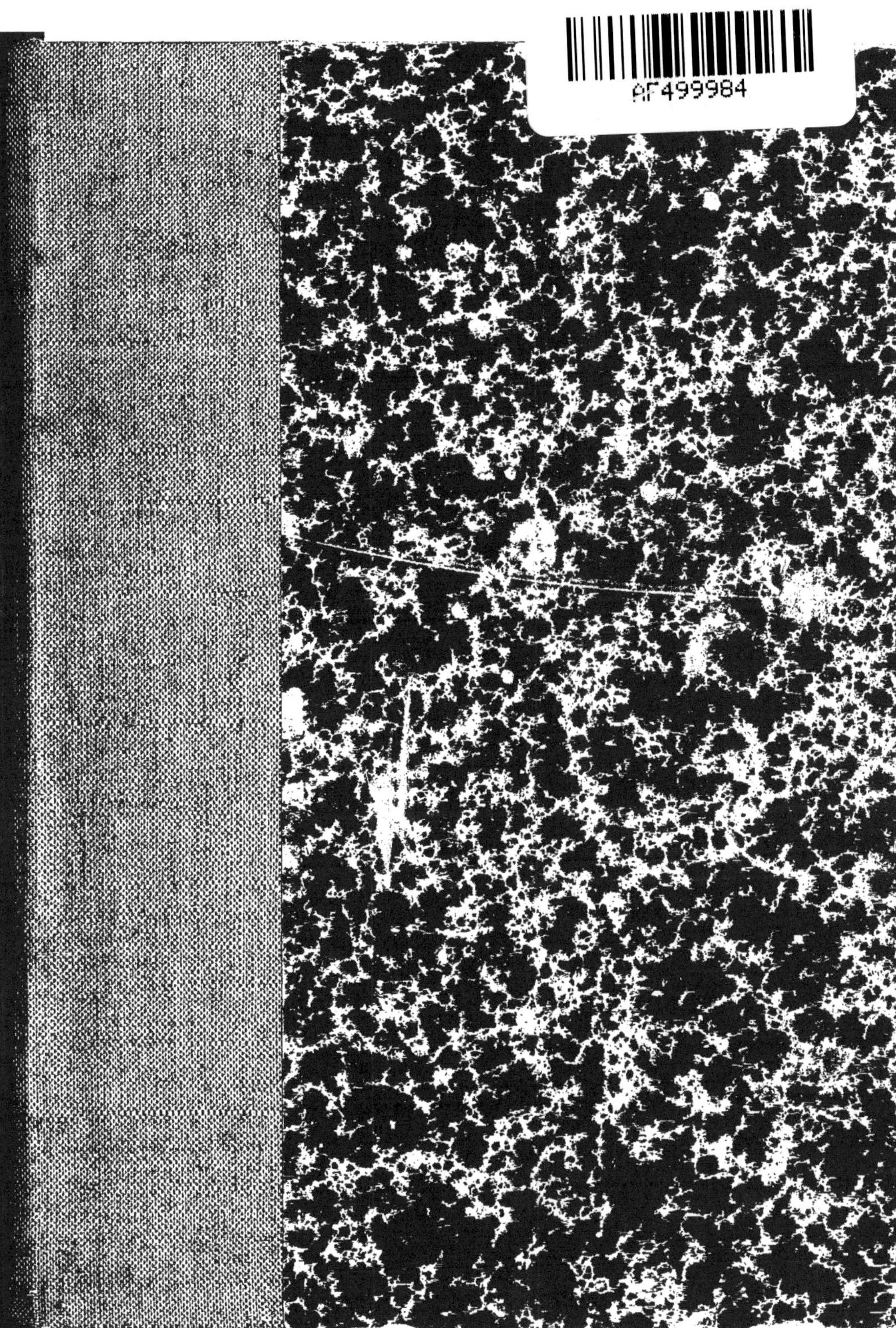
AF499984

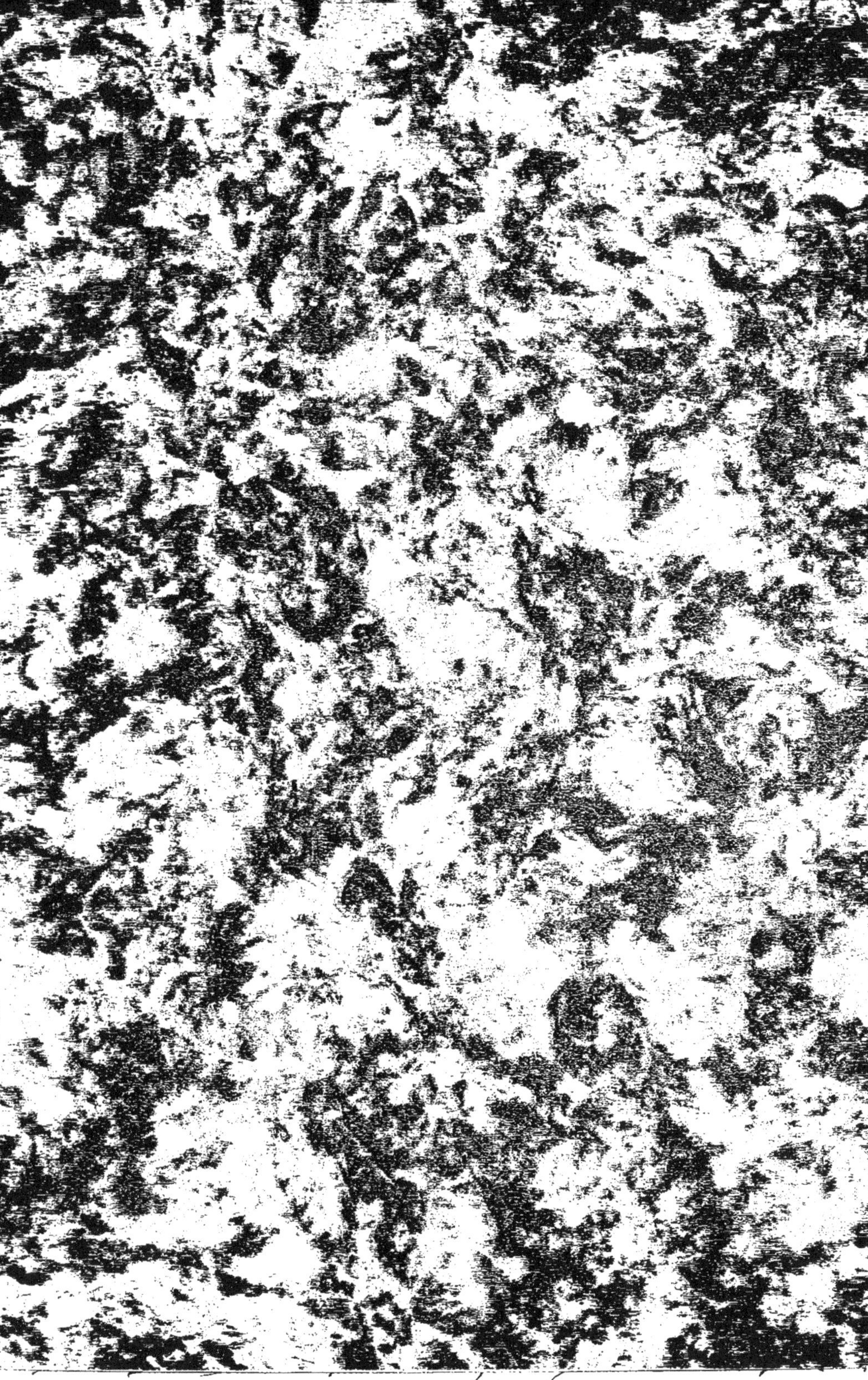

LES ANIMAUX

DANS LA LEGENDE
DANS LA SCIENCE
DANS LE TRAVAIL
DANS L'ART

LEUR EXPLOITATION & LEUR
UTILISATION PAR L'HOMME

MAISON D'EDITION BONG & Cie

LES ANIMAUX

DANS LA LÉGENDE, DANS LA SCIENCE, DANS L'ART DANS LE TRAVAIL

LEUR UTILISATION ET LEUR EXPLOITATION PAR L'HOMME

LES ANIMAUX

DANS LA LÉGENDE, DANS LA SCIENCE, DANS L'ART DANS LE TRAVAIL

LEUR UTILISATION & LEUR EXPLOITATION PAR L'HOMME

OUVRAGE PUBLIÉ AVEC LA COLLABORATION DE MM.

LE LIEUTENANT CHOLLET, 116e RÉGIMENT D'INFANTERIE, ARMAND DAYOT, INSPECTEUR GÉNÉRAL DES BEAUX-ARTS, HENRI NEUVILLE, DU MUSEUM NATIONAL D'HISTOIRE NATURELLE, A. SCHALCK DE LA FAVERIE, BIBLIOTHÉCAIRE A LA BIBLIOTHÈQUE NATIONALE, DOCTEUR BEHRING, PROFESSEUR A L'UNIVERSITÉ DE MARBOURG,

ETC., ETC.

TOME I

PARIS
MAISON D'ÉDITION BONG & Cie

Table des Matières du tome I

Planches hors texte du tome I

Illustrations dans le texte du tome I

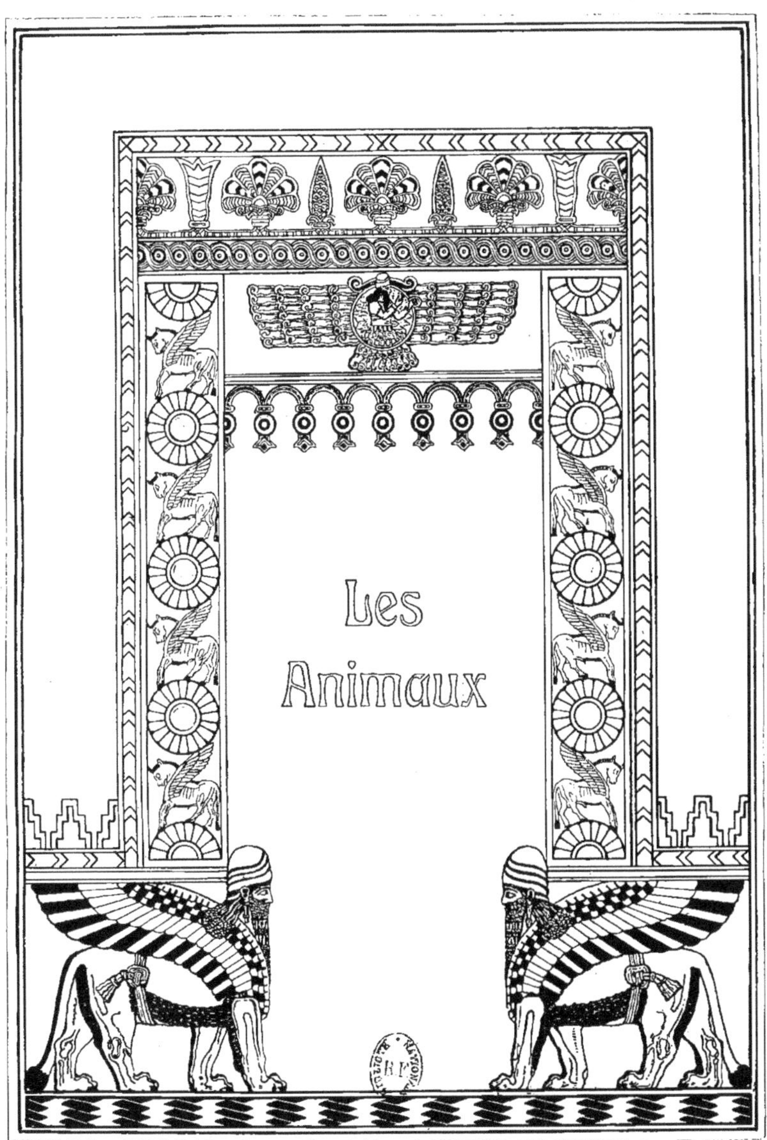

Reproduction d'animaux assyriens sur un bas-relief de Nimroud
D'après Layard: « The monuments of Nineveh ». Londres, 1849

Les animaux dans le culte et dans la légende

par **A. Schalck de la Faverie**

Chercher à déterminer les causes premières et subtiles qui ont entraîné les hommes primitifs à vouer un culte à certains animaux, constitue un des problèmes les plus ardus que la science moderne puisse se proposer de résoudre: ce problème a ses racines dans les plus lointaines mythologies et aboutit aux conclusions les plus avancées de la recherche exacte.

Ses termes extrêmes vont de la légende à la science.

Nous nous arrêterons d'abord à la légende, car avant d'être un penseur pouvant approfondir les causes, l'homme n'était qu'un enfant, capable seulement de constater les effets.

Nous devons donc remonter, en nous inspirant, dans les grandes lignes, de la savante étude de M. J. Hart, aux premières manifestations de l'âme humaine vibrant au contact du monde ambiant. Tout s'y mêle encore confusément et c'est le balbutiement informe d'une religion à créer ou d'une science à formuler . . . plus tard.

Dans toutes les mythologies anciennes, les phénomènes de la nature, les phénomènes surtout qui influent directement sur la destinée de l'homme, sont mis par lui sur le compte d'une intervention supérieure: de là, à diviniser les forces mystérieuses qui composent, forment ou déforment l'univers, il n'y a qu'un pas. Le vent, l'eau, le nuage, la brise légère ou la tempête déchaînée, autant de divinités cachées qui tour à tour sont bienfaisantes ou redoutables aux pauvres mortels. On sait que l'anthropomorphisme des Grecs a prêté un corps humain — ou le corps d'un animal — à ces manifestations palpables des dieux intangibles, et les immortels habitants de l'Olympe, qui voulaient sans doute bénéficier de la majesté d'une essence à la fois présente et invisible, ont été incarnés, par l'imagination ardente d'un peuple de poètes, dans des entités bien vivantes, en chair et en os, mêlés ainsi aux vicissitudes les plus changeantes de l'humanité.

Quand on songe à l'impression profonde produite sur l'homme primitif, par les multiples transformations de la matière dont il ignorait encore les lois physiques et chimiques, on se rendra peut-être plus facilement compte des idées diverses, parfois extravagantes et folles, que lui inspirait la vue du monde animé, répandu autour de lui, en échantillons nombreux et variés.

Les animaux se dressaient devant les hommes: amis à caresser, ennemis à combattre, protecteurs à sauvegarder, forces à utiliser. Et dans leurs formes, dans leurs attitudes, dans leurs coutumes, ils rappelaient parfois une origine commune ou semblaient promettre l'aboutissement vers une espèce plus affinée. L'observateur le moins averti pouvait facilement remarquer que certains animaux ressemblaient à des hommes et que beaucoup d'hommes ressemblaient à des animaux. Il en tirait la conséquence logique, qu'entre humanité et animalité, il devait exister un lien de parenté, mystérieux, sans doute, mais proclamé par mille indices et, ainsi, la théorie moderne de l'évolution des espèces se trouvait déjà en germe dans ces conceptions bizarres que nous voyons au début de presque toutes les civilisations et qui prêtaient aux animaux des qualités et des vertus, des défauts et des pouvoirs généralement dévolus à la seule omnipotence de l'humaine créature.

La déesse Toeris sous la forme d'un hippopotame
D'après une vieille statue égyptienne dont l'original est au British Museum, Londres

Apparemment, l'attention de l'homme a d'abord été attirée par les capacités spéciales de certains animaux. Son attention est bientôt devenue de l'étonnement, son étonnement s'est changé en admiration quand ces capacités, instinctives d'ailleurs, semblaient dépasser celles de l'homme lui-même; et cet étonnement, enfin, est devenu de la frayeur dès que la force de l'animal a constitué un danger pour la faiblesse humaine. Dans la gamme ascendante de ces différents sentiments, se révèle comme l'expression d'une crainte mystérieuse qui est le point de départ de toute manifestation religieuse. Essayer de résister aux attaques des animaux, tenter de repousser la force par la force, ce qui, dans la majorité des cas, ne réussit pas, n'est qu'un acheminement vers la prière, dans sa forme la plus fruste et, comme cette prière ne donne pas non plus le résultat attendu, c'est aboutir à la nécessité de vouer un culte à une puissance mystérieuse; l'idée du sacrifice à faire en l'honneur d'une force inconnue, s'éveille ainsi dans des cerveaux incultes: l'animal apparaît, de la sorte, comme une manifestation du divin.

Mais, indépendamment de tout sentiment de frayeur et de toute crainte de danger, la constatation qu'un animal possède une certaine qualité plus développée chez lui que chez l'homme, suffit à le faire vénérer. Ainsi, quand on eut remarqué que le serpent jouissait du privilège d'une vie très longue, on est allé jusqu'à lui accorder le bénéfice de l'immortalité[1]).

Quand un animal avait le pouvoir de débarrasser l'homme d'un autre animal qui lui était nuisible, on l'entourait de soins et on lui témoignait sa reconnaissance en instituant des sacrifices en son honneur.

Le culte voué à un animal prend une portée plus grande quand, par hasard, cet animal se présente à l'homme pour la première fois lors de la manifestation d'un phénomène de la nature, avec lequel il semble s'identifier.

Les animaux qui, par hasard aussi, se trouvaient dans la chambre où quelqu'un venait de mourir, ou dans le voisinage de son tombeau, étaient considérés comme s'étant emparés de l'âme du défunt.

Un oiseau, par exemple, qui impressionne, par son vol plus ou moins significatif, un homme alourdi de pressentiments et qui interroge l'espace, deviendra un oracle de bon ou de mauvais augure, suivant les cas[2]).

Nous pourrions énumérer une nombreuse nomenclature[3]).

Cette manière d'envisager les animaux, dans le détail de laquelle nous essayerons d'entrer plus loin, et qui constitue la zoologie enfantine des peuples enfants, a bien, pour point de départ, une observation exacte dont les constatations sont immédiatement faussées par les écarts d'une imagination déréglée, soumise à toutes les fluctuations d'une âme ignorante et désemparée. Aussi loin que nous pouvons remonter dans l'histoire de la pensée humaine, nous trouvons des conceptions étranges, au gré desquelles les animaux se meuvent dans un monde fabuleux. Leurs formes et leurs couleurs, leurs dimensions et leurs appétits rappellent peut-être la persistance de faunes gigantesques et disparues, le souvenir, aussi, de luttes effroyables, au cours de périodes géologiques, pendant lesquelles la terre fut en proie à des monstres redoutables. Ces persistances et ces souvenirs, dont l'expression heurte de front nos modernes façons d'expliquer les phénomènes, ont été traduits par des croyances fantastiques, tour à tour effrayantes ou joyeuses, qui, toutes, devaient aboutir à un culte.

En mêlant ainsi l'action directe des animaux aux cataclysmes qui ont bouleversé le monde ou aux transformations qui se sont produites à la longue et dont ils ne pouvaient mesurer la durée, les hommes ont vu dans ces mêmes animaux plus que des êtres possédant avec eux quelque lien de parenté. Ils les ont mis au rang d'ancêtres mystérieux qui, après avoir contribué, avec les forces mêmes de la nature, à la confection de l'Univers, ont collaboré aussi à la formation du genre humain. Les animaux se confondent, de la sorte, avec les dieux et certains dieux ne sont que des animaux. Ils sont autant de créateurs ayant répandu dans le monde les effets de leur puissance, de leur courroux ou de leur bonté. Il en est dont le rôle ressemble à celui du Prométhée de la mythologie grecque et qui ont apporté à l'homme le feu dérobé au ciel; ils sont, en un mot, les premiers dispensateurs des premiers biens de la civilisation à son début. A défaut de documents

[1]) Perty, *Anthropologie*, II, 85.

[2]) J. Weissenborn, *Tierkult in Afrika*. Leiden 1904.

[3]) Angelo de Gubernatis, *Mythologie zoologique ou les Légendes animales.*

Figures de bronze des déesses Buto et Sechmet et du dieu Schu
(environ 575 avant J.-C.)
D'après les originaux du Musée Royal, Berlin

plus explicites, nous pouvons citer, à l'appui de cette affirmation, les monuments des anciens peuples civilisés, dont les ruines informes ou les parties intactes, ou bien reconstituées, nous ont transmis des fragments de sculptures d'une inspiration suggestive et d'une portée instructive. Ce sont les blocs gigantesques sur lesquels la fantaisie puissante d'un artiste, doublé d'un croyant superstitueux, a fait grimacer les lignes les plus fantastiques, les formes les plus étranges, en un ensemble tour à tour imposant ou grotesque où la divinité, l'humanité et l'animalité se mélangent et s'enchevêtrent, sans que l'on sache au juste où commence l'homme, où finit l'animal et où s'affirme le dieu.

Les archéologues qui ont fouillé les régions maintenant dévastées et désertes où, un jour, s'est élevé l'empire babylonien et assyrien, ont fait surgir, de la poussière séculaire où elles étaient enfouies, les ruines de cités fameuses, aux palais gigantesques. On a pu ainsi se faire une idée du palais de Khorsabad. Si les architectes ont admiré la grandeur des proportions et des dimensions, les historiens ont su tirer des sujets sculptés quelques conclusions intéressantes. Le portail, par exemple, est composé de figures colossales de chevaux ailés et de lions, couronnées de majestueuses têtes humaines. Plus loin, dans une pose expressive, d'un sentiment élevé, se dressent des figures humaines à têtes d'oiseau, couronnées de diadèmes resplendissants. Certains artistes babyloniens ont aussi raconté les luttes soutenues contre un lion par Casani, un héros moitié taureau, moitié homme. On nous a parlé de créatures ayant un corps de chèvres, se terminant en queue de poissons ou ressemblant à des scorpions.

C'est surtout l'Egypte qui a accordé aux animaux le bénéfice d'une divinité multiple, répondant à la psychologie un peu naturaliste d'un peuple en si parfaite communion avec certaines manifestations de la nature. Déjà sur les bancs de l'école, nous avons entendu parler de ces animaux-dieux et de ces dieux-animaux, d'Ammon à la tête de bélier, de Sebek taillé en crocodile, de Bastet à la tête de chat, de Ria à la tête d'épervier, de Dechorte à la tête d'ibis et du chacal-Anubis. Les anciens Egyptiens adoraient aussi le bœuf sacré Apis qu'ils considéraient comme l'expression la plus parfaite de la divinité sous la forme animale. Il devait avoir certains signes ou taches: sur le front, une tache blanche en forme de croissant, sur le dos, la figure d'un vautour ou d'un aigle, sous la langue, l'image d'un scarabée. Au bout d'un certain temps, les prêtres le noyaient dans une fontaine consacrée au Soleil, et sa momie était l'objet d'un culte. Chacun connaît aussi cet animal fabuleux, aux proportions gigantesques, à corps de lion et à tête humaine, le Sphinx, qui, comme celui de Gizèh, par exemple, aujourd'hui partiellement enseveli dans les sables, était taillé en plein roc. Pour les Egyptiens, il représentait le Soleil. D'après les Grecs qui le transportèrent dans leur mythologie, il représente, pour nous, le mystère de toutes choses et est comme le symbole des énigmes dans lesquelles l'Univers enveloppe les sources cachées de ses forces.

La légende biblique fait aussi intervenir un animal dans les péripéties de la Genèse. Dès notre plus tendre enfance, nous connaissons tous le rôle joué par le serpent auprès du premier couple humain. Le serpent, personnification de l'esprit du mal, en séduisant la femme, répandit sur la terre la nécessité inéluctable du péché et de la mort.

Si toutes ces incarnations, qui mêlent si étrangement le principe humain avec le principe animal, remontent à la plus lointaine antiquité et appartiennent à des peuples dont la grandeur évanouie ne nous est parvenue que par des fragments incomplets et informes, il en est d'autres, et non des moins bizarres, qui sont encore

La

D'après le tabl

d'or

…é par Baudet

l'apanage de nations contemporaines mais dont les origines se perdent dans la nuit des temps. Cette persistance d'un culte, d'une superstition ou d'une aberration, prouve simplement la durée, quasi fabuleuse aussi, des peuples en question. Je veux parler de la Chine et du Japon qui ont su conserver, en dépit des siècles et des assauts de la civilisation occidentale, leurs dieux et leurs religions où l'on trouve tant de temples dédiés à des animaux dont les formes grimaçantes exagèrent et dénaturent, parfois, les traits les plus caractéristiques des espèces combinées. L'Inde contemporaine a aussi gardé le culte de ses anciennes idoles. L'image religieuse que, de nos jours encore, on y rencontre le plus fréquemment, est celle du dieu Ganeça: avec sa tête d'éléphant et son ventre de sanglier, il est bien le produit le plus extravagant d'une imagination à la fois fantastique et grotesque.

Et, en effet, grotesques et insensées nous semblent les tendances qui ont entraîné des collectivités entières à sacrifier au culte des animaux, à s'incliner devant les représentations grossières de bêtes plus ou moins fantastiques. Plus, elle se développe, plus la civilisation s'éloigne de pareilles pratiques et pour l'Européen moderne, les hommes qui ont adoré des animaux étaient encore bien près de l'animalité. Seule, une âme obscure, esclave elle-même des plus bas instincts, pouvait se livrer à des manifestations aussi barbares et trouver les bases d'une religion, ou du moins son expression la plus compréhensible, dans les représentants les plus terribles ou les plus bizarres du règne animal. En un mot, c'était l'idolâtrie dans sa forme la plus exécrable, dont tout le symbole qui résume et caractérise la puissance et l'amour de l'or, a été condensé dans la «danse du veau d'or» que le sentiment religieux des Juifs et le christianisme naissant ont considérée comme la négation du Dieu véritable. Cette légende symbolise la réaction exercée contre le culte des animaux par des intelligences plus hautes, dont la mission consistait précisément à mener les peuples idolâtres vers des conceptions religieuses d'un caractère moins bestial. Et ce passage d'une fraction d'humanité, haussant son idéal terre à terre jusqu'à la compréhension de dogmes révélés, ne se confond-il pas avec la marche même de la civilisation?

Si nous pouvons nous enorgueillir des conquêtes de cette civilisation dont jouissent la plupart des nations du monde occidental, notre orgueil le plus légitime nous est inspiré par la certitude d'avoir, depuis longtemps, rejeté, comme ridicules et fausses, les pratiques religieuses qui, dans la nuit des temps, s'adressaient au culte des animaux. Ces cultes mêmes ont laissé chez nous des traces si légères, ils ont été si énergiquement combattus par les apôtres militants du christianisme à ses débuts, qu'ils ne constituent plus que des documents archaïques utiles à consulter; ils ne répondent plus qu'à un ordre de choses aboli et quand nous les rencontrons dans des régions lointaines, chez des peuples qui se trouvent encore au premier degré de toute culture, ou chez des peuples qui se sont figés, pendant des siècles, dans l'immutabilité de leurs croyances, nous ne pouvons les comprendre et nous les tournons en ridicule.

Cependant, à y regarder de près, tous les peuples ont dû passer par les mêmes phases, ont connu les mêmes périodes d'obscurité, qu'à dissiper sont intervenus des facteurs plus ou moins puissants. Toute civilisation, si belle soit-elle dans ses manifestations actuelles, a eu un point de départ modeste, désemparé, voué à toutes les incertitudes du climat et du sol et l'on peut dire que les tribus sauvages qui peuplent encore aujourd'hui de vastes étendues, ressemblent, en tous points, dans leurs gestes nécessaires du moins, aux groupements d'hommes primitifs qui, seuls, peuplaient autrefois la terre. Et, puisque nous trouvons chez ces sauvages modernes, nos contemporains, les mêmes pratiques superstitieuses qui s'adressent au culte des animaux, il faut bien admettre que ce culte constitue une des formes les plus anciennes, la forme par excellence, pour ainsi dire, sous laquelle des intelligences frustres, à peine supérieures à l'instinct animal, ont pu concevoir une idée générale du monde et trouver, en des êtres d'une essence multiple et mystérieuse, autant d'intermédiaires entre les hommes et le monde inanimé: entre la créature et son créateur.

Etait-ce folie? Oui et non.

Oui, si nous mettons des créatures incultes au même niveau que des créatures plus développées; si, à de pauvres êtres, balbutiant encore un credo informe et barbare, nous appliquons des formules scientifiques qui ne peuvent être comprises que par des cerveaux d'une maturité plus avancée. Ce n'était pas folie, sans doute, si nous admettons, d'après les observations des explorateurs et des sociologues, que certaines tendances, qualifiées d'aberrations chez ceux-ci, demeurent simplement des moyens d'action nécessaires, chez ceux-là. Considéré à ce double point de vue, le problème devient plus clair et, après avoir été longtemps mis de côté comme s'attaquant à d'absurdes conceptions, il se dresse devant nous comme l'un des plus importants qui puissent jeter quelque lumière sur la pensée vacillante et falote d'une humanité à sa première aurore.

Et, après avoir nié ou raillé, essayons de comprendre.

* * *

Un fait indiscutable, devant lequel il faut s'incliner, nous est acquis: le culte des animaux que nous considérons comme une folie, comme l'expression d'une imagination en délire, est cependant le seul culte qu'aient reconnu les primitifs. Ils s'y sont adonnés avec un entraînement unanime qui répond à une nécessité quasi fatale. Toute la jeune humanité, celle qui le fut comme celle qui l'est encore, a cherché dans les traits d'un animal la signification d'un dieu caché, mêlant, de la sorte, les premières aspirations, confuses et instinctives de la religion et de l'art. Si nous voulons connaître, dans une mesure d'ailleurs bien restreinte, l'âme humaine à ses débuts, il nous faut remonter bien loin, interroger les mystères du culte animal primitif et écouter avec condescendance ce que racontent de pauvres sauvages, dans la nudité de leur pensée et de leur corps. Pour une oreille attentive et une érudition quelque peu préparée, de tels bavardages présenteront un intérêt aussi passionnant que les conclusions transcendentales auxquelles peuvent aboutir les études des savants et des philosophes. Cependant, il est difficile de passer, sans transition, d'un état de civilisation très avancé à un état de civilisation à peine ébauchée. Et quand nous écoutons, sur la foi de ceux qui les ont étudiées sur place, les légendes relatives aux animaux qui constituent autant de dogmes infaillibles pour des intelligences obscures, il nous semble entendre des contes à dormir debout ou des élucubrations qui ne répondent plus à rien de raisonnable.

Mais pourquoi, nous, les aînés, haussons-nous les épaules, là où eux, nos cadets, tremblent et implorent?

C'est demander pourquoi un enfant s'effraye de la vue d'un croque-mitaine, tandis qu'un homme sait que ce même croque-mitaine ne contient que du son, de la vaine poussière. Pourtant, la frayeur de l'un conduit à l'indifférence de l'autre et, si nous nous reportons à l'âge des deux, nous trouverons les deux sentiments parfaitement justifiés. Il en sera sans doute de même, si nous essayons de juxtaposer les plus anciennes théories de la primitive humanité, concernant les animaux, aux théories de la science moderne. Si éloignées, si différentes qu'elles soient entre elles, ces conceptions répondent à des phases d'évolution inévitables et à les comparer ensemble nous conduirait peut-être à une notion plus juste de la période intermédiaire si obscure, pendant laquelle l'homme inculte a commencé à devenir un homme civilisé.

Il est évident, en premier lieu, que le culte des animaux, constituant une religion très ancienne, c'est au nom de la religion, telle que nous la concevons de nos jours, que nous laissons tomber, de haut, notre mépris sur ceux qui adorent des animaux. Mais on adore ce que l'on peut, ce qui vous inspire de la crainte ou de l'admiration, tout ce qui est entouré de mystère et se confond, pour l'ignorant, avec l'idée encore incompréhensible de causalité. Et nous arrivons ici aux côtés les plus subtils et les plus délicats du problème, par lesquels nous voyons qu'au début de toute civilisation, le sentiment religieux se mêle et ne forme, pour ainsi dire, qu'un, avec le sentiment scientifique, tandis qu'à l'apogée de cette même civilisation, la religion et la science tendent de plus en plus à se séparer, à se différencier et à s'opposer l'une à l'autre.

Nous l'avons dit, l'homme primitif, dans sa vie nomade ou dans sa vie sédentaire, a toujours été en communication directe avec la nature. Il a connu, dès qu'il a pu respirer et voir, tous les frissons et toutes les extases que provoque le jeu combiné de la lumière et de l'obscurité, les attraits et les effrois, enfin, du mystère, qui jouent un si grand rôle dans l'histoire des religions. Mais chercher à expliquer ces effrois et ces extases, en approfondir les causes, n'est-ce pas ouvrir le premier chapitre de la science? Et dès le début aussi, à côté de ceux qui se laissaient simplement vivre, emportés qu'ils étaient par la pente fatale de l'évolution racique, se trouvaient ceux qui avaient déjà soulevé un coin de ce mystère et qui, de leur savoir plus ou moins réel, parvenaient à faire un instrument de règne. Le prêtre alors se confond avec le savant; il se dresse devant le profane, devant tous ceux qui ne sont pas encore initiés et leur interdit l'entrée d'un temple où, parfois, les plus mystiques emportements ont été provoqués par des procédés d'une combinaison toute physique. Dans ces sanctuaires, les autels les plus vénérés étaient consacrés à des animaux. L'idée qu'on s'en faisait émanait, certes, d'une âme sans consistance, d'une âme brute et brutale, à la fois grossière et sensible, où la prédominance de l'instinct, au lieu d'empêcher les envolées vers un monde fabuleux, en facilitait les manifestations les plus déréglées. Mais, si c'était là les marques

Le Chaos ou l'origine du monde
avec les constellations du zodiaque
D'après *Le Temple des Muses*, Amsterdam 1733

d'une idolâtrie sévissant dans des sphères de civilisation pauvre et basse, c'était aussi autant de bases sur lesquelles pouvaient se développer des doctrines plus abstraites. En un mot, le monde animal conçu par l'humanité encore bégayante, répond déjà au besoin obscur de savoir, à la nécessité vague mais impérieuse de connaître; l'autel que, dans une religieuse ardeur, on consacrait jadis aux animaux, c'est l'autel que, de nos jours, on élève à la science et où de pieux adeptes viennent chercher la réponse à l'éternel *comment* et à l'éternel *pourquoi*.

Les peuples sauvages qui en sont encore au premier degré de l'évolution, mêlent ainsi, pour quiconque sait les interroger et les comprendre, les pratiques les plus enfantines aux notions les plus délicates se rapportant à la connaissance du monde.

Ainsi, les tribus qui habitent les régions des sources du Schingu [1]), les Bakaïri, par exemple, trouvent, dans leurs rapports avec le monde animal, tout un système leur permettant d'échafauder une conception de l'Univers. Et comme on relève cette tendance chez tous les primitifs, on peut affirmer que la religion primitive, la religion la plus naturelle, où la science naturelle intervient nécessairement, est une zoologie.

L'astronomie, cette science qui a joué un si grand rôle dans l'enfance de l'humanité, a conservé jusqu'à nos jours cette conception naïve qui accorde la première place aux relations qui existent, ou que l'on s'imagine exister, entre l'homme et les animaux. Les constellations qui peuplent le firmament, prennent encore à nos yeux, les formes et les figures d'un grand et d'un petit ours, d'un serpent et d'un dragon, d'un chasseur Orion, etc.... Mais pour les sauvages d'Amérique dont nous parle Ch. von den Steinen, l'éminent américaniste qui a publié les ouvrages les plus documentés sur l'Amérique précolombienne, les étoiles du ciel ont encore d'autres significations. Elles représentent, pour des imaginations ardentes et sans contrôle, les objets les plus variés: «du manioc, des plantations, des animaux.» Dans la constellation que nous appelons le Scorpion, ils s'imaginent voir un filet destiné à porter les enfants et les deux constellations qui, chez nous, répondent aux poissons volants et à Argo, ne sont plus, pour eux, qu'un indigène portant un panier rempli de poissons. Ils s'imaginent aussi distinguer les formes confuses d'un tapir, d'un jaguar et d'un fourmilier, dans la voie lactée, à la place où nous voyons Argo. Leurs façons de concevoir le soleil et la lune sont tout aussi extravagantes.

La danse joue un grand rôle chez tous les sauvages. Elle peut être considérée comme la première manifestation artistique et poétique de la jeune humanité. La danse, en effet, demande un certain sentiment du rhythme et de la mesure; les mouvements du corps y sont accompagnés d'éclats de voix et la cadence des gestes y répond à l'harmonie des mots: c'est de l'agitation, c'est du bruit, c'est tout ce qu'il faut pour attirer, retenir et amuser l'attention d'une intelligence obscure, mais c'est aussi la manifestation primitive qui contient en germe les formes les plus complexes de la vie sociale et religieuse, dans leurs expressions matérielles, pouvant frapper ainsi l'imagination sensible des foules. C'est par la danse que le sauvage extériorise le plus véhémentement les tendances de sa vie intérieure. Et c'est dans sa mimique la plus quintessenciée, résumée en des gestes solennels et

[1]) Ch. von den Steinen: *A travers le Brésil central. Voyage d'exploration du Schingu, en 1884.*

En haut: Zodiaque ancien. En bas: Idoles brisées

D'après J.-J. Scheuchzer: *Physica sacra*, 1732

Explication du zodiaque: I Capricorne II Verseau III Poissons IV Taureau V Bélier VI Gémeaux VII Cancer VIII Lion IX Vierge X Balance XI Scorpion XII Sagittaire

expressifs, d'une éloquence mystérieuse, que ce même sauvage trouve la première mise en scène du service divin, qui, petit à petit, allant du respect superstitieux à l'intérêt simplement amusé ou utilitaire, aboutit à toutes les formes du théâtre, de l'art dramatique et des cérémonies en général. Mais on peut dire que, pour toutes ces manifestations, l'homme primitif s'est d'abord inspiré des animaux.

Parmi les danses, les pantomimes d'animaux tiennent, en effet, le premier rang. Elles se ressemblent, d'une façon extraordinaire, chez toutes les tribus américaines. Ce sont toujours des rondes accompagnées d'un chant saccadé s'harmonisant avec le piétinement sur place. Dans les chants, d'un refrain assez monotone, on glorifie les prouesses guerrières et cynégétiques des ancêtres, on fait l'énumération de certains animaux dont on célèbre les qualités et les vertus. Mais, avant tout, les danseurs se déguisent en animaux; «ils s'affublent des parures naturelles des bêtes, peaux ou plumes, imitent leur voix et leurs mouvements et se plaisent à prendre toutes sortes de travestissements caractéristiques qui donnent plus d'animation au jeu.» Pour ce genre de danse, les Bakaïri, par exemple, comme toutes les tribus voisines, s'enveloppent, tantôt à moitié, tantôt entièrement, d'un pagne ou d'un manteau. Pour confectionner un large pagne de cette espèce, on enfile[1]) des tiges d'herbes sèches, longues d'environ un mètre; le tout est enroulé plusieurs fois autour du cou, de façon à retomber sur les épaules ou le long des hanches, jusqu'à la cheville. Mais dans cet accoutrement, ce qui est surtout remarquable, c'est la manière dont les sauvages s'arrangent la tête. Ils se couvrent le chef de masques représentant des têtes d'animaux. Parfois, ils se coiffent d'un bonnet de paille, auquel sont fixés de longs filaments garnis d'attributs d'animaux. La figure est dissimulée sous des filets de pêche ou des treillis de paille, de forme ovale. A certains endroits, le visage est enduit de cire. Ou bien, ces masques se composent de petits cercles de forme ovale, sur lesquels on a tendu du filet de coton peint, rassemblé, par places, par des fragments de cire. Les yeux sont figurés par des touffes de coton, des haricots ou de la nacre. Les masques confectionnés avec du bois, semblent les plus artistiques, d'après ces conceptions primitives, du moins. Ils ont souvent un front très saillant et un nez de forme humaine. Sur les parties planes, développées, se déroulent parfois des dessins d'après nature, représentant un animal, ou ses simples contours, ou seulement certaines parties de son corps, comme des ailes ou des nageoires.

Souvent aussi, les sauvages, poussés par le sentiment instinctif qui les rapproche des animaux, mélangent, de façon bizarre, ce qui appartient à l'homme et ce qui appartient à l'animal. Il y a des masques qui sont ornés de fragments de figure humaine et, si tout l'ensemble est d'une bête plus ou moins grossière, là où nous cherchons des narines et un bec, nous trouvons un nez et une bouche. C'est certainement la marque d'une imagination en contact direct et permanent avec toutes les manifestations de la nature. Une simple indication suffit à ces enfants que nous croyons naïfs, mais, pour lesquels un cri entendu au fond des bois, une ligne perçue dans le ciel, un cercle relevé sur la montagne, suffisent pour en faire

[1]) Ch. von den Steinen, *op. cit.*

La danse des bisons chez les Indiens de l'Amérique du Nord

D'après G. Catlin: *Illustrations of the manners, customs and conditions of the North American Indians*

autant d'applications sommaires, il est vrai, qui répondent, pourtant à leur manière de comprendre l'art décoratif. Des lignes disposées d'une certaine façon, qui ne réveillent plus chez nous que des idées de géométrie et de mathématique, constituent, chez eux, autant de symboles artistiques, destinés à représenter un être vivant ou un objet matériel.

Ainsi, l'on trouve souvent, chez les Bakaïri, comme un ornement très répandu, un modèle de losanges, dont les angles sont garnis de petits triangles. Il est évident qu'à première vue, un pareil dessin ne réveille dans notre pensée que la reproduction d'une figure géométrique, répondant à un motif d'ornement d'ailleurs assez banal. Mais, en réalité, une pareille composition où nous ne voyons qu'un assemblage de lignes plus ou moins symétriques, représente, pour les habitants de l'Amérique centrale, des objets plus compliqués: ce sont, la plupart du temps, des poissons, dont le modèle est un poisson de lagune, petit et plat, que les Bakaïri appellent mereschu; le losange correspond au corps du poisson, et les quatre angles figurent la tête, la queue, le dos et la nageoire postérieure. Si ces figures sont encadrées de lignes, cela signifie que les poissons ont été capturés dans un filet. Tous les animaux, les serpents, les oiseaux, les chauves-souris, les abeilles, les sauterelles, peuvent ainsi être représentés par des figures géométriques très simples.

Hamschuin, masque pour la danse des animaux chez les Indiens de Fort-Rupert

La figure taillée dans le bois, est peinte en noir, rouge et blanc et garnie de lames de cuivre et de paillettes. La couronne rayonnante est composée de tiges de baleine. La mâchoire inférieure du masque est mobile et munie d'une barbe faite avec des touffes de cheveux humains. Sur le nez s'adapte une espèce de frein dont les ailes peuvent être mises en mouvement au moyen de ficelles qui se trouvent à l'intérieur du masque. Le frein lui-même est mobile et confectionné avec du bois ainsi que les ailes. Le masque est retenu à la tête par un système de lanières en bois. A côté des yeux rapportés se trouve une ouverture qui permet de voir

D'après l'original qui se trouve au Musée royal d'ethnographie, Berlin

A côté du primitif artiste qui arrive à dessiner les objets par des lignes droites, symétriquement disposées, il y a aussi celui qui s'adonne à ce que j'appellerai l'art plastique et qui cherche à imiter l'ensemble des formes corporelles. Toute matière compacte ou molle, du bois ou un morceau d'étoffe, peut lui servir pour représenter le corps des animaux. Les petites filles savent bien confectionner des poupées avec des chiffons. Lui, donne à des poteries, à des tasses,

Idole brahmane

Figure en bois peint de Garoudha, sous les traits de Rakschasa, provenant d'un temple de l'île de Bali
(Tiré des « Antiquités de l'archipel hindou » par A.-B. Meyer Leipzig, 1884)

La figure représente Garoudha, l'aigle du plus grand dieu des Brahmanes, Vichnou, sous des traits humains, portant vraisemblablement sur ses épaules Vichnou, dont les jambes seules ont été conservées. Le culte hindou de Bali date principalement de l'époque de l'expédition de Madjapahit dans l'Est de Java (environ 1400 après J.-C.), lorsque le brahmanisme reculant devant l'islamisme se retira dans l'île de Bali, où il fleurit encore actuellement. La figure fut enlevée pendant la guerre de 1849, à Bali, et se trouve au musée royal d'ethnographie de Dresde (Saxe)

Masque pour la danse des animaux d'un cannibale

Tête de héron ou de grue sculptée dans le bois; peinte en noir, rouge, vert et blanc. La houppe brune et la collerette sont confectionnées avec de l'écorce de cèdre; par dessus, un toupet de plumes noires assujéties à des baguettes de baleine. La mâchoire inférieure est mobile et, au moyen d'une ficelle, peut être mise en communication avec la mâchoire supérieure. Quatre petites têtes de mort, en bois sculpté, indiquent que le porteur du masque a déjà mangé quatre êtres humains

D'après l'original qui se trouve au Musée royal d'ethnographie, à Berlin

à des ustensiles et des outils de toutes sortes, des formes d'animaux plus ou moins distinctes. Il s'inspire de toute la faune qui l'entoure et, dans des objets usuels, d'une facture plus ou moins grossière, l'œil exercé peut reconnaître des mammifères et des oiseaux, des reptiles et des batraciens, des insectes, etc.

Les récits relatifs aux animaux et la manière de les représenter, peuvent varier, chez les différentes tribus sauvages, dans leurs expressions extérieures. Les idoles que l'on adore ne sont pas les mêmes partout; elles changent naturellement de formes, de dispositions et d'attributs. Mais, au fond, l'idée primordiale à laquelle obéit le Bakaïra, que nous prenons comme prototype, est la même pour tous les peuples commençants. A travers la grande diversité des récits cosmogoniques et mythologiques, des figures astrales, des danses et des masques, perce une inspiration identique qui est la même pour toute l'humanité.

Il est évident que certaines particularités du culte primitif des animaux ont la même origine partout qu'il est à peine besoin d'expliquer. La chasse et la pêche ayant été, même chez des peuples agriculteurs, les occupations premières et nécessaires de l'homme en quête de nourriture ou en quête de distraction, les animaux que l'on chassait ou pêchait, fournissaient ainsi la matière indispensable à la confection des armes et des ustensiles. On en mangeait les parties les plus succulentes, réservant les parties résistantes, comme les os et les arêtes, pour des usages moins pacifiques. C'était le mauvais côté du culte: après avoir adoré, on dévorait. Et les animaux morts servaient encore à tuer les animaux vivants. La sensibilité des primitifs n'allait pas jusqu'à relever une pareille anomalie. Ils y trouvaient ample satisfaction utilitaire ou agréable, la première impulsion poétique et artistique, et on ne serait pas loin de la vérité en affirmant que la première chanson célébra un exploit de chasse ou de pêche.

Une belle proie ramenée à la maison par le chasseur qui a couru maint danger, qui a employé tour à tour la ruse et la violence pour s'emparer d'un gibier rebelle, quel prétexte naturel à festins et à réjouissances! On réunit ses amis pour partager avec eux les bons morceaux, pour refaire aussi devant eux le récit des péripéties par lesquelles on a passé. On revit, en imagination, les heures d'angoisse et les moments de joie, quand, après avoir lutté, on finit par triompher. Les animaux que l'on a poursuivis et forcés, qui vous ont entraînés à travers champs et bois, en des courses ou des chevauchées pleines d'imprévu, sont évoqués à nouveau; le conteur trouve les mots nécessaires pour décrire leurs traits, leurs allures, leurs ruses, leurs attaques et leurs défenses; il devient expansif et glorieux, pour étaler aux yeux d'autrui la gloire de son expédition. Et voilà le premier historien et le premier poète. Il est certain que, pour donner plus de vraisemblance à un récit inspiré par des prouesses faites à l'occasion de la chasse ou de la capture des animaux, on a recours à des pantomimes relatives à des animaux et à des déguisements où les dépouilles de bêtes jouent un grand rôle.

* * *

Maintenant, si nous nous demandons quelle conception du monde avaient et ont encore les primitifs, nous voyons que le culte et la religion des animaux y occupent aussi une place considérable. Cette conception a eu longtemps et a encore pour base caractéristique la théorie de l'animisme, qui considère l'âme comme le principe de toutes choses, système, en résumé, dans lequel l'âme est la cause première des faits vitaux, aussi bien que des faits intellectuels.

«Grâce aux phénomènes biologiques, notamment au sommeil et à la mort, l'homme a découvert en soi un autre être, distinct du corps: l'âme. Cette âme, il ne peut se l'imaginer que matériellement, mais d'une matérialité, certes, plus fine que celle du corps. Elle a son siège dans le pouls, dans le cœur, dans le sang, dans la respiration. Parfois aussi, l'homme s'imagine posséder plusieurs âmes. Cette âme, enfin, peut quitter ce corps, y revenir, errer librement, se glisser dans un autre corps. Ayant une âme, l'homme croit parfois que d'autres êtres, des animaux, des plantes, des phénomènes de la nature, voire même des choses, en ont une aussi» [1]).

Mais si l'on pousse cette croyance jusqu'à l'extrême, on arrive à des conséquences extrêmes où se mêlent la fantaisie, la beauté, la terreur et l'épouvante. Laissant de côté la signification idéale de cette croyance, une intelligence obscure n'en extraira que la signification enfantine, fantaisiste, et la source féconde qui contient le germe de tout progrès et de toute civilisation, aboutira aux folies des superstitions tour à tour joyeuses ou terrifiantes. L'imagination heureuse des Grecs, par exemple, enfantera le monde bigarré de l'Olympe, en si fréquents rapports avec le monde terrestre. Une imagination plus sombre, influencée par les manifestations du climat et du sol, ou soumise à l'empire de ses propres fantômes, peuplera le monde de fantômes nocturnes, de spectres monstrueux, de vampires et

---

[1]) Chantepie de la Saussaye, *Histoire des religions.*

de loups-garous, — de toute une ménagerie extravagante où l'âme humaine s'incarne dans des formes animales bizarres ou menaçantes.

Cependant, je ne crois pas qu'il faille attacher au sentiment de divinisation que les primitifs professent à l'égard de certains animaux, la même portée, allant jusqu'au sens absolu du divin, tel que le proclament les hommes civilisés à l'égard de Dieu. La crainte et le respect y sont mitigés par la possibilité de pouvoir lutter, parfois avec avantage, contre des forces qui ne sont pas invincibles, par la certitude aussi qu'il est des animaux dont l'homme peut tirer secours et profit. Il en est parmi eux qui prennent des allures familières, des aspects humoristiques, pouvant les faire passer pour des êtres bienfaisants, mêlés sans danger, à notre vie journalière. Certes, la majorité des animaux inspirent l'épouvante et la terreur, mais le mal qu'ils

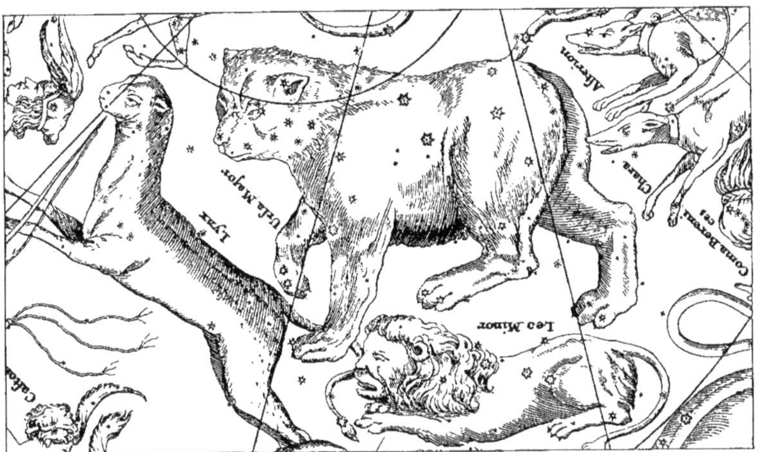

Figures d'animaux du ciel septentrional

Fragment d'une carte tracée par J.-G. Doppelmaier, dessinée par B. Homann, Nuremberg 1730

peuvent répandre autour d'eux n'est pas irréductible, comme les idées de divinité et de mort. Au contraire, ils semblent plutôt des puissances dont on peut, dont il faut diminuer l'influence néfaste et, dans les fables mythologiques comme dans les superstitions religieuses, les animaux redoutables, ayant des formes de monstres ou de spectres divinisés, ou représentant peut-être un cataclysme de la nature ou une évolution dans le règne animal, sont destinés à être vaincus par des hommes d'une force surnaturelle, qui deviennent autant de héros.

Nous touchons ici au point délicat où le culte professé, par les peuples primitifs, à l'égard des animaux, influence grandement leur façon de comprendre le monde: leur cosmogonie. Mais ce mot scientifique ne saurait être employé pour désigner des conceptions encore si éloignées de toute science où seules semblent se donner libre carrière des idées de métamorphose et de magie. La magie, en

4*

effet, est la puissance occulte par laquelle les intelligences simplistes cherchent à expliquer ce qu'elles ne peuvent comprendre. L'homme croit, en premier lieu, à des enchantements, à des métamorphoses, et les manifestations les plus insignifiantes de la vie de tous les jours, n'en sont que les conséquences fatales. De là vient le pouvoir du sorcier: ce premier prêtre de l'humanité et ce premier ministre des religions naturelles.

Le monde des primitifs est donc un monde magique et les fables poétiques qui sont parvenues jusqu'à nous ne sont que l'expression jolie, mais bien jeune, de la façon dont la jeune humanité se représentait l'Univers. D'ailleurs, ces fables ne sont poétiques, pour le sauvage, que dans leur expression. Au fond, le sauvage, réaliste, cherche la réalité. Ce qu'il voit, ce qu'on lui dit, doit répondre à la vérité. Comme l'enfant, il ne s'intéresse à ce qu'on lui raconte que dans la mesure où le merveilleux répond au possible. Et s'il fait, du possible, du merveilleux, il demande: « Est-ce que c'est vrai? » Et, de la sorte, il est nécessaire que sa religion des animaux réponde à une science des animaux. Cette zoologie primitive se confond souvent avec une anthropologie primitive.

Au gré de la puissance transformatrice, tous les êtres, tous les objets, peuvent être métamorphosés. Les étoiles sont des animaux et les animaux sont des étoiles. L'apparence extérieure n'est plus qu'un symbole où l'œil, à la fois superficiel et exercé, s'imagine retrouver l'interprétation du monde matériel. L'homme peut être un animal, et un animal peut être un homme. Par la fantaisie de je ne sais quel pouvoir magique, l'homme peut être métamorphosé en un animal ou en un objet quelconque, et vice-versa. Et dans cette manière d'interpréter les énigmes de l'univers sont complètement bouleversées les barrières qui séparent ces deux termes: humanité, animalité. On prête aux animaux des dons d'intelligence qui, pour nous, n'appartiennent qu'aux hommes. Ils ont leurs mœurs particulières, mais, de même que les hommes, ils appartiennent à des familles, à des tribus, ayant leurs signes conventionnels comme les tribus humaines. Peu importe le terme par lequel on désigne l'individu: l'homme, le jaguar, le cerf, le poisson, l'oiseau, — autant d'aspects différents répondant à des individualités bien déterminées.

On connaît l'histoire « d'un esclave nègre qui, poursuivi, s'était réfugié dans un petit fourré. Ceux qui le poursuivaient, le cherchèrent en vain dans cet endroit où ils ne trouvèrent qu'une grande tortue. Le chef de la bande mit la tortue sur son cheval et l'emporta. Mais, en route, pris de remords, il la laissa tomber par crainte et lui rendit la liberté. Tous ses compagnons eurent la certitude que le nègre s'était métamorphosé en tortue. »

Quelle conséquence tirer de ce pouvoir de métamorphose? Si cet homme possédait la faculté de se changer en tortue, c'est qu'il était sorcier, qu'il fallait tout craindre de lui, et que, par enchantement, il pouvait changer ceux qui le poursuivaient, en tortues, ou leur infliger telles formes animales qu'il lui plairait.

On voit, par cet exemple, quelle influence peut exercer un sorcier, un homme-médecin, un prêtre, un commencement de savant qui, parmi ces ignorants, a été plus audacieux, un peu plus observateur, ou a su tirer une conséquence logique d'une simple observation.

Chez quelques tribus de l'île Célèbes, chez les Arnuta de l'Australie centrale, certaines substances, comme un fluide émanant de certains animaux, peuvent être transmises aux hommes, avec des vertus particulières. En Australie, surtout, les gens croient à l'existence d'un être particulier, d'une espèce de spectre possédant une âme. Incapable d'exister par lui-même, cet être s'introduit dans le corps d'autrui et vient élire domicile chez des hommes ou chez des animaux. L'animal acquiert, par cette adjonction d'une force étrangère, des propriétés quasi enchanteresses qui en font un être surnaturel. L'homme, au contraire, dont il prend possession, et jusqu'à ce qu'il soit délivré par un autre esprit, reste un être inachevé, ni chair ni poisson, ni homme ni

Parsis ou Guèbre agonisant, dont l'âme est reçue par un chien
D'après Bernard Picart: *Cérémonies et coutumes religieuses des peuples idolâtres*. Amsterdam 1723

animal, mais participant un peu des deux essences. On peut citer, comme type d'animal fabuleux qui ne fait pas partie des zoologies scientifiques, mais auquel les superstitions populaires accordent encore des vertus occultes: *la Licorne*. A la même famille appartiennent les *loups-garous* qui font toujours peur aux enfants, avec toute leur séquelle, êtres d'une nature équivoque et double, répandant la terreur et l'épouvante, hommes pendant le jour mais qui, la nuit, ou quand l'heure fatale a sonné, se métamorphosent en loups, hyènes, tigres et autres espèces animales redoutables et redoutées. Ils s'attaquent alors aux hommes et les déchirent pour sucer leur sang. Ayant à peu près la même origine, les *vampires* sont des animaux-hommes, des monstres qui cherchent à s'emparer du pouvoir magique devant les rendre plus puissants. D'après les croyances généralement répandues, ce pouvoir réside dans le sang dont ils ont soif, dans la respiration, dans la salive ou l'urine, dans le pouls ou le cœur, dans le cerveau, le foie, les reins. Mais ce que nous appelons magie, en un mot, l'empire des puissances enchanteresses, se fait surtout sentir pendant le sommeil. Sous l'influence de ces puissances, l'homme peut revêtir les formes les plus diverses, traverser, en une seconde, les plus grands espaces et s'élancer jusqu'au ciel. Les transformations imaginées possibles durant le sommeil, le sont encore davantage et plus profondément dans la mort, — ce sommeil prolongé, à moins qu'il ne soit éternel.

C'est dans la mort que l'art de la métamorphose peut se donner le plus librement carrière. Par cette croyance enfantine, les peuples enfants n'interprétaient-ils pas déjà à leur manière un des dogmes de la science contemporaine? Le savant moderne ne considère la mort que comme une transformation. Les primitifs avaient l'intuition de cette idée exacte, en s'imaginant que la substance qui exerce une action magique, sort du corps sous la forme d'un animal, prend des formes nouvelles d'animaux, ressuscite enfin, sous les aspects les plus variés. Ce sont les spectres, les ombres des morts qui reviennent sur la terre en un cortège redoutable, demandant compte des offenses reçues durant l'existence: il faut les craindre et les honorer pour apaiser leur courroux.

Mais ce mélange même de l'homme et de l'animal, qui ne peut avoir lieu que dans certains cas et dans certaines dispositions d'esprit, implique une spécialisation, grâce à laquelle tous les animaux, en général, ne sauraient devenir les objets d'un culte. Le culte du sauvage ne s'adresse pas à l'animal, en tant qu'animal, mais à l'être polymorphe et composite passant d'une forme à l'autre avec une désinvolture qui étonne et mérite toutes les marques d'un respect admirateur et craintif. La croyance au merveilleux ne réside que dans des transformations de ce genre. Toute la vie n'est qu'une métamorphose. Un prestidigitateur habile fait pâmer, rire ou pleurer, par ses tours de passe-passe, un auditoire d'enfants. L'Univers entier est, pour les peuples enfants, un spectacle tour à tour gai ou triste, au cours duquel les métamorphoses s'opèrent sous la baguette d'un prestidigitateur invisible.

Dans ces conditions, les animaux ne sont susceptibles d'être adorés que dans la mesure où ils participent aux qualités d'un homme ou d'un objet inanimé. Le culte des arbres, des pierres, des objets inanimés, en un mot, va de pair avec le culte des animaux. L'homme ne sacrifie à un bœuf, à un tigre, à un singe, que parce qu'il s'imagine que, par des métamorphoses mystérieuses, ces animaux possèdent un côté humain divinisable. Il n'accorde à certains animaux, tels que taureaux, aigles, vautours, corbeaux, loups, chacals, tortues, araignées, etc. un pouvoir magique qu'il faut adorer, que parce que, selon lui, ces animaux sont en communication directe avec les forces mêmes de la nature.

La faculté de pouvoir se métamorphoser est donc, aux yeux du sauvage, d'une importance primordiale. L'homme qui entre dans la peau d'un animal dont il prend la forme extérieure, tout en conservant la signification de son essence première, est le maître ou le jouet d'une puissance magique devant laquelle il faut s'incliner. Etre à la fois un homme et un animal, participer de ces deux espèces, constitue le comble de l'habileté et de la puissance. Et lorsque le sauvage ne peut, en réalité, cumuler des qualités qui semblent s'exclure et ne sont réunies que par l'effet d'un enchantement, il cherche à s'en donner l'illusion en se déguisant. Pour inspirer à autrui la frayeur qu'il ressentirait en pareil cas, il se déguise en mammifère, en oiseau, en poisson: il met un masque.

Les mascarades jouent donc un grand rôle dans la vie des peuples primitifs. Jusque dans leurs fêtes et leurs cérémonies, on retrouve les traces de la même conception du monde et, qu'ils se recréent ou se recueillent dans un sentiment de joie panthéiste ou dans un sentiment de crainte religieuse, ils se déguisent en animaux

Pantomime religieuse dont les acteurs sont affublés de têtes d'animaux dans le couvent des moines à Himis (Thibet)
D'après un dessin de L. Sabattier

pour exprimer leur croyance aux forces ambiantes et mystérieuses, dont ils constatent les transformations sans pouvoir les expliquer. Dans ces fêtes, les travestissements, les danses et les pantomimes d'animaux ne sont pas toujours l'expression d'une joie délirante qui se livre à tous les excès du plaisir. Ils constituent parfois les symboles vivants des aspirations les plus profondes, des sentiments les plus élevés qui commencent à poindre, comme un vague instinct, dans l'âme falote des sauvages. Ce sont alors de véritables représentations dont le caractère spécial oscille entre celui d'une kermesse ou d'une messe et font songer aux exhibitions théâtrales à la fois profanes et religieuses que nous appelons des *Mystères*.

Les peuples primitifs considèrent le masque comme le moyen matériel le plus efficace à incarner le symbole de leur religion magique et animale. Le masque, avec sa signification mystérieuse, énigmatique, terrifiante, se retrouve à l'aurore de toutes les civilisations. « On le voit en Chine, au Thibet, dans l'Inde, chez les anciens Mexicains et Péruviens, comme chez les Esquimaux, les Mélanésiens et les nègres de l'Afrique. » Par ses formes les plus extravagantes, les plus monstrueuses ou les plus grotesques, il répond précisément aux deux notions les plus essentielles de la primitive conception du monde: la métamorphose des animaux et l'idée de la mort. Aussi, la plupart des masques représentent des animaux et des morts, ou les deux ensemble, l'animal et le spectre se confondant souvent dans l'imagination enfantine des sauvages. Il en est d'extraordinairement étranges, que nos idées modernes nous font trouver effrayants, ridicules ou incompréhensibles. Expression adéquate d'une cosmogonie où, comme nous l'avons dit, la métamorphose est le principe fondamental, il en est qui symbolisent le mélange des formes humaines avec des formes animales, en des traits et des dessins, à première vue, sans signification spéciale, d'une fantaisie à faire hausser les épaules, mais, en réalité, répondant à un sens caché que les initiés seuls savent interpréter.

Ces représentations fantastiques d'animaux, constituent, d'autre part, les premiers produits d'un art essentiellement religieux. Ce qui nous y apparaît énorme, informe, difforme, n'est que l'expression de certaines idées qui, comme celle de la multiplication et du mélange des formes, ont inspiré le premier penseur et le premier artiste. L'art en Babylonie, en Egypte, dans l'Inde et dans l'Extrême-Orient, nous étonne, de la sorte, en faisant défiler devant nos yeux ahuris la fantasmagorie des statues polycéphales, des monstres à huit ou cent bras, etc. qui semblent jeter un défi à notre moderne conception du goût.

Ces masques, enfin, ces représentations plus ou moins primitives ou artistiques, symbolisent, aux yeux des primitifs, le mélange mystérieux de l'homme et de l'animal, d'une part d'humanité avec une part d'animalité. Il suffit d'un indice insignifiant, d'un fragment de dessin reproduisant une partie du corps d'un animal, il suffit d'une plume d'oiseau, de quelques serres ou de dents, pour que s'opère une métamorphose complète conférant à l'homme les qualités d'un animal ou à l'animal les qualités d'un homme. C'est dans cette tendance à prendre la partie pour le tout, à confondre les parties constitutives d'un être avec cet être tout entier, que réside la superstition du fétichisme qui sévit chez tous les sauvages et dont nous retrouvons encore la trace chez beaucoup de nos contemporains.

* * *

Il n'est pas de partie du corps des différents animaux qui ne soit susceptible d'agir à la manière d'un sortilège: le crâne, les yeux, les oreilles, les serres, les dents, la queue, la peau, les poils, les plumes, la bile, le foie, les reins, le cœur, le sang, voire même les excréments, ont été employés dans ce but. Les masques d'animaux doivent leur vertu à la présence, dans la matière qui a servi à les confectionner, d'un fragment de l'animal que représente le masque. C'est grâce à ce fragment d'os, de poil, par exemple, que le masque devient magique et permet à l'homme qui s'en revêt de se transformer précisément en l'animal désiré. En mettant un masque, en se couvrant d'une peau de bête, l'homme devient la bête

Pantomime animalico-religieuse dans le monastère de Himis (Tibet).
Exemple de la survivance de la croyance à la magie antérieure au bouddhisme

D'après un dessin de L. Sabattier

Supplément à l'ouvrage « *Les Animaux* »
(Ne peut être vendu séparément)

Maison d'Édition BONG & Cie
PARIS

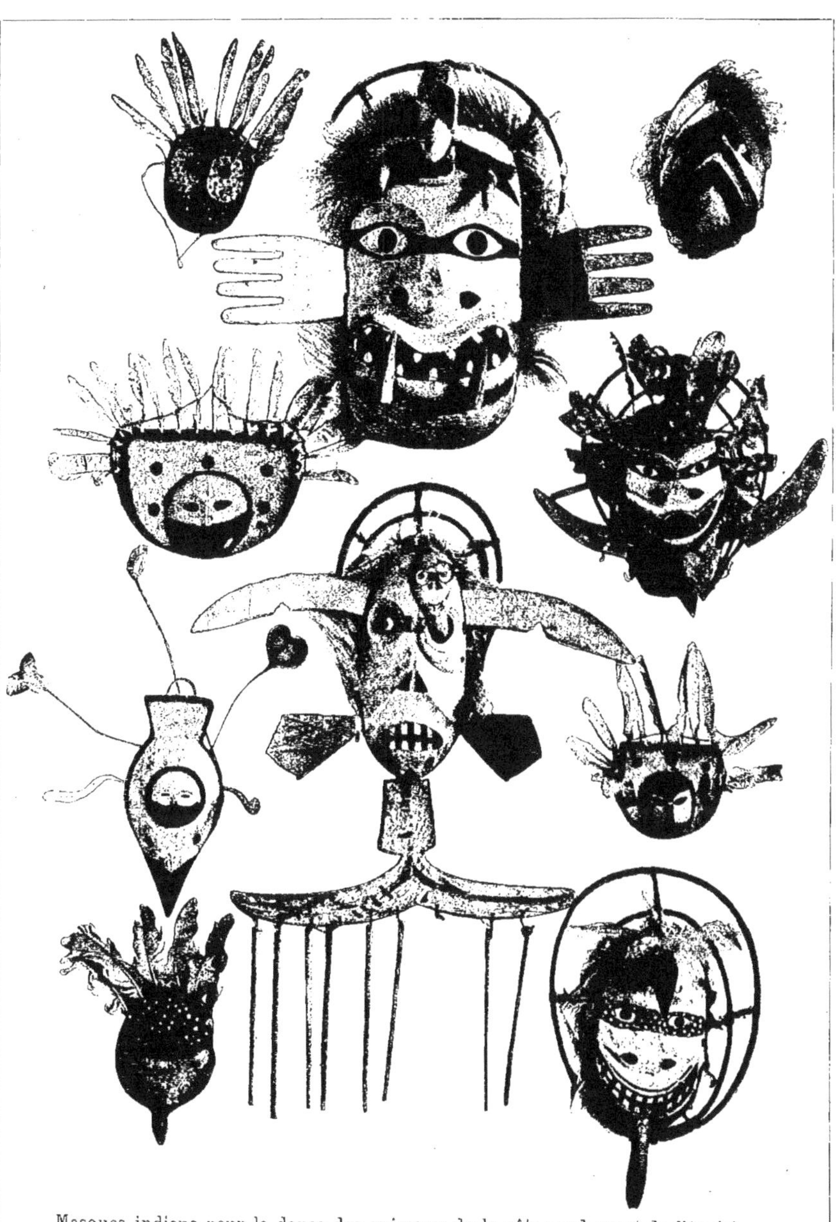

Masques indiens pour la danse des animaux de la côte nord-ouest de l'Amérique
D'après les originaux du Musée royal d'ethnographie, à Berlin

elle-même, au moral comme au physique: il en prend l'âme, il en acquiert la force, il ne fait plus qu'un avec elle. De plus, par ce seul geste, il obtient sur les autres animaux de la même espèce un pouvoir magique qui est constitué par la force même de l'animal. Il pourra dès lors produire les formes animales inhérentes au masque. Pour indiquer de quelles âmes le magicien a pris possession, celles qui sont en lui, celles qui lui sont soumises, celles auxquelles il s'est soumis, on représente souvent des têtes d'animaux sortant de la bouche d'un homme, ou des têtes d'homme sortant de la gueule d'un animal. Cela se voit aussi bien sur les masques dont nous parlons que sur des figures peintes, dessinées ou sculptées. C'est ce qu'un nègre du Zoulouland, interrogé sur l'école des magiciens, exprimait très bien en ces termes: «Le prêtre se rend dans une mare remplie de serpents et d'alligators; s'il en prend un, il en est le maître; s'il capture un léopard, il est le maître des léopards; s'il s'empare d'un serpent au venin mortel, il est le maître de ces serpents malfaisants.»

Statuette du dieu égyptien Amon-Râ

D'après l'original qui se trouve dans le Musée royal d'ethnographie, à Berlin

Il ne s'agit donc pas seulement d'adorer les animaux: il faut aussi les capturer. Tel est l'un des plus curieux problèmes de la religion des animaux, laquelle est aussi vieille que l'humanité. Si l'on veut le résoudre, il ne faut pas partir de l'hypothèse généralement admise, suivant laquelle, les peuples primitifs n'adorent et ne conçoivent d'autre divinité que l'animal: car ce phénomène nous demeurerait alors complètement étranger et énigmatique.

On connaît les fêtes de chasse et les danses d'animaux des vieilles tribus de pêcheurs et de chasseurs: il n'est pas étonnant d'y voir figurer des hommes déguisés en animaux. Nous nous expliquons parfaitement ces jeux et ces réjouissances, où la vie des animaux est représentée d'une manière, certes naturaliste, mais avec une vérité d'expression qui permet de reconnaître les traits caractéristiques des animaux les plus divers. Galton a vu un Herero qui imitait l'hippopotame d'une façon si saisissante qu'il ne put hésiter un seul instant sur la nature de l'animal: sa démarche, ses mouvements, le balancement de sa tête étaient singés avec une perfection qui dénotait chez l'indigène une grande faculté d'observation. «Le comble du comique est certainement l'imitation parfaite des cris discordants du babouin; c'est aussi le numéro le plus typique du programme des divertissements musicaux des Hereros.» Ceci posé, nous pouvons admettre une tendance artistique plus élevée et même des danses d'animaux d'un caractère religieux: la magie apparaît dès ce moment et, avec elle, la certitude de pouvoir réduire l'animal sous le joug de l'homme. Nous savons déjà qu'il suffit de se couvrir d'un masque de tigre pour se transformer en tigre et en acquérir toute la force; en même temps, l'âme du tigre pénètre dans l'homme, qui prend alors le véritable caractère de cette bête fauve. Conclusion: l'homme ainsi transformé peut chasser le tigre sans aucun danger et le tuer facilement. Dans ce cas, néanmoins, l'animal reste toujours la proie, la bête de chasse. Un nouveau problème se dresse alors devant nous et nous pouvons le formuler ainsi: comment l'homme primitif peut-il diviniser et adorer un animal que, d'autre part, il chasse, le sentant plus faible que lui et son inférieur? Voilà certes une contradiction flagrante, dans l'histoire des peuples et des coutumes: l'animal considéré simultanément comme dieu et comme proie. D'après notre conception religieuse moderne, quelle absurdité et quel blasphème: mettre dans la marmite le dieu qu'on adore!

Les habitants des îles Aléoutiennes accordent, entre autres, les honneurs divins à la baleine, mais ils la chassent, la tuent et la dévorent. «Ils font semblant de croire que, poussé par le sort, mi-contraint, mi-résigné, l'animal obéit aux enchantements et met quelque bonne volonté à se laisser prendre. A l'ouverture de la saison, une cinquantaine d'hommes et de femmes se mettent dans leur plus bel attirail et s'embarquent pour saluer au large la bande qu'on lui a signalée à l'horizon, pour la complimenter et lui faire fête. Car le «Roi des Océans» tient à l'étiquette et, pour le retenir dans nos parages, il faut lui montrer que nous sommes gens sachant vivre. Il tient à la morale et à la vertu, le baleineau; il veut que l'on respecte la décence et les bonnes mœurs, il évite les parages hantés par des hordes lâches et dissolues, n'admet pas que les baleiniers, qui ont l'honneur de lui courir sus, se commettent avec des femmes pendant la saison de chasse; même il les punirait par un châtiment terrible, si leurs épouses trahissaient en leur absence la foi conjugale; il les ferait périr par une mort terrible, si leurs sœurs manquaient à la chasteté avant le mariage. Qu'un coup de vent fasse échouer une baleine, ils la reçoivent avec des honneurs divins, ne peuvent trop la remercier de sa complaisance, se congratulent d'avoir été admis au privilège de manger cette chair sacrée. Ils s'avancent au son du tambourin, haranguent la divinité, la flattent et la complimentent, exécutent en son honneur des danses solennelles: les profanes vêtus de leurs plus beaux costumes, et les baleiniers et sorciers tout nus, sauf qu'ils ont la figure masquée, comme aux grandes cérémonies. Ils jouent en spectacle la réception faite à la souveraine des Eaux par les animaux terrestres. Après ces témoignages de respect et ces préliminaires de convenance, le tambour roule pour la dernière fois; hommes, femmes, enfants et chiens se jettent sur l'énorme viande, l'attaquent des dents et du couteau, se gorgent à bouche que veux-tu; — un morceau de 60000 kilogrammes! — ils piquent, trouent, forent, creusent jusqu'à ce qu'ils disparaissent à l'intérieur; ils se feront jour à travers les côtes» [1]).

Ce que nous venons de voir chez les Aléoutes pour la baleine, nous le retrouvons chez les Aïnos pour l'ours. Chez cette peuplade, on honore l'ours divinisé par des fêtes et par des danses. Le principal jour de la fête, on sacrifie

---

[1]) Elie Reclus, *Les Primitifs*, p. 62—63.

un jeune ours allaité par une femme de la tribu, après l'avoir solennellement glorifié par des rites consacrés, puis on le mange en commun. Le crâne de la victime est soigneusement conservé comme fétiche. Il en est ainsi chez tous les peuples arctiques, aussi bien à l'orient qu'à l'occident; chez tous, on divinise et on adore l'animal que l'on chasse: suivant la région, c'est la baleine, l'ours polaire, le morse, le phoque, le loup, le renard, le lièvre ou la loutre. Fait digne de remarque: un animal est d'autant plus sacré que le goût de sa chair est plus fort. Ainsi le Javanais ne chasse pas volontiers le tigre et le crocodile qu'il révère. Il les honore comme ses ancêtres; il en entretient et en nourrit dans la plupart de ses villages; il conclut, en quelque sorte, avec ces animaux malfaisants, un pacte. Mais l'animal vient-il à rompre le traité en dévorant une bête ou un habitant du village, aussitôt la population armée se soulève contre lui: sa divinité ne le protège plus.

Femme Aïno donnant le sein à un jeune ours qui a été élevé avec ses enfants
D'après David Mac Ritchie: *The Aïnos*

Il est difficile d'imaginer une notion religieuse, une conception divine plus simples et plus frustes que celles exprimées par l'adoration des baleines chez les Aléoutes. Nous l'avons déjà dit: un homme de notre époque ne trouvera, dans ce dieu qui passe, de la marmite dans l'estomac de notre sauvage, aucune trace de la divinité suprême à laquelle s'adresse ses prières. Et l'on comprend fort bien qu'un chrétien, un juif ou un musulman hausse les épaules et soit exaspéré de voir que des savants, à la recherche de l'origine et de la formation de la religion, croient, en principe, pouvoir considérer cette forme d'adoration des animaux comme un commencement de religion.

Certes, il n'y a rien à répondre à ceux qui expliquent le culte de la baleine, ou celui de l'ours, d'une manière beaucoup plus simple et qui n'y voient que l'expression toute naturelle du plaisir pris par de pauvres pêcheurs ou de misérables chasseurs à la vue du butin dont ils se sont emparés. L'animal a pour eux la plus grande utilité et la plus grande valeur matérielle. La proie convoitée s'offre-t-elle à leurs regards, aussitôt leurs cœurs de battre d'espoir, leurs yeux de s'allumer de désir, leurs forces d'être décuplées par la joie. Cet animal, qui leur est d'une utilité incontestable, qui leur permet de vivre, ils ne peuvent le considérer qu'avec une reconnaissance infinie. Il est certain que des tribus en décadence ont plus rarement que des tribus florissantes l'occasion de voir et de goûter « la divinité », en prenant ce mot dans le sens que lui donnent nos baleiniers des îles Kouriles. D'autre part, pour les Aléoutes, la décadence est le synonyme de la disparition des baleines et de l'abandon du dieu; par contre, le bonheur et la prospérité sont l'équivalent de bons territoires de chasse. Ces idées se complètent l'une l'autre: c'est la même chose vue sous des aspects différents.

La chair des animaux, les végétaux, feuilles, racines ou fruits, se mêlent, s'unissent avec le corps de l'homme qui s'en nourrit; ils deviennent sa chair et son sang; notre existence tout entière repose essentiellement sur cette transsubstantiation. De cette constatation à la grande doctrine magique des peuples primitifs, d'après laquelle, les forces, les capacités corporelles et spirituelles de l'être qui sert de nourriture à l'homme passent dans cet homme, il n'y a qu'un pas, et ce pas est vite franchi. La nature de celui qui mange, est accrue, grandie, rehaussée par la nature de ce qui est mangé; il est donc permis d'accueillir avec bienveillance cet être qui féconde notre être, avec lequel il se confond en quelque sorte. En considérant les animaux comme des frères et des sœurs, en les accueillant avec sympathie, François d'Assise[1]) ne se place pas seulement à un point de vue symbolique: il exprime une vérité naturelle et le bienheureux saint ne ressent, ne pense et ne dit que ce que l'homme primitif ressent et croit. Oui, les peuples primitifs, de même que nos jolies légendes, ignorent le mépris avec lequel l'homme raisonnable regarde les

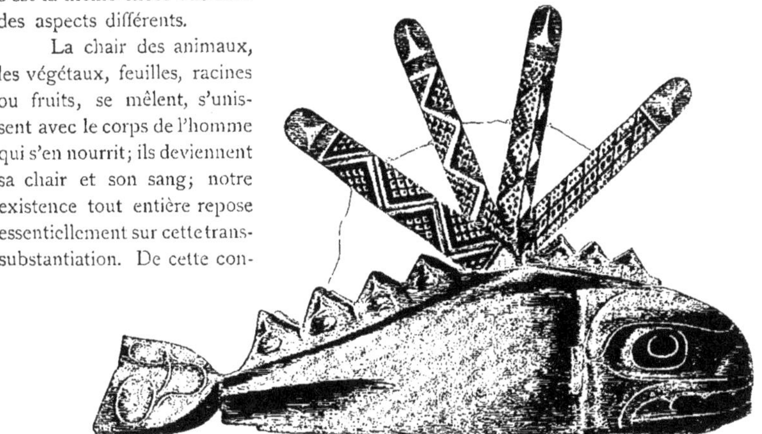

Masque de baleine des Indiens de Fort-Rupert (côte nord-ouest d'Amérique)
D'après l'original qui se trouve au Musée d'ethnographie, à Berlin
La coloration est noire et rouge. La mâchoire inférieure est mobile ainsi que les quatre rayons qui représentent les nageoires et la queue

[1]) J. Hart, *Tierkultus und Tierfabel.*

bêtes comme des êtres inférieurs: ils les appellent *petit père* et *petite mère*, *petit frère* et *petite sœur;* ils croient à leur sagesse humaine, à leur force et à leur art. Le culte des animaux, la religion des animaux, semblent donc finalement n'avoir d'autre base que ce sentiment de la famille et de la parenté, que cette croyance à la transsubstantiation, cette conception de l'exaltation du moi par le mélange de la chair et du sang.

Dans les mœurs et dans les coutumes des peuples primitifs se retrouve sans cesse la doctrine primitive de la communion, telle que nous la représentent les

Idoles de Tabasco (Mexique)

On les vénérait en arrachant le cœur des victimes humaines, en frottant la figure de l'idole avec le sang répandu et en jetant ensuite le cœur dans le feu. La victime était attachée au cou d'un lion de pierre de façon à laisser couler son sang dans un bassin devant lequel se dressait la silhouette de pierre d'un homme nu

D'après Bernard Picart: *Cérémonies et coutumes religieuses des peuples idolâtres.* Amsterdam 1723

Aléoutes honorant la baleine. Il n'est pas rare, par exemple, de voir certaines nations sauvages poursuivre, chasser, traquer un animal, parfois même un homme, s'en emparer, le martyriser cruellement, le tuer, enfin, le manger en commun au milieu des danses et des chants. Est-ce seulement à la haine, au ressentiment, à la cruauté, au plaisir de tuer, au besoin de manger, qu'il faut avoir recours pour donner à ces actes une explication plausible et satisfaisante? Certainement non, car la victime est presque toujours l'objet d'une très haute vénération et est considérée, par ses tortionnaires eux-mêmes, comme empreinte d'un caractère des plus sacrés. Il n'est pas sans intérêt de rapprocher les coutumes des Mexicains de celles des habitants des îles Samoa: les premiers regardaient les Espagnols à la fois comme des divinités et comme des oppresseurs, comme des êtres supérieurs et comme des ennemis; quand ils pouvaient s'emparer de l'un d'eux, ils lui rendaient des honneurs divins avant de le sacrifier à leurs idoles, avant de lui extraire jusqu'à la dernière goutte de son sang, avant de lui arracher le cœur qu'ils offraient, palpitant encore, aux monstres mi-hommes, mi-bêtes, qu'ils adoraient. De même, à Samoa, l'ennemi fait prisonnier, est d'abord célébré, exalté, couronné, conduit en grande pompe et au milieu d'un grand concours d'indigènes, dans le temple où il sera égorgé, immolé suivant des rites déterminés. La chasse aux crânes humains et le cannibalisme ne sont que des actes religieux, c'est une façon d'adorer et de témoigner sa reconnaissance, que de martyriser son ennemi, avec un raffinement de cruauté qui nous soulève le cœur. La même idée préside à ces sacrifices: s'emparer du crâne, de la peau, des viscères de l'ennemi valeureux et courageux, pour devenir à son tour valeureux et courageux comme lui. Le sang de l'homme, comme celui de l'animal, les diverses parties de son corps, sont autant de philtres déstinés à donner à celui qui s'en sert, la personnalité de la victime.

Chaque tribu possède ses sorciers, ses griots, ses prêtres, qui ont le pouvoir de se transformer en d'autres êtres, hommes ou animaux. Comme, d'autre part, ils gardent leurs forces, leur intelligence, leurs qualités personnelles, ils deviennent, après l'enchantement, d'une extraordinaire puissance; car ils accumulent en eux les forces les plus diverses. Les peuples primitifs se croient entourés d'ombres, de spectres, d'âmes, en qui réside une force magique qu'il faut s'approprier pour détenir le pouvoir. Dans ce but, la moindre parcelle d'animal ou de plante doit être soigneusement conservée, pour servir de fétiche, de relique miraculeuse aux vertus curatives. Selon les sorciers, l'époque où nous vivons n'est pas celle où les arts magiques et les êtres favorisés florissent: cette époque-là n'est plus. Ils la considèrent avec admiration et regret; dans leurs récits, dans leurs chants, reviennent souvent ces mots: « Il était une fois », les mêmes qui commencent nos légendes et nos contes de fées. Tout ce qui a eu lieu à cette grande époque, est passé, à jamais perdu pour nous: cet éloignement, ce recul, donnent à ces temps bienheureux un caractère sacré, qui se communique à ceux qui en sont pénétrés. A bien considérer cette doctrine, l'âme et le passé ne font qu'un, en quelque sorte: le passé a une force magique qui pénètre dans l'âme, qui y demeure, qui s'y conserve et y survit.

A côté du monde présent et visible, il existe donc un monde ancestral et invisible, un monde peuplé de formes disparues, un monde que les peuples primitifs considèrent comme originel et d'où sortirent peut-être les premiers dieux. Ce serait, selon nous, une erreur de croire que le culte des ancêtres est un simple culte des morts et des trépassés, une vénération des hommes disparus, des pères et des grands-pères, des chefs puissants, des héros: cette explication un peu simpliste ne peut nous satisfaire. L'homme, en mourant, entre dans le passé, dans ce monde antérieur et originel, où tout est sur le même plan. Les primitifs n'ont pas les subtilités de notre syntaxe; ils ignorent les différentes formes de passé que la grammaire nous enseigne: le passé est le passé, sans plus. Tout être mort retourne

Le char du Dieu-Soleil sort de la mer
D'après la peinture d'un vase grec

à ce passé dont il fait partie intégrante et dont il emprunte l'essence magique et surnaturelle. Ce monde mystérieux et un peu fantastique a son habitat tantôt sur la terre, tantôt dans le ciel: c'est ainsi que, parmi les ancêtres, les uns se sont transformés en animaux, en plantes, en outils, en ustensiles, tandis que les autres existent dans les vents, la pluie, le feu, les nuages, les étoiles. Bien plus: les étoiles elles-mêmes ne sont autres que des ancêtres métamorphosés, elles ont leur vie propre, leur culte spécial. D'ailleurs, il n'est pas de religion qui n'ait ce dogme; les peuples les plus raffinés l'ont eu; les Grecs retrouvaient dans les astres et les constellations leurs dieux et leurs héros. Il n'est pas besoin d'être astronome pour savoir que les noms portés encore aujourd'hui par les planètes et certaines étoiles connues dès l'antiquité, leur ont été donnés par les Grecs: ainsi Jupiter, Vénus, Saturne, Persée, Hercule, Bérénice, Cassiopée, Céphée, Andromède, et tant d'autres. La mythologie est là pour nous l'apprendre.

Revenons à nos peuples primitifs. Chez eux, nous l'avons vu, le monde passé, où revivent les ancêtres, est réellement le monde des grandes légendes, des prodiges, des enchantements, le monde sacré, religieux et, par-dessus tout, magique. Et, comme ces ancêtres, qu'il ne peut voir, lui demeurent forcément mystérieux, le sauvage les révère, les honore, les déifie et les adore, ainsi qu'il en arrive toujours pour ce qui est invisible et impalpable. Mais, comme, d'autre part, l'esprit grossier du primitif a besoin, pour être satisfait, de matérialiser sa divinité, il en arrive forcément à admettre que, de ce monde invisible, sortent toutes les créations, qu'en lui se forment les êtres et les choses. Qui crée ces êtres et ces choses, sinon les ancêtres eux-mêmes? Comment les créent-ils, sinon avec leur souffle, avec leur âme? L'ancêtre tout entier passe donc dans l'objet, dans l'animal; l'ancêtre étant dieu, l'objet, l'animal, devient dieu à son tour.

Ce monde de contes et de légendes, est peuplé des animaux-dieux les plus divers: les araignées y tissent leurs toiles immenses, les lézards et les tortues cherchent des matériaux pour construire l'univers, des oiseaux magiques volent à tire d'aile dans une atmosphère indistincte; partout, des formes nouvelles et fantastiques, des phénomènes bizarres et inconnus sur terre. Cette cosmogonie rudimentaire est moins difficile à expliquer qu'on pourrait le croire. Quand les voyageurs nous rapportent que, chez telle peuplade, on croit que le monde a été créé par des animaux, nous devons entendre, par ce mot, des êtres polymorphes capables de se transformer en toute espèce d'animal: en poisson ou en amphibie, s'il sagit d'un travail hydraulique; en taupe, s'il y a un trou à creuser. Suivant la durée du jour, le char du soleil sera tiré par des animaux différents: des escargots pendant l'été, des chevaux fringants pendant l'hiver.

La similitude qui existe entre tous les récits cosmogoniques et théologiques, est frappante: dans tous, il est question du déluge, c'est-à-dire d'une première création, d'une destruction et d'une seconde et dernière création. Les mythes relatifs à cette seconde création de l'homme, sont identiques dans le fond, s'ils diffèrent légèrement dans la forme: on se souvient de la fable grecque de Deucalion et de Pyrrha, roi et reine de Thessalie, repeuplant le monde après le déluge, au moyen de pierres qui se transformaient en hommes et en femmes. Chez tous les peuples primitifs on retrouve cette même légende: les hommes naissaient, pour les uns, de dents de dragons, pour les autres, d'arbres, d'ustensiles ou d'outils divers. Il n'est pas jusqu'aux légendes de Saturne, de Thyeste, et de Prométhée, qui ne trouvent leur réplique dans les mythes de tous les primitifs: partout, on parle de pères qui dévorent leurs enfants, de frères qui s'entretuent, du feu du ciel ravi par l'homme. Chez les Grecs comme chez les Scandinaves, chez les Chinois comme chez les nègres, chez les Peaux-rouges comme chez les Papous, il est question de dragons et de serpents qui gardent des trésors, qui construisent le monde, qui sont, en quelque sorte, les premiers ouvriers de la civilisation: à la base de toutes ces religions, il y a donc un singulier mélange d'hommes et d'animaux, entre lesquels était réparti un pouvoir magique, une force de transformation. Ce n'est pas, comme dans les religions élevées, l'idée d'une création spontanée due à une volonté et à un ordre divin, qui sert de fondement à la cosmogonie tout entière. La Bible nous dit qu'au commencement il n'y avait rien et que, du Néant, Dieu créa le ciel et la terre. Au Néant, elle oppose donc un Dieu, une volonté, un pouvoir divin et créateur; c'est exactement le contraire de ce qui se passe dans les cosmogonies primitives: pour elles, au commencement il y a toujours quelque chose; c'est une masse indéterminée, un nuage, un chaos, le plus souvent, c'est une vaste

Cygnus changé en cygne et les sœurs de Phaëton en peupliers

D'après une gravure du : *Temple des Muses*. Amsterdam 1733

mer, qui ira se transformant, se métamorphosant, jusqu'à ce qu'en sorte le monde tel que nos sauvages le comprennent. Il est parfaitement inutile d'admettre ici l'existence d'un être divin supérieur, différent de l'humanité terrestre: la force créatrice est essentiellement magique, possédant des qualités diverses, qui toutes concourent, à la fois séparément et simultanément, à la création et à la formation de l'univers.

N'y a-t-il pas un manque évident de logique dans ces cosmogonies, qui admettent en même temps la création des êtres vivants et leur préexistence? D'ordinaire, on met cette contradiction sur le compte de l'esprit puéril et confus des primitifs qui n'y regardent pas de si près et l'on ne va pas plus loin. Mais si nous faisons abstraction de nos conceptions modernes et si nous nous mettons à la place de ces primitifs, nous voyons aussitôt qu'il n'y a aucune analogie entre le monde vivant et le monde passé et ancestral. Celui-ci est exclusivement composé d'êtres polymorphes et magiques, qui, sans doute, créent les êtres vivants, mais qui les créent, non pas de toutes pièces, mais par une série de transformations et de métempsycoses. Il n'y a nulle analogie entre cette conception et la nôtre, qui est raisonnée et unilatérale.

Pour fixer les idées, nous allons prendre comme exemple le dogme de la création du monde chez les Algonquins. Pour cette tribu de l'Amérique du Nord, c'est le Grand Lièvre qui joue le principal rôle. Au commencement, la terre entière est recouverte par une mer immense, au-dessus de laquelle planent de nombreux oiseaux aquatiques; sur la mer circule en tous sens un radeau ayant donné asile à un certain nombre d'animaux, dont le plus puissant est le lièvre. Celui-ci ordonne à plusieurs de ses compagnons d'aller chercher et de lui rapporter un peu de la terre qui se trouve au fond de la mer; successivement, le castor et la loutre plongent, mais reviennent à la surface sans avoir trouvé l'objet demandé. Enfin, le rat musqué parvient à saisir entre ses pattes quelques parcelles de terre, dont le lièvre fait une île de plus en plus grande. Tel est le commencement du monde uniquement peuplé d'animaux à l'origine. Ici, les Peaux-Rouges diffèrent d'opinion: suivant les uns, le lièvre fit naître les hommes des cadavres des premiers animaux morts; selon une autre version, il les aurait engendrés avec l'aide du rat musqué. Quoi qu'il en soit, c'est le lièvre qui apprit à l'homme à construire et à conduire des barques, à tirer de l'arc, à se procurer du feu et à s'en servir. Cet exposé nous dispense d'autres développements: on retrouve ce même récit, plus ou moins modifié dans la forme, mais toujours semblable quant au fond, dans toutes les mythologies primitives.

On a souvent cherché à expliquer, par des symboles et des comparaisons poétiques, par la personnification des phénomènes naturels ou humains, les actes effectués par les animaux mythologiques; cette opinion, encore actuellement admise, n'est pas exacte et ne saurait nous satisfaire. Bien au contraire: les oiseaux de la foudre et de la tempête, tels que les dragons-orages et les serpents-nuages, ont été certainement considérés comme des êtres véritables et réels, pouvant passer alternativement de l'état d'animal à celui de tonnerre et de l'état de tonnerre à celui d'animal. De même, il y a une confusion évidente et singulière entre les diverses espèces vivantes: les animaux peuvent se changer en hommes et les hommes en animaux; les animaux peuvent donner naissance à des hommes et les hommes à des animaux; les hommes, après leur mort, peuvent être métamorphosés en animaux et les animaux en hommes. Le royaume des âmes est unique: c'est de lui que tout vient, c'est à lui que tout retourne; il est passé: car c'est là que se retrouvent ceux qui sont morts; il est présent: car c'est de lui que vient tout ce qui vit; il est futur: car c'est à lui qu'iront ceux qui mourront; il est donc éternel.

Cette conception n'est autre que celle de la métempsycose; elle est le point fondamental de la religion et du culte des animaux; c'est la croyance à une force vitale, vague et indéterminée, qui se transforme et se métamorphose sans cesse en substances diverses et multiples. Il y a deux mondes: celui où vit l'homme dans la forme fixe et solide que nous lui connaissons, et celui où vivent les âmes, qui y revêtent une forme essentiellement mobile et variable. Ces deux mondes ne sont point séparés par d'infranchissables barrières; ils se pénètrent constamment et exercent l'un sur l'autre une influence réciproque; il y a entre eux des échanges continuels. Partout se manifestent les âmes: dans le vent, dans la mer, dans les étoiles, dans les rochers, dans les plantes, dans l'animal, dans l'homme et même autour de l'homme. Pour les peuples primitifs, l'âme représente une autre existence et elle communique à l'être dans lequel elle réside, une autre, une seconde nature.

Presque tous les peuples ont connu le culte des animaux considérés comme les ancêtres du genre humain. On en retrouve des traces nombreuses dans les religions des nations civilisées. A plus forte raison, ce culte est-il plus net et plus prononcé chez les Australiens comme chez les Mélanésiens, chez les Hindous comme chez les nègres de l'Afrique du Sud. Mais nulle part il ne s'est conservé, jusqu'à l'époque actuelle, avec plus de persistance, que chez les Indiens de l'Amérique du Nord et c'est là qu'on peut plus facilement l'étudier.

L'une des coutumes les plus répandues chez la plupart des peuples primitifs, est l'emploi d'une marque distinctive, spéciale pour chaque clan; les Iroquois nomment *totem* cette marque que les héraldistes ne manqueraient pas d'identifier avec un blason. Dans la très grande majorité des cas, le totem est la reproduction d'un animal; le Peau-Rouge en orne ses armes, ses ustensiles, ses outils; avant tout, il s'en tatoue le corps. La plupart des *Mounds*, sortes de tertres érigés par les Indiens, affectent également la forme animale: l'état de Wisconsin est parsemé de mounds représentant des mammifères, des oiseaux, des reptiles et datant soit de l'époque préhistorique, soit de l'époque historique. Chaque clan se met sous la protection d'un animal particulier, qu'il regarde comme son ancêtre et dont il reproduit la forme en guise de marque de propriété. M. Arnold van Gennep, qui a étudié d'une façon fort savante l'héraldisation de la marque de propriété, a très justement traité de blason le totem des Iroquois et des autres peuples primitifs. Ce n'est pas un blason personnel, c'est un blason de tribu; il a une origine religieuse et magique qui doit le faire rapprocher des armoiries à tendance hermétique décrite dans un travail récent, dû à M. Cadet de Gassicourt et au baron Du Roure

de l'aulin. Telle tribu se réclame du loup: pour elle, le loup est son ancêtre direct; elle porte son nom, elle marque tous ses animaux et tous ses objets de la figure d'un loup. Il en est de même pour les clans qui croient descendre de l'ours, du buffle, de la panthère, du cerf, de l'aigle, de la corneille, du faucon, du héron, du castor, de la tortue, du serpent, ou de tout autre animal.

Le totem ne se borne d'ailleurs pas à être une simple marque de reconnaissance: il joue un grand rôle dans l'organisation sociale des peuples primitifs et le totémisme est

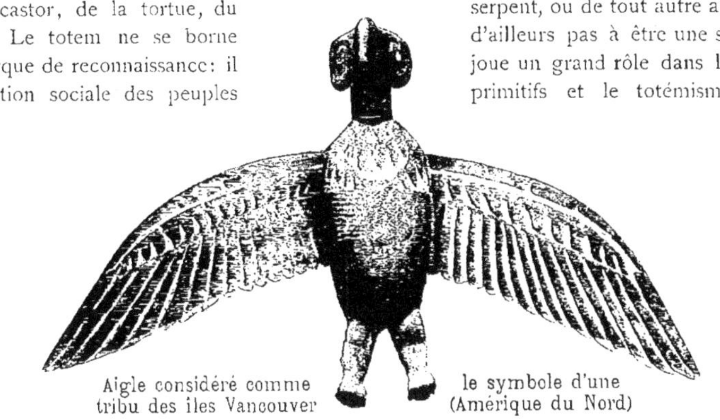

Aigle considéré comme le symbole d'une tribu des îles Vancouver (Amérique du Nord)

D'après l'original qui se trouve au Musée royal d'ethnographie, à Berlin

une doctrine fort curieuse en même temps qu'assez judicieuse. De lui découle la loi du mariage chez les Peaux-rouges: l'union est interdite entre clans se réclamant du même totem, car, l'ancêtre étant le même, le mariage deviendrait un inceste. On conçoit la difficulté de plus en plus grande qu'il y a à contracter une union pour ces peuplades décimées par la civilisation européenne. Par contre, les tribus qui ont le même totem se doivent aide et assistance réciproques, ce qui produit une grande cohésion entre des tribus diverses. L'animal sacré est adoré par chaque clan, par chaque race, à l'exclusion de tout autre; on ne doit ni le poursuivre, ni le chasser, ni le tuer, ni le manger; tout individu reconnu coupable de l'un de ces crimes, est aussitôt puni de mort. Bien plus: les Indiens du Pérou, issus de la race du jaguar, se gardaient bien, à la vue d'un jaguar, de prendre la fuite et surtout de se défendre; ils s'arrêtaient tranquillement devant le fauve et se laissaient dévorer par lui. D'autres primitifs, les habitants de l'île de Banks, par exemple, considèrent au contraire comme un acte particulièrement sacré et comme un grand bonheur le fait de manger la chair de l'animal ancestral et se rencontrent, dans cette croyance, avec les Aléoutes qui, nous l'avons vu, mangent la baleine qui est leur dieu. Certains peuples admettent que l'homme est toujours accompagné par une sorte de double invisible, revêtant la forme d'un animal, participant à toutes ses joies et à toutes ses douleurs et mourant avec lui. Dans le totémisme, on trouve nettement exprimée, une théorie de descendance coexistante avec une théorie de migration des âmes. Ainsi, les membres de la tribu du loup se métamorphosent en loups à leur mort; ceux du clan de la tortue, en tortues, et ainsi de suite. Ainsi, l'homme primitif revoit toujours dans les animaux des êtres humains, les âmes des trépassés, principalement de ses proches parents et de ses amis. L'animal visible cache en lui une âme humaine invisible; c'est cette seconde nature que le primitif honore et adore. Pour lui, le culte des animaux n'est donc que le culte des ancêtres.

D'après ces données, on peut comprendre en quoi consistent les légendes animales répandues sur toute la surface de la terre, quelles idées, quelles notions leur ont donné naissance. Autrefois, on ne savait pas pourquoi l'homme mettait dans la bouche des animaux les préceptes de la morale la plus élevée et de la philosophie la plus profonde; pourquoi il représentait les bêtes comme des êtres d'une intelligence supérieure, instruisant l'homme, lui servant de guides, de maîtres, de législateurs. On se demandait avec étonnement comment ces fables, où l'origine du monde et la découverte des lois sociales et morales étaient exposées d'une manière si bizarre, avaient pu s'imposer à l'esprit du primitif comme des vérités inéluctables. D'après ce que nous venons de voir, cette doctrine est celle de la philosophie la plus ancienne, de la philosophie éternelle; elle est la reconnaissance des ancêtres et des esprits supérieurs. Qui dit ancienneté, dit aussi dignité et sainteté. La religion, fût-elle grossière comme celle des primitifs, est toujours fondée sur le respect de ce qui est caché à l'homme. Le monde primordial, ancestral et antérieur, demeure mystérieux au sauvage; il en est de même, par suite, de ses habitants, êtres mythiques, doués d'un pouvoir magique surnaturel, magiciens créateurs du monde, animaux ancêtres de l'homme, animaux, hommes et dieux tout ensemble. Le pays qui sert de théâtre à ces fables n'est pas de cette terre: c'est le monde surnaturel, le royaume des âmes dont font partie les animaux légendaires. Les doctrines que ces êtres enseignent sont d'essence divine et remontent à la création de la terre et de l'homme. En résumé, les animaux que l'on trouve dans ces fables ne sont que les animaux divinisés des religions de l'Egypte, de Babylone et de l'antiquité la plus reculée. Il n'était pas possible de les représenter plus exactement et plus clairement que par un mélange hétéroclyte de formes vivantes diverses, par la juxtaposition de fragments de corps d'hommes et d'animaux, de parties d'hommes et de parties de plantes.

Si l'on sait que les animaux ont toujours joué, dans les religions primitives, un rôle prépondérant en ce qui concerne la création du monde et même de l'homme, on ne saurait dire pourquoi; malgré les recherches les plus approfondies et les plus récentes, ce point reste obscur. On en est également réduit aux conjectures les plus diverses pour expliquer le motif qui a désigné tel animal plutôt que tel autre à la vénération d'une tribu. L'erreur serait grande de croire qu'il n'y a là qu'absurdité ou ignorance, plus grande encore de procéder par généralisation et par unification. Les traditions qui font, d'un animal déterminé, l'ancêtre d'une certaine tribu, sont purement locales; il est donc logique de croire que la distribution géographique de la faune joue un rôle important dans ces diverses croyances. Ainsi, un peuple qui a pour caractéristique l'anguille, par exemple, habite actuellement ou a jadis habité une région où les anguilles pullulent. Ce n'est pas tout: l'animal est si utile à l'homme sous toutes ses

Les Parques

D'après le tableau de H. Prell, Albertinum à Dresde

formes, il lui a donné le moyen de fabriquer avec son corps tant d'objets indispensables, que l'homme a pu, avec une apparence de raison, rapporter à l'animal l'origine de sa civilisation. La présence simultanée dans la même contrée d'un animal et d'une plante utiles, a pu faire supposer que la plante était un don de l'animal: d'où une gratitude particulière à l'égard de cet animal. Parfois, la manière de vivre d'un animal lui fait attribuer la qualité divine: les grands oiseaux de proie, aigle ou vautour, qui s'élèvent dans les airs jusqu'à des hauteurs vertigineuses et qui semblent se perdre dans le soleil, furent considérés par tous les peuples comme des animaux solaires; les adeptes des sciences occultes font de même[1]): ils regardent l'aigle comme un animal solaire et le soleil comme un aigle.

Nous avons déjà fait quelques comparaisons entre la religion des peuples primitifs et la mythologie grecque: nous ne pouvons nous empêcher de montrer encore comment on peut expliquer, par un rapprochement, certains mythes de différents peuples. — En Grèce, les Parques filent la vie des hommes: Clotho préside à la naissance, Lachésis tourne le fuseau, Atropos coupe le fil; chez les Scandinaves, les trois Nornes président aux destinées humaines: Urda représente le présent, Verandi, le passé, Skalda, l'avenir. Ces divinités procèdent directement des dieux-araignées qui tissent leurs toiles dans le monde brumeux où se meuvent les âmes. N'oublions pas que les Parques sont antérieures aux autres dieux, à Zeus par exemple, qui est le dieu de la lumière; nous pouvons en déduire que les croyances les plus anciennes des Grecs tendaient aussi à diviniser l'animal. Pour eux, sans doute, la création du monde avait une certaine analogie avec le tissage d'une araignée.

Un des cultes les plus répandus sur toute la surface de la terre est certainement celui du bœuf: les honneurs rendus en Egypte au bœuf Apis en sont un des exemples les plus connus et les plus typiques. Ce culte nous paraît assez rationnel: l'importance du bœuf pour les agriculteurs et pour les éléveurs étant de tout premier ordre. Le Nil, par ses fréquentes inondations, rendait d'une fertilité exceptionnelle le sol de l'Egypte; cette fertilité était exploitée par le labourage, dont le bœuf était là, comme encore de nos jours dans un grand nombre de pays, le principal instrument. Il était donc très naturel que les Egyptiens songeassent à diviniser le fleuve et l'animal auxquels ils devaient leur richesse et leur prospérité. Cependant, on peut se demander si le culte voué à un animal a précédé sa domestication ou si c'est le contraire qui a eu lieu. La chose est parfois fort difficile à déterminer. Il est absolument certain, néanmoins, que, par suite de sa domestication, l'animal s'est trouvé plus en contact direct avec l'homme; l'homme, de son côté, l'a, dès lors, mieux étudié et s'est pris pour lui d'une affection plus profonde, en raison des services rendus. Si le culte existait antérieurement, il s'est fortifié et amplifié; s'il n'existait pas, il a pu naître à cette occasion. Il n'y a qu'à voir l'attachement que nos paysans, policés et civilisés cependant, portent à leurs animaux domestiques, à ceux qui les font vivre et les enrichissent, pour comprendre

[1]) P. Piobb, *Formulaire de Haute-Magie.* Paris, H. Daragon, 1907.

que ce sentiment, chez des peuples grossiers et enclins par leur nature à être panthéistes, a pu facilement dégénérer en culte et en religion.

Ce n'est cependant pas un animal domestique dont le culte fut le plus répandu sur la terre, c'est le serpent. Le dieu-serpent est certainement le dieu dont la religion a laissé le plus de traces dans l'histoire. Sous forme de serpent, de dragon, de griffon, on le retrouve dans toutes les religions et dans toutes les légendes, même dans celles du moyen-âge. Les Egyptiens, les Chaldéens, les Assyriens, les Chinois, et bien d'autres, ont considéré le serpent et ses dérivés comme une divinité; il a sa place nettement marquée dans la religion juive et dans la religion chrétienne. Le serpent qui sort d'un œuf, représente la création du monde; le serpent qui se mord la queue est le symbole de l'éternité; la Vierge qui écrase la tête du serpent figure l'esprit du bien qui terrasse l'esprit du mal, et cette légende a son analogue dans celles de Persée, de l'archange saint Michel et de saint Georges. Le dragon et le griffon, qui ne sont autres que des monstres à membres disparates, tiennent du serpent et peuvent lui être comparés. Leur signification n'est pas moins diverse, suivant les époques et les religions: la Bible considère le dragon comme l'emblême de la perversité, les Mexicains s'en servaient comme d'enseignes, les Norvégiens et les Normands en ornaient la proue de leurs vaisseaux. Chez les Sémites, il personnifie le mal, chez les Scandinaves, il symbolise la vigilance; c'est pourquoi, chez ces peuples, il est préposé à la garde des trésors. C'est au griffon que les Grecs attribuaient cette fonction; ce qui fait que les deux animaux fabuleux ont un lien de parenté extrêmement proche. Pourtant, au moyen-âge, les chrétiens s'entendaient peu sur sa signification religieuse: car les uns en font l'image du Sauveur, les autres, celle du Démon. Somme toute, être créateur ou être destructeur, c'est toujours sous un de ces deux aspects, que les peuples anciens ont représenté le serpent, le dragon et le griffon; et ces deux conceptions dérivent l'une de l'autre.

Taureau sacré des Druides

Basrelief d'un monument celtique découvert en 1771 sous le chœur de Notre Dame de Paris

D'après l'original du Musée de Cluny

Le motif fondamental de la mythologie du monde est, en effet, un grand combat de dragons: lutte entre le bien et le mal, entre le pouvoir créateur et le pouvoir destructeur. C'est le chaos, d'où surgit un héros lumineux qui terrasse et

Saint Georges et le dragon
D'après le tableau de Raphaël, au Louvre

transperce le grand Python. Mais, à y regarder de près, le vainqueur n'est que le serpent lui-même, car le serpent est capable de se combattre, de se vaincre, de se détruire, de s'annihiler pour renaître sous un autre aspect et sous une autre forme. Ce mythe du serpent, en se transformant, est devenu celui du phénix, celui de Saturne, de bien d'autres encore. L'explication en est dans cette croyance à la métempsycose, à la migration des âmes, qui fait la base des religions: les âmes changent de corps sans changer de nature, elles traversent le temps en ne se modifiant qu'à l'extérieur, et les formes qu'elles prennent se répètent toujours. A Babylone, Marduk fend en deux le serpent Tiamat et, de ses deux moitiés, fait le ciel et la terre; mais Marduk n'est autre qu'un descendant de Tiamat, il est du même sang, il est exactement de même nature. Le serpent est donc un être double: capable de produire la vie et capable de la supprimer, principe du bien et principe du mal, protecteur de la maison et démon de la destruction. Il est l'essence même de ce monde auquel l'homme est toujours forcé de croire, puisqu'il le voit, de ce monde changeant qui a commencé et qui pourtant a toujours existé.

Tout cela ne nous dit pas pourquoi le serpent en est arrivé petit à petit à devenir le maître magicien du monde; il faut chercher un peu pour saisir la raison de cette conception qui nous déconcerte au premier abord. De tout temps, les magiciens ont employé les philtres pour obtenir, chez leurs patients et chez eux-mêmes, cet état d'extase dans lequel l'homme se croit transformé en un autre être. Les philtres agissent par la vertu des drogues qui les composent et qui, le plus souvent, sont des poisons. De tous les poisons, le venin du serpent fut toujours considéré comme le plus puissant et le plus actif; il n'y a qu'à jeter un coup d'œil sur les traités de magie de l'antiquité et du moyen-âge pour s'en rendre compte. La médecine, qui dérive directement des pratiques de la magie, a utilisé le serpent dans un grand nombre de ses préparations et cela jusqu'au XVIIIe siècle; les vieilles formules de la thériaque et de l'orviétan, par exemple, le démontrent suffisamment. Dans la langue fendue du serpent, on a vu l'image de la double essence des âmes, que le magicien avait le secret de séparer à son gré; la religion chrétienne, pour son mythe de la Pentecôte, a puisé dans le fond commun à toutes les religions antérieures: les apôtres ne parlent-ils pas, ce jour-là, deux langues? Cette langue fendue évoque l'idée de cornes; et, de même que les rois et les dieux qui régnèrent sur un pays portent toujours une couronne comme attribut, les êtres magiques et les magiciens sont très souvent représentés avec une paire de petites cornes. Aussi Michel-Ange a-t-il donné, à son admirable Moïse, des cornes qui ne laissent aucun doute sur sa qualité de prophète et de magicien. Quand bien même on considérerait les cornes comme un croissant de lune et, par suite, comme l'indice sacerdotal d'un culte lunaire, ainsi que cela arrive pour certains dieux égyptiens, notre première explication ne serait pas fausse: car on peut facilement relier entre elles ces deux manières de voir. La lune changeante, la lune menteuse, était, pour les anciens peuples, une manifestation de la puissance magique, et l'on sait que beaucoup d'incantations devaient se faire sous l'influence de sa lumière; la lune était le symbole du changement et de la transformation continuels, dont nous avons fait saisir l'importance dans la création du monde. Donc, croissant de lune, cornes de magicien et langue de serpent, ne seront, en résumé, que les représentations différentes d'une même idée, dont la double face du dieu Janus nous montre encore un autre aspect. Il n'est pas jusqu'aux mues des serpents, qui ne puissent servir de thème à la théorie du rajeunissement et du renouvellement: qu'y a-t-il, en effet, de plus puissant qu'un magicien qui peut passer d'une peau dans une autre, changer d'apparence et d'extérieur? Enfin, le serpent peut être considéré soit comme animal terrestre, soit comme animal aquatique, étant donnée

Statue de Moïse dont la tête est ornée de cornes
D'après Michel-Ange

sa facilité extrême à se mouvoir aussi bien sur la terre que dans l'eau; ses mouvements tortueux l'ont fait comparer aux flammes qui s'échappent d'un bûcher: il a donc peut-être, à juste titre, été pris tantôt pour l'esprit de la terre, tantôt pour l'esprit des eaux, tantôt pour l'esprit du feu. C'est ce qui explique les significations diverses qu'ont eues les serpents dans la religion des divers peuples.

Dans toutes ces religions, une idée fondamentale a dominé et il n'est pas sans intérêt de la rechercher. Selon nous, le pouvoir magique et le *Tancana*, à la possession duquel tendent toutes les aspirations des hommes primitifs, ont la plus grande analogie avec le «fluide» mystérieux que toutes les époques ont considéré comme la caractéristique de la force vitale. Cette doctrine était complètement abandonnée par la science, quand le néovitalisme l'a récemment remise en honneur. Le Dayak n'a pas une conception différente que Gilles de Laval, seigneur de Rais, maréchal de France sous Charles VII, prototype de Barbe-Bleue: tous deux assassinent leur semblable pour lui prendre une goutte, la dernière, de son sang, grâce à laquelle, s'obtiendra l'élixir de vie. A l'heure actuelle, sans en revenir aux pratiques criminelles de Gilles de Rais, la science a adopté une méthode expérimentale du même genre quand elle cherche à obtenir un blanc d'œuf vivant. Toute la conception du monde magique et miraculeux, n'est qu'une doctrine de métamorphose; cette doctrine est née naturellement et spontanément dans l'esprit du primitif et n'est pas, comme la nôtre, due à son opposition avec une théorie de la stabilité et de l'immutabilité des espèces.

* * *

Les puissants empires babylonien, égyptien et chinois, pour ne citer que ceux-là, ont certes connu de longues évolutions; ces premiers états civilisés ont été nécessairement précédés de formes primitives de communauté, formes, en somme, archaïques et même puériles; à une époque encore confuse et mystérieuse, s'est effectué ce passage de la barbarie à une civilisation, sans doute inférieure à la nôtre, mais certainement très supérieure à l'état précaire dont avaient joui ces peuples jusque-là. L'homme, dès ce temps, faisant un retour en arrière et considérant à la fois le présent et le passé, se sentait évoluer aussi; il s'est cru en possession du grand sortilège, lui permettant de dominer et de déterminer l'âme des choses. L'un des premiers phénomènes de la civilisation est l'apparition de l'écriture et des mathématiques; le mot et le chiffre ont été certainement considérés comme des entités magiques, toutes-puissantes, par les hommes primitifs qui se rencontrent dans cette conception avec Pythagore et Platon. La faculté de la pensée abstraite est une nouvelle arme de l'esprit: elle permet de faire le premier pas vers une civilisation toujours en voie de progrès.

Tout notre système, sur lequel nous édifions nos théories actuelles de la création et de la structure du monde, est exclusivement basé sur des lois et des faits réguliers; tout cela est fort éloigné de la conception magique des primitifs et même en contradiction avec elle; notre philosophie s'écarte absolument de la religion des animaux. La légende ne connaît pas la nécessité d'une loi: elle a pour fondement unique le *Deus ex machina* de la métamorphose. Pour nous, au contraire, c'est un principe d'unité qui a présidé à la formation de l'univers; de nouvelles tendances de la civilisation ne naissent et ne se développent que grâce à une doctrine franchement monothéiste et monistique, opposant à la raison, la nature, et rejetant la fantaisie des métamorphoses comme un principe changeant et mensonger. Par suite, l'esprit humain en arrive à concevoir un nouveau monde divin, sa civilisation augmente et le culte des animaux disparaît insensiblement. Mais ce culte a des racines si profondes dans l'âme des primitifs qu'il résiste longtemps à l'envahissement du monothéisme et l'on peut suivre nettement deux évolutions.

Lorsqu'une religion conçoit son dieu d'une essence purement spirituelle et raisonnable, elle apporte à combattre le culte des animaux une ardeur opiniâtre et se purifie complètement de tout ce qui s'y rattache, comme cela est arrivé pour les Juifs et pour les Musulmans. Quand, au contraire, le sentiment religieux mêle à son mysticisme des tendances plus panthéistes, il subsistera, dans ses manifestations les plus élevées, des empreintes persistantes de ce culte des animaux: c'est ce qui se voit encore de nos jours chez les Hindous, malgré tous les efforts du monisme.

Les religions des animaux sont essentiellement magiques, nous l'avons déjà dit: les religions des astres ne le sont pas moins. Pour se rendre compte du pouvoir magique du chiffre, des mathématiques en un mot, il suffit d'étudier avec soin les croyances des anciens Babyloniens. Le savoir des initiés qui vivaient en Assyrie et en Chaldée, nous plonge encore dans la stupéfaction: pour eux l'astronomie et toutes les sciences exactes n'avaient point de secret. Ils avaient, dès le début, adoré les animaux: mais ce culte ne correspondait, chez eux, qu'à un âge de la pierre, en fait de religion, et il fut, de bonne heure, remplacé par le culte des astres. Les Babyloniens, les premiers, ont pressenti le rôle important que le Soleil et la Lune jouent dans le système du monde et dans les phénomènes terrestres; ils ont déifié ces astres en en faisant la base de l'astronomie. Les premiers, ils ont employé l'année solaire, l'ont partagée en douze mois, ont réparti ces mois en quatre saisons; les premiers, ils ont divisé la semaine en sept jours, donné à chacun de ces jours le nom d'une des planètes qu'ils adoraient, partagé le jour en vingt-quatre heures, l'heure en soixante minutes, la minute en soixante secondes; les premiers, ils ont divisé le cercle en trois cent soixante degrés, le degré en soixante minutes, la minute en soixante secondes. Nous vivons encore sur le fonds que nous a légué la Chaldée et nous n'avons rien inventé dans cet ordre d'idées. Mais ce ne fut pas seulement pour faire de l'astronomie que les prêtres de la Mésopotamie montaient sur leurs tours de sept étages pour étudier les astres: ce fut aussi et surtout pour faire de l'astrologie, de la divination et de la magie. Cette magie mathématique et astronomique s'oppose, par ses règles fixes et immuables, à la magie flottante, capricieuse et changeante de la métamorphose. C'est la magie du chiffre qui remplace celle de la légende.

La religion de la métamorphose se transforme en religion régulière, la religion de la magie, en religion de la raison, la religion des fantômes, en religion divine. Dans toutes les anciennes religions, il en a été de même et, chez toutes, on peut facilement suivre le processus de cette transformation. Le Soleil, la Lune, les planètes, les phénomènes atmosphériques divinisés, gardent en eux de nombreuses traces de l'évolution primitive relative aux animaux; leurs mythes conservent également des réminiscences fréquentes d'une grande époque de lutte entre l'esprit ancien et l'esprit nouveau. L'histoire nous apprend que, vers 3000 avant J.-C., un prêtre-roi de la Babylonie méridionale, nommé Gudea de Lagas, eut à sévir, mais en vain, contre la croyance aux démons et à la magie: preuve évidente que, de son temps, les couches inférieures se contentaient d'une religion grossière, tandis que les classes supérieures s'élevaient déjà jusqu'à des spéculations d'une métaphysique plus abstraite. Les premiers dieux de Babylone furent Tiamat, le serpent du chaos, et sa femme Apsu. Beaucoup plus tard, ils donnèrent naissance à la trinité astrale Anu-Bel-Ea, qui finit par prendre la place prépondérante. Dès ce moment, le dieu-serpent commença à représenter l'esprit du mal, de l'épouvante et de l'extermination, tourné contre l'œuvre des divinités astrales et la lutte s'engagea; elle se termina par la victoire de Marduk, fils d'Ea, qui coupa Tiamat en deux et s'empara du pouvoir céleste. En qualité de héros et de dieu populaire, Marduk devint rapidement le premier des dieux et son culte fut le premier de tous depuis le règne d'Hammurabi, le fondateur de l'immense empire babylonien. On retrouve partout, dans l'art assyrien, la représentation du triomphe de Marduk sur Tiamat: les sculptures et les peintures ayant ce duel pour motif principal, abondent dans les monuments mis au jour par les fouilles récentes. Le mythe du serpent Labbu ramène cette même lutte à une époque ultérieure, alors que les hommes s'étaient déjà construit des villes et y résidaient; suivant la légende, le sang continua à jaillir du corps du monstre, pendant trois ans et trois mois. Et nous revenons aux animaux-dieux avec Ea, dieu de l'Océan, qui n'est autre que le poisson Oannès; celui-ci, tout comme Ea, tira l'homme du limon, et, suivant le récit de Bérose, enseigna à sa créature, l'agriculture, la construction des habitations, les métiers et les arts. Nous avons déjà vu l'analogue d'Oannès dans Ielch, le corbeau des Tlinkits, et dans le Grand-Lièvre des Algonquins, qui créèrent la terre et l'homme et donnèrent à ceux-ci les premiers éléments de la civilisation.

La lutte entre le bien et le mal, entre la création et la destruction, apparaît encore dans un autre mythe babylonien: à l'origine, l'aigle et le serpent sont liés d'amitié; mais, un jour, l'aigle forme le dessein de dévorer la couvée du serpent. Malgré les conseils de l'aiglon, qui met en garde son père contre le ressentiment de Chamach, dieu de l'Equité, l'aigle met son plan à exécution; le serpent brise les ailes et les serres de l'aigle et le précipite dans la fosse. Tel le Briarée du mythe grec, qui se relevait plein de vigueur chaque fois qu'il touchait la terre, l'aigle est délivré par Etana, dieu des Enfers, qui lui rend sa force. En remercîment, l'aigle offre à Etana de lui procurer l'herbe de l'enfantement et veut l'emporter sur son dos jusqu'au ciel d'Istar: mais au cours de cette tentative, ils tombent et se brisent tous deux.

Nous avons déjà parlé du bœuf Apis et de son culte en Egypte; nous en avons donné les raisons. Or, il est à remarquer que, chez tous les peuples sémitiques, le bœuf et le taureau ont été l'objet d'un culte. La Chaldée n'a pas fait exception à cette règle et le taureau y joue un rôle important. Dans une grande épopée en douze tables, legs de l'antique Babylonie, le héros Gilgamesch a pour compagnon Eabani, moitié homme et moitié taureau, qui va paître dans les champs et boire avec les animaux et dont le corps est couvert de poils. La déesse Istar se défend d'eux en leur envoyant un taureau céleste qu'ils terrassent et tuent. Après la mort d'Eabani, Gilgamesch descend aux enfers pour devenir immortel; mais, à la vue des hommes-scorpions qui gardent le passage conduisant de la Montagne Maschu aux eaux de l'enfer, le héros prend peur et s'évanouit. Parmi les dieux du panthéon babylonien, on voit Nannar, dieu de la lune, adoré comme aurochs dans le sud de la contrée et qualifié du nom de Taureau d'Anu; de même pour le dieu Sin, son analogue. Marduk est symbolisé par un taureau; les portes du palais de Khorsabad sont gardées par des taureaux ailés à têtes d'hommes, images du dieu guerrier Ninib, appelé aussi le Bœuf sauvage. Les gardiens de l'enfer sont également des taureaux; sur les bannières assyriennes, le dieu Assur plane au-dessus des mêmes animaux, montrant par là leur caractère sacré. Cependant, on voit parfois Ninib entouré de lions et d'oiseaux, Istar chevauchant un léopard, Nergal, dieu des enfers, symbolisé par le lion. Le plus souvent, cependant, Nergal est représenté avec un corps de lion, des ailes d'aigle et une tête humaine surmontée de cornes de taureau.

Tout cela dénote une conception plus élevée que celle d'autres peuples sémitiques, les Chananéens, les Phéniciens, les Syriaques, par exemple, chez lesquels le caractère animal prédomine dans l'image des dieux. Ainsi, le Veau d'or, qu'Aaron fut contraint d'ériger dans le désert sur les injonctions du peuple d'Israël, pendant que Moïse recevait la loi de Dieu sur le mont Sinaï, le Veau d'or est le dieu sémitique par excellence, Baal, et non, comme on l'a dit à tort, le bœuf Apis des Egyptiens. Le serpent ne fut pas non plus inconnu aux Hébreux en tant que dieu: Moïse avait fait exécuter un serpent d'airain, dont la vue guérissait ceux qui avaient été mordus par l'un de ces animaux, et, depuis Moïse, on avait pris l'habitude de l'encenser; ce ne fut que le roi Hiskia qui put mettre un terme au culte de Nehustan (serpent d'airain). C'est sans doute de la captivité de Babylone que viennent les légendes, dont la Bible nous a conservé quelques traces, de la lutte de Iaweh contre les dragons: on y retrouve une étroite parenté avec le mythe de Marduk.

Naguère encore, l'antique religion des animaux s'identifiait, dans l'esprit de ceux qui s'en sont occupés, avec les croyances des Egyptiens. La terre des Pharaons leur apparaissait comme la terre classique de cette religion spéciale. Et la crainte que les prêtres égyptiens inspiraient aux Grecs et aux Romains, avec les mystères dont ils se disaient les gardiens et les dépositaires, n'est pas étrangère à cette conception qui exerce encore aujourd'hui son influence sur la science. Déjà l'antiquité avait cherché à expliquer le culte des animaux en Egypte: comme elle le comprenait difficilement, elle ne voyait dans les statues et les représentations des bêtes que des symboles. L'égyptologie moderne fournit de précieuses indications sur le culte des chats, des crocodiles, des ibis, des éperviers, des ichneumons, des chacals et sur leurs rapports avec les dieux qui revêtent leurs formes. Nous n'avons pas à entrer ici dans le détail de ces divers cultes; il nous suffira de dire que nous admettons avec Maspéro, avec Pietschmann, avec Ed. Meyer, avec Erman, avec tant d'autres, qu'il a existé en Egypte, à côté des croyances les

Les a

D'après une grav

Supplément à l'ouvrage « *Les Animaux* »
(Ne peut être vendu séparément)

Paradis

Nicolas de Bruyn

Maison d'Édition BONG & Cie
PARIS

Statuettes egyptiennes d'animaux sacrés remontant à peu pres à 700 ans avant J.-C.

D'après les originaux qui se trouvent au Musée Royal, à Berlin

plus élevées, une forme archaïque et primordiale de religion animale, plus ancienne encore que celle dont nous voyons les traces à Babylone. Jusqu'à l'ère chrétienne, ce fétichisme, ce totémisme particulier aux peuples primitifs actuels du Continent noir, s'est maintenu dans la religion égyptienne, malgré l'apparition et même malgré la prédominance du monisme et du monothéisme. L'homme simple adressait ses prières à son animal protecteur, dont la forme terrestre était habitée par une âme d'essence divine et magique. Parthey a dressé une liste de tous les animaux qui font l'objet de cette vénération; nous n'avons pas à la reproduire ici, son intérêt étant relativement mince et la place dont nous disposons ne nous permettant pas de si longs développements. Ce qui frappe le plus, après un examen attentif, c'est la diversité et la localisation évidentes de ce culte: ici, le crocodile et l'hippopotame jouissent des honneurs divins, alors que là, au contraire, ils sont franchement méprisés et abhorrés. Seuls, le chat et l'épervier semblent avoir été adorés sur toute l'étendue du territoire égyptien: le chat, surtout, qui passait pour le bon génie de la maison et dont la mort était une source de chagrins et de calamités pour la famille entière. En sa qualité d'animal sacré, le chat était embaumé à l'instar des créatures humaines, comme le prouvent les cimetières découverts en divers endroits, notamment à Bubastis et à Beni-Hassan, et remplis exclusivement de momies de chats très bien conservées. Et, puisque nous parlons de nécropoles d'animaux, n'oublions pas de citer le Sérapéum de Memphis, lieu de sépulture des bœufs Apis, depuis la XVIIIe dynastie jusqu'à l'époque des Ptolémées, mis au jour en 1851 par Maspéro. Le bœuf Apis avait, à Memphis même, un temple spécial; les pèlerins y affluaient et les processions s'y déroulaient au milieu d'un grand concours de peuple et de prêtres revêtus de brillants ornements sacerdotaux. D'autres villes étaient des centres d'adoration pour d'autres animaux: Héliopolis, pour le taureau de Râ; Mendes, pour le bélier d'Osiris; Arsinoë, dans la Moyenne-Egypte, pour le crocodile sacré de Sebek; Hermapolis, pour l'ibis, etc.

Il est assez difficile d'affirmer s'il ne faut voir, dans les représentations semi-animales et semi-humaines des dieux égyptiens et babyloniens, que l'indice d'un progrès artistique, ou si, au contraire, on est en droit d'y reconnaître un degré plus élevé de la conception religieuse: les deux opinions peuvent se soutenir, mais la seconde paraît la plus vraisemblable. Jetons donc un instant les yeux sur quelques-uns des dieux de l'Egypte pour nous rendre compte de cette évolution. Dans les origines, on adorait séparément Ammon et Râ: l'un était le dieu de la fécondité et se représentait avec une tête de bélier, l'autre était le dieu du soleil et portait généralement une tête d'épervier. A une certaine époque, ces deux divinités se confondirent et la chose est facile à comprendre: c'est le soleil qui produit la fécondité de l'Egypte en évaporant l'eau du Nil et des lacs, en faisant fleurir, en provoquant les crues du fleuve, enfin, en permettant aux végétaux et principalement aux céréales, de pousser et de mûrir. On voit donc très nettement la raison pour laquelle Ammon et Râ se sont transformés en un seul et même dieu: Ammon-Râ, à tête de bélier. D'autre part, Ammon-Râ, fut également, plus tard, identifié avec Osiris et avec Chnum, tous dieux du Nil, qui, comme tels, avaient également la tête de bélier en signe caractéristique. De la bouche d'Ammon sortit l'œuf, d'où naquit Ptah, le grand dieu de Memphis, adoré dans cette ville sous les espèces de son incarnation vivante: le bœuf Apis. Parfois Ptah porte une tête de grenouille, en qualité de dieu de la génération originelle, parce que l'on croyait communément que la grenouille était née directement du limon. D'autres dieux, distincts les uns des autres, aux époques des premières dynasties, se sont confondus plus tard en un seul; leurs représentations différentes ont subsisté, mais elles ont seulement servi alors à marquer les diverses qualités, les divers attributs d'un même dieu. C'est ainsi que le dieu Ptah et les déesses Sechmet, femme de Ptah, Mut, épouse d'Ammon, et Bast, adorée dans le temple des chats de Bubastis, se trouvant tous représentés avec une tête de chat, ont fini par ne plus se distinguer les uns des autres. La signification de Set-Sebek, le dieu crocodile, n'apparaît pas très clairement: comme nous l'avons déjà dit, adoré dans l'Ombos et le Fayoum, le crocodile était un object d'horreur et d'exécration dans le reste de l'Egypte; même, sous certains rois, son nom fut effacé sur les monuments où il se trouvait. Sous la forme du serpent nuageux Apepi, Seth est en lutte avec le dieu soleil Râ et, dans le mythe d'Osiris, joue le rôle d'un frère ennemi. Enfin, nous voyons parfois Set-Sebek porter des cornes de bélier sur sa tête de crocodile, et parfois il est représenté avec de longues oreilles et une queue bifide.

Le culte des animaux en Egypte ne mérite pas le mépris dans lequel le tenaient les Grecs et les Romains; Juvénal n'en parle qu'avec dégoût, oubliant que, dans les mythes grecs, ce culte se retrouve avec les signes les moins équivoques, comme, d'ailleurs, chez tous les peuples d'origine indo-germanique. Au contraire de ce qu'y voyaient les anciens, cette religion des animaux est, pour la science moderne, l'expression d'une conception et d'une compréhension très nettes de la nature, quoique naïves et simplistes. Notre philosophie actuelle contient encore les germes les plus subtils de cette religion, source du panthéisme universel. Certes, il ne faudrait pas croire que ce soit par hasard que la théologie panthéiste du clergé égyptien ait pu se développer, à côté d'un culte des dieux-animaux pratiqué par le peuple. Il n'y a, pour s'en convaincre, qu'à regarder attentivement ce qui s'est passé dans l'Inde. Là, la conception panthéiste ne s'est pas contentée de coexister avec le culte des animaux et de le coudoyer: les deux croyances se sont à la fin fusionnées et réunies, au point qu'il n'y a parfois aucune distinction à établir entre certains dieux et certains animaux. On suit très bien les traces de cette marche ascendante quand on étudie les livres sacrés des diverses époques: tandis qu'à l'origine, du temps des hymnes les plus anciennes des Védas, les deux manières de voir n'avaient qu'une importance relative, au moyen âge hindou, au contraire, le culte de la vache et la croyance à la métempsycose, jouèrent dans la religion un rôle prépondérant.

Il nous faut, à l'appui de ces assertions, jeter un coup d'œil sur cette religion: au premier abord, on remarque facilement que son caractère distinctif est celui d'une religion de la nature. On y voit les âmes, les esprits, les spectres, les êtres originels de forme animale, les démons et les créatures magiques protéiformes, fusionner peu à peu avec les phénomènes de la nature: les dieux du ciel, du soleil, de la lune, des nuages, du feu et des eaux sont, de préférence, représentés sous la forme humaine. Mais, même après cette évolution, ils ont conservé, de leur origine, des traces multiples et indiscutables. On l'a judicieusement fait remarquer: c'est à l'art spécial des Hindous, qui ont surtout travaillé le bois, que nous devons de ne pas rencontrer, au cours des fouilles entreprises dans tout le territoire de l'Inde, des statues de dieux, à têtes d'animaux, comme cela arrive à chaque instant en Egypte, dont le sol fut couvert de temples et de statues de pierre.

Au premier rang de la religion hindoue, se trouvent les animaux domestiques et particulièrement la vache; celle-ci est la véritable incarnation de la force et de la nature divines. Les déesses Ida et Aditi sont représentées sous la forme d'une vache; et la vache Aditi créa jadis le Soleil, la Lune et les planètes. Les Maruts, dieux des tempêtes, sont « les enfants de la vache bigarrée ». Indra, le dieu des batailles et des orages, qui fut le premier et le plus populaire des dieux à l'époque du Rig-Véda, prend, dans les légendes sacrées, l'apparence d'un taureau puissant. Un chant d'une grande poésie, dû au « rishi » Hiranyastoupa, nous décrit un des plus célèbres exploits d'Indra: sa lutte contre Vritra, « l'ennemi, ou Ahi », le serpent, et la « délivrance des vaches ». En voici le commencement: « Je chanterai la victoire d'Indra, celle qu'hier a remportée l'archer. Il a vaincu Ahi, il a partagé les ondes, il a déchaîné les torrents des montagnes célestes . . . Les eaux, comme des vaches qui courent vers leur étable, se sont précipitées vers la mer... » Jamais poète n'a dit, dans un plus beau langage, la victoire du beau temps sur l'orage: car Indra, c'est le soleil; Ahi, le nuage noir; les vaches célestes, les pluies nourricières. Hésiode, dans sa *Théogonie*, n'a pas de plus belles images quand il raconte la lutte de Zeus contre les Titans.

Les légendes hindoues contiennent la plupart des mythes que l'on trouve plus tard chez les autres peuples indo-européens et indo-germaniques: ainsi le cheval enchanté et miraculeux des Grecs, des Scandinaves et des Germains, a un lien de parenté très proche avec le cheval divin Dadhikravan, don des dieux Mitra et Varuna à Trasadasyu, roi des Purus. De même que le taureau avec Indra, le cheval a les rapports les plus étroits avec Agni, le dieu du feu; et de même que les déesses Ida et Aditi revêtent souvent la forme d'une vache, les Açwinas, ou déesses de l'Aurore, passent pour être nées d'une jument. Celles-ci, d'ailleurs, par beaucoup de traits, rappellent les dieux-chevaux; ce sont les cavaliers étoilés qui, comme les Dioscures de la mythologie grecque, représentent le crépuscule du matin et celui du soir et sont toujours associés dans les hymnes.

Bien d'autres animaux paraissent encore dans le panthéon hindou. C'est ainsi qu'un bouc monopède soutient le ciel et la terre; que des boucs traînent le dieu Pushan qui surveille les routes; que ce dieu lui-même n'était, à l'origine, qu'un bouc, ou un homme aux pieds fourchus. Ne retrouve-t-on pas là le mythe grec des Faunes et des Sylvains? Comme dans toutes les autres religions anciennes, l'aigle est l'oiseau du Soleil et par conséquent celui d'Indra. C'est lui qui apporte aux dieux la boisson sacrée du Sôma et entre ensuite en relations avec Agni. Chez les Germains, un mythe rapporté par Oldenberg, racontait que Dieu lui-même se changea en aigle, pour s'envoler dans le royaume des dieux. On voit par là combien était grande, pour l'antiquité, la similitude entre les dieux et les animaux; plus tard, les animaux ne sont plus devenus que les compagnons des dieux et leurs messagers. Enfin, la croyance à la métempsycose domine toutes les religions à l'origine et en fait partie intégrante.

Jusqu'à présent, nous avons vu l'Aryen n'adorer que des animaux domestiques ou des animaux nobles, en quelque sorte: les insectes et les reptiles ont cependant aussi leur place dans le panthéon hindou. Ainsi, l'on y voit des tortues et des fourmis; mais, par-dessus tout, on y remarque des êtres horribles et fantastiques, sortes de loups-garous, appelés Nagas. Malgré leur apparence extérieure, qui est celle de l'homme, les Nagas sont en réalité des hommes-tigres, des tigres-hommes et surtout des serpents. Le serpent est tenu par l'Hindou en grande vénération; il a pour lui une crainte superstitieuse qui va jusqu'à l'adoration; à la fin et au commencement des saisons pluvieuses, il lui consacre des jours de fête; il lui offre en présent, des fleurs, des onguents, des fards, jusqu'à des peignes. Il y a sans doute là une croyance totémique qui a subsisté jusqu'à nos jours et qui constitue encore la base sur laquelle se développe la vie spirituelle de l'Hindou.

Le totémisme et la métempsycose, constituent deux doctrines dont les liens sont évidents: si le premier proclame que l'homme descend et provient des animaux, la seconde parle de la réintégration de l'âme humaine dans le corps des animaux. Cette dernière croyance se retrouve partout: elle n'est pas particulière aux peuples primitifs; elle n'est pas davantage circonscrite au territoire asiatique. Les anciens Celtes la professaient; des philosophes grecs, tels que Pythagore, Empédocle et Platon, s'y étaient ralliés; ils la firent même passer au nombre des dogmes autour desquels gravitent les mystères du vieil hellénisme. Des modernes, comme Lessing et Schopenhauer, ont manifesté la sympathie la plus grande, la plus profonde et la plus avérée pour la vieille religion des animaux, dont la croyance à la métempsycose et à la renaissance des âmes, n'est que l'expression la plus haute et la glorification la plus pure. Nous avons déjà dit que ce serait une grave erreur de considérer comme un tout unique et indissoluble l'adoration des animaux et les dieux-animaux: il faut, bien au contraire, admettre que l'animal n'est qu'un phénomène parmi tous les phénomènes. Toutes les manifestations de la nature ont entre elles une étroite parenté, de telle sorte que l'une peut se convertir et se transformer en une autre. C'est cette croyance à la métamorphose qui constitue le fond de la plus ancienne religion de l'humanité; c'est cette faculté de se transformer qui constitue l'essence de l'âme.

Nulle part la croyance à la métempsycose ne s'est manifestée avec tant de précision et de persistance que dans la doctrine hindoue de Samsâra, qui s'appuie sur la conscience religieuse et fortement panthéiste du peuple aryen. La preuve décisive s'en voit déjà à l'époque où parurent les oupanischads, c'est-à-dire vers le VIIIe ou le VIIe siècle avant J.-C. et le témoignage le plus ancien nous en est fourni par ce passage de l'oupanischad Kaushîtaki-Brahmana: « Tous ceux qui quittent ce monde s'en vont dans la lune. Celle-ci se grossit, pendant la première moitié (lumineuse) du mois, des souffles vitaux de ces êtres; dans la seconde moitié (obscure), elle active leur naissance. La lune est la porte d'entrée des demeures divines. Elle laisse passer ceux qui répondent à sa question; ceux qui ne peuvent lui répondre, elle les change en pluie et les fait pleuvoir sur la terre. Tel renaît sur la terre, selon ses œuvres et selon ses connaissances, sous la forme d'un ver, d'une mite, d'un poisson, d'un oiseau, d'un lion, d'un sanglier, d'un âne sauvage, d'un tigre, d'une souris ou d'un autre être ...» Les choses et les êtres uniques de la terre sortent tous de l'Unique, de l'Absolu, de Atman-Brahma, où tout se confond; suivant leur nature, les choses et les êtres sont plus ou moins éloignés de Atman-Brahma. Cherchant à s'élever sur d'innombrables échelons, sans cesse repoussé par des influences contraires, chaque être tend à retourner, but suprême, vers l'Un originel dont il s'est autrefois détaché. La forme nouvelle sous laquelle chaque homme renaît, est la récompense ou la punition des actes et des principes de sa vie antérieure. Les lois de Manou donnent le détail de cette migration des âmes, avec une grande précision. Les hommes qui sont la proie des plaisirs et des appétits matériels, ceux dont le corps s'est rendu coupable de péchés, revivent à l'état de pierres, de plantes ou d'animaux. Celui qui, par colère ou à dessein, a frappé un Brahmane, fût-ce avec un brin d'herbe, doit renaître pendant vingt et une transmigrations dans le ventre d'un animal ignoble; le voleur de grains, devient un rat; le meurtrier, un animal de proie; l'adultère qui a souillé la couche de son maître, est changé en épine ou en chardon; la femme infidèle à son mari, se métamorphose en chacal. Telle une immense échelle de Jacob, la longue suite des renaissances, s'étend, depuis les pierres, les insectes et les poissons, en passant par toutes les catégories d'animaux, jusqu'aux éléphants et aux chevaux, jusqu'à la caste la plus méprisée des hommes, celle des Soudras, qui n'est guère différenciée des animaux, jusqu'aux êtres démoniaques les plus divers, qui servent de châtiment aux jouisseurs et aux pécheurs de toutes sortes. Cette liste comprend, en outre, toutes les catégories d'existences humaines, à commencer par les joueurs et les ivrognes, pour s'élever jusqu'aux chevaliers et aux rois, pour atteindre les Gandharvas et les Apsarases, pour aboutir, enfin, au sommet de l'humanité, représenté par les solitaires, les ascètes et les Brahmanes.

A côté de la croyance primitive à la métamorphose, émanant de l'ancienne religion des animaux et en opposition avec elle, l'Hindou place une théorie métaphysique et abstraite de l'Absolu. Pour lui, l'essence divine du monde ne consiste pas en un changement, en une transformation perpétuelle: elle consiste, au contraire, en un principe unique et immuable. La contradiction entre l'esprit et la matière, reste encore l'un des grands problèmes à résoudre: l'Hindou s'en est tiré grâce à un artifice, à un coup de force: car il estime que le monde de Samsâra n'est qu'un monde apparent et trompeur, un monde où le mal et le vice règnent en maîtres, un monde, enfin, qui ne doit pas exister. Ces deux doctrines opposées: la théorie d'Atman-Brahma et la croyance à la métempsycose, toutes les sectes hindoues, tant philosophiques que religieuses, sont arrivées à les concilier. Le Bouddhisme, en particulier, ne voit, dans la renaissance éternelle des êtres en d'autres êtres différents, que l'existence du péché et du châtiment. Pour cette religion, le but final de toutes les métamorphoses est le Nirvâna, le Non-Etre, le Néant, où cessent toutes les transformations, où meurent toutes les forces, où tout ce qui est achevé revient à son point de départ, où rien ne se distingue de rien; c'est le dernier terme de la béatitude et la suprême espérance de la vertu. C'est l'absorption dans le sein de Brahma. La doctrine de la métempsycose, chère à l'Hindou de tous les temps, provient donc de la religion des animaux et des enchantements de l'humanité; mais, en outre, elle contient aussi l'idée d'une force et d'une richesse vitales infinies, d'un amour de la vie et de la nature, qui se manifestent sous des formes et sous des aspects toujours nouveaux. D'autre part, les doctrines d'Atman-Brahma et du Nirvâna, de l'Absolu et du Néant, qui, en somme, n'en font qu'une, contiennent une religion nouvelle qui subordonne l'évolution matérielle des métamorphoses à la malédiction du péché: c'est la conception métaphysique du monde en laquelle vient peu à peu se fondre l'antique religion des animaux.

Mais ce n'est là que la forme élevée des religions hindoues: la croyance à la métempsycose et à la renaissance des âmes, a toujours empêché la religion populaire de triompher, d'une façon absolue, de l'ancien culte des animaux. Bien que la conception de la divinité émane de spéculations essentiellement abstraites, les légendes n'en ont pas moins toujours revêtu les dieux des formes et de l'aspect extérieur des animaux, comme le faisaient les mythes des premiers temps. Voyez la légende fantastique de Bouddha: au cours de ses différentes existences, le «Parfait» s'est manifesté par d'innombrables incarnations animales, tantôt lion et tantôt aigle, tantôt grenouille et tantôt lièvre, jusqu'au moment où il retourna dans le sein de sa mère, sous les traits d'un éléphant blanc. De même, la religion hindoue, tant au moyen âge que de nos jours, invoque des dieux de forme animale et les métamorphoses de ses dieux en animaux jouent, dans sa doctrine de l'être suprême, un rôle important.

Seuls, les philosophes, les prêtres, les gens très cultivés considérèrent Brahma comme une conception de l'Absolu ne pouvant être représentée par aucune manifestation réelle. Les profanes, au contraire, virent toujours en Brahma un être personnel. Les spéculations théologico-monistiques des Brahmanes et des grands fondateurs de sectes, se mêlèrent aux plus anciennes conceptions religieuses de la majorité du peuple et se confondirent avec elles. Le panthéon des Aryas était assez vaste pour contenir tous les dieux imaginables: dieux de la nature, dieux animaux, démons, âmes, esprits, spectres, êtres composites de la vieille religion de la magie et de la métamorphose, dieux locaux honorés de tout temps par les divers peuples et dans les différentes régions de l'Inde, fondateurs de sectes eux-mêmes, tous y furent accueillis avec la même facilité et avec la même bienveillance. Veut-on savoir ce qu'est l'être divin d'après la conception hindoue? «Dans le Bhagavadgîtâ, cet épisode célèbre du Mahâbhârata, Vichnou-Krishna, à la prière d'Arjuna, se manifeste à lui sous sa véritable forme. Il lui apparaît, s'élevant très haut vers le ciel, avec une foule de têtes, de bras et d'yeux, sans commencement, sans milieu et sans fin, cachant en lui une quantité innombrable de corps et de formes. Tous les dieux, la légion des différentes créatures, tous les sages de l'époque primitive, tous les héros, tous les serpents célestes, Brahma lui-même sur

Pèlerins hindous devant la vache sacrée Nandi
D'après W. Simpson

son siège de lotus, ne sont que des parties du corps incommensurable du Tout-Puissant, objet de stupéfaction et d'épouvante» [1]). Tels sont Brahma, Vichnou et Çiva, dieux souverains composés d'une foule d'êtres dissemblables et divers. Les Hindous les réunissent en une trinité, qu'ils mettent à la tête de leur monde

[1]) L. von Schrœder, *Indiens Litteratur und Cultur.*

Le dieu hindou Vichnou met à mort les animaux-démons Madhou et Kaitabh

D'après le manuscrit hindou Markandeya Pourana

Supplément à l'ouvrage « *Les Animaux* »
(Ne peut être vendu séparément)

Maison d'Édition BONG & Cie
PARIS

divin. Né vers l'époque où fut prêché le Bouddhisme, ce culte nouveau envahit l'Inde entière et en chassa Bouddha qui trouva asile dans l'île de Ceylan, dans le Thibet et en Chine; il est demeuré, jusqu'à nos jours, l'une des grandes religions, la principale parmi celles qui sont pratiquées par les Hindous actuels.

Il est facile de se rendre compte de la raison qui a rendu si élastique le panthéon hindou: la doctrine de la métempsycose, la croyance suivant laquelle le dieu peut, à son gré, se transformer en tel ou tel être, en est l'unique cause. Le moindre dieu local fut considéré comme une émanation, une manifestation, une qualité, une partie du grand dieu; comme tel, il était honoré en lui et avec lui. «Quand les Brahmanes, dit Lyall, veulent convertir à leur religion une tribu aborigène qui adore le cochon de lait, ils commencent par affirmer que le cochon de lait est une personnification de Vichnou.» De même, les dieux et les héros ne font qu'un, soit que les héros aient été peu à peu élevés au rang des dieux, soit, au contraire, que les dieux aient revêtu la forme humaine et soient devenus des héros. Jusqu'à l'heure actuelle, la doctrine des avatars des dieux a constitué un immense réceptacle où tous les mythes, toutes les légendes, toutes les croyances ont trouvé place. Les poèmes épiques du Râmâyana et du Mahâbhârata célèbrent les héros nationaux Krishna et Râmâ, personnifications et expressions humaines de Vichnou, adoré, dans les régions du Gange, comme le plus grand et le plus puissant des dieux. Ainsi, se confondaient et se mêlaient indissolublement les mythes des dieux et ceux des héros, car, alors, la religion était toute poésie et la poésie était toute religion.

Représentation indienne du dieu Vichnou

Nombreux sont les récits qui racontent les diverses incarnations de Vichnou; mais celles-ci sont, généralement, au nombre de dix. Fait caractéristique: les plus anciennes et les premières constituent des mythes de métamorphoses animales. Ainsi, c'est sous la forme d'un poisson que le dieu annonça le grand déluge au premier homme, à Manou, et qu'il traîna l'arche jusqu'au moment où elle aborda sur une montagne du Cachemire; c'est sous l'aspect d'une tortue qu'il soutint la terre qui s'affaissait et qu'il traversa en diagonale la mer du monde pour conquérir le breuvage de l'immortalité; c'est comme sanglier qu'il tua un démon qui avait entraîné la terre jusqu'au fond de l'Océan et la tenait en son pouvoir; c'est sous les traits d'un être fantastique, mi-homme, mi-lion, qu'il terrassa un autre monstre. Pour ses dernières apparitions sur la terre, Vichnou revêtit la forme humaine: Vichnou-Krishna dompte le taureau sauvage qui tuait tous les bestiaux et anéantit le roi des serpents; Vichnou-Râmâ se lie d'une étroite amitié avec le singe divin Hanuman, que le Râmâyana représente comme son compagnon fidèle dans sa lutte contre le monstre Râvana. Il est à remarquer que le dieu-singe Hanuman jouit d'une extrême popularité dans l'Inde entière: les sectateurs de Vichnou, comme ceux de Çiva, lui témoignent la plus grande considération. Pas de village, si minime soit-il, où ne se voie l'image d'un singe: c'est la dernière trace d'une ancienne adoration de cet animal, consacrée d'ailleurs par les Védas. Le serpent du monde, Ananta, sert de couche à Vichnou, qui a, pour monture favorite, l'oiseau Garuda, le grand destructeur de serpent et l'oiseau du soleil; celui-ci, sous une forme mi-humaine mi-animale, est aussi l'objet d'un culte particulier. Mais c'est surtout Ganeça, le dieu des sciences, le fils de Çiva et de son épouse Parvati, que les Hindous révèrent; ils lui donnent l'apparence d'un éléphant et ornent de son image les portes de toutes leurs villes; tout comme pour Hanuman, c'est à son aspect extérieur, purement animal, que Ganeça doit la faveur particulière dont il jouit auprès du peuple.

Représentation indienne du dieu Ganeça

Nous ne saurions faire défiler, devant les yeux du lecteur, les images, les légendes et les fables relatives au culte des animaux; mais il serait intéressant de suivre ce culte jusque dans les coutumes auxquelles il a donné naissance; de rechercher ce qui en reste encore dans les religions actuelles. Dans l'étude sommaire qui précède, dans notre exposé des doctrines concernant les animaux-dieux, depuis les Egyptiens et les Babyloniens, jusqu'aux Hindous contemporains, nous avons simplement voulu montrer comment a évolué la religion antique et primordiale de l'humanité, celle de la magie, des métamorphoses, de la métempsycose et des transformations de l'âme, comment elle a fusionné avec les conceptions et les idées nouvelles d'une religion moins grossière, comment, enfin, elle a persisté, en tant que croyance originelle, dans les sentiments les moins élevés et les plus obscurs de ses adhérents. Les mêmes traits fondamentaux se retrouvent dans toutes les mythologies, dans toutes les légendes des dieux et des héros, chez tous les peuples et dans tous les temps: de telle sorte que l'examen approfondi des mythes et des croyances des Perses, des Grecs, des Romains, des Celtes, des Germains et des Slaves, aussi bien que celles des Hindous et des Sémites, nous forcerait à des répétitions sans nombre. Les dieux nous apparaissent, dans les religions des peuples civilisés, sous une forme purement humaine, leur nature est transfigurée, leur essence a généralement pris un caractère immatériel ou d'une compréhension abstraite: malgré cela, nous constaterons toujours qu'ils descendent de l'animal, ou, pour parler plus exactement, d'un être magique tenant à la fois de la triple nature de l'animal, de l'homme et du dieu.

Bélier sacré de l'ancienne Egypte (environ 1450 avant J.-C.)
D'après l'original qui se trouve au Musée Royal, à Berlin

Au cours des âges, la distinction s'établit et, peu à peu, la différenciation en dieu, en homme et en animal, devient complète; parfois, cependant, les dieux nouveaux de la civilisation ne remplacent pas, d'une manière absolue, les dieux-

9*

animaux de l'époque primitive: les deux cultes se superposent, s'entrelacent, se mêlent, et, par endroits, le plus archaïque demeure visible à côté du plus élevé. Au commencement, les prières sont adressées directement à l'animal, adoré et représenté naïvement et simplement sous son aspect ordinaire, comme on le voit encore chez les peuples primitifs dont nous avons parlé plus haut. Plus tard, les formes humaines et animales se mélangent, et l'on obtient ces statues, ces images et ces peintures que nous ont laissées les Egyptiens et les Babyloniens; l'art grec lui-même n'a pas échappé à cette nécessité et l'on a retrouvé dans les temples de la péninsule hellénique des Déméters à tête de cheval et des Bacchus ornés de cornes de taureaux. Ce n'est que plus tard que les dieux sont offerts à l'adoration des fidèles sous des traits exclusivement humains; mais l'animal dont ils sont issus, subsiste comme un esprit ancestral, un symbole de leur essence originelle. Il est généralement leur serviteur et leur messager, comme l'aigle de Zeus; il est aussi la représentation de l'une de leurs qualités ou de leur manière d'être, comme le paon d'Héra ou comme le hibou de Pallas; parfois encore, on en élève et on en conserve dans les temples, comme c'est le cas pour les souris d'Apollon Smintheus. D'ailleurs, un peu partout, l'animal jouit, auprès du peuple, d'une considération singulière et joue, dans les conceptions morales, un rôle prépondérant: les Iraniens ont la vache, le chien, le coq; les Grecs ont les serpents, les belettes, les fourmis, les cigognes, les loups; les Romains ont le loup et le pic. Ce sont des êtres originels, contemporains du chaos primitif; ils président à la création du monde; ils assisteront à sa destruction. Chez les Iraniens comme chez les Germains, c'est un taureau ou une vache qui sont les premiers êtres: Gajomartan chez les uns, Ymir chez les autres; de leur cadavre, mis en pièces, naissent la terre et toutes les créatures qui l'habitent. Partout également, on retrouve le mythe du dragon, dont l'histoire commence avec le monde et ne finit qu'avec lui. Une légende des anciens Perses nous conte la lutte et la victoire d'Atar, le feu, contre le dragon Azhi-Dahâka. Quand le monde sera près de finir, le principe du Mal, Ahriman, délivrera encore une fois le dragon Azhi-Dahâka des chaînes où, depuis des siècles, le retient Thraetaona; le monstre portera partout ses ravages, jusqu'au moment où Ahura-Mazda, le dieu bon, ressuscitera, pour en triompher à jamais, le héros Keresâspa, sorte d'Hercule iranien, époux de la fille d'un serpent et vainqueur de tous les démons. Les Persans ont conservé cette légende, qui, dans leur langue, est devenue celle de Roustem, héros analogue au Siegfried germanique et chanté par le poète Firdousi dans son admirable épopée. Un mythe du même genre avait cours en Grèce, et les Germains, dans leurs livres sacrés, rapportent l'histoire de Loki et de son fils, le loup Fenris, que les Alfes noirs attachèrent par le cou à un rocher où il doit rester jusqu'à la fin du monde. Le loup n'est que l'une des formes de la bête infernale: ailleurs, elle sera un serpent, comme dans la Bible, ailleurs encore, un monstre tricéphale, comme le Cerbère des Grecs. Un fait digne de remarque est que, malgré leur proche parenté, ou peut-être à cause d'elle, c'est toujours le serpent qui combat le dragon et en est le vainqueur: dualité bizarre, qui fait, de deux êtres semblables au fond, des ennemis irréductibles, en qualité de puissance du bien et de puissance du mal.

Hercule lutte contre l'Hydre de Lerne
D'après une gravure tirée du *Temple des Muses*, Amsterdam 1733

Et, puisque nous parlons des Grecs, arrêtons-nous un moment pour faire observer que, chez eux aussi, la doctrine de la métamorphose était une des bases de la religion: ne voit-on pas, par exemple, Jupiter se changer en cygne, en taureau, en fourmi, voire même en pluie d'or, Apollon prendre la forme d'un dauphin, et ainsi des autres dieux? On a, parfois, qualifié d'enfantin le mythographe Antoninus Liberalis, et de frivole, l'exquis poète qu'était Ovide: tous deux ont chanté les métamorphoses dont la mythologie antique était remplie. C'est une grave erreur d'esprit superficiel que de voir, dans la *Transformationum congeries* et dans les *Métamorphoses*, un indice de la frivolité ou de décadence religieuse. Ceux qui ont fait, dans les croyances des peuples primitifs, quelques incursions même peu approfondies, doivent retrouver dans cette mythologie des traces évidentes de la religion des animaux.

Il n'est pas jusqu'au christianisme qui, dès son origine, n'ait vu surgir, dans quelques-unes de ses sectes, une curieuse réminiscence de ces cultes abolis. Les Gnostiques donnaient aux mythes des animaux une interprétation symbolique, à côté des spéculations les plus profondes. Les Ophites, comme leur nom l'indique, adoraient les serpents. Il ne faut pas voir là un souvenir ou une imitation du fétichisme africain: les idées de la transsubstantiation, de la réincarnation et de la migration des âmes, le sentiment panthéiste primitif de la religion des animaux, alimentaient encore le mysticisme qui florissait à cette époque. Ce panthéisme est surtout visible dans la doctrine gnostique: alors que le christianisme orthodoxe avait une conception divine rationaliste, métaphysique, abstraite et monistique, et plaçait Dieu plus haut que tout ce qui est humain et concret dans la nature, le gnosticisme ne considérait Dieu que comme l'homme lui-même; pour lui, les trois règnes de la nature étaient autant de manifestations des dieux, autant d'incarnations du *Tout* et de la divinité.

Le moyen âge n'a pas échappé à l'intrusion des animaux dans sa littérature: il n'y a qu'à voir le nombre considérable de *bestiaires* qu'il nous a légués. Dans ces fables, dans ces moralités, dans ces poèmes didactiques où les bêtes les plus diverses et les plus fantastiques figurent comme personnages, on retrouve un mélange des légendes, des superstitions, du culte même relatif aux animaux.

Le plus ancien en date de tous ces bestiaires est sans contredit le *Physiologus*, qui vit le jour à Alexandrie, vers la première moitié du deuxième siècle de notre ère. Copié, traduit, imité, adapté dans toutes les langues, il est l'original de cette curieuse zoologie mystique qu'affectionnait le moyen âge; on en connaît un nombre incalculable de textes et de versions en grec et en latin, en éthiopien, en syriaque, en arabe et en arménien, en français, en italien, en anglo-saxon, en haut-allemand de diverses époques et même en islandais. On y retrouve comme un écho lointain et affaibli de la vieille religion égyptienne à son déclin. A côté de constatations réelles de zoologie, le *Physiologus*, c'est-à-dire le maître qui interprète la nature, prête aux animaux des pouvoirs surnaturels: c'est que, pour lui, les animaux sont aussi des symboles. Il transporte dans le christianisme les croyances mythologiques; il croit à la métamorphose et à la résurrection. Ainsi le lion, qui dort les yeux ouverts, sait ressusciter par la vertu de son souffle le lionceau que sa mère a mis au monde mort trois jours auparavant; le pélican, de même, redonne la vie à ses petits, morts depuis trois jours, en les arrosant du sang qu'il fait couler de sa poitrine. Le lion et le pélican représentent Dieu qui a ressuscité son Fils mort sur la croix et enseveli depuis trois jours; ils symbolisent également le Christ lui-même, rachetant et sauvant l'humanité pécheresse. Combien d'animaux le *Physiologus* ne nous montre-t-il pas! Tour à tour nous voyons défiler, avec des vertus et des qualités singulières, la licorne, le hérisson, le griffon, le dragon, le cerf, l'âne, l'éléphant, l'aigle, l'oie, la salamandre, et tant d'autres.

Bien que les temps modernes aient fait justice de toutes ces fables, bien que le culte des animaux n'existe plus de nos jours dans nos pays chrétiens, il est intéressant de constater que l'iconographie a continué à symboliser les saints,

Jupiter sous la forme d'un taureau enlève Europe
D'après la peinture d'un vase antique grec

les apôtres, Jésus lui-même, par des animaux: sans en chercher la raison, nous admettons très bien, par exemple, que le Christ soit accompagné d'un agneau, saint Marc d'un lion, saint Roch d'un chien. L'origine de tout ceci est dans l'antique religion primitive dont certaines particularités ont subsisté jusqu'à notre époque. L'homme, qui a toujours besoin de l'aide des animaux, a conservé, au plus profond de son cœur, une reconnaissance infinie à ses frères inférieurs; s'il ne les adore plus, il leur prête volontiers des qualités et des défauts humains, il les met en action dans ses contes. Les plus illustres de nos littérateurs ont écrit des fables immortelles que les plus grands artistes n'ont pas dédaigné d'illustrer, et ces fables ont pour personnages principaux les animaux les plus divers de la création. Les meilleurs de nos humoristes ont composé ou dessiné des histoires d'animaux pour amuser ou pour instruire les enfants petits et grands. Nous tous, tant que nous sommes, nous ne croyons pas déroger en nous divertissant ou en nous émouvant à la lecture ou à la vue de ces productions littéraires ou graphiques. L'homme le plus civilisé pense donc toujours à l'animal et ne peut s'empêcher de l'élever jusqu'à lui: c'est par ce point qu'il ressemble à l'homme primitif. L'humanité n'a pas changé: dans son enfance comme dans son âge mûr, ce sont toujours les animaux qui forment le fond de sa religion, de ses mythes, de ses légendes ou de ses contes.

L'Animal dans l'Art

par **Armand Dayot**
Inspecteur général des Beaux-Arts à Paris

Jamais, la représentation de l'animal dans l'art, n'a été plus en faveur que de nos jours. Les peintres et les sculpteurs s'y adonnent à l'envi, mais tandis que dans leurs tableaux, dans leurs statues et surtout dans leurs statuettes dont la mode se répand de plus en plus, ils poursuivent uniquement une réalisation plastique, autrefois, dans les temps préhistoriques et même dans les civilisations relativement avancées, les artistes représentaient l'animal dans un but religieux et surtout superstitieux. Le symbolisme était l'essence même de l'esprit de la nation égyptienne et de son culte. Pour exprimer les puissances des dieux et les attributs dont ils les avaient dotés, les prêtres égyptiens se servaient de figures d'animaux sculptées ou peintes. L'animal était une sorte d'hiéroglyphe d'un dieu; ce culte des animaux sacrés, fut la cause et la raison même des représentations multiples de l'animal. Le bœuf Apis eut son temple à Memphis, le taureau Mneris à Héliopolis, le bouc à Mendis, le crocodile à Mœris, le lion à Léontopolis. La magie égyptienne conduisait à la représentation des animaux pour écarter la mauvaise influence de certains animaux, et préserver de l'attaque de serpents, scorpions, tous les animaux qui fascinent.

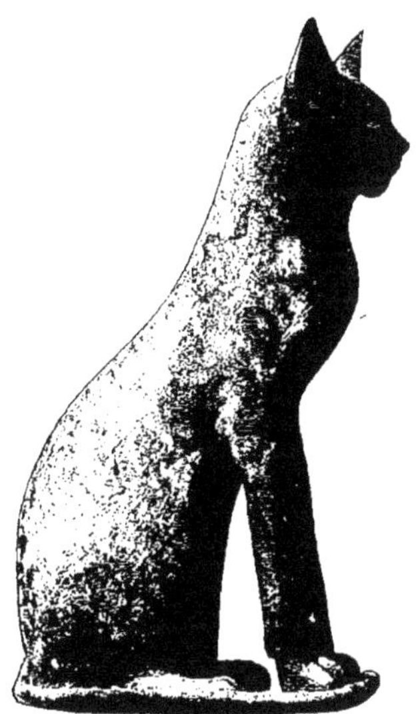

Chat égyptien
provenant du British Museum, Londres

Dans les cavernes d'Altamira de Santillane, situées au creux d'un plateau, que recouvrent les ajoncs et les bruyères, il existe en des cavités très profondes, des figures peintes ou gravées sur les murailles. Beaucoup représentent des animaux, là un cheval, ici des bisons; des biches, des cerfs, des chèvres. Ces dessins sont exécutés en noir, en rouge, ou en polychrome; il y en a qui sont pleins de mouvement, telles sont les premières représentations des animaux, sur de mystérieuses fresques, sur les parois de voûtes basses, obscures. Quelle raison pouvait pousser les hommes de ces âges lointains à illustrer ainsi leurs murs, sinon une idée unique, une idée religieuse, un problème se pose à ce propos, c'est celui des origines de l'art. On croyait généralement, suivant une opinion facile, que l'homme, ayant l'instinct du beau, aimait à se parer, à embellir sa personne, ses objets mobiliers, son habitation et que l'ornementation était née de ce besoin. Mais on a constaté ensuite que des représentations analogues d'animaux sont peintes par des Australiens sur des rochers dont l'accès est interdit aux femmes, aux enfants, et aux hommes non initiés, à cause du caractère formellement religieux de ces images qui jouent un rôle important dans certaines cérémonies. M. Salomon Reinach et M. le docteur Hamy y ont vu une preuve du caractère mystique et magique que devait avoir le décor préhistorique. Les sauvages dessinaient non pour tuer le temps mais pour multiplier autour d'eux des fétiches, en manière de porte-bonheur. La musique échappait encore, suivant cette théorie, à ce but utile qu'on assignait à tous les arts primitifs. Un livre très intéressant du docteur Bücher, *Arbeit und Rhythmus* (Travail et rythme) a montré que la musique n'avait pas une origine idéale et désintéressée, mais était basée sur la nécessité de diriger le travail humain par la cadence. Dans les professions qui exigent un effort violent, les ouvriers ont recours à une sorte de cri rythmé qui s'échappe presque machinalement de leurs lèvres. Quand l'effort est produit par un groupe d'hommes, il est naturel que le cri soit poussé en chœur et à intervalles réguliers, pour régler la manœuvre.

L'idée de rythme se lie instinctivement à beaucoup d'autres occupations de la vie du peuple: choc du marteau sur l'enclume, battage du grain, galop du cheval. Telles sont les idées générales qu'il fallait mettre en lumière avant d'entrer dans le sujet proprement dit, l'animal dans l'art . . .

Pour la clarté du développement nous étudierons successivement l'animal dans l'art préhistorique, dans l'art oriental, dans l'art grec et romain, dans les arts d'Extrême-Orient, dans l'art musulman, dans l'art du moyen âge, dans l'art italien, flamand, hollandais, dans l'art anglais, enfin dans l'art français et chez nos contemporains.

Avec les cavernes d'Altamira nous avons vu les abris naturels que les hommes avaient trouvés, dans les grottes, à l'époque reculée, ou contemporaine du mammouth et du renne; les hommes décoraient les murs de leurs logements. Les œuvres relativement simples qui nous restent de ces âges sans date peuvent être considérées comme les toutes premières manifestations artistiques. Le musée des antiquités nationales établi au château de Saint-Germain en Laye contient un grand nombre de silex, ou instruments en pierre recueillis dans les cavernes et illustrés de têtes d'animaux, tels que le chat-tigre, le rhinocéros, le bison et décorés même de certains animaux de l'époque tertiaire tels que le Dinothérium, sorte de monstre fantastique. Les premiers tâtonnements de l'homme pour arriver à une civilisation, nous amènent tout naturellement aux Egyptiens que nous pourrions appeler les frères aînés de la civilisation. Les animaux en Egypte étaient de véritables divinités, l'art égyptien fut un art exclusivement religieux. Par les sculptures qu'il gravait sur les monuments, l'artiste était chargé de représenter le caractère et la destination emblématique de la religion égyptienne. Le peintre en les colorant donnait à ces œuvres leur aspect définitif. La sculpture est l'art le plus ancien de tous en Egypte et le plus facile à connaître parce qu'il demeure à peu près uniforme, stationnaire, immuable. Il est colossal même dans les petites figures: Etant surnaturel et surhumain, il veut représenter dans l'expression de sa foi une crainte superstitieuse et grandit ainsi ses idoles. Les sphinx ont ainsi une attitude, une immobilité hiératique, une raideur majestueuse au détriment de l'expression et du sentiment. Le lent travail sacerdotal pétrifia tout en Egypte, les formules de l'art comme les formules de ses croyances. « Plus on remonte dans l'antiquité vers les origines de l'art égyptien et plus les produits de cet art sont parfaits, comme si le génie de ce peuple, à l'inverse de celui des autres, se fut formé tout à coup. » C'est ainsi qu'il existe une série d'œuvres sorties de la main des sculpteurs et des peintres, et révélant une merveilleuse habileté, d'un réalisme charmant, inspiré de la nature copiée avec une scrupuleuse exactitude. C'est ainsi que dans une mastata découverte à Meidoum et datant de la fin de la IIIe dynastie, l'artiste avait représenté des oies paissant dans des attitudes diverses. « Les Egyptiens, dit à ce propos M. Maspéro, étaient des animaliers de première force, ils ne l'ont jamais mieux prouvé que dans ce tableau. Nul peintre moderne n'aurait saisi avec plus d'esprit et de gaieté la démarche alourdie de l'oie, les ondulations de son cou, le port prétentieux de sa tête et la bigarrure de son plumage. » A Hiéracopolis on a découvert toute une série de vases décorés de figures d'animaux tels que les scorpions, ou certaines têtes de félins. En général, les statuettes d'animaux sont fort nombreuses; remarque curieuse, les artistes primitifs ont mieux compris et interprété les formes animales que la forme humaine. Ils ont sculpté les animaux les plus divers, parfois en matières dures et précieuses. On a découvert des représentations de toutes sortes d'animaux dans les fouilles faites à Abydos, à Diospolis et à Gebelein. Une statue d'hippopotame sculptée dans un granit noir et blanc mérite une attention spéciale; elle se trouve actuellement au musée d'Athènes. La bête est à peine dégagée du bloc, seule la tête a été traitée avec quelques détails, l'ensemble est lourd et trapu. De nombreuses statues de lion, en ivoire, représentent l'animal couché, la tête basse, la queue relevée sur le dos; des chiens, des singes en terre émaillée vert clair ou bleue, d'un bleu presque turquoise. Des oiseaux, des griffons, des crocodiles, des scorpions, des grenouilles, toutes œuvres ayant eu un rôle magique ou religieux. Un grand nombre d'entre elles sont percées de trous de suspension faisant supposer qu'elles servirent d'amulettes, il y en a même représentant des passions, des chacals et un grand nombre en forme de têtes de taureaux. En Occident même on trouve des têtes de taureaux portées en amulettes dans le but d'écarter le mauvais œil. Le serpent et le scorpion inspiraient le plus grand effroi aux Egyptiens, les artistes en le représentant, voulaient conjurer le mauvais sort. L'art étant religieux, les monuments qui semblent avoir attiré tous les soins des constructeurs égyptiens, furent les tombeaux, les temples et les palais, aux murs ornés de bas-reliefs. Par leurs statues, leurs peintures et leurs inscriptions, nous pénétrons dans la vie journalière de cette ancienne civilisation. Nous la retrouvons sous les traits des animaux sacrés, qui se déroulent au long des temples, soit dans la colonnade du temple d'Isis à Philæ, soit dans le sphinx de Gizeh, accroupi dans le sable. Sa face est rougie en de certains endroits, le nez et les joues mutilés. C'est bien une œuvre imaginée par des embaumeurs de cadavres, une forme calme, humaine et bestiale, un monstre aux ailes emprisonnées vivantes dans les épaules. Son origine est essentiellement égyptienne, à Thèbes on arrivait au grand temple par une longue avenue bordée de chaque côté par une rangée de sphinx. Le plus grand sphinx d'Egypte est celui dont je parlais tout à l'heure, celui de Gizeh qui se trouve près de la pyramide de Chéops, non loin de Memphis. Accroupi dans les sables, il mesure 17 mètres de hauteur du sol au sommet de la tête et 40 mètres de longueur. Né d'un mythe, le sphinx fut représenté très fréquemment en Egypte, et quelquefois en Grèce, mais tandis que l'art grec le représentait avec la tête et le sein d'une jeune fille, l'art égyptien en faisait un monstre redoutable, arrêtant les passants, leur proposant des énigmes et dévorant tous ceux qui ne pouvaient pas les deviner.

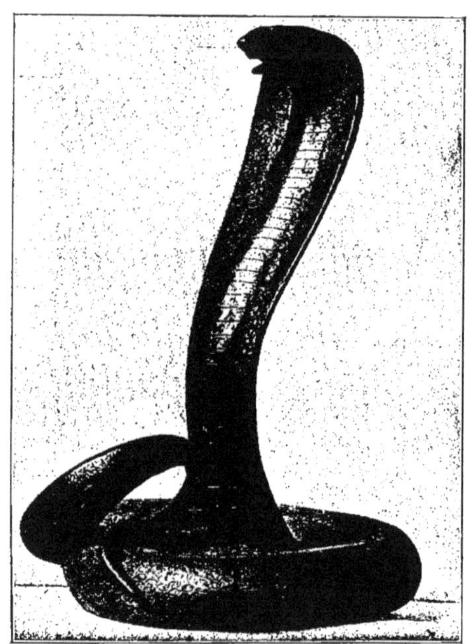

Bronze antique: Uræus (Aspic hajé)
Collection Janzé — Bibliothèque Nationale
D'après une photographie de A. Giraudon

Tandis que les contrées de l'Occident étaient encore plongées dans les ténèbres, l'Orient, terre des origines et des vieux souvenirs, étalait les splendeurs d'une civilisation avancée. La Chaldée ou Mésopotamie rivalisait avec l'Egypte et elle dispute à cette dernière la gloire d'avoir été le berceau des arts de l'Antique Orient. C'est de la basse Chaldée que le dieu-poisson Oannès avait enseigné, aux hommes tout ce qui sert à « l'adoucissement de la vie ». A Ninive comme à Babylone, il y a eu des artistes qui se sont montrés de merveilleux animaliers. En ce genre, la sculpture ninivite l'emporte de beaucoup sur l'art égyptien. Son chef-d'œuvre est une figure de lionne du palais d'Assurbanirpal, à Koyoundjik, qui succombe sous les traits des chasseurs. Elle a la colonne brisée par une flèche qui la traverse de part en part; le sang jaillit de la blessure, mais avant d'expirer le fauve fait un héroïque effort pour se relever sur ses pattes de devant et pousser un rugissement suprême. L'artiste a rendu avec un réalisme intense cette attitude dramatique. Dans des bas-reliefs nous verrons — et exécutés d'une manière aussi heureuse — des lions bondissant autour des chars royaux; ou bien, endormis dans les sables et s'étirant avec indolence. Après le lion, l'animal le plus en faveur en Assyrie est certainement le cheval, ici c'est le cheval de bataille, là le cheval sauvage qui bondit, c'est encore le cheval de trait attelé au char royal et foulant sous ses pieds les cadavres ou transportant les richesses prises sur l'ennemi. Les artistes assyriens ont encore représenté le chien, la chèvre, le mouton, l'ibis et le sanglier, le bison et l'onagre, le cerf et la gazelle, le chameau et le dromadaire, ils se sont plu à leur donner les attitudes les plus diverses, les plus capricieuses, et à faire figurer parmi eux les animaux exotiques tels que l'éléphant, le singe et le rhinocéros. Parmi les oiseaux, c'est l'aigle, le vautour, l'autruche, animal sacré, les sauterelles, ce fléau de l'Orient représenté partout, afin d'écarter les esprits malfaisants. De magnifiques statues peuvent, avec la lionne blessée du Musée britannique, nous donner une idée de la sculpture assyrienne; ce sont les génies à quatre ailes, les lions en bronze du palais de Sardanapale, le taureau ailé à tête humaine au musée du Louvre, et le génie à tête de griffon gardant l'arbre sacré.

L'art en Perse, à part quelques originalités typiques, n'est qu'une répétition de ce que nous avons déjà vu en Egypte et en Assyrie. Cela s'explique par cette raison que les prisonniers de guerre que Cyrus fit à Babylone, furent les ouvriers de son palais et que plus tard Darius et Xerxès attirèrent à leurs cours des artistes d'Ionie. Grâce aux fouilles faites par M. Dieulafoy, le musée du Louvre s'est enrichi de la magnifique frise des Lions, d'un grand caractère décoratif et qui est un des plus beaux spécimens de l'émaillerie des Perses qui surent avec un nombre restreint de couleurs, bleu, vert, jaune, noir et blanc, obtenir de si beaux effets. L'architecture des palais de Suse, et du palais de Xerxès à Persépolis, couvrait une étendue de cinq mille mètres carrés, et son toit était supporté par cent colonnes. Sur la façade, un portique était gardé par deux gigantesques taureaux à figures humaines. Les chapiteaux et les bases des colonnes sont formés de colossales têtes de bœuf supportant les énormes poutres du plafond, et ces chapiteaux bucéphales cent fois répétés forment à cette salle un couronnement étrange et grandiose, qui est d'une heureuse inspiration, surtout dans ces civilisations où la force brutale tenait une si grande place.

En Phénicie, l'art se compose de tous les éléments que les Phéniciens prirent un peu partout suivant les besoins du moment et suivant le pays qu'ils venaient de visiter. Les Phéniciens établis sur les côtes de la Syrie furent surtout, et avant tout, des courtiers de commerce. Allant en Grèce, en Italie, en Gaule, en Espagne et en Afrique, ils apportèrent les arts d'Orient dans l'Occident encore barbare. Mais tout ce qu'ils virent fut si mal assimilé qu'ils ne purent jamais avoir un art à eux, original et personnel. La pénurie des statues et des bas-reliefs représentant des animaux est presque absolue dans l'art phénicien et dans l'art cypriote. Il convient cependant de mentionner un sarcophage où des scènes de chasses au taureau ou au sanglier sont représentées sur la face principale. C'est le sarcophage d'Amathonte, copié sur les sculptures assyrienne et égyptienne, ce sont des sculptures aux sujets grecs traités à l'orientale (musée de New York). Ces animaux n'ont rien qui procède de l'étude réaliste de la nature, ils sont destinés à être alignés le long des murs, se déroulant en une longue théorie pour garder les temples et les palais.

Les arts de l'Orient furent les initiateurs de l'art grec, les Phéniciens servirent aux peuples helléniques d'intermédiaires avec les Egyptiens. Ce fut dans la plastique que les artistes grecs se montrèrent réellement originaux. Il est indiscutable que l'art grec emprunta ses premiers éléments aux arts d'Orient, qui épurés par les artistes grecs, se transformèrent complètement par la puissance de leur génie, devinrent si purs et si beaux, qu'on les a toujours étudiés sans pouvoir les égaler. Les artistes grecs s'attachèrent surtout à représenter dans leurs sculptures, dans leurs peintures, l'être humain. Dans la frise incomparable du Parthénon se déroule le cortège qui se dirigeait vers l'Acropole pour porter à la déesse Athéna le nouveau peplos. Ce bandeau sculpté qui couronne le mur extérieur du Parthénon, est la représentation de la procession. Des cavaliers montés sur leurs chevaux thessaliens vont rejoindre le reste de la cavalcade, formant la queue du cortège. Des victimaires conduisent les animaux destinés aux sacrifices. C'est un merveilleux tableau de marbre que cette frise, conservée en grande partie au Musée britannique, dont un beau fragment a été donné au musée du Louvre, et dont quelques-uns sont encore à l'Acropole. Les chevaux de ce bas-relief sont souples, nerveux, se cabrent; c'est un cheval presque sauvage, qui tressaille et bondit. L'artiste grec s'est complu à lui donner les attitudes les plus capricieuses, en modelant ses membres avec une souplesse du plus heureux effet. Une des œuvres les plus considérables de l'art antique est à coup sûr le « Taureau Farnèse » (musée de Naples). Cette œuvre était fort admirée des Romains et considérée par eux comme un des plus beaux morceaux de la statuaire grecque. Je ne dirai qu'un mot du groupe du Laocoon étouffé ainsi que ses fils par d'énormes serpents, qui a été placé dans la cour du Belvédère au Vatican. Universellement admiré au XVIIe et XVIIIe siècle comme étant le plus beau spécimen de la sculpture grecque, le Laocoon a vu sa valeur singulièrement diminuée depuis la découverte des marbres du Parthénon. Ce groupe a fourni au XVIIIe siècle, en Allemagne, le sujet de deux ouvrages célèbres, qui donnèrent lieu à toute une série de livres, sur l'esthétique, et dont Lessing et Winckelmann furent les instigateurs. Ces sculptures d'un aspect très mouvementé, à l'exécution inégale et heurtée, nous amènent tout naturellement à constater l'altération du génie hellénique.

Cependant l'art grec était encore vivace, ce n'était plus celui du temps de Périclès, mais quand les Romains firent la conquête de l'Orient, il exerça sur eux une profonde influence. L'art grec, avant de pénétrer à Rome, passa d'abord en Etrurie. Le pays situé entre le Tibre et l'Arno, nous a laissé un grand nombre de vases dits « Bucchero nero » qui doivent ce nom à l'argile noire dont ils sont formés et qui est propre à la Toscane. Si je parle de la poterie étrusque, c'est qu'au flanc de ces vases, se déroulent toutes les scènes de la vie familière, de la vie héroïque et religieuse. Ici, ce sont des poussins courant après leur mère, là, des chevaux attachés à un arbre, ici, un tireur à l'arc monté sur un cheval qui s'emporte; dans les bijoux, un serpent enroule ses anneaux autour des bras, ici, deux lions, en se pourchassant, ferment un bracelet, sur un sceau en bronze, des troupeaux défilent, accompagnés du pâtre ou joueur de syrinx. Comme on peut s'en rendre compte, l'art grec, avant de s'implanter à Rome, s'attarda en Etrurie, et bien des artistes grecs prirent le chemin de l'Italie où ils étaient accueillis et admirés. A Rome, on plaça en 296 une louve, sur le Capitole, avec Romulus et Rémus, les deux jumeaux qu'elle avait allaités. La tradition légendaire rapportant la fondation de Rome à ces deux enfants, il n'est pas étonnant que le sujet fabuleux de Romulus et de Rémus allaités par une louve, se retrouve fréquemment sur les médailles, sur les pierres gravées et les monuments de l'antiquité romaine. Des centaures se voient aussi sur un grand nombre de monuments de l'art romain. L'Egypte avait d'abord imaginé ces monstres moitié

Bronze antique: Vache provenant d'Herculanum

Bibliothèque Nationale. — D'après une photographie de A. Giraudon

hommes, moitié chevaux. Les artistes grecs firent subir une modification notable à la représentation de ces êtres hybrides. Par la suite, la forme généralement adoptée fut un torse humain placé sur le corps d'un cheval. La peinture s'empara de ces thèmes, on citait la famille des centaures de Zeuxis, tableau décrit par Lucien. D'autres représentations de centaures ont été données dans le style de la sculpture décorative, tels, les deux célèbres centaures du musée capitolin l'un à figure de faune souriant, l'autre dolent comme un prisonnier. Le combat des centaures et des Lapithes a été un sujet familier à l'art antique. Les centaures symbolisaient la force, Rome aimait à s'en servir comme d'un symbole décoratif.

J.-M. de Hérédia a consacré plusieurs sonnets aux centaures, quelques vers de ces admirables trophées me reviennent en mémoire:

Ils franchissent, foulant l'hydre et le stellion,
Ravins, torrents, halliers sans que rien les arrête
Et déjà sur le ciel, se dresse au loin la crête
De l'Ossa, de l'Olympe ou du noir Pélion.
Parfois l'un des fuyards de la farouche harde
Se cabre brusquement, se retourne, regarde
Et rejoint d'un seul bond le fraternel bétail;
Car il a vu la lune éblouissante et pleine
Allonger derrière eux, suprême épouvantail
La gigantesque horreur de l'ombre herculéenne.

La société chrétienne a grandi au sein de la société antique en décadence. Pendant les trois premiers siècles de son existence, le christianisme proscrit par les lois romaines n'a pu songer aux arts. Les pères de l'Eglise, ceux-là même qui ont reçu toute la culture hellénique, ne voient dans les chefs-d'œuvre anciens que des objets d'idolâtrie. C'est dans les nécropoles souterraines ou catacombes que l'on peut étudier les monuments de l'art chrétien primitif. La peinture y a pris naissance à la fin du premier siècle de notre ère. Les formes en sont toujours allégoriques et généralement symbolisées par des animaux. Le poisson est l'image du Christ, la colombe est l'image de l'âme fidèle. Ce sont prises dans l'ancien et le nouveau testament, les légendes les plus populaires du christianisme, l'arche de Noé remplie de toutes sortes d'animaux. Des images profanes prennent une signification religieuse, telles que Orphée charmant les animaux au son de sa lyre.

Le règne de Constantin en mettant le christianisme en possession de la faveur impériale, exerça une influence profonde sur le développement de l'art chrétien (du IVe au XIIe s.). Les arts décoratifs s'inspirèrent dans leurs peintures, dans leurs mosaïques d'or, dans leurs émaux, des symboles religieux du christianisme. Ce fut l'art byzantin. Les chevaux ailés de Saint-Marc à Venise, sont de merveilleux spécimens de cet art chrétien envahi sans cesse de figures d'animaux empruntées à l'Olympe hellénique. A Rome, à Venise, on retrouve, dans toutes les décorations, les animaux fantastiques, monstres ailés, véritables bêtes de l'apocalypse. Fréquemment le Christ est représenté par un agneau. Les évangélistes sont souvent accompagnés des quatre signes emblématiques leur correspondant. On en trouve de nombreux exemples dans les basiliques de Ravenne, « cette tombe enchantée ». Ces animaux symboliques, la tête auréolée d'or, portent les livres des Evangiles, le lion accompagne saint Marc, le taureau saint Luc, l'aigle saint Jean, un jeune homme tient le livre de saint Mathieu. En France l'art byzantin a été ce que nous avons appelé l'art roman, l'iconographie sacrée fut la même et les animaux ailés, les lions, les griffons, les monstres illustrèrent les églises et les pages des missels.

De l'art byzantin à l'art arabe et mauresque, la transition est naturelle, car il a existé entre eux des rapports évidents. Lorsque les Arabes par de rapides conquêtes eurent étendu leur domination de l'Espagne à l'Inde, peuple curieux, avide de recherches, esprits pleins de vivacité, ils recueillirent les traditions des civilisations étrangères. Le plan de la mosquée rappelle celui des églises grecques, mais sur ces données fondamentales, l'Arabe trace mille motifs nouveaux qui en modifient l'aspect. Les ornements se développent avec profusion, mais il n'y a aucune figure animale, aucune figure humaine, sauf dans l'art mauresque espagnol, qui est une dérivation de l'art arabe. L'art arabe exprime à merveille la religion du musulman, c'est beaucoup plus l'art d'une religion que celle d'une race ou d'un peuple. Mahomet interdit formellement la représentation de la figure humaine et celle des animaux: «Malheur à celui qui aura peint un être vivant! au jour du jugement dernier les personnages qu'il aura représentés sortiront du tombeau et viendront se joindre pour lui demander une âme. Alors cet homme impuissant à donner la vie à son œuvre, brûlera des flammes éternelles; ne peignez donc que des fleurs, des arbres et des objets inanimés!»

Art romain, commencement du IIIe siècle: Sanglier

Musée d'Orléans. — D'après une photographie de A. Giraudon

Au début de l'art chinois — faisant avec l'art hindou et l'art japonais le trio des arts d'Extrême-Orient —, ce fut le monde animal qui lui fournit ses modèles. L'artiste chercha à les reproduire comme il les voyait, puis, s'élevant par la pensée à la conception d'êtres surnaturels plus forts que l'homme, il créa les monstres fantastiques et gigantesques semblables aux plus affreuses visions du rêve. Quatre animaux fantastiques ont ainsi été formés presque en même temps que l'art lui-même, ce sont le dragon, la tortue, la licorne et le phénix. Ils ont chacun une signification symbolique comme toutes les ornementations chinoises. Le dragon est le symbole du printemps, et aussi l'emblème impérial et, dans ce cas, ses pattes sont armées de cinq griffes. La tortue est l'emblème de la force, la licorne de la perfection et des cinq éléments, le phénix celui des impératrices. Les sculpteurs chinois excellent à reproduire de petites scènes représentant des combats de coqs, de poules, une salamandre se chauffant au soleil, ils se plaisent à travailler le bronze, à fouiller le jaspe, le jade, l'ivoire et à poser au bord d'un vase, arrondissant leurs flancs en forme d'anse, des chimères ailées.

Les animaux ont été merveilleusement représentés par les artistes chinois depuis la dynastie Jeheon (1134 ans av. J.-Ch.) jusqu'à nos jours, et peut-être d'une manière unique. L'art hindou nous montre les scènes de la mythologie touffue du brahmanisme, Brahma, Vichnou, Civa, sont des dieux aux formes étranges, aux bras et aux jambes multiples, où l'on retrouve la forme humaine associée à la forme animale. L'imagination hindoue ignore la mesure, l'art hindou suit la destinée multiple de ses dieux et sème ses idoles dans les pays environnants. C'est ainsi que dans l'Indo-Chine au Cambodge, il donne naissance à l'art Khmer. De récentes explorations françaises ont fait connaître des objets retrouvés dans les emples d'Angkor, des aiguières aux flancs desquels s'agrippaient de petites monstres, des animaux ressemblant un peu à ceux que représentent les signes du zodiaque. Ici ce sont les Bouddhas impossibles, un peu comme ceux de la Chine; des dragons se cramponnant aux anses des vases, des animaux s'agitant, saisis dans le jeu de leurs mouvements, voilà ce qui est incomparable dans l'art chinois et qui place les artistes de ce pays, à côté des artistes japonais comme les premiers animaliers du monde. La situation géographique, qui rapproche le Japon d'une des plus vieilles civilisations du monde, peut expliquer jusqu'à un certain point l'influence chinoise, sur les débuts de l'art japonais. C'est un art essentiellement décoratif, il se fait aussi remarquer par un sentiment exquis de la nature et une finesse d'esprit charmante. Sur les Kakémonos ou rouleaux peints, les caprices de l'imagination se mêlent à l'observation de la nature, l'artiste cherche à amuser les yeux, beaucoup plus qu'à frapper l'esprit. Hokousaï (1760—1849) écrivait: «C'est à l'âge de soixante ans que j'ai compris à peu près la forme et la nature vraie des oiseaux, des poissons et des plantes.» La sculpture est pratiquée avec excellence au Japon. L'artiste s'exerce surtout avec le bronze. Les origines de la sculpture sont essentiellement bouddhiques. Il y a un grand nombre de brûle-parfums en forme de canard, en forme de chats aux zébrures d'or, en forme de caille. Ces animaux ont une sorte de grandeur héroïque. Les sculptures de Zingora à Nikko sont une des merveilles du Japon. Au-dessus d'une procession de divinités, dans le creux laissé par la construction du toit en forme d'auvent, on voit des animaux, des plantes, tout cela agencé avec un sentiment parfait des principes de la proportion architecturale. C'est à l'intérieur de cette porte que se trouve le fameux chat endormi de Zingaro. Ce morceau est d'une telle perfection qu'on l'a enfermé dans un grillage d'argent, pour qu'aucune main indiscrète ne puisse, dit-on, le réveiller. Une magnifique galerie en bois sculpté, décorée de dragons dont M. Cernuschi avait fait une tribune au fond du hall de son hôtel, qui est devenu aujourd'hui un des musées parisiens d'Extrême-Orient, peut être rattachée à l'école de Zingoro, elle provient d'un des temples détruits de Yédo. Il faut citer encore des chats accroupis avec rehauts de dorure sur le pelage, un crabe monumental, un corbeau, des coqs, des oiseaux de proie, un canard d'un mouvement admirable, un chien surprenant d'expression et d'une patine exceptionnelle. C'est du reste dans la représentation des animaux que les bronziers japonais sont sans rivaux. La sincérité de l'observation les conduit à la perfection même. C'est encore un brûle-parfums à patine noire frottée de touches d'or, figurant une sphère soutenue, par deux chimères affrontées et dressées sur leurs pattes. Le dessin de ce bronze est d'une harmonie sobre, d'une décision et en même temps d'une élégance robuste qui fait penser aux beaux ouvrages français du temps de Louis XIV. Ici un cerf couché dont l'élégance rappelle la grâce souple de Jean Goujon. Le XVIIIe siècle continue les recherches du XVIIe; la virtuosité de l'outil acquiert une

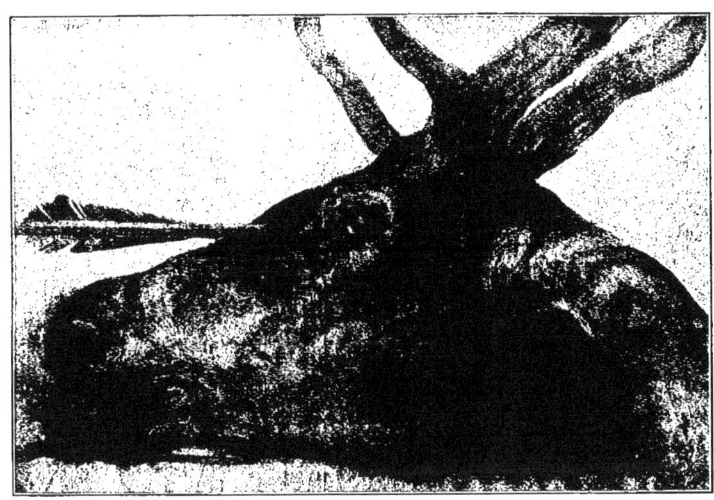

Albert Durer: Tête de cerf
Bibliothèque Nationale. — D'après une photographie de A. Giraudon

grande liberté, c'est l'époque des cires perdues inimitables. Une grande carpe en bronze est le morceau de maîtrise qui se présente au souvenir. L'interprétation large, savante, de la nature, atteint ici à la suprême beauté. On peut supposer ce bronze au Bargello de Florence, entre une statue de Verrocchio et un bas-relief de Cellini.

Tandis que l'islam avait prohibé la représentation des êtres vivants, le christianisme qui tirait ses éléments symboliques du paganisme et qui demandait aux ouvriers de Rome la décoration des catacombes, ne proscrivait pas absolument cette représentation, mais ne l'employait guère que dans un sens symbolique et liturgique. Et là encore cette religion s'apparente aux anciennes religions orientales. Ainsi le paon dont les formes élégantes et le plumage coloré se prête si bien à la décoration, conserve dans la peinture chrétienne, cette expression d'immortalité que lui donnait l'art païen et l'art juif. Le phénix, l'oiseau de la résurrection et du triomphe, apparaîtra surtout dans l'art des basiliques. Mais la colombe est l'oiseau chrétien par excellence, et le symbole le plus fréquent dans l'épigraphie funéraire. L'oiseau de Vénus est devenu la colombe de Noé, la messagère de paix, l'espérance du ciel après les souffrances de la vie, et c'est encore l'âme sauvée comme l'agneau qu'emporte le pasteur, comme le poisson que le pêcheur divin attire en ses filets. L'agneau de Dieu triomphera bientôt à l'abside des basiliques et la colombe de l'arche deviendra l'esprit saint. Le dauphin qui, dans les mythes antiques, porte les âmes des morts aux îles bienheureuses, sera le sauveur Jésus, qui entraîne vers le phare désiré la nef de l'Eglise.

Dans les miniatures de l'époque mérovingienne et carolingienne, on retrouve la trace de cette parenté entre l'art chrétien et l'art oriental. Ici et là, ce sont des animaux, des perroquets, des paons, des gypaètes, des lions ou des fauves qui décorent ou forment le corps des lettres initiales. Ainsi dans le sacramentaire de Gellone qui est conservé au fond latin de la Bibliothèque Nationale, on voit un † en forme de fauve dévorant un serpent. Dans le lexionnaire de Luxenil, deux poissons forment un ††. Dans le même manuscrit, on remarque un † en forme de paon. La variété des animaux représentés augmente dans les manuscrits de Lombardie, wisigothiques, où l'on remarque, outre les animaux précités, des lions, des bouquetins, des cerfs, des pintades, des coqs, des canards, des lapins, des renards pris aux pièges, des échassiers, tous figurés avec un réalisme déjà surprenant.

L'art roman continue à n'accorder aux animaux qu'une valeur symbolique. Un des plus anciens monuments figurant des animaux dans l'art chrétien, est à coup sûr la statuette dite de Charlemagne en bronze doré qui se trouve au musée Carnavalet. Cette statuette fut enlevée, à la Révolution, de la cathédrale de Metz et rachetée par Alexandre Lenoir. Elle nous représente en haut-relief une reproduction d'un cheval antique ou plutôt d'un cheval romain, sur lequel est assis un cavalier couronné, tenant, d'une main, un globe et, de l'autre, une épée.

L'art gothique ne s'écarte pas sensiblement de l'art roman, et ne semble pas avoir eu une prédilection très marquée pour ce genre de figures. Cependant, dans un retable provenant de l'église abbatiale de Saint-Denis et qu'on peut voir au musée de Cluny, on remarque une interprétation très naturaliste de la légende de saint Eustache, un cerf et un cheval sellé.

* * *

Il y a dans l'art italien une légende qui devait suggérer aux artistes le goût de représenter des animaux. C'est la légende de St-François d'Assise, qui avait voué aux bêtes un amour sans bornes. Giotto est le premier qui ait associé à la majesté d'un saint la familiarité des animaux. Cependant, il faut arriver jusqu'à Pisanello et à Benvenuto Cellini, pour trouver deux artistes capables de s'intéresser à l'animal lui-même, à sa beauté particulière, sans se préoccuper, outre mesure, du rôle symbolique que la légende leur prêtait. On peut s'en rendre compte en feuilletant les incomparables dessins de Pisanello du musée du Louvre. Tels dessins d'animaux, sont étudiés avec amour, exprimés avec un magnifique entêtement. Tout y est beau: la vérité de la vie et du mouvement, surprise et fixée avec une promptitude admirable; le métier, délicat et fort, comme celui des plus grands maîtres japonais. Il y a dans cet album, des études de singes et une biche que Zeho-Kovan aurait pu signer, tel faucon. Hokousaï et Hiroshighé auraient pu faire telles études de canards à la nage. Pisanello n'est pas inférieur aux plus habiles Japonais dans l'art de fléchir et de contourner un cou d'échassier, de rendre la férocité d'un bec et d'un regard d'aigle, de saisir le mouvement furtif et le pelage des lièvres et des renards. Citons encore, dans ce recueil, un mulet harnaché et bridé, trois biches vues de derrière, un pélican de dos, un chacal, un loup, un lévrier mort, une pintade, des têtes de lynx, et l'on ne sait

Victor Pisano dit Pisanello. — Musée du Louvre
D'après une photographie de A. Giraudon

qu'admirer le plus, de ces représentations si vraies, si hardies, ou de la maligne observation de Pisanello qui se plaît à établir entre les animaux et les hommes d'ironiques correspondances.

Benvenuto Cellini, à deux reprises, s'est montré un animalier de premier ordre: dans son bas-relief destiné à la porte dorée de Fontainebleau, et dans un autre bas-relief qui représente un lévrier qui se trouve au musée du Bargello, il montre sa science de l'anatomie des animaux.

C'est dans les écoles d'art du Nord, plus portées à la réalité des choses que leur signification religieuse, qu'on trouve les meilleurs peintres animaliers. Rubens aime à joindre à ses portraits d'homme des chiens élégants, il fait jouer au cheval un rôle important dans ses compositions mythologiques, par exemple, dans le tableau de la Pinacothèque de Munich, « Castor et Pollus, enlevant les filles de Leucippe ».

Enfin, il excelle à grouper des meutes de chasse, des chevaux et des bêtes fauves en un élan prodigieux, comme dans la chasse au sanglier du musée de Dresde. Son élève Van Dyck affectionne lui aussi les animaux, surtout le chien et le cheval dont il fait volontiers les compagnons de l'homme, et qui lui servent à faire ressortir l'élégance de ses modèles et à leur donner un maintien plus vrai, plus aimable. Ainsi, dans le portrait des enfants de Charles Ier, au musée de Berlin, la main de l'aîné des enfants repose familièrement sur la tête d'un bon gros molosse, tandis que dans un coin de la composition, repose un petit épagneul. Dans le portrait de Charles Ier à la chasse, qui est au musée du Louvre, on voit au premier plan, un cheval fin, élégant, qui hennit vers la terre, qui piaffe, et dont un serviteur caresse l'encolure. Mais ce n'est dans l'œuvre de ces artistes qu'un côté accessoire. Il y a eu dans les Flandres toute une série de peintres qui se sont proposés uniquement la représentation des animaux: Snyders, Dyt, Guillaume Gabon, Pierre Bol, David de Conninck, Corneille de Vos. Snyders (1579—1657) fut l'ami et le collaborateur de Rubens. Il y a dans son œuvre toute une faune: la chasse aux cerfs, au musée de la Haye; la chasse aux ours, à Berlin; la chasse aux sangliers, à Florence; la chasse aux renards, à Vienne; la chasse aux lions, en Angleterre; la chasse au tigre, à Rennes. Il a des combats de chiens à l'Ermitage; des cygnes et des chiens à Anvers; des combats de coqs à Berlin; de renards et de serpents à Vienne; de buffles et de loups (vente *Cypierre*). Il a une lionne terrassant un sanglier, à Munich; une cigogne attaquée par des faucons, en Angleterre; des loups terrassant un cheval, à Bologne. Et encore des scènes de basse-cour, des singes jouant au tric-trac, des concerts d'oiseaux, des chiens et des chats en maraude dans des trophées de gibier, des phoques et des tortues rôdant parmi les étalages de poissons et de mollusques, des volées de perruches et des singes grignottant dans des amas de légumes et de fruits. Ces bêtes sauvages sont particulièrement remarquables; Anvers, comme aujourd'hui Hambourg, voyait arriver dans son port les animaux des tropiques.

Son beau-frère, Paul de Vos, excellait aussi à rendre les chasses et les chiens. Son arche de Noé, et surtout son « Sanglier se défendant contre une meute » à la Pinacothèque de Turin, sont ses deux chefs-d'œuvre.

Même abondance de productions chez Jean Dyt, qui est moins impétueux, mais plus libre et plus réaliste. Il rend à merveille le pelage des quadrupèdes, le plumage des oiseaux. Il peint particulièrement bien les chiens, lévriers, dogues, mâtins, limiers de toutes races et surtout les aigles: il a, à Anvers, un « repas de l'aigle » et à Cologne, un aigle gigantesque aux ailes éployées, qui sont des merveilles de hardiesse et de vérité.

Guillaume Gabon s'attache à rendre plutôt les animaux morts, Pierre Bol est connu surtout par son « taureau attaqué par les chiens » au musée de la Haye, « un repas de trois aigles » au musée d'Anvers.

Citons enfin, de David de Conninck, son élève, la « chasse aux ours » du musée d'Amsterdam.

La Belgique moderne est restée fidèle à cette tradition et compte deux animaliers remarquables, Joseph Stevens, frère d'Alfred Stevens, dont on connaît le fameux « Marché aux chiens » du musée de Bruxelles, et Louis Robbe, qui aimait à représenter dans les prairies basses, avec des flaques d'eau, et de grands ciels nuageux, les troupeaux de moutons et de chèvres.

En Hollande, le premier rang dans cet ordre d'idées, revient à Paul Potter (1625—1654). Il arrive à la maîtrise non pas dans de vastes ouvrages, comme le « taureau » du musée de la Haye, ou « la chasse à l'ours » du musée d'Amsterdam, qu'on a louée d'une manière exagérée, mais dans de petits paysages meublés au premier plan d'animaux pacifiques et simples: citons les chevaux attachés à la

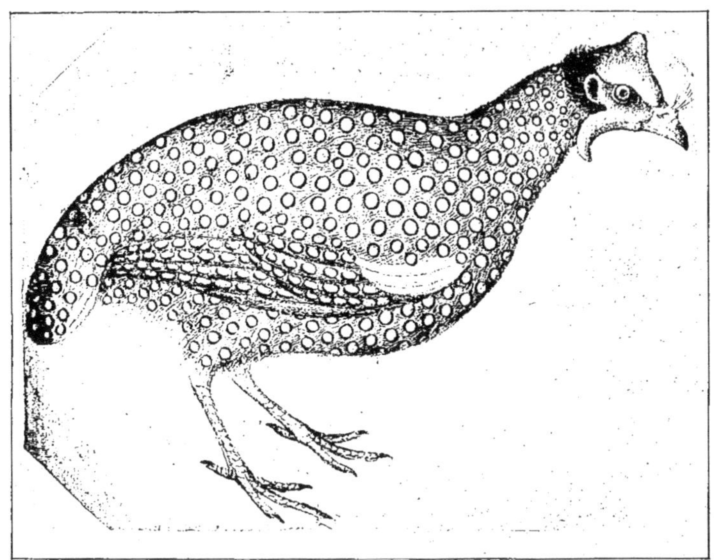

Victor Pisano dit Pisanello. — Musée du Louvre
D'après une photographie de A. Giraudon

porte d'une chaumière, au musée du Louvre, la vache qui se mire, et la prairie avec bestiaux, du musée de la Haye, la cabane du berger au musée d'Amsterdam.

Adriaen van de Velde tantôt anoblit ses animaux à la manière italienne, et fait d'une jument une cavale, tantôt il reste simplement hollandais, comme dans le « passage du bac » du musée d'Amsterdam, et dans « les bestiaux » du musée de la Haye.

Albert Cuyp, demande les sujets de ses tableaux aux polders hollandais et à leurs ruminants superbes. Ses vaches sont particulièrement remarquables, toutefois, il représente aussi volontiers, des chevaux montés par d'élégants cavaliers comme dans le « départ pour la promenade » du musée du Louvre. Ces chevaux au corps puissant, à la tête fine, caractérisent assez bien la race à la mode et rappellent ceux qu'a peints Van Dyck.

Jan van der Meer, le jeune, aime à peupler les bords du Rhin de troupeaux de moutons dont il avait fait une étude spéciale.

Nicolas Berghem répète, jusqu'à la satiété, des bergers, des bergères et leurs troupeaux, toujours d'après un petit nombre d'études et sans beaucoup consulter la nature.

Karel du Jardin se rapproche, au contraire, de Paul Potter par la sincérité avec laquelle il représente les animaux dans les allures et les poses variées.

Jean Weenix excelle à peindre des chèvres, et surtout le gibier mort, Melchior d'Hondecœter a représenté la basse-cour, cygnes, paons, coqs, poules, canards. —

Ed. Landseer: Dignité et impudence
Collection Hanfstængl, Londres

L'art anglais compte un animalier immensement vulgarisé par la carte postale et la photographie. Edwin Landseer (né 1802) pénétra l'intimité des bêtes. Il avait eu à la vérité comme précurseur non seulement, Savoray Gilpin et George Marland, qui peignit si merveilleusement le cheval de labour, mais aussi Stubb (1724 à 1806) qui avec bien moins d'art et de force, mais avec une grande précision, un peu sèche, s'adonna également à la peinture du cheval, principalement du cheval de courses et de chasses, du pur sang anglais. Encore qu'il ait fait des portraits, c'est comme peintre d'animaux qu'il appartient à l'histoire de l'art. On disait de lui qu'il était dans la confidence des bêtes. Le vrai Landseer est, en effet, en définitive celui qui, sous une forme modeste et anecdotique, cherche consciencieusement un sens, une intention, aux moindres mouvements des animaux qui posent inconsciemment devant lui et nous initie, pour ainsi dire, aux vagues rêveries de leurs petits cerveaux rudimentaires. Les meilleures peintures de Landseer s'appellent: *Le vieux chien, Limier endormi, Dignité et impudence, Loutre et saumon, Cerf aux abois, Jack en faction, Les chiens au coin du feu, Un honorable membre de la société humaine....* Cette dernière toile qui représente tout simplement une étude de chien Terre-Neuve, est considérée comme le chef-d'œuvre de Landseer, le bon peintre des animaux, « le doux confident des bêtes ».

* * *

De tout temps l'art français a porté son effort surtout sur l'analyse de l'être humain, sur le portrait ou sur les compositions où le premier rôle appartenait à l'homme.

Il faut distinguer ici entre les peintres et les sculpteurs. On remarque, au Louvre, quatre chiens en bronze, du XVIIe siècle, qui décoraient autrefois le piédestal d'une fontaine que le roi Henri IV avait fait construire dans le jardin de la reine à Fontainebleau. Citons encore les fameux chevaux de Marly, qui se trouvent aujourd'hui à Paris à l'entrée des Champs Elysées et le fameux bas-relief du

Barye: Deux cerfs
Louvre. — Photographie A. Giraudon

sculpteur Le Lorrain, du XVIIIe siècle, conservé aujourd'hui à l'Imprimerie Nationale de Paris et représentant les chevaux du char d'Apollon, du char du soleil. C'est pourtant dans la peinture du XVIIIe et du XIXe siècle qu'il faut chercher de véritables animaliers. François Desportes, 1661—1743, avait appris son métier du Flamand Nicasius, élève de Snyders. Desportes fut le peintre attitré des chasses et meutes de Louis XIV et de Louis XV, du duc de Vendôme et du grand-prieur, frère du duc, de Mong, fils du roi, du duc du Maine, du comte de Toulouse, du prince de Condé, du Régent. Indépendamment de ses portraits qui sont excellents, il a beaucoup représenté des chiens et du gibier, et l'on ne sait qu'admirer le plus, de ses chiennes Diane et Blonde, au musée du Louvre, ou de ses cartons pour la tenture dite des Indes tissée aux Gobelins, où l'on voit toutes sortes d'animaux et surtout de magnifiques bœufs. Son successeur Oudry, 1686—1755, n'a pas été moins fécond en peintures d'animaux. Il faut lire à ce sujet sa biographie, qu'a lue dans une séance de l'Académie Royale de peinture et de sculpture, le 10 janvier 1761, l'abbé Louis Gougenot. Il avait été déterminé dans cette vocation par le fameux Largillière, au tableau duquel, il ajoutait parfois des fruits et des animaux. Un jour qu'il avait peint un particulier en chasseur, avec un chien à côté de lui, M. de Largillière à qui il montra son ouvrage fit peu d'éloges du chasseur, mais loua beaucoup le chien: il lui conseilla en même temps de quitter le portrait pour se livrer au genre des animaux et des fruits pour lesquels il paraissait avoir le plus de disposition. Ayant épousé la fille d'un marchand miroitier à laquelle il avait appris à dessiner, il eut des débuts fort difficiles, et se trouva dans une grande pénurie d'argent. Dans ce moment, une dame qui aimait éperduement deux petits chiens le pria de les peindre. Oudry la satisfit avec toute la promptitude possible et fut récompensé, au-delà de ses espérances. La plupart des ouvrages de Oudry se trouvent en France: on connaît « le chien à la patte, Mite et Turlu, chiennes de Louis XV, la chasse au loup » qui se trouvent au musée du Louvre; on connaît aussi les cartons « les chasses de Louis XV » et les « fables de La Fontaine » qu'il avait exécutées pour la manufacture de tapisserie de Beauvais dont il était le directeur. Il existe cependant au musée de Schwerin plus de trente peintures qu'il avait exécutées pour le compte du grand-duc de Mecklembourg-Schwerin.

J.-B. Huet (1745—1811) a représenté les animaux dans de petits tableaux très spirituels. Après lui, et après de Marne, qui ne donne aux animaux qu'un rôle secondaire, il faut aller jusqu'à Géricault. Celui-ci alla se fixer en Angleterre où il étudia le sport en faveur, les chevaux de course, dont il a rendu les allures, avec un entrain extraordinaire surtout dans un tableau du Louvre, le « Derby d'Epsom ». Il avait eu comme précurseur Carle Vernet qui rendait populaire ces scènes de sport et qui avait le cheval, comme modèle préféré, le cheval de course. En 1779, l'année même de son premier prix de Rome, il offrait à son père une fort belle étude à l'huile d'après un cheval de course. A 20 ans, il était un des cavaliers les plus accomplis de son temps, et ses premiers essais au crayon, comme ses derniers croquis furent des études de chevaux. Le cheval, il le sait par cœur du chanfrein au paturon, de la croupe aux boulets. On s'en rend compte dans les quatre-vingt pièces qu'il dessina pour Debucourt, où il fixe les traits du cheval de course, comme dans la « route de poste » et le « marché de chevaux normands », il fixe les traits du cheval peuplé. A la même époque que Géricault, Delacroix et Chasseriau surtout donnaient l'image la plus vraie et la plus élégante du cheval arabe, que Fromentin en sa fameuse chasse aux faucons, du musée du Louvre, allait un peu plus tard exprimer à merveille.

Brascassat (1804—1867) se voua aux études d'animaux, très soignés de dessin, bien étudiés dans leurs allures, les bêtes de Brascassat sont trop astiquées et trop propres; leurs membres nets, leur pelage brillant, dénoncent des individus bien tenus et bien élevés, non des êtres instinctifs, spontanés, non des bêtes baveuses et crottées à souhait comme le taureau de Paul Potter.

Rosa Bonheur: Cerfs et biches
Étude peinte. — Luxembourg
D'après une photographie de A. Giraudon

Troyon est plus sincère (1813—1865); il prit ce goût pour les animaux au cours d'un voyage en Hollande. Les bœufs se rendant au labour, Le retour à la ferme, La barrière des hauteurs de Suresnes, tous trois au musée du Louvre, sont de robustes interprétations des bêtes de fermes.

Charles Jacques (1813—1894) est le peintre attiré de la bergerie et de la basse-cour. « Une odeur de suint et de fumier se dégage de ses toiles encombrées, remuantes, où l'effarement muet des moutons se bouscule autour des crèches pleines, où l'agitation multicolore des volailles s'ébouriffe, et leur avidité bruyante se querelle au-dessus du grain répandu. »

Seul Bracquemond le lui dispute avec la goguenardise finaude de ses canards et de ses coqs, exprimée d'une pointe vive et spirituelle.

Rosa Bonheur est célèbre par son labourage nivernais, son « marché aux chevaux » et surtout ses bœufs qu'elle copiait d'après nature, à Thomery, près de Fontainebleau où elle s'était retirée et où elle entretenait une véritable ménagerie.

Jules Veyrassat traduit plus spécialement les vaillants percherons; Jules Didier, les taureaux romains, et Mélin les meutes de chiens.

La sculpture au XIXe siècle est de plus en plus attirée vers la représentation des animaux. Chacun connaît les solides et fougueuses sculptures où Barye (1795—1875) a condensé ses études minutieuses faites au Muséum et dans les ménageries du Jardin des plantes. L'édition a vulgarisé « le lion et le serpent », supérieur au « tigre dévorant un gavial », le « lion assis » placé à l'une des portes du nouveau Louvre, Lapithe et le Centaure, le lion de la colonne de Juillet, et ses innombrables petits groupes que les ignorants traitent avec mépris de presse-papiers.

Frémiet, né en 1824, neveu de Rude et son élève, commença par les études zoologiques et myologiques que l'on voit de lui au Jardin des plantes. Citons aussi la « gazelle », le « dromadaire », le « chien courant blessé » du Luxembourg, le « rétiaire et le gorille », la « capture d'un jeune éléphant », les « orangs-outangs ».

Parmi trois contemporains il convient de remarquer, le prince Troubetzkoy, Lanson, et Gardet enfin qui vient d'achever pour l'entrée du Bois de Boulogne une paire de cerfs remarquables.

Tels sont les principaux artistes qui aient choisi comme objet de leur observations les divers animaux. Ce genre va en se développant chaque jour, et ce goût correspond au goût de plus en plus marqué qui attire l'homme d'aujourd'hui vers les choses de la nature, vers les jardins, les champs, et qui assure dans l'art moderne une place prépondérante, — et exagérée —, aux paysagistes.

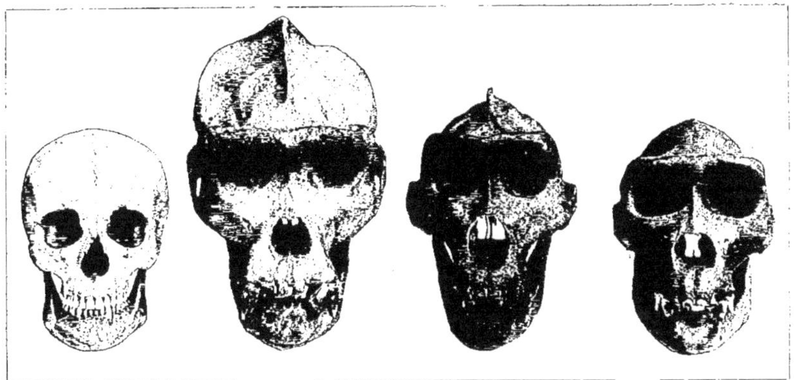

Crâne d'un Européen comparé à ceux d'un grand Gorille du Cameroun septentrional, d'un Gorille commun, mâle, de l'Ogooué, et d'un Gorille femelle du Gabon

La Répartition géographique des Mammifères

par **H. Neuville**

du Muséum national d'Histoire naturelle

Introduction

Une définition des Mammifères suffisante pour qu'un lecteur non-exercé puisse reconnaître, à première vue, avoir affaire à l'un de ces animaux, n'est pas très facile à donner. La présence de mamelles, qui caractérise essentiellement cette classe zoologique, est loin d'y être toujours évidente. Si aucun doute ne peut subsister, même dans l'esprit le moins accoutumé à l'observation scientifique, lorsqu'il s'agit de quelques animaux vulgaires, il est loin d'en être ainsi pour beaucoup d'autres, et encore, en ce qui concerne les premiers, se base-t-on plutôt sur leur allure générale que sur un caractère spécial, précis, pour les ranger, d'un simple coup d'œil, parmi les Mammifères.

Les Baleines, ou, plus généralement, tous les Cétacés, sont des Mammifères; les Chauve-souris également. Les premières présentent cependant une ressemblance frappante avec les Poissons, et les secondes avec les Oiseaux. L'allure générale dont nous venons de parler est donc d'une insuffisance radicale pour permettre de reconnaître comme tels certains Mammifères; nous venons de prendre, il est vrai, les exemples les plus aberrants.

La présence de poils, bien que générale, constitue également un caractère insuffisant. Certains Mammifères sont nus; tels sont encore les Cétacés ou Baleines qui, parfois pourvus d'un très petit nombre de poils, peuvent être pratiquement considérés comme n'en possédant pas. D'autres Mammifères, par contre, présentent non plus un revêtement pileux mais des piquants (Porc-épic, Hérisson), des écailles (Pangolins), ou même des sortes de plaques osseuses externes leur formant une carapace (Tatous); les quelques poils qui peuvent rester présents dans ces derniers cas, n'offrent, ici encore, qu'un caractère peu appréciable, tout au moins pour le public.

Ce sont d'ailleurs ces variations dans l'aspect extérieur des Mammifères, variations auxquelles correspondent des modifications internes, anatomiques, qui ont permis de les diviser, comme les autres animaux, en un certain nombre d'ordres, de familles, de genres et d'espèces. Sans entrer dans l'examen de cette classification, nous signalerons dès à présent au lecteur que l'habitat d'un Mammifère mérite de faire partie de sa définition tout autant que son apparence ou sa structure. Les observations les plus banales permettent de s'en rendre compte.

Chacun sait, par exemple, que les Lièvres du Centre de la France sont fort différents de ceux du Nord; à première vue, en examinant les caractères externes des uns ou des autres, on se trouve presque fatalement amené à établir une corrélation entre ces caractères et la provenance du sujet, c'est-à-dire son habitat. Les Cerfs, autrefois nombreux en France, présentaient également des variations, bien connues des chasseurs, suivant qu'ils habitaient telle ou telle région, un pays plat ou un pays de montagne par exemple.

Chacun sait encore que certains animaux caractérisent certaines régions. L'Ours blanc fait inévitablement penser aux solitudes glacées du pôle; de même, le Tigre fait penser à l'Asie orientale, le Lion à l'Afrique ou à une petite partie de l'Asie. L'Eléphant, d'après la forme de ses oreilles notamment, est reconnu sans peine comme venant soit de l'Afrique, soit de l'Asie.

Dans certains cas, des conditions physiques plus ou moins inéluctables apparaissent d'emblée comme étant étroitement liées à la présence de tel ou tel animal: le Chamois ne vit que sur les montagnes, il en est de même de la Chèvre à l'état sauvage; certains Mammifères, comme le Castor ou la Loutre, ne se trouvent que dans les fleuves. Si nous approfondissons ce sujet, nous voyons qu'en Afrique les Antilopes du genre *Tragelaphus* recherchent en général les régions humides, à tel point que pour les explorateurs leur présence annonce le voisinage plus ou moins immédiat d'un point d'eau; toujours en Afrique, et encore parmi les Antilopes, le grand Coudou (*Strepsiceros capensis* Harris) ne vit que sur les montagnes boisées, tandis que les *Oryx* se trouvent dans des plaines désertiques.

Le climat, ou, plus exactement, la température, est l'un des facteurs les plus nets que l'on puisse invoquer, en ce qui concerne la distribution des animaux et en particulier des Mammifères. Dans beaucoup de cas, la prépondérance de son action est évidente. Comme le fait remarquer M. R. Lydekker[1]), les animaux ressemblant au Lama et connus sous les noms de Vigogne et Guanaco, se rencontrent, au Pérou et dans l'Equateur, sur les hauteurs des Cordillières; mais, si l'on descend vers le Sud, leurs derniers représentants, dans les plaines de l'Argentine méridionale, en Patagonie et sur la Terre de Feu, vivent au niveau de la mer. Ces animaux ne peuvent exister que sous des climats froids ou tempérés; or, ces conditions ne

[1]) *A geographical history of Mammals*, Cambridge, 1896, p. 3.

sont réalisées, au Pérou et à l'Equateur, qu'à une altitude élevée, tandis que, plus loin des tropiques, elles le sont au niveau même de la mer. Dans d'autres cas, une même espèce réussit à s'adapter aux températures les plus variées; elle subit alors des modifications permettant parfois de la diviser, d'après son habitat, en sous-espèces, variétés ou races distinctes. C'est ainsi que le Tigre, abondant sous le climat chaud et humide du Sud de l'Asie, se retrouve, semble-t-il, jusque sous le cercle polaire, où il acquiert une fourrure épaisse, bien différente de celle des sujets méridionaux et lui permettant de résister au froid.

En principe, certaines conditions déterminées sont nécessaires à chaque espèce, mais il est non moins net qu'une région, si propre qu'elle soit à l'existence d'un Mammifère, n'en est pas inévitablement pourvue. Des faits complexes entraînent en effet la présence ou l'absence des animaux. Une espèce qui, au cours de l'évolution subie par les formes animales, s'est formée dans une région donnée, rencontre presque fatalement des obstacles: mers, fleuves, déserts, montagnes[1]), empêchant plus ou moins complètement sa dispersion hors de son aire primitive; mais que, par suite d'un fait quelconque, cette espèce soit transportée, hors de son habitat naturel, dans un autre également apte à son existence, et elle pourra y pulluler comme le prouvent maints exemples. Nous ne citerons qu'un des plus récents et des plus caractéristiques de ceux-ci. Il y a un certain nombre d'années, les planteurs des Antilles britanniques avaient introduit dans leurs îles un petit carnassier indien, une Mangouste[2]), dans l'espoir que celui-ci détruirait les Rats qui dévastent les champs de canne à sucre. Ces Mangoustes y pullulèrent dans des proportions inouïes et, les Rats ne leur suffisant pas, elles se mirent non seulement à dévorer les volailles, mais les Lézards, les Crapauds, et d'autres animaux destructeurs d'Insectes et par conséquent utiles. Il fallut, à la Trinidad, en arriver à payer une prime de plus en plus élevée, atteignant jusqu'à cinq schillings par tête, pour la destruction des Mangoustes[3]).

Par contre, des conditions variées peuvent faire disparaître les espèces: tels sont les cataclysmes, l'appauvrissement progressif du sol au point de vue de ses productions végétales, en ce qui concerne les herbivores, et, en ce qui concerne les carnivores, la diminution du gibier sous l'action des carnivores eux-mêmes ou d'épizooties variées. En général, lorsqu'une espèce atteint une taille considérable, que ses exigences en nourriture deviennent de plus en plus difficiles à satisfaire, cette espèce tend lentement, mais spontanément, c'est-à-dire en l'absence même de tout autre motif, à disparaître; parmi les causes invoquées au sujet de la disparition plus ou moins rapide de l'Eléphant d'Afrique, il semble que cette dernière, bien que l'on

[1]) Obstacles dans certains sens, les montagnes semblent au contraire, dans certains autres, former des ponts servant au passage d'une région à l'autre. Des Mammifères habitant deux régions de plaines séparées par une chaîne de montagne ne traverseront celle-ci qu'assez difficilement. Au contraire, en suivant la chaîne dans le sens de sa longueur, des Mammifères habitués aux conditions spéciales d'existence qui se trouvent réalisées sur les hauteurs, peuvent étendre leur aire primitive de distribution. Les Cordillières d'Amérique semblent fournir de tels exemples. (Ours des Andes, voir p. 138, et Cerfs, p. 168.)

[2]) Probablement la Mangouste mungo (*Herpestes griseus* Et. Geoffroy), qui joue, dans l'Inde, le rôle tenu en Egypte par la Mangouste ichneumon (*H. ichneumon* Linné).

[3]) *Journal d'Agriculture tropicale*, Paris, Septembre 1903, no. 27.

envisage généralement toutes les autres sans parler de celle-ci, doive être particulièrement prise en considération. Mais, de toutes les causes de disparition des Mammifères sauvages, l'action destructive de l'Homme reste peut-être la plus puissante; c'est, en tout cas, la plus rapide; aussi, jusqu'au Centre de l'Afrique, tend-on à réagir contre cette destruction et les Etats civilisés prennent-ils à honneur d'établir, dans leurs colonies, des réserves dont la présence empêchera ou retardera tout au moins une disparition déjà presque consommée pour certaines espèces, comme l'Okapi, dont nous reparlerons au cours de cette étude.

Nous venons de voir s'établir un lien fort étroit entre la Zoologie et la Géographie, lien si étroit, même, qu'une science spéciale, la Zoogéographie, est consacrée à l'étude de la répartition des êtres. L'étendue de cette science, de jour en jour plus cultivée, est considérable. Elle traite non seulement de la distribution actuelle des animaux à la surface de la terre, mais de leur distribution passée, au cours des différents âges géologiques dont la succession a constitué l'histoire de notre planète. La présence des restes de tel ou tel animal disparu, c'est-à-dire de tel ou tel fossile, caractérise un terrain d'une manière beaucoup plus précise que ne le fait sa constitution géologique proprement dite; les fossiles, que l'on a appelés les « médailles de la Nature », sont plus instructifs à cet égard que ne le sont les roches elles-mêmes. Etendant encore son sujet, la Zoogéographie peut enfin aborder l'étude des conditions qui déterminèrent la présence de tel ou tel animal dans une région déterminée; elle s'élève ainsi jusqu'au plus haut degré que puisse atteindre l'étude positive des Sciences naturelles.

La Zoogéographie, dans son ensemble, étudie donc la répartition, passée et présente, de tous les animaux. Nous n'envisagerons ici que la partie concernant les Mammifères vivants.

Se basant sur ce fait que chaque espèce possède une aire de distribution définie, on a divisé la surface de la terre en un certain nombre de régions zoologiques, ou, plus particulièrement, dans le cas qui nous occupe, de régions mammalogiques. Ces régions ont été, d'une part, groupées en un certain nombre de grandes zones, et, d'autre part, subdivisées en sous-régions ou provinces. Le planisphère ci-joint indique ces divisions, dont l'examen synthétique ne saurait être abordé avec fruit que lorsque nous aurons étudié successivement la distribution des principaux groupes de Mammifères. Nous commencerons, suivant un ordre assez habituel, par nous occuper des plus élevés en organisation, c'est-à-dire de ceux qui sont les plus voisins de l'Homme, pour descendre progressivement jusqu'aux termes inférieurs de la série mammalogique. Nous verrons ensuite quelles conclusions peuvent en être tirées et ce que sont les provinces naturelles suivant lesquelles se répartissent les Mammifères.

Répartition géographique des Singes

Les Singes sont surtout connus du public par une certaine ressemblance extérieure avec l'Homme et par leur psychologie spéciale dans laquelle se retrouvent aussi quelques traits humains. Envisagés à ce double point de vue, ils semblent supérieurs aux autres animaux.

A un examen superficiel, leur principal caractère distinctif est celui que présentent leurs membres, dont les extrémités, au lieu d'être conformées comme le sont en général celles des autres Mammifères, sont des mains munies d'un pouce opposable aux autres doigts; le pied est donc susceptible d'être employé ici comme une main, ce qui vaut aux Singes le nom de Quadrumanes. Leur véritable main, cependant, est beaucoup moins parfaite que celle de l'Homme; dans certains genres même, chez les Colobes et les Atèles, le pouce est atrophié; chez les Ouistitis enfin, le pouce n'est plus opposable aux autres doigts, sauf au pied, et les ongles plats ou simplement bombés des autres Singes font place à des griffes; ici, la main n'est

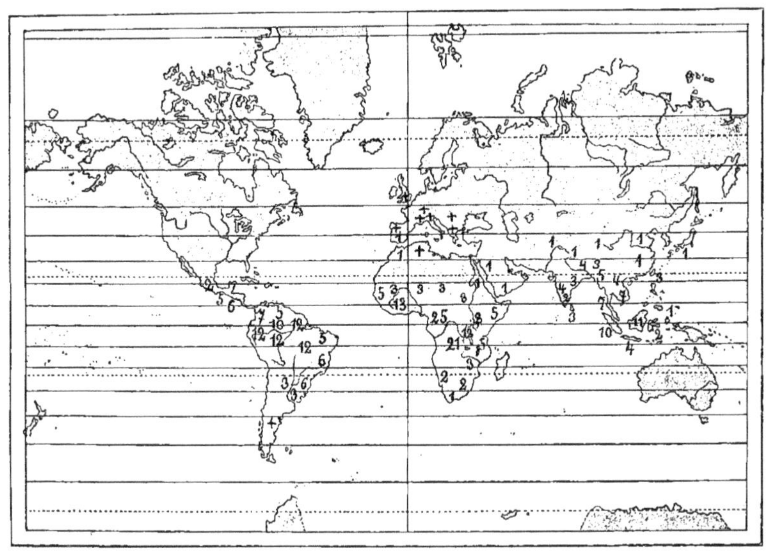

Carte de la répartition des Singes
D'après Matschie
Les chiffres indiquent le nombre d'espèces vivant dans chaque région; les croix indiquent les régions où il en a vécu autrefois et d'où elles sont maintenant disparues

plus qu'une patte comme celle de l'Ecureuil et toute ressemblance humaine disparaît. En ce qui concerne leurs autres caractères, bornons-nous à rappeler que les Singes ont le corps entièrement, ou presque entièrement, recouvert de poils, et que leur dentition est très voisine de celle de l'Homme; parfois, cependant, leurs canines sont aussi développées que celles des Carnassiers.

Au point de vue de leur classification, ces animaux nous offrent l'exemple le plus frappant peut-être de l'étroite dépendance qui existe entre la répartition géographique et les caractères zoologiques. Des liens très nets réunissent en effet tous les Singes de l'Ancien-Monde d'une part, et ceux du Nouveau-Monde d'autre part; cette notion géographique domine toute la classification des Singes.

Ceux de l'Ancien-Continent ont des narines rapprochées, ouvertes en avant, et séparées par une mince cloison, tandis que ceux du Nouveau-Continent ont des narines très écartées, ouvertes de côté. A ces caractères toujours bien visibles, qui ont valu le nom de Platyrrhiniens à ceux-ci et de Catarrhiniens à ceux-là, s'en ajoutent d'autres parmi lesquels nous citerons celui de la dentition, qui comporte chez les Catarrhiniens une prémolaire de moins, de chaque côté de chaque mâchoire, que chez les Platyrrhiniens; la forme des dents rappelle en outre d'une manière générale, chez les premiers, celle qui est présentée par les Carnassiers, tandis qu'elle commence plutôt à faire pressentir, chez les seconds, celle des Insectivores. La queue, si développée qu'elle soit, ne sert jamais d'organe de préhension chez les Singes de l'Ancien-Monde, tandis qu'elle est au contraire merveilleusement adaptée à cet usage, en général, chez ceux du Nouveau-Monde, parfois nommés pour cette raison Singes à queue prenante. Le squelette, enfin, présente dans ces deux grands groupes quelques caractères différentiels achevant de les séparer.

La classification en Singes de l'Ancien-Continent et Singes du Nouveau-Continent est donc parfaitement naturelle; elle ne repose sur aucune division arbitraire et l'on ne saurait choisir un meilleur exemple de l'importance des données géographiques dans la classification.

Voyons maintenant comment sont réparties les diverses familles de Singes à la surface de chacun des deux grands continents formés par l'Europe, l'Asie et l'Afrique d'une part, et les deux Amériques d'autre part.

Singes de l'Ancien-Continent

Autrefois présents en Europe, les Singes en ont maintenant disparu, sauf à Gibraltar, où ils ne se sont d'ailleurs maintenus que grâce à des mesures protectrices; nous aurons à en reparler. Actuellement, ces Mammifères se trouvent dans toutes les régions chaudes de l'Asie et de l'Afrique; les Semnopithèques et les Macaques se trouvent en outre dans certaines contrées froides de l'Asie.

C'est parmi les Singes de l'Ancien-Monde que nous trouvons les espèces les plus élevées en organisation, les plus voisines de l'Homme; elles sont réunies, pour cette dernière raison, sous le nom d'Anthropomorphes.

Anthropomorphes

Les Singes groupés dans la famille des Anthropomorphes se divisent en quatre genres. Deux sont asiatiques: les genres *Hylobates* (Gibbons) et *Simia* (Orang-outans), et deux sont africains: les genres *Anthropopithecus* (Chimpanzés) et *Gorilla* (Gorille).

Gibbons

A bien des points de vue, les Gibbons sont les plus élevés des Anthropomorphes; leur organisation semble être la plus voisine de celle de l'Homme et leur psychologie semble également supérieure à celle des autres Singes de la même famille, du Chimpanzé même, que divers auteurs placent en tête des Anthropomorphes. Leurs bras, démesurément longs, leur donnent, il est vrai, une apparence moins humaine que celle de ce dernier, mais c'est là un caractère adaptatif, résultant du mode de vie de ces Mammifères et que l'on ne saurait envisager comme un signe d'infériorité.

Les Gibbons se divisent en une dizaine d'espèces; on en compte parfois jusqu'à quinze et, pour les espèces continentales surtout, ainsi que nous le verrons, leur classification est encore des plus douteuses; les espèces insulaires, mieux ségrégées[1]) en raison de leur habitat parfaitement délimité, offrent au contraire des caractères plus tranchés et se laissent plus facilement définir.

Chez les Gibbons, les caractères généraux les plus frappants sont: de très longs bras, des jambes assez courtes, des pouces courts et des doigts très longs, une taille petite par rapport à celle des autres Anthropomorphes et restant toujours inférieure à un mètre, un pelage bien fourni, soyeux, de teinte très variable non seulement d'après les espèces mais d'après le sexe et l'âge. Ces animaux sont essentiellement arboricoles; cependant, seuls de tous les Anthropomorphes, les Gibbons, lorsqu'ils sont à terre, se tiennent habituellement debout sur leurs pieds (Blanford) et, dans cette attitude, leurs mains traînent sur le sol et peuvent y prendre point d'appui par le dessus des doigts repliés.

Ils habitent l'Inde, l'Indo-Chine y compris la péninsule malaise, les trois grandes îles de la Sonde: Bornéo, Sumatra et Java, et quelques petites îles voisines. Il en existait autrefois en Europe, comme beaucoup d'autres Mammifères maintenant confinés dans l'Asie méridionale, par exemple les Cerfs Muntjacs, ou se trouvant à la fois en Asie et en Amérique, comme les Tapirs. Le Pliopithèque et le Dryopithèque, dont les restes fossilisés se trouvent dans le terrain miocène de l'Europe centrale et méridionale, semblent voisins des Gibbons actuels. Enfin, le Pithécanthrope (*Pithecanthropus erectus* Dubois), découvert il y a une quinzaine d'années, à l'état fossile, dans l'île de Java, et qui est peut-être un très proche parent de l'Homme, avait un crâne rappelant, en plus grand, celui du Gibbon. Ses caractères, autant qu'il est possible de les connaître d'après les débris connus jusqu'ici, en feraient un être intermédiaire aux Gibbons et à l'Homme; les rapports entre ceux-ci n'en paraissent que plus évidents.

Autant que nous pouvons le savoir dans l'état actuel de la classification des Gibbons, état peu avancé comme nous l'avons vu, chaque espèce paraît étroitement localisée dans une contrée qui lui est spéciale (Matschie). Ce fait n'est d'ailleurs pas exceptionnel, mais il serait particulièrement accentué ici.

A Sumatra et peut-être aussi à Malacca et dans le Ténassérim, vit un Gibbon de grande taille, le Siamang, pour lequel a été établi, en raison de l'importance de ses caractères particuliers, le sous-genre *Siamanga*. Ce Gibbon (*Siamanga syndactylus* Desm.) peut atteindre une taille voisine d'un mètre; sa fourrure est d'un noir brillant; le second et le troisième de ses doigts sont réunis par

[1]) On donne le nom de ségrégation à un isolement d'individus susceptible de provoquer la formation d'espèces nouvelles en favorisant la sélection et en empêchant la disparition des caractères nouvellement acquis. Chacun sait que la sélection naturelle dont il s'agit ici est caractérisée par la survivance des formes les mieux adaptées aux conditions générales d'existence; ce fait est la base des théories darwiniennes.

une membrane, d'où le nom de *syndactylus*, c'est-à-dire à doigts réunis. Cette espèce est sociable; elle vit en troupes dans les hautes forêts de Sumatra, à des altitudes variant de 60 à 1,300 mètres environ. Le naturaliste anglais Forbes a eu l'occasion de l'observer à l'état naturel; il la rencontrait vivant en colonies, soit dans les forêts elles-mêmes, soit sur de hauts arbres isolés, couverts de fruits. Parfois suspendus par un seul bras à une branche dénudée, à plus de vingt-cinq mètres au-dessus du sol, ces Gibbons font résonner l'air d'aboiements éclatants, poussés apparemment, dit Forbes, pour le seul plaisir de faire du bruit.

Peut-être cette espèce ne se trouve-t-elle réellement que dans l'île de Sumatra; les spécimens attribués à Malacca (Wallace) et au Ténassérim (Helfer) ne semblant pas rigoureusement authentiques (Forbes). A cet habitat spécial correspondent, comme nous venons de le voir brièvement, des caractères spéciaux qui isolent jusqu'à un certain point le Siamang des autres Gibbons.

A côté de ce Siamang, étroitement localisé, vit aussi, dans l'île de Sumatra, un Gibbon de taille plus petite, moins trapu; c'est le Gibbon agile (*Hylobates agilis* Et. Geoffroy et F. Cuvier), l'Ongka ou Ongko des indigènes, dont la couleur, au lieu d'être noire, est assez variée. Il présente notamment une bande blanche superciliaire grâce à laquelle on le distingue du Siamang, dont il est parfois très voisin comme caractères et lieu d'habitat. Certains spécimens de cette espèce ont l'occiput, le dos, les flancs, les hanches et la surface externe des membres antérieurs et postérieurs d'un jaune pâle, les épaules, la poitrine et le ventre, les côtés internes des membres et les extrémités de ceux-ci étant d'un brun foncé, les paupières et les favoris d'un gris pâle.

Ce Gibbon agile paraît confiné, sous ses formes les plus typiques tout au moins, à Sumatra et au Siam. Dans la première de ces deux régions, au voisinage du Siamang, vit une variété noire (Ongka etam) dont on a fait une espèce sous le nom d'*Hylobates Rafflesi* Is. Geoffroy, et une variété blanche ou jaune (Ongka putih). Au Siam et peut-être au Cambodge (J. E. Gray), habitent des formes diversement colorées, notamment une variété distinguée par une calotte de poils noirs, placée sur le sommet de la tête et simulant un bonnet; le tour de ce bonnet, la partie supérieure du corps et les membres sont gris. Des individus semblant appartenir à cette dernière variété peuvent être entièrement blancs, le bonnet et la poitrine seuls restant noirs. D'autres variations, que nous ne pouvons décrire ici, s'observent encore sur les représentants continentaux de cette espèce.

En prenant celle-ci dans une acception très large, c'est-à-dire en lui réunissant certaines formes voisines, Anderson la considère comme habitant à la fois l'île de Sumatra, le Siam, la Cochinchine, Bornéo et les îles Soulou (entre Bornéo et les Philippines). Ses mœurs sont à peu près celles du Siamang; elle vit comme lui dans les forêts. La variété dite Ongka etam présente parfois, entre les premières phalanges de l'index et du médius, un commencement de membrane rappelant celle du Siamang; parfois même, en outre, la première phalange du médius est réunie de même à celle du quatrième doigt. Les formes habitant Bornéo et les Philippines sont souvent réunis sous le nom de Gibbon Woowoo (*Hylobates leuciscus* Schreber).

A Java se trouve un Gibbon considéré par Matschie comme formant une espèce distincte (*Hylobates javanicus* Matschie), et bien loin de là, à Haïnan, en face de notre Protectorat du Tonkin, se trouve une autre forme insulaire également considérée comme espèce distincte (*Hylobates haïnanus* Thomas); cette dernière ressemble surtout à l'une des espèces continentales dont nous allons avoir à parler, le Gibbon Hoolock (*Hylobates hoolock* Harlan), mais en diffère, comme de toutes les espèces connues sauf du Siamang, par l'absence de toute bande blanche superciliaire, l'animal étant entièrement d'un noir de jais (Old. Thomas).

Sur le continent, les espèces paraissent moins nettement séparées encore que sur les îles, où, sous l'effet de la ségrégation (v. ci-dessus), les caractères différentiels paraissent s'être accentués et fixés. Parmi les espèces continentales, le Gibbon Hoolock ou Gibbon à sourcils blancs, que nous venons de mentionner, est le mieux connu; avec lui, nous citerons le Gibbon lar ou Gibbon à mains blanches (*Hylobates lar* Linné); leurs principaux caractères distinctifs sont les suivants (Blanford):

1° une bande grise ou blanche sur les sourcils; le reste de la tête, la surface supérieure des pieds et des mains étant de la même couleur que le corps: Gibbon Hoolock;

2° mains, pieds et cercle entourant la face, blancs ou blanchâtres: Gibbon lar.

Le Hoolock est généralement noir; beaucoup d'individus cependant, aussi bien mâles que femelles, varient du noir-brunâtre au gris-jaunâtre clair, la bande frontale restant toujours beaucoup plus pâle que le reste de la coloration. Le sommet de la tête, le dos et les côtés externes des membres sont souvent plus pâles que les parties inférieures du corps, tandis que la partie nue de la face, au-dessous de la bande frontale, est toujours plus foncée. On a voulu voir, dans ces variations de coloration, des caractères sexuels secondaires (Blyth), mais il semble seulement établi que les femelles sont fréquemment plus claires que les mâles.

Comme les autres Gibbons, celui-ci est essentiellement arboricole, aussi est-il confiné le plus souvent, peut-être l'est-il même toujours, dans les forêts de montagne, au milieu desquelles il circule avec la plus grande agilité, grâce à ses longs bras au moyen desquels il s'accroche et se balance de branche en branche et d'arbre en arbre. Il descend ainsi le long des pentes boisées à une allure surprenante, en se saisissant successivement de bambous et de branches qui, pliant sous son poids, l'amènent progressivement, et avec une rapidité inouïe, jusqu'au bas de la pente. A terre, le Gibbon Hoolock sait se maintenir sur ses jambes, la sole du pied étant appliquée sur le terrain et le pouce bien écarté des autres doigts; dans cette attitude, la longueur démesurée de ses bras donne à l'animal un aspect des plus singuliers. Il peut ainsi marcher assez rapidement, avec une allure balancée, mais peut être facilement atteint par un homme; aussi ne quitte-t-il généralement pas la retraite, si sûre pour lui, des forêts de montagne.

Cette espèce, bien que son habitat ne soit pas strictement délimité, doit être considérée comme ayant, de toutes celles du même genre, la distribution la plus occidentale. Hodgson la considère comme pouvant être rencontrée dans les vallées couvertes du Nord du Népaul, où les collectionneurs indigènes envoyés par ce naturaliste crurent, en la rencontrant, avoir affaire à un homme sauvage. Elle se retrouve plus à l'Est, dans le Bhoutan (Pemberton), puis dans les régions montagneuses du Haut-Assam, habitées par les Nagas et les Ahors, où elle abonde, en troupes de 100 à 150 individus, dans les forêts élevées. De là elle gagne le Sud-Ouest, à travers les régions montagneuses de l'Assam, du Sylhet, du Cachar, les montagnes de Khasia et de Garo, où elle est commune, se retrouve dans quelques parties du Mymeusing; puis elle s'étend à travers les montagnes situées au Nord et à l'Est de Chittagong, à travers l'Arakan, et au Sud, jusqu'à Martaban. De l'Assam et de Munipore, elle traverse la vallée de l'Iraouaddy, pénètre dans les montagnes qui en constituent la ceinture orientale, et se trouve encore dans les monts Kakhyem, à la partie orientale du Yunnan. Les contrées élevées, mais non boisées, sont pour cet animal d'infranchissables déserts, et là où il en rencontre s'arrête sa distribution. Dans l'Arakan et le Martaban, il paraît associé au Gibbon lar, mais ce dernier ne paraît pas s'étendre dans la partie septentrionale de la vallée de l'Iraouaddy. Le type de cette espèce, décrit par Harlan, provenait de Goalpara et était probablement originaire des monts Garo. Comme nous l'avons vu, son habitat préféré, nécessaire même, est celui des hautes montagnes couvertes d'épaisses forêts. Sa voix éclatante y fait résonner l'espace; préludant par un faible murmure, perceptible seulement à mi-distance, mais que chaque minute rend plus distinct, les troupes de Hoolocks tout entières finissent par précipiter leurs cris en une véritable tempête, répercutée par l'écho jusqu'à une distance considérable.

Le Gibbon lar est essentiellement caractérisé par ses mains blanches, dont la coloration tranche vivement sur la couleur noire du corps; sa taille est sensiblement la même que celle du précédent; comme lui, il est arboricole; il semble moins apte à marcher sur le sol, ses jambes le supportant plus mal et l'usage de ses mains semblant lui être plus nécessaire. Ses habitudes sont en général celles du Hoolock, mais la voix est bien distincte dans les deux espèces.

On le trouve dans le Ténassérim, jusqu'à une altitude de 1,200 mètres environ, et aussi, d'après Blanford, dans la péninsule malaise entière. Tickell pense qu'il atteint, au Nord, la limite septentrionale du Pégou, mais ne se trouve pas jusque dans les montagnes séparant le Pégou de l'Arakan, tandis qu'Anderson le considère comme se trouvant à la fois dans l'Arakan et dans le bas Pégou. Sa présence dans la vallée de l'Iraouaddy reste douteuse. Quoi qu'il en soit, son aire de distribution est assez restreinte.

Avant d'en finir avec les Gibbons, nous dirons quelques mots d'une autre espèce continentale paraissant propre au Tonkin: le Gibbon nasique (*Hylobates nasutus* Milne-Edwards), espèce établie il y a quelque vingt-cinq ans d'après un spécimen vivant à la ménagerie du Muséum. Sa coloration est noire, et, tandis que les autres espèces ont, comme tous les Singes en général, un nez aplati ou tout au moins effacé, le Gibbon nasique possède un nez saillant, à formes nettement dessinées; rappelons que Darwin a déjà fait remarquer un commencement de courbure aquiline dans le nez du Hoolock et que ce caractère est important en ce sens que la possession d'un nez saillant, bien accusé, est un privilège de l'Homme.

L'intérêt tout particulier qui s'attache aux Gibbons, en raison de leur parenté de structure avec l'Homme, légitime, pensons-nous, l'étendue de la place que nous venons de leur consacrer. Malgré cet intérêt, le genre *Hylobates* est encore mal connu, tant au point de vue de sa classification qu'à celui de la répartition géographique de ses espèces; ces deux points de vue sont d'ailleurs sous la dépendance l'un de l'autre, et ce qui précède a déjà permis de s'en rendre compte. Comme l'a fait remarquer le savant mammalogiste anglais Oldfield Thomas, à l'exception du Siamang, toutes les espèces de Gibbons sont étroitement liées et ne diffèrent que par des caractères si peu importants qu'ils semblent à peine dignes de servir à des distinctions scientifiques. Les données géographiques aidant, on s'accorde cependant à reconnaître des espèces dont le nombre varie d'ailleurs avec chacun des naturalistes qui les étudient.

Orang-outans

Très voisin du Gibbon, géographiquement parlant, l'Orang-outan en est tout différent au point de vue de l'apparence et de la structure interne; sa taille peut dépasser 1 mètre 40; ses bras, bien que très longs, le sont proportionnellement beaucoup moins que ceux du Gibbon. Couvert d'un poil grossier, rougeâtre et pourvu d'une tête énorme que grossissent encore des excroissances fort développées chez le mâle, l'Orang est à la fois bien distinct des autres Anthropomorphes asiatiques (Gibbons) et des Anthropomorphes africains (Gorilles et Chimpanzés).

Son habitat est très limité; il comprend surtout la grande île de Bornéo, où il recherche spécialement les vallées marécageuses de l'Ouest et du Sud, et s'étend jusqu'à Sumatra, où l'on retrouve des Orangs dans les plaines basses des districts de Palembang et de Jambe notamment.

Par opposition aux Gibbons, l'Orang-outan évite la montagne, tout au plus escalade-t-il les sommets de montagnes peu élevées. Ce sont les forêts basses, chaudes et humides, qui abritent les familles d'Orangs; ceux-ci ne vivent pas en troupeaux mais se réunissent par couples accompagnés de quelques jeunes sujets. Ils sont moins capables que les Gibbons de marcher sur le sol, mais, moins agiles que ceux-ci, ils sont par contre beaucoup plus forts et leurs bras puissants savent venir à bout des obstacles que leur offre la végétation très dense des forêts où ils se meuvent.

L'Orang-outan de Bornéo est le *Simia satyrus* de Linné. Celui de Sumatra en a été séparé spécifiquement sous le nom de *Simia Abelii* Clarke, ce qui répond à des différences très nettes de distribution géographique; mais là ne se bornent pas les divisions du genre *Simia*. Dans le Nord de Bornéo, on a distingué un Orang de grande taille à joues boursouflées, à doigts épais, que les indigènes Dayaks eux-mêmes distinguent sous le nom de Mias Pappon; un autre, le Mias Bannir, différerait lui-même de cet Orang par un visage lisse et des doigts longs; les indigènes en distingueraient en outre un troisième, le Mias Kassar, sur lequel nous possédons encore moins de détails. Des formes plus ou moins semblables aux deux premières se retrouveraient à Sumatra, et Bornéo même en abrite d'autres dont la valeur zoologique ne semble pas encore complètement définie.

Chimpanzés

Nous abordons, avec les Chimpanzés, l'étude de la répartition des Anthropomorphes africains. Ils se retrouvent, sous des formes quelque peu différentes, de l'Est à l'Ouest de l'Afrique équatoriale.

Le Chimpanzé commun (*Anthropopithecus troglodytes* Linné) atteint une taille d'environ 1 mètre 50 centimètres, le mâle étant de très peu plus grand que la femelle; sa face présente une apparence plus humaine que celle d'aucun autre Anthropoïde, y compris le Gibbon, apparence accentuée encore par une coloration pâle faisant ressortir la couleur noire du pelage. A côté du Chimpanzé commun se place le Chimpanzé chauve, ou à face noire (*Anthropopithecus calvus* du Chaillu, ou *A. tschego* Duvernoy) qui s'en distingue surtout par la coloration noire de la face et des pattes, l'animal étant ainsi entièrement noir. Les naturalistes sont loin d'être d'accord sur la justesse de cette distinction en deux espèces et même en quelques autres moins généralement admises. L'étude de la répartition géographique peut, ici encore, servir de guide pour l'appréciation de la valeur des caractères zoologiques.

Comme tous les Anthropomorphes, le Chimpanzé est essentiellement un hôte des forêts. A la côte occidentale d'Afrique, il se trouve dans les régions boisées du Sud de la rivière Gambie et s'étend jusqu'au Sud du Congo, dans l'Angola, c'est-à-dire jusqu'à la région où les forêts humides font place à des espaces secs et dénudés rappelant déjà ceux de l'Afrique australe. Il s'étend sur toute la région forestière du Congo et, par le pays des Niams Niams, passe dans celle du Nil blanc, où il trouve des conditions également favorables à son genre de vie; il est ainsi présent dans la région du lac Albert, et on le retrouve jusque dans les forêts des bords occidentaux du Tanganyika. L'on ne sait exactement jusqu'où il peut atteindre dans la direction de l'Est; d'après Emin Pacha, il se trouverait dans l'Unyoro et l'Uganda, c'est-à-dire presque jusqu'à la côte orientale; bien que ce fait soit encore controversé, il faut reconnaître qu'il trouverait dans ces régions, au moins en certains points, des conditions favorables à son existence. Beaucoup plus récemment, Johnston a signalé sa présence dans le protectorat anglais de l'Uganda, et, d'autre part, des Chimpanzés sont parfois amenés vivants à Mombassa; ce sont des Chimpanzés à face blanche; ils y sont transportés par le chemin de fer rejoignant le lac Victoria et leur provenance reste assez douteuse.

D'après le naturaliste allemand Matschie, la présence de trois formes différentes de Chimpanzés est établie dans le Cameroun méridional; il s'agirait du Chimpanzé commun, du Tschégo et d'une forme à tête plate, au pelage gris, aux oreilles placées très haut, au museau épais et saillant; ces trois formes se retrouveraient dans le Cameroun septentrional, dans le Libéria, le Gabon, le Loango et diverses parties du Congo. Dans l'hinterland du Gabon, le voyageur français Paul du Chaillu a constaté la présence d'une forme différente des précédentes: le Coulo-Cambo des indigènes, plus grand que ne le sont les autres Chimpanzés; son revêtement pileux serait peu fourni, ses oreilles énormes, son front haut et voûté, et sa tête très large; le Musée congolais de Tervueren (Belgique) possède, paraît-il, la peau d'un Coulo-Cambo provenant des bords de l'Ituri, c'est-à-dire du centre même de l'Afrique.

Ajoutons enfin que les Chimpanzés, exclusivement africains à notre époque, et répandus, comme nous venons de le voir, sur toute la partie équatoriale du Continent noir, s'étendaient autrefois jusqu'au cœur même de l'Asie. Dans le pliocène de Siwalik, c'est-à-dire dans l'Inde septentrionale, il a été trouvé en effet des restes ayant appartenu à un *Anthropopithecus*, c'est-à-dire à un Chimpanzé, en même temps que d'autres restes paraissant appartenir au genre *Simia*, c'est-à-dire à un Orang-outan.

Gorilles

Ces Anthropomorphes sont, comme les Chimpanzés, exclusivement africains; leur aire de distribution est assez restreinte. Certaines naturalistes réunissent Gorilles et Chimpanzés dans un même genre; tous deux, malgré de notables différences d'aspect, sont de structure assez semblable, et il ne serait peut-être pas impossible que les Gorilles ne représentent des Chimpanzés ségrégés d'abord dans une région limitée et, à la longue, de plus en plus nettement différenciés. Leur taille est très élevée; ils atteignent 1 mètre 80 centimètres et leur force redoutable a donné lieu à maintes fables; ils se distinguent surtout des Chimpanzés par leur poitrine nue, leur narines larges, ovoïdes, leurs mâchoires puissantes, fortement projetées en avant et armées d'énormes canines, leurs orteils courts et étroits.

Outre le Gorille ordinaire, on admet l'existence d'un Gorille plus petit, dont le visage est encadré d'une sorte de barbe, et aussi d'un Gorille géant, à frontal très saillant, à région occipitale très développée.

Ces animaux ne semblent vivre que dans une aire très limitée, restreinte au Gabon et aux parties avoisinantes du Congo français. De plus en plus traqués sur la côte, ils se réfugient maintenant dans l'intérieur. La forme géante, signalée il y a quelques années, vit dans la moyenne-Sangha; sa taille atteint 2 mètres 30 centimètres et sa largeur d'épaules 1 mètre 10 centimètres; le poids de l'animal atteindrait 350 kilogrammes.

D'après Matschie, dans le Cameroun méridional se rencontrent trois formes bien différentes de Gorilles, de même que l'on y rencontrerait, comme nous l'avons vu ci-dessus, trois Chimpanzés différents. Parallèlement, le Cameroun septentrional abriterait trois autres formes de Gorilles, différentes de celles du Sud.

Les matériaux d'étude sont encore trop peu nombreux et trop incomplets pour que l'on puisse tracer avec certitude les limites spécifiques à établir entre les diverses formes de Gorilles. Matschie, qui considère l'existence de trois sous-espèces comme ne pouvant laisser aucun doute, dit en connaître dix-huit formes différentes.

Semnopithèques et Colobes

Ces deux groupes de Singes de l'Ancien-Monde sont réunis par les naturalistes dans une même famille, celle des Semnopithécidés; le premier est asiatique, le second est africain. Bien que très différents extérieurement suivant leur origine asiatique ou africaine, ils sont étroitement liés par tout un ensemble de caractères communs dont les plus évidents sont l'atrophie du pouce et la présence d'un estomac composé rappelant celui des Ruminants; tandis que ce dernier viscère,

chez tous les Singes anthropomorphes et autres, est analogue à celui de l'Homme, c'est-à-dire très simple, il est divisé en trois parties distinctes, et très vaste, chez les Semnopithécidés. Ce caractère est en rapport avec l'alimentation que recherchent ces Mammifères; tandis que les autres représentants du même ordre sont essentiellement frugivores et souvent aussi carnivores, comme l'était primitivement l'Homme, les Semnopithécidés se nourrissent surtout, comme les Ruminants, de feuilles et de jeunes pousses, à tel point qu'ils reçoivent des naturalistes allemands le nom de Blätteraffen et des naturalistes anglais celui de Leaf-monkeys, c'est-à-dire de Singes des feuilles.

Ils sont facilement distinguables par leur forme élancée, la longueur de leur queue, leur pouce atrophié, et l'absence d'abajoues, c'est-à-dire de ces poches buccales présentes chez d'autres Singes et dont nous parlerons plus loin; ils sont assez délicats, vivent peu en ménagerie, où il est très difficile de les alimenter, et, pour cette raison, sont moins connus des naturalistes et surtout du public.

Leur coloration varie, chez les Semnopithèques, dans les gammes du grisâtre et du roussâtre, en atteignant parfois des teintes assez éclatantes; chez les Colobes, elle atteint, surtout par des contrastes de noir et de blanc et aussi par suite de la finesse du pelage, une beauté tout à fait remarquable qui leur a fait donner par les Allemands le nom de Seidenaffen, c'est-à-dire de Singes soyeux.

Les Semnopithèques se divisent en un très grand nombre d'espèces. Le naturaliste anglais Blanford en a décrit quatorze dans sa Faune des Indes Britanniques, et l'on pourrait en compter maintenant une trentaine environ dans la littérature scientifique.

Leur aire de distribution est représentée par l'Inde entière et la péninsule indo-chinoise avec leurs îles adjacentes, ainsi que par la Chine méridionale; nous considérons ici le genre Semnopithèque dans sa plus large acception, en y comprenant des sous-genres dont nous parlerons ci-dessous. Ainsi localisés à l'Asie méridionale, les Semnopithèques présentent des espèces adaptées à des climats torrides, et d'autres adaptées à des climats très froids.

Le représentant le plus commun du genre qui nous occupe est le Semnopithèque entelle (*Semnopithecus entellus* Dufr.). Il est d'une couleur jaune pâle, lavée de gris argenté et de brunâtre sur le dos et la nuque; ses mains et ses pieds sont noirs en dessus; le dos et les parties externes des membres sont parfois plus foncés que le reste du corps; la face, les oreilles et la sole des mains et des pieds sont noirs; sa taille peut atteindre une moyenne de 60 centimètres, la queue étant de moitié plus longue.

On le trouve dans la partie septentrionale de la péninsule indienne, y compris le Sud-Ouest du Bengale, l'Orissa, les provinces du centre, celles de Bombay, Guzerat, le Rájputána méridional, et dans une partie des provinces du Nord-Ouest, jusqu'à la région de Kattywar et probablement aussi jusqu'à celle de Cutsch. Il semble absent dans le Sindh et le Punjab. Hutton pense que cette espèce ne se trouve pas à l'état vraiment indigène dans l'Est de l'Hugli et le Nord du Gange, ni en dehors d'une ligne tracée, vers l'Ouest, entre Allahabad et Bundi, sur le Chambal; les colonies d'Entelles trouvées dans ces régions près de certains « Shrines » ou autels hindous, comme à Muttra, dans le Nord-Ouest, et à Kishnagurh, au Bengale, sembleraient y avoir été artificiellement introduites. Pour Blanford, il est cependant certain que ces animaux se trouvent, à l'état naturel, à la base de l'Himalaya, et Jerdon a mentionné leur présence à Pankabari, dans le Sikhim. Sur la côte Est, l'Entelle doit s'étendre, d'après Blanford, jusqu'au Sud du Godavery.

En résumé, présente dans la chaîne du Deccan et au Nord de la rive droite du Gange, cette espèce a des limites indéterminées à l'Ouest et au Nord-Ouest. Dans l'Himalaya, elle semble remplacée par le Semnopithèque ardoisé (*Semnopithecus schistaceus* Hodgson), au Sud-Est par le *Semnopithecus hypoleucus* Blyth, au Sud-Ouest par le *Semnopithecus priamus* Blyth, et dans l'Assam par le *Semnopithecus pileatus* Blyth; toutes ces espèces offrent avec celle dont nous parlons des différences dans le détail desquelles nous ne saurions entrer.

L'extension des Semnopithèques, et en particulier de l'Entelle, s'est trouvée protégée par la vénération dont ces animaux sont l'objet de la part des Hindous qui les considèrent comme sacrés. Aussi l'Entelle ne fuit-il pas l'homme; on le trouve dans les plantations, dans les arbres des villages même, aussi bien que dans la profondeur des forêts. Il est fréquent, d'après Blanford à qui nous empruntons ces détails, de les trouver sur le toit des habitations; ils vont jusqu'à piller des magasins de grains, et les dommages qu'ils causent, tant aux champs que dans les maisons, les rendent si nuisibles que les habitants, n'osant pas les tuer eux-mêmes, supplient les Européens de les tirer. On prétend que des doses de cinq et même dix grains de strychnine[1]) ont été données sans effet à un Entelle, tandis que cet alcaloïde est mortel pour le Macaque rhésus qui vit dans la même région et qui, vénéré comme l'Entelle, est encore plus malfaisant en raison de sa force beaucoup plus grande.

A côté de l'Entelle, nous devons parler du Semnopithèque ardoisé (*Semnopithecus schistaceus* Hodgson) qui, comme nous venons de le voir, semble être son représentant septentrional. Zoologiquement, ces deux espèces sont très voisines, mais le Semnopithèque ardoisé est adapté à la vie de montagne; il se trouve dans l'Himalaya jusqu'à une altitude de 4,300 mètres environ, et ne descend jamais au-dessous de 1,300 mètres, voire même de 1,600 mètres d'après certains auteurs. Comme la plupart des animaux de montagne, il est robuste, et sa taille dépasse celle de l'espèce précédente; sa résistance au froid est considérable; il a été vu, sur les sommets de l'Himalaya, jouant dans des sapins couverts de neige.

Sur le continent même, d'autres formes de Semnopithèques présentent avec celles dont nous venons de parler des différences plus ou moins accentuées. Tels sont le *Semnopithecus Phayrei* Blyth, dont le corps, gris-foncé en dessus, est blanchâtre en dessous, et dont la tête porte une sorte de crinière. Il se trouve dans l'Arakan, le Pégou, à l'Ouest de la rivière Bassein, dans le Ténassérim septentrional, près de Moulmein, à l'Est de cette dernière localité; mais, d'après Blanford, il s'agirait peut-être, dans ce dernier cas, d'une espèce voisine et non du *S. Phayrei*; d'après Anderson, ce dernier n'aurait même été authentiquement

[1]) Soit jusqu'à 65 ctgr., dose énorme puisque 5 à 6 ctgr. peuvent être mortels pour l'Homme.

trouvé que dans l'Arakan. C'est dans les forêts hautes et épaisses qu'il se rencontre, ainsi que dans les bambous garnissant les pentes des collines, sur les rives des fleuves, et habituellement en troupes de vingt à trente individus. Par opposition à l'Entelle, il est timide, circonspect; on l'entend plus qu'on ne le voit. A la moindre alarme, la troupe s'élance à travers la forêt et saute d'arbre en arbre en ébranlant violemment les branches. Pendant cette retraite, Tickell a observé qu'un vieux mâle, restant en arrière dans un poste sûr, à la cime d'un des plus hauts arbres par exemple, profère à de fréquents intervalles un cri d'alarme court et profond qui, vraisemblablement, guide la troupe dans sa fuite.

Mentionnons enfin, pour en finir avec les formes continentales ou insulaires des Semnopithèques, le Semnopithèque des Nilgairis (*Semnopithecus Johni* Fischer), entièrement brun ou noir, sauf la tête et les joues qui sont d'un brun pâle, il habite les forêts de montagne de l'Inde méridionale; le *Semnopithecus Barbei* Blyth, de la vallée de l'Iraouaddy et du Ténassérim; le *S. chrysogaster* Licht., de l'île Sipora; le *S. Germaini* A. Milne-Edwards, de Cochinchine; le *S. maurus* Schreber, de la péninsule malaise, de Sumatra, Java, Bornéo et des îles adjacentes (Padang, Bancoulen, Lampong, Biliton); le *S. mitratus* Escholtz, du Siam, de la péninsule malaise, de Sumatra, et dont le *S. siamensis* Müller et Schlegel, semble être une variété; le *S. nemæus* Linné, du Nord de la Cochinchine, de l'Annam et de l'île d'Haïnan; le *S. nigripes* A. Milne-Edwards, de Saïgon et des forêts bordant l'embouchure du Mékong, étroitement allié au précédent qui est son représentant septentrional; le *S. obscurus* Reid., de la péninsule malaise et du Siam; le *S. femoralis* Horsfield, de Bornéo, de Sumatra, de la péninsule malaise et du Ténassérim, dont les spécimens continentaux appartiennent vraisemblablement à la variété *siamensis* ci-dessus citée, tandis que ceux des îles formeraient une espèce distincte; le *S. Françoisi* Depoussargues, de la frontière sino-tonkinoise.

Quelques-unes de ces espèces sont communes au continent et aux îles adjacentes. D'autres sont localisées dans ces dernières; tels sont le *S. cristatus* Raffles, de Sumatra et Bornéo, et le *S. ursinus* Blyth, de Ceylan.

Quatre autres espèces, groupées en trois genres (*Nasalis*, *Rhinopithecus* et *Simiops*), rattachés à celui des Semnopithèques, s'ajoutent aux précédentes et présentent une extension géographique rentrant dans le cadre que nous venons de tracer. Le *Nasalis* ou *Nasique* (*Nasalis nasica* F. Cuvier) se distingue des Semnopithèques proprement dit par un nez atteignant une longueur de dix centimètres et retombant au-dessus de la lèvre supérieure; il est confiné à Bornéo, où il habite les régions basses, voisines de l'embouchure du Sarawak. Le Rhinopithèque (*Rhinopithecus Roxellanæ* A. Milne-Edwards) se distingue encore par la forme de son appendice nasal; il est, comme le précédent, confiné dans une région très limitée, car il n'est pas connu en dehors des montagnes du Thibet oriental et du Nord-Ouest de la Chine; une forme voisine, le *Rhinopithecus Bieti* A. Milne-Edwards, a été retrouvée dans les mêmes parages, à Tsékou. Ce genre Rhinopithèque semble s'étendre, en définitive, sur le Thibet et les régions arrosées par le Mékong, le Sékiang et le Yang tsé, dans leur partie supérieure. Sumatra, enfin, possède un autre Semnopithèque à nez saillant, le *Simiops*.

En outre des Anthropomorphes déjà mentionnés, des Singes voisins des Semnopithèques ont autrefois vécu dans la France orientale, dans l'Attique, et en Hongrie. Le *Mesopithecus* trouvé dans ces dernières régions devait ressembler aux Semnopithèques indiens actuels. Le *Dolichopithecus* de la France méridionale, à membres très courts et à museau allongé, s'en écartait davantage; mais, par contre, en Toscane et en France, à Montpellier, ont jadis vécu trois Singes probablement apparentés à l'Entelle.

Actuellement, la sous-famille des Semnopithèques, avec ses espèces si nombreuses, est donc confinée dans la partie orientale et méridionale du continent asiatique et dans les îles voisines.

Si les Semnopithèques ne se rencontrent pas en Afrique, ils y sont représentés par un groupe absolument parallèle, qui y joue le rôle tenu par ceux-ci en Asie: c'est celui des Colobes. Le pouce, très petit chez les premiers, est ici complètement atrophié, ses phalanges même ont disparu; l'estomac des Colobes est analogue à celui des Semnopithèques; les caractères et les mœurs sont identiques dans les deux cas, mais le pelage est bien différent. Les poils longs et soyeux des Colobes offrent de vifs contrastes de couleur; le blanc et le noir, par exemple, s'y répartissent en zones parfaitement tranchées; les dépouilles de ces animaux fournissent de superbes parures, et Matschie attribue même la diminution d'une des espèces de ce genre, dans la Basse-Guinée, à la chasse qui lui a été faite pour sa fourrure, très recherchée à Londres.

Ces Singes habitent l'Afrique occidentale, de la Gambie au Loanda, la région entière du Congo, l'Abyssinie méridionale et l'Afrique orientale proprement dite, jusqu'à la région située au nord du lac Nyassa. Leur répartition géographique rappelle ainsi celle du Chimpanzé.

Dans la vaste contrée qu'ils habitent, les Colobes présentent deux types principaux. L'un est essentiellement noir avec des taches blanches; un encadrement blanc entoure son visage, sa région lombaire est blanche ou jaunâtre et un manteau de longs poils blancs recouvre les côtés du corps; la queue est formée d'une sorte de long pinceau blanc. L'autre type présente des parties supérieures d'un gris noirâtre, tandis que les joues, la gorge, l'abdomen et les membres sont de teintes rougeâtres. Au premier type, qui est celui des Gorezas abyssins (*Colobus guereza* Rüppell) se rattacheraient une douzaine d'espèces, et à la seconde, celle du Colobe ferrugineux (*Colobus ferrugineus* Shaw) de la côte occidentale, s'en rattacheraient onze; ces chiffres devraient même être dépassés d'après Matschie, à qui nous les empruntons, car, dit-il, ces espèces se localisent en de petites régions dans lesquelles les Mammifères tendent à former des espèces que l'on estime de plus en plus nombreuses à mesure qu'avance leur étude. La forme abyssine est étroitement liée à celle de l'Afrique orientale anglaise, du Congo et même du Niger.

Des formes extrêmes de Colobes sont représentées par le Colobe Satan (*Colobus satanas* Peters), qui est entièrement noir, et par le Colobe à huppe ou Colobe brun-olive (*C. cristatus* Gray), originaires tous deux de l'Afrique occidentale. Enfin, à la base de ce groupe des Colobes, et avec une distribution géographique un peu différente, doit être placé le Colobe de Zanzibar, ou de Kirk (*Colobus Kirki*

Gray), que l'on considère parfois non comme un Colobe véritable, mais comme un Procolobe; ses parties supérieures, occiput, dos et queue, sont d'un brun rouge, les épaules et la partie externe des membres étant noirs, ainsi que les pattes, tandis que le front, le cou et le ventre sont gris. Cette intéressante espèce, localisée à l'îlot de Zanzibar, semble être actuellement presque éteinte, sinon même complètement disparue.

Cercopithécidés

Cercopithèques, Macaques et Papions

Ces trois groupes de Singes constituent la famille des Cercopithécidés, répartie sur l'Afrique et l'Asie; les Cercopithèques et les Papions sont exclusivement africains, par contre, les Macaques sont essentiellement asiatiques, sauf un de leurs représentants, le Magot (*Pithecus inuus* Linné), actuellement localisé à l'extrême Nord de l'Afrique et au rocher de Gibraltar, et que l'on sépare parfois des Macaques.

Ces Singes se distinguent des précédents par la présence d'abajoues, c'est-à-dire de poches assez vastes, produites par une dilatation particulière des joues, et dans lesquelles ils peuvent emmagasiner une certaine quantité de nourriture avant de la mastiquer; leur estomac est simple et leur queue de longueur variable. Nous examinerons successivement les caractères distinctifs et la répartition des genres composant cette famille.

Les Cercopithèques, ou Guenons, possèdent, par opposition aux Semnopithèques et aux Colobes, des pouces très développés; leurs formes sont assez sveltes et leur coloration est souvent fort vive. Leur queue est toujours longue; ils la portent généralement relevée sur le dos, tandis que, chez les Macaques, cet organe, de longueur très variable, n'est jamais ainsi relevé; en outre, leur face n'est pas ridée comme celle de ces derniers, dont l'apparence, généralement repoussante, contraste avec la gentillesse que présentent souvent les Cercopithèques. En captivité, ce sont les moins insupportables des Singes.

Ce genre (*Cercopithecus*) est localisé dans les régions chaudes de l'Afrique; au Nord, il ne semble pas dépasser le tropique du Cancer; vers le Sud, il atteint la partie orientale de la colonie du Cap, manque à l'Ouest du fleuve Knysna et au Sud-Ouest de l'Afrique, jusqu'au Cunene et au Drambo vers le Nord. Etant exclusivement arboricole, il est surtout bien représenté dans les régions boisées de la côte occidentale et du bassin du Congo; ses espèces sont en général réparties sur des aires assez bien délimitées, dans chacune desquelles on n'en trouve qu'une ou deux. Le nombre de ces espèces est loin d'être fixé. Matschie en admet à peu près soixante-quinze, et ce nombre, dit-il, paraît devoir être augmenté.

Dans l'Afrique occidentale, nous citerons, comme appartenant à ce genre, la Guenon Diane (*Cercopithecus Diana* Linné), présente du Libéria jusqu'au Congo et dont les couleurs, fort vives, sont teintées de pourpre et de jaune, la Guenon patas (*Cercopithecus patas* Schreber), de la Sénégambie, également teintée de rouge, le Talapoin (*Cercopithecus talapoin* Erxleben), teinté de verdâtre, la Guenon mône (*Cercopithecus mona* Schreber), teintée de roussâtre et de verdâtre, la Guenon moustac

(*Cercopithecus cephus* Linné), la Guenon blanc-nez (*Cercopithecus petaurista* Schreber), la Guenon callitriche (*Cercopithecus callitrichus* F. Cuvier); cette dernière a été introduite par l'homme dans les archipels du Cap-Vert et des Antilles. La plupart de ces espèces se répartissent depuis Sénégambie jusqu'au Congo. Une autre, la Guenon pogonias (*C. pogonias* Bennet), habite la région du Congo et se retrouve dans l'île de Fernando-Po. Plus au Sud, dans l'Angola, se trouve la Guenon Malbrouck (*C. cynosurus* Scop.).

Quittant maintenant la côte occidentale, nous trouvons, s'étendant de la colonie du Cap jusqu'au Kilimandjaro, la Guenon vervet (*C. pygerythrus* Desm.), dont la coloration verdâtre contraste avec les couleurs si vives de plusieurs des espèces ci-dessus mentionnées. Remontant de ces contrées vers le Nord, et pénétrant dans la région formée par le Somal, l'Abyssinie, le Darfour, le Kordofan, nous voyons l'espèce précédente faire place à la Guenon grivet (*C. sabæus* Linné) et au Nisnas (*C. pyrrhonotus* Hemprich et Ehrenberg). Le Grivet, ou Tota des Abyssins, atteint en outre, vers l'Ouest, la région de l'Oubangui; dans le Haut-Congo proprement dit, il paraît être représenté par le Cercopithèque de Brazza (*C. Brazzæ* A. Milne-Edwards).

A côté des Guenons, mentionnons les Mangabeys ou Cercocèbes, qui en sont très voisins, mais que certains auteurs préfèrent rattacher aux Macaques. Tant par l'ensemble de leurs caractères que par leur distribution géographique, ils se rattachent étroitement, cependant, aux Cercopithèques. Ils sont moins élégants que ces derniers, mais restent fort éloignés de l'aspect sauvage, repoussant, des Macaques. On les trouve dans l'Afrique occidentale, centrale et orientale; à l'inverse des précédents, ils ne sont pas représentés dans l'Afrique méridionale. L'aire de distribution est donc voisine dans les deux cas, mais moins étendue dans celui des Cercocèbes. Les mœurs de l'un et de l'autre genre sont à peu près les mêmes.

Citons, parmi les Cercocèbes, le Mangabey enfumé (*Cercocebus fuliginosus* Et. Geoffroy), d'une couleur sombre, moirée, et qui vit dans le Libéria, le Mangabey à huppe (*C. æthiops* Linné), de la Côte d'Or et du Togo, le Mangabey à collier (*C. collaris* Gray), du Cameroun; dans la région du Congo, ces espèces font place à d'autres parmi lesquelles nous citerons le *Cercocebus albigena* Gray et le *Cercocebus agilis* A. Milne-Edwards. D'autres sont propres à la région de l'Afrique orientale anglaise.

Signalons enfin que d'après Matschie l'aire de distribution des Mangabeys serait encore un peu plus étendue; ce naturaliste mentionne, outre l'existence à Kavirondo (Nord-Est du lac Victoria) d'une sorte de Mangabey noir à épaules grises, la présence dans l'Afrique orientale allemande, à Uhehe, d'un Singe encore très imparfaitement connu, qui semblerait devoir être rattaché aux Cercocèbes.

Avec les *Macaques*, nous abordons l'étude d'un genre plus important. On les divise parfois en Macaques à queue longue et Macaques à queue courte. Même lorsque cet appendice est bien développé, il conserve, chez les Singes qui nous occupent maintenant, des caractères spéciaux; au lieu d'être relevé au-dessus du corps comme cela a lieu chez les Cercopithèques et les Cercocèbes, il est porté horizontalement dans son premier tiers, puis se replie vers le bas.

Peut-être moins agiles que les précédents, les Macaques sont par contre beaucoup plus forts, ce qui s'explique par leur mode de vie différent. Loin d'être exclusivement arboricoles, ils vivent tout autant sur les rochers que dans les arbres; ils y sont plus exposés et y ont acquis un corps trapu, vigoureux; leur museau est toujours saillant et leurs mâchoires sont fortes. A l'exception du Magot de Barbarie (*Pithecus inuus* Linné), ils sont confinés dans l'Asie méridionale et les îles adjacentes, tout comme les Semnopithèques.

La classification en Macaques à queue longue et Macaques à queue courte a été parfois considérée comme coïncidant avec leur répartition géographique: les premiers habitant l'Inde, les seconds, plus septentrionaux, habitant surtout le Thibet, avec ses régions adjacentes, et le Japon. Mais une telle classification ne saurait être donnée comme rigoureuse, ni au point de vue zoologique ni au point de vue géographique. D'une part, la longueur de la queue ne peut être considérée comme un caractère suffisant; il y a en effet toute une gradation depuis le Magot de Barbarie dépourvu de queue, jusqu'au Macaque rhésus indien, à queue assez longue, en passant notamment par le Macaque arctoïde de l'Inde et de l'Indo-Chine, à queue tronquée, et le Macaque dit « à queue de Cochon » de la péninsule malaise. Au point de vue géographique, nous trouvons le Macaque arctoïde dans les hautes régions de la Cochinchine, la Haute-Birmanie, l'Assam, le Cachar, le Yunnan, le Thibet oriental, et aussi à Bornéo; le Macaque « à queue de Cochon » vit dans la péninsule malaise, le Ténassérim méridional, ainsi qu'à Sumatra, Java et Bornéo; le Macaque rhésus, enfin, habite l'Inde en général et atteint les sommets de l'Himalaya, jusqu'à plus de 5,000 mètres d'altitude semble-t-il, on le retrouve également au Yunnan, en Chine et à Haïnan (Swinhoe)[1].

Il n'est donc pas possible de faire coïncider la répartition géographique avec la présence ou l'absence du caractère dont nous parlons, caractère d'ailleurs peu important au point de vue de la classification scientifique et ne pouvant servir qu'à établir des groupes plus ou moins faciles à distinguer, mais artificiels.

Les plus connus des Macaques sont ceux dits « à bonnet chinois » (*Macacus sinicus* Linné) et « à perruque » (*M. pileatus* Shaw). On les voit fréquemment dans les ménageries d'Europe. Ils sont très voisins, zoologiquement parlant, mais leur aire de distribution est différente. Le premier habite l'Inde méridionale, jusqu'à Bombay, à l'Ouest, et jusqu'au Godaveri, à l'Est; son habitat préféré est celui des forêts épaisses. Il est robuste, d'une couleur brun-gris nuancée de verdâtre, avec des parties inférieurs blanchâtres et des extrémités noires. Son nom lui vient de la disposition, en forme de bonnet chinois, des poils qui couvrent sa tête. Le second est plutôt roux ou jaunâtre; la perruque qui lui a valu son nom n'est pas très différente de celle du Macaque à bonnet chinois, ni même de ce qui existe chez quelques représentants de l'espèce suivante, mais son aire de distribution est nettement séparée de celle de ces dernières espèces, car on ne le trouve que sur l'île de Ceylan.

A côté d'eux, nous signalerons le Macaque de Buffon (*Macacus cynomolgus*

---

[1]) *Macacus erythræus* Schreber, considéré depuis comme identique au *Macacus rhesus* Audebert.

Linné), qui peut former avec les précédents un groupe caractérisé par la longueur de la queue, supérieure à celle qui s'observe chez tous les autres Macaques et que l'on évalue à plus des trois quarts de la longueur de la tête et du corps ensemble; il s'en sépare par l'absence plus ou moins complète de cette sorte de couronne caractéristique des deux espèces précédentes. Son corps est grand, massif, sa tête large, ses jambes courtes et puissantes, sa queue atteint presque la longueur du corps. Sa couleur générale est brun-grisâtre; de même que celle de la face, elle varie beaucoup, quelques individus à fourrure sombre ayant une face pâle, et inversement.

Cette espèce forme plusieurs variétés; dans l'une (*Macacus aureus* Geoffroy), la couleur dominante est le roux-doré; dans une autre (*M. carbonarius* F. Cuvier), le brun-noirâtre prévaut sur la face et les extrémités; une troisième (*M. cristatus* Gray) a une fourrure jaune-clair et porte une sorte de crête; une quatrième (*M. philippensis* Is. Geoff.) est d'un jaune clair presque blanc. Il est intéressant de noter que l'espèce chez laquelle nous observons des variations aussi considérables est justement celle qui présente l'aire de distribution la plus étendue que puissent offrir les Macaques. La quatrième variété que nous venons de citer est propre aux îles Philippines (Mindanao, Basilan, Luçon, Negros, Samar, etc.), mais les autres vivent dans des régions très variées. Les formes les plus typiques proviennent de Birmanie et de l'Arakan; au Siam existe une variété plus pâle; dans la péninsule malaise, ainsi qu'aux îles de Sumatra, Java, Bali, Lombock et Timor, on trouve la variété foncée (*M. carbonarius* F. Cuvier); celle-ci est également présente aux îles Nicobar où l'on suppose qu'elle y a été introduite par l'homme, mais on ne la retrouve pas aux îles Andaman qui en sont si voisines. A Bornéo, où cette espèce peut vivre à une altitude supérieure à 1,500 mètres, elle est représentée par la variété à crête (*M. cristatus* Gray) et peut-être aussi par la variété dorée (*M. aureus* Geoff.); des spécimens de cette dernière sont parfois amenés de Singapour à Calcutta, pour y être vendus, mais on ignore leur origine exacte.

Sur le continent tout au moins, le Macaque dont nous parlons recherche les criques, les deltas des rivières, en un mot la région des palétuviers. Il y vit en petits groupes de cinq à quinze, comportant un vieux mâle, quatre ou cinq femelles avec des jeunes, et s'y nourrit de graines, d'Insectes et de Crustacés, d'où le nom de « Mangeur de crabes » (Crab eating monkey) qui lui est appliqué dans les Indes. Ce genre de vie l'a familiarisé avec l'élément liquide, aussi nage-t-il et plonge-t-il fort bien. Son habitat comprend, en somme, la vallée de l'Iraouaddy, la Birmanie, la péninsule malaise, le Siam, et les îles précitées.

Après ces trois espèces, nous devons mentionner le Macaque à queue de Lion, ou Ouanderou (*Macacus silenus* Linné), assez différent des autres représentants du même genre. Sa fourrure est longue, noire; un collier de longs poils gris encercle sa tête, sauf au niveau de la partie supérieure du front, et cache ses oreilles; sa queue, caractéristique, terminée comme celle du Lion par une touffe de poils, atteint la moitié et même les trois quarts de la longueur du corps. Ombrageux et circonspect, ce Macaque ne se trouve que dans les forêts de montagne les plus denses et par conséquent les moins fréquentées, voisines de la côte de

Malabar, à une altitude considérable, surtout dans les régions de Cochin et de Travancore.

A côté du groupe précédent, chez les représentants duquel la queue est relativement longue, un autre peut être formé par les Macaques dont la queue atteint une longueur à peu près égale à la moitié de celle du corps. On y place notamment le Macaque rhésus (*Macacus rhesus* Audebert) et le Macaque de l'Assam (*M. assamensis* Mac Clelland). Ils se peuvent distinguer l'un de l'autre par ce fait que le premier possède une fourrure lisse, tandis que celle du second est ondulée ou laineuse. La coloration, très voisine dans les deux cas, est d'un gris brunâtre ou jaunâtre, teinté de rougeâtre en arrière chez le Rhésus. Celui-ci est l'un des plus communs des Macaques; c'est un animal puissant, dont les orteils, recouverts de poils, portent des ongles assez semblables à des griffes. Il vit en grandes troupes dans les jungles ou les forêts basses et recherche aussi les endroits rocheux; sa nourriture consiste en Insectes, fruits et feuilles. Comme plusieurs autres Macaques, notamment celui de Buffon (*M. cynomolgus* Linné), il nage avec facilité. Ce Singe a été longtemps considéré comme caractéristique du Bengale, mais son habitat s'étend sur l'Inde en général et il s'élève, dans l'Himalaya (Simla, Népaul, Cachemire) jusqu'à une altitude supérieure à 3,000 mètres; il se retrouve dans l'Assam, l'Arakan, la Haute-Birmanie et le Yunnan, et il abonde dans toute la région septentrionale de l'Inde proprement dite, à l'Ouest jusqu'à Bombay et à l'Est jusqu'au Godaveri. Le diplomate et naturaliste anglais Swinhoe l'a vu en Chine, dans la province de Kiang Tchéou et à Haïnan, car le *Macacus erythræus* Schreber, du Bengale, auquel il assimile les Singes dont il parle, n'est pas séparable du Macaque rhésus.

Le Macaque de l'Assam semble plus grand, plus fortement charpenté, que son proche parent le Rhésus; au point de vue de la coloration, il en diffère surtout par l'obscurité de la teinte rougeâtre qui, chez celui-ci, couvre la partie lombaire. Sa fourrure est modérément longue et, comme nous l'avons vu, ondulée, laineuse, au moins chez quelques individus comme ceux qui vivent dans les hautes montagnes.

Son habitat s'étend sur l'Himalaya, l'Assam, la Haute-Birmanie; à l'Ouest, il atteint Masurie, et va peut-être même encore au-delà. Dans le Sikkim, il vit généralement à des altitudes variant entre 1,000 et 2,000 mètres. Ajoutons qu'un Macaque provenant du Laos et possédé par le Musée Britannique a été considéré comme appartenant à cette espèce, ce qui étendrait encore son habitat, et que des individus provenant de Sanderban, à l'est de Calcutta, ont été considérés comme douteux entre le Rhésus et le Macaque de l'Assam. Peut-être ce dernier ne représente-t-il, comme l'a suggéré Forbes, qu'une race himalo-birmane du premier.

Dans un troisième groupe peuvent se placer les Macaques dont la queue est égale au tiers environ de la longueur du corps. Nous y mentionnerons le Macaque léonin (*Macacus leoninus* Blyth) et le Macaque maimon ou à queue de Cochon (*M. nemestrinus* Linné). Le premier est caractérisé par une crête ou crinière distincte, en forme de fer à cheval, placée au sommet de la tête; c'est un animal puissant, à membres courts, quelque peu semblable à un Chien. Dans cette espèce, d'ailleurs rare et relativement peu connue, les mâles et les femelles paraissent avoir des teintes nettement différentes; les premiers sont brun-foncé avec des parties noires, les secondes sont beaucoup plus pâles. Ce Macaque habite la partie méridionale de l'Arakan et la Haute-Birmanie (vallée de l'Iraouaddy).

Le Macaque maimon est beaucoup mieux connu; son apparence, comme celle du précédent, rappelle quelque peu celle d'un Chien. Nous sommes ici en présence de Singes qui font pressentir, par leurs formes, les Papions africains ou Cynocéphales (Singes à tête de Chien), dont nous aurons bientôt à parler. Le Maimon est de forte taille, trapu, à membres longs et puissants, à queue grêle, pointue et portée droite. Sa fourrure, courte, un peu plus longue sur les épaules, est d'une couleur générale olivâtre, parfois jaune ou brun-foncé. Cet animal habite le Ténassérim, principalement sa partie méridionale, le Sud de la Birmanie, la péninsule malaise, les îles Bangka, Sumatra, Java et Bornéo, où il vit dans les jungles épaisses des contrées basses, en troupes considérables, se nourrissant de fruits, de grains et d'Insectes. Dans une région de Bornéo, celle de la rivière Baram, les femelles semblent présenter une coloration spéciale, d'un fauve foncé. D'après deux voyageurs anglais: Stamford Raffles et Charles Hose, ces Singes seraient dressés dans quelques localités, à Sumatra notamment, à grimper aux Cocotiers pour en abattre les noix; nous leur laissons la responsabilité de cette assertion.

Dans un dernier groupe de Macaques peuvent se placer ceux dont la queue est rudimentaire ou tout à fait absente: tel est le Macaque arctoïde (*Macacus arctoïdes* Is. Geoffroy); c'est encore un animal à fourrure longue et laineuse, surtout chez les sujets habitant les montagnes, et dont la couleur générale est d'un brun foncé ou noirâtre. Sa distribution géographique est mal déterminée. Le type de cette espèce était originaire de Cochinchine; elle est en effet présente dans la chaîne montagneuse qui relie la région de l'Iraouaddy à la Cochinchine; on la trouve également dans les montagnes neigeuses de Moupin (Thibet), la Haute-Birmanie, les régions montagneuses du Cachar et du Kachin, à la frontière occidentale du Yunnan et jusque dans le Nord-Ouest de Bornéo. Son aire de distribution paraît donc très vaste, mais elle ne s'éloigne pas de celle où nous trouvons la plupart des représentants du même genre et sur laquelle se localisent également d'autres groupes de Mammifères.

Nous ne ferons enfin que mentionner quelques autres Macaques intéressants par leur habitat, comme celui du Thibet (*Macacus thibetanus* A. Milne-Edwards), au pelage d'un brun grisâtre uniforme et à queue très courte, qui se trouve, comme quelques autres formes voisines, dans les montagnes du Thibet. Les *Macacus lasiotis* Gray et *tcheliensis* A. Milne-Edwards, habitent tous deux les régions voisines du Szé Tchuen et semblent former une seule espèce, très voisine du Rhésus dont ils paraissent être des représentants septentrionaux.

L'unique Singe que l'on trouve au Japon est un Macaque à face rouge (*Macacus fuscatus* Blyth) appartenant au groupe des Macaques à queue courte. L'île de Formose n'abrite également qu'un seul Singe, qui est encore un Macaque, le *Macacus cyclopis* Swinhoe, très voisin lui aussi du Rhésus; certaines petites îles voisines de Hong Kong semblent pourvues d'une espèce de ce même genre, le *Macacus Sancti Johannis* Swinhoe, rappelant le *lasiotis* et le *cyclopis* et qui est, par conséquent, très proche parent du Rhésus.

A l'une des extrémités du genre Macaque, nous signalerons le Macaque maure (*M. maurus* F. Cuvier), qui est entièrement noir et ne possède qu'un rudiment de queue (voir Fig.). Il habite l'île Célèbes et les Philippines, où se trouve un autre Singe avec lequel il présente une certaine ressemblance: le Cynopithèque nègre (*Cynopithecus niger* Desm.) appartenant au groupe des Cynocéphales ou Papions; ce sont là des termes de passage entre les Macaques et ces derniers Singes, qui vont bientôt nous occuper.

Le Magot de Barbarie (*Macacus* [*Pithecus*] *inuus* Linné) est, comme nous l'avons vu, le seul représentant occidental des Macaques; il en présente tous les

Macaque noir de Celèbes

caractères et est dépourvu de queue. On le trouve au Nord de l'Algérie, dans le Chabet-el-Akra, la Chiffa, au Maroc, et sur le rocher de Gibraltar d'où sa disparition n'a été enrayée que par d'énergiques mesures de protection.

Rappelons qu'il a été trouvé à l'état fossile dans le terrain pliocène du Punjab (Inde), à Sivalik, un Macaque (*M. sivalensis* Lydekker) et deux Cynocéphales; des traces de Cynocéphales ont été également relevées dans les dépôts pléistocènes de Kurnol (Inde). Ces deux genres ont donc autrefois coexisté en Asie.

Faisant transition entre les Macaques et les Papions, nous venons de mentionner le Cynopithèque nègre des Célèbes et des Philippines; ses formes le rattachent aux premiers par l'intermédiaire du Macaque maure; comme celui-ci, il ne possède qu'une queue rudimentaire, et, comme certains Papions, il porte une sorte de huppe au sommet de la tête; ses narines ne sont pas placées, comme celles des Papions, à l'extrémité du museau, mais s'ouvrent à une certaine distance de cette extrémité, un peu comme cela a lieu chez un autre Singe qui contribue également à établir le passage entre les deux genres qui nous occupent: le Gélada d'Abyssinie (*Theropithecus gelada* Rüppell). Celui-ci est d'assez grande taille, caractérisé non seulement par la forme de sa tête, intermédiaire à celle des Macaques et à celle des Papions, mais encore par une tache nue, de couleur rose ou rouge, à la partie antérieure de la poitrine, et par une sorte de camail formé de longs poils d'un brun foncé. Ces Géladas qui vivent en troupes dans les montagnes du Sud de l'Abyssinie, dans la région habitée par le Colobe Guéréza (v. ci-dessus, page 101), sont beaucoup plus hardis que celui-ci, mais moins sauvages cependant que les vrais Cynocéphales des mêmes contrées (*Cynocephalus hamadryas* Linné).

Les Papions ont une aire de distribution assez étendue, ils se trouvent dans toute l'Afrique tropicale et dans la péninsule arabique. En général, ces Singes recherchent non pas la forêt, mais la brousse; les gorges rocheuses, d'un accès difficile, semblent être leur habitat préféré; ils y vivent en troupes gardées par des sentinelles et sont difficiles à approcher. Ce sont des animaux plus puissants encore que les Macaques, d'une sauvagerie et d'une laideur presque proverbiales; leur mâchoire porte des crocs robustes et leur tête ressemble plus du moins à celle d'un Chien, d'où leur nom de Cynocéphales.

Dans l'Afrique occidentale vivent plusieurs espèces de Papions: le Sphinx (*Papio sphinx* Et. Geoffroy), le Mandrill (*Cynocephalus maimon* Linné), le Drill (*C. leucophæus* F. Cuvier), qui habitent à peu près la même région, s'étendant de la Sénégambie au Congo, et enfin l'Anubis (*C. anubis* F. Cuv.), dépourvu de la crinière dont la présence est fréquente chez les Cynocéphales, et qui descend jusqu'à la côte d'Angola. Ces Singes, surtout le second, sont d'un aspect étrange, rendu véritablement hideux par la bigarrure que présente leur face bleue et rouge et par la teinte sanguinolente des places non recouvertes par la fourrure.

Dans l'Afrique orientale se rencontrent d'autres espèces, notamment l'Hamadryas, le Doguéra, le Babouin et le Toth. Le premier (*Cynocephalus hamadryas* Linné) est peut-être le plus commun des Cynocéphales; sa couleur est d'un gris piqueté; le mâle, qui porte une forte crinière[1]), présente une certaine ressemblance avec un caniche de forte taille. Cet animal vit en bandes nombreuses dans l'Abyssinie, la Haute-Nubie et le Sud de la péninsule arabique. Les anciens Egyptiens, qui semblent l'avoir parfaitement connu, l'ont divinisé et le représentaient fréquemment sur leurs monuments.

Le Doguéra (*Cynocephalus doguera* Puch. et Schimp.) en est assez voisin, mais sa couleur, au lieu d'être grise comme celle de l'Hamadryas, est fortement teintée d'un jaune olivâtre; il est moins sauvage que ne l'est ce dernier, son aspect

[1]) Rappelons à ce sujet que les caractères de l'espèce ne sont complètement présentés, chez les Mammifères en général, que par les mâles adultes, les femelles conservant plus ou moins complètement les caractères des jeunes.

est moins désagréable et, en captivité, il se comporte mieux à tous points de vue. Son habitat couvre l'Abyssinie méridionale et occidentale ainsi que le Haut-Congo.

Le Toth (*Cynocephalus toth* Ogilby) d'Abyssinie est très voisin de l'Anubis.

Le Babouin (*Cynocephalus babuin* Desm.) est dépourvu de crinière; comme les deux précédents, il est de mœurs beaucoup plus douces que l'Hamadryas. Son aire de distribution lui est spéciale; il vit dans l'Afrique centrale et orientale, depuis le Mozambique jusqu'au Kilimandjaro et, vers l'intérieur, atteint l'Urua, au-delà du lac Tanganyika.

Au-dessous de ces latitudes, on ne trouve plus qu'une seule espèce de Papion: le Chacma (*Cynocephalus porcarius* Bodd.), assez différent des autres Cynocéphales par sa structure générale. Son museau est très allongé, sa coloration est d'un gris noir teinté de verdâtre. Il semble n'habiter que les régions montagneuses de la colonie du Cap, mais remonte peut-être jusque vers le Zambèze.

Singes du Nouveau-Continent

Les Singes de l'Ancien-Continent nous ont présenté, dans leur ensemble, une distribution géographique fort étendue. L'Asie et l'Afrique en sont abondamment pourvues et l'Europe a été autrefois dans le même cas. L'Amérique ne nous offrira pas de faits d'extension du même genre. Les Singes américains sont confinés dans les parties les plus chaudes du Nouveau-Monde; exclusivement arboricoles, ils ne s'y trouvent que dans les régions de forêts comme celle de l'Amazone; les plateaux désertiques, ceux du Mexique par exemple, en sont dépourvus. Au Nord, ces Singes atteignent le Guatémala et les parties adjacentes du Mexique méridional; dans cette direction, ils ne dépassent pas San Luis de Potosi, par 23° lat. N. environ. Au Sud, ils s'étendent jusqu'au Paraguay inclusivement. A l'Ouest des Andes, où dominent, dans la partie Sud, des régions arides, les Singes sont absents, sauf dans les parages du Golfe de Guayaquil, où ils trouvent les conditions nécessaires à leur genre de vie. Par contre, à l'Est de cette chaîne des Andes, les forêts arrosées par l'Orénoque et l'Amazone leur offrent un habitat de prédilection, aussi y pullulent-ils. Cette dernière région est la seule de l'Amérique qui soit vraiment très riche en Singes, mais cette richesse est comparable à celle de certaines régions de l'Afrique et de l'Asie méridionale.

Si l'on veut bien se reporter à ce qui précède, on se rappellera qu'une certaine convergence existe entre des espèces localisées dans des contrées fort éloignées les unes des autres. C'est ainsi que, pour Matschie, le grand Orang-outan aux doigts larges et le petit Orang aux doigts longs et étroits, qui vivent dans les îles de la Sonde, correspondraient respectivement au Gorille à doigts larges et au Chimpanzé à doigts allongés de l'Afrique occidentale; de même, la variation des caractères présentés par les Semnopithèques asiatiques se reproduit chez les Colobes africains; le Ouandérou du Malabar (*Macacus silenus* Linné) rappelle le Mangabey noir à épaules grises que l'auteur précité mentionne dans la région de Kavirondo; les Cynopithèques des Célèbes et des Philippines rappellent enfin les Papions d'Afrique et, plus particulièrement peut-être, le Drill (*Cynocephalus leucophæus* F. Cuvier). Aussi ne faut-il pas s'étonner de retrouver, jusque chez les Singes d'Amérique, des caractères correspondant à certains de ceux que nous connaissons déjà. C'est ainsi que nous constatons, chez les Atèles du Nouveau-Continent, l'atrophie du pouce, aux extrémités antérieures, qui s'observe à divers degrés chez les Semnopithèques et les Colobes. Les Ouakaris, avec leur face rouge et leur queue tronquée, nous rappelleront certains Macaques à queue courte de l'Asie orientale (*Macacus fuscatus* Blyth, du Japon). De même, les Sajous nous feront penser à certains Singes asiatiques à queue longue et les Saïmiris ne seront pas sans nous rappeler les Cercopithèques africains. Comme l'a fait remarquer Matschie, l'Amérique du Sud possède en quelque sorte un timbre propre, dont est marquée sa faune; c'est ainsi que nous retrouvons l'un des principaux caractères de ses Singes, celui de la queue prenante, c'est-à-dire transformée en un organe de préhension, chez des Rongeurs, des Carnassiers, des Fourmiliers, des Marsupiaux.

Les Singes dont nous nous occupons maintenant se partagent en deux grandes familles: celle des Cébidés et celle des Hapalidés, la première, de beaucoup la plus importante, étant généralement divisée en neuf genres, et la seconde en deux seulement.

Cébidés

Cette famille peut être divisée en quatre groupes ou sous-familles.

Dans la première, nous mentionnerons d'abord les Atèles, les plus élevés en organisation de tous les Singes du Nouveau-Monde. Ils ont un corps svelte, à membres longs et grêles; leur queue, très longue, nue à l'extrémité, peut s'enrouler étroitement autour des branches et joue le rôle d'une cinquième main. Leur estomac présente des traces de division et leur pouce est peu développé; ils achèvent ainsi de rappeler, d'assez loin il est vrai, les Semnopithèques asiatiques et les Colobes africains. On divise ce genre en une dizaine d'espèces. Le Coaïta (*Ateles paniscus* Linné), au pelage noir, qui est le plus grand de tous les Cébidés, vit depuis la Guyane jusqu'au bassin supérieur de l'Amazone. L'Atèle Belzébuth, d'un brun noir chaud et brillant, est plus septentrional et se trouve de la Guyane au Mexique. D'autres espèces habitent l'Amérique centrale. Tout à côté de ceux-ci (Atèles) se placent les Brachytèles, qui, après avoir été divisés en plusieurs espèces, peuvent être réunis en une seule, celle du Brachytèle arachnoïde (*Brachyteles arachnoïdes* Et. Geoffroy), ou Singe-araignée, couvert d'une fourrure laineuse très différente du pelage lisse et soyeux de certains Atèles, auxquels il ressemble d'ailleurs par ses autres caractères. Ces Brachytèles habitent la partie méridionale du Brésil.

Les Hurleurs (*Mycetes*), très caractéristiques de l'Amérique du Sud et de la partie méridionale de l'Amérique centrale, forment un second groupe. Ils possèdent une queue prenante, mais sont en outre pourvus de pouces bien développés. Ce sont des animaux massifs, à fourrure longue, qui frappent au premier abord par leur grande tête encadrée d'une barbe épaisse. Ils se tiennent de préférence au sommet des arbres, et, comme l'a dit le voyageur allemand Schomburgk, font retentir les forêts de «hurlements pleins d'horreur». Leur voix est en effet renforcée par un organe particulier, une véritable caisse de résonnance à parois osseuses dépendant de l'os hyoïde et située entre les deux branches du maxillaire inférieur.

Les Hurleurs se trouvent sur toute l'étendue des forêts vierges, du Mexique méridional jusqu'au Paraguay. Leur pelage varie considérablement et le nombre des espèces de ce genre n'est pas fixé; on en distingue six environ. Au Nord, on rencontre la forme dite *Mycetes villosus* Gray (Guatémala), ainsi que le Hurleur à manteau (*Mycetes palliatus* Gray; Nicaragua, Costa-Rica, Panama). Plus au Sud, ces formes sont remplacées par l'Alouate ou Hurleur roux (*Mycetes seniculus* Linné; Guyane, Vénézuéla, Equateur, Pérou). Au Paraguay enfin, ces mêmes formes font

Alouate roux de l'Amérique méridionale

place au Hurleur noir (*Mycetes niger* Et. Geoffroy), qui se trouve au Brésil, au Paraguay, en Bolivie, dans l'Argentine. Ces diverses espèces se distribuent assez nettement suivant la latitude.

D'autres Cébidés, les *Lagotriches*, présentent une certaine ressemblance avec les Hurleurs; ils sont moins trapus que ces derniers, portent une fourrure épaisse, veloutée, et leur queue est particulièrement bien adaptée à la préhension. Ils habitent essentiellement le bassin de l'Amazone et s'étendent sur le Brésil, les Guyanes, la Colombie et le Pérou, où ils peuvent s'élever jusqu'à une altitude d'environ 3,000 mètres.

Chez les Cébidés dont il nous reste à parler, l'extrémité inférieure de la queue cesse d'être nue, aussi la préhension par cet organe est-elle beaucoup moins parfaite.

Les Sajous (*Cebus*), qui se rattachent aux Atèles par leurs autres caractères, ont une grosse tête ronde, ornée d'une barbe plus ou moins épaisse. Citons, parmi eux: le Sajou capucin ou Saï (*Cebus capucinus* Linné) dont la fourrure forme, au sommet de la tête, une sorte de calotte foncée; il habite de la Guyane jusqu'au Paraguay et s'étend de l'Est à l'Ouest sur la région ainsi délimitée; le Sajou brun ou Appelle (*C. fatuellus* Linné), dont la couleur est, malgré son nom, très variable, se trouve à peu près dans la même région; enfin le Sajou à gorge blanche (*C. hypoleucus* Humb.) habite plus au Nord et se confine dans le Nicaragua, le Panama, Costa-Rica et la Colombie.

A côté des Sajous, les Sakis (*Pithecia*), ou Singes à queue de Renard, sont remarquables par leur fourrure longue, d'un aspect particulier. Ils vivent dans tout le bassin de l'Amazone, qu'ils dépassent même au Nord et au Sud. Les Ouakaris (*Brachyurus*) leur sont parfois réunis en une même sous-famille. Ils s'en distinguent par leur queue courte; on peut en distinguer deux types: celui des Ouakaris à face rouge et à queue touffue (*Brachyurus calvus* Is. Geoffroy et *B. rubicundus* Is. Geoff.) et celui des Ouakaris à face noire et à queue ordinaire (*B. melanocephalus* Humboldt). Ces petits Singes vivent en général dans des régions marécageuses et quelques-uns ne quittent probablement pas la cime des arbres.

L'habitat des trois dernières de ces espèces est très intéressant au point de vue de la localisation géographique des formes, chacune habitant une très petite région, au voisinage l'une de l'autre. Le Ouakari chauve (*B. calvus* Is. Geoff.) semble confiné dans un triangle situé au confluent de l'Amazone et du Japura; le Ouakari rubicond (*B. rubicundus* Is. Geoff.) habite une région semblable, au confluent de l'Amazone et de l'Ica; enfin le Ouakari à face noire habite les bords de la partie moyenne du Rio Negro, entre Moura et Marebitanas. Les Mammifères présentent peu d'exemples aussi nets d'une telle distribution, mais, comme le font remarquer William et Philip Sclater, des faits plus ou moins semblables ont été observés chez les Oiseaux, les Reptiles et les Papillons.

La quatrième sous-famille des Cébidés comprend les Douroucoulis (*Nyctipithecus*), les Sagouins ou Callitriches (*Callithrix*) et les Saïmiris ou Singes-écureuils (*Chrysothrix*). Les premiers ont une tête ronde, de grands yeux adaptés à la vision dans les ténèbres, une fourrure douce, une queue longue; ce sont des animaux nocturnes, difficiles à rencontrer. Leur patrie est la grande forêt de l'Amazone; ils vont, au Nord, jusqu'à Costa-Rica. Les Saïmiris ont à peu près la même distribution: ce sont de petits animaux à membres longs et grêles, pourvus, autour de la face, d'une sorte d'encadrement noir qui leur a valu, de la part des auteurs allemands, le nom de Singes à tête de mort. De même que les précédents, ils manquent dans le Paraguay. Les Callitriches sont également de petite taille, ils possèdent une jolie fourrure fine, foncée, sur laquelle se détache une sorte de collier blanc; la facilité avec laquelle ils sautent d'un arbre à l'autre leur vaut parfois le nom de Singes sauteurs. On les trouve au Brésil et au Pérou, mais ils ne dépassent pas, au Nord, le fleuve Orénoque.

Signalons, pour en finir avec les Cébidés, que dans les brèches osseuses du Sud-Est du Brésil, notamment dans l'Etat de Minas Geraes, on a trouvé des restes de Callitriches et de Sajous très voisins de ceux qui vivent maintenant encore dans ces régions. Actuellement, il ne se trouve plus de Singes au Sud de Paraguay, mais il en a existé autrefois jusqu'en Patagonie (famille des Homunculidés).

Hapalidés

Cette seconde famille de Singes américains s'éloigne de la précédente par tout un ensemble de caractères qui, extérieurement, rendent ces Singes plus semblables encore aux Ecureuils que ne le sont déjà certains de ceux dont nous venons de parler; on ne peut mieux définir leur apparence qu'en la comparant à celle que posséderaient des Ecureuils à tête de Singe. Leurs pattes antérieures et postérieures sont munies de griffes aiguës, sauf au pouce du pied, qui porte un ongle arrondi et reste opposable aux autres doigts, tandis que le pouce de la main cesse de l'être. Leur tête est presque sphérique; leur fourrure est douce et satinée. On peut les diviser en Ouistitis (*Hapale*) et en Tamarins (*Midas*); ces derniers se distinguent, à première vue par la longueur de leurs canines inférieures.

Les Ouistitis et les Tamarins vivent dans des forêts difficilement pénétrables et sont difficiles à observer. Leur aire de distribution s'étend sur l'Amérique méridionale et le Sud de l'Amérique centrale; sa limite septentrionale est inférieure en latitude à celle que présentent les Cébidés; seul, le Tamarin de Geoffroy (*Midas Geoffroyi* Pucheran) se rencontre sur l'isthme de Panama jusqu'à Chiriqui. Au Sud, le Ouistiti à pinceau (*Hapale penicillata* Et. Geoffroy) atteint, avec les forêts de Salta et Jujuy, au Nord de l'Argentine, la latitude la plus méridionale à laquelle soit représentée cette famille.

Répartition géographique des Lémuriens

Les Lémuriens sont assez rapprochés des Singes, dans la classification zoologique, pour qu'on leur donne le nom de Prosimiens ou Demi-Singes. Linné réunissait, et l'on réunit encore parfois, ces deux ordres de Mammifères sous le nom de Primates.

Ces Lémuriens, ou Prosimiens, se distinguent des Singes par leur museau plus allongé et de forme différente, leurs bras courts, leurs jambes très longues; leurs mains et leurs pieds sont encore à pouce opposable, et leurs doigts sont munis d'ongles plats, sauf au deuxième et parfois au troisième doigts des membres postérieurs. Ces Mammifères sont en voie de régression. Très nombreux dans l'antiquité, ils ont laissé des traces dans les deux Amériques et l'Europe occidentale; on n'en trouve aucun reste autour de l'Océan glacial, dans la région méditerranéenne, l'Asie centrale et extrême-orientale, l'Australie, la Polynésie, et dans la partie de l'Amérique située entre les tropiques du Cancer et du Capricorne. Présentement, les Lémuriens autrefois si répandus ne se trouvent plus qu'à Madagascar, dans l'Afrique tropicale, où ils n'atteignent ni la région saharienne au Nord ni, au Sud, celle du Cap; il s'en trouve également dans l'Asie méridionale, mais leur vraie patrie reste l'île de Madagascar. Là comme ailleurs ils tendent à disparaître; beaucoup de Lémuriens qui y vivaient autrefois en sont maintenant disparus, et, parmi ceux-ci, certains atteignaient la taille des grands Anthropomorphes.

Cet ordre se divise en quatre familles: Lémuridés, Nycticébidés, Tarsiidés et Chiromyidés.

Les Makis, ou Lémurs véritables, sont les principaux représentants de la première famille; leur aire de distribution est restreinte à l'île de Madagascar et aux Comores; les grands Indris à queue courte, les Propithèques, les Paléopithèques maintenant éteints, et d'autres moins connus ou moins répandus, appartiennent à cette famille exclusivement malgache, de même que celle des Chiromyidés, réduite à un seul représentant: l'Aye-aye (*Chiromys madagascariensis* Et. Geoffroy).

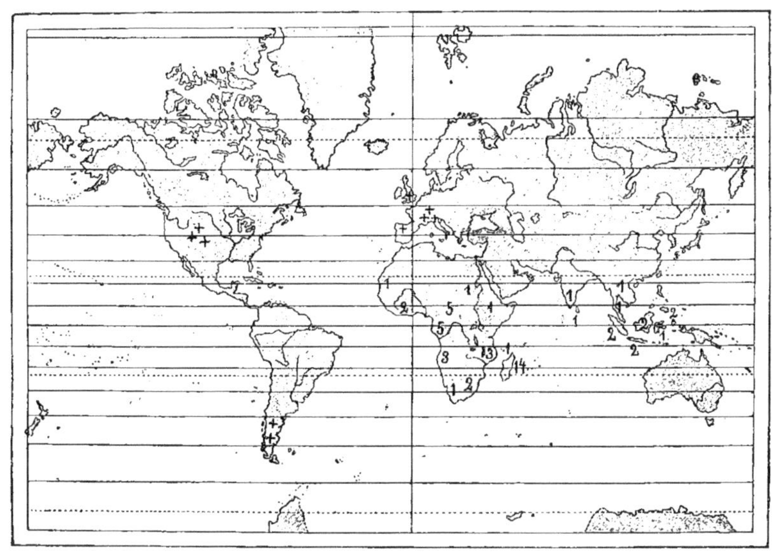

Répartition des Lémuriens
D'après Matschie
Les chiffres indiquent le nombre d'espèces vivant dans chaque région, les croix signalent la présence de restes d'espèces disparues

Ce dernier est particulièrement remarquable; il est à peu près de la taille d'un Chat domestique, avec une fourrure longue, foncée, et inculte; sa queue est grande et touffue, ses oreilles larges et velues; ses membres sont courts, surtout les membres antérieurs. Ses doigts, si particuliers que les Allemands ont nommé l'Aye-aye « animal doigt » (Fingertier), sont très longs et très minces, surtout le troisième et le quatrième doigts de la main, et servent à l'animal pour capturer de minuscules Insectes aussi bien que des proies un peu plus importantes; son troisième doigt lui sert vraisemblablement à explorer d'étroites anfractuosités; en ménagerie, on voit l'Aye-aye tremper ce doigt dans le lait qui lui est présenté, l'en retirer et le lécher, c'est ainsi qu'il semble se désaltérer. Au membre postérieur, le gros orteil est opposable et porte un ongle plat; tous les autres doigts sont armés de griffes plus ou moins aiguës.

L'Aye-aye est nocturne, aussi les voyageurs ne le rencontrent-ils que rarement. Son habitat, très restreint, semble localisé à la côte orientale de Madagascar, du Tanala à la baie d'Antongil. C'est un Lémurien dégradé.

Madagascar nous présente donc, avec les Lémurs et l'Aye-aye, les types extrêmes de l'ordre des Lémuriens. Ces animaux constituent à peu près la moitié de la faune mammalogique malgache et y remplacent les Singes, complètement absents.

La famille des Nycticébidés, par contre, n'a aucun représentant à Madagascar, elle s'étend sur l'Afrique (Galagos et Pérodictiques), l'Asie méridionale et la Malaisie (Loris et Nycticèbes). Les Galagos ont une taille voisine de celle du Chat; ils ont des oreilles nues, une longue queue en panache qu'ils rabattent, pendant le sommeil, jusque sur leur tête; leurs pattes postérieures sont très longues, faites pour sauter. Ils sont surtout nombreux à la côte occidentale d'Afrique; la partie orientale de ce continent en compte deux ou trois espèces et l'Afrique australe n'en compte probablement qu'une seule, dont l'aire de distribution est très étendue.

Citons d'abord le Galago commun (*Galago galago* Schreber), de taille assez petite, comparable à celle d'un Ecureuil; il se trouve dans toute l'Afrique équatoriale, de la Sénégambie à l'Abyssinie et à l'Ouganda, et atteint, au Sud, la Cafrerie. Le Galago d'Angola (*G. Monteiroi* Bartlett) est plus localisé, mais d'autres espèces présentent une distribution assez étendue, sans l'être toutefois autant que celle du Galago commun. Certaines sont propres à l'Afrique orientale, tels est le Galago à queue touffue (*G. crassicaudatus* Et. Geoffroy), atteignant la taille d'un Chat, et qui habite du Natal au Kilimandjaro; le Galago à queue blanche (*G. lasiotis* Peters) ne se trouve que dans la région du Kilimandjaro et les Steppes des Massaï, il est très voisin du précédent mais son habitat est plus étroitement localisé.

A côté des Galagos, l'Afrique occidentale abrite quelques autres représentants de la même famille, notamment le Potto et l'Anwantibo, réunis dans le genre Pérodictique (*Perodicticus potto* Bosman et *P. calabarensis* Smith). Leur fourrure est épaisse, leurs oreilles légèrement velues, leur queue plus courte et moins fournie que celle des Galagos, atrophiée même chez l'Anwantibo; l'index de la main est tout à fait rudimentaire chez le Potto; ce caractère se retrouve et s'étend au troisième doigt chez l'Anwantibo. Le premier de ces deux Lémuriens se trouve de la Gambie jusqu'au Congo; le second n'habite qu'à l'Est du Niger, notamment au Cameroun.

Dans l'Asie méridionale, ces deux genres sont remplacés par les Loris et les Nycticèbes, qui sont en quelque sorte leurs correspondants orientaux. Les Loris ne comptent qu'une seule espèce: le *Lori gracilis* Et. Geoffroy; ce sont de très petits animaux, à peine aussi gros qu'un Ecureuil, sveltes, assez vifs, et dépourvus de queue; ils vivent dans la région de Malabar et à Ceylan. Les Nycticèbes, que l'on appelle parfois aussi Loris lourds, ne comptent également qu'une seule espèce: le *Nycticebus tardigradus* Linné, plus forte, mais moins agile, plus lourde, que la précédente, et, comme celle-ci, dépourvue de queue. Ces Nycticèbes ont une aire de distribution plus étendue; on les trouve au Bengale, en Birmanie, à Malacca, au Siam, en Cochinchine, et dans les îles adjacentes: Sumatra, Java et Bornéo; ils forment, dans plusieurs de ces contrées, des variétés assez bien localisées.

Dans les îles de la Sonde et aux Philippines, nous trouvons enfin une dernière famille de Lémuriens, celle des Tarsiidés, réduite à un seul genre et peut-être même à une seule espèce: le Tarsier spectre (*Tarsius spectrum* Pallas), animal de la taille d'une Souris ou d'un Rat, muni d'une queue longue et mince, et qui présente un aspect particulièrement étrange. Comme tous les précédents, sauf quelques vrais Lémuridés, il est exclusivement nocturne, aussi ses yeux, adaptés à la vision dans l'obscurité, sont-ils énormes; ses oreilles écartées, son museau très petit, achèvent de lui donner une apparence des plus bizarres, que l'on a comparée à celle, peu facile à définir, d'un spectre.

De même que le genre précédent, celui-ci forme des variétés, qui, peut-être, équivalent à des espèces, et qui se localisent dans différents groupes des îles de la Sonde et des Philippines, où elles représentent l'équivalent des Galagos africains.

Avant d'en finir avec les Lémuriens, jetons un très rapide coup d'œil comparatif sur la répartition des espèces américaines et européennes actuellement éteintes.

Les petits *Microchœrus* des stratifications éocènes de l'Angleterre méridionale, les *Necrolemur* et les *Cryptopithecus* oligocènes de l'Europe continentale rappellent un peu les Galagos africains. Par contre, les *Adapis* et les *Cænopithecus* éocènes de la France et de la Suisse possèdent des caractères originaux. On a trouvé d'autre part, dans l'Amérique du Nord, un assez grand nombre de Lémuriens fossiles, ayant habité une région assez bien circonscrite, à proximité des Montagnes Rocheuses, celle de Wyoming, de l'Utah et du Nouveau-Mexique. Plusieurs de ces anciens Lémuriens ne peuvent être intercalés dans aucun des groupes actuels, sauf peut-être dans celui des Tarsiers. La Patagonie, enfin, fournit également des Lémuriens fossiles, groupés par M. Ameghino dans une ou plusieurs familles spéciales.

L'extension, si limitée aujourd'hui, des Lémuriens, a donc été autrefois immense.

Répartition géographique des Chéiroptères

Les Chéiroptères sont des Mammifères adaptés au vol et dont la ressemblance extérieure avec les Oiseaux est devenue très grande, abstraction faite des plumes que ces derniers sont seuls à posséder. Ils sont faciles à reconnaître; les doigts de leurs membres antérieurs sont très longs, sauf le pouce; ce dernier, qui porte une forte griffe par laquelle peut se suspendre l'animal, reste seul libre, les autres doigts étant unis entre eux par une membrane réunissant également le bras et la main aux côtés du corps et s'étendant même plus ou moins complètement entre les membres postérieurs. Cet ensemble présente l'apparence d'une aile, aussi la membrane reçoit-elle le nom de membrane alaire.

Contrairement à ce que l'on pourrait croire de prime abord, l'ordre des Chéiroptères est, après celui des Rongeurs, le plus riche en espèces de tous les ordres de Mammifères. On lui en compte environ 700 et encore ce chiffre est-il probablement inférieur à la réalité, car les Chéiroptères, dont les mœurs sont loin d'être bien connues et qui sont des animaux nocturnes, échappent facilement aux investigations. Ils se divisent en deux grandes sections ou sous-ordres: celui des grandes Chauves-Souris, ou Mégachéiroptères et celui des petits Chauves-Souris, ou Microchéiroptères; envisagés dans leur ensemble, ils couvrent toute la surface des régions chaudes ou tempérées de la terre. Malgré l'extrême facilité de leurs déplacements, et malgré les migrations auxquelles se livrent diverses espèces, leur localisation géographique, dont nous allons examiner le détail, présente des faits du plus haut intérêt.

Mégachéiroptères

La taille des Mégachéiroptères, très grande par rapport à celle des Chauves-Souris communes de nos pays (Microchéiroptères), est comparable à celle d'un

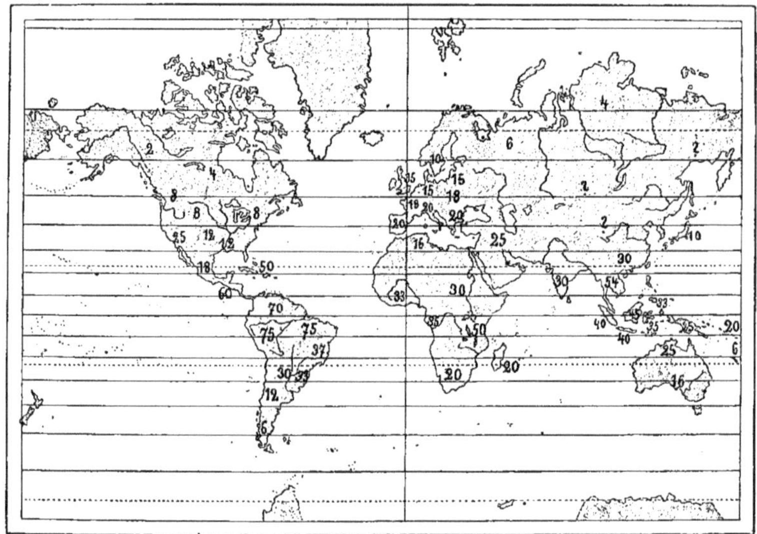

Répartition des Chauves-Souris

D'après Matschie

Les chiffres indiquent le nombre d'espèces présentes dans chaque région

Cobaye. Ces animaux sont frugivores, tandis que les Microchéiroptères se nourrissent généralement d'Insectes, aussi les molaires présentent-elles chez les premiers, sauf dans un genre, une couronne aplatie, contrastant avec ce qui a lieu chez les autres Chéiroptères, où cette même couronne est dentelée. Certains Mégachéiroptères semblent mâcher les fruits pour en avaler le jus et en rejeter les parties solides; d'autres paraissent au contraire laper le suc des fleurs; ces Mammifères ne peuvent donc vivre que là où persistent pendant toute l'année des fruits doux et des plantes fleuries, c'est-à-dire dans des régions chaudes et humides. Chez les Mégachéiroptères, le bord externe et le bord interne de l'oreille se réunissent au-dessus de la base de celle-ci en formant une courbe fermée, tandis que chez les Microchéiroptères les deux bords de l'oreille s'insèrent isolément, au contraire, sur la peau de crâne, de manière à dessiner une sorte d'ovale tronqué à la base.

Les Mégachéiroptères ne comprennent qu'une famille: celle des Ptéropodidés, qui habitent exclusivement les zones tropicale et sub-tropicale de l'Ancien-Monde; certaines des formes africaines de cette famille semblent particulièrement distinctes des autres et sont propres à ce continent. Parmi ces formes, nous pouvons citer d'abord celles qui appartiennent au genre *Epomophorus*, distingué par ses lèvres larges et grosses, sa bouche spacieuse; leur aspect est repoussant. Certaines espèces de ce genre habitent l'Afrique occidentale, tels sont l'Epomophore monstrueux (*Epomophorus monstrosus* Allen) et l'Epomophore à grosse tête (*Epomophorus macrocephalus* Ogilby). Dans l'Afrique orientale, ces espèces sont remplacées par l'Epomophore labié (*Epomophorus labiatus* Temminck). Ces animaux sont peu connus; les indigènes eux-mêmes ignorent parfois leur existence et l'on n'a que peu ou pas de détails sur leur mode de vie et les limites de leur habitat; il semble établi toutefois qu'ils sont exclusivement africains.

D'autres Mégachéiroptères s'observent encore en Afrique, ce sont les *Cynonycteris*, moins éloignés que ne le sont les précédents des espèces asiatiques et notamment de la Roussette indienne dont nous allons parler; ils vivent d'ailleurs à la fois en Afrique et en Asie. Le Cynonyctéris d'Egypte (*Cynonycteris ægyptiacus* Et. Geoffroy) vit en Asie mineure, en Egypte et s'étend jusqu'à l'Abyssinie; il a été figuré sur les monuments des anciens Egyptiens; un autre, le Cynonyctéris paillé (*C. straminea* Et. Geoffroy) semble s'étendre de l'Est à l'Ouest sur toute l'Afrique équatoriale; un troisième, le Cynonyctéris à collier (*C. collaris* Illiger) s'étend de l'Afrique équatoriale à l'Afrique australe; un autre enfin, le Cynonyctéris fauve (*C. amplexicaudata* Et. Geoffroy) est par contre asiatique, on le trouve dans l'Inde, l'Indo-Chine occidentale et les îles de la Sonde.

Nous en arrivons ainsi aux Mégachéiroptères asiatiques. Les Epomophores africains sont remplacées en Asie par les Roussettes (*Pteropus*), dont la taille représente le maximum atteint par les Chéiroptères. Les Roussettes se trouvent non seulement dans l'Inde, mais elles s'étendent vers le Sud jusqu'à l'Australie, vers l'Est jusqu'au Japon et aux îles Samoa, et, vers l'Ouest, jusqu'à Madagascar et aux Comores, où elles sont représentées par la Roussette vulgaire (*Pteropus vulgaris* Et. Geoffroy), de Madagascar, de la Réunion et de l'île Maurice, la Roussette d'Edwards (*P. Edwardsi* Et. Geoffroy), de Madagascar et des Comores, la Roussette à cou rouge ou doré (*P. rubricollis* Et. Geoffroy), de la Réunion et de l'île Maurice. Aucune de ces espèces n'a été signalée en Afrique malgré la proximité de ce continent. Le Japon n'en possède, semble-t-il, qu'une seule espèce, le *Pteropus dasymallus* Temminck, probablement localisée aux îles Kiou Siou, mais la chaîne d'îles s'étendant entre l'Asie et l'Australie en héberge un très grand nombre.

Les plus connues des Roussettes sont celle de l'Inde (*P. medius* Temminck) et la Roussette comestible (*P. edulis* Et. Geoffroy). La première est essentiellement continentale; elle vit sur les péninsules indienne et indo-chinoise, ainsi toutefois qu'à Ceylan; la seconde vit au contraire sur les îles voisines.

Dans cette même famille, les Cynoptères (*Cynopterus*) habitent à la fois le continent sud-asiatique et les îles adjacentes, de même que les Macroglosses (*Macroglossus*), qui atteignent l'Australie; les Harpies (*Harpyia*) s'étendent de ces dernières îles jusqu'à l'Australie et ne semblent pas remonter, au Nord, jusqu'au continent asiatique. La Roussette des cavernes (*Eonycteris spelæa* Dobson) ne vit que dans les grottes, caves ou cavernes des péninsules malaise et indo-chinoise, de Java, et semble se retrouver jusqu'en Mélanésie. Enfin, aux îles Salomon, existe une espèce spéciale, la *Pteralopex atrata* Thomas, qui, voisine des Roussettes par certains points, se rapproche par sa dentition des Microchéiroptères. C'est là une forme de transition rappelant un type ancestral maintenant disparu.

Microchéiroptères

Le sous-ordre des Microchéiroptères renferme les Chauves-Souris véritables, dont certaines sont si communes dans nos contrées. Comme nous l'avons déjà vu, la plupart sont insectivores; quelques-unes cependant sont frugivores; d'autres, enfin, sucent le sang de divers animaux (Vampires). Leurs mœurs, comme celles des Mégachéiroptères, sont imparfaitement connues, de même que, dans beaucoup de cas, les limites de leur aire d'extension. Ces animaux, nocturnes comme les précédents, savent se dissimuler parfaitement pendant le jour et échappent ainsi aux investigations; certaines espèces, en outre, se livrent à des migrations saisonnières et l'on ne sait pas toujours exactement si une espèce est sédentaire ou si elle se livre à de semblables déplacements, et encore moins sait-on en quoi consistent exactement ces derniers.

Les Microchéiroptères se divisent d'ordinaire en cinq familles: Rhinolophidés, Nyctéridés, Vespertilionidés, Emballonuridés et Phyllostomidés, qui se distinguent les unes des autres notamment par la forme de sortes d'appendices nasaux consistant en lambeaux de peau entourant les orifices des narines. Leur habitat s'étend sur toutes les régions tempérées ou chaudes de l'Ancien-Continent et du Nouveau, tandis que les Mégachéiroptères, dont la distribution est plus restreinte ainsi que nous venons de le voir, sont totalement inconnues en Amérique.

Rhinolophidés

Cette famille se distingue par des appendices nasaux particuliers dont la forme a été comparée à celle d'un fer à cheval. Leurs oreilles sont grandes et dépourvues de la saillie, ou tragus, que l'on observe dans d'autres familles de Microchéiroptères.

Les Rhinolophidés sont confinés dans l'Ancien-Monde. Dans nos régions, leurs représentants les plus connus sont les Rhinolophes fer à cheval: *Rhinolophus ferrum equinum* Schreber et *R. hipposideros* Bechst. Le premier est un peu plus grand que le second; on le rencontre depuis l'Europe occidentale jusqu'à l'Asie orientale et l'Afrique australe; il vit dans les grottes, les mines, et hiverne dans ces repaires pendant toute la mauvaise saison. Le second a une aire de distribution plus restreinte; à l'Est, il ne dépasse pas les Indes, et, vers le Sud, ne s'étend pas au-delà du Sahara. D'autres Rhinolophes ont un habitat encore moins étendu; tels sont les *Rhinolophus luctus* Temminck et *affinis* Horsfield, confinés dans la péninsule indienne et les îles adjacentes; d'autres enfin n'habitent que des espaces encore plus restreints, comme le *Rhinolophus trifoliatus* Temminck, des îles de la Sonde, le *R. capensis* Licht., de l'Afrique australe et orientale, le *R. æthiops* Peters, de l'Afrique occidentale.

Nyctéridés

Cette famille est caractérisée par des appendices nasaux beaucoup plus simples que ceux des Rhinolophidés; les oreilles portent ici un tragus assez bien développé et sont réunies l'une à l'autre, sur la ligne médiane, par une bande transversale. Elle ne comprend que deux genres: les Mégadermes et les Nyctères, et n'habite que l'Asie orientale et l'Afrique.

Dans le premier de ces deux genres, citons le Mégaderme lyre (*Megaderma lyra* Et. Geoffroy), dont l'appendice nasal est rectangulaire; il se trouve dans l'Inde, depuis le Cachemire, au Nord, jusqu'à Ceylan, au Sud, et de l'Est à l'Ouest de cette péninsule, ainsi qu'en Chine; à côté de celui-ci, le *Megaderma spasma* Linné, dont l'appendice nasal est cordiforme, vit au Sud de la péninsule malaise et sur les îles avoisinantes; un autre Mégaderme, caractérisé par une envergure plus considérable, le *Megaderma gigas* Dobson, ne vit qu'en Australie (Queensland) et un autre enfin, le *M. frons* Et. Geoffroy, dont l'appendice nasal est ovale et assez petit, habite une partie du Soudan.

Les Nyctères présentent, de l'extrémité des narines au niveau de la base des oreilles, une sorte de sillon qui les caractérise; citons le *Nycteris thebaica* Et. Geoffroy, qui habite l'Egypte et l'Abyssinie, le *N. hispida* Schreber, qui s'étend de l'Egypte à l'Afrique australe; d'autres espèces présentent un habitat à peu près identique à celui-ci; une seule: le *N. javanica* Et. Geoffroy, habite le Sud de la péninsule malaise et quelques îles voisines.

Vespertilionidés

Cette famille est la plus nombreuse; elle comprend environ deux cents espèces réparties en une vingtaine de genres, et couvre à peu près toute la surface de la terre, sauf les régions polaires; ses caractères principaux sont la forme des narines, ouvertes à l'extrémité du nez et dépourvues d'appendices; les oreilles portent un tragus et la membrane alaire encastre la queue, toujours assez longue.

En raison de la banalité de ses représentants et de l'étendue de leur aire de distribution, la famille des Vespertilionidés ne saurait être étudiée ici en détail. Parmi les nombreuses espèces qui la composent, citons le Pipistrelle commun (*Vespertilio pipistrellus* Schreber), qui se trouve jusque dans l'Europe septentrionale et s'observe communément dans les régions tempérées de l'Europe, de l'Afrique et de l'Asie. Une espèce très voisine, le *Vesperugo abramus* Temminck, paraît remplacer dans l'Inde le Pipistrelle commun d'Europe, on la trouve parfois, en été, dans nos régions. Ces Chauves-Souris se livrent à des migrations sur lesquelles on ne sait presque rien. L'Oreillard commun (*Plecotus auritus* Linné), la Barbastelle (*Synotus barbastellus* Schreber), bien connue dans nos contrées, appartiennent également à cette famille, dont un représentant, le *Vesperugo borealis* Nilsson, atteint le cercle polaire arctique, tandis qu'un autre, le *Vespertilio magellanicus* Phil., se retrouve sur les bords du détroit de Magellan.

La Chauve-Souris sérotine (*Vesperugo serotinus* Schreber), qui est également un Vespertilionidé, présente l'aire de distribution la plus vaste; c'est le seul Chéiroptère qui habite à la fois l'Ancien-Monde et le Nouveau. Elle vit, en Amérique, du Canada au Guatémala, dans toute l'Europe, en Asie depuis la Méditerranée jusqu'à l'Himalaya et la Sibérie; en Afrique, son aire de distribution est moins étendue et comprend surtout la partie occidentale.

Toutes les Chauves-Souris de nos régions, sauf les Rhinolophes (v. ci-dessus) appartiennent à cette famille.

Emballonuridés

Cette famille est caractérisée par ce fait que la queue n'est encastrée qu'à sa base dans la membrane alaire et reste libre à son extrémité. Son aire de distribution est encore très vaste et s'étend sur les deux Mondes, mais elle est surtout restreinte à la zone tropicale. Des deux seules Chauves-Souris qui vivent en Nouvelle-Zélande, l'une, le *Mystacops tuberculata* Gray est un Emballonuridé, l'autre est un Vespertilionidé, le *Chalinolobus morio* Gray. Ce sont les deux seuls Mammifères peut-être indigènes de cette contrée.

C'est en Amérique que les Emballonuridés sont le plus nombreux. Le bassin de l'Amazone en renferme les formes les plus variées; leur nombre diminue graduellement au Nord et au Sud de cette région.

Phyllostomidés

Cette dernière famille, qui est celle des Vampires, est caractérisée par la forme des appendices nasaux. La tête y est grosse, la bouche est bordée de lèvres verruqueuses dont l'inférieure est fendue. Ses nombreux représentants forment l'un des groupes les plus caractéristiques des Mammifères américains; tous appartiennent exclusivement au Nouveau-Monde.

Les espèces les plus intéressantes à signaler sont celles des genres *Desmodus* et *Diphylla*. Ce sont de petites Chauves-Souris, anatomiquement adaptées au régime si particulier qui est le leur; tandis que les Vampires de plus forte taille, comme le Vampire spectre (*Vampyrus spectrum* Linné) ou le Phyllostome fer de lance (*Phyllostomus hastatum* Pallas) ne sucent le sang qu'à l'occasion et se nourrissent surtout de fruits, de fleurs, et d'Insectes, les *Desmodus* et les *Diphylla* vivent exclusivement du sang des animaux. Les premiers s'étendent du Mexique au Brésil et au Chili; les seconds paraissent confinés au Brésil, où ils sont d'ailleurs encore plus nombreux que les précédents.

Les mœurs de ces Chauves-Souris ont donné lieu à maintes légendes. Lorsqu'elles sucent le sang, elles s'attaquent aux animaux les plus divers: volailles, bétail, bêtes de somme, et certainement aussi aux animaux sauvages; à l'occasion, elles attaquent l'Homme, mais celui-ci, de même que les animaux, n'est jamais atteint que pendant son sommeil. Les morsures des Vampires ne sont pas douloureuses sur le moment même, mais elles peuvent s'enflammer; ce ne sont d'ailleurs pas de véritables morsures; au début tout au moins, l'animal procède par succion, et il ne se sert de ses dents que lorsque la peau est ramollie et à peu près insensibilisée; ce prélèvement de sang équivaut à peu près à celui d'une Sangsue et sa répétition ou ses complications peuvent seules le rendre dangereux.

L'habitat de cette famille est circonscrit aux régions les plus chaudes de l'Amérique. Ses limites sont, au Nord, la Californie méridionale, et, au Sud, le Chili. C'est le bassin de l'Amazone qui renferme le plus grand nombre de Phyllostomidés.

Répartition géographique des Insectivores

Les naturalistes groupent sous le nom d'Insectivores toute une série de Mammifères auxquels il est assez difficile d'attribuer extérieurement un signe distinctif commun. Chez les animaux ainsi groupés, ni le pouce ni le gros orteil ne sont opposables; les doigts portent des griffes; les incisives sont très différentes de ce qu'elles sont chez les Rongeurs et les molaires très différentes de celles des Carnassiers. En dépit de leur nom, certains Insectivores se nourrissent de fruits, d'autres sont en réalité omnivores. D'une manière générale cependant, leur dentition présente des caractères spéciaux, les dents de la mâchoire supérieure s'engrenant avec celles de la mâchoire inférieure de manière à leur permettre de broyer fortement des corps durs comme le sont les carapaces de certains Insectes. Le mode de vie des représentants de cet ordre est très variable, et, par suite, leur aspect varie considérablement.

Ils se trouvent sur toute la surface de la terre, sauf en Australie, où le rôle naturel qu'ils tiennent dans les autres contrées est occupé par des Marsupiaux (v. plus loin), et dans une partie de l'Amérique du Sud où ils sont remplacés par d'autres Marsupiaux: les Sarigues. Partout ailleurs, les Insectivores sont représentés ou par des formes spéciales ou par la forme la plus banale de cet ordre: les Musaraignes. Il arrive que certains types spéciaux se retrouvent, identiques, à des distances considérables, séparés par des espaces qu'ils ne semblent pas pouvoir franchir même accidentellement; il s'agit alors d'espèces autrefois réparties sur des continents disparus et dont les îlots subsistants conservent la trace des anciennes faunes. Leur répartition présente ainsi les faits les plus étranges.

Les Insectivores ne sont pas très nombreux; ils se divisent en une dizaine de familles, mais leurs espèces sont en nombre assez limité.

On place généralement, en tête de cet ordre, un genre fort intéressant pour lequel a même été établie une famille spéciale, celle des Dermoptères; nous voulons parler du genre Galéopithèque, propre à une partie de l'Extrême-Orient et rattaché tantôt aux Lémuriens, tantôt aux Chéiroptères, tantôt même aux Carnassiers, mais dont la place semble plutôt être parmi les Insectivores, si l'on ne veut en faire l'objet d'un ordre spécial.

Les Galéopithèques sont de la grosseur d'un jeune Chat; ils portent une fourrure douce, satinée, et se distinguent à première vue par une sorte de membrane alaire couverte de poils comme le reste du corps tandis que celle des Chauves-Souris en est presque complètement dépourvue; cette membrane s'étend des membres antérieurs aux membres postérieurs et, réunissant ceux-ci entre eux, encastre la queue, relativement longue.

Ce genre ne comprend que deux espèces, dont la plus connue (*Galeopithecus volans* Linné) habite le Sud de la presqu'île indo-chinoise et une partie au moins des îles de la Sonde: Bornéo, Sumatra, Java. L'autre espèce (*G. philippinensis* Waterhouse) est d'une taille un peu plus faible et est localisée aux îles Philippines. Ces animaux se nourrissent de fruits, de branches riches en sève, de feuilles délicates; ils ne sauraient donc vivre en dehors de contrées chaudes et humides où la végétation est toujours active, et ils sont hautement caractéristiques de la région dans laquelle ils vivent.

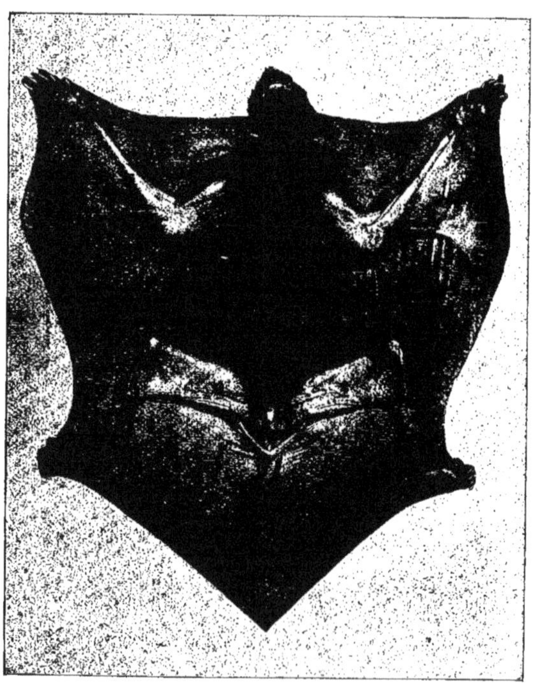

Galeopitheeus volans

Après cette famille si particulière des Dermoptères vient celle des Tupaiidés dont les membres présentent une certaine ressemblance avec les Ecureuils; ils sont essentiellement grimpeurs, vivent dans les arbres, et se nourrissent non seulement d'Insectes mais encore de fruits et même de tous les très petits animaux qu'ils peuvent trouver. Leur museau, terminé en pointe, est particulièrement adapté à la recherche de petites proies vivantes. Les Tupaiidés ne vivent maintenant qu'au Sud de l'Asie. On les divise en deux genres principaux. Celui des Toupaïes habite l'Inde, la Birmanie, l'Indo-Chine, la péninsule malaise, Bornéo, Sumatra, Java, les îles Andaman et Nicobar; dans ces diverses localités, se forment, par ségrégation, des espèces dans le détail desquelles nous ne pouvons entrer. Le second genre, celui des

Ptilocerques, est plus localisé et ne se trouve que dans quelques-unes des îles de la Sonde: Bornéo, Sumatra, Banka. Dans l'antiquité, les Tupaiidés ont vécu en France, en Allemagne, en Suisse et dans la région arrosée par la Danube.

Une troisième famille est celle des Macroscélidés, qui, par opposition aux deux précédentes, est exclusivement africaine. Ses représentants sont surtout aptes à sauter tandis que les précédents étaient essentiellement grimpeurs, aussi leurs habitudes sont-elles terrestres et non plus arboricoles. L'allongement du museau est encore plus considérable ici que chez les Tupaiidés et aboutit à la formation d'une sorte de petite trompe en miniature, aussi la seule espèce de cette famille qui se rencontre en Algérie et en Tunisie a-t-elle reçu des Arabes le nom de Rat à trompe (*Macroscelides Rozeti* Duvernoy); sa taille et son extérieur rappellent un peu, en effet, ceux d'un Rat, ou plutôt d'une Gerboise. Quelques autres espèces habitent l'Afrique australe, et toutes les autres habitent l'Afrique orientale. Ces animaux recherchent la brousse et les steppes, aussi ne faut-il pas trop s'étonner de ne les point trouver dans les régions humides, herbeuses, constituant une grande partie de l'Afrique occidentale d'où ils sont absents; ils se nourrissent à la fois d'Insectes et de plantes. On a retrouvé à l'état fossile, dans le Sud de la France, les restes d'un petit Insectivore qui doit appartenir à ce groupe, auquel se rattachent aussi les *Rhynchocyon* localisés dans l'Afrique centrale et orientale.

La quatrième famille, celle des Erinacéidés, renferme les plus connus, après les Musaraignes, de tous les Insectivores, nous voulons parler des Hérissons; ces derniers animaux, que nous nous dispenserons de définir, se divisent en un assez grand nombre d'espèces et habitent à la fois l'Europe, l'Afrique et l'Asie jusqu'au Golfe du Bengale, mais, dans l'Asie méridionale, ils sont remplacés par un genre spécial appartenant à la même famille, celui des Gymnures.

Le Hérisson commun d'Europe (*Erinaceus europæus* Linné) recherche de préférence les endroits secs; il est surtout nocturne et s'endort pendant la saison froide: c'est un animal hibernant. Une certaine chaleur lui est nécessaire, on ne le trouve donc pas dans les parties les plus froides de l'Europe; sur les montagnes, il ne s'élève pas au-delà de la zone des arbres et reste absent des sommets dénudés. Sa nourriture se compose d'Insectes, de petits Reptiles, et, d'une manière générale, de tous les petits animaux qu'il peut trouver. D'autres espèces de Hérissons sont propres à des régions plus ou moins limitées de l'Afrique et de l'Asie; Madagascar en est dépourvu.

Les Gymnures (*Gymnura*), très voisins des Hérissons mais s'en distinguant facilement par l'absence de piquants, ne comprennent qu'un seul genre dont les trois espèces habitent la péninsule malaise et les îles adjacentes.

Ajoutons que des Erinacéidés fossiles ont été trouvés non seulement en Europe, mais en Amérique.

La cinquième famille, celle des Soricidés ou Musaraignes, est à la fois la plus nombreuse et la plus ubiquiste de toutes; elle comprend environ 200 espèces, plutôt même davantage, car certains auteurs lui en reconnaissent jusqu'à 250, répandues sur toute la surface du globe, sauf en Australie et dans l'Amérique du Sud. Chacun sait que les Musaraignes ressemblent aux Souris, mais s'en distinguent par leur museau pointu et la forme de leurs dents, les incisives caractéristiques de ces derniers Rongeurs étant bien différentes de celles des Musaraignes.

Cette famille peut être divisée en quatre genres principaux. Le genre *Sorex*, qui comprend les vraies Musaraignes, habite l'Europe, l'Asie et l'Amérique septentrionale, c'est-à-dire toute la zone des Insectivores, sauf l'Afrique. Le genre *Blarina* est exclusivement américain; ses oreilles et sa queue très courtes le distinguent des Musaraignes de l'Ancien-Monde; il se trouve aux Etats-Unis, dans l'Amérique centrale et est représenté jusqu'à Surinam. Le genre *Crossopus* comprend les Musaraignes aquatiques, dont l'habitat, relativement limité, ne comprend que l'Europe et le Nord de l'Asie; dans l'Extrême-Orient, les *Crossopus* sont représentés par les Chimarogales et les Nectogales, qui en sont très voisins comme mœurs, mais auxquels des caractères spéciaux méritent de faire attribuer une place séparée. Le quatrième genre, celui des Crocidures (*Crocidura*), ou Musaraignes musquées, est le plus nombreux comme espèces; il est répandu sur l'Europe, l'Afrique et l'Asie, et est présent à Madagascar.

La famille des Talpidés, ou Taupes, se distingue surtout de la précédente par des caractères de dentition. Le mode de vie est très variable dans cette famille, dont certains représentants vivent sous terre comme les vraies Taupes, tandis que d'autres sont aquatiques comme les Desmans; mais, en général, les Talpidés sont construits pour vivre dans la terre, leurs membres sont adaptés au fouissage. Les Desmans sont caractérisés au contraire par leur adaptation à la vie aquatique; ils se divisent en deux espèces dont l'une habite le versant septentrional des Pyrénées (*Myogale pyrenaica* Et. Geoffroy), principalement aux environs de Luchon, et se retrouve dans quelques montagnes espagnoles, tandis que l'autre (*M. moschata* Pallas) est localisée au Sud de la Russie, dans les bassins de la mer Caspienne et de la mer d'Aral. Dans les deux cas, c'est au bord des fleuves que vivent ces animaux, au groupe desquels se rattachent d'autres genres vivant en Chine, au Japon et dans l'Amérique du Nord.

Les vraies Taupes sont propres à l'Europe et à l'Asie, mais, en Amérique, elles sont représentées par des genres très voisins. La Taupe commune (*Talpa europæa* Linné) est assez connue pour que nous n'ayons à rappeler ni ses caractères ni son genre de vie. Son aire de distribution s'étend sur les régions tempérées de l'Europe et remonte, au Nord, jusqu'à la Léna; elle vit dans les terrains cultivés, meubles, où elle peut creuser facilement ses galeries. Dans le Midi de l'Europe, en Italie, en Grèce, parfois dans la France méridionale et même en Suisse, on trouve une Taupe très voisine de la précédente, mais dont l'œil est encore moins visible, c'est la Taupe dite aveugle (*Talpa cœca* Savi).

Ces Taupes européennes font place, dans l'Inde septentrionale, à une forme encore très voisine: la Taupe à queue courte (*Talpa micrura* Hodgson), qui est elle-même remplacée par d'autres en Chine et au Japon. Quant aux Taupes américaines, elles rappellent également les précédentes, mais présentent des caractères spéciaux, assez variés pour qu'il ait été possible de les diviser en trois genres principaux: les Scalops, qui habitent le Canada (*Scalops aquaticus* Linné)[1]), le Texas

[1]) Cette qualification d'aquatique est inexacte, cette espèce vivant sous terre comme la Taupe commune.

(*S. texanus* Allen), la Floride (*S. parvus* Rhoads); les Scapanes, qui vivent plutôt à l'Est de ces dernières régions; les Condylures, qui s'étendent sur la plus grande partie de l'Amérique du Nord.

La septième famille d'Insectivores, celle des Potamogalidés, contient deux formes principales, bien isolées: le Potamogale de l'Afrique occidentale (*Potamogalus velox* du Chaillu) et les Géogales de Madagascar (*Geogale aurita* A. Milne-Edwards). Ces animaux sont assez différents des autres Insectivores; le second est le plus petit de tous les Mammifères, sa taille ne dépassant guère trois centimètres.

La famille des Solénodontidés est très voisine de la précédente, et plus voisine encore de la suivante; elle forme un terme de passage entre ces deux familles qui présentent le caractère intéressant d'être présentés toutes deux à Madagascar, mais son habitat est fort différent de celui de ces dernières, car ses deux

Potamogale du Cameroun méridional

espèces, de taille assez grande, sont localisées aux Antilles. L'une ne se trouve qu'à Haïti (*Solenodon paradoxus* Brandt); l'autre ne se trouve probablement qu'à Cuba et à la Trinidad (*S. cubanus* Peters).

La famille des Centétidés ou Tanrecs, qui vit exclusivement à Madagascar, représente l'un des éléments les plus curieux de la faune malgache. Certains de ses représentants ont un pelage épineux comme celui des Hérissons; d'autres, par contre, ont une fourrure soyeuse comme celle des Taupes.

Pour clore cette longue liste des différentes familles d'Insectivores, si intéressantes au point de vue zoo-géographique par l'étrangeté des phénomènes de dispersion qu'elles présentent, nous mentionnerons celle des Taupes dorées ou Chrysochlores, qui semble remplacer celle des Talpidés dans l'Afrique orientale et australe.

Rappelons enfin que de petits Mammifères rappelant les Musaraignes ont été trouvés à l'état fossile dans le bassin de Paris; ce sont l'*Adapisorex* et l'*Adapisoriculus*. De même, au Nord de l'Amérique, ont été trouvés des restes d'animaux, les Ictopsidés, ressemblant aux Talpidés; il en a été trouvée une dizaine d'espèces au Wyoming, deux au Sud du Dakota et au Colorado, une au Montana et deux au Nouveau-Mexique. Au Sud de la Patagonie ont été également rencontrés les restes d'un singulier petit animal, le *Necrolestes*, qui se rapproche de certaines formes d'Insectivores vivant actuellement encore à Madagascar et des rares espèces qui vivent dans l'Amérique du Sud.

Répartition géographique des Carnassiers

Par opposition au précédent, l'ordre des Carnassiers est l'un des plus homogènes, des mieux définis, que puisse présenter la classe des Mammifères. On le divise en deux grands sous-ordres: celui des Carnassiers terrestres ou Fissipèdes (Chats, Chiens, Ours) et celui des Carnassiers adaptés à la vie marine ou Pinnipèdes (Phoques).

Les différents types de Carnassiers sont assez connus pour que nous n'ayons pas à les définir. Tous sont essentiellement caractérisés par leur dentition, qui présente toujours des canines longues, pointues, généralement fortes, et des molaires tranchantes. Leurs formes extérieures sont variables, mais le type fondamental reste toujours le même et toujours il est de proportions harmonieuses, aussi bien chez les Carnassiers lourds et puissants, comme le sont les Ours, que chez les Félins, qui, à ce point de vue, peuvent être considérés comme les chefs-d'œuvre de la Nature. Ils représentent, quant à l'évolution des formes animales, un type récent. Les premiers animaux carnivores appartenaient non pas à l'ordre des Carnassiers, mais à celui des Marsupiaux, bien inférieur en organisation; tels sont les Hyénodons et les Ptérodons, voisins des Marsupiaux carnivores actuels de la Nouvelle-Hollande: les Thylacines. Après eux ont commencé à se former de vrais Carnassiers, voisins à la fois des Ours et des Chiens: les Amphicyons; puis, à l'époque du grand développement des Herbivores, ont apparu les Félins; encore rares au Miocène moyen, ceux-ci étaient déjà communs au Miocène supérieur. Dès cette époque, il était possible de distinguer deux sortes de Chats: des Chats de taille ordinaire et d'autres plus puissants encore que le Lion actuel (*Machærodus*), pourvus de mâchoires et de canines démesurées, ces dernières étant assez longues pour ressembler à des défenses.

Actuellement, les Carnassiers Fissipèdes sont très largement distribués à la surface de la terre. On les trouve partout à l'état indigène, sauf peut-être en Australie où leur rôle est encore tenu, comme il l'était aux âges géologiques anciens, par des Marsupiaux carnivores; les Insectivores nous ont déjà fourni un exemple de ce genre. Ils sont nombreux et peuvent se répartir en trois grands groupes: Félins et formes voisines (Æluroïdes), Canidés (Cynoïdes), Ursidés y compris des formes voisines des Ours (Arctoïdes).

Félins

Ils se trouvent sur presque toute la surface de l'Ancien et du Nouveau Monde, manquent en Australie, aux Antilles, et, ne s'avançant pas aussi loin au Nord que les Ours ou les Chiens, sont également absents des terres polaires comme l'Islande et le Spitzberg. Malgré l'étendue de cette aire de distribution, les espèces sont assez limitées dans leur extension propre. Les Chats de l'Ancien et du Nouveau Continent appartiennent toujours à des espèces distinctes, sauf une exception d'ailleurs douteuse: celle du Lynx canadien (*Lynx canadiensis* Desm.), très voisin de la forme septentrionale du Lynx commun d'Europe (*Lynx lynx* Linné).

Le Lion et le Tigre sont les plus puissants des Félins; avec la Panthère ou Léopard[1]) et l'Once ou Panthère blanche (*Felis uncia* Schreber), ils forment un groupe de grands Chats propre à l'Ancien-Monde.

Le Lion s'étendait autrefois sur une aire considérable, comprenant l'Europe, l'Asie et l'Afrique. En Europe, il s'avançait assez loin vers le Nord et se trouvait jusqu'en Angleterre. De nos jours, on le trouve encore en Arabie, dans la Turquie d'Asie, la Perse, l'Inde occidentale, mais il est devenu essentiellement africain et représente même l'une des espèces typiques de la faune africaine. Bien que présentant des variations assez importantes, qui concordent en général avec les régions dans lesquelles il vit, il ne semble pas susceptible d'être divisé, comme on l'a fait parfois, en plusieurs espèces et sa répartition en variétés géographiques est même assez aléatoire, car certaines des formes ainsi distinguées se retrouvent parfois non seulement dans la même localité, mais encore dans une même portée de Lionceaux. Quoi qu'il en soit, on a distingué notamment le Lion du Nord de l'Afrique, dont la robe est assez claire et qui porte une crinière très fournie, le Lion du Cap dont la crinière est également forte et la coloration plus foncée, le Lion du Somal, très clair, d'un gris-fauve presque blanc, et à crinière très courte, et, enfin, le Lion de Perse, dont la taille est inférieure à celle de ses congénères africains.

En Afrique, le Lion est encore assez commun; il s'y rencontre, d'une manière générale, depuis le Sahara jusqu'au Cap, mais, surtout, dans l'Afrique australe, dans l'Afrique orientale anglaise, le Somal et l'Abyssinie. Sa disparition est complète dans certaines régions et partout il recule devant les progrès de la pénétration européenne. En Asie, il est assez rare. Son existence actuelle en Arabie est peut-être douteuse, mais il se trouve dans les vallées du Tigre et de l'Euphrate. Dans l'Inde, il tend à disparaître et semble ne plus se trouver qu'en quelques points des provinces orientales (Rájputána).

Le Tigre ne possède qu'un habitat plus limité. Il est exclusivement asiatique et encore ne se trouve-t-il pas dans l'Ouest de l'Asie, mais, par contre, son extension en latitude est assez considérable, car il se trouve depuis les îles de la Sonde (Sumatra et Java) jusqu'à la vallée du fleuve Amour. Son véritable foyer est l'Asie méridionale; dans l'Inde, on le trouve depuis le cap Comorin jusqu'à l'Himalaya, où il atteint une altitude supérieure à 2,000 mètres; chose assez curieuse, on ne le rencontre pas à Ceylan. Vers l'Ouest, il s'étend sur la Perse septentrionale, d'où il gagne le Turkestan, puis la Chine méridionale; il atteint enfin les latitudes les plus froides de la Mandchourie, où, adapté au climat, il possède une superbe fourrure. Le Tigre est assez commun dans la péninsule malaise et l'Indo-Chine. Conformément à un fait général[2]) les spécimens de cette espèce qui vivent à Sumatra et à Java sont plus petits que ceux du continent. Bornéo n'en possède pas.

La Panthère, ou Léopard, est, comme le Lion, propre à l'Ancien-Continent;

[1]) Ces deux expressions désignent une seule et même espèce (*Felis pardus* Linné) dont les variations sont nombreuses ainsi que nous le verrons plus loin.

[2]) Lorsqu'une espèce continentale se localise dans une île, sa taille tend à y diminuer; les exemples en sont fréquents: Cerfs de Corse, Eléphant fossile de Malte, etc.

son aire de distribution est très étendue. Non seulement elle se rencontre dans les régions précédemment assignées au Lion, mais elle s'étend actuellement encore sur toute l'Afrique et, au Nord, va beaucoup plus loin que ce dernier; elle est encore présente au Maroc, d'où celui-ci semble avoir disparu. En Asie, son extension est également considérable; on la rencontre en Perse, dans les péninsules indienne et indo-chinoise, en Chine, dans les îles de l'Archipel indien. Elle varie beaucoup, à la fois comme taille et comme coloration, suivant les diverses parties de cet immense habitat, mais ne semble cependant pas susceptible d'être scindée en plusieurs espèces. Sa robe est tantôt assez claire, tantôt foncée au point d'être brune ou même noire, comme cela a lieu à Java et dans certains points de la presqu'île malaise et de l'Abyssinie occidentale.

Au voisinage de la Panthère, nous devons signaler l'Once, parfois nommé Panthère blanche (*Felis uncia* Schreber). Sa fourrure, longue et épaisse, est d'un blanc plus ou moins teinté de gris; sa queue est plus longue que celle des Panthères. L'habitat de cette espèce est très restreint; elle ne se trouve que sur quelques hautes montagnes de l'Asie centrale, jusqu'à des altitudes très élevées. On la rencontre dans les régions de Gilget, Hunza et au Thibet, mais elle se trouve surtout plus au Nord, dans les montagnes de la Sibérie et de la région du fleuve Amour.

En même temps que ces grands Félins, l'Ancien-Continent abrite un certain nombre d'espèces plus petites. Au premier rang de celles-ci, mentionnons le Chat sauvage d'Europe, qui, contrairement à une opinion assez répandue dans le public, n'est pas la souche de nos Chats domestiques et en est même fort différent; sa taille est plus forte d'environ un tiers, ses formes moins élancées, sa queue plus grosse et plus courte. Son pelage, d'un gris fauve nuancé de noir, porte des stries noires transversales; sa queue est annelée de noir comme celle de beaucoup d'autres Chats. Cet animal n'a rien de commun avec les Chats domestiques retournés à l'état sauvage que l'on voit vivre en liberté dans nos forêts. Il semble avoir complètement disparu de la France, mais on le trouve encore dans les forêts de l'Europe centrale et orientale, de l'Espagne, de l'Italie et de la Grèce; il constitue une espèce exclusivement européenne, qui devint de plus en plus rare.

En Afrique, le Serval ou Chat-tigre (*Felis serval* Schreber) représente assez bien le Chat sauvage d'Europe, mais ses formes sont toutes différentes. Il est un peu plus grand, très haut sur pattes, pourvu de grosses oreilles, sa queue est courte, relativement mince, et sa robe, d'un jaune largement moucheté de noir, se fonce parfois comme celle de la Panthère noire. Son habitat s'étend sur l'Afrique entière, de l'Algérie méridionale au Cap et du Sénégal au Somal; il y subit des modifications dont les principales sont celles que présentent les formes habitant l'Afrique occidentale, le Togo et le Cap; comme nous venons de le voir, de même que la Panthère le Serval peut devenir presque noir, l'Afrique orientale présente assez fréquemment de tels exemples. Contrairement à nos Chats d'Europe, essentiellement arboricoles, les Servals vivent surtout dans la brousse; leur conformation correspond essentiellement à ce mode de vie: ils sont plutôt faits pour marcher et pour courir que pour grimper.

L'Afrique abrite en outre plusieurs espèces de Chats dont la taille, inférieure à celle du précédent, dépasse à peine celle de nos Chats domestiques, avec lesquels ils offrent de frappantes affinités. Tels sont le Chat cafre (*F. caffra* Desm.), qui vit dans l'Afrique australe et équatoriale, le Chat à pieds noirs (*F. nigripes* Burchell), de l'Afrique australe, le Chat botté (*F. caligata* Bruce), de l'Afrique septentrionale, le Chat ganté (*F. maniculata* Cretz), du Soudan oriental et des régions avoisinantes. C'est probablement de quelques-uns de ces Chats et notamment des représentants nubiens de la dernière espèce, que descendent, au moins en partie, nos Chats domestiques d'Europe, et c'est en observant des momies de Chats provenant de l'ancienne Egypte que Cuvier, constatant leur identité avec les nôtres, s'était en partie basé pour établir l'immutabilité des espèces; Darwin, par contre, citait l'exemple du Chat domestique qui, transporté au Paraguay, s'y est profondément modifié et y est devenu une véritable forme nouvelle.

En Asie, de même qu'en Afrique, existent un grand nombre de Chats rappelant les précédents et encore assez voisins des nôtres. Le Chat viverrin (*F. viverrina* Bennett) est l'un des plus connus; il habite certains districts marécageux de l'Inde où il se nourrit en grande partie de petits animaux aquatiques; en dehors de l'Inde, on ne le trouve qu'à Ceylan, en Birmanie, dans la péninsule malaise; vers le Nord, il remonte jusqu'à la Chine méridionale. A peu près dans les mêmes régions, mais s'étendant aux îles de la Sonde et n'atteignant pas la Chine, vit le Chat marbré (*F. marmorata* Martin), encore assez semblable à certains de nos Chats domestiques. Ceux du Bengale (*F. bengalensis* Kerr.), du Ténassérim (*F. tenasserimus* Gray), de Java (*F. javanensis* Desm.), de Sumatra (*F. sumatrana* Horsfield), le Chat rubigineux (*F. rubiginosus* Is. Geoffroy), le Chat orné des jungles (*F. ornata* Gray) et d'autres encore, habitent des régions plus ou moins nettement délimitées au Sud du continent asiatique. Nous y signalons simplement leur présence, mais dirons quelques mots d'une sorte de Panthère de ces mêmes régions, très intéressante en ce qu'elle présente un terme de passage entre les Félins de l'Ancien-Monde dont nous venons de parler, et ceux du Nouveau-Monde que nous allons bientôt examiner. C'est la Panthère nébuleuse (*F. nebulosa* Griffith, v. Fig.), dont le splendide pelage, d'un gris souvent teinté de nuances très chaudes, est parsemé de taches irrégulières, nébuleuses, qui lui ont valu son nom et rappellent d'une manière

Panthère nébuleuse de Sumatra

assez frappante ce qui s'observe chez l'Ocelot américain (*F. pardalis* Linné). Elle se trouve au Nord-Est de l'Inde, dans le Népaul, le Sikhim, de là elle passe dans l'Assam, la péninsule malaise et s'étend à Sumatra, Java et Bornéo; une forme très voisine habite Formose (*F. brachyurus* Swinhoe).

Les Félins du Nouveau-Monde sont de tous points comparables à ceux de l'Ancien, mais aucune espèce n'est commune aux deux continents, sous la réserve déjà faite pour le Lynx. Parmi ces Félins américains, nous citerons d'abord le Puma ou Couguar (*F. concolor* Linné) qui, en forçant l'analogie, peut être considéré comme représentant le Lion dans le Nouveau-Monde. Sa taille est plus grande que celle des Panthères, mais reste inférieure à celle du Lion; sa robe est d'une teinte uniforme, rousse, grise ou même ardoisée, elle varie suivant les lieux et suivant les saisons. L'habitat de cette espèce s'étend sur presque toute l'Amérique, de l'extrême Nord à l'extrême Sud, mais, comme tous les animaux sauvages, celui-ci recule de plus en plus devant l'Homme et est déjà complètement disparu de maintes parties des Etats-Unis.

De même que le Puma rappelle le Lion, le Jaguar américain (*F. unca* Linné) rappelle les Panthères; son corps est un peu moins élancé et ses taches sont différentes. Il habite l'Amérique centrale et toute l'Amérique méridionale, depuis le Mexique septentrional jusqu'à la région du Colorado qu'il dépasse même un peu.

L'Ocelot (*F. pardalis* Linné), que nous avons déjà mentionné comme le correspondant américain de la Panthère nébuleuse, se trouve depuis le Sud des Etats-Unis jusqu'à l'extrême Sud de l'Amérique; il manque cependant à l'Ouest des Andes, où une végétation moins exubérante lui offrirait un habitat trop pauvre en gibier.

Au voisinage de l'Ocelot, citons le Chat Margay (*F. tigrina* Linné), d'une couleur presque semblable, mais d'une taille très inférieure puisqu'il n'est pas plus grand qu'un Chat domestique; il habite les parties centrales et septentrionales de l'Amérique du Sud, de même que d'autres petites espèces plus ou moins nettement localisées.

A côté de ces Félins, nous en mentionnerons simplement d'autres, également américains, dont le corps, plus allongé, rappelle parfois celui des Belettes. Ce sont: le Jaguarondi (*F. jaguarundi* Fischer) qui habite l'Amérique centrale, ainsi que le Nord et le Centre de l'Amérique méridionale, l'Eyra (*F. eyra* Fischer), voisin du précédent comme caractères et habitat, et enfin le Chat des Pampas (*F. pajeros* Desm.) et le Colocolo (*F. colocolo* H. Smith) dont l'aspect fait déjà penser au Lynx; le Chat des Pampas habite le Nord de l'Amérique du Sud, le Colocolo en habite la partie méridionale et descend jusqu'au détroit de Magellan.

Les Lynx, dont il nous reste à parler, commencent à s'éloigner des Chats; leurs formes sont plus ramassées, leur dentition est un peu différente; ils se caractérisent facilement par un long pinceau de poils terminant les oreilles. On les observe à la fois en Europe, en Asie, en Afrique et en Amérique; les variations qu'ils subissent sont assez peu importantes, mais, appuyées par les considérations d'habitat, elles ont cependant servi à distinguer plusieurs espèces. Le Lynx commun (*Lynx lynx* Linné) disparaît de plus en plus de l'Europe, où il était autrefois très abondant; il s'en trouve encore dans les Carpathes, au Nord de la péninsule scandinave, de la Russie et de la Sibérie; il atteint à l'Est la région du fleuve Amour et l'île Sakaline et se retrouve dans le Nord de l'Inde. Dans les montagnes du Sud de la Russie, il subit quelques modifications qui ont fait établir une espèce spéciale à cette région (*L. cervaria* Temminck) et, de même, il se présente sur les hauts plateaux du Turkestan sous forme d'une variété pâle que l'on a élevée au rang d'espèce (*L. isabellina* Blyth). En Portugal, en Espagne, en Sicile, en Sardaigne, en Grèce, en Turquie, le Lynx commun fait place à une forme plus petite, possédant un pelage superbe, connue sous le nom de Lynx d'Espagne (*L. pardinus* Temminck). A l'Est de la Méditerranée, les Lynx font place au Caracal (*L. caracal* Güld.), de structure plus élancée, plus haut sur pattes et adapté comme le Serval à la vie dans des régions désertiques et non plus forestières; plus à l'Est encore, ils s'étendent à l'intérieur de l'Asie, où ils atteignent le Bengale, et, par ailleurs, gagnent le Nord de l'Afrique où il en existe un certain nombre de formes dont deux sont même séparées et reconnues comme espèces distinctes: le Lynx de l'Algérie, de la Tunisie, de l'Egypte (*L. berberorum* Matschie) et celui de Nubie (*L. nubica* Fitz.), qui se trouve non seulement en Nubie, mais dans presque toute l'Afrique au Sud du Sahara.

D'autres formes vivent, comme nous l'avons vu, au Nord du continent américain. Parmi celles-ci, le Lynx du Canada (*L. canadensis* Desm.) rappelle très étroitement le Lynx commun; il vit au Nord des grands lacs. Le Lynx roux (*L. rufus* Güld.), qui remplace le précédent dans le Sud du Canada, aux Etats-Unis, et s'étend jusqu'au Nord du Mexique, peut, de son côté, être comparé au Lynx d'Espagne; de même que ce dernier est plus petit que le Lynx commun, le Lynx roux est plus petit que celui du Canada. Enfin le Lynx de Bayley (*L. Bayleyi* Merriam), localisé à une région restreinte des Etats-Unis (plateaux de l'Utah, du Colorado et de l'Arizona) rappelle la variété pâle du Turkestan, du Thibet et de la Mongolie (*L. isabellina* Blyth).

Nous ne saurions en finir avec les Félins sans parler d'un animal qui établit une transition entre eux et les Canidés: c'est le Guépard (*Cynailurus jubatus* Erxleben). Il rappelle à la fois la Panthère et le Serval, et tiendrait plus encore peut-être de ce dernier, mais ses griffes, non rétractiles tandis que celles des Félins le sont toujours, ressemblent à celles des Chiens; il possède d'ailleurs un peu le caractère de ces derniers, aussi a-t-il été sinon domestiqué, tout au moins dressé pour la chasse. Son aire de distribution est à peu près identique à celle du Lion; le Guépard habite en effet toute l'Afrique et une partie de l'Asie; sur ce dernier continent, il se trouve en Perse et dans l'Inde, jusqu'aux confins du Bengale. Une sous-espèce, sinon même une seconde espèce de ce genre, est localisée aux parties élevées de la colonie du Cap, c'est le Guépard laineux.

De cet exposé, il ressort que Madagascar est complètement privé de Félins; ceux-ci y sont cependant représentés par un animal fort singulier, une sorte de Chat plantigrade, encore plus éloigné des Chats, par conséquent, que ne l'est le Guépard, c'est le Fossa (*Criptoprocta ferox* Bennett); sa dentition rappelle celle de certains Chats primitifs dont on retrouve les restes dans le terrain Tertiaire. Cet intéressant élément de la faune malgache semble constituer un type de transition, intermédiaire à ces Félins primitifs et aux Viverridés dont nous allons maintenant nous occuper.

Ceux-ci se rattachent aux Chats, près desquels ils constituent un groupe très nombreux, d'environ 80 espèces, et moins homogène que celui des Félins par

Euplère de Madagascar

suite de la diversité relative des formes qu'il présente. Leur corps est plus allongé que ne l'est celui des Chats; certains sont digitigrades, comme les Civettes, d'autres sont plantigrades, comme les Mangoustes; chez ces derniers, les griffes ne sont pas rétractiles. Les Viverridés sont propres à l'Ancien-Monde; ils n'ont aucun représentant ni correspondant en Amérique, mais, par contre, il s'en trouve à Madagascar. Dans les régions tempérées d'Europe et d'Asie, ces animaux sont très peu nombreux; en Europe, ils ne sont représentés que par la Genette commune (*Genetta vulgaris* Lesson) qui, disparue maintenant de la France, vit encore en Espagne, en Turquie, dans l'Asie Mineure et dans l'Afrique septentrionale. La Mangouste, ou Ichneumon d'Egypte (*Herpestes ichneumon* Linné), appartient à ce groupe des Viverridés, qui habite surtout les parties tropicales de l'Afrique et de l'Asie où il forme, de part et d'autres, des espèces et même des genres différents. Citons, en Afrique, les Civettes (*Viverra civetta* Schreber) dont plusieurs espèces se retrouvent dans l'Inde et à la péninsule malaise, à Célèbes et aux Philippines, les Nandinies, les Mangoustes et les Genettes déjà citées, les Hélogales, les Bdéogales, les Cynictis, les Rhinogales, les Mangues, les Suricates, les Poianes. En Asie, mentionnons les Civettes de l'Inde, les Linsangs de l'Inde et de la péninsule malaise, qui représentent en Asie les Poianes africains, les Paradoxures, les Hémigales, les Arctogales, les Binturongs, les Cynogales. A Madagascar enfin, les Viverridés sont représentés par les Galidictis, les Galidies, les Hémigalidies, les Euplères (v. Fig.).

A la base de la famille des Félidés, et formant avec elle le grand groupe des Carnassiers Æluroïdes, il faut citer le Protèle et les Hyènes.

Le Protèle (*Proteles cristatus* Sparr.) ressemble extérieurement à une Hyène de petite taille, mais sa dentition, très particulière, rappelle jusqu'à un certain point celle de quelques Félins. Il se trouve dans le Sud de l'Afrique, remonte à l'Est jusqu'au Somal et à l'Abyssinie, et à l'Ouest, jusqu'à l'Angola; on en connaît trois formes bien localisées.

Les Hyènes ne forment qu'une petite famille, généralement considérée comme ne contenant qu'un seul genre, divisé en trois espèces principales, bien marquées, dont deux sont confinées à l'Afrique: la Hyène brune (*Hyæna brunnea* Zimm.), et la Hyène tachetée (*H. crocuta* Erxleben), tandis que la troisième, la Hyène striée (*H. striata* Zimm.), s'étend comme le Lion sur l'Afrique et une partie de l'Asie; du Nord-Est de l'Afrique, celle-ci gagne l'Arabie, la Perse et l'Inde, où elle est commune dans les provinces du N. O. et du Centre. Aux époques anciennes, les Hyènes étaient beaucoup plus répandues qu'elles ne le sont maintenant; au Pleistocène, une espèce notamment (*H. spelæa* Goldf.), voisine de la Hyène tachetée, habitait l'Europe en compagnie de plusieurs autres grands carnassiers.

Canidés

Le groupe des Chiens, ou Cynoïdes, se compose de la seule famille des Canidés, avec un peu plus d'une cinquantaine d'espèces, comprenant essentiellement les Loups, les Renards et les Chacals, qui, au sens zoologique du mot, sont des Chiens. L'aire de distribution de ces trois formes est des plus étendues et couvre, comme celle des Félins, presque toute la surface de la terre. Au Nord, le Renard polaire (*Canis lagopus* Linné) vit tout autour des glaces du pôle, aussi bien sur le versant européo-asiatique que sur le versant américain. Au Sud, le Chien ou Chacal de Magellan (*Canis magellanicus* Gray) atteint l'extrémité du continent américain, tandis que le Chacal à chabraque (*Canis mesomelas* Schreber) atteint l'extrême Sud de l'Afrique. Aucune forme de Canidé sauvage n'a cependant pénétré à Madagascar, te l'on ne sait si le Dingo (*Canis dingo* Blumenbach), seul représentant de cette famille en Australie, y est vraiment indigène ou s'il y a été introduit par l'Homme.

L'étude de la répartition des Chiens, si l'on employait ce nom dans son sens étroit habituel, serait de peu d'intérêt à un point de vue général. La domestication de ces animaux remonte à la plus haute antiquité; c'est une sélection artificielle qui a modifié leurs caractères et entraîné la distribution géographique des races de Chiens domestiques. De tout temps et partout, l'Homme a domestiqué des Chiens; cette domestication a porté, suivant les lieux, sur des espèces sauvages fort différentes les unes des autres, c'est ainsi que se sont formées les races actuelles, sur l'origine desquelles on est loin d'être d'accord. Si intéressant qu'il soit, nous n'avons pas à envisager ce dernier point de vue.

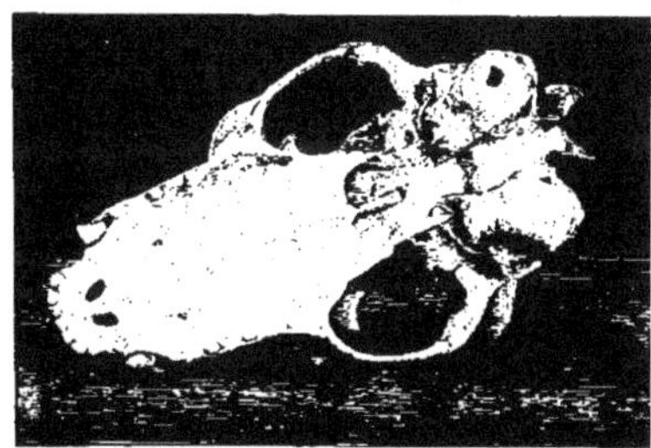

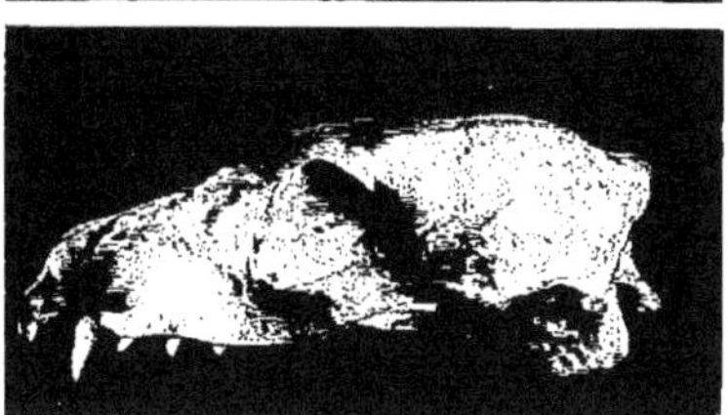

Crâne de Protèle
vu par sa base et par sa face laterale

Les Loups, les Renards et les Chacals se retrouvent les uns et les autres, avec des variantes, dans l'Ancien-Monde et dans le Nouveau, mais certaines formes se rattachant à la même famille restent isolées et restreintes à des habitats très limités.

L'un des types les plus nets des Canidés est le Loup commun (*Canis lupus* Linné), qui se rencontrait primitivement dans toute l'Europe et dans toute l'Asie, sauf dans la partie méridionale de ce dernier continent. Actuellement, son extermination par l'Homme l'a fait disparaître de presque toute l'Europe et il ne s'y trouve plus que confiné dans quelques régions forestières éparses sur toute cette partie du monde. En Asie, il ne franchit pas l'Himalaya, au Sud duquel il est remplacé par une espèce ou variété à pieds pâles (*Canis pallipes* Sykes); présent dans le Nord du Japon, il fait place, au Sud, à une forme distincte (*C. hodophylax* Temminck); en Chine, l'espèce typique se transforme en plusieurs variétés. Il existe, en Amérique, des Loups très voisins du nôtre, répartis du Nord au Sud de ce continent et qui, suivant les localités, subissent des modifications considérées parfois comme représentant des espèces distinctes; tel est le Loup des Pampas (*Canis jubatus* Desm.), un peu plus grand que le Loup commun, il est localisé à la partie moyenne de l'Amérique du Sud (Brésil et Argentine). En Afrique, la place des Loups est tenue, comme nous allons le voir, par les Chacals, cependant, dans une région de la Haute-Abyssinie paraissant assez limitée, vit un Loup spécial (*Canis simensis* Rüppell). Enfin, aux îles Falkland, les Loups sont représentés par une espèce particulière, le Loup antarctique (*C. antarcticus* Shaw), fort intéressant au point de vue zoo-géographique; d'une part, cet animal est absent de l'extrême Sud de l'Amérique, à proximité duquel sont situées les îles Falkland; d'autre part, tandis que les formes animales localisées dans un habitat aussi étroit que le sont ces îles, n'atteignent en général qu'une taille très petite, proportionnelle en quelque sorte à l'étendue sur laquelle elles se meuvent, le Loup des Falkland atteint une taille relativement très élevée, représentant à peu près les trois quarts de celle du Loup commun d'Europe.

Les Chacals, de même que les Loups, habitent à la fois l'Ancien-Monde et le Nouveau; ils sont plus petits que ces derniers. Le Chacal commun (*Canis aureus* Linné) habite non seulement l'Afrique du Nord, mais tout le bassin oriental de la Méditerranée, y compris les côtes européennes; en Asie, il s'avance jusque dans l'Inde et au Nord de la péninsule malaise. D'autres espèces de Chacals sont également présentes en Afrique et semblent coexister dans les mêmes régions. Les Chacals sont représentés, dans l'Amérique du Nord, par la forme dite Chien ou Loup des prairies, ou encore Coyotte (*C. latrans* Say), et, tout à l'extrémité de l'Amérique du Sud, au Chili, en Patagonie et dans la Terre de Feu, par une forme très particulière, le *Canis magellanicus* Gray, que nous avons déjà cité. A côté de ces Chacals américains, signalons les Thous, qui en sont voisins mais s'en distinguent cependant par des caractères considérés parfois comme suffisants pour légitimer leur séparation des vrais Chacals; ils sont propres à l'Amérique du Sud, qu'ils couvrent entièrement; ils y sont nombreux et ont été divisés en plusieurs espèces dans le détail desquelles nous ne pouvons entrer.

Les Renards (*Vulpes*) appartiennent à un type connu de chacun et bien distinct des précédents; leur habitat est aussi étendu que celui des Loups et des

Lévriers russes à la poursuite d'un loup

D'après une aquarelle de Stepanoff dans « La chasse des tsars en Russie à la fin du XVIIe et au XVIIIe siècle » par Nicolas Kutepow

Supplément à l'ouvrage « *Les Animaux* »
(Ne peut être vendu séparément)

MAISON D'ÉDITION BONG & Cie
PARIS

Chacals. Le Renard commun (*Canis vulpes vulgaris* Briss.) habite, comme le Loup commun, l'Europe et l'Asie, jusqu'au Japon et à l'extrême Sud de l'Inde. En Europe, aussi bien qu'en Asie, il se présente sous plusieurs aspects distincts, caractérisés surtout par une coloration plus ou moins foncée. En Afrique, les Renards sont également présents, mais ils sont surtout remplacés par les Fennecs et les Otocyons, dont nous reparlerons. Il se trouve enfin, dans l'Amérique du Nord, des Renards dont certains sont très voisins de notre espèce commune; à l'Ouest des Etats-Unis notamment, se trouve une forme (*C. pensylvanica* Bodd.) à laquelle se rattache l'un des Renards dits argentés, dont la fourrure est si recherchée; le Renard gris (*Urocyon cinereo-argenteus* Erxleben) habite également les Etats-Unis, mais descend jusque dans l'Amérique centrale. L'une des variétés les plus intéressantes au point de vue qui nous occupe est le Renard polaire ou Renard bleu (*Canis vulpes lagopus* Linné), dont la fourrure, d'un blanc pur en hiver, devient en été d'un gris fauve ou bleu; il habite toutes les régions arctiques, à quelque partie de l'Ancien ou du Nouveau-Continent qu'elles se rattachent. Une espèce méridionale, présentant des caractères tout particuliers, notamment dans sa dentition, l'*Icticyon venaticus* Lund, habite la Guyane et le Brésil.

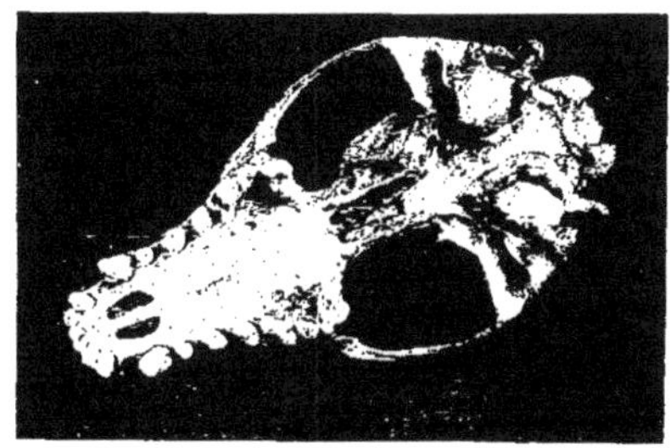

Crâne d'Icticyon du Brésil
vu par sa base et sa face latérale

Au voisinage immédiat des Renards, nous citerons les Fennecs, sortes de petits Renards à grandes oreilles qui vivent dans toute l'Afrique et aussi en Arabie; ils se divisent en plusieurs espèces: l'une (*Fennec chama* Smith) habite l'Afrique australe, une autre (*F. pallidus* Rüppell) habite à la fois l'Afrique occidentale, centrale et orientale, une troisième (*F. zerda* Zimm.) habite la région saharienne et semble vivre également en Arabie. Les Otocyons ont des oreilles encore plus grandes; ils vivent dans l'Afrique australe et orientale, et remontent jusqu'au Somal.

Signalons enfin, pour en finir avec les Canidés, les Chiens sauvages asiatiques et africains. Les premiers, ou Cyons, caractérisés surtout par leur crâne court, vivent, sous des formes différentes, dans l'Asie septentrionale, centrale et méridionale, et jusque dans les îles de la Sonde. Les seconds, les Lycaons ou Cynhyènes, sont exclusivement africains et ne forment probablement qu'une seule espèce (*Lycaon pictus* Temminck), de grande taille et dont l'apparence est intermédiaire à celles d'une Hyène et d'un Chien; elle vit dans la partie de l'Afrique située au Sud du Sahara.

Ursidés

Le grand groupe des Ursidés ou Arctoïdes comprend trois familles: les Ours ou vrais Ursidés, les Ratons ou Procyonidés et les Martres ou Mustelidés. Les modifications particulières que subissent ces animaux laissent subsister chez eux le type bien connu de l'Ours.

Les Ursidés proprement dits sont, après les Félins, les animaux les plus carnassiers. Ils vivent dans les montagnes et les forêts et se retrouvent sur les deux Mondes, mais, nombreux autrefois, ils le sont devenus beaucoup moins par suite de la chasse intense qui leur a toujours été faite. Ils peuvent cependant compter parmi les plus connus des grands Mammifères sauvages; certaines de leurs formes (Ours blanc, Ours brun) sont présentes à toutes les mémoires. Actuellement, les Ours sont présents au Nord de l'Europe et de l'Amérique, dans les Pyrénées et dans l'Asie orientale. Présents autrefois aussi dans la chaîne de l'Atlas, ils sont maintenant absents de l'Afrique, et aussi de Madagascar.

L'Ours brun (*Ursus arctos* Linné) est l'ancien Ours commun d'Europe; il a maintenant disparu de presque toute la surface de cette partie du monde. Au Sud de l'Europe, on en trouve parfois quelques-uns dans les montagnes; les Pyrénées en abritent encore; la Russie septentrionale, le Caucase et les monts Oural en ont conservé davantage. Cette même espèce se retrouve en Asie, depuis l'Afghanistan jusqu'au Japon. Son aire de distribution est donc extrêmement vaste. Elle subit d'ailleurs certaines modifications locales, mais celles-ci ne semblent pas aboutir à la formation d'espèces séparées.

Dans l'Amérique septentrionale, l'Ours brun est remplacé par l'Ours gris ou Grizzly (*Ursus horribilis* Ord.), qui se présente lui-même sous plusieurs variétés, notamment celle du Nord ou de l'Alaska (variété *alascensis* Merriam) et celle du Sud ou de la Sonora (var. *horrideus* Baird). Tout au Nord de l'Amérique vit un Ours différent: c'est l'Ours noir ou Baribal (*U. americanus* Pallas), qui fait place, dans l'Amérique du Sud, à l'Ours orné des Andes (*U. ornatus* F. Cuvier), et qui, chose assez curieuse, est représenté au Japon par une forme voisine (*U. japonicus* Schlegel) et dans l'Asie centrale, jusqu'aux frontières de Perse, par une autre forme également voisine: l'Ours à collier (*U. thibetanus* F. Cuvier). Une troisième forme de ce même groupe est celle que représente l'Ours malais (*U. malayanus* Raffles), de taille plus petite, qui se trouve dans la péninsule malaise et s'étend d'une part à Sumatra, Java et Bornéo, et, d'autre part, à travers la Birmanie, et le Nord-Est de l'Inde; cet Ours, qui est essentiellement frugivore, présente certaines affinités avec l'Ours polaire; malgré la différence de régime, la dentition est la même dans les deux cas.

Ce dernier, c'est-à-dire l'Ours blanc polaire (*U. maritimus* Desm.), dépasse notablement par sa taille toutes les espèces précédentes. Il se trouve tout autour du pôle Nord, et, sur notre versant tout au moins, doit être considéré non comme un habitant des terres polaires, mais comme étant confiné sur la banquise, où les Phoques, et peut-être les Morses, lui offrent une pâture suffisante. Sauf des cas tout à fait exceptionnels, on ne le trouve sur la terre ferme, au Spitzberg par exemple, que lorsque celle-ci est couverte par la banquise ou n'en est séparée que par un étroit chenal. Les Ours sont totalement absents des régions antarctiques, tandis que les Phoques y sont largement représentés.

A côté des vrais Ours, se placent deux espèces formant chacune un genre spécial: ce sont l'Ours jongleur (*Melursus ursinus* Shaw) de la péninsule indienne et de Ceylan, et l'Ailurope (*Ailuropus melanoleucus* A. Milne-Edwards) qui vit dans des hautes montagnes du Thibet oriental.

Les Ratons ou Procyonidés sont très voisins des Ours, mais leur taille est beaucoup plus petite; ils comprennent une vingtaine d'espèces, qui, sauf une seule, habitent le Nouveau-Monde; cette exception est présentée par le Panda (*Ailurus*

Panda

fulgens F. Cuvier) de la région du Népaul, de l'Assam et du Yunnan, animal singulier tenant de l'Ours et du Chat. Les autres Procyonidés vivent surtout dans les parties tropicales de l'Amérique, mais quatre espèces remontent cependant au Nord bien au-delà du Tropique. Les vrais Ratons (*Procyon*) comprennent deux espèces principales, dont l'une (*Procyon lotor* Linné) habite toute l'Amérique du Nord, tandis que l'autre (*Procyon cancrivorus* G. Cuvier) ne se trouve que du Guatémala au Paraguay. Les *Bassariscus* habitent l'Amérique centrale et le Sud de l'Amérique du Nord. Le Kinkajou (*Cercoleptes caudivolvulus* Pallas) s'étend de l'Amérique centrale au Sud de l'Amérique septentrionale et au Nord de l'Amérique méridionale. Les Coatis (*Nasua*), enfin, ont à peu près le même habitat.

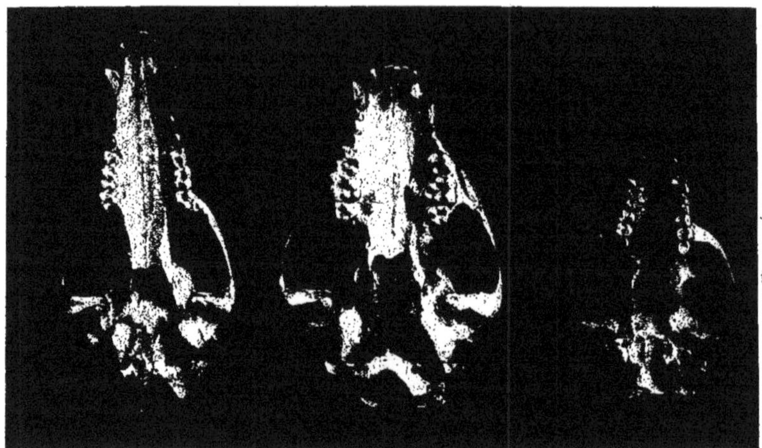

Crânes de Procyonidés

vus par la base. A droite, *Bassariscus*; au milieu, *Procyon*; à gauche, *Nasua*

Les Loutres (*Lutra*) habitent la terre entière, sauf l'Australie, Madagascar et les régions polaires; elles se divisent en un certain nombre d'espèces dont la fourrure est toujours recherchée. La Loutre de mer (*Enhydris maritima* Erxl.), fort différente des Loutres ordinaires et d'une taille bien supérieure, est aujourd'hui devenue très rare; elle habite les rives septentrionales du Pacifique, aussi bien sur le versant asiatique que sur le versant américain; sa fourrure compte parmi celles dont la valeur est la plus élevée.

Les Visons (*Lutreola*) sont intermédiaires entre les Loutres et les Martres; ils habitent le Nord de l'Europe, de l'Asie et de l'Amérique.

Les Martres (ou Martes) (*Mustela*) couvrent à peu près les mêmes régions que les Loutres, mais ne se trouvent pas en Afrique ni dans l'Amérique du Sud. Leur fourrure est souvent recherchée, notamment celle de la Martre zibeline (*Mustela zibellina* Linné) qui vit en Sibérie et au Kamtchatka. Les Putois (*Putorius*) habitent la zone tempérée de l'Europe, de l'Asie et de l'Amérique septentrionale; le Furet n'est qu'une forme du Putois commun d'Europe (*Putorius putorius* Linné). Les Belettes (*Ictis*), qui sont les plus petits des carnassiers, se trouvent partout où de petits animaux de cette sorte peuvent trouver à se nourrir, l'Australie et Madagascar restant mis à part; l'Hermine (*Ictis erminea* Linné), très voisine de la Belette commune (*I. nivalis* Linné), possède comme celle-ci une aire de distribution très étendue, comprenant l'Europe, l'Asie et l'Amérique du Nord. Les Blaireaux (*Meles*) ont un habitat plus restreint. Le Blaireau commun (*Meles taxus* Bodd.) habite presque toute l'Europe et se retrouve au Nord de l'Asie; la Sibérie orientale, le Japon, l'Asie sud-orientale, la Perse, en possèdent des formes spéciales; l'Amérique septentrionale possède, avec les Carcajous (*Taxidea*), de véritables représentants de ce genre.

Carnassiers marins

Les Carnassiers adaptés à la vie marine ne peuvent être intercalés dans aucun des grands groupes que nous venons de passer en revue. Leur adaptation, sans aller de beaucoup aussi loin que celle des Cétacés, les éloigne profondément des Carnassiers terrestres; cependant, comme le font remarquer W. et Ph. Sclater, la nécessité où ils se trouvent encore, à l'inverse des Cétacés, de vivre à proximité de la terre, astreint leur répartition aux lois qui régissent celle des Mammifères terrestres.

Ces Carnassiers marins se divisent en trois familles: celle des Phoques, celle des Otaries et celle des Morses.

La première est de beaucoup la plus nombreuse, la plus variée; son habitat est aussi beaucoup plus étendu. Les Phoques sont surtout nombreux dans les mers avoisinant les deux pôles, mais ils se retrouvent dans quelques localités intermédiaires et même dans des mers fermées, comme la Caspienne, et dans des lacs comme le Baïkal, le Ladoga, l'Oron. En France, il n'est pas rare d'en trouver sur la côte septentrionale de la Manche.

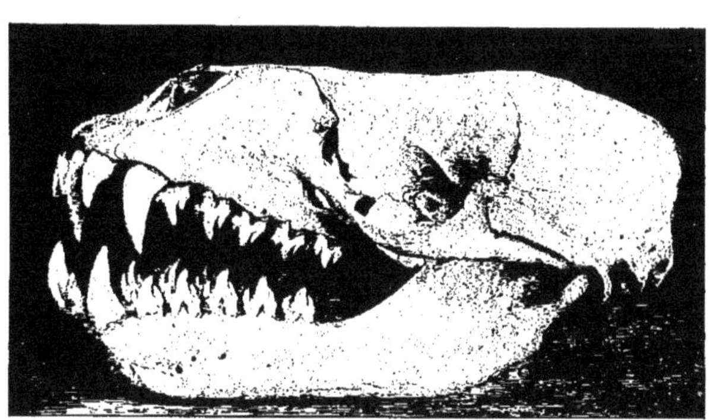

Crâne d'*Ogmorhinus* des mers antarctiques

Dans l'Atlantique-Nord, ils sont représentés par le Phoque commun (*Phoca vitulina* Linné), d'un gris-jaune uniforme, qui descend fréquemment sur nos côtes, le Phoque du Groenland (*P. groenlandica* Fabr.), caractérisé par de grandes taches noires sur fond clair, le Phoque fétide (*P. fœtidus* Fabr.), marqué de taches en forme d'anneaux, et enfin le grand Phoque barbu (*P. barbatus* Fabr.); ces espèces vivent également dans le Pacifique-Nord. Les formes de la Caspienne et de quelques grands lacs sibériens (Baïkal, Ladoga, Oron) sont très voisines du Phoque commun. A côté de celles-ci, citons les Phoques-moines qui vivent dans la partie orientale moyenne de l'Atlantique et dans la Méditerranée (*Phoca albiventer* Bodd.) et sur les côtes de l'Amérique septentrionale tropicale, y compris les Antilles (*P. tropicalis* Gray). Dans les mers arctiques s'observent en outre de celles-ci des formes génériquement différentes: le Phoque gris (*Halichœrus gryphus* Fabr.) et le Phoque à capuchon (*Cystophora cristata* Erxl.), confinés tous deux dans l'extrême Nord de l'Atlantique.

L'Océan glacial antarctique est habité par des Phoques différents de ceux des mers arctiques et plutôt voisins de ceux de la région atlantique moyenne; ils appartiennent aux genres *Ogmorhinus, Lobodon, Leptonychotes* et *Ommatophoca.* Une forme toute spéciale, essentiellement antarctique, l'Eléphant de mer ou Macrorhine (*Macrorhinus leoninus* Linné) est maintenant presque éteinte par suite de la chasse intense qui lui fut faite; cette espèce était représentée, sur la côte de Californie, par une forme très voisine: le *Macrorhinus angustirostris* Gill, dont les derniers individus paraissent avoir été récemment exterminés. Il est intéressant de remarquer que ce genre n'est pas sans présenter quelques affinités avec les Cystophores arctiques.

Les Otaries se distinguent des Phoques par la présence de très petites oreilles

Otarie de Californie *(Zalophus)*

externes, dont ces derniers sont complètement dépourvus. Elles constituent une famille fondamentalement antarctique, mais dont certaines espèces remontent d'une part jusqu'à l'estuaire de la Plata et, d'autre part, jusqu'aux régions septentrionales du Pacifique. W. et Ph. Sclater font remarquer avec raison que cette distribution, comme celle de l'Albatros, est due à ce que ces formes, originairement confinées dans les régions antarctiques, ont gagné progressivement vers le Nord et ont fini par s'installer à demeure dans le Pacifique septentrional.

Les Trichécidés, ou Morses, sont essentiellement arctiques; ils ne comprennent que deux espèces. L'une (*Trichecus rosmarus* Linné) habite l'extrême Nord de l'Atlantique où sa distribution semble identique à celle de l'Ours blanc; comme ce dernier, le Morse ne quitte pas la banquise. La seconde espèce (*T. obesus* Illiger) remplace la première sur le versant Pacifique.

Répartition géographique des Cétacés

Les Cétacés sont des Mammifères aberrants dont la forme, par convergence adaptative, est devenue semblable à celle des Poissons. Il est assez difficile de leur assigner une place exacte dans la classification; ils sont si profondément modifiés que leurs affinités avec les autres ordres restent des plus obscures et nous ne les intercalons ici que pour ne pas les séparer des autres Mammifères marins.

Les Cétacés se divisent en Siréniens et en Souffleurs.

La première de ces divisions ne comprend que deux genres: les Lamantins (*Manatus*) et les Dugongs (*Halicore*), très voisins tous deux au point de vue zoologique, mais bien séparés géographiquement. Ces animaux, encore plus parfaitement adaptés à la vie aquatique que ne le sont les précédents, avec lesquels ils présentent une certaine ressemblance, le sont beaucoup moins que les Souffleurs; ils ne quittent cependant jamais l'élément liquide. Comme les Phoques, les Otaries et les Morses, ils habitent les côtes et les estuaires; normalement, ils ne gagnent jamais la haute mer, que recherchent au contraire les autres Cétacés.

Le Lamantin vit sur les côtes africaines et américaines de l'Atlantique moyen. Sur la côte d'Afrique se trouve le Lamantin dit du Sénégal (*Manatus senegalensis* Desm.) et, sur la côte d'Amérique se trouve une forme quelque peu différente (*Manatus americanus* Desm.); une variété de cette dernière remonte l'Amazone et n'est trouvée que dans ce fleuve et ses affluents (*M. inunguis* Natterer). Il est intéressant de noter que le Lamantin du Sénégal a été signalé dans le lac Tchad. Ces animaux, peu nombreux maintenant, étaient autrefois beaucoup plus répandus. On en a retrouvé des restes dans la Caroline du Nord et l'Argentine. Le *Manatherium* des dépôts oligocènes de la région anversoise leur ressemblait beaucoup.

Les Dugongs remplacent les Lamantins dans le Pacifique et l'Océan Indien; ils semblent être plus exclusivement marins et ne pas remonter le cours des fleuves. Trois espèces en sont distinguées: l'*Halicore tabernaculi* Rüpp. et Sœmm., de la mer Rouge, l'*H. dugong* Erxleben, de l'Océan Indien, et l'*H. australis* Owen, d'Australie; ces trois espèces diffèrent très peu l'une de l'autre et sans les considérations d'habitat il n'y aurait pas lieu de les séparer. De même que les Lamantins, les Dugongs couvraient autrefois une aire beaucoup plus étendue. Ils se trouvaient sur les rivages de l'Atlantique, dans la Méditerranée, et sur les parties alors submergées de l'Afrique du Nord et de l'Europe centrale.

A côté des Lamantins et des Dugongs, nous ne saurions omettre de signaler un Sirénien tout récemment disparu: c'est la Rhytine (*Rhytina Stelleri* Ozeretskowsky). Ce Mammifère, de taille gigantesque, pouvait atteindre une dizaine de mètres de longueur; il vivait sur les côtes septentrionales du Pacifique, où il représentait une forme archaïque, dont les restes fossiles figurent déjà dans le Pleistocène de ces régions. La chasse très active dont il fut l'objet a amené, depuis un siècle et demi environ, sa complète disparition.

Les Cétacés souffleurs ressemblent, comme nous l'avons dit, par leurs formes extérieures, à des Poissons. Leurs narines ou évents, au lieu de s'ouvrir à l'extrémité du museau comme cela a lieu chez les Siréniens, s'ouvrent à la partie supérieure de la tête; lorsqu'ils rejettent l'air inspiré, cet air, chargé de vapeur, forme une sorte de colonne de brouillard qui s'échappe avec bruit de l'évent, et ce souffle caractéristique a valu aux Cétacés dont nous nous occupons leur nom de Souffleurs; ceux-ci se divisent en Mysticètes (Cétacés à fanons) et Cétodontes (Cétacés à dents). Ils sont présents dans toutes les mers du Globe; la puissance de leurs nageoires permet à ces animaux d'effectuer de longues randonnées, cependant ils se localisent en des régions que la chasse faite par les baleiniers a singulièrement rétrécies.

Les Mysticètes ne comprennent qu'une famille, celle des Balénides, que l'on peut diviser en cinq genres: *Balæna*, *Neobalæna*, *Rachianectes*, *Megaptera* et *Balænoptera*.

Le genre *Balæna* comprend les Baleines franches[1]) riches en huile et en fanons; la plus connue (*Balæna mysticetus* Linné) est devenue rare et n'habite plus que l'Océan arctique, où elle suit les mouvements de la banquise; son extension était autrefois beaucoup plus grande et elle descendait assez loin vers le Sud; il y a quelques siècles, elle était abondante dans le Golfe de Gascogne où les Basques la chassaient activement[2]). Dans l'Océan glacial antarctique, la Baleine du Nord est représentée par une autre Baleine franche (*Balæna australis* Desmoulins); il en est de même au Nord du Pacifique où vit la Baleine dite du Japon (*Balæna japonica* Gray).

Le genre *Neobalæna* est voisin du précédent, mais possède cependant quelques caractères très nets, notamment une nageoire dorsale, très petite, il est vrai, tandis que les Baleines franches en sont dépourvues. Il habite les mers avoisinant la Nouvelle-Zélande.

Le genre *Rachianectes* s'éloigne davantage des vraies Baleines et présente un terme de passage vers les Balénoptères; il ne vit que dans le Pacifique septentrional.

Les Mégaptères (*Megaptera*) sont surtout caractérisées par la longueur de leurs membres antérieurs ou, comme l'on dit en parlant des Baleines et par analogie avec les Poissons, de leurs nageoires pectorales. Le plus connu (*Megaptera boops* Linné) vit dans l'Océan glacial arctique, comme la Baleine franche, mais descend beaucoup plus fréquemment vers le Sud et se rencontre parfois sur nos côtes. Des formes très voisines représentent les Mégaptères dans l'Atlantique méridional, l'Océan Indien et le Pacifique septentrional.

Les Balénoptères (*Balænoptera*) sont les plus communs des Mysticètes; la valeur relativement faible de leurs dépouilles et la difficulté de leur chasse les a partiellement préservées de l'extermination subie par les Baleines franches[3]). Elles

---

[1]) Cette expression, empruntée au vocabulaire des baleiniers, est opposée à celle de Baleines foncières qui s'applique aux autres Mysticètes; ceux-ci coulent à fond après la harponnage (d'où le nom de foncières), tandis que les Baleines franches restent à la surface.

[2]) Cette «Baleine des Basques» est généralement séparée de la *B. mysticetus* sous le nom de *B. biscayensis* Eschricht.

[3]) Depuis quelques années, la chasse des Balénoptères a été méthodiquement organisée au Spitzberg (v. J. Richard, L'Océanographie, Paris, 1908). Si elle continue, il est à craindre que ces Cétacés, de même que les Baleines franches, ne se confinent de plus en plus dans les points inaccessibles de l'extrême Nord.

Ourse p

D'après u

petits

Friese

MAISON D'ÉDITION BONG & Cie
PARIS

Cétacés (*Globicephalus melas* Traill) tués aux îles Shetland

D'après une photographie d'Abernethy, à Lerwick

sont cosmopolites. La grande Balénoptère bleue (*B. Sibbaldi* Gray) qui atteint, dit-on, une longueur d'une trentaine de mètres, habite l'Atlantique septentrional. La Balénoptère commune (*B. musculus* Linné) est un peu plus petite mais atteint cependant une vingtaine de mètres; elle se rencontre très fréquemment dans l'Atlantique-Nord et il n'est pas rare de l'observer dans la Méditerranée. La Balénoptère dite boréale, ou du Cap Nord (*B. borealis* Lesson), descend beaucoup plus loin vers le Sud; elle est de taille inférieure à la précédente. Enfin, la Balénoptère rostrée (*B. rostrata* Müller) est encore plus petite et n'atteint qu'une dizaine de mètres au maximum; elle vit dans toute la partie septentrionale de l'Atlantique et s'avance dans la Méditerranée.

Les Cétodontes présentent des formes beaucoup plus variées; ils peuvent se diviser en trois familles actuellement vivantes et parfois assez étroitement localisées au point de vue géographique.

La première, celle des Physétéridés, comprend les genres *Physeter* (Cachalot), *Cogia, Hyperoodon, Ziphius, Mesoplodon* et *Berardius*. Les Cachalots et les Cogias (ces derniers ne sont en quelque sorte que de petits Cachalots), habitent toute la zone intertropicale des Océans. L'*Hyperoodon* est probablement confiné dans l'Atlantique-Nord; le *Ziphius*, par contre, est absolument cosmopolite, de même que le *Mesoplodon*, moins rare cependant dans l'hémisphère Sud. Le *Berardius* n'habite que le Pacifique.

La seconde famille, celle des Platanistidés, est adaptée à la vie dans les eaux douces. Ses représentants, très voisins des Dauphins qui constituent la troisième famille des Cétodontes, vivent dans le Gange, l'Indus et l'Iraouaddy (*Platanista*), dans l'Amazone (*Inia*) et dans la rivière de la Plata (*Pontoporia*); à ces habitats très différents, comprenant deux régions fort éloignées, correspondent des différences zoologiques importantes.

Les Delphinidés, ou Dauphins, sont extrêmement nombreux et sont répandus dans toutes les mers; les limites de leurs genres et espèces, de même que celles de leurs habitats particuliers, sont encore imparfaitement connus. En principe, les Delphinidés sont plus abondants dans les mers chaudes. Le Dauphin vulgaire (*Delphinus delphis* Linné) est commun sur toutes nos côtes; des spécimens de cette espèce sont fréquemment envoyés aux Halles de Paris. Le Marsouin (*Phocæna communis* Cuvier) est dans le même cas, mais il est un peu moins commun. Le Narval (*Monodon monoceros* Linné) et le Beluga (*Delphinapterus leucas* Pallas) doivent être signalés, parmi tous les Delphinidés, en raison de l'étroitesse de leur aire de distribution, ne comprenant que les régions boréales des deux Océans; voisines l'une de l'autre, ces deux espèces appartiennent à un type aussi différencié zoologiquement qu'isolé géographiquement. Dans cette même famille, nous signalerons enfin spécialement le Globicéphale (*Globicephalus melas* Traill), particulièrement abondant dans les parages des Shetland et des Faroer, où l'on en prend chaque année un très grand nombre (voir Fig., p. 145).

Les Cétodontes furent, aux époques géologiques antérieures, beaucoup plus nombreux et plus largement distribués; des familles entières de ce sous-ordre ont complètement disparu; elles vivaient dans les mers occupant alors l'Europe, l'Amérique, l'Australie et la Nouvelle-Zélande. Des Platanistidés, par exemple, ont été retrouvés dans le Miocène de l'Europe et des deux Amériques.

Répartition géographique des Rongeurs

Les Rongeurs composent, avec une partie de l'Ordre suivant, celui des Ruminants, la population en quelque sorte fondamentale de la Terre. Ils pullulent et pulluleraient encore davantage si la ration mesurée que peut leur offrir le monde végétal n'en limitait la propagation, car la lutte est entre l'herbe et l'Herbivore plus encore qu'entre l'Herbivore et le Carnassier (G. Pouchet). Dans cet Ordre immense des Rongeurs, la diversité des formes est extrême, aussi lui a-t-on reconnu un nombre d'espèces que certains naturalistes fixent à 1,500 environ, alors que d'autres en comptent jusqu'à 3,150 vivantes avec 550 disparues.

Malgré cette extrême diversité, l'Ordre des Rongeurs est des plus naturels; tous ses représentants possèdent quelques caractères importants communs, constituant tout autre chose que des liens artificiels; leur lèvre supérieure, fendue d'une manière caractéristique (bec de lièvre), découvre deux fortes incisives taillées en biseau aigu, auxquelles correspondent des incisives inférieures également fortes et terminées en biseau. Ces dents, dont la croissance est continue pendant toute la durée de la vie, sont protégées antérieurement par une bande d'émail rendant l'usure moins accentuée en avant qu'en arrière, de telle sorte que leurs biseaux restent toujours tranchants.

Les familles entre lesquelles se répartit cet Ordre sont nombreuses; les uns en distinguent une vingtaine, d'autres une trentaine; leur examen nécessiterait à lui seul un volume, aussi l'abrégerons-nous.

Les Rongeurs sont présents partout. Ce sont les plus ubiquistes des Mammifères, même en faisant abstraction des Rats et des Souris, transportés d'un bout du monde à l'autre par le mouvement maritime. L'Australie, qui, comme nous commençons maintenant à le voir, possède une faune toute spéciale, n'en possède qu'un assez petit nombre et se différencie encore davantage, par ce fait, des autres parties de la Terre.

Passant rapidement en revue la série des Rongeurs, nous parlerons tout d'abord de la famille des Anomaluridés renfermant les formes les plus intéressantes des Rongeurs volants. Les trois genres qui la composent: *Anomalurus, Idiurus* et *Zenkerella*, sont localisés à la zone intertropicale de l'Afrique. Ces animaux, munis d'une membrane alaire comme celle des Galéopithèques (voir page 124), voltigent ou tout au moins font parachute, à part peut-être le dernier des trois genres. Par certains caractères du crâne, ils se rapprochent de nos Loirs, mais, plus encore, des Pseudosciuridés, Rongeurs disparus dont a retrouvé les restes dans la région française et aux alentours.

Les Sciuridés (Ecureuils) couvrent presque toute la surface du Globe, mais restent absents de l'Australie et de Madagascar. Les vrais Ecureuils (*Sciurus*) sont présents, avec de nombreuses variantes, dans toutes les grandes régions où la famille des Sciuridés est représentée. Certaines espèces d'Europe, d'Asie et de l'Amérique septentrionale (Polatouches et *Pteromys*) sont munies d'une membrane alaire; de semblables espèces s'observaient au Miocène dans le Midi de la France. Actuellement, les Ecureuils sont surtout nombreux dans l'Inde, une partie de la péninsule indo-chinoise et certaines îles de la Sonde.

Les Castoridés ne comprennent que deux espèces dont l'une, le Castor commun (*Castor fiber* Linné) existait jadis dans toute l'Europe; de plus en plus traqué, à la fois en raison de la valeur de sa dépouille et des dégâts qu'il cause en construisant des barrages sur le cours des fleuves, le Castor commun ne se trouve plus en France que dans la partie inférieure du Rhône. Il tend également à disparaître d'autres

Spermophilus guttatus Pallas, Rongeur de la famille des Sciuridés

régions comme celle de l'Elbe moyenne; la Scandinavie, la Russie septentrionale, la Sibérie, en possèdent encore. La seconde espèce: le Castor du Canada (*C. canadensis* Kuhl) représente le précédent au Nord de l'Amérique; il en est très voisin et lui est peut-être même identique. Des Rongeurs apparentés de très près aux Castors actuels ont été trouvés dans les dépôts miocènes et pliocènes de la France, de l'Allemagne, de l'Angleterre, de l'Afrique (Tunisie), de l'Amérique (Californie, Orégon, Montana, Nebraska, Nouveau-Mexique). Comme la plupart des familles de Rongeurs, celle des Castoridés est en régression marquée et cette régression est ici particulièrement intense.

Les Haplodontidés ou Castors-écureuils ne comprennent qu'un seul genre: *Haplodon* ou *Aplodontia*, dont toutes les espèces vivent dans l'Amérique septentrionale (Orégon et Californie); ils établissent une transition entre les Sciuridés et les Castoridés.

Les Gliridés ou Myoxidés (Loirs) présentent une distribution géographique particulièrement intéressante; ils se trouvent en Europe, dans une partie de l'Asie et en Afrique, mais chacune de ces régions possède des espèces et des genres spéciaux. Les vrais Loirs (*Glis*) et leurs plus proches alliés, se trouvent en Europe et dans l'Asie septentrionale, tandis que les *Graphiurus* sont exclusivement africains et que d'autres genres sont propres au Sud-Est de l'Asie. D'autres Loirs existaient autrefois dans la région du Danube et le Midi de la France.

Les Muridés (Rats et Souris) sont particulièrement nombreux et leur répartition est si étendue qu'elle ne saurait être examinée utilement ici; il s'en trouve jusque dans les régions polaires, mais leur maximum de développement est réalisé dans les pays chauds. Il existe environ deux fois plus d'espèces de Muridés dans le Nouveau-Monde que dans l'Ancien. Dans le Nord ne vivent que des Campagnols (*Microtus*) et les Lemmings (*Lemmus*). C'est au Sud de la ligne de partage des eaux de l'Océan glacial arctique que commence le domaine des Souris proprement dites. Dans l'Asie centrale s'observent les grands Rats du genre *Myotalpa*. Dans l'Afrique du Nord, les Souris paraissent relativement rares; par contre, on y trouve les Gerbilles (*Gerbillus*) présentes également en Asie. Au Sud du Sahara, le nombre des Muridés augmente; les Souris des arbres (*Dendromys*) et les Rats à grandes oreilles (*Otomys*) sont propres à la brousse africaine; l'Afrique orientale possède en outre le Rat à longs poils (*Lophiomys*). Les Muridés des Philippines et de la région australienne appartiennent à des groupes très distincts; ils sont peu nombreux en Australie et y sont principalement représentés par de grands Rats aquatiques d'un genre spécial (*Hydromys*). L'Amérique du Nord possède de nombreux Muridés se distinguant, par certains caractères de dentition notamment, de ceux de l'Ancien-Continent; on y voit entre autres les Rats musqués ou Ondatras (*Fiber*) qui, comme les Castors, vivent dans l'eau. Dans la région de l'Amazone, les Muridés sont encore très nombreux, puis ils diminuent progressivement vers le Sud. Les Muridés de Madagascar (Nésomyinés) appartiennent à des

Loir d'Europe
(*Myoxus glis* Linné)

types spéciaux. Ils présentent certaines ressemblances avec les Hamsters (*Cricetus*) dont la répartition, assez vaste, s'étend sur l'Ancien-Monde, et aussi avec les *Pteromys*, très voisins des Hamsters, dont l'habitat ne s'étend que sur l'Asie.

Les Spalacidés (*Rats-taupes*) forment une famille très particulière et très peu nombreuse, dont les membres possèdent des mœurs voisines de celles de la Taupe. Le genre typique de cette famille (*Spalax*) habite l'Europe et l'Asie occidentale; le genre *Rhizomys* (Rat des bambous) représente le précédent dans l'Asie sud-orientale et le genre *Tachyoryctes* tient le même rôle en Afrique.

Les Géomyidés, ou Rats à abajoues, sont propres à l'Amérique septentrionale. Le Canada, la Floride et la Géorgie, et le Mexique, en possèdent notamment trois formes très distinctes, chacune étant localisée dans l'une de ces trois régions. Ils étaient plus nombreux aux époques géologiques antérieures.

Les Hétéromyidés en sont très voisins et couvrent le même habitat, une seule de leurs espèces se trouvant dans l'Amérique méridionale.

Les Bathyergidés sont exclusivement africains; ils représentent dans une certaine mesure, au Sud du Sahara, la famille des Spalacidés. Le Bathyergue du Cap, ou Taupe du Cap (*Bathyergus capensis* Pallas), qui vit dans l'Afrique australe, et l'Hétérocéphale (*Heterocephalus glaber* Rüppell), du Somal, en sont les représentants les plus typiques. Ce dernier est complètement dépourvu de poils et présente ainsi un aspect tout à fait exceptionnel pour un Mammifère; de même que le Bathyergue, il vit sous terre à la façon des Taupes.

Les Dipodidés ou Gerboises, dont les pattes postérieures, très longues, sont construites pour le saut, comme cela s'observe d'autre part chez les Kangourous, sont propres au Sud-Ouest de l'Europe, à l'Asie et à l'Afrique. Un seul genre de cette famille (*Zapus*) vit en Amérique, où il se trouve depuis le Mexique jusqu'aux latitudes élevées; l'une des espèces de ce genre (*Z. setchuanus* Depoussargues) se retrouve dans l'Asie centrale. Les *Pedetes*, qui habitent l'Afrique australe et remontent de là jusqu'aux latitudes de l'Angola vers l'Ouest et de l'Afrique orientale allemande vers l'Est, sont très voisins des vraies Gerboises, dont ils peuvent être considérés comme des représentants méridionaux.

Le groupe des Porcs-épics comprend plusieurs familles dont l'habitat couvre surtout les régions chaudes de l'Amérique. Dans ce groupe, les Chinchillidés, Dinomyidés, Caviidés, c'est-à-dire les Chinchillas, Agoutis, Cabiais, Cobayes, etc., ne vivent, à l'état naturel, que sur ces régions, mais les Eréthizontidés ou Ursons, voisins des véritables Porcs-épics, s'étendent aussi sur l'Amérique septentrionale.

Les Agoutis (*Dasyprocta*) et les Pacas (*Cælogenys*) vivent depuis l'Amérique centrale jusqu'au Paraguay. La famille des Caviidés (*Cobayes*) comprend diverses formes actuellement domestiquées et probablement originaires de l'Amérique du Sud. Les Cabiais (*Hydrochœrus*) sont de très gros Rongeurs, atteignant une taille supérieure à un mètre; ils habitent l'Amérique méridionale, au Nord de la Plata; plus au Sud, ils sont remplacés par le Mara ou Lièvre de Patagonie (*Dolichotis patagonica* Shaw) moins grand que le Cabiai. Les Octodontidés se trouvent surtout dans la partie septentrionale de l'Amérique du Sud, mais, dans cette famille, cinq genres particuliers sont africains (*Ctenodactylus*, *Massoutiera*, *Pectinator*, *Petromys* et

Thryonomys). Les vrais Porcs-épics forment la famille des Hystricidés, propre à l'Ancien-Continent. Le Porc-épic commun (*Hystrix cristata* Linné) vit dans la plupart des contrées limitrophes de la Méditerranée. L'espèce à queue blanche (*H. leucura* Sykes) habite la péninsule indienne; vers l'Est (Bengale et péninsule malaise) et le Nord (Népaul, Sikhim, Assam) il fait place notamment à l'*H. bengalensis* Blyth et à l'*H. Hodgsoni* Gray. En Afrique, les Porcs-épics sont représentés par une espèce particulière, l'*H. Africæ australis* Peters, qui, contrairement à ce que semble indiquer son nom, remonte bien au-delà de l'Afrique australe et s'étend presque jusqu'au Sahara. Les Athérures (*Atherura*) de l'Afrique tropicale et de l'Indo-Chine ressemblent beaucoup aux Porcs-épics, de même que le Trichys (*Trichys fasciculata* Shaw), de Bornéo. Tandis que les vrais Porcs-épics, propres à l'Ancien-Continent,

Porc-épic de l'Italie meridionale

vivent sur le sol, des formes voisines et propres au Nouveau-Monde vivent dans les arbres; tels sont les Coendous (*Synetheres*) de l'Amérique du Sud et du Mexique.

La famille des Ochotonidés (Picas) et celle des Léporidés (Lièvres et Lapins) sont réunies en un groupe ou sous-ordre, celui des Duplicidentés, caractérisé par la présence d'une paire de petites incisives supplémentaires en arrière des incisives caractéristiques des Rongeurs. Les Picas, plus petits que les Lièvres, habitent les régions septentrionales de l'Europe et de l'Amérique, et le centre de l'Asie. Les Léporidés sont présents sur toute la surface de la Terre, sauf à Madagascar et en Australie. Le genre *Lepus*, comprenant les Lièvres et les Lapins, compte une soixantaine d'espèces dont le plus grand nombre vit en Europe, au Nord de l'Amérique, et dans les régions tempérées de l'Asie; elles tendent à être de moins en moins nombreuses lorsqu'on descend vers le Sud, mais restent cependant largement représentées en Afrique. Parmi les modifications que subit ce genre suivant les contrées, signalons celle qui est présentée, tant dans les régions froides du Nord de l'Europe et de l'Asie que sur les hauts sommets des montagnes de l'Ancien-Continent, par la forme dite *Lepus variabilis* Pallas, dont la coloration, variable, est généralement blanche, de même que celle du Lièvre de l'extrême Nord de l'Amérique (*Lepus arcticus* Leach); soit près du pôle, soit sur les sommets glacés des montagnes, des causes identiques ont provoqué cette intéressante modification.

Répartition géographique des Ongulés

Les Mammifères que l'on réunit dans l'Ordre des Ongulés présentent les formes les plus diverses et les plus diversement distribuées. Les caractères fournis par les ongles, sur la forme desquels on se base pour diviser cet Ordre sont extrêmement variables, mais, toujours, ceux-ci sont bien développés et forment le plus souvent des sabots qui peuvent, comme chez les Chevaux, devenir relativement énormes. La taille et l'apparence sont également très variées, mais le régime est toujours fondamentalement herbivore. La distribution actuelle de ces animaux ne saurait se comprendre si l'on ne tenait compte de l'existence passée de formes nombreuses sur lesquelles l'action destructive des modifications subies par la terre semble s'être particulièrement exercée. Il a, en effet, été remarqué que les Ongulés, vivant généralement dans les plaines, où ils trouvent une pâture abondante, ont été plus particulièrement victimes de certains cataclysmes, comme les inondations, et que des formes habitant les montagnes ont parfois subsisté alors que celles de la plaine disparaissaient.

On réunit généralement à l'Ordre des Ongulés deux familles très particulières, celles des Damans (Hyracidés) et des Eléphants (Proboscidiens), parfois réunies elles-mêmes en un sous-ordre, celui des Ongulés polydactyles.

Hyracidés

Les Damans ne possèdent pas de sabots; la plante de leurs pieds est nue et leurs doigts ne portent que des ongles simples; leur dentition présente des affinités, d'une part avec celle des Rongeurs, d'autre part avec celle des Rhinocéros. Ces Mammifères occupent une place isolée au point de vue zoologique et sont caractéristiques de la faune africaine. Les quatorze espèces que Mr. Old. Thomas a distinguées dans cette famille sont distribuées, de même que les plus récemment décrites, tout autour de la côte d'Afrique, du Sénégal à la mer Rouge en passant par le Cap, et s'étendent plus ou moins loin dans l'intérieur du continent; les Hyracidés sont très communs dans l'Afrique australe, l'Abyssinie, la Haute-Egypte, et, au Nord-Est, ont gagné l'Arabie, la Palestine et la Syrie (*Hyrax syriacus* Schreber). D'une manière toute générale, ils peuvent se diviser en Damans vivant sur le sol (*Hyrax*) et Damans vivant dans les arbres (*Dendrohyrax*).

Ils existaient au Miocène et au Pliocène dans l'Attique et à Samos. A côté

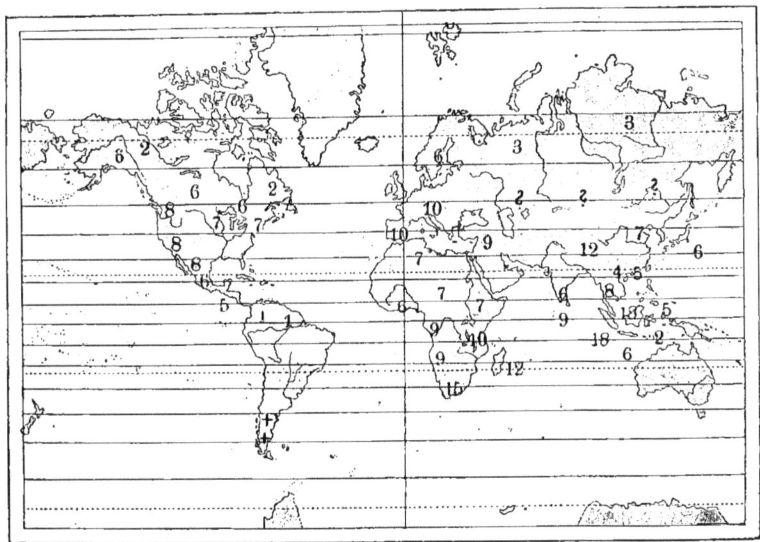

Distribution des insectivores

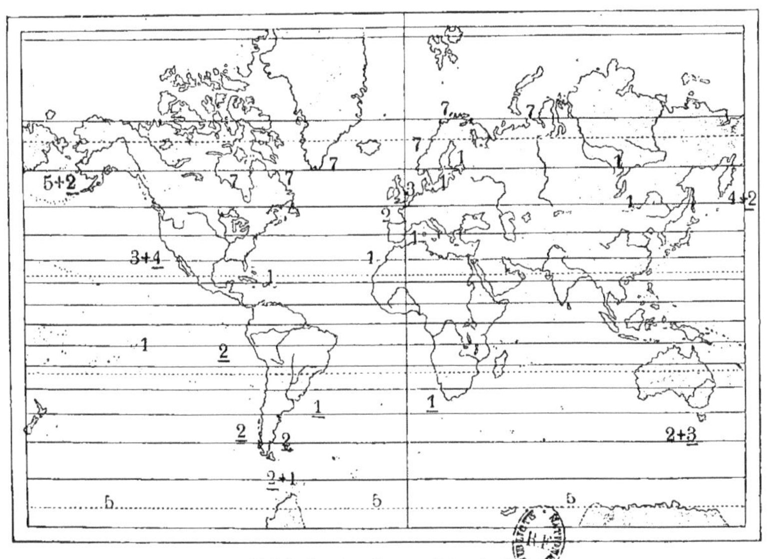

Distribution des phoques et des otaries

Les chiffres soulignés se rapportent aux otaries; les chiffres non soulignés aux phoques proprement dits

Cartes indiquant la distribution des animaux (d'après Matschie). I

Les chiffres indiquent le nombre d'espèces existant dans chaque région; les croix indiquent les régions qui étaient autrefois peuplées par l'espèce animale en question

Supplément à l'ouvrage «*Les Animaux*»
(Ne peut être vendu séparément)

MAISON D'ÉDITION BONG & Cie
PARIS

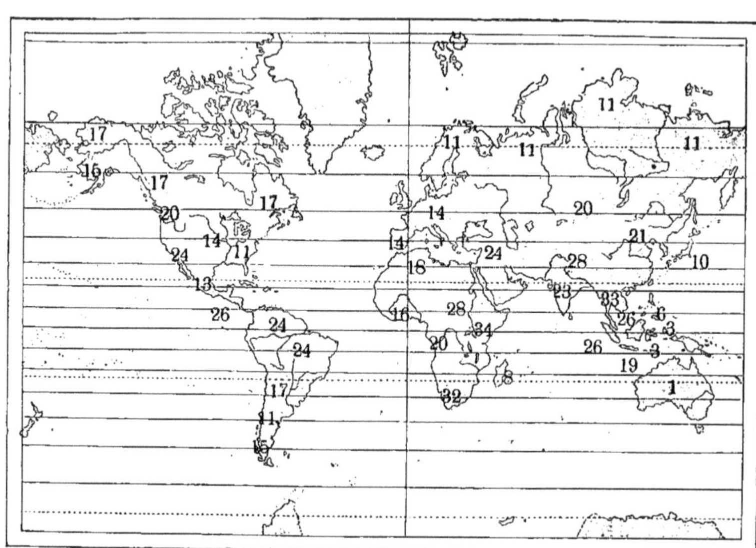

Distribution des carnassiers

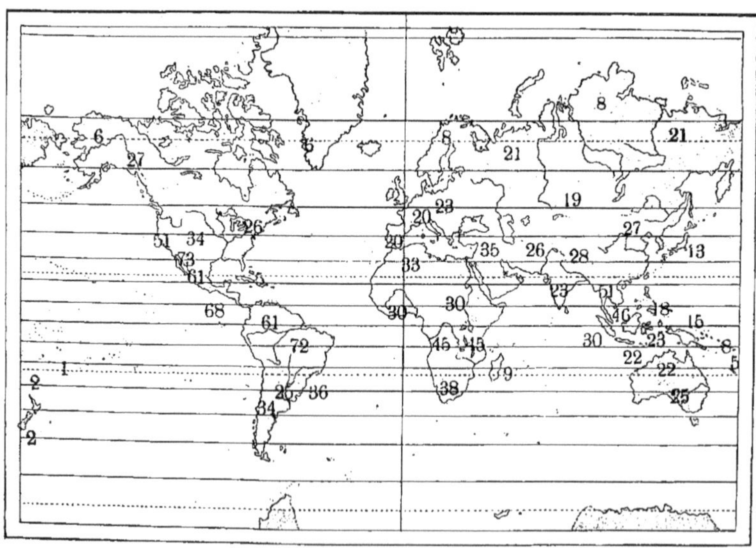

Distribution des rongeurs

Cartes indiquant la distribution des animaux (d'après Matschie). II

Les chiffres indiquent le nombre d'espèces existant dans chaque région

Supplément à l'ouvrage «*Les Animaux*»
(Ne peut être vendu séparément)

MAISON D'ÉDITION BONG & Cie
PARIS

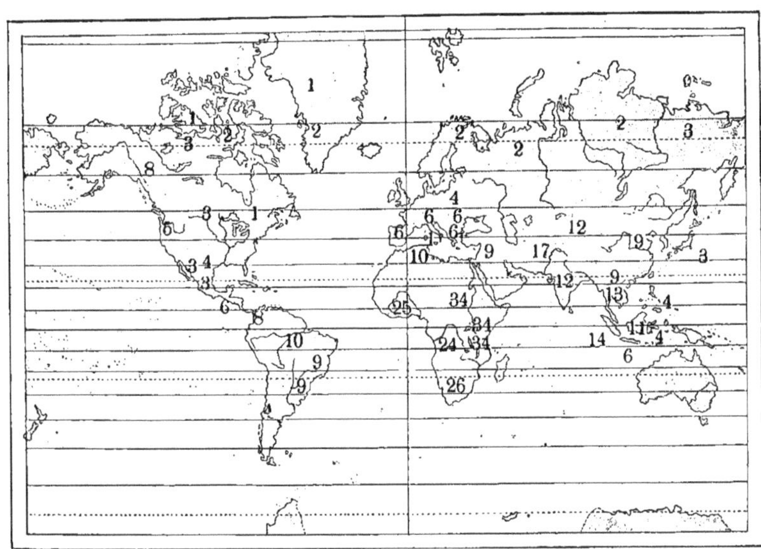

Distribution des ongulés

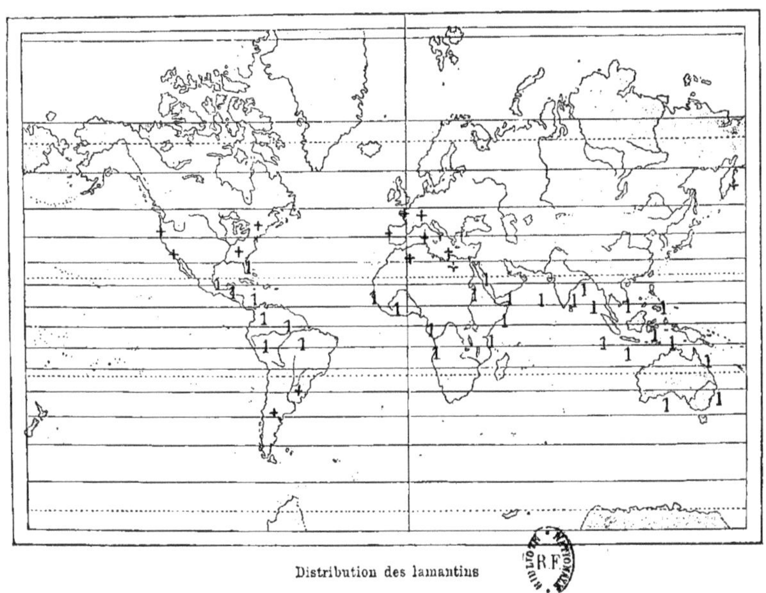

Distribution des lamantins

Cartes indiquant la distribution des animaux (d'après Matschie). III

Les chiffres indiquent le nombre d'espèces existant dans chaque région ; les croix indiquent les régions qui étaient autrefois peuplées par les animaux en question

Supplément à l'ouvrage «*Les Animaux*»
(Ne peut être vendu séparément)

MAISON D'ÉDITION BONG & Cie
PARIS

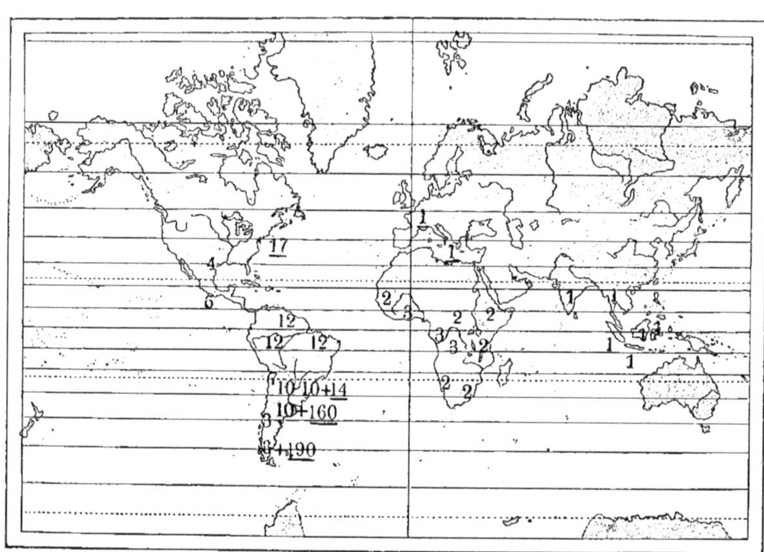

Distribution des édentés

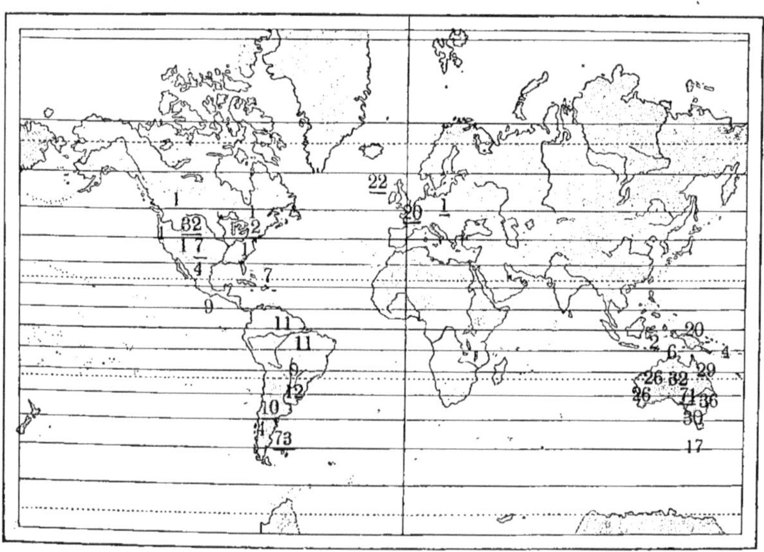

Distribution des marsupiaux

Cartes indiquant la distribution des animaux (d'après Matschie). IV

Les chiffres indiquent le nombre d'espèces existant dans chaque région; les chiffres soulignés se rapportent aux espèces disparues

Supplément à l'ouvrage « *Les Animaux* »
(Ne peut être vendu séparément)

Maison d'Édition BONG & Cie
PARIS

de ces Damans fossiles, mentionnons un grand nombre de formes voisines également disparues (*Hyracoïdea*, *Typotheria*, *Toxodontia*, *Condylarthra*, *Amblyopoda*,

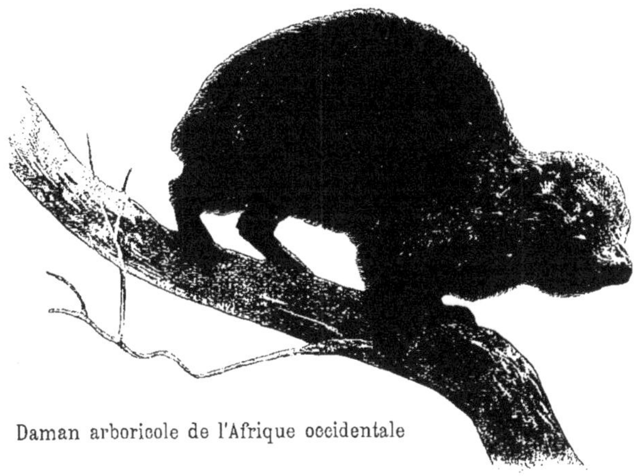

Daman arboricole de l'Afrique occidentale

Chalicotheria, *Ancylopoda* . . .), qui ont été retrouvées notamment en Patagonie et dans l'Argentine, où elles furent extrêmement nombreuses, au Nouveau-Mexique, au Wyoming, en Europe, en Asie et en Afrique.

Proboscidiens

Les Proboscidiens, ou Eléphants, qui sont les géants de la Nature terrestre actuelle, présentent un exemple frappant de la disparition progressive que subissent les Mammifères lorsque l'évolution les a amenés à une taille que l'on peut qualifier, par comparaison, de démesurée. Des Proboscidiens vivaient autrefois sur toute la surface de la Terre; les restes fossilisés de formes plus ou moins voisines des Eléphants actuels se retrouvent non seulement en Afrique et en Asie, mais en Europe, en Amérique, et jusque dans les îles de la Sonde et aux Philippines. A notre époque, cette famille jadis si nombreuse et si étendue, ne comprend plus que deux espèces caractéristiques, l'une de l'Afrique, l'autre de l'Asie méridionale; ces espèces subissent d'ailleurs des modifications sur l'importance desquelles les avis sont partagés.

Les Eléphants d'Afrique (*Elephas* [*Loxodon*] *africanus* Blum.) sont caractérisés notamment par leur front bombé, leurs grandes oreilles et leur taille supérieure à celle de leurs congénères asiatiques. Leur dentition les fait considérer comme des représentants actuels de l'ancien genre *Loxodon*, dont les restes se trouvent à l'état fossile sur toute la surface du continent africain. D'après la forme des oreilles et celle des défenses, on a distingué, chez ces Eléphants, diverses sous-espèces localisées en des points différents; c'est ainsi qu'au Cameroun méridional se trouve un l'Eléphant à oreilles rondes (*Elephas africanus cyclotis* Matschie); au

Soudan, et plus particulièrement sur le cours supérieur de l'Atbara, se trouve une forme à oreilles pointues (*E. africanus oxyotis* Matschie); dans l'Afrique orientale allemande se trouve enfin une forme légèrement différente de celle-ci et surtout caractérisée par des détails crâniens (*E. africanus Knochenhaueri* Matschie), etc.

Ces Eléphants tendent, comme on le sait, à disparaître; ils semblent ne plus exister, dans l'Afrique australe, que dans la région du fleuve Knysna; ils sont encore assez abondants dans la région congolaise, celle du Nil moyen et supérieur, en Abyssinie, dans le Somal et l'Afrique orientale.

L'espèce asiatique (*Elephas indicus* Linné) habite des contrées forestières, tandis que la précédente recherche simplement la brousse boisée; elle se trouve dans l'Inde, à Ceylan, en Birmanie, dans la péninsule malaise, à Sumatra et à Bornéo, mais l'on ne sait avec certitude si elle existe, dans cette dernière île, à l'état vraiment indigène. A l'inverse de l'Eléphant d'Afrique, traqué sans merci pour son ivoire et non-domestiqué jusqu'ici, celui de l'Inde, dont les défenses, assez petites, ne sont utilisées qu'en Asie, est dressé et sert comme l'on sait de bête de somme. Il se trouve, à l'état sauvage, le long de la base de l'Himalaya, dans la grande forêt comprise entre le Gange et le Kistna, dans les Ghâts occidentaux et dans le Nagpore. Le nombre des Eléphants diminue dans l'Inde, mais beaucoup moins rapidement qu'en Afrique. On a voulu séparer les formes de Ceylan et Sumatra de l'espèce continentale, dont elles diffèrent légèrement; de telles différences s'observent d'ailleurs en des régions très limitées, comme par exemple dans l'Est et l'Ouest de Ceylan.

Rappelons qu'un autre Eléphant, le Mammouth (*Elephas primigenius* Blum.) n'a cessé d'exister qu'à une époque relativement récente; sa distribution était toute différente de celle de l'Eléphant actuel et semblait s'étendre, en dernier lieu, sur la Sibérie septentrionale et l'Alaska.

Après ces deux familles si originales des Damans et des Eléphants, viennent celles qui constituent l'Ordre des Ongulés proprement dits; nous étudierons successivement le groupe ou sous-ordre des Périssodactyles, comprenant les formes qui possèdent un nombre impair de doigts: Rhinocéros, Tapirs, Chevaux, puis celui des Ongulés Artiodactyles, chez lesquels le nombre des doigts est pair: Ruminants et Porcins.

Rhinocéros

Le type de ces animaux est bien connu et se caractérise surtout par la présence d'une ou deux cornes implantées sur la région nasale. Il présente cinq formes bien distinctes vivant actuellement; deux sont africaines et les trois autres sont asiatiques.

En Afrique se trouvent le Rhinocéros noir et le Rhinocéros blanc. Malgré ces dénominations usuelles, la couleur de chacune de ces deux espèces est peu caractéristique, tandis que la forme de la lèvre supérieure l'est au contraire beaucoup plus; prolongée en une pointe médiane assez longue et préhensile chez le Rhinocéros noir, elle est courte et carrée chez le Rhinocéros blanc. Celui-ci (*Rhinoceros simus* Burchell) est d'ailleurs devenu très rare, il est même en voie d'extinction; son habitat s'étendait surtout sur l'Afrique australe, au Sud du Zambèze; cette limite sert d'ailleurs de frontière naturelle à un bon nombre de Mammifères et surtout d'Ongulés, mais le Rhinocéros blanc se retrouvait aussi beaucoup plus au Nord, notamment au Lado. L'autre espèce (*R. africanus* Desm. ou *bicornis* Linné) est encore largement représentée et se rencontre depuis le Cap jusqu'au Nil moyen, en suivant les steppes de l'Afrique orientale. L'Afrique occidentale semble n'avoir jamais possédé de Rhinocéros.

Ces espèces africaines portent deux cornes. Ce caractère se retrouve chez l'une des trois espèces asiatiques (*R. sumatrensis* Cuv.); celle-ci habite le Bengale, la pénin-

Rhinocéros de l'Inde
D'après une photographie

sule malaise, le Siam, Sumatra, Java et Bornéo; la forme qui se trouve dans l'Assam paraît un peu différente et l'on en a même fait une espèce sous le nom de *Rhinoceros lasiotis* Sclater. Le Rhinocéros des îles de la Sonde (*R. sondaïcus* Desm.), possède, en dépit de son nom, à peu près le même habitat; il s'étend cependant plutôt moins loin vers le Nord, et sa présence à Bornéo paraît douteuse. La troisième espèce asiatique (*R. unicornis* Linné) est propre à l'Inde occidentale, dont elle habite les provinces N.-O.; sa taille est supérieure à celle des deux précédents.

Les Rhinocéros furent autrefois beaucoup plus largement répandus. Jusqu'à l'époque glaciaire, la Sibérie, l'Allemagne, la Hongrie, en ont possédé de nombreux spécimens, de même que l'Europe méridionale, l'Afrique du Nord et la Chine. Les couches éocènes du Wyoming et de l'Utah, les couches oligocènes du Dakota, du

Colorado, du Nebraska, les couches miocènes de l'Orégon et du Dakota, renferment les restes de diverses formes voisines.

Tapirs

Les Tapirs présentent une distribution tout particulièrement intéressante. On les répartit généralement en cinq espèces dont quatre habitent les régions chaudes de l'Amérique, tandis que la cinquième, très voisine des espèces américaines, ne se trouve que dans la péninsule malaise et à Sumatra. Ce fait serait inexplicable si

Tapir asiatique à dos blanc
D'après une photographie

la Paléontologie ne montrait que les Tapirs ont formé autrefois une famille très nombreuse, répartie sur toute la surface du Globe, et dont les représentants actuels ne sont plus que des survivants isolés.

Parmi les Tapirs américains, deux sont propres à l'Amérique centrale, ce sont le *Tapirus Bairdi* Gill, du Mexique et du Panama, et le *T. Dowi* Gill, du Guatémala, du Nicaragua (côte du Pacifique) et de Costa Rica (côte de l'Atlantique); un troisième (*T. Roulini* Fischer, ou *T. pinchaque* Roulin) se trouve dans la Colombie, l'Equateur et le Pérou, et le quatrième (*T. americanus* Briss.) habite l'Amérique méridionale jusqu'au Paraguay.

Le Tapir asiatique est, comme nous l'avons dit, très voisin des formes américaines; c'est le Tapir dit à dos blanc, ou à chabraque (*T. indicus* G. Cuv., v. Fig.).

Equidés

La famille des Equidés, ou Chevaux, représente un groupe isolé, mais relié cependant à celui des Tapirs par différentes formes fossiles, celles des Notohippidés de Patagonie. On connaît une dizaine d'espèces d'Equidés sauvages vivant encore actuellement, dont quatre sont propres à l'Asie et les six autres à l'Afrique.

Parmi les premiers, l'*Equus Przevalski* Poljakoff, des steppes de l'Asie centrale, semble être la souche de quelques-uns au moins de nos Chevaux domestiques[1]; c'est le seul Equidé sauvage qui soit un véritable Cheval, les autres se rapprochant plutôt des Anes; il a été trouvé en France et en Suisse des restes fossiles paraissant se rattacher à cette espèce. A côté du Cheval de Przevalski, l'Asie possède deux Anes sauvages: le Kiang (*Equus kiang* Moorcroft), de grande taille, pourvu en hiver tout au moins d'une épaisse fourrure, qui habite les hautes régions du Thibet et du Cachemire, et l'Onagre (*Equus onager* Briss.), de taille plus petite, qui se trouve au N.-O. de l'Inde et s'étend sur l'Afghanistan, le Beloutchistan et la Perse. L'Asie possède encore l'Hémione (*Equus hemionus* Pallas) qui fait transition entre les Chevaux et les Anes et vit dans la Sibérie, le Turkestan et la Mongolie.

En Afrique, les Equidés sauvages sont surtout représentés par les Zèbres, encore nombreux dans la partie centrale et orientale de ce continent. Ceux-ci se divisent en plusieurs espèces entre lesquelles la limite n'est pas toujours facile à tracer. Le Zèbre de Grévy (*Equus Grevyi* Oustalet), propre au Somal, se distingue nettement des autres par sa robe couverte de petites rayures serrées, très nombreuses, sa taille est plus élevée que celle de ses congénères. Le Zèbre de montagne (*E. zebra* Linné) dont les rayures sont déjà moins nombreuses, vit au Sud du Zambèze, où il est devenu très rare. Les autres espèces portent des raies plus larges, plus espacées, moins nombreuses; le type en est le Zèbre de Burchell (*E. Burchelli* Gray) qui, sous des modifications variées, s'étend du Transvaal à l'Afrique orientale anglaise. Le Quagga (*E. quagga* Gm.), dont les zébrures étaient beaucoup moins étendues, et qui est récemment éteint, habitait la colonie du Cap.

Le N.-E. de l'Afrique possède en outre des Anes sauvages, parmi lesquels nous citerons l'*Equus africanus* Fitz., des steppes de Nubie, et l'*E. somaliensis* Noack, du Somal, très voisins l'un de l'autre; l'Ane sauvage, du pays des Massaï, peut être rattaché à ce dernier.

L'Europe a possédé des Chevaux sauvages jusqu'à une certaine époque des temps historiques; les Anes sauvages semblent y avoir disparu avant eux, mais ils existaient encore en Allemagne et en Suisse à l'époque glaciaire. Des Chevaux à trois doigts (*Hipparion*) vivaient autrefois dans l'Europe méridionale et s'étendaient jusque sur l'Angleterre et l'Afrique du Nord; vers l'Est, ils gagnaient la Chine.

---

[1]) Races de petite taille.

Zèbre de montagne du Sud de l'Afrique
D'après une photographie

Lors de l'arrivée en Amérique des premiers Européens, il ne s'y trouvait plus de Chevaux sauvages, mais ceux-ci y avaient vécu jusqu'à l'époque pleistocène, notamment dans les régions situées à l'Ouest du Missisipi et dans l'Argentine.

Ruminants

Ce sous-ordre d'Ongulés est caractérisé non seulement par un estomac permettant la rumination, mais par des membres didactyles, c'est-à-dire ne foulant le sol que par les deux doigts médians. Il se divise en cinq familles: Bovidés, Girafidés, Cervidés, Tragulidés et Camélidés.

Bovidés

Les types les plus connus de cette famille, qui contient à elle seule les deux tiers de tous les Ongulés, sont les Bœufs, les Moutons et les Chèvres. Les Bovidés peuvent se diviser en trois tribus, ou sous-familles, qui couvrent le Monde entier sauf l'Australie.

La première, celle des Antilopes, vit surtout en Afrique, où elle représentait, avant que les progrès de la chasse ne l'ait décimée, un groupe véritablement pullulant; il en est d'ailleurs encore ainsi dans quelques points peu accessibles, où la destruction n'a pas encore fait son œuvre et où le voyageur, soit à la vue de troupeaux parfois immenses et pouvant renfermer des animaux fort différents, soit à celle de sujets isolés qui le regardent sans méfiance, éprouve la sensation de vivre momentanément dans un monde disparu. La famille des Antilopes est assez nombreuse pour que d'énormes volumes lui aient été consacrés[1]. Le type fondamental y reste toujours le même, mais la diversité des détails y est presque infinie. On y compte, en chiffres ronds, 150 espèces, dont 140 environ sont africaines, les autres vivant en Europe, en Asie et exceptionnellement en Amérique. Parmi les espèces orientales, trois représentent des formes très distinctes, spéciales à la région où elles vivent; la quatrième appartient au genre Gazelle qui se trouve à la fois en Afrique et en Asie.

La famille des Antilopes se divise en plusieurs sections ou groupes que nous allons successivement examiner.

Le groupe des *Rupicapra* relie les Antilopes aux Chèvres; il comprend des formes de montagne présentant une distribution très particulière. Ce groupe est absolument inconnu en Afrique, mais il est présent en Europe, en Asie, et dans les parties chaudes de l'Amérique. Le Chamois (*Rupicapra tragus* Gray) en est le représentant typique; il est confiné dans les montagnes de l'Europe, où il peut subir quelques modifications locales comme celles qui font distinguer l'Izard des Pyrénées ou l'Achi du Caucase. C'est dans la partie orientale des Alpes et dans les Carpathes que le Chamois est resté le plus abondant. En Asie, il est remplacé par les Kema, de l'Asie centrale (ce mot étant employé ici dans un sens large), et les *Nemorrhœdus,* du Sud-Est et de l'Est asiatique; ce sont, comme les Chamois, des animaux de montagne. Les Haplocères (*Haplocerus montanus* Ord.) qui en sont très voisins, les remplacent à leur tour dans l'Amérique du Nord (montagnes rocheuses). L'Asie possède encore d'autres Rupicaprins: les Hémitragues, très voisins des Chèvres, qui vivent dans l'Inde et l'Arabie.

Tête de Bouquetin. Bronze provenant de l'avant d'une barque égyptienne (environ 1500 ans avant J.-C.)
Musée Impérial de Berlin

A côté de ce groupe, signalons le genre *Budorcas,* du Thibet, particulièrement intéressant en ce qu'il contribue à relier les Antilopes aux Bœufs.

La section des *Tragelaphus* comprend les Elans d'Afrique (*Oreas*), les Coudous (*Strepsiceros*), les Guibs (*Tragelaphus* proprement dits) et les Nylgauts (*Bose-*

[1] Notamment *The Book of Antelopes,* par M. M. Sclater et Old. Thomas. Londres, 1894—1900.

laphus). A part le dernier de ces genres, qui est indien, ce groupe est africain et ses différents représentants habitent la plus grande partie de l'Afrique au Sud du Sahara, surtout vers l'Est de ce continent. D'une manière générale, les formes tendent à être différentes, dans chacun de ces genres, au Nord et au Sud du Zambèze; les *Tragelaphus*, qui recherchent autant que possible les régions arrosées, arrivent, en s'adaptant à cet habitat, à présenter des formes toutes spéciales, propres à la vie dans les marais et pourvues de longs sabots faisant fourche sur les touffes d'herbes aquatiques (*Limnotragus*). Par contre, le grand Coudou (*Strepsiceros kudu* Gray) est presque un animal de montagne.

De même que le précédent, le groupe des *Hippotragus* est africain, bien que certaine de ses espèces s'étende jusque sur l'Arabie. Cette espèce (*Addax nasomaculata* Blainville) vit dans la région saharienne et la Nubie, d'où elle a gagné l'Arabie; les *Oryx* qui vivent dans les plaines désertiques de l'Afrique, se sont également étendus sur l'Arabie et y ont prospéré, car les conditions qu'ils y trouvent sont tout à fait celles de leur habitat préféré. On distingue, dans ce dernier genre, l'Oryx du Cap (*Oryx gazella* Linné) qui vit dans l'Afrique australe et remonte, le long de la partie occidentale, jusqu'en Sénégambie; le Beisa (*O. beisa* Rüpp.) remplace celui-ci dans l'Afrique orientale, le Somal, l'Abyssinie, la Nubie; un autre (*O. leucoryx* Pallas), de couleur beaucoup plus claire que les précédents, vit surtout dans le Sennaar et le Kordofan. L'espèce asiatique de ce genre est l'*O. beatrix* Gray, de l'Arabie. Des restes d'animaux très voisins des Oryx ont été retrouvés dans le Miocène et le Pliocène de l'Europe. Le genre *Hippotragus* lui-même est voisin du précédent, mais atteint une taille supérieure; il n'existe plus maintenant qu'au Sud du Sahara, mais se trouvait autrefois dans le bassin méditerranéen et jusque dans l'Inde.

Le groupe des Antilopes proprement dites comprend les formes vulgairement désignées sous les noms d'Antilopes et de Gazelles; ce groupe est trop vaste et trop largement réparti pour que nous puissions en détailler l'examen. Les Gazelles habitent toute l'Afrique, du Nord au Sud et de l'Est à l'Ouest, ainsi que le Sud-Est et le Centre de l'Asie; elles comprennent environ 25 espèces. Le Pantholops (*Pantholops Hodgsoni* Abel), habite l'extrême Nord de l'Inde et surtout le Thibet; le Saïga (*Saïga tartarica* Linné) se trouve dans l'Europe orientale et l'Asie occidentale, il a vécu autrefois jusque dans l'Europe occidentale (France, Angleterre, Allemagne, etc.). Ces deux espèces, dont l'habitat est très particulier pour des Antilopes, possèdent des caractères également particuliers; elles présentent notamment un renflement de la région nasale qui devient véritablement énorme chez le Saïga. Les Æpycères (*Æpyceros*), d'apparence très gracieuse, sont exclusivement africains. L'Antilope proprement dite (*Antilope cervicapra* Pallas) est par contre indienne.

Le groupe des *Cervicapra* est propre à l'Afrique; il ne s'y rencontre actuellement qu'au Sud du Sahara, mais s'étendait autrefois sur l'Algérie. Les *Cervicapra* proprement dits vivent à la fois dans l'Afrique australe, l'Afrique orientale et l'Afrique occidentale, mais y sont représentés par des espèces distinctes. Les Cobs (*Cobus*) qui ont maintenant à peu près le même habitat, s'étendaient autre-

Antilope-élan (*Oreas*) du Sud de l'Afrique
D'après une photographie

fois jusque sur l'Inde et la Chine; ce sont des animaux de forte taille. Les *Madoqua*, par contre, sont très petits; certains ne dépassent guère la taille d'un Lièvre; de même que d'autres formes très voisines, ils couvrent presque toute l'Afrique, mais sont rares et parfois absents dans l'Afrique occidentale. Il en est de même des Ourébis (*Ourebia*). Les Oréotragues (*Oreotragus*), petites Antilopes sauteuses, ne vivent que dans les parties orientales de l'Afrique, depuis le Cap jusqu'en Abyssinie.

La section des Céphalophes, très nombreuse, couvre toute l'Afrique au Sud du Sahara et s'y divise en un très grand nombre d'espèces, généralement bien localisées, mais rentrant toutes dans le genre *Cephalophus* auquel correspond, dans l'Inde, l'Antilope à quatre cornes (*Tetraceros quadricornis* Blainville).

Le groupe des Bubales comprend des formes africaines dont quelques-unes ont gagné l'Arabie et qui présentent des termes de passage entre les Antilopes et Bœufs. Les Bubales (*Bubalus*) s'étendent sur toute l'Afrique et remontent assez loin vers le Nord (Sud-Algérien). Les *Damaliscus* en sont très voisins; ils vivent dans l'Afrique australe, l'Afrique orientale et l'Afrique occidentale, mais semblent manquer dans l'Afrique septentrionale et l'Afrique centrale proprement dite. Dans ce même groupe, les Gnous (*Connochætes*), qui habitent l'Afrique australe et orientale, offrent des caractères qui rappellent incontestablement les Bœufs plus que les Antilopes; la forme des cornes est frappante à ce point de vue. Le Gnou à queue blanche (*Catoblepas gnu* Zimm.) est propre à l'Afrique australe, de même que le Gnou rayé (*C. taurinus* Burch.); le Gnou à barbe blanche (*C. albojubatus* Thomas) leur correspond dans l'Afrique orientale; ces animaux se hardent parfois avec des Zèbres. Les Ongulés sauvages présentent fréquemment de tels exemples d'association: la lutte pour la vie les a poussés à s'associer pour la lutte.

Gnou à queue blanche du Transvaal méridional
D'après une photographie

A côté de cette tribu des Antilopes peut se placer celle des Chèvres et des Moutons, beaucoup moins nombreuse. Les Chèvres et les Moutons présentent la même distribution naturelle; les différences de structure entre ces deux groupes sont assez difficiles à définir; ce sont là des formes étroitement alliées. Les Moutons (nous parlons exclusivement ici des espèces sauvages, c'est-à-dire des Mouflons) sont surtout nombreux en Asie. L'Europe, l'Afrique et l'Amérique n'en possèdent chacune, semble-t-il, qu'une seule espèce véritable.

Le Mouflon d'Europe (*Ovis musimon* Schreber), très commun autrefois, ne se trouve plus que dans quelques points de la Corse et de la Sardaigne; c'est un animal grand et vigoureux; le mâle porte de superbes cornes recourbées et la robe, d'une couleur rousse, achève de rendre ce Mouflon différent des Moutons domestiques.

L'Asie possède un grand nombre d'espèces se rapprochant plus ou moins de celle-ci. La plus commune est l'Argali (*Ovis ammon* Linné) dont la taille est plus encore grande que celle du précédent. Ce Mouflon habite l'Asie centrale et des formes voisines habitent divers points des mêmes régions. D'autres s'étendent jusqu'à des contrées différentes, tels sont l'*Ovis Vignei* Blyth, qui se trouve dans le Thibet, le Cachemire, l'Afghanistan, le Béloutchistan et jusqu'en Perse, l'*Ovis Gmelini* Blyth, de la Perse, de l'Arménie et de l'Asie Mineure, l'*Ovis borealis* Severtzow, de la Sibérie septentrionale, l'*Ovis nivicola* Esch., du Kamtchatka, dont

Taureaux des montagnes d'Ecosse
D'après une photographie

divers caractères se retrouvent chez le Mouflon du Canada (*Ovis montana* Cuv.); les formes diverses de ce dernier s'étendent sur la partie orientale de l'Amérique du Nord, depuis l'Alaska jusqu'au Mexique.

Les Mouflons ne sont représentés en Afrique que par une seule espèce, le Mouflon à manchettes (*O. tragelaphus* Desm.), pourvu d'une crinière et d'une barbe très développées, et, en outre, aux membres antérieurs, de longs poils abondants formant une sorte de manchette; il habite le versant méridional de l'Atlas.

Les Chèvres sauvages sont assez peu nombreuses. En Europe, elles sont représentées par les Bouquetins, qui, très communs autrefois comme l'étaient aussi les Mouflons, deviennent de plus en plus rares. Dans les Pyrénées, et, s'étendant de là sur l'Espagne et le Portugal sous des formes peu différentes, se trouve le Bouquetin dit des Pyrénées (*Capra pyrenaïca* Schinz.). Une espèce correspondante habite les Alpes: c'est l'Ibex (*C. ibex* Linné) qui, plus encore que le précédent, est en voie de disparition. Dans la région du Caucase et en Sibérie vivent diverses formes de Bouquetins. L'espèce asiatique la plus connue est l'Ægagre (*C. ægagros* Gm.) qui s'étend de l'Asie Mineure à l'Inde occidentale (Sindh); dans cette dernière région, elle fait place aux Markhors (*C. Falconeri* Wagn.). Une espèce différente (*C. nubiana* F. Cuv.) se trouve à la fois en Arabie et dans la Haute-Egypte; une seule (*C. wali* Rüpp.) est vraiment propre à l'Afrique et encore cette espèce ne vit-elle que dans une région limitée de la Haute-Abyssinie.

La troisième tribu de la famille des Bovidés est celle des Bœufs proprement dits, dont la distribution est assez comparable à celle du groupe précédent; le plus grand nombre de ses espèces sauvages est asiatique. Les formes orientales caractéristiques de cette tribu sont les *Bibos*, comprenant le Gaur (*Bos gaurus* H. Smith), de l'Inde et de la partie méridionale de la presqu'île indo-chinoise, le Gayal (*B. frontalis* Lamarck), de l'Indo-Chine, le Benteng (*B. sondaïcus* Schleg. et Müll.), de la presqu'île malaise et des îles de la Sonde, et le Zébu (*B. indicus* Linné) qui habite presque toute la partie méridionale de l'Asie et a été domestiqué. Cette dernière espèce existe également, à l'état domestique, dans toute l'Afrique. L'Asie possède en outre les Yaks (*Poephagus*) qui font transition entre les Bœufs et les Bisons et habitent les hautes régions de l'Asie centrale, et le Buffle de l'Inde (*B. bubalus* Linné) domestiqué comme le Zébu et introduit à ce titre jusque dans l'Europe méridionale. A côté du Buffle de l'Inde, il convient de mentionner deux formes qui lui sont étroitement alliées: l'*Anoa depressicornis* H. Smith, de l'île Célèbes, et le *Buffelus mindorensis* Heude, des Philippines. L'Afrique renferme plusieurs espèces de Buffles qui peuvent se grouper autour de deux types: le Buffle du Cap (*Bos caffer* Sparman) auquel se rattache celui d'Abyssinie (*B. æquinoctialis* Blyth) et le Buffle du Congo (*B. pumilus* Turton); ces Buffles sont plus ou moins communs dans toute l'Afrique, au Sud du Sahara.

Crâne d'un Bison femelle

Les Bisons appartiennent à un type bien distinct des précédents; ce sont

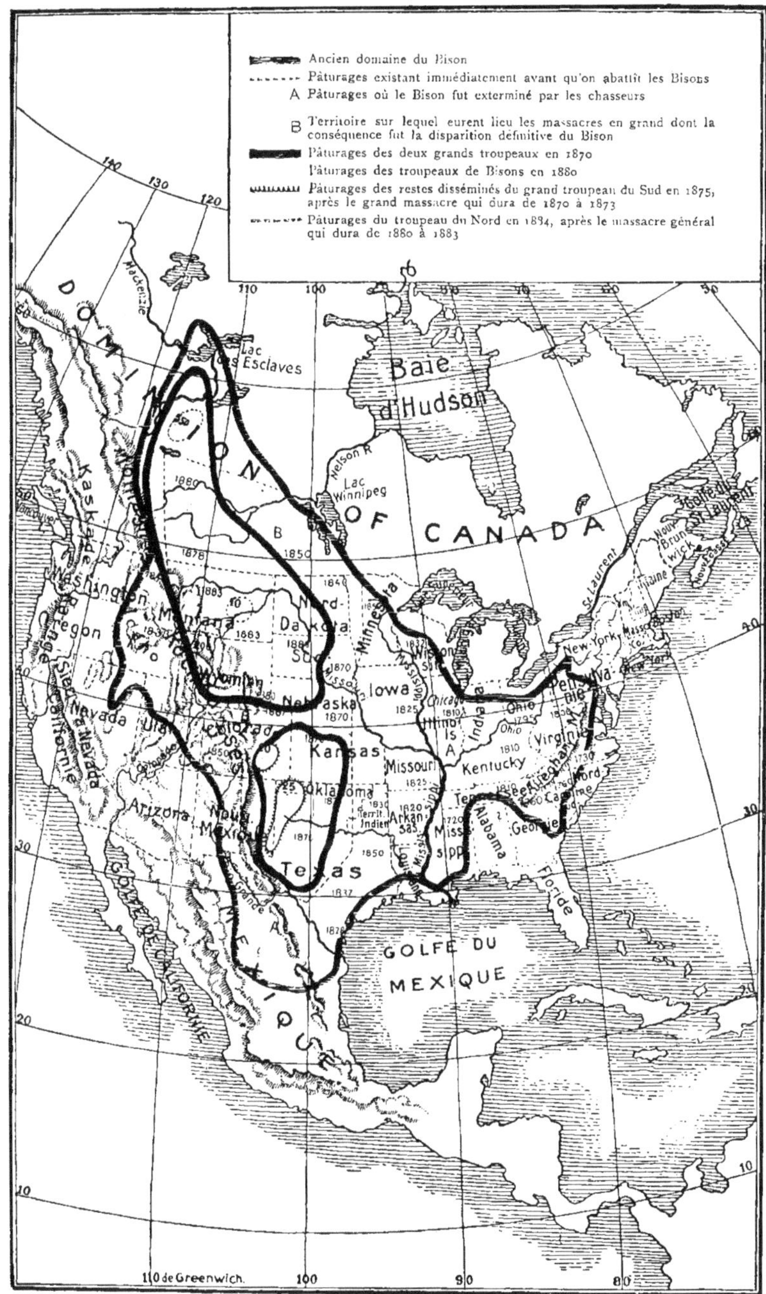

Extermination graduelle du Bison américain

Carte dessinée par Kadich d'après les données de MM. Allen et Hornaday

Les chiffres rouges indiquent la date à laquelle le Bison vivait encore librement à l'état sauvage. Les surfaces teintées de vert montrent les endroits où ces animaux se trouvaient encore en 1889 sans être parqués; les chiffres qui y sont portés indiquent le nombre de têtes

Supplément à l'ouvrage *«Les Animaux»*
(Ne peut être vendu séparément)

MAISON D'ÉDITION BONG & Cie
PARIS

d'énormes animaux qui, très communs autrefois et dont les restes fossilisés se retrouvent dans l'Europe, l'Asie et l'Amérique, ne comprennent plus que deux espèces très voisines, l'une européenne, l'autre américaine. Le Bison d'Europe (*Bos bonassus* Linné) n'existe plus, à l'état sauvage, que dans le Caucase et en Pologne. Le Bison d'Amérique (*B. americanus* Gm.) vivait, il y a très peu de temps, en troupeaux innombrables dans une grande partie de l'Amérique du Nord; la carte ci-jointe montrera, mieux que tout exposé, la rapidité avec laquelle cette espèce a diminué et la localisation progressive des derniers représentants des immenses troupeaux d'autrefois.

L'extrême Nord de l'Amérique septentrionale et le Groënland abritent finalement le Bœuf musqué (*Ovibos moschatus* Zim.), de petite taille, et qui, par l'ensemble de ses caractères, est intermédiaire aux Bœufs et aux Moutons.

Girafidés

La famille des Girafidés ne présente qu'un type assez uniforme, très particulier, qui, plus étendu autrefois, ne couvre plus que l'Afrique, au Sud du Sahara; les Girafes sont absentes de la région forestière du Congo et de la côte occidentale proprement dites. Elles présentent, sur la totalité de leur habitat, d'intéressantes variations locales. La forme septentrionale (*Giraffa camelopardalis* Linné *typica*) caractérisée par la couleur de son pelage et la présence d'une troisième corne bien développée, s'étend sur la Haute-Nubie et l'Abyssinie. A l'Ouest (Nigérie), elle fait place à une variété de taille particulièrement élevée (*G. c. peralta* Thomas) et, à l'Est (Kordofan), à une autre variété (*G. c. antiquorum* Jardine). D'autres formes se localisent en des points généralement bien délimités. Telles sont la Girafe dite à cinq cornes (*G. c. Rothschildi* Lydekker), du lac Baringo, la Girafe du Lado méridional (*G. c. Cottoni* Lydekker), la Girafe du Congo (*G. c. congoensis* Lydekker), la Girafe du Sud (*G. c. capensis* Et. Geoffroy), la Girafe du Transvaal septentrional (*G. c. Wardi* Lydekker), la Girafe du Kilimandjaro (*G. c. Tippelskirchi* Matschie), celle de l'Est africain allemand (*G. c. Schillingsi* Matschie), celle de l'Angola (*G. c. angolensis* Lyd.). Le Somal possède une Girafe assez différente des autres pour qu'elle ait été élevée au rang d'espèce (*Giraffa reticulata* de Winton). Toutes les autres sont considérées comme variétés géographiques de la *Giraffa camelopardalis* Linné. La découverte encore assez récente, dans la région du Haut Congo, d'un animal tout à fait étrange: l'Okapi (*Okapia Johnstoni* Sclater) qui représente, somme toute, une Girafe dont le cou est peu allongé et dont les taches sont très différentes de celles des autres Girafidés (voir p. 166), a étendu les limites de cette famille et l'a rendue un peu moins monotype. L'Okapi semble avoir perpétué jusqu'à notre époque une forme jadis très répandue, présente même dans l'Europe méridionale. Il n'habite plus maintenant qu'une région très limitée, celle de l'Ituri et parages voisins (Ouellé, etc.), où il semblait assez commun il y a peu d'années et où il est déjà devenu très rare malgré des mesures tardives de protection.

Cette famille des Girafidés présente, comme nous venons de le voir, des exemples extrêmement nets de localisations géographiques.

Okapi de l'Afrique centrale

Cervidés

Les Cerfs appartiennent à un type trop banal pour que nous ayons à le définir. Ils sont présents sur toute la Terre, sauf en Afrique, où leur place est tenue par les Antilopes, et en Australie. Dans l'extrême Nord de l'Europe, de l'Asie et de l'Amérique, cette famille des Cervidés est représentée par les Rennes et les Elans. Sur toute cette vaste région, comprenant les alentours entiers du pôle, les Rennes ne constituent vraisemblablement qu'une seule espèce (*Rangifer tarandus* Linné), susceptible de variations qui ont fait distinguer diverses formes parmi lesquelles, sur le versant américain: le Caribou ordinaire (*Rangifer tarandus caribou* Kerr.), du Nord-Est de l'Amérique septentrionale, le Caribou arctique (*R. t. arcticus* Rich.), le plus septentrional des quatre, celui du Groënland (*R. t. grœnlandicus* Kerr.) et celui de Terre-Neuve (*R. t. terræ novæ* Bangs), etc. Chacun sait que les Rennes furent autrefois abondants en Europe et que la présence de leurs restes a fait donner à une époque géologique récente le nom d'âge du Renne.

Les Elans ne forment également qu'une espèce (*Alces machlis* Ogilby); leur taille, de beaucoup supérieure à celle de tous les autres Cervidés, est comparable à celle d'un Cheval. Leur habitat est celui du Renne, et, comme ce dernier, ils s'étendaient autrefois jusque sur la France; actuellement encore, ils descendent relativement loin vers le Sud et quelques spécimens de cette espèce subsistent en Allemagne. En Amérique, où ils sont relativement très chassés, les Elans se retirent de plus en plus vers le Nord. Ils forment, avec les Rennes, un groupe circumpolaire.

Les vrais Cerfs forment un genre (*Cervus*) subdivisé en de nombreuses espèces (environ une quarantaine), réparties en Europe et en Asie, avec un représentant américain bien connu: le Wapiti (*Cervus canadensis* Erxl.) qui habite le Nord de l'Amérique septentrionale, où il devient d'ailleurs de moins en moins commun, et se retrouve peut-être également au Nord du continent asiatique. Cette répartition rappelle ce qui se passe dans le groupe des Moutons (Mouflon du Canada), des Bœufs (Bisons) et

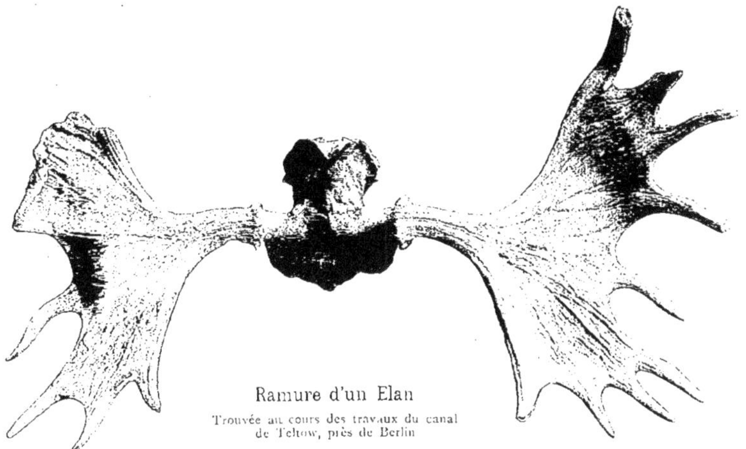

Ramure d'un Elan
Trouvée au cours des travaux du canal de Teltow, près de Berlin

des Antilopes (*Haploceros*). Malgré cet exemple, les Cerfs restent caractéristiques de l'Europe et de l'Asie où ils sont abondants et se répartissent en plusieurs sous-genres.

Le Cerf d'Europe (*Cervus elaphus* Linné) n'est encore présent, à l'état vraiment sauvage, que dans quelques régions forestières de l'Europe centrale, des îles Britanniques et de l'Europe méridionale; il s'étend sur la presque totalité du bassin de la Méditerranée et présente un certain nombre de variétés. Les vrais Cerfs de l'Inde et de la Chine ne sont pas fondamentalement très différents de notre Cerf d'Europe, mais, à côté de ceux-ci, l'Asie en possède d'autres, assez différents pour que l'on en ait fait l'objet de plusieurs sous-genres: le Sambar, ou Cerf d'Aristote (*Rusa Aristotelis* Cuvier) vit dans l'Inde, et ses variétés, avec d'autres espèces du même sous-genre, s'étendent sur la presqu'île malaise, une partie de la Chine et de l'Indo-Chine et les îles voisines; le Cerf tacheté, ou Axis (*Axis axis* Erxl.) beaucoup moins largement répandu, ne vit que dans l'Inde; les Rucerves, enfin, habitent l'Inde (*Rucervus Duvauceli* Cuvier) et une grande partie de la péninsule indo-chinoise (*R. Eldi* Guthrie et *R. Schomburgki* Blyth). Les Sikas ou *Pseudaxis*, tachetés comme les Axis, habitent l'Asie moyenne (Chine, Japon, Formose). Les Daims (*Dama*) qui ne vivent plus actuellement, à l'état vraiment sauvage, que dans le bassin de la Méditerranée, étaient autrefois répandus sur toute l'Europe.

Les Muntjacs (*Cervulus*) habitent la partie sud-orientale du Continent asiatique. Les *Elaphodus* sont propres à la Chine, et les *Hydropotes*, dépourvus d'andouillers, qui forment une transition entre les Cerfs et les Porte-Musc, habitent la Chine méridionale et orientale; les Chevreuils (*Capreolus*) habitent l'Europe et l'Asie; les *Elaphurus*, encore peu connus, vivent au Nord de la Chine et semblent s'éloigner de tous les Cervidés vivants de l'Ancien-Monde, sauf des Chevreuils, pour se rapprocher de certains Cerfs américains (Cariacous).

Ces Cerfs américains, à l'exception du Wapiti, forment une seconde section, ou sous-famille, de Cervidés; ils se divisent en deux genres: *Cariacus* et *Pudua*, contenant de nombreuses espèces réparties sur les deux Amériques et très différentes de celles de l'Ancien-Continent, bien que le genre fossile *Anoglochis*, de l'Europe occidentale, semble leur avoir été étroitement allié. Parmi les Cariacous (*Cariacus*), le Cerf de Virginie (*Dorcelaphus americanus* Erxleben) présente la forme la plus septentrionale; il vit des Etats-Unis au Pérou, tandis que les genres *Blastocerus*, *Xenelaphus* et *Subulo* sont propres à l'Amérique du Sud. Le genre *Pudua*, de taille plus petite, comprend deux espèces dont l'une habite le Chili et la Patagonie occidentale, et l'autre les Andes de l'Equateur.

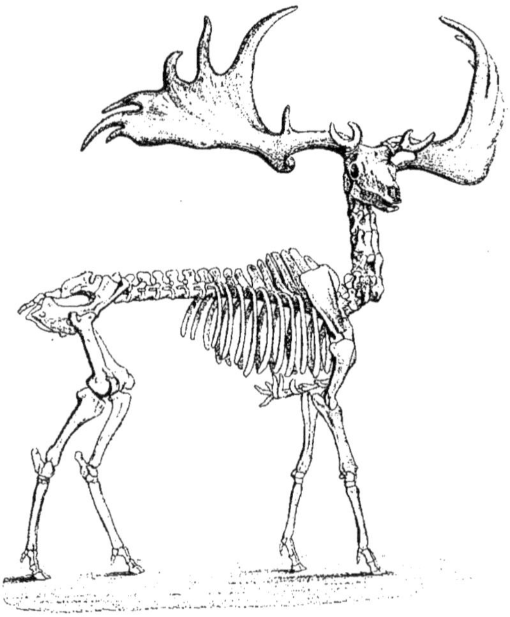

Les Porte-Musc, dont la place zoologique est indécise, mais qui semblent constituer une sous-famille de Cervidés, ne comprennent que le genre *Moschus*, avec trois formes principales, dont l'une (*M. moschiferus* Linné) vit dans l'Asie centrale et orientale et descend en Indo-Chine, tandis qu'une autre (*M. sibericus* Pallas) vit en Sibérie, et une troisième (*M. sifanicus* Büchn.) dans la Chine septentrionale.

Squelette d'un Cerf géant (*Megaceros*), ayant vécu en Europe à l'époque pleistocène

Tragulidés

La famille des Tragulidés ou Chevrotains comprend un nombre restreint

D'après

ünten

MAISON D'ÉDITION BONG & Cie
PARIS

de Ruminants, de très petite taille, que leur structure rapproche à la fois des Cerfs, des Chameaux et des Porcs; ils ne comptent que deux genres actuellement existants, dont l'un (*Tragulus*), divisé en plusieurs espèces, vit dans l'Asie sud-orientale, et l'autre (*Hyæmoschus*) ne comprend qu'une seule espèce (*H. aquaticus* Ogilby) habitant l'Afrique occidentale; cette dernière est très alliée, sinon même identique, au *Dorcatherium* qui s'étendait, au Tertiaire, sur l'Ancien-Monde, et, par ses affinités avec d'autres formes, présente un terme de passage entre les Ruminants et les Porcs.

Camelidés

Cette famille présente deux types distincts: les Chameaux, propres à l'Ancien-Monde, et les Lamas, propres au Nouveau-Continent; les uns et les autres semblent être les descendants d'un groupe de Mammifères caméliens ayant autrefois vécu dans l'Amérique septentrionale.

Les Chameaux comprennent deux espèces: le Dromadaire, ou Chameau à une bosse (*Camelus dromedarius* Linné) et le Chameau de la Bactriane ou à deux bosses (*C. bactrianus* Linné), qui sont tous deux domestiqués. L'habitat primitif du Dromadaire, avant sa domestication, n'est pas connu avec certitude, c'était probablement l'Arabie, mais cette espèce, inconnue maintenant à l'état sauvage, est devenue essentiellement africaine. Pour le Chameau à deux bosses, la question est plus certaine: cet animal est originaire des grands déserts de l'Asie centrale, où l'on en trouve encore quelques sujets vivant en liberté.

Les Lamas comprennent également deux espèces: le Huanaco (*Lama huanacus* Molina) et la Vigogne (*L. vicugna* Molina), qui vivent toutes deux dans les parties tempérées de l'Amérique du Sud, la première descendant beaucoup plus bas en latitude que la seconde (voir Introduction, page 87).

Suidés

A l'une des extrémités de l'Ordre immense des Ongulés se placent les formes plus ou moins semblables aux Porcs et qui constituent le groupe des Suidés, divisé d'ordinaire en quatre familles: celles des Hippopotames, des Phacochères, des Porcins proprement dits et des Pécaris. La plupart de leurs espèces n'ont plus aujourd'hui qu'une aire de distribution très limitée, mais elles furent autrefois plus abondantes et plus répandues et se reliaient entre elles, aussi bien zoologiquement que géographiquement, par de nombreuses formes maintenant disparues.

Les Hippopotames, autrefois présents sur toute la Terre, ne comprennent plus maintenant que deux espèces, africaines toutes deux: l'Hippopotame commun (*Hippopotamus amphibius* Linné) qui se trouve dans presque tous les lacs ou fleuves un tant soit peu importants de l'Afrique, au Sud du Sahara, et le petit Hippopotame de Libéria (*H. liberiensis* Morton) qui n'est connu jusqu'ici que dans une région très limitée du Libéria, sur la rivière Mauwa.

Les Phacochères (*Phacochœrus*) sont des sortes de Sangliers africains; ils semblent ne présenter qu'une espèce dont les variétés vivent du Cap jusqu'à la Haute-Nubie en s'étendant, d'une part, sur toute l'Afrique orientale et, d'autre part, jusque sur la Sénégambie. Au Sud du Zambèze vit la forme typique: *Phacochœrus æthiopicus* Linné, représentée au Natal par la variété *Sundewalli* Lönnberg, et au Kilimandjaro par la variété *massaïcus* Lönnberg. D'une manière générale, la variété *africanus* remplace les précédentes à l'Est, au Centre et à l'Ouest. Au voisinage des Phacochères peut se placer un genre tout particulier, récemment découvert, celui des *Hylochœrus* ou grands Sangliers noirs des forêts du Centre africain; il semble compter trois espèces bien localisées: l'*Hylochœrus Meinhertzhageni* Thos., de l'Est africain anglais, l'*H. ituriensis* Matschie, du Haut-Congo, et l'*H. rimator* Thos., du Cameroun.

Les Porcins proprement dits, parmi lesquels on range souvent les Phacochères, comprennent les trois genres: *Sus*, *Potamochœrus* et *Babirussa*. Le premier se rencontre de l'Europe méridionale à l'Asie sud-orientale; il revêt diverses formes et est représenté au Nord de l'Afrique, par la variété *barbarus* Sclater. Dans quelques cas, des formes domestiques retournées à l'état sauvage peuvent tromper sur l'aire d'extension naturelle des Suidés. La place de ceux-ci est tenue en Afrique par les Phacochères, déjà cités, et par les Potamochères (*Potamochœrus*) dont plusieurs espèces vivent sur le continent africain et une à Madagascar (*P. Edwardsi* A. Grandidier). La répartition de ce dernier genre est tout particulièrement intéressante; ses formes, assez nombreuses, se localisent toutes assez étroitement. Le *Potamochœrus chœropotamus* Desm. vit dans l'Afrique occidentale, vers le Sud, sa limite paraît être l'Angola; le *P. porcus* Linné vit dans l'Afrique occidentale comme le précédent; le *P. capensis* F. Major se trouve dans l'Afrique australe; le *P. nyassæ* Gray au lac Mœru et dans la région Sud-Ouest du Nyasaland, le *P. dæmonis* F. Major dans l'Uganda et l'Afrique orientale allemande, le *P. Johnstoni* F. Major dans le Nord-Ouest du Nyasaland, le *P. hassama* Heuglin en Abyssinie et dans le Somal. L'espèce malgache est très étroitement liée aux formes africaines et peut être considérée comme originaire du continent africain. Le *Babirussa* est remarquable par la forme très particulière de ses quatre défenses; il n'existe qu'à l'île de Célèbes, et tout près de là, aux îles Bourou, où il fut peut-être introduit par l'homme.

Les Pécaris (*Dicotyles*) représentent en Amérique la famille des Suidés; ils sont petits et fort différents de leurs congénères de l'Ancien-Monde. On en compte trois espèces peut-être susceptibles d'être réunies en deux. Le Pécari à collier (*Dicotyles torquatus* Cuv.) vit depuis l'Arkansas jusqu'au Sud de l'Amérique méridionale; au Mexique, il en existe une forme spéciale (*D. angulatus* Cope). Le Pécari à lèvres blanches (*D. labiatus* Cuvier) est propre à l'Amérique du Sud, mais il remonte au Nord jusqu'au Honduras.

Répartition géographique des Edentés

L'Ordre des Edentés (nom impropre s'il en fut car le plus grand nombre de ses membres possèdent des dents) représente soit un groupe très ancien de Mammifères, soit au contraire un groupe dégradé, très spécialisé. Dans la Nature actuelle, il est réduit à un petit nombre d'espèces réparties sur les deux Continents. Les formes de l'Ancien-Monde et celles du Nouveau sont très différentes, aussi peut-on, comme cela se fait pour les Singes, scinder en deux parties, d'après cette notion géographique, l'étude des Edentés.

Edentés du Nouveau-Continent

Ils se divisent en trois familles: celles des Paresseux (Bradypodidés), des Fourmiliers (Myrmecophagidés) et des Tatous (Dasypodidés).

Paresseux à trois doigts, du Brésil
D'après une photographie

Parmi les Paresseux, deux genres sont généralement reconnus: celui des Paresseux à trois doigts (*Bradypus*) et celui des Paresseux à deux doigts (*Cholœpus*). Ce sont des animaux arboricoles, vivant dans les épaisses forêts du Nouveau-Monde, depuis l'Amérique centrale jusqu'au Brésil méridional.

Les Fourmiliers se divisent en trois genres, moins exclusivement confinés que les précédents dans les forêts tropicales. Le grand Fourmilier, ou Tamanoir (*Myrmecophaga jubata* Linné), vit du Guatémala jusqu'au Paraguay; le Tamandua (*Tamandua tetradactyla* Linné), s'étend plus loin vers le Nord et atteint le Mexique méridional, il est très variable et forme diverses sous-espèces locales. Le Myrmidon (*Cyclothurus didactylus* Linné) est également arboricole, sa taille est plus petite; il se trouve au Guatémala, au Nicaragua, à Costa-Rica et s'étend, par la vallée de l'Amazone, jusqu'au Pérou.

La famille des Tatous est plus nombreuse et plus variée que ne le sont les deux familles précédentes. Son aire d'extension est aussi plus vaste; l'une de ses espèces, le Péba (*Tatusia novencincta* Linné) a été mentionnée jusqu'au Texas et

Chlamydophore de l'Argentine
(Grandeur naturelle)

d'autres couvrent la totalité de l'Amérique du Sud. Les Tatous se divisent en trois ou quatre sous-familles; les plus typiques sont distribués du Sud du Panama jusqu'à l'extrémité méridionale de l'Amérique du Sud. Le plus grand Tatou connu est le *Priodon gigas* F. Cuvier, des forêts de la Guyane et du Brésil. Les *Tolypeutes* sont confinés dans les pampas de la Guyane, de l'Argentine, du Brésil et de la Bolivie. Les *Dasypus* et *Xenurus* se trouvent de la Guyane à la Patagonie, mais habitent plutôt le Sud.

Une autre sous-famille des Tatous est caractérisée par les *Tatusias*, parmi lesquels le Péba (*Tatusia peba* Desm.) a déjà été cité; une seconde espèce de ce même genre (*Tatusia hirsuta* Burm.) habite la région du Pérou; d'autres se trouvent dans diverses parties de l'Amérique du Sud.

Les Chlamydophores font l'objet d'une troisième sous-famille. Le *Chlamydophorus truncatus* Harlan. habite les plaines sablonneuses du Mendoça et atteint la partie orientale de l'Argentine; le *C. retusus* Burm. habite la Bolivie.

Une espèce bien différente, le *Scelopleura Bruneti* A. Milne-Edwards, habite la province de Céara et peut former à elle seule une quatrième sous-famille.

Edentés de l'Ancien-Continent

Les formes ainsi groupées géographiquement appartiennent à deux familles bien différentes de celles du Nouveau-Monde: ce sont les familles des Pangolins (Maniidés) et des Oryctéropes (Oryctéropidés).

Les Pangolins sont africains et asiatiques, et leurs espèces peuvent être réparties, d'après cette considération, en deux groupes aussi naturels zoologiquement que géographiquement. En Asie, nous trouvons notamment le Pangolin de Java (*Manis javanica* Desm.), qui habite la Birmanie, les péninsules malaise et indo-chinoise, Java et Bornéo, le Pangolin de Chine (*M. aurita* Hodgson) qui vit en Chine, dans l'Assam et le Népaul, le Pangolin indien (*M. pentadactyla* Linné) qui se trouve dans l'Inde et à Ceylan. En Afrique, le Pangolin de Temminck (*M. Temmincki* Gm.) habite le Sud et l'Est; le Pangolin tétradactyle (*M. tetradactyla* L.) et le *M. tricuspes* Raf. habitent à la fois le Centre et l'Ouest; l'aire du Pangolin géant (*M. gigantea* Illiger) paraît un peu moins étendue et ne couvre que l'Est et le Centre de ce continent.

Les Oryctéropes (*Orycteropus*) constituent un genre tout spécial, dans lequel on a distingué trois formes qui ne semblent pas représenter toutes trois des espèces distinctes; elles sont particulières l'une à l'Afrique australe, l'autre à la région abyssine, la troisième à la Sénégambie.

Répartition géographique des Marsupiaux

Avec l'ordre des Marsupiaux, nous abordons l'examen des Mammifères inférieurs, dits Métathériens par opposition aux Prothériens ou Monotrèmes qui occupent la partie inférieure de la série, et aux Euthériens qui composent l'ensemble des ordres précédents.

Les Marsupiaux sont essentiellement caractérisés par une poche ventrale, ou marsupium, dans laquelle s'abritent les petits; ceux-ci, venant au monde à un état de développement très peu avancé, si on le compare à ce qui a lieu chez les autres Mammifères, trouvent dans cette poche un abri indispensable. Ces animaux se présentent sous les types les plus divers: les uns sont Herbivores, d'autres sont Carnivores, certains ont un régime identique à celui des Rongeurs ou des Insectivores. Des modes de vie aussi variés ont entraîné, chez les Marsupiaux, des modifications qui les font effectivement ressembler à des Insectivores, à des Rongeurs, à des Carnassiers ou même à des Ruminants. C'est ainsi que les Kangourous broutent, que les Wombats se terrent, que les Phalangers grimpent aux arbres et que les Dasyures vivent comme le font les Chiens.

Ces animaux se trouvent surtout, actuellement, en Australie et dans les îles voisines, où ils forment l'élément faunique essentiel, et aussi en Amérique, mais leurs restes se retrouvent dans l'Ancien-Continent. L'étude de la répartition et de la diversité des formes présentées par les Marsupiaux tend à montrer que des types appartenant à cet ordre furent la souche de tous les Mammifères actuels. A l'époque secondaire, ils représentaient, parmi les Mammifères, l'élément dominant; répandus sur toute la surface du Globe, ils y tenaient la place occupée maintenant par les Euthériens.

Les Marsupiaux se divisent en Diprotodontes (herbivores) et Polyprotodontes (carnivores ou insectivores).

Diprotodontes

Les Kangourous ou Macropodidés forment la première famille de cette section des Diprotodontes. Ils forment un groupe nombreux, comprenant une soixantaine d'espèces, répandues sur toute la région australienne et plus particulièrement abondantes dans l'Australie elle-même. Les vrais Kangourous (*Macropus*), abondants en Australie, le sont moins en Papouasie. Les *Dorcopsis* et autres petites formes voisines se trouvent au contraire en Papouasie, et les Dendrolagues (*Dendrolagus*), surtout abondants en Nouvelle-Guinée, se retrouvent dans les forêts tropicales du Queensland septentrional.

Les Phalangers constituent une seconde famille, celles des Phalangéridés, avec quarante espèces environ, et sont présents sur toute la région australienne. Les Phalangers typiques (*Phalanger*) sont caractéristiques de la Papouasie et ne touchent l'Australie que par sa partie septentrionale. Le Phalanger ourson (*P. ursinus* Temminck) et le Phalanger de Célèbes (*P. celebensis* Gray) ne se trouvent qu'à Célèbes et, tout à côté, sur l'île Sanghir. Les curieux petits *Tarsipes*, dont on forme parfois une sous-famille, sont restreints à l'Australie occidentale, et les Koalas (*Phascolarctus*) sont largement répartis sur toute l'Australie orientale.

C'est au voisinage de cette famille que vient se placer celle des Epanorthidés ne comprenant qu'un seul genre vivant, non plus australien mais américain, qui s'intercale parmi un certain nombre de formes fossiles sud-américaines; c'est le genre *Cænolestes*, dont une espèce (*C. fuliginosus* Tomes) habite les montagnes de l'Equateur et l'autre (*C. obscurus* Thos.) habite l'intérieur de la Colombie. Ce genre est parfois séparé des Epanorthidés et considéré comme formant à lui seul une famille: celle des Cænolestidés.

La quatrième famille de Diprotodontes est celle des Phascolomes ou Wombats (Phascolomyidés), comprenant quatre espèces; le Wombat commun (*Phascolomys Mitchelli* Owen) habite l'Australie méridionale de même que le *P. latifrons* Owen, tandis que le *P. Gillespiei* de Vis habite le Nord de l'Australie orientale; le petit Wombat ourson (*P. ursinus* Shaw) est restreint à la région tasmanienne.

Polyprotodontes

Cette section comprend trois familles australiennes et une américaine; sa distribution est donc de tous points comparable à celle des Diprotodontes et l'on ne saurait s'étonner de voir les deux grands groupes de Marsupiaux se répartir ainsi l'un et l'autre sur deux régions aussi différentes, si l'on veut bien se souvenir que ces Mammifères furent autrefois répandus sur le Monde entier, et que les Marsupiaux actuels ne représentent plus que les restes d'une faune ancienne; ces restes sont surtout abondants en Australie, car ce continent peut être considéré comme le témoin, peu modifié par le temps, d'une époque géologique antérieure.

La famille des Péramélidés comprend trois genres: *Peragale*, *Chæropus* et *Perameles*; les Péragales et les Chéropes sont restreints au continent australien, les Péramèles se trouvent en Nouvelle-Guinée, aux Moluques et aux îles de la Nouvelle-Bretagne; dans cette dernière région, ils forment des espèces distinctes. Entre cette famille et la suivante, celle des Dasyuridés, peut s'en placer une autre, celle des Notoryctidés, ne comprenant qu'une seule espèce: le *Notoryctes typhlops* Stirl., des régions désertiques de l'Australie centrale.

La famille des Dasyuridés comprend les formes australiennes carnivores et insectivores les plus hautement différenciées; elle est exclusivement australienne et comprend une trentaine d'espèces. Le plus grand de tous les représentants de cette famille est le Thylacine (*Thylacinus cynocephalus* Harris) dont la ressemblance avec un Chien est frappante; il ne vit actuellement qu'en Tasmanie, où se trouve exclusivement aussi le Sarcophile (*Sarcophilus ursinus* Harris), dont le régime est identique à celui du Thylacine. Les vrais Dasyures (*Dasyurus*) ont également le même régime; ils comprennent quatre espèces vivant sur le continent australien et deux confinées dans la Nouvelle-Guinée. Les autres genres de cette famille comprennent de petits Marsupiaux insectivores vivant en Australie, en Tasmanie et en Nouvelle-Guinée; les Myrmécobies (*Myrmecobius*), ou Fourmiliers Marsupiaux, diffèrent des Dasyures typiques, auxquels ils sont cependant rattachés; ils vivent dans l'Australie méridionale et occidentale et se rapprochent des Marsupiaux Polyprotodontes trouvés dans le terrain jurassique de l'Angleterre.

La dernière famille, celle des Didelphyidés, ou Sarigues, est américaine et se rapproche de celle des Dasyures; elle se divise en trois genres; l'un (*Didelphys*) comprend environ soixante espèces, un autre (*Chironectes*) n'en comprend qu'une seule, l'Oyapock (*C. minimus* Zim.), vivant dans l'Amérique centrale et le Nord de l'Amérique méridionale, et dont les mœurs sont celles de la Loutre; le troisième, avec une seule espèce également (*Dromiciops gliroïdes* Thos), habite l'île Chiloe. Le genre *Didelphys* se compose des Sarigues, ou Opossums, distribués sur les régions chaudes du Nouveau-Continent. La Sarigue de Virginie (*D. virginianus* Kerr.) habite seule l'Amérique du Nord (Sud des Etats-Unis); malgré cet habitat relativement septentrional, elle est très voisine d'une espèce du Sud: le *Didelphys Azaræ* Temm. Cinq ou six espèces habitent l'Amérique centrale; toutes les autres sont propres à l'Amérique méridionale et l'habitat de chacune est généralement assez large (Ph. et W. Sclater).

Répartition géographique des Monotrèmes

Cet ordre, comprenant les Mammifères inférieurs dits Protothériens, se réduit à deux familles: celles des Echidnés et des Ornythorhynchidés, dont la première ne comprend que deux genres (*Proechidna* et *Echidna*) et dont la seconde se réduit à une seule espèce: l'*Ornithorhynchus paradoxus* Blum. Ces animaux sont les plus étranges de tous les Mammifères. Leur description ne saurait trouver place ici; disons seulement qu'ils pondent des œufs comme le font les Oiseaux et allaitent ensuite les petits sortis de ces œufs.

Les Echidnés (*Echidna*) sont assez largement répartis; ils se trouvent en Nouvelle-Guinée, en Australie et en Tasmanie, sous formes d'espèces très voisines les unes des autres et considérées parfois comme de simples variétés. En Papouasie, à côté de ces vrais Echidnés vivent les Proechidnés, avec deux espèces seulement: *Proechidna bruijni* Pet. et Dor., du Nord de la Nouvelle-Guinée, et *P. nigro-aculeata* Roth., de l'Ouest de cette même contrée.

L'Ornithorhynque vit en Australie et en Tasmanie, mais il ne semble pas se trouver dans l'Ouest du continent australien.

Conclusions

Division de la Terre en Régions Mammalogiques

Après avoir ainsi passé en revue les divers ordres de Mammifères, il est intéressant de résumer les considérations générales auxquelles donne lieu leur répartition géographique. Remarquons tout d'abord que ces animaux occupent, en général, des aires beaucoup plus restreintes maintenant qu'elles ne le furent autrefois. Dans tous les ordres, nous avons constaté des exemples évidents de régression. Les faits les plus saillants de leur distribution actuelle peuvent être rappelés ainsi:

Les Protothériens, ou Monotrèmes, que nous venons d'examiner en dernier lieu, ne se trouvent qu'en Australie et en Papouasie.

Les Métathériens, ou Marsupiaux, sont particulièrement abondants en Australie; leur présence imprime à la faune de cette région un caractère particulier, l'Australie mise à part, ils ne se trouvent que dans l'Amériqne méridionale, d'où une espèce, la Sarigue de Virginie (v. p. 175) a pénétré dans le Sud de l'Amérique septentrionale.

Les Insectivores manquent, par contre, dans l'Amérique méridionale, où ils n'ont pénétré que jusqu'à la partie septentrionale des Andes.

Les Edentés sont abondants dans cette même région.

D'après ces seuls phénomènes de répartition, nous pouvons déjà diviser la surface de la Terre en trois grandes zones[1]).

1⁰ Une zone comprenant l'Australie, la Papouasie, et les îles adjacentes, où les Monotrèmes sont confinés, où les Marsupiaux prédominent, et où l'on ne trouve, comme Euthériens (v. page 173) que des Rongeurs et des Chauves-Souris. C'est la NOTOGÉE[2]).

2⁰ Une zone comprenant l'Amérique méridionale, au Sud de l'isthme de Téhuantépec, où les Marsupiaux et les Euthériens vivent côte à côte, où les Edentés sont plus nombreux qu'ailleurs et où, d'une manière générale, il n'y a pas d'Insectivores. C'est la NÉOGÉE[3]).

3⁰ Une zone comprenant tout le reste de la Terre, où ne se trouvent que des Euthériens et un petit nombre d'Edentés. C'est l'ARCTOGÉE[4]).

Ces grandes divisions sont d'ordre trop général pour pouvoir être couramment utilisées lorsqu'il s'agit d'une espèce ou même d'une famille. Aussi a-t-on divisé chacune des trois zones précédentes en Régions et sous-Régions, et c'est à cette

---

[1]) Nous suivrons ici les délimitations indiquées par les autorités les plus classiques et, notamment, par Ph. et W. Sclater (The Geography of Mammals. Londres, 1899) et R. Lydekker (A geographical History of Mammals. Cambridge, 1896). Nous résumerons, dans les pages suivantes, les caractères fauniques les plus importants de chaque division, en ne citant que les exemples typiques tels que sont ceux qui ont été admis par MM. Sclater. Les nombres de genres et d'espèces indiqués ne sauraient être considérés que comme approximatifs, car ils sont sans cesse accrus ou modifiés.

[2]) Ou région du Sud, de νότος, midi, Sud, et γῆ, terre.

[3]) Ou nouveau continent, en prenant dans un sens partiel cette expression dérivée de νεός, nouveau, et γῆ, terre.

[4]) Ou terre arctique, de ἄρκτος, Nord, et γῆ, terre.

dernière classification que l'on a recours pour caractériser un habitat. Ces Régions, qui ne sont d'ailleurs pas défendables au seul point de vue de la Mammalogie, mais à celui de l'Ornithologie et même de la Zoo-géographie générale, peuvent s'établir ainsi:

La Notogée, en raison de son homogénéité, ne forme qu'une seule Région: la Région Australienne.

La Néogée, presque également homogène, ne forme aussi qu'une Région: la Région Néotropicale.

L'Arctogée, par contre, dont la faune est extrêmement variée et dont l'étendue géographique est immense, se divise en quatre Régions: la Région éthiopienne[1]), comprenant l'Afrique, au Sud de l'Atlas, et Madagascar; la Région orientale comprenant l'Asie méridionale, les Philippines, Célèbes et une partie des îles de l'archipel indien; la Région Néarctique[2]), comprenant toute l'Amérique au Nord de l'isthme de Panama; et enfin la Région Paléarctique[3]), comprenant l'Europe, l'Afrique au Nord de l'Atlas, et l'Asie septentrionale; ces deux dernières Régions, en raison de certaines similitudes de leurs faunes, sont parfois groupées en une seule grande Région, que l'on nomme Holarctique[4]).

Nous allons brièvement résumer les caractéristiques de chacune de ces Régions et indiquer leurs subdivisions, pour les limites desquelles nous renvoyons à la Carte page 185.

Région australienne

Cette Région est caractérisée par la possession exclusive des Monotrèmes, la prédominance des Marsupiaux, et l'absence d'Euthériens indigènes, sauf de Rongeurs et de Chauves-Souris.

Elle peut être subdivisée en cinq sous-Régions: Australe, Papoue, Maorie, Polynésienne et Hawaïenne.

1° La sous-Région Australe comprend l'Australie et la Tasmanie. Il s'y trouve notamment des Monotrèmes et un grand nombre de Marsupiaux; des huit familles composant ce dernier ordre, six sont confinées dans la Région australienne et la plupart se trouvent dans cette sous-Région. Les Rongeurs, représentés dans la Région australienne par six genres de Muridés, en ont quatre dans cette sous-Région et deux dans la suivante. Les Chauves-Souris sont présentes, mais assez peu nombreuses, en Australie; le genre *Pteropus* y est représenté par quelques espèces, ainsi que les genres *Vesperugo* et *Miniopterus*, et la présence de ces Mammifères ne rompt pas l'originalité de cette faune si l'on songe qu'une de leurs espèces (*Vesperugo abramus* Temminck), s'observant sur presque tout l'Ancien-Monde, est à demi cosmopolite.

2° La sous-Région Papoue comprend la Papouasie ou Nouvelle-Guinée. Il s'y trouve deux espèces de Monotrèmes (un Echidné et un Proechidné) et des Marsupiaux variés; parmi ces derniers, deux genres sont particuliers à cette sous-Région (*Distœchurus* et *Dorcopsis*). Quelques Ongulés, Insectivores, Carnassiers, et même des Singes, vivent dans la partie septentrionale du territoire de cette sous-

[1]) De *Αἰθίοπες*, ancien nom des nègres africains.

[2]) De *νεός*, nouveau, et *ἄρκτος*, Nord: région septentrionale du Nouveau-Monde.

[3]) De *παλαίος*, ancien, et *ἄρκτος*, Nord: région septentrionale de l'Ancien-Monde.

[4]) De *ὅλος*, entier, et *ἄρκτος*, Nord: région septentrionale entière.

Région, mais l'on est d'accord pour considérer ces formes comme pratiquement absentes de la Région australienne dont elles dépassent seulement quelque peu les limites; celles-ci ne peuvent évidemment avoir une précision absolue.

3° La sous-Région Maorie comprend la Nouvelle-Zélande, les îles Norfolk, Kermadec, Chatham, Auckland, Campbell et Macquarie. Il ne s'y rencontre pas de Mammifères vraiment indigènes: Le seul Rongeur qui y vive est un Rat, le *Mus maorius* Hutton, semblant y avoir été importé; il est identique au *Mus exulans* Peale, de Polynésie. Les deux Chauves-Souris de la Nouvelle-Zélande (*Mystacops tuberculata* Gray et *Chalinolobus morio* Gray, v. p. 122) vivent également en Australie.

4° La sous-Région Polynésienne comprend les îles du Pacifique, depuis les Carolines et les Mariannes au N.-O. jusqu'aux îles de la Société et aux Marquises au S.-E., exception faite pour les îles Sandwich qui forment une cinquième sous-Région. Nous ne trouvons pas ici non plus de faune mammalogique vraiment indigène. Il s'y rencontre des Chauves-Souris, des Rats, des Souris, mais ce sont là des formes essentiellement cosmopolites. Parmi les onze espèces de Chauves-Souris, qui y étaient reconnues il y a quelques années, huit étaient cependant particulières à cette sous-Région, deux s'étendant aussi sur la Papouasie, et une atteignant le Sud de l'Asie. C'est surtout par sa faune ornithologique que cette subdivision est caractérisée, mais nous n'avons pas à nous en occuper ici de cette faune.

5° La sous-Région Hawaïenne, ou des îles Sandwich, ne présente comme les deux précédentes, que des caractères négatifs au point de vue des Mammifères. Il ne semble s'y trouver qu'une seule espèce de Chauve-Souris (*Atalapha semota* True et Allen), représentant détaché d'un genre américain.

Région néotropicale

Les caractères principaux de cette Région sont la présence des Singes platyrrhiniens, l'absence de Chauves-Souris purement frugivores et la présence de Vampires, l'absence générale d'Insectivores, de Civettes, de Proboscidiens, la présence de Tapirs, l'absence de Ruminants sauf des Cerfs et des Lamas, et, enfin, la présence de Paresseux, de Fourmiliers, de Tatous, et de deux familles de Marsupiaux.

Cette Région possède une faune mammalogique très homogène, aussi sa subdivision présente-t-elle des difficultés si considérables que l'on a dû s'inspirer surtout, ici, de considérations ornithologiques; cependant, MM. Sclater proposent, en se basant sur la répartition des Mammifères, de la diviser en quatre sous-Régions: celle des Antilles, celle de l'Amérique centrale, celle de la Guyane et du Brésil, et enfin celle de la Patagonie.

1° La sous-Région des Antilles est très pauvre en Mammifères. On y observe quatre genres de Rongeurs dont trois lui sont propres: les grands Rats du genre *Megalomys* vivent à la Martinique et à Sainte-Lucie; les *Capromys* comptent 5 ou 6 espèces dont 2 ou 3 particulières à Cuba, une à la Jamaïque, une aux Bahamas et une autre à l'île Swan; le genre *Plagiodon* ne compte qu'une seule espèce, voisine des *Capromys* et vivant à Haïti. Un Agouti spécial, le *Dasyprocta cristatus* Et. Geoffroy, vit sur certaines îles des Antilles, tandis que les autres Agoutis vivent dans le Centre et le Sud de l'Amérique. Cette sous-Région comprend des

Insectivores, qui manquent dans la plus grande partie de la Région Néotropicale; le genre *Solenodon* y est confiné; il ne compte que deux espèces dont l'une vit à Cuba et l'autre à Haïti (voir p. 127).

2⁰ La sous-Région de l'Amérique centrale comprend les côtes Pacifique et Atlantique du Mexique, depuis Mazatlan et Rio-Grande au Nord jusqu'à l'isthme de Panama au Sud; elle dépasse donc quelque peu, au Nord, les limites de la Notogée. Parmi les 69 genres de Mammifères que l'on y trouve, deux seulement lui sont rigoureusement propres, et encore, comme ces derniers appartiennent à l'ordre des Chauves-Souris, est-il possible qu'ils soient ultérieurement retrouvés ailleurs. Parmi les 67 autres genres, 41 sont particuliers à la Région Néotropicale, cinq sont empruntés à la Région Néarctique, neuf sont à la fois Néarctiques et Néotropicaux et douze sont plus ou moins cosmopolites (Sclater). Ce territoire se rattache donc nettement à la Région Néotropicale, malgré quelques affinités avec la Région Néarctique.

Les Marsupiaux y sont représentés par deux genres renfermant sept espèces bien reconnues dont la plupart se retrouvent plus au Sud. Les Edentés y sont abondants sous la forme de deux Paresseux, trois Fourmiliers et un Tatou: celui-ci (*Tatusia novencincta* Linné) se retrouve depuis le Texas jusqu'au Paraguay, mais les précédents appartiennent à des types Sud-Américains.

Le Tapir de Baird (*Tapirus Bairdi* Gill) et celui de Dow (*T. Dowi* Gill) comptent parmi les éléments les plus intéressants de cette sous-Région; le premier se trouve depuis le Mexique jusqu'à Panama, le second ne vit qu'au Guatémala, à Costa-Rica et au Nicaragua (p. 156).

Presque tous les Carnassiers de l'Amérique du Sud sont représentés dans la sous-Région de l'Amérique centrale, et les Chauves-Souris, peu nombreuses, appartiennent presque toutes aussi à des types du Sud.

En ce qui concerne les Singes, les Hapalidés y sont représentés par une seule espèce (p. 114) et les Cébidés par huit, contre un total d'au moins soixante que possède la sous-Région Guyano-Brésilienne. Parmi ces huit espèces de Cébidés, cinq semblent y être confinées.

3⁰ La sous-Région Guyano-brésilienne est la plus vaste et la plus riche de toutes les subdivisions de la Région Néotropicale. Elle s'étend depuis l'isthme de Panama jusqu'à 30⁰ Lat. S. environ. Les forêts qui y dominent sont l'habitat préféré des Singes, des Paresseux, et de divers autres Mammifères arboricoles. Toutes les espèces de Sarigues connues y sont représentées, car la Sarigue du Nord elle-même (*Didelphys virginianus* Kerr.) se rattache comme nous l'avons vu (p. 175) à l'une des espèces du Sud; les *Chironectes* qui appartiennent à cette même famille sont présents à la fois dans cette sous-Région et dans la précédente. Les Paresseux y constituent un élément caractéristique; deux genres de Tatous (*Xenurus* et *Priodon*) y sont confinés et les trois genres de vrais Fourmiliers (*Myrmecophaga*, *Tamandua*, *Cyclo-turus*) y sont présents; les Rongeurs y abondants; parmi les Chauves-Souris, la plupart des Phyllostomidés y sont confinés; les Hapalidés et les Cébidés y pullulent.

4⁰ La sous-Région Patagonienne couvre, au Sud de la précédente, le reste du continent américain; les limites entre ces deux sous-Régions sont très indécises et les faunes s'enchevêtrent dans leur partie frontière. Les Mammifères les plus caractéristiques y sont les Lamas et un Tapir de montagne (*Tapirus pinchaque* Roulin, voir p. 156) différent des formes de plaine qui habitent aussi l'Amérique du Sud. Il s'y trouve également des Cerfs spéciaux, des genres *Furcifer* et *Pudua*. Les Rongeurs les plus intéressants y sont les Chinchillas (genres *Chinchilla* et *Lagidium*), les Viscaches (*Lagostomus*) et le Mara (*Dolichotis patagonica* Shaw). Parmi les Carnassiers, les Ours des Andes (voir p. 138) sont intéressants en ce qu'ils présentent un exemple frappant du phénomène de discontinuité de distribution. Peut-être ces Carnassiers représentent-ils une forme septentrionale émigrée vers le Sud en suivant la ligne des Cordillières (voir p. 87). Toutes les Chauves-Souris de cette sous-Région se retrouvent dans la précédente, exception faite pour un seul genre. Les Singes ne semblent pas y être représentés et l'on n'y trouve que deux petites Sarigues et une seule forme, très intéressante il est vrai, de Tatou (*Chlamydophorus*).

Région éthiopienne

Cette Région, la plus riche de toutes en familles, genres et espèces, est nettement délimitée, sauf au Nord, et présente des éléments très caractéristiques. Elle possède ses Anthropoïdes spéciaux (Gorilles et Chimpanzés), les Cercopithèques, les Cercocèbes, les Colobes, les Théropithèques, les Cynocéphales; parmi les Lémuriens, les genres *Galago*, *Perodicticus* et *Arctocebus* y sont confinés; il en est de même pour de curieuses familles d'Insectivores, notamment les Macroscélidés et les Chrysochloridés, et pour les Oryctéropes parmi les Edentés. Mais ce sont surtout les Antilopes, les Girafes, les Eléphants, les Rhinocéros, les Damans, qui impriment à sa faune un caractère très spécial; nous laissons à part, ici, la faune si curieuse de Madagascar qui, géographiquement, se rattache à cette Région mais qui présente de si intéressantes particularités.

Les divisions établies dans ce vaste territoire sont celles que représentent les sous-Régions malgache, occidentale, australe, et saharienne.

1° La sous-Région Malgache comprend Madagascar et les îles voisines. Sur un nombre d'environ 117 genres de Mammifères qui s'y rencontrent, 33 y sont confinés, deux ou trois autres sont en même temps africains, et tout le reste, comprenant notamment des Chauves-Souris, est à peu près cosmopolite. Les genres qui y sont confinés peuvent se décompter approximativement ainsi: parmi les Rongeurs sept genres de Muridés; parmi les Carnassiers, six de Viverridés[1]); parmi les Insectivores, un genre appartenant à la famille des Potamogalidés (*Geogale*), présente également dans l'Afrique occidentale, et les six genres composant la famille des Centétidés; parmi les Lémuriens, l'unique espèce constituant la famille des Chiromyidés (Aye-aye, ou *Cheiromys madagascariensis* Et. Geoffroy) et dix genres de Lémuridés sur un total de quinze. Parmi les groupes manquants, signalons, en raison de leur intérêt zoo-géographique: les Edentés, qui font entièrement défaut dans cette sous-Région; les Ongulés, qui, à notre point de vue, peuvent être pratiquement considérés comme n'y existant pas malgré la présence du Potamochère d'Edwards (*Phacochœrus Edwardsii* A. Grand.), forme essentiellement africaine,

[1]) Le Fossa (*Cryptoprocta ferox* Bennett) étant ici considéré comme se rattachant aux Viverridés malgré ses affinités avec les Félins (voir p. 133).

vraisemblablement émigrée du continent; les Sciuridés, les Spalacidés, les Octodontidés, les Hystricidés et les Léporidés, parmi les Rongeurs, y manquent également; parmi les Carnassiers, il ne s'y trouve ni Félins[1]), ni Chiens, ni Martres; les Singes en sont aussi totalement absents.

Des discussions du plus haut intérêt se sont engagées au sujet de la faune malgache. On tend à la considérer comme primitivement empruntée à celle de l'Afrique; Madagascar devait être autrefois rattaché à ce dernier continent; mais, tandis que la faune africaine s'est modifiée de manière à présenter maintenant des formes relativement récentes, celle de Madagascar, une fois cette île séparée du continent, serait restée à l'abri des apports étrangers et présenterait, en définitive, un lambeau subsistant de l'ancien continent et de l'ancienne faune d'Afrique.

2⁰ La sous-Région de l'Afrique occidentale comprend notamment la grande région forestière équatoriale. Parmi les 80 genres de Mammifères qui y vivent, 12 y sont confinés (nombres approximatifs). Trois des quatre espèces africaines de Pangolins (p. 173) lui sont particulières. Les Ongulés y sont généralement représentés par des espèces spéciales, mais un seul genre de cet ordre y est confiné, celui des *Hyæmoschus* ou Chevrotains aquatiques, qui forme, avec un genre oriental (*Tragulus*) la famille des Tragulidés voisine des Cervidés (voir p. 168); parmi les Carnassiers, les genres *Poiana* et *Nandinia* (Viverridés) lui sont propres; parmi les Insectivores, un seul genre (*Potamogale*) est dans le même cas et deux parmi les Chauves-Souris (*Liponyx* et *Trygonycteris*). Les Singes de cette sous-Région présentent également des formes très particulières sur lesquelles nous nous sommes suffisamment étendus.

3⁰ La sous-Région du Cap, ou de l'Afrique australe, comprend la partie méridionale du continent africain, au Sud du bassin du Congo et de la rivière Tana; elle s'étend à l'Ouest jusqu'à l'Angola. C'est, après la sous-Région Malgache, la plus spécialisée des sous-Régions africaines. Ses formes caractéristiques principales sont les suivantes: les Gnous (*Connochætes*), les *Pelea* et les *Æpyceros* parmi les Antilopes; les genres *Pachiuromys* et *Mystromys* (Muridés), *Bathyergus* et *Myoscalops* (Spalacidés), *Petromys* (Octodontidés), parmi les Rongeurs; plusieurs Mangoustes (Viverridés), le genre *Pœcilogale* (Mustelidés), parmi les Carnassiers; les genres *Rhynchocyon* (Macroscélidés), *Myosorex* (Soricidés) et les Chrysochloridés parmi les Insectivores.

4⁰ La sous-Région Saharienne comprend le Sahara et ses alentours, l'Abyssinie, l'Afrique orientale au Nord de la rivière Tana, et il convient de lui adjoindre une partie de la péninsule arabique. Au Nord, ses limites sont très indécises, aussi avons-nous porté sur la Carte ci-jointe les deux limites extrêmes qui lui sont assignées dans ce sens, limites entre lesquelles existe une zone de transition. A part les plateaux abyssins et quelques autres moins étendus, cette sous-Région est très chaude, sèche, désertique; sur environ 90 genres de Mammifères qui y vivent, sept seulement y sont confinés. C'est sur cette sous-Région qu'ont porté le plus grand nombre de découvertes récentes en Mammalogie africaine et l'on a émis l'opinion qu'il y aurait peut-être lieu de la subdiviser en plusieurs sous-Régions au lieu de la considérer comme n'en formant qu'une seule. Ce sont surtout les Antilopes qui y sont intéressantes; les genres *Ammodorcas, Lithocranius, Addax,* lui sont spéciaux.

[1]) Le Fossa étant mis à part.

Les genres *Lophiomys*, *Heterocephalus* et *Pectinator* parmi les Rongeurs, et *Theropithecus* parmi les Singes, y sont également confinés.

Région orientale

Cette Région est la plus petite de toutes. Elle comprend notamment l'Inde, l'Indo-Chine, et quelques îles adjacentes. Son climat dominant est chaud et humide; il s'y trouve cependant, au Nord-Ouest de l'Inde et au Nord du Golfe Persique, des parties désertes rappelant celles de la sous-Région saharienne, ou plutôt de l'Asie centrale. Elle possède un bon nombre de Mammifères caractéristiques: les Orangs, les Gibbons, les Semnopithèques, les Nasalis parmi les Singes; les Loris, les Nycticèbes, les Tarsiers, les Galéopithèques parmi les Lémuriens, ainsi que des Rongeurs, des Carnassiers, des Insectivores, des Ongulés spéciaux. Elle se subdivise en quatre sous-Régions: Indienne, Indo-Chinoise, Malaise et de l'île Célèbes.

1⁰ La sous-Région Indienne comprend l'Inde, au Sud de l'Himalaya; elle présente une étroite ressemblance avec la Région paléarctique dont nous parlerons plus loin, surtout dans les parties désertiques que nous venons de mentionner et dont la faune ressemble à celle des steppes de l'Asie centrale. On y trouve notamment un Pangolin, voisin de ceux des autres sous-Régions asiatiques et africaines, et seul représentant de l'ordre des Edentés. Les Ongulés y sont nombreux et comprennent trois genres particuliers d'Antilopes (*Tetraceros*, *Antilope*, *Boselaphus*). L'Eléphant de l'Inde est, comme nous l'avons vu, très différent de celui d'Afrique et en est même séparé génériquement. Parmi les Rongeurs, le genre *Platacanthomys* (Muridé) lui est commun avec la sous-Région suivante; le Lori grêle (*Lori gracilis* Et. Geoffroy) y représente seul l'ordre des Lémuriens. Les Singes y sont des Macaques et des Semnopithèques, très répandus sur toute la Région orientale.

2⁰ La sous-Région Indo-chinoise comprend le Sikhim, sauf ses parties les plus élevées, l'Assam, la Chine au Sud de la limite septentrionale du bassin du Yang-Tsé, des îles de Formose et d'Haïnan, et toute l'Indo-Chine sauf l'extrémité de la péninsule malaise. Sa limite septentrionale est indécise. Parmi les Edentés, nous y trouvons deux Pangolins dont un seul paraît spécial (*Manis aurita* Hodgson). Les Ongulés y présentent un contraste frappant entre la disparition des Antilopes et le développement numérique des Cerfs, dont 15 espèces vivent dans cette sous-Région; parmi ces dernières, signalons celles des genres *Elaphodus* et *Hydropotes*, et le genre *Budorcas* parmi les Bovidés. Bien que les Sciuridés y soient largement représentés, un seul genre de Rongeurs semble y être confiné (*Hapalomys*), il en est de même pour les Insectivores (*Soriculus*) et les Carnassiers (*Helictis*). Les Singes y sont nombreux, de même que dans la sous-Région précédente, et parmi eux, les Gibbons doivent être particulièrement signalés.

3⁰ La sous-Région Malaise comprend le Sud de la péninsule malaise avec les grandes îles adjacentes (Sumatra, Java, Bornéo) et les Philippines. Cette sous-Région, en grande partie insulaire, est couverte d'une végétation luxuriante favorisant la vie animale et elle est considérée comme présentant le plus haut degré de développement que puisse atteindre la faune orientale. Le Tapir à dos blanc (*Tapirus indicus* G. Cuvier) semble être au moins originaire de cette sous-Région, s'il n'y est plus confiné. Les Rongeurs y présentent plusieurs formes spéciales, tels sont les genres *Rhithrosciurus* (Sciuridé), *Phlœomys* et *Pithechirus* (Muridés), *Trichys* (Hystricidé). Parmi les Carnassiers, les genres *Hemigale*, *Cynogale* et *Mydaus* y sont confinés. Il en est de même pour les *Tupaïa* et *Ptilocercus* parmi les Insectivores. Les Tarsiers (Lémuriens) sont confinés dans cette sous-Région et dans celle de Célèbes. Parmi les Singes, les *Nasalis* de Bornéo et surtout les Orangs achèvent de donner un caractère bien spécial à la faune malaise.

4° La sous-Région de Célèbes ne contient que l'île de ce nom et quelques petites îles voisines. Sa faune, très pauvre, n'en présente pas moins un intérêt considérable au point de vue de la distribution des Mammifères; elle semble n'être plus que le résidu d'une faune autrefois étendue sur une surface beaucoup plus considérable. La présence de deux espèces de Marsupiaux (Phalangers), peu différentes de celles de l'Australie, y fixe tout d'abord l'attention; il en est de même pour le Babiroussa, Porcin d'un aspect très particulier et un Bovidé également particulier, l'*Anoa depressicornis* H. Smith, qui n'est autre qu'un Buffle de très petite taille. Toutes ces formes, si curieuses à divers titres, sont confinées à cette sous-Région. Les Insectivores y sont inconnus. Les Tarsiers, comme nous venons de le dire, sont confinés à Célèbes et à la sous-Région précédente. Parmi les Singes, le *Macacus maurus* F. Cuvier et le *Cynopithecus niger* Desm., sont également confinés dans la sous-Région qui nous occupe.

Cette faune présente des affinités australiennes manifestes, mais, dans l'ensemble, les formes orientales y dominent cependant.

Région néarctique

Cette région forme, comme la Région Néotropicale, un territoire naturel facile à délimiter; elle comprend toute l'Amérique du Nord, jusqu'aux plateaux du Mexique inclus et en y comprenant le Groënland ainsi que les grandes îles de Terre-Neuve et Vancouver.

Le nombre des genres et espèces de Mammifères qui y vivent est inférieur à celui qui s'observe dans les autres Régions; presque entièrement située en dehors de la zone tropicale, l'Amérique du Nord ne saurait, en effet, participer à une exubérance de vie dont la chaleur est inséparable. Parmi les différents ordres de Mammifères terrestres, trois n'ont aucun représentant dans cette Région, ce sont les Singes, les Lémuriens et les Monotrèmes; les Marsupiaux en seraient également absents si la Sarigue de Virginie (voir p. 175 et 179) n'y était venue du Sud ou n'y était restée après la disparition d'une faune ancienne. L'ordre des Edentés n'y est représenté que par le Tatou à neuf bandes (*Tatusia novemcincta* Linné) qui n'en dépasse d'ailleurs que très peu la limite méridionale. Parmi les Ongulés, l'*Antilocapra americana* Ord. s'y trouve confiné dans les prairies occidentales, l'*Haploceros montanus* Ord. dans les Montagnes Rocheuses et le Bœuf musqué (*Ovibos moschatus* Zimm.) au Groënland. Parmi les Rongeurs, l'*Haplodontia*, seul représentant d'une famille particulière, y est également confiné. Les Insectivores y sont également abondants, tandis qu'ils manquent dans presque toute l'Amérique du Sud; les Marsupiaux et les Edentés, nombreux dans cette dernière région, le sont au contraire très peu dans l'Amérique du Nord. Parmi les Insectivores, le genre *Condylura* y est confiné; il en est enfin de même, parmi les Chauves-Souris, pour le genre *Antrozous*. Sur un total d'environ 70 genres de Mammifères vivant dans la Région néarctique, 21 y sont confinés.

Les divisions à introduire dans cette Région ont donné matière à maintes controverses. Nous en tenant à l'exemple de W. et Ph. Sclater, nous y distinguerons les sous-Régions Canadienne ou froide, Occidentale ou aride, et Orientale ou humide. Ces sous-Régions se définissent d'elles-mêmes, géographiquement parlant; pour leurs limites, nous renverrons à la carte ci-jointe.

1⁰ La sous-Région Canadienne, ou froide, est remarquable, au premier examen, par le nombre de genres communs entre elle et la Région Paléarctique; elle ne possède, par contre, qu'un très petit nombre de formes qui lui soient propres. Citons, parmi ces dernières, l'*Haploceros montanus* Ord., des Montagnes Rocheuses, rappelant à la fois les Chèvres et certaines Antilopes de montagne (*Nemorrhædus*, voir p. 159), et, parmi ses traits d'union avec la faune paléarctique, le Cerf Wapiti du Canada (*Cervus canadensis* Erxleben), les Rennes Caribous, l'Elan (*Alces machlis* Ogilby, var. *americanus* Jardine), le Bison (*Bison americanus* Gm.), le Mouflon du Canada (*Ovis montana* Cuv.); toutes ces formes sont extrêmement voisines des formes européennes correspondantes. Sur environ vingt genres de Rongeurs qui vivent dans cette sous-Région, trois y sont confinés: *Haplodontia*, *Phenacomys* et *Erethizon*, et trois autres lui sont communs avec la Région paléarctique: *Myodes*, *Cuniculus* et *Lagomys* (*Ochotona*).

2⁰ La sous-Région Occidentale ou aride est la plus riche à la fois au point de vue du nombre des genres qui y vivent et du nombre des genres qui y sont confinés (sept sur cinquante-trois). La Sarigue de Virginie, seul représentant de l'ordre des Marsupiaux (voir ci-dessus), vit à la fois dans cette sous-Région et dans la suivante. Le Tatou à neuf bandes y est confiné, de même que l'*Antilocapra americana* Ord.; l'habitat actuel du Bison y est entièrement inclus. Parmi les Rongeurs, le genre *Cynomys* (Sciuridé) et quatre genres de la famille des Géomyidés y sont également confinés. Dans l'ensemble, les affinités fauniques de cette sous-Région seraient plutôt du côté de la Région Néotropicale, tandis que celles de la précédente tendent vers la Région Paléarctique.

3⁰ La sous-Région Orientale ou humide est la moins bien caractérisée des trois; un seul genre de Mammifères est confiné dans ses limites: le genre *Neofiber* (Rongeur) de la Floride. Cette sous-Région ne présente ni les affinités paléarctiques de la première, ni les affinités néotropicales de la seconde.

Région paléarctique

Cette immense Région comprend toute la partie septentrionale de l'Ancien-Monde, c'est-à-dire l'Europe entière, la plus grande partie de l'Asie, et la bordure septentrionale de l'Afrique. Au Sud, les points principaux de ses limites sont le Sahara et l'Himalaya; les îles Britanniques à l'Ouest, le Japon à l'Est, se rattachent à cette Région. Sa faune comprend plus de cent genres de Mammifères, parmi lesquels vingt-cinq environ y sont confinés. Les Edentés, les Marsupiaux, les Monotrèmes, en sont complètement absents. Les sous-Régions en lesquelles elles se

Limites des Régions.
Limites des Sous-Régions.

Division des Terres et des Mers en Régio

Supplément à l'ouvrage « *Les Animaux* »
(Ne peut être vendu séparément)

s d'après la répartition des Mammifères

Maison d'Édition BONG & Cie
PARIS

divisent varient quelque peu avec les auteurs. Wallace y reconnaît les sous-Régions Européenne, Méditerranéenne, Sibérienne et Mandchoue. W. et Ph. Sclater n'en reconnaissent que trois: Europasienne, comprenant l'Europe, la Sibérie septentrionale, l'Asie Mineure et le Caucase; Erémienne[1]) ou désertique, comprenant l'extrême Nord de l'Afrique septentrionale, l'Arabie (totalement ou partiellement), la plus grande partie de la Perse et de l'Afghanistan, et le grand désert asiatique; Chinoise, comprenant presque toute la Chine, la Mandchourie méridionale et le Japon. C'est sur cette division que nous nous baserons. En raison de ses affinités déjà signalées avec la Région néarctique, il a été proposé de réunir celle-ci à la Région paléarctique pour en former une seule: l'Holarctique (voir p. 177). La place nous manque pour discuter ici les intéressantes questions de Zoo-géographie soulevées à ce sujet.

1° La sous-Région Europasienne contient essentiellement la grande zone forestière à climat tempéré de l'Hémisphère Nord, zone dans laquelle l'intervention de l'Homme a produit de si profonds bouleversements. Sa faune n'est plus ni très riche ni très différenciée; sur environ soixante genres de Mammifères qui y vivent actuellement, quatre seulement y sont confinés: le Chevreuil (*Capreolus*), le Chamois (*Rupicapra*), le Loir muscardin (*Muscardinus*) et la petite Musaraigne aquatique (*Crossopus*).

2° La sous-Région Erémienne est à la fois plus riche et plus individualisée bien qu'elle ne le soit pas autant que plusieurs des précédentes; s'étendant du grand désert asiatique jusqu'au Sahara, elle comprend un certain nombre de formes présentes aussi dans la Région éthiopienne. Nous avons d'ailleurs mentionné (p. 181) l'état d'indécision dans lequel on se trouve au sujet de la limite septentrionale de cette dernière. Le Chameau sauvage est confiné dans une partie de cette sous-Région; les Antilopes Bubales et les Damans (*Hyrax*) lui sont communs avec la Région Ethiopienne. Parmi les Rongeurs, cinq genres y sont confinés, dont quatre de la famille des Dipodidés et le genre *Ellobius* (Muridé). Les Insectivores n'y sont pas très nombreux; un seul genre appartenant à cet ordre, le *Diplomesodon* des steppes kirghiz y est confiné. Les Singes n'y sont représentés que par le Magot de Barbarie (*Macacus inuus* Linné).

3° La sous-Région Chinoise est mieux différenciée, bien qu'elle présente avec la Région Orientale autant d'affinités que la précédente en offrait avec la Région Ethiopienne. Environ six genres de Mammifères, sur un total d'à peu près soixante, y sont confinés et plusieurs autres passent à peine ses frontières; la faune thibétaine suffirait, à elle seule, à lui donner un cachet particulier, signalons à ce sujet l'Antilope *Pantholops* et le *Budorcas*. Parmi les Rongeurs, un Ecureuil volant (*Eupetaurus*) et une curieuse Souris de la Chine septentrionale (*Typhlomys*) sont seuls propres à cette sous-Région. Il en est de même pour le genre *Æluropus* parmi les Carnassiers et pour les genres *Chimarogale*, *Nectogale* et *Anurosorex* parmi les Insectivores.

Régions océaniques

Les Phoques, les Morses, les Otaries et les Siréniens possèdent des habitats suffisamment déterminés pour qu'il soit possible de les localiser, au moins approximativement. Les Souffleurs eux-mêmes se laissent assigner, mais beaucoup plus

[1]) De ἔρημος, désert.

difficilement, il est vrai, certaines limites de répartition. S'inspirant de ces données, W. et Ph. Sclater ont divisé les Océans en Régions Mammalogiques que l'on trouvera portées sur la carte ci-jointe et qui sont les suivantes:

1° La Région Arctatlantique ou de l'Atlantique-Nord, au-delà de 40° Lat. N., caractérisée par ses Phoques (voir p. 141) dont deux genres (*Halichœrus* et *Cystophora*) lui sont particuliers, et par un genre également particulier de Cétodontes (*Hyperoodon*).

2° La Région Mésatlantique, ou de l'Atlantique moyen, s'étendant du Sud de la précédente jusqu'au tropique du Capricorne, où sont confinés les Phoques-moines (*Monachus*) et les Lamantins (*Manatus*).

3° La Région Indo-pélagique, ou de l'Océan Indien, comprenant cet Océan jusque vers le tropique du Capricorne, et où l'on trouve les Dugongs (*Halicore*). Les Carnassiers marins, ou Pinnipèdes, en sont absents.

4° La Région Arctirénienne[1]) ou du Pacifique-Nord, comprenant la portion de cet Océan située au-dessus du tropique du Cancer; elle possède des Phoques, des Otaries; la Rhytine récemment disparue (voir p. 143) y était confinée; le genre *Rachianectes* (voir p. 144) y semble également confiné.

5° La Région Mésirénienne[2]), ou du Pacifique moyen, comprenant la partie tropicale du Pacifique et possédant des Phoques, des Otaries, un Macrorhine (voir p. 142) mais aucun Sirénien.

6° La Région Notopélagique[3]), ou des mers du Sud, s'étendant autour du pôle austral. Les Phoques des genres *Ogmorhinus*, *Lobodon*, *Leptonychotes* et *Ommatophoca* y sont confinés, ainsi que les Cétacés du genre *Neobalæna* parmi les Mysticètes et un *Berardius* parmi les Cétodontes. Les Otaries semblent être originaires de cette Région.

[1]) De *ἄρκτος*, Nord, et *εἰρήνη*, paix (Pacifique). — [2]) De *μέσος*, milieu, et *εἰρήνη*. — [3]) De *νότος*, Sud, et *πέλαγος*, mer.

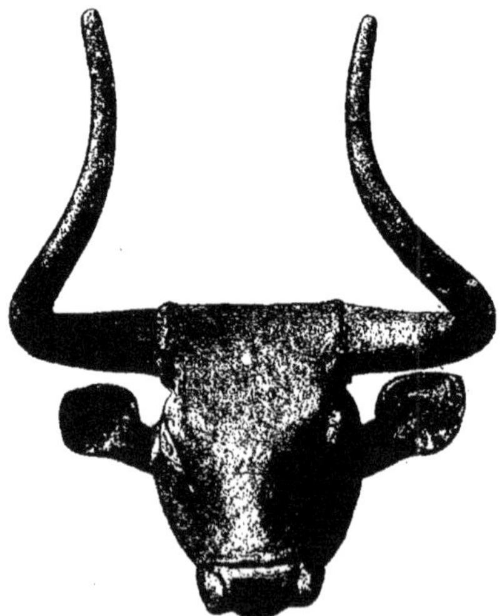

Bronze assyrien (Musée royal de Berlin)

Les animaux domestiques, leur conquête par la civilisation humaine

par le professeur **C. Keller** de Zurich

I. Comment s'est effectuée la domestication des animaux

C'est pauvre et sans besoins que l'homme primitif apparut sur le théâtre de la création terrestre. Les actes de sa vie s'exprimaient sous les formes les plus simples. A peine toléré, pour ainsi dire, dans le monde vivant ambiant, ses pensées et ses inquiétudes quotidiennes ne se rapportaient qu'au seul point de dérober dans la nature ce qui lui était absolument indispensable. Son unique capital — héritage de ses ancêtres animaux — c'était sa capacité de chercher des plantes comestibles et de surprendre certains animaux; le besoin d'une nourriture mixte a, en effet, manifestement existé dès le début. Un vaste abîme séparait l'homme primitif non civilisé des degrés plus élevés d'une période ultérieure; il était exclusivement chasseur, au sens le plus large de ce mot; il chassait les animaux et les plantes.

Cet état primitif a été assez fidèlement conservé sur certains points habités du globe. Les remarquables peuplades de l'Asie méridionale, telles que nous les représentent les Weddas primitifs de l'île de Ceylan et les tribus qui leur sont parentes, se distinguent à peine, par leur degré de civilisation, de leurs ancêtres qui, autrefois beaucoup plus nombreux, ont constitué la première couche des établissements de l'Asie méridionale, berceau du genre humain.

Ce fut un bonheur pour ces candides enfants de la nature que celle-ci leur ait toujours offert ce dont ils avaient besoin. Néanmoins, il ne leur restait même pas assez de temps et de force pour satisfaire le besoin de causalité qui s'éveillait en eux. Toute envolée vers des idées plus élevées était contenue par la lutte pour l'existence, et, à ce degré, il ne pouvait pas encore être question d'un embryon de civilisation durable. Tout au plus, l'homme primitif arriva-t-il, par ses rapports avec la nature, à aiguiser ses sens; il améliora ses instruments de chasse et ses méthodes de capture, mais resta fermé à une véritable civilisation, tant qu'il vécut dans cette situation économique.

Cet état de choses ne se trouva pas modifié, même lorsque se fit sentir la nécessité d'une « migration », quand on jeta les yeux sur de nouveaux territoires voisins, et que les plus entreprenants parmi les individus y eurent effectivement accédé.

C'est pourquoi nous rencontrons de vrais peuples chasseurs, appartenant à des races inférieures, sur certains points du globe situés très loin de la patrie asiatique primitive. Les peuples nains de l'Afrique centrale ne s'élèvent pas, au point de vue de leur civilisation, au-dessus des Weddas primitifs, et le naturel australien n'a jamais dépassé le niveau des peuples chasseurs.

Lors donc que l'homme eut pour la première fois l'idée de changer de fond en comble sa situation économique, ce fut de la part de son esprit un acte lourd de conséquences et d'une portée tout à fait incalculable pour le développement ultérieur de la civilisation. Au lieu d'employer tout son temps et toute sa force à courir perpétuellement après ses animaux de chasse et ses plantes comestibles, il en enchaîna certaines espèces à son entourage. D'où, deux résultats: en premier lieu, l'homme était constamment en possession d'une source certaine de nourriture et ne dépendait plus des lubies ni des accidents fortuits de la nature; en second lieu, c'était pour lui une économie importante de force physique et spirituelle dont il pouvait faire meilleur usage.

Il nous est impossible de dire avec une précision suffisante, en quel lieu cette heureuse idée jaillit pour la première fois, comme un éclair, dans le cerveau de l'homme. Cependant, il y a de fortes raisons pour croire que ce fut sur le sol asiatique. L'Asie n'est en effet pas seulement le plus ancien foyer de formation de l'espèce humaine, mais encore le point de départ des plus anciennes civilisations. D'autre part, ce continent a, de très bonne heure, possédé des animaux domestiques et des plantes de culture.

Par l'acquisition d'espèces domestiquées, l'homme, de chasseur devint agriculteur. Il ne fut pas obligé de renoncer complètement à la chasse, qu'il continua d'abord à pratiquer à côté; mais, il avait maintenant une possession matérielle lui permettant de s'élever à la hauteur d'une civilisation réelle. Même pour les plus grands idéalistes, il n'y a pas à sortir de là: sans une base matérielle assurée, aucune civilisation durable, c'est-à-dire aucune possession intellectuelle, n'est imaginable. Sur aucun point de notre globe nous n'avons appris à connaître l'exemple d'un peuple chasseur ayant fondé une véritable civilisation, au sens élevé du mot. L'histoire nous fournit au contraire un assez grand nombre de cas où, la base matérielle d'un peuple ayant chancelé, sa civilisation rétrograda ou disparut complètement. Toute civilisation a par conséquent ses racines dans l'agriculture, sur laquelle s'élève aussi, en fin de compte, la superstructure intellectuelle de l'humanité — l'art et l'humanité. Par une juste appréciation de ce fait, le principal but de la politique est, actuellement encore, d'assurer le mieux possible cette base économique.

Ce serait une question oiseuse, que de se demander ce que l'homme a pratiqué en premier lieu, l'élevage ou l'agriculture. C'étaient des conditions locales qui déterminaient un peuple en train de se développer, à donner la préférence à l'une ou l'autre de ces directions économiques. Des dépressions bien irriguées, comme il en existe par exemple dans les anciens pays civilisés de l'Asie orientale, favorisaient l'agriculture, tandis que de grandes étendues de steppes, avec leurs riches pâturages, ont de tous temps contraint l'homme à l'élevage. Qu'on songe seulement aux pays d'alpages de l'Ethiopie, aux steppes fertiles en herbes de l'Afrique orientale et méridionale! Par contre nous voyons que dans l'ancienne Egypte, les deux méthodes se développèrent symétriquement dès le début; on y trouvait un sol fertile à côte de pâturages étendus.

Nous ne nous occuperons pas davantage de l'acquisition des plantes de culture, et nous consacrerons la suite de cet exposé à celle des animaux domestiques seulement. Ce n'était pas chose simple; il fallait un haut degré de persévérance, allié à un don très précis d'observation. Ce fut l'œuvre d'un grand, d'un très grand nombre de générations, que d'améliorer les animaux domestiques et de les adapter aux besoins de l'homme. Aussi, cette acquisition de la civilisation semble-t-elle renfermer une somme considérable d'intelligence humaine.

Comment l'homme obtint-il ses animaux domestiques? Question plus facile à poser qu'à résoudre! Savoir comment a pris naissance la domestication des animaux, c'est là un des problèmes les plus difficiles. La chose remonte très loin dans le temps, de sorte que c'est beaucoup moins l'observation directe que les spéculations de l'esprit qui peuvent nous éclairer sur ce point. L'acquisition des animaux domestiques, en tant que prémisses du développement ultérieur, est un fragment de l'histoire de la civilisation, à propos duquel il faut faire appel à l'étude de l'ethnographie comparée et avant tout à la préhistoire. D'autre part, il faut avoir nécessairement recours à des analyses purement zoologiques.

Dans son empressement, et franchissant audacieusement les limites du temps, l'imagination eut, à vrai dire, vite fait de résoudre notre problème. La tradition poétique nous dépeint la situation paradisiaque de l'homme, alors qu'il possédait un empire illimité sur le monde animal tout entier.

Chose remarquable, cette vieille tradition a même passé dans des ouvrages sérieux de sciences naturelles. En 1835 encore, le zoologue munichois André Wagner, écrivait dans le grand ouvrage de Schreber sur les mammifères, dont il assurait la continuation, qu'aucun des documents les plus anciens des peuples ne fournissait le moindre renseignement sur l'apprivoisement des animaux. Selon lui, tout parlerait d'une situation plus élevée et meilleure du genre humain à son aurore, qui exerçait un empire absolu sur le monde entier des animaux. C'est seulement la chute de l'homme qui lui aurait fait perdre ce pouvoir, et il ne lui serait resté qu'une petite partie des animaux, indispensables à son existence.

L'antiquité classique avait des idées beaucoup moins préconçues. Dès l'époque d'Aristote, on avait nettement reconnu que l'homme allait chercher ses animaux domestiques dans l'état sauvage pour les incorporer à son entourage. On alla même jusqu'à chercher le lieu d'origine des animaux domestiques les plus importants et on le vit dans l'Asie. Il fallut cependant deux mille ans pour que cette conception géniale se trouvât rigoureusement justifiée.

C'est, il y a environ cinquante ans seulement, que Geoffroy Saint-Hilaire commença de donner la solution du problème de la domestication des animaux dans toute son étendue, et de faire triompher les conceptions de l'époque d'Aristote. Il sut appuyer sur des arguments scientifiques le fait que l'Asie est la patrie d'origine des animaux domestiques les plus importants, et s'en fit le défenseur le plus décidé. Depuis lors, l'anatomie comparée, aidée des recherches préhistoriques qui prennent une place de plus en plus considérable, a fourni la preuve de ce fait: à savoir que l'homme primitif n'a d'abord possédé aucun animal domestique et que par conséquent, l'état sauvage a précédé l'état domestiqué. En ce qui concerne le pays d'origine des espèces domestiquées, les différentes branches de la science, dont nous avons parlé, ont, sans doute, apporté quelques modifications de détail. Mais, d'autre part, il s'est trouvé confirmé, que l'Asie a été réellement une source extraordinairement féconde d'animaux domestiques anciens et importants et, qu'aussi bien le continent africain voisin que l'Europe elle-même, ont fait à l'Asie des emprunts très notables.

Certains auteurs, comme par exemple Wagner et Wilckens, présument que l'homme a procédé avec une certaine préméditation à la domestication des animaux. Il est cependant certain qu'au début il n'a su ni deviner l'utilité dont pourrait lui être un futur animal domestique, ni démêler la capacité d'adaptation d'une espèce comme condition préalable de la domestication. Il n'a pu s'en rendre compte qu'au moment où il possédait déjà des animaux domestiques.

La domestication des animaux ne s'est en principe pas effectuée d'après un plan, ni d'un seul coup, mais inconsciemment; elle dut parcourir des phases différentes et successives au point de vue chronologique.

Rien de plus juste que cette idée de Frédéric Ratzel, à savoir que c'est à la pratique de la sociabilité qu'est dû le premier pas, lourd de conséquences, de la domestication des animaux. Nous compléterons cette idée en ajoutant que cette pratique de la sociabilité devait exister des deux côtés, chez l'homme aussi bien que chez le futur animal domestique.

L'homme est une créature ayant des dispositions très prononcées pour la sociabilité. Il n'a aucun penchant pour la vie d'ermite, et cette inclination n'a commencé de se développer que très tard, localement et sous l'influence de suggestions tout à fait spéciales. Dès l'époque la plus primitive on remarque des tendances aux unions sociales, aux clans. Ces instincts sociaux sont certainement un héritage provenant des ancêtres immédiats du règne animal, mais ne s'étendent pas seulement aux membres de l'espèce proprement dite, car ils se manifestent vis-à-vis de nombreux animaux occupant un rang plus élevé.

De là, cette inclination généralement répandue chez les peuples primitifs, à capturer et à apprivoiser les animaux de leur entourage le plus proche. Au début les créatures apprivoisées n'ont aucun emploi dans la maison de l'homme; elles ne servent qu'à alimenter les conversations en société; elles sont pour l'homme un objet de plaisir et un passe-temps, car jamais l'homme primitif ne compte avec le temps. Les Indiens de l'Amérique s'entourent d'une foule d'animaux qui ne leur sont d'aucune utilité. On a trouvé à Long Island, des grues, des corbeaux, des pies, des aigles, des loups, voire même des ours apprivoisés. Les Indiens de l'Amérique du Nord vont jusqu'à accueillir dans leur wigwam un animal aquatique, le castor, et celui-ci suit exclusivement son maître, comme un chien.

Dans les huttes des indigènes de l'Amérique du Sud, on entretient, pour la conversation, des singes, des perroquets, des tukans, etc. Les Malais sont très entraînés à attraper les oiseaux; les enfants jouent avec des gibbons, comme avec des amis.

Pour approvisionner les ménageries, les grands marchands d'animaux se rendaient, avec prédilection, chez les naturels de l'Afrique. Là, on apprivoise tout ce qu'on peut attraper, jusqu'au lion lui-même. Les Madécasses sont des amis

Coréen tenant une grue apprivoisée
D'après une photographie

passionnés des animaux. Dans leurs villages on trouve une foule d'oiseaux capturés et apprivoisés, poules sultanes, perdrix, même des martins-pêcheurs. Parmi les mammifères indigènes on apprivoise, sur toutes les places de la côte, les Lémuriens à cause des qualités agréables de leur caractère, quoiqu'ils paraissent absolument insignifiants au point de vue économique. Le grand *Babakota* (Indris) est l'objet d'une vénération particulière.

Conformément à la loi biogénétique, cette particularité innée à l'homme primitive se retrouve, chez les peuples d'une civilisation plus avancée, dans la jeunesse de l'individu pris en particulier. Nos garçons prennent un plaisir passionné à attraper de petits oiseaux, qu'ils soignent avec sollicitude. La capture d'un écureuil ou d'un loir est un heureux événement; l'élevage de cochons d'Inde, de lapins, ou de souris blanches sert de compensation là où il est défendu d'attraper des oiseaux chanteurs.

Mais la disposition à la sociabilité ne doit pas être unilatérale; elle doit également exister chez l'animal à l'état sauvage, si l'on veut en faire un animal domestique. Cuvier avait déjà très justement remarqué que l'homme ne choisit pour son économie que les espèces qui, à l'état libre, ont l'instinct du troupeau et auxquelles les animaux ermites ne s'annexent pas.

Un animal menant une vie sociable se distingue par sa grande facilité à subir des influences suggestives; il suit un conducteur qui assume la direction du troupeau. Dans son livre « Les variations des animaux et des plantes à l'état de domestication », Darwin donne donc une explication psychologique exacte de cet état de choses, en disant que seul un animal sociable peut être assujetti, parce qu'il considère l'homme comme la tête du troupeau.

L'homme ne s'est pas contenté, au cours des temps, de transformer ses animaux domestiques au point de vue physique, mais a encore exercé sur eux une influence intellectuelle extraordinairement profonde. Quelques espèces comme le chien par exemple, ont extrêmement gagné en intelligence par leur domestication; d'autres au contraire y ont perdu, comme le mouton privé de volonté. Telles ont précisément été les suites des influences éducatrices, c'est-à-dire suggestives, de la part de l'homme; elles confirment l'hypothèse de Darwin, d'une nouvelle « tête du troupeau ».

La chasse, la capture, l'apprivoisement constituent donc les degrés préliminaires, mais non pas la domestication proprement dite. Celle-ci ne put commencer que du jour où l'homme primitif arriva à reconnaître que certaines espèces se propagent facilement à l'état apprivoisé et sont capables de lui procurer toutes sortes d'avantages économiques. M. A. Wehring explique de la façon suivante la conquête du cheval par l'homme diluvial passionné de chasse: « Que de fois n'a-t-il pas alors dû arriver au chasseur de tuer une jument, et de trouver le poulain en détresse à côté du cadavre! Il pouvait s'en emparer sans grand'peine. Il ne l'aura pas toujours impitoyablement mis à mort. La compassion et la curiosité l'incitaient à l'emmener à la maison, comme compagnon de jeu pour les enfants et pour son propre amusement. Le jeune animal ne tardait pas à s'accoutumer à la fréquentation de l'homme, étant donné qu'on ne modifiait guère sa manière de vivre; il devint bientôt le camarade de jeu et le favori des enfants. Ceux-ci montèrent sur son dos, tout comme qu'ils avaient coutume de monter sur celui du frère aîné ou du père. On reconnut que le dos du poulain s'y prêtait encore mieux; on prit plaisir à se faire promener par lui, on apprit à le guider; bref, on éleva le jeune cheval pour en faire une bête de selle et de trait. »

Dominé par l'idée de l'utilisation économique, l'homme ne conserva plus ses animaux apprivoisés que pour son seul plaisir: il choisit celui qui lui convenait et abandonna petit à petit le reste de son entourage animal. Il devint éleveur d'animaux domestiques, apprit de bonne heure à connaître certaines règles d'élevage, perfectionna ses méthodes jusqu'à l'élevage intensif proprement dit. Celui-ci n'est, à vrai dire, pratiqué que par les peuples d'une civilisation très avancée et peut être considéré comme une conquête des temps modernes.

D'où cette conclusion: une espèce apprivoisée n'est effectivement devenue domestique, que le jour où l'homme ne laisse plus à la nature libre seule le soin de la reproduction animale, mais arrive à décider quels sont les individus qui doivent se multiplier. On destine naturellement à cette reproduction les meilleurs d'entre les individus; par contre, on supprime les défectueux. L'élevage naturel est remplacé par l'élevage artificiel. On peut donc hésiter à dire que le chat domestique doit être considéré comme un véritable animal domestique. Il s'attache bien à l'homme, lui rend des services, mais au point de vue de sa reproduction, il conserve une grande indépendance; il n'est par conséquent que dans une faible mesure accessible à l'élevage artificiel, auquel il se refuse même dans la règle.

La capacité illimitée de la reproduction constitue donc la condition fondamentale de la domestication des animaux et de l'élevage artificiel. Cette capacité existe; elle s'est même accrue chez la plupart des animaux domestiques par suite d'une meilleure alimentation: ils sont devenus plus féconds. La poule Bankiva de l'Asie méridionale, la forme sauvage d'où procèdent nos poules domestiques, ne pond que de 6 à 8 œufs par an, tandis que la poule domestiquée fournit dans toute sa vie de 5 à 6000 œufs, dont la plupart sont pondus pendant les premières années; le canard sauvage pond de 5 à 10 œufs, le canard domestique de 80 à 100 annuellement. Le lapin sauvage est moins fécond que le lapin domestique. L'accroissement du nombre des rejetons devait naturellement favoriser la sélection artificielle.

Si celle-ci a peu à peu remplacé l'élevage naturel dans la domestication proprement dite, ce serait cependant une erreur de croire qu'elle doive exercer une action constante. Il ne manque pas de cas où, la chose est facile à démontrer, une race très distincte, après avoir été l'objet d'un élevage au cours d'une période très ancienne, se vit plus tard délaissée par l'homme au point de vue de la sélection. La forme nouvellement obtenue ne cessa pas d'être en rapports avec l'homme, mais conserva sa liberté de reproduction comme celle de ses mœurs, et les conditions de la civilisation se modifiant, se retira fréquemment dans d'autres régions économiques. Elle ne retomba pas dans son ancien état, mais resta simplement stationnaire. On trouve de ces vestiges d'un ancien élevage d'animaux domestiques parsemés sporadiquement sur l'Europe, l'Asie et l'Afrique. On rencontre de nombreuses preuves à l'appui de ce fait dans les pays montagneux, les steppes, les grandes îles, parceque leur population a un caractère très conservateur. Le bœuf des montagnes albanaises a conservé, presque sans altération, le caractère du bœuf de l'époque des habitations sur pilotis; dans les Alpes, on trouve encore, par endroits, le porc des tourbières; le mouton des tourbières existait, il y a quelques dizaines d'années, dans l'Oberland suisse, où les grands éleveurs le conservaient à titre de curiosité; c'est dans ces dernières années seulement qu'il a disparu en tant que race pure. La Sardaigne possède une bête à cornes en qui l'on reconnaît un caractère de race très nettement prononcé et qui est très proche des formes des bêtes à cornes de l'ancienne Egypte. La structure du crâne présente de grands points de ressemblance avec le bœuf de l'ancienne Rome, de sorte que nous devons admettre une grande stabilité dans la structure du corps de la bête à cornes sarde. Cela se comprend, parce que l'élevage et l'entretien de tous les animaux domestiques sont très fortement négligés dans cette île.

Dans les régions de steppes, prodigieusement étendues du continent africain, des races très anciennes ont pu se maintenir jusqu'à l'époque actuelle. Qui ne connaît le magnifique chien sauvage de l'époque des Pharaons, qui, comme compagnon de chasse de l'homme, atteignait sûrement l'agile antilope! Son image

Poule et coq Bankiva sauvages provenant de la forêt vierge de Sumatra
D'après les originaux se trouvant à Zurich

nous a été conservée dans de nombreuses compositions d'artistes de l'antiquité. Plus tard, il dut céder la place à un misérable aboyeur, le chien paria actuel des villes égyptiennes, mais loin de disparaître complètement de la scène, il s'est retiré vers le Sud et forme aujourd'hui encore de magnifiques meutes dans le Kordofan, sur le Nil Blanc. Le mouton domestique de l'ancienne Egypte, déja refoulé à l'époque du nouvel empire par l'invasion des races asiatiques, semblait complètement disparu; il y a quelque temps, il réapparut, comme une relique vivante, loin de son ancienne patrie, sur le haut Niger. C'est le bœuf africain à longues cornes qui nous offre le plus bel exemple de la longévité d'une race d'élevage très ancienne. A l'époque des plus anciennes dynasties, il était une des figures du pays des Pharaons. On en rencontrait partout de grands troupeaux, mais, déjà à l'époque du nouvel empire, cet animal subit un recul pour bientôt disparaître complètement. L'époque moderne n'en eût jamais soupçonné l'existence, si les documents figurés n'étaient pas des témoins convaincants de son ancienne patrie. A notre grande surprise, l'exploration de l'Afrique de ces dix dernières années, nous a apporté la preuve, que les bœufs à cornes géantes de l'ancienne Egypte continuent à vivre, sans avoir subi de modifications, dans les régions lacustres de l'Afrique centrale et dans le Sud de l'Ethiopie.

Quand on aura étudié, d'une façon plus approfondie, l'intérieur de l'Asie au point de vue de ses animaux domestiques, on se trouvera sans doute en face de faits analogues. Dès maintenant nous savons que les plateaux d'un accès difficile du Tibet ont des chiens particuliers du genre dogue, resté stationnaire depuis une époque très ancienne; on les retrouve déjà, sous leur forme actuelle, à l'époque assyrienne.

* * *

Si, de l'époque actuelle comme point de départ, nous jetons un regard en arrière pour nous faire une idée d'ensemble de l'imposante acquisition que les animaux domestiques ont constituée pour la civilisation humaine, il nous est permis de nous demander si cette acquisition nous est particulière, ou si les mêmes faits se reproduisent dans la nature à l'état libre. Jusqu'à une époque très rapprochée de nous, on n'a connu que d'une façon insuffisante les conditions proprement dites de la domestication animale; on voyait dans l'acquisition des animaux domestiques un fait, tout au plus susceptible d'être mis en parallèle avec l'esclavage pratiqué par l'homme. A notre connaissance, ce fut Cuvier qui, le premier des naturalistes, fit ressortir ce parallélisme avec beaucoup de force. Et pourtant il y a une différence fondamentale entre l'esclavage et la domestication des animaux. Dans le système zoologique, un animal domestique est toujours passablement éloigné de l'homme, et les groupes de mammifères les plus proches de nous n'ont jamais pu fournir un animal domestique. C'est l'inverse de ce qui se passe dans l'esclavage; ce sont des débiteurs de la même race, incapables d'acquitter leurs obligations, ou bien des prisonniers de guerre qui deviennent esclaves; dans certains cas, ce sont aussi les membres d'une race subordonnée.

On importe toujours de nouveaux esclaves; il n'en va pas de même des animaux domestiques parce qu'ils sont l'objet d'un élevage diligent de la part de l'homme. L'esclave peut, si les circonstances s'y prêtent, devenir un membre effectif de la famille, et dans l'Etat humain, grâce à des conditions exceptionellement favorables, obtenir le pouvoir et la considération, — un animal domestique ne sort jamais de sa condition subordonnée, même pas le chat, quelles que soient les caresses dont on l'accable.

Renonçant à toute idée préconçue, il ne faut voir dans l'établissement de la domestication animale autre chose qu'un pacte, avantageux pour les deux parties. On peut comparer l'homme et l'animal domestique à deux associés qui font leurs affaires en commun; ils ont ainsi plus de facilités qu'à soutenir, séparément, la lutte pour la vie. Les deux parties doivent se faire des concessions réciproques, les services étant basés sur la réciprocité. L'homme se charge de soigner et de

En haut: Bœuf à longues cornes de l'ancienne Egypte. D'après un bas-relief de Sakkara
En bas: Bœuf à longues cornes de la région des grands lacs de l'Afrique centrale (Ouganda)
D'après H. Johnston

protéger ses compagnons du règne animal, ceux-ci lui fournissent tout ce qui lui est nécessaire pour vivre, notamment la viande, le lait, les peaux, la laine, la graisse, la force motrice, etc. — C'est le lien de l'amitié réciproque qui les unit. Il suffit d'observer des peuples primitifs, pour apprendre avec quelle abnégation ils soignent leur bétail, le peu de cas qu'ils font de leur vie et de leur propre famille, afin de protéger leurs troupeaux. On ne trouve d'abord ni traitements brutaux, ni tourments infligés aux animaux. C'est plus tard seulement qu'on commença de maltraiter les animaux domestiques, d'ailleurs très peu, et, la chose est facile à démontrer, sous l'influence de suggestions tout à fait étrangères. Par endroits, nous voyons même, chez certains peuples, l'amitié pour les animaux s'élever à un véritable culte. D'autre part, l'attachement du chien et du cheval a été assez souvent célébré en prose et en vers.

On trouve cependant, en dehors de l'espèce humaine, dans la nature libre, de fréquents exemples de liaisons animales, basées sur une amitié réciproque. On les désigne depuis longtemps sous le nom de « symbioses ». C'est de Barry qui le premier a employé ce nom grec, qui résonne bien, pour certaines liaisons végétales; la zoologie s'en est emparé plus tard. Les fourmis, tant admirées pour leur haute intelligence, pratiquent un élevage méthodique, ainsi que l'admettent tous les entomologues. Grâce à de minutieuses observations, le naturaliste genevois Huber a pu étudier très exactement la vie des fourmis et démontrer qu'elles entretiennent les rapports les plus amicaux avec les pucerons qui s'établissent sur les plantes, et qui leur servent de vache à lait. Elles palpent le corps de ces animaux et provoquent ainsi l'émission d'un suc doux, que les fourmis recueillent avidement. Par réciprocité de service, elles protègent les pucerons, en construisant, avec de la terre humide, de véritables écuries; si par hasard ces écuries sont détruites, les fourmis recueillent leurs vaches à lait dans leur propre nid, construisent un nouvel abri où elles reportent les pucerons. L'une de nos fourmis les plus connues, *Lasius flavus,* s'occupe même de l'élevage de jeunes pucerons.

L'écrevisse-ermite, si fréquente sur les côtes de la Méditerranée, s'associe au nénuphar charnu, si excellement armé pour la pêche, et s'en trouve beaucoup mieux que si elle était livrée à ses propres ressources pour trouver sa nourriture. On a pu, par des expériences, se rendre compte que ces écrevisses s'entendent, avec beaucoup d'intelligence, à établir ces nénuphars sur leur carapace. Beaucoup de crabes portent sur leur cuirasse des branches d'hydroïdes, de petites éponges, des coraux de liège, pour se masquer. La gracieuse Emplectelle qui vit dans les mers du Japon, abrite régulièrement à l'intérieur de sa carapace siliceuse, une écrevisse (*typton*) chargée des travaux de propreté.

On pourrait multiplier les exemples de ces symbioses. Les faits que nous avons cités prouvent qu'en principe, il se pratique une espèce d'élevage domestique, dans les divisions les plus différentes du règne animal.

S'il faut voir le signe caractéristique de cet élevage dans le refoulement de la forme primitive par des influences dues à cet élevage même, on peut reconnaître très nettement dans certaines symbioses prises en particulier, que la manière de vivre n'a pas été seule à subir des adaptations, mais que les conditions morphologiques elles-même ont été fortement influencées. C'est ainsi par exemple qu'une Adamsie qui partage constamment l'existence d'une écrevisse-ermite, a conservé, à l'opposé de ses proches, un corps élargi à la façon d'un manteau.

Enfin, si l'animal domestique a vécu, à l'origine, d'une vie libre et ne s'est que postérieurement plus étroitement rattaché à l'homme, il nous faut admettre quelque chose d'analogue pour les symbioses, cest-à-dire concevoir l'association comme un phénomène secondaire. Au début, les membres des symbioses vivaient séparément et, seuls les intérêts communs de la vie donnaient lieu à une vie commune naturelle. En se plaçant au point de vue scientifico-biologique, on peut donc définir de la manière suivante la notion de l'animal domestique:

> Les animaux domestiques sont les animaux qui ont pratiqué une symbiose durable avec l'homme, qui sont employés par l'homme à des services économiques déterminés, se reproduisent régulièrement dans cette symbiose et sont soumis à l'élevage artificiel d'une façon permanente ou seulement temporaire.

Pour chaque espèce d'animal domestique il faut admettre un foyer de formation déterminé, d'où s'est opérée une expansion graduelle vers des régions plus éloignées. Naturellement cette émigration se rattache étroitement à celle de l'homme, qui n'aura qu'exceptionnellement abandonné ses animaux domestiques, dont il avait besoin pour coloniser avec succès son nouvel habitat. Ce parallélisme des routes de migrations a une importance exceptionelle pour l'ethnologie. Faute de témoignages historiques, les animaux domestiques peuvent — comme cela apparaît clairement sur le sol africain — fournir des indications précieuses sur les anciens déplacements des peuples.

Ce n'est pas chose très simple que de découvrir les foyers d'où sont partis nos animaux domestiques. Il faut avoir recours à l'emploi combiné de méthodes de recherches héterogènes, pour arriver à des données certaines. Il ne faut jamais perdre de vue que ce sont précisément les plus importants des animaux domestiques comme le chien, le bœuf, le porc, le mouton, la chèvre, l'âne, la poule, etc. qui sont d'un âge très ancien; les sources historiques ne peuvent pas nous fournir de renseignements au sujet de leur première apparition dans l'entourage de l'homme. Ce sera d'abord aux recherches préhistoriques à se mettre à l'œuvre, et en fait, c'est précisément dans le domaine de l'histoire des animaux domestiques qu'elle se signale par de brillants résultats. Malheureusement, nous ne connaissons d'une façon suffisamment complète l'histoire primitive que d'un très petit nombre de pays habités, ayant eu une civilisation ancienne. On a bien étudié l'Europe centrale et septentrionale à ce point de vue, mais nous connaissons trop peu l'Europe méridionale qui nous promet des indications d'une importance extraordinaire. Dans ces derniers temps, la préhistoire de l'Egypte a fait de très grands progrès; elle nous est connue jusqu'à l'âge de pierre, mais il reste un centre important de civilisation du monde antique, la Mésopotamie, dont on n'a pas encore étudié les périodes précisément les plus anciennes, au point de vue de la domestication des animaux. L'Amérique nous permet de jeter de précieux regards sur l'époque pré-colombienne.

On avait fondé de grandes, de trop grandes espérances sur la méthode linguistique. Quand elle est maniée aussi génialement que par Victor Hehn, elle apparaît féconde. L'étude comparée des langues qui suit les traces des animaux domestiques, nous renseigne au sujet des voies d'expansion, mais non pas au sujet de l'assemblage des races dans les différents domaines linguistiques et encore moins sur les plus anciens centres de formation; on ne saurait donc lui accorder qu'une voix consultative mais non pas délibérative.

L'ethnographie est tout à fait indispensable, car elle permet de comparer les animaux domestiques possédés par des peuples vivant côte à côte à la même époque. Grâce à cela, nous obtenons de précieux aperçus sur les voies d'expansion des différentes races, et par suite d'importantes indications sur les anciens centres de formation. On ne saurait jamais trop étendre le cercle des observations, car beaucoup d'animaux domestiques essaimèrent sur une aire très vaste et sont, à l'époque moderne, devenus pour ainsi dire cosmopolites. C'est aux recherches purement zoologiques qu'il est réservé de donner la solution définitive des problèmes relatifs à la provenance des animaux domestiques; l'anatomie et la géographie animale sont appelées à se prononcer sur ce sujet.

Faisons d'abord ressortir, comme résultat nettement établi, que la conquête des animaux domestiques, considérée dans son ensemble, ne peut pas être ramenée à un centre unique. L'espèce humaine semble avoir conçu, d'une façon tout à fait indépendante, l'idée de la domestication dans différentes régions civilisées. Si par exemple, antérieurement à la découverte de l'Amérique, la civilisation des Maya, l'ancien Pérou et l'ancien Mexique, possédaient avec le chien, le lama et le dindon, d'authentiques animaux domestiques, l'influence civilisatrice du vieux continent est tout à fait étrangère à cette conquête. L'apprivoisement du renne dans le Nord de l'Asie s'est effectué sans impulsion venue du dehors. Cela n'empêche pas que, dans certains cas spéciaux, l'emprunt d'animaux domestiques n'ait amené à en faire d'autres encore dans le monde animal vivant à l'état libre. Il est très fortement vraisemblable qu'après avoir pris le porc à l'Asie, l'Europe a entrepris de domestiquer le porc sauvage. L'immigration de la bête à cornes des tourbières incita plus tard à faire passer à l'état d'animal domestique le puissant aurochs (*Bos primigenius*) et à le croiser avec les races déjà existantes.

Un autre résultat certain, c'est qu'un très petit nombre seulement d'animaux domestiques ont leur point de départ dans une forme sauvage unique. La plupart de ces animaux, et ce sont précisément les plus importants, ont deux ou plusieurs ancêtres d'origine.

Le vieux Linné, se plaçant sur le terrain de la continuité des espèces, les a pourvues de noms particuliers tels que *Canis familiaris*, *Bos taurus*, *Ovis aries*, *Capra hircus*. Il voulait naturellement exprimer par là qu'il existe une homogénéité génétique des formes canines, des races bovines, ovines et caprines prises en particulier. Mais, l'état actuel de nos connaissances scientifiques nous enseigne qu'il n'y a par exemple pas une « espèce » de chien domestique, mais qu'on doit faire descendre ses différentes races d'une demi-douzaine d'ancêtres d'origine sauvage; le bœuf en a deux, le mouton et la chèvre trois.

Pris isolément, les faits nous contraignent d'admettre que chaque forme d'animal domestique est née sur un territoire unique, d'une étendue relativement étroite. L'Asie méridionale par exemple, est un centre de formation des bêtes à cornes domestiques les plus anciennes, l'Afrique orientale le point de départ de l'élevage de l'âne, l'Asie occidentale la patrie la plus ancienne de l'élevage des pigeons, etc.

Cependant cette loi n'est pas sans exceptions. Le canard par exemple, fut domestiqué en Europe au début de l'ère actuelle, mais E. Hahn s'appuie sur de bonnes raisons pour prouver que le canard sauvage avait été domestiqué bien auparavant en Chine. L'élevage des canards par les Chinois est de date très ancienne; mais on n'en savait rien en Europe et on arriva au même résultat d'une façon tout à fait indépendante. Ce fait s'explique par la répartition géographique très étendue des canards sauvages.

Un examen des différentes régions du globe nous montre qu'il existe une très grande irrégularité dans la distribution des centres de formation d'animaux domestiques. Tel continent apparaît très productif, tel autre pauvre.

Il entre en jeu, à ce sujet, des facteurs tout à fait différents. L'acquisition d'animaux domestiques implique en première ligne des éléments de population possédant le talent nécessaire à la domestication, talent qui est très inégalement développé chez les races humaines prises en particulier. L'habitant primitif de l'Amérique avait à sa disposition un matériel animal très riche. Il lui eût été facile de faire du bison ou du porc sauvage américain un animal domestique. C'est d'une façon tout à fait locale seulement qu'il domestiqua des espèces indigènes. Il préférait poursuivre ses animaux à la chasse; aussi a-t-il été incapable plus tard de soutenir la concurrence de la race blanche envahissante. Celle-ci extermina le gibier et tarit ainsi la source du bien-être des indigènes. En Afrique, la race des Boschimans refusa de s'occuper des animaux domestiques: elle se contenta de voler des troupeaux. Les nègres ne pratiquèrent à l'origine que l'élevage des petits animaux; derrière eux les tribus plus développées arrivèrent à élever des bêtes à cornes, à l'instigation des Hamites qui forment des tribus d'origine diverse, mais sont particulièrement doués pour l'élevage au sens le plus large. D'où, l'abondance extraordinaire d'animaux apprivoisés que, de tout temps, on a trouvé dans l'Est et le Nord du continent noir.

La composition de la faune d'un pays n'a pas moins d'importance. L'homme ne trouva pas partout dans le monde animal des éléments propres à la domestication. A ce point de vue, l'infertilité de l'Australie s'explique par des causes empruntées essentiellement à la géographie animale. La faune de mammifères de ce continent, composée d'ornithorynques et de marsupiaux, ne présente que des éléments d'une adaptation très unilatérale au point de vue morphologique et placés très bas au point de vue intellectuel, d'où il n'y avait absolument rien à tirer. Le monde ornithologique de la région australienne offre, tout au moins dans l'ordre des pigeons, de meilleurs éléments et en Nouvelle-Guinée, quelques tribus papoues commencèrent à domestiquer le magnifique pigeon couronné.

Si l'on compare les continents entre eux, l'Asie occupe incontestablement le premier rang, tant pour le nombre que pour l'importance des espèces acquises

Troupeau de bisons de l'Amérique du Nord
D'après le tableau d'E. Appel

d'animaux domestiques. C'est que les conditions de la faune et de l'ethnographie y collaboraient harmonieusement à la formation d'un nombre imposant d'animaux domestiques; on trouve dans le Sud, au centre comme aussi dans l'Ouest de l'Asie des foyers de formation de premier ordre.

L'Asie méridionale est le pays d'origine d'une bête à cornes très ancienne, le bœuf zébu. L'apprivoisement a très bien pu être entrepris par des peuplades dravidiennes anciennes; de récentes recherches nous ont appris que la source d'origine était le Banteng (*Bos sondaicus*), le plus beau des bœufs sauvages de l'Asie. Malheureusement, les poursuites dont cet animal a été l'objet l'ont amené à beaucoup diminuer, mais il s'en faut qu'il ait disparu du continent et des îles avoisinantes. Les rejetons variables, apprivoisés, qui en beaucoup d'endroits n'ont plus de bosse, firent de bonne heure irruption du côté de l'Est et de l'Ouest, essaimèrent sur le continent africain et étaient déjà parvenus en Europe, à l'époque des constructions sur pilotis, à l'état d'une race d'élevage dès lors fortement transformée, comme bœufs des tourbières.

C'est aussi dans le voisinage qu'a dû naître le porc domestique si important pour l'Asie orientale tout entière; c'est manifestement le Sud-Est de l'Asie qui constitue son centre de formation. Nathusius et Rutimeyer sont arrivés par des voies différentes à tomber d'accord pour dire que le *Sus vittatus*, particulier à cette région géographique, représente la souche d'origine sauvage.

De l'Inde jusqu'à la Chine et au Japon, même dans les îles les plus proches de l'archipel malais, on trouve de nombreuses espèces abâtardies du *Sus vittatus* dont on a, inutilement, fait une espèce propre. La facilité avec laquelle les cochons de lait sauvages s'attachent à l'homme, fait comprendre le passage à l'état domestique. Le genre de vie libre de la forme apprivoisée, tel que nous l'observons notamment chez les Papous et les éléments populaires de la Malaisie, n'a amené que des modifications insignifiantes des traits distinctifs du corps, comme suite de la domestication. C'est ainsi par exemple que la structure du crâne des cochons domestiques de la Malaisie et des sangliers vivant dans la même région, concorde presqu'exactement; seules des races soumises à un élevage plus intense dans le Nord présentent des métamorphoses crâniennes plus profondes.

La souche asiatique des porcs domestiques que Pallas et Nathusius désignent comme race sous le nom de *Sus indicus*, avait déjà, en partant de son centre de formation sud-oriental-asiatique, conquis de vastes terrains sur l'ancien continent, durant l'époque préhistorique. Elle avait fait irruption en Afrique et, dès l'époque paléolithique, peuplait l'Europe méridionale et centrale. Aujourd'hui encore c'est l'élément asiatique qui prédomine et refoule, précisément de nos jours, la race indigène de plus en plus à l'arrière-plan.

Nous sommes encore redevables à l'Asie méridionale d'un autre animal domestique, la poule. Darwin, qui avait soumis les conditions de la descendance de la poule domestique, depuis longtemps répandue sur le globe tout entier, à un examen approfondi et critique, s'appuie sur de bonnes raisons pour admettre que ce furent les peuples malais qui les premiers apprivoisèrent cet animal. Ce sont des arguments tirés de la zoologie qui, en première ligne, militent en faveur de

Zébu hindou de Ceylan
D'après une photographie

cette hypothèse. Le groupe des poules à crête (*Gallus*) est propre à l'Asie méridionale et aux îles situées en face de ce continent; il ne dépasse cependant pas l'île de Florès. Seule la poule Bankiva (*Gallus ferrugineus*) peut entrer en ligne de compte comme souche originelle, car c'est la seule poule à crête dont la voix concorde avec celle de la poule domestique et qui fournisse des bâtards féconds sous la forme domestiquée. Ainsi qu'on en a fait l'expérience, les variétés orientales de la poule Bankiva sauvage se laissent facilement domestiquer. Au point de vue de la couleur et du reste de la conformation du plumage, la poule sauvage dont nous venons de parler concorde si exactement avec les races primitives de la poule domestique, qu'il ne peut subsister aucun doute au sujet de leur étroite parenté. En se répandant à l'Ouest, cet animal a passé par la Perse et n'est arrivé en Europe qu'à l'époque historique. Sur le sol africain, les nègres ont accueilli cette poule domestique avec une prédilection manifeste.

L'Asie méridionale est le pays d'origine d'un second gallinacé, qui trouva accès auprès de l'homme. C'est le paon, qui, à vrai dire, n'eut jamais une grande importance économique, et est en réalité resté plutôt un animal décoratif.

L'Asie centrale, avec ses steppes riches en pâturages et ses régions montagneuses, a été le siège de civilisations anciennes, en partie disparues, mais dont d'autres parties se sont conservées, sans grandes modifications, comme le veut le penchant conservateur des peuples de montagnes et de steppes. Les conditions naturelles poussèrent à l'élevage; c'est pourquoi l'on retrouve dans l'intérieur de l'Asie des centres de formation d'animaux domestiques particuliers, très importants au point de vue économique.

Il y a certaines races de chiens domestiques qui ont incontestablement apparu pour la première fois sur le sol asiatique. Il n'est pas difficile de reconnaître dans les plateaux du Tibet le point de départ des grands dogues; la géographie animale nous fournit des raisons qui nous permettent d'indiquer le loup noir (*Canis niger Sclater*) propre à cette région, comme la souche sauvage originelle. La race remonta de bonne heure dans les plaines basses de l'Inde, de la Mésopotamie et de la Chine. Non très loin de là, peut-être dans le Nord de l'Inde, on fit remonter des chiens domestiques, genre chien de berger, au Landga hindou (*Canis pallipes*). Ils pénétrèrent du côté de l'Ouest, à la suite de la civilisation de l'âge de bronze et on les trouve déjà en Europe, à l'époque récente des constructions sur pilotis, sous le nom de chiens de bronze. Il y a de fortes raisons pour que les chiens-loups soient également d'origine asiatique; leur ancêtre originel est le chacal (*Canis aureus*), très répandu, qui grâce à son caractère renfermé s'imposa à l'homme. Selon toute apparence le centre de formation des chiens-loups, qui, à l'époque paléolithique, apparaissent déjà dans tous les établissements préhistoriques de l'Europe, se trouve par conséquent dans l'Ouest de l'Asie.

Cheval sauvage *(Equus Prjewalskii)*
D'après l'original du jardin zoologique de Berlin

L'Asie centrale est manifestement aussi le point de départ de l'élevage du cheval qui était déjà très développé à l'époque babylonico-assyrienne. Cette nouvelle conquête ne pouvait manquer de prendre la plus grande importance dans les relations des peuples des steppes, mais leur donna en même temps une puissante supériorité au point de vue militaire. Les espèces sauvages ne manquaient pas. Si l'on en appelle aux documents bibliques de l'art mésopotamien, il en découle qu'il existait une quantité surprenante de chevaux sauvages dans les plaines arrosées par l'Euphrate et le Tigre. La découverte très récente du cheval de Prjewalsky (*Equus Prjewalskii*) dans la haute Asie, confirme le fait que les artistes assyriens travaillaient d'après nature. Les chevaux sauvages de l'Asie intérieure, que nous ont fait connaître les explorateurs russes, ont tout dernièrement été amenés, à plusieurs reprises, en Europe; aussi en trouve-t-on même dans les musées

Chasse aux chevaux sauvages avec des dogues en Assyrie

D'après un bas-relief de Koujoundschik de l'époque d'Assurbanipal (British Museum, Londres)

de second ordre. Il est incontestable que leur sang s'est transmis aux races plus petites de chevaux domestiques. Cependant, il est à supposer que d'autres races locales, peut-être aussi des espèces très proches, ont contribué à la formation des chevaux orientaux. Les chevaux sauvages assyriens, avec leur fine tête, s'écartent un peu du cheval de Prjewalsky. Il est possible qu'ils aient constitué une variété géographique, qui disparut en tant que forme sauvage, mais survit, on ne saurait le méconnaître, dans le cheval arabe actuel.

C'est de la même région que provient le chameau, dont l'apprivoisement fut encore plus fertile en conséquences que l'acquisition du cheval apprivoisé, pour la mise en valeur économique des steppes et pour le commerce du désert.

Le problème de la provenance des chameaux a, pendant longtemps, été enveloppé d'une grande obscurité. Nous en connaissons une race d'élevage septentrionale, le chameau à deux bosses, et une forme d'élevage à une bosse, le dromadaire qui vit plus au Sud. Aujourd'hui nous savons que la forme sauvage (*Camelus ferus*) qui, à l'époque diluviale, a pu, tout comme les autres animaux des steppes asiatiques, pénétrer jusque dans l'Europe méridionale et dans l'Afrique du Nord, n'a pas disparu, mais continue à vivre en forts troupeaux dans la région du Lob-Nor, c'est-à-dire dans la partie occidentale du désert de Gobi. Prjewalsky avait déjà fourni sur ce point des données précises. Par contre, on a objecté qu'il pouvait s'agir là de chameaux échappés et retournés à l'état sauvage. Depuis cette époque, Sven Hedin qui a exploré avec tant de succès la région peu visitée de la haute Asie, a écrit d'Obdal qu'il lui est presque journellement arrivé de voir des chameaux sauvages dans les régions qu'il a traversées. Ils séjournent au pied des montagnes et dans le désert, le plus souvent dans les districts les moins hospitaliers, mais se rendent de temps en temps aux sources abritées, pour boire et paître. Il paraît que c'est un merveilleux spectacle que celui d'un troupeau en fuite à travers le désert et ne s'arrêtant que lorsqu'il se sent en sûreté.

Le yak, l'une des formes les plus originales de bêtes à cornes, à queue de cheval et à longue crinière sur la partie inférieure du corps, n'occupe qu'un domaine très restreint. Il y a environ un demi-siècle que la Ménagerie du Muséum d'histoire naturelle de Paris a acclimaté les premiers yaks qui soient arrivés en Europe. Les Tibétains emploient depuis longtemps le yak comme bête de somme, supérieurement appropriée au trafic à travers les passes montagneuses qui conduisent en Mongolie et en Chine.

Il nous faut admettre une origine exclusivement asiatique des différentes races et formes de chèvres domestiques. Tout ce qu'on trouve ailleurs n'est certainement qu'un emprunt. La forme sauvage est un animal des montagnes, car la tendance à grimper est encore très fortement développée chez les rejetons apprivoisés. Trois espèces différentes participent à la descendance. Les chèvres du Cachmir sont des rejetons de la chèvre hélicoïde (*Capra Falconeri*) dont le domaine actuel est circonscrit à la chaîne de l'Himalaya, mais a pu autrefois s'étendre plus loin vers l'Ouest. Le sang des chèvres domestiques de l'Asie orientale et méridionale est en quantités variables, mélangé du sang de la chèvre Thar (*Capra jemlaica*). Les races occidentales au contraire qui, dès l'époque préhistorique, passèrent en Europe et en Afrique, sont de purs rejetons de la chèvre de Bezvar (*Capra ægagrus*). La couleur de l'espèce primitive sauvage s'est souvent très fidèlement conservée chez les formes apprivoisées des pays montagneux. La géographie animale nous fournit des arguments en faveur de l'hypothèse que l'apprivoisement a commencé dans l'Asie orientale. Cette même région a encore engendré d'autres animaux domestiques anciens. Il se pourrait par exemple que le buffle soit apparu pour la première fois en Mésopotamie, mais les preuves à l'appui de ce fait manquent de certitude. L'élevage du buffle semble aussi s'être perdu par moments, pour être repris plus tard.

L'Asie occidentale a également domestiqué l'âne sauvage (*Equus onager*) indigène, et en a tiré une race d'ânes, noble, extraordinairement maniable, mais

Chèvres sauvages en train de brouter
D'après un bas-relief assyrien (British Museum, Londres)

ayant, à vrai dire, toujours joué un rôle subordonné. Cette région géographique pourrait aussi constituer le point de départ de l'élevage du pigeon. S'appuyant sur des témoignages littéraires, Victor Hehn voit dans la zone de civilisation sémitico-phénicienne le plus ancien habitat du pigeon domestique; au début cet animal semble être en connexité avec certains produits de la civilisation, dont on retrouve les vestiges. Au point de vue zoologique, on ne saurait élever aucune objection contre cette hypothèse d'un centre de formation dans l'Asie occidentale. La forme primitive indiquée par Darwin, le pigeon des rochers (*Columba livia*), est en effet un animal indigène des pays de la Méditerranée orientale. Le pigeon domestique est arrivé de très bonne heure sur le sol africain, comme on peut le démontrer historiquement; c'est beaucoup plus tard seulement qu'il immigra en Europe.

Si l'on se tourne vers le rebord septentrional de l'Asie, on constatera qu'il n'a que peu contribué à enrichir le monde animal domestique.

Seul, le renne est devenu le compagnon de l'homme. Etant donné qu'il n'a subi que des modifications physiques et intellectuelles peu profondes, sa domestication ne semble pas remonter très loin.

On doit encore à l'extrême Orient de l'Asie un autre représentant du monde animal inférieur, à savoir le ver à soie (*Bombyx mori*) si extraordinairement important au point de vue économique. Le mythe chinois en reporte l'acquisition à l'époque primitive de la Chine.

L'Europe apparaît très étroitement reliée au colosse continental de l'Asie. Au point de vue géographique notre continent ne forme qu'une « dépendance » de l'Asie. On ne saurait davantage méconnaître cette dépendance par rapport à l'Orient au point de vue de l'histoire de la civilisation.

L'Aurochs *(Bos primigenius)*
D'après Herberstein (Milieu du XVIe siècle)

Dans ces conditions, il ne faut pas s'attendre à trouver une grande autonomie au monde animal de la presqu'île européenne. En fait, tel qu'il existe à l'origine, au début de la période néolithique, ce monde ne se compose que d'immigrants venus de l'Asie. Contentons-nous de rappeler le petit bœuf, la chèvre et le chien des tourbières. Seul, le mouton des tourbières fait véritablement exception; jusqu'à ces derniers temps sa provenance est restée énigmatique, mais selon toute vraisemblance il est d'origine africaine, et il nous a été transmis par la civilisation de l'ancienne Egypte.

Une fois en possession d'un certain nombre d'animaux domestiques, constituant, à vrai dire, un ensemble encore très simple, les peuples européens cherchèrent à en accroître la quantité en utilisant les éléments sauvages indigènes pour obtenir de nouvelles races. De là, de nouveaux centres de formation, qu'il faut considérer comme secondaires, et qui, au point de vue chronologique, paraissent plus récents que les centres asiatiques.

La plus belle acquisition faite par l'Europe, c'est celle du grand bœuf domestique, descendant du puissant aurochs (*Bos primigenius*).

C'est à l'époque diluviale seulement qu'apparaît le bœuf, dernier rejeton des Bovidés. En réalité, il doit être considéré comme une forme caractéristique de l'Europe. C'est dans la partie orientale de notre continent qu'on en trouvait les plus grands troupeaux et d'autre part, ses restes ont été découverts au Nord, jusqu'en Scandinavie, à l'Est, jusqu'en Angleterre. Son domaine s'étendit aussi sur une grande partie de l'Asie, car Tscherski a relevé l'existence du *Bos primigenius* en Sibérie, l'abbé David en Chine; en Mésopotamie il faisait l'objet de la grande chasse comme on peut le voir sur des sculptures assyriennes. Le légendaire « Reem » de la Bible, le « Rimou » des Assyriens, doit être assimilé à l'aurochs.

Au total, le *Bos primigenius* n'a jamais existé en grand nombre sur le sol asiatique; peut-être en apparaissait-il çà et là des troupes isolées ou des restes dispersés.

Il y a déjà quelques siècles qu'il n'existe plus d'aurochs à l'état sauvage. Vers l'an 1 000 on le chassait encore dans le voisinage du couvent de Saint-Galles, comme on peut le voir dans les *Benedictiones ad mensas Ekkehardi*; près de Bromberg on le chassait au XIIIe siècle. Au début du XVIe siècle, l'aurochs commença de devenir plus rare, et ne se rencontrait plus que dans les forêts de Masovie, à cinquante kilomètres environ à l'Ouest de Varsovie. L'ambassadeur autrichien en Pologne, le baron de Herberstein, reçut en cadeau, vers l'an 1550 un aurochs mort. Il en fit exécuter une figure originale que Conrad Gessner fit connaître en 1553 sous forme d'un dessin un peu modifié.

Nous connaissons cependant des reproductions beaucoup plus anciennes de l'aurochs; elles datent de l'époque mycénienne, témoignent d'une grande ressemblance naturelle, et sont incontestablement supérieures au dessin d'Herberstein.

M. Wrzesniowski a constaté, d'après les archives polonaises, qu'en 1559 le dernier troupeau de la Masovie ne comprenait plus que 24 pièces et que le dernier aurochs femelle mourut en 1627. C'est donc le passage à l'état domestique qui a empêché la disparition définitive de l'espèce. Aujourd'hui encore, il existe des rejetons apprivoisés ou à demi sauvages qui nous ont transmis les traits fort peu modifiés du plus grand bœuf de l'ancien monde: ce sont les bœufs des steppes de l'Europe orientale et ceux, à demi sauvages, des parcs d'Angleterre.

En ce qui concerne l'époque et l'endroit de la première domestication de l'aurochs, on en est réduit à des suppositions. Il y a cependant des faits ressortissant du domaine de la géographie animale, et des documents artistiques de l'époque mycénienne qui permettent d'admettre, avec beaucoup de vraisemblance, que l'élevage de l'aurochs a dû être entrepris par des éléments ethniques grecs environ 2000 ans avant J.-C.

C'est un fait très caractéristique qu'aujourd'hui encore prédomine dans la péninsule des Balkans ainsi que dans les steppes de la Russie méridionale, un animal des steppes qui, corporellement se rapproche beaucoup de l'aurochs. Il est vrai qu'on voit ensuite apparaître de grands bœufs *primigenius* dans le Nord de l'Europe, c'est-à-dire dans les dépressions de l'Allemagne septentrionale, dans les marches fertiles de la Hollande et de l'Ecosse. Il n'est guère admissible que le passage à l'état domestique se soit ici effectué indépendamment. Une très ancienne voie commerciale menait du Sud-Est de l'Europe aux pays situés sur la Baltique, et l'on peut très bien supposer que les bœufs *primigenius* ont suivi ce chemin vers le Nord à une époque très reculée.

Le porc domestique se présente dans les mêmes conditions. Dans les stations bâties sur pilotis de l'Europe centrale, on eut au commencement des porcs asiatiques. C'est plus tard seulement qu'apparaît un porc domestique plus grand qui descend incontestablement du porc sauvage européen (*Sus scrofa*). La race *Sus Europæus* dans laquelle il faut ranger le porc domestique à dos de carpe, paraît de bonne heure prédominer dans le Nord de l'Allemagne. Depuis quelques dizaines d'années cependant, elle est de plus en plus refoulée à l'arrière-plan par des porcs domestiques asiatiques. Le porc domestique européen n'a jamais pu trouver droit de cité dans le Sud de l'Europe; on y élève le porc roman en qui prédomine le sang asiatique.

L'Europe méridionale renferme un centre de formation de moutons apprivoisés qui descendent d'un mouton sauvage existant dans cette région, le mouflon

Bœufs des hauts-plateaux écossais (époque contemporaine)

(*Ovis musimon*). Ce sont des moutons domestiques à courte queue, le plus souvent petits, qui actuellement sont refoulés vers le Nord de l'Europe. Ce fut sans doute la civilisation insulaire qui, dans l'ancienne Grèce, fut la première à accueillir la nouvelle race.

Le cheval sauvage européen a été domestiqué relativement tard, dans une région qu'on n'a pas exactement déterminée jusqu'ici, et qu'il faut peut-être chercher dans l'Europe centrale. Il a fourni une race tout à fait différente du gracieux cheval domestique de l'Asie, d'une structure lourde, avec une tête massive et dolichocéphale. Ce sont les chevaux noriques du Tirol et du pays de Salzbourg, les lourds chevaux de trait de l'Allemagne méridionale et les pesants chevaux de trait anglais qui conservent encore le sang occidental le plus pur.

Si les chevaux sauvages ont complètement disparu de l'Europe, on les y trouvait autrefois en très grand nombre. M. Nehring a découvert en Allemagne, à proximité de Magdebourg, à Remage et à Thiede des restes de chevaux diluviaux qui permettent de conclure à l'existence d'une forme lourde et grande. La structure du crâne et la conformation des dents concordent avec le type germanique du cheval occidental. Tout récemment, on a retrouvé en Suède, près d'Ingelstad, le crâne d'un cheval sauvage de l'âge de pierre; il avait été tué à l'aide d'armes en silex; le crâne renfermait encore une lame de poignard brisée. A l'époque historique, Pline et Strabon nous parlent de chevaux sauvages existant dans le Nord des Alpes; leur présence est également confirmée par Ekkard IV, qui remarque dans les bénédictions qu'il donnait à table et au moment des repas: *Sit feralis equi caro dulcis in hac cruce Christi.* Elisée Rösslin rappelle qu'il existait des chevaux sauvages dans le Wasgau à la fin du XVIe siècle.

C'est dans la forêt de Douisbourg que se sont le plus longtemps maintenus ces animaux, qu'on y avait d'ailleurs enclos pour se garantir contre leurs déprédations. Voici comment on s'y prenait pour capturer l'un de ces chevaux sauvages. Après avoir découvert le gîte du troupeau, le chasseur grimpait sur un arbre tout près de l'endroit où devaient passer les chevaux et tenait sa laisse toute préparée, pendant qu'un aide traquait les animaux. Dès que ceux-ci paraissaient, le chasseur après avoir jeté son dévolu sur l'un des sujets, lui lançait adroitement sa laisse par-dessus la tête et le cou; à l'extrémité de la laisse était fixé un lourd billot de bois qui, par son poids, amenait la fermeture du lacet. C'étaient surtout des personnalités princières qui prenaient part aux grandes battues, quand il s'agissait de capturer un grand nombre de chevaux. On offrit, paraît-il, un spectacle de ce genre à Napoléon, en 1812. La dernière grande chasse au cheval sauvage eut lieu en 1814. A Ratingen, à Douisbourg, Mulheim et Kaiserswerth, on ne réquisitionna pas moins de 2600 traqueurs pour rabattre les troupeaux dans un enclos entouré de fortes palissades. A cette occasion, le troupeau tout entier, comprenant environ 260 pièces, fut exterminé, et c'est ainsi que disparut à jamais la dernière réserve de chevaux sauvages.

Parmi les animaux domestiques plus petits, le lapin a certainement fait son apparition dans le Sud-Ouest de l'Europe; parmi les oiseaux domestiques, le canard domestique n'apparaît que dans l'antiquité historique; l'élevage de l'oie est un peu plus ancien; sa forme originelle est constituée par l'oie grise (*Anser cinereus*) dont il est déjà question au temps d'Homère.

En Afrique, nous nous trouvons en face de conditions tout à fait particulières. L'abondance extraordinaire d'animaux plus haut placés dans l'échelle, en particulier le puissant développement de mammifères herbivores, fait présupposer que la domestication a dû prendre de bonne heure une grande extension sur le sol africain. D'ailleurs presque tout est emprunté à l'Asie. Les couches les plus anciennes d'habitants qui vinrent s'établir en ces lieux, renoncèrent à faire de grandes acquisitions ou bien échangèrent des produits indigènes contre des produits étrangers. Les immigrations venues dans la suite de l'Orient et contenant des éléments ethniques hamitiques et sémitiques, amenèrent avec elles des animaux domestiques de provenance asiatique. L'immigration des bœufs zébus date déjà de l'époque préhistorique; les moutons et les chèvres asiatiques pullulèrent. Plus tard vint le cheval asiatique, puis le chameau.

Cependant des recherches récentes ont établi que l'Afrique n'était pas demeurée tout à fait aussi inféconde qu'on l'a admis autrefois. L'Ethiopie renferme un centre très ancien de domestication du chien; c'est à elle que nous sommes redevables des grands lévriers qui apparaissent déjà à l'époque des Pharaons. L'âne est un animal domestique authentiquement africain; au point de vue numérique, il paraît de beaucoup supérieur à son distingué congénère, qu'en Asie occidentale on tira de l'onagre. On trouve déjà des ânes domestiques aux temps primitifs de l'Egypte; dès l'époque de Negada, c'est-à-dire il y a quelque 7000 ans, on les reproduit. Tous les savants sont d'accord qu'il faut chercher la souche primitive dans l'âne sauvage de l'Afrique orientale (*Equus tæniopus*) qui, par la croix qu'il porte sur l'épaule et les rayures de ses pattes, concorde avec la forme apprivoisée.

Le mouton domestique africain est tout aussi ancien. C'est probablement dans la vallée du Nil qu'on l'a domestiqué en apprivoisant le mouton sauvage à crinière qui y vivait. L'ancien mouton domestique africain a été de bonne heure refoulé par l'élément asiatique; quelques restes dispersés vivent néanmoins actuellement encore, mais bien loin de leur centre d'origine.

C'est dans la vallée du Nil qu'apparut le chat, qui, chose singulière, n'est pas immédiatement devenu un animal domestique. Le chat fauve de la Nubie (*Felis maniculata*) est la forme sauvage primitive; d'autres espèces de chats sauvages n'ont probablement que très peu contribué à la formation de la race apprivoisée, et c'est encore le lynx du désert (*Felis chaus*) qui arrive en première ligne sous ce rapport. Après avoir séjourné dans la vallée du Nil pendant un espace de temps d'une longueur surprenante, le chat n'émigra vers les continents voisins que relativement tard; en Europe, il n'apparaît qu'à l'époque historique.

En fait d'oiseaux domestiques, l'Afrique a fourni la pintade dont les représentants sauvages sont tout à fait circonscrits à ce continent. Darwin considère l'espèce indigène de l'Afrique orientale (*Numida ptylorhyncha*) comme la souche primitive. En Europe, on élevait déjà des pintades sous l'antiquité classique, et on en trouve des représentations artistiques.

En Afrique on a, à une époque toute récente, conquis un nouvel animal domestique, en faisant l'élevage de l'autruche (*Struthio camelus*) dans les fermes. A vrai dire, c'est pour la seconde fois qu'on entreprend la domestication de l'autruche. Il a en effet été établi que les indigènes du pays des Somalis élèvent depuis longtemps des troupeaux entiers d'autruches, qu'ils emmènent chaque jour paître avec les chameaux. Les plumes qu'ils apportent au marché proviennent d'espèces domestiquées. En Amérique l'acquisition d'animaux domestiques est restée insignifiante. Si ce continent nous inonde aujourd'hui de ses produits, il a commencé par presque tout emprunter à l'ancien monde. Néanmoins il s'y trouvait déjà quelques espèces à l'époque pré-colombienne.

Dans l'ancien Pérou on s'adonnait énormément à l'élevage des chiens domes-

Un parc d'autruches
D'après une photographie

tiques, qui étaient d'une taille moyenne et dont la robe se composait de poils raides allant de l'ocre jaune au brun foncé.

Les chiens jouaient un rôle important dans le monde imaginatif des anciens Incas; ils suivaient les morts dans leurs tombeaux. Chose digne de remarque, on pratiquait déjà le pur élevage de races déterminées. Dans les tombeaux pré-espagnols du cimetière d'Ancon, on a trouvé des momies de chiens qui, d'après les recherches de M. Nehring, appartiennent à trois races différentes, dont l'une ressemblait au chien de berger, l'autre au basset, la troisième au dogue. Au cours de ses voyages au Pérou, M. J. Tschoudi rencontra chez les Indiens pasteurs un chien au poil rude, ocre jaune foncé, avec une tête à museau pointu et des oreilles droites, qui descend directement de l'ancien chien des Incas (*Canis Inguæ*). A l'occasion, on le dresse à la chasse au perdreau. Le passage à l'état domestique eut lieu dans l'Amérique centrale; c'est le loup fauve américain (*Lupus occidentalis*) qui est la souche primitive.

D'autre part, l'Amérique du Sud a domestiqué les lamas qui lui sont particuliers. L'élevage est visiblement très ancien, car on a trouvé des têtes de lamas dans des tombeaux antérieurs à l'arrivée des Espagnols. Quand ceux-ci débarquèrent en Amérique du Sud, il y existait déjà un grand nombre de lamas domestiques. Ils ne sont pas jusqu'ici descendu des hautes altitudes de l'Amérique du Sud et n'ont pas pu s'acclimater dans d'autres pays de montagnes.

Le dindon est originaire de l'Amérique du Nord; c'était déjà un animal domestique des peuples Maya et des Mexicains, lors de l'arrivée des Espagnols. A côté du chien qu'on mangeait, les dindons constituaient la source la plus importante d'alimentation carnée des indigènes. L'Europe possède cette volaille domestique depuis 1530. Jusqu'ici il n'y a que les pays romans, l'Espagne en particulier, qui s'occupent spécialement de l'élevage du dindon.

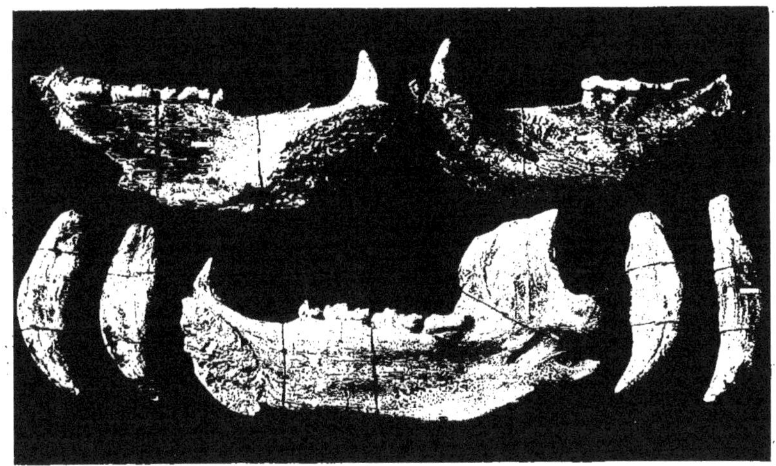

Mâchoires et dents de l'ours des cavernes servant d'ustensiles (provenance française)

II. L'entourage animal de l'homme pendant la période paléolithique

L'un des titres de gloire du XIXe siècle auquel on doit tant de conquêtes scientifiques, c'est d'avoir le premier, et avec des méthodes toutes nouvelles, abordé l'étude des commencements du genre humain. Sur ce sujet, la recherche historique n'avait rien à dire; la vénérable tradition qu'on avait pieusement recueillie, paraissait insoutenable en face d'une critique rigoureuse. La préhistoire, enfant du siècle dernier, après avoir quelque peu tâtonné, se développa d'une façon qui s'imposait à l'attention et son influence s'accrut de jour en jour. Elle répandit la lumière sur les plus anciennes époques de l'humanité, de sorte que nous sommes aujourd'hui renseignés, jusque dans le détail, au sujet de ses conditions d'existence, de son alimentation, de ses armes, de ses parures et même des débuts de ses créations scientifiques.

Nous avons également appris à connaître les rapports existant avec le monde animal ambiant. Les nombreux restes d'ossements, en partie très bien conservés, qu'on a mis au jour dans les lieux d'habitation préhistoriques des hommes primitifs, nous offrent un tableau très complet de l'ensemble de la faune préhistorique. Un œil exercé sait, d'après certaines conditions de structure, reconnaître avec une sûreté suffisante, si ces reliques proviennent d'animaux sauvages ou domestiqués. Des restes de ce genre, étudiés avec une circonspection nécessaire, en même temps que les traces de l'activité humaine, peuvent nous fournir la date de la période de la civilisation à laquelle les animaux domestiques ont, pour la première fois, apparu comme compagnons de l'homme. Pour cela, il est d'une importance capitale d'avoir la certitude que les objets trouvés proviennent de couches qui n'ont été l'objet d'aucune perturbation. Certains fragments d'ossements peuvent occasionnellement passer de couches supérieures, à travers des fissures et des fentes accidentelles, dans des dépots plus profonds, par conséquent plus anciens au point de vue de la civilisation. Ou bien, le sol a été fouillé, la stratification primitive a été disloquée. Cette circonstance a donné lieu à des conclusions inexactes. Néanmoins l'état de conservation et, le plus souvent aussi la coloration, serviront de criterium pour savoir si des ossements retrouvés sont, oui ou non, contemporains. Quand des restes n'apparaissent qu'isolément au milieu de nombreux vestiges d'autres espèces animales, le doute s'impose d'avance.

Partout où l'entourage animal de l'homme à l'époque préhistorique a été l'objet de recherches entourées des précautions nécessaires, on a constaté une opposition tranchée entre l'âge de pierre le plus ancien et l'âge de pierre plus récent. Les animaux domestiques manquent dans la période paléolithique et n'apparaissent qu'à l'époque néolithique.

De tous les établissements paléolithiques de l'Europe qu'on a jusqu'ici appris à connaître, ceux qui ont été l'objet des recherches les plus minutieuses sont les habitations caverneuses de Thayngen dans le canton de Schaffhouse.

Les cavernes de Thayngen, explorées depuis 1874, ont fourni à L. Rutimeyer, pour ses recherches zoologiques, 24 espèces de mammifères et 8 espèces d'oiseaux. Parmi ces dernières, c'est la perdrix blanche qui est le plus fortement représentée, attendu qu'on n'a pas retiré moins de 200 os de l'avant-bras provenant de cet animal. La perdrix blanche était manifestement l'objet d'une chasse importante pour l'homme des cavernes. L'os de l'avant-bras du cygne chanteur servait à faire de petits sifflets.

Parmi les mammifères, c'est le lièvre qui était le plus fréquent; les restes de cet animal atteignent 80 pour cent des ossements retrouvés. C'est un herbivore, aujourd'hui refoulé vers le Nord, à savoir le renne, qui vient en seconde ligne. D'après la quantité d'ossements de rennes retirés, Rutimeyer estimait que le chiffre de ces animaux enterrés en cet endroit s'élevait au moins à 250 exemplaires. On ne saurait admettre que cette forme animale était déjà domestiquée; elle était seulement l'objet d'une chasse ardente. Au nombre des espèces sauvages figure en outre l'aurochs (*Bos primigenius*), puis, en plus grandes quantités encore, le bison, sans compter les restes d'environ deux douzaines d'exemplaires de chevaux sauvages, dont on donnait même des reproductions figuratives. Le dessin n'est pas un chef-d'œuvre, mais permet de conclure que l'homme des cavernes de cette époque possédait une excellente faculté d'observation.

En fait de carnassiers, on trouva des chats sauvages et des lynx. Chose remarquable, une forme méridionale de l'espèce féline, le lion, s'étendait à cette époque jusqu'à Thayngen. On découvrit des restes assez abondants de loups et de renards, et d'autres moins nombreux de chamois, de bouquetins et de cerfs; un seul os de marmotte fut mis à jour.

On a repris, dans ces derniers temps, les recherches relatives aux anciens établissements dans les cavernes. La liste des animaux qui s'y trouvaient s'est trouvée accrue; et chose remarquable, la faune des steppes y était également représentée.

Au-dessus du cheval sauvage ordinaire, on a par exemple relevé l'existence de l'âne des steppes (*Equus hemionus*) actuellement refoulé vers l'Asie intérieure. C'est toujours la faune susceptible d'être chassée, mais jamais la faune des animaux domestiques, que nous rencontrons.

Rutimeyer observe bien que, parmi les ossements de Thayngen, objets de ses recherches, on a aussi trouvé de rares fragments de porc et de bœuf apprivoisés, mais leur nombre extrêmement faible les rend équivoques. Leur état de conser-

La grotte de Thayngen
D'après une photographie de M. J. Nüesch, de Schaffhouse

vation est beaucoup plus frais que celui des autres ossements; il s'agit manifestement d'une adjonction postérieure.

Les stations de rennes que le Dr. Nüesch a soumis à des recherches systématiques ont été habitées pendant très longtemps par l'homme préhistorique, ce qui ressort déjà des restes d'ossements entassés en abondance.

C'est là que sous la couche moderne d'humus, épaisse d'environ 40 centimètres, on trouva une couche de couleur grise qui appartient à l'époque néolithique, puis une couche de 80 centimètres d'épaisseur ne renfermant que peu de restes, superposée à la couche « jaune » de 30 centimètres d'épaisseur. Cette dernière appartient à la période paléolithique et recèle des restes de chasseurs de rennes de cette époque. Tout en bas, se trouve, au-dessus du nouveau de la rivière, une couche, épaisse de 50 centimètres, qui renferme une grande quantité de restes d'ossements de petits rongeurs des steppes. Là où les couches n'ont subi aucune altération, elles permettent de se faire un aperçu très net des modifications du monde animal de l'Europe centrale, depuis la dernière époque glaciaire.

La couche la plus basse, celle des rongeurs, revèle, d'après les recherches d'A. Nehring, l'existence d'une faune subarctique de steppes, représentée par le Spermophile, le hamster, le mulot (*Arvicola gregalis*), le lièvre siffleur; le lemming à collier est particulièrement caractéristique. A côté de cela, les restes du lièvre blanc, de la perdrix blanche, du renard blanc et du renne, prouvent que des formes arctiques étaient mélangées avec les habitants subarctiques des steppes. La couche jaune, de caractère paléolithique, ne renferme plus le lemming qui était déjà disparu; les rongeurs des steppes s'affirment encore; des restes de renne, de cheval sauvage, d'ours des cavernes, de loup et d'aurochs indiquent une faune de chasse.

Avec la période néolithique, notre faune forestière actuelle apparaît plus généralement en Suisse; elle immigra de l'Est et étouffa la faune des steppes.

On ne peut pas déterminer avec certitude l'existence de restes d'animaux domestiques dans la couche jaune. On a bien trouvé de rares ossements de mouton domestique, mais il n'y a là aucune preuve, car il est possible qu'ils appartiennent à un mouton sauvage ou qu'ils aient été accidentellement détachés de couches supérieures. Les stations préhistoriques de l'Allemagne présentent un spectacle analogue, attendu que les restes trouvés dans les cavernes de l'Allemagne du Sud n'appartiennent qu'à des espèces sauvages. La célèbre caverne de Hohlefels dans la vallée souabe de l'Ach, a été très minutieusement explorée par M. Fraas. C'était un établissement de troglodytes très ancien, qu'habitaient déjà pendant l'époque diluviale des hommes exclusivement chasseurs. Leurs repas ont fourni des restes de l'ours des cavernes, du cheval sauvage, du renne, de l'aurochs, du bison, du sanglier, du lynx, du lion, etc.... Un crâne de renne avait servi à faire une coupe. Dans la caverne du bouquetin, dans la vallée de Lone, on a trouvé les restes nombreux des pachydermes de l'époque diluviale, sans compter six plaques d'ivoire travaillées par l'homme. On a en outre relevé l'existence du cheval sauvage, du renne, de l'hyène des cavernes, du loup et du renard blanc.

Au sujet des stations de l'Allemagne méridionale, M. Fraas fait les remarques suivantes qui sont très concluantes. « Aucun des animaux dont des restes de squelette gisent dans la couche diluviale de nos cavernes n'avait été apprivoisé au service de l'homme. Celui-ci se trouvait plutôt, vis-à-vis de tous ces animaux, dans un état d'hostilité, et ne savait que les tuer, pour prolonger son existence grâce à leur chair, à leur sang et à la moelle de leurs os. La supériorité de l'homme ne résultait pas exclusivement de sa force physique. En effet, à peu d'exceptions près, les animaux tués sont à un tel point supérieurs en force à l'homme, que même, avec de la poudre et du plomb, il n'est pas facile d'abattre l'éléphant, le rhinocéros, l'ours gris et le bison, ou de forcer à la chasse le cheval et le renne agiles.

Il s'agissait, grâce à une supériorité intellectuelle, de guetter les instants où l'animal n'était pas sur ses gardes, et de le surprendre, ou de le faire tomber dans des pièges et des fossés.»

Dans une caverne de Franconie, explorée par M. Ranke, on a trouvé, dans les couches les plus profondes du sol argileux, à côté d'os de renne, de cerf géant, d'ours des cavernes travaillés par l'homme, des ossements d'animaux domestiques mêlés à de nombreux débris d'ustensiles en terre d'une époque postérieure, voire même des fragments d'un vase en fonte. C'est précisément ce singulier mélange qui doit nous faire mettre en doute l'âge paléolithique des restes d'animaux domestiques. Ranke affirme que ce sont justement les pièces les plus lourdes qui tombèrent le plus au fond dans l'argile humide de la caverne, et qu'en conséquence, il n'est plus possible de distinguer l'époque à laquelle les objets ont été ensevelis dans cette tombe humide.

En Autriche, on a exploré très minutieusement les cavernes moraves, ce qui a permis d'avoir une idée très nette de la faune préhistorique. A côté des couteaux de silex de l'époque diluviale, des objets en os de renne ou en ivoire, témoignent de la présence de l'homme paléolithique, qui vivait du produit de sa chasse et possédait déjà une certaine habilité à fabriquer des ustensiles utiles. Là encore, on constate comme résultat final, que les animaux domestiques n'apparaissent qu'à l'époque néolithique, mais qu'on ne saurait les trouver chez l'homme des premiers établissements. L'étude de l'époque quaternaire en Moravie par M. Martin Križ peut se résumer ainsi: «A l'époque diluviale, nous voyons devant nous un chasseur sans animaux domestiques, un chasseur en lutte contre le puissant ours des cavernes, le géant de l'espèce animale, le mammouth; et ce chasseur sortait vainqueur du combat contre ces animaux, tout comme l'Esquimeau d'aujourd'hui, avec sa hache de silex, ses flèches en os, en corne de renne, ou en pierre, et sa lance à pointe pierreuse. A l'époque préhistorique (néolithique) nous n'avons plus devant nous un simple chasseur; l'homme de cette époque s'est affranchi du produit incertain de la chasse; il possède des animaux domestiques, il cultive des céréales.»

Cette façon de voir se trouve confirmée par les constatations faites en France, pays par excellence des recherches paléolithiques étendues et couronnées de succès. La civilisation paléolithique, autant qu'il est permis d'en parler, y apparaît dans sa plus grande perfection. La confection des instruments nécessaires à la vie journalière y est minutieuse et très variée; il semble qu'on ait déjà apporté un certain raffinement à se procurer les produits de la chasse. L'habitant des cavernes va même jusqu'à faire les premiers pas, couronnés de succès, dans le domaine de l'art créateur. En ces derniers temps, on est arrivé à quelques aperçus presque déconcertants au sujet des productions de cette époque au point de vue du dessin.

L'habitant primitif de l'Europe trouvait en France des conditions de développement particulièrement favorables. En effet, durant l'époque glaciaire, les glaciers ne recouvraient qu'une faible partie de notre sol, et les grands mammifères qui reculaient devant les blocs de glace y trouvaient un asile hospitalier. D'où la quantité stupéfiante d'ossements d'animaux qui, par endroits, sont entassés avec des restes de l'industrie de l'homme. Au nord de Lyon, à Solutré, les restes de chevaux sauvages forment un «Magma» de cheval qui est exploité industriellement par des fabriques de phosphates. C'est par dizaines de milliers qu'on compte les chevaux ensevelis en cet endroit. Ils ont autrefois servi à nourrir l'homme paléolithique. Les cavernes habitées étaient dans le Sud de la France, particulièrement nombreuses dans la vallée de la Vézère. Les cavernes de la Madeleine, du Moustier, de Cro-Magnon, sont célèbres. (Voir l'Univers et l'Humanité, Tome II.)

La faune sauvage qui, en ces lieux, était à la disposition de l'homme pour

Amas de rochers dans le canton de Schaffhouse
D'après une photographie de M. Nüesch

sa nourriture, permet souvent de reconnaître une cohésion caractéristique. Gabriel de Mortillet s'est donné la peine de dresser une liste de tous les mammifères comestibles et susceptibles d'être chassés, dont les restes ont été retrouvés dans des cavernes habitées; il en cite plus de cent espèces. Il est certain qu'on consommait bien des choses acquises accidentellement, suivant un peu la manière des Weddas actuels de l'Asie méridionale. Les animaux comestibles de beaucoup les plus importants, étaient le cheval, le renne et l'aurochs (*Bison europæus*).

Le cheval sauvage trouvait des conditions d'existence particulièrement favorables dans les plaines sèches du Midi de la France. Le renne était extraordinairement abondant, comme en témoignent les trouvailles faites à Gourdan (Haute

Garonne) où, dans l'espace de 14 mois, on a déterré les restes d'environ 3000 individus. On abattait le gibier avec la lance.

L'aurochs peuplait autrefois la France, en troupeaux semblables à ceux, qu'au siècle dernier, on pouvait encore en voir dans les prairies de l'Amérique. On en a retrouvé des restes en quantités prodigieuses dans les stations de Chelles et Saint-Acheul. Le chasseur préhistorique connaissait évidemment, d'une façon très exacte, les détours que faisait le bison sauvage; il le guettait pour le surprendre et le tuer avec la lance ou le harpon, car ç'eut été peine inutile que de poursuivre à la course un animal aussi agile. Elie Massena a trouvé à Laugerie-Basse un fragment de ramure de renne sur lequel est reproduit, en traits énergiques, une scène de chasse de ce genre. A l'extrémité la plus large de ce fragment d'os, on reconnaît un bison en fuite; derrière lui, un chasseur couché. Sa main droite tient un harpon qu'il s'apprête à lancer sur l'animal en train de fuir.

L'image colorée du bison apparaît, avec une fidélité naturelle déconcertante, dans les magnifiques dessins rupestres et les peintures pariétales qui, dans ces derniers temps ont été découverts par M. M. Rivière et Capitan à l'intérieur des cavernes du Midi de la France, et qui, d'après leur âge sont attribués à l'âge de pierre ancien.

Une autre bête à cornes, l'aurochs (*Bos primigenius*), était l'objet de la chasse. On n'a trouvé que des restes extrêmement rares du cerf (*Cervus capreolus*), sans doute parce que cette espèce de cerf n'aime pas les contrées sèches. Par contre, on a découvert une quantité d'autant plus grande d'antilopes Saiga (*Saiga tartarica*) aujourd'hui fortement refoulées vers l'est. Leurs restes apparaissent à Solutré, à la Roche Berthier, à Laugerie-Basse, à Bruniquel et à Gourdan. Cette dernière station a fourni un fragment de corne de renne, où l'on peut reconnaître la tête de l'antilope Saiga sur un dessin très caractéristique.

Si, à côté des matériaux ostéologiques, on fait appel aux produits de la «spéléologie» préhistorique qui a fait ses preuves les plus brillantes en France, et qui a reproduit le monde animal avec une fidélité incontestable et une certaine prédilection, nous rencontrons toujours les mêmes espèces. Les reproductions d'animaux domestiques manquent absolument.

C'est pourquoi M. Gabriel de Mortillet arrive, lui aussi, à cette conclusion: « Les hommes des temps paléolithiques ne connaissaient ni l'agriculture ni la domestication. Ils étaient donc essentiellement chasseurs. Chasseurs pour se défendre contre les grands animaux; chasseurs pour se procurer leur nourriture journalière. » M. J. U. Durst qui, dans ces derniers temps, a cherché à répandre dans le domaine de l'histoire des animaux domestiques des idées nouvelles, mais non pas toujours heureuses, soutient une thèse contraire à celle adoptée unanimement par les autres savants. Cet auteur reporte l'apparition des animaux domestiques en Europe à l'époque paléolithique, et s'appuie à cet effet sur les découvertes faites dans les cavernes du Midi de la France. D'après lui, certaines images de chevaux paléolithiques porteraient une selle, et leur cou serait entouré d'un licou ou d'une laisse. Cet argument est contestable. On peut bien reconnaître, sur quelques figures de chevaux des traits ornamentaux, qui, vraisemblablement ont été ajoutés plus tard, mais les savants français se refusent à y voir des couvertures de selle et des brides préhistoriques.

En dehors de l'Europe, on a également étudié de près des gisements de l'âge de pierre en Egypte. Sur certains points, on a découvert des restes de repas qui proviennent d'un peuplement pré-pharaonique et appartiennent par conséquent à l'époque égyptienne primitive. M. de Morgan a trouvé un grand nombre d'ossements d'animaux dont l'état de conservation laisse d'ailleurs à désirer. Les collines de Toukh, près d'Abydos, revèlent un établissement préhistorique qui cependant fut

Fragment de pierre calcaire avec un âne sauvage
D'après une photographie de M. Nüesch

abandonné de bonne heure. Les couches s'y trouvent encore dans leur situation primitive. Dans les couches supérieures on mit à jour des tuiles non cuites et quelques instruments de bronze qui correspondent à la période de début de l'époque pharaonienne; les gisements inférieurs, par contre, contiennent des ossements brisés d'animaux, des débris de vases, de petites pointes d'os, des blocs de silex, des marteaux et un grand nombre d'éclats; elles sont par conséquent préhistoriques. Gaillard y a également relevé les restes d'un ancien mouton domestique, mais cette découverte de l'âge de pierre appartient à l'époque néolithique.

On fut grandement surpris d'apprendre, il y a très peu de temps, que dans l'Amérique du Sud on avait déjà commencé à pratiquer l'élevage à l'époque où l'homme habitait dans les cavernes. Cette nouvelle était basée sur les trouvailles faites dans la caverne d'Ultima Esperanza, dans la Patagonie du Sud, et qui, dans ces dernières années, ont donné naissance à toute une littérature. On put en effet observer de nombreux restes d'un édenté à jamais disparu, appartenant au genre *Grypotherium*, et présentant un état de conservation relativement assez satisfaisant. Les os, brisés par l'homme, étaient jetés de côté comme déchets des repas; l'animal était dépouillé, et sa peau semble pavée comme une route, à cause des fragments d'os qui y adhèrent intérieurement.

Pour dépouiller et abattre les animaux, l'homme se servait de pierres aux arêtes saillantes et de lamelles de pierre. Le Grypotherium doit avoir habité la caverne très longtemps, car le sol est recouvert d'une épaisse couche de fumier, où l'on trouva des excréments d'animaux jeunes et vieux. M. Lehmann-Nitsche estime que le diamètre de ces déjections varie entre 75 et 180 millimètres et, selon lui, le fait de leur conservation en grande quantité, milite en faveur d'une propagation régulière à l'état de domestication. Aussi a-t-on appelé cette espèce le *Grypotherium domesticum*, et Hauthal ainsi que d'autres savants y voient un véritable animal domestique. L'imagination a peuplé cette caverne d'Ultima Esperanza de troupeaux d'édentés domestiqués, objets de soins et d'un élevage méthodiques par les Indiens primitifs de l'Amérique du Sud. L'étude du fumier a appris que certains des restes de plantes sont nettement coupés, que par conséquent le Grypotherium recevait une nourriture préparée. Tout cela a l'air très beau. Nous n'en sommes pas moins obligés de laisser le dernier mot à une conception sensée. Il ne s'agit dans l'espèce que d'exemplaires du *Grypotherium Darwinii*, capturés et retenus momentanément en captivité.

Ce soi-disant animal domestique a disparu; les Indiens actuels n'en ont conservé aucun souvenir. L'homme ne laisse pas, sans nécessité, un animal domestique se perdre. Si l'habitant des cavernes de cette époque avait voulu attirer des animaux domestiques, il eût trouvé de meilleurs éléments que les édentés d'un développement morphologique unilatéral, et si bas placés au point de vue intellectuel. L'ethnologie fournit également des arguments contre la domestication. L'habitant primitif de l'Amérique a de tout temps pratiqué la chasse et laissé, somme toute, l'élevage de côté. C'est seulement d'une façon tout à fait locale qu'il a acquis quelques rares animaux domestiques, qui ne sont d'ailleurs pas précisément les plus importants au point de vue économique. Tout récemment MM. Paul et Frédéric Sarasin ont étudié l'âge des cavernes dans l'île de Célèbes, où les Toula constituent encore un maigre vestige de la population primitive. L'exploration des cavernes mit au jour des ustensiles en silex et des ossements d'animaux, déchets de cuisine. Mais, parmi ceux-ci, on ne trouve exclusivement que des restes d'espèces sauvages (marsupiaux, sangliers, buffles-chamois); les animaux domestiques n'y sont pas représentés.

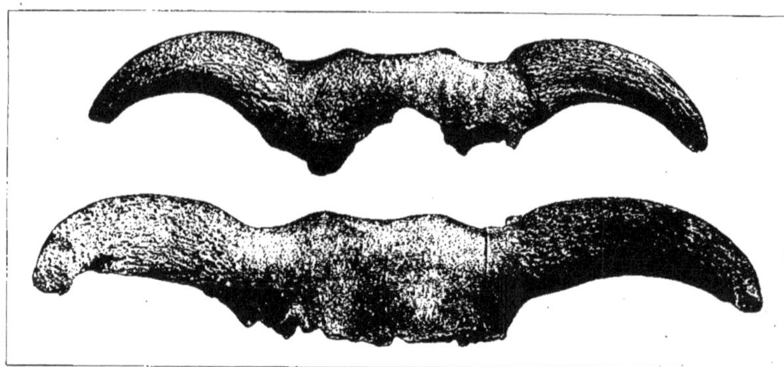

Cornes de bœufs provenant des habitations lacustres D'après A. David

III. La première apparition des animaux domestiques à l'époque des habitations lacustres

La découverte des habitations lacustres sur le sol de l'Europe se place en l'année 1854. Le niveau d'eau de tous les lacs alpestres avait extraordinairement baissé à cette époque.

On se mit à enlever la vase dénudée, dans la petite crique d'Obermeilen, sur le lac de Zurich, et à un pied de profondeur, on rencontra un gisement où se trouvaient des pilotis encadrés, dont la tête ne dépassait pas cette couche. Les restes d'ustensiles en pierre et en os, ainsi que les pointes en silex des flèches et des épieux retrouvés en cet endroit, amenèrent forcément à conclure que ce travail de pilotis était un produit de l'industrie humaine.

Cette découverte fut le point de départ de l'étude des habitations lacustres où M. Ferdinand Keller se distingua en première ligne.

Vers le milieu du siècle dernier, il existait encore un abîme profond entre l'âge de pierre ancien et l'époque historique. Après avoir été longtemps méconnu, et grâce seulement à une persévérance obstinée, Boucher de Perthes avait finalement réussi à faire admettre l'existence de l'homme paléolithique avec son patrimoine de civilisation extraordinairement pauvre. Mais, cette période civilisée si éloignée de nous, se trouvait dans une situation étrange vis-à-vis de la période historique à laquelle rien ne la reliait. C'est alors qu'apparut inopinément l'homme néolithique ou homme des constructions sur pilotis. M. F. Keller plus heureux que son précurseur français, arriva sans résistance et, pour ainsi dire d'un seul coup, à imposer ce fait nouveau.

Peu de temps après, on découvrit en effet, sur d'autres points, des restes analogues d'anciens villages lacustres. Successivement et très vite, on mit à jour des stations d'habitations sur pilotis sur les bords du lac de Bienne, du lac de Neuchâtel et du lac Léman. On en connaît aujourd'hui environ cinquante dans la région du lac de Constance.

Évidement d'un tronc d'arbre au moyen du feu — Bêtes à cornes de l'époque palafittique — Moutons

Chien — Porcs

Habitations préhistoriques lacustres (Suisse)

D'après un dessin en couleur de J. Heierli

Supplément à l'ouvrage « *Les Animaux* »
(Ne peut être vendu séparément)

Maison d'Édition BONG & Cie
PARIS

En dehors de la Suisse, on releva dans l'île des Roses, dans le lac de Starnberg, l'existence d'un établissement important. On a également appris à connaître des habitations sur pilotis dans les Alpes orientales, ainsi que sur le versant méridional des Alpes, par exemple sur le lac de Garde et le lac Majeur. En outre, on a découvert des habitations analogues sur la terre ferme; on les désigne en Italie sous le nom de Terramare.

On rencontre des établissements humains de la même famille, quoiqu'en moyenne plus récents, en Irlande (Crannoges) et en Hollande (Terpes). Dans l'Allemagne du Nord, on connaît des habitations sur pilotis en Mecklembourg et en Poméranie.

La période des constructions sur pilotis avec sa civilisation déjà très avancée, embrasse un espace de temps très long. On peut en suivre l'évolution, car au commencement on n'employait, comme à l'époque paléolithique, que des ustensiles en pierre; plus tard apparurent des objets en bronze. Aussi distingue-t-on un âge de pierre récent (néolithique) auquel appartiennent les constructions sur pilotis les plus anciennes, et un âge de bronze ultérieur qui comprend les constructions sur pilotis plus récentes.

L'exploration des premiers villages lacustres qu'on avait découverts en Suisse amena au jour de nombreux ossements, le plus souvent des déchets d'os; ils s'étaient, en partie, très bien conservés dans la vieille vase lacustre et appartenaient, les uns à des animaux sauvages, les autres à des animaux domestiques.

M. L. Rutimeyer sut mettre très ingénieusement en œuvre les matériaux rassemblés. Dès l'année 1862, il publia sa « Faune des constructions sur pilotis », devenue classique, ce qui fit de lui le véritable créateur de l'histoire scientifique des animaux domestiques. Cet ordre de recherches est, dans la suite, devenu un élément important de la préhistoire.

L'auteur en question a démontré que pendant la période des constructions sur pilotis on avait partout possédé des animaux domestiques; l'assemblage des races était encore très simple au début, mais devint plus compliqué dans la suite. D'autre part, on constate fréquemment des variations dans la direction suivie par l'élevage des animaux domestiques. Quelques espèces apparaissent relativement tard, comme par exemple le cheval; d'autres manquent totalement. On n'a relevé nulle part en Europe l'existence du chat, du pigeon et de la poule domestiques pendant la période des constructions sur pilotis. L'absence de leurs restes prouve qu'à cette époque on ne possédait pas encore ces animaux.

Le patrimoine d'animaux domestiques de l'homme néolithique se compose de races aux traits corporels distinctifs déjà nettement prononcés. Mais, en ce qui concerne leur provenance, il n'est pas possible, du moins dans les stations les plus anciennes, de la faire dériver avec certitude d'espèces sauvages indigènes. Ces animaux sont donc venus du dehors et cette migration revèle des déplacements de peuples considérables, qui partirent de l'Est au début de l'âge de pierre récent.

Le premier compagnon apprivoisé de l'homme qui ait apparu sur le sol européen, c'est manifestement le chien domestique. Cela ressort notamment des découvertes faites par les savants danois dans les « Kjökkenmöddings » ou amas de coquillages. Par là, il faut entendre les amas de déchets des plus anciens habitants des côtes du Danemark, qui se nourrissaient de préférence d'huîtres et de moules des régions riveraines, et en entassaient les restes auprès de leurs lieux d'habitation ordinaires. Or, on a également trouvé, dans ces amas de coquillages, des restes de poissons et d'animaux tués à la chasse, tels que le coq de bruyère, l'oie, le canard, la mouette, des débris d'ossements de cerf, de chevreuil, de sanglier, de martre, de lynx, d'aurochs, d'ours, de castor, etc. . . . Des ustensiles humains, en pierre et en os, indiquent qu'il a existé là une population vivant du produit de la pêche et de la chasse. Au point de vue chronologique, ces stations septentrionales font partie de l'âge néolithique, mais sont incontestablement un peu plus anciennes que les stations construites sur pilotis des pays de l'Europe centrale. La faune forestière avait dès cette époque refoulé la faune des toundras et des steppes; c'est ce qu'il faut conclure de l'absence de restes provenant de rennes.

M. J. Steenstrup nous a appris qu'à cette époque il n'y avait d'autre animal domestique que le chien. Vraisemblablement les habitants de ces stations vivaient entourés d'un grand nombre de chiens qui guettaient les os qu'on leur lançait au moment des repas, car on a reconnu que beaucoup de restes retrouvés avaient été rongés par des chiens.

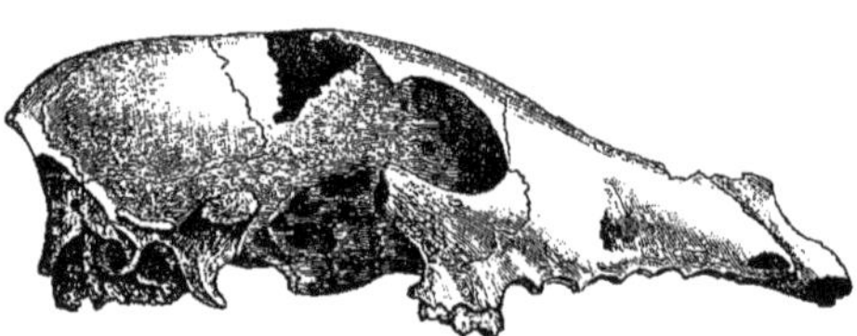

Crâne du chien de l'âge de bronze *(Canis matris optimæ)* provenant du lac de Starnberg

La race canine, au début de l'époque des constructions sur pilotis, était d'une conformation singulièrement uniforme. M. Rutimeyer l'a désignée sous le nom de « chien des tourbières » (*Canis familiaris palustris*). Il nous faut nous représenter les chiens de tourbières comme de petits roquets ayant l'aspect extérieur de nos chiens-loups actuels. Le crâne de cet animal dénonce nettement sa descendance du chacal; c'est ce qui ressort encore, outre la concordance des dimensions les plus importantes, de l'étroitesse des narines notamment. Le museau se termine en pointe, la boîte crânienne est joliment arrondie, avec une crête peu développée sur le derrière de la tête et de faibles arcades jugales, peu proéminentes vers l'extérieur.

Le type des chiens des tourbières semble de bonne heure très répandu. On l'a retrouvé en grandes quantités, non seulement dans les constructions sur pilotis de la Suisse, mais encore dans les couches néolithiques de la Russie, dans les terpes de la Hollande, dans la station d'habitations sur pilotis du lac de Starnberg où M. Naumann révéla son existence, à Olmutz et dans les terramares d'Italie. M. Jeitteles trouva la même race dans des tombeaux de l'ancienne Egypte, et, sous les Romains, elle vivait encore dans les régions rhénanes. A une époque plus avancée de la civilisation, on parvint à transformer par l'élevage ce chien primitif dans plusieurs sens; dès l'époque récente des constructions sur pilotis, on relève l'existence de chiens du genre griffon et du chien-loup nain. Avec l'entrée en lice de la civilisation de l'âge de bronze, apparaissent des chiens nouveaux, d'une conformation différente. Ils ont vraisemblablement immigré de l'Est et sont les précurseurs préhistoriques de nos chiens de bergers actuels.

L'ancienne race de chiens de la civilisation de l'âge de bronze fut d'abord découverte par M. Jeitteles dans des dépôts préhistoriques d'Olmutz, et introduite dans la science sous le nom de *Canis matris optimæ*. Elle se distingue du chien-loup des tourbières par une grandeur absolue plus importante du crâne. Chez le premier, le crâne ne mesure que de 130 à 150 millimètres de longueur, chez le second de 170 à 189 millimètres; d'où il découle que les autres parties du corps devaient également atteindre une dimension supérieure. Le museau est très pointu, la crête verticale très nettement proéminente en général, le crâne allongé, la ligne de profil du côté du museau se termine beaucoup moins raidement que chez le chien des tourbières.

C'est toujours le *Canis matris optimæ* qui apparaît en premier lieu dans les stations de l'âge du bronze; il était très répandu. En dehors d'Olmutz, on en a relevé l'existence à Troppau, dans les constructions sur pilotis de Wurzbourg, à Auvernier sur le lac de Neuchâtel, à Morges et à Modène. M. Zittel le trouva dans le Haut-Palatinat, M. Naumann dans les constructions sur pilotis du lac de Starnberg et M. W. Schoor le dépeint d'après les terpes de Hallum.

Ce qui explique l'abondance de la race canine citée plus haut, c'est qu'avec le commencement de l'âge de bronze on remarque un accroissement de l'élevage animal. L'élevage du mouton prend un essor sensible, et le chien de cette époque sert à la garde des troupeaux.

M. Woldrich a décrit une troisième race de chiens préhistoriques, appartenant également à l'âge de bronze, d'après les dépôts de cendres de Weikersdorf, Pulkau et Ploscha. Il lui a donné le nom de *Canis familiaris intermedius*, en 1877. D'après sa taille, ce chien occupe une place intermédiaire entre le chien des tourbières et celui de l'âge de bronze. De là, il n'y pas loin à supposer qu'il procède d'un abâtardissement de ces deux races. Comme particularités anatomiques, le crâne présente un racourcissement du museau, un front très large et une assez grande hauteur de la capsule crânienne.

Il ne faut admettre qu'avec un scepticisme justifié qu'il a existé d'autres races de chiens à l'époque des habitations sur pilotis. Ce qui manque particulièrement, c'est la preuve irréfutable qu'il y avait dès cette époque des lévriers et des chiens de l'espèce du dogue.

Il est fort peu probable que de futures découvertes modifient cet état de choses, car on a jusqu'ici examiné un grand nombre de stations. Aussi n'y a-t-il rien à attendre des tentatives qu'on ferait de dériver les lévriers, chiens de chasse et dogues, des chiens préhistoriques de l'Europe; ceux-ci n'ont immigré du dehors qu'au commencement de l'époque historique.

Le bœuf domestique a une importance économique exceptionnelle pour l'homme des constructions sur pilotis. Dans les habitations lacustres les plus anciennes, comme par exemple à Schaffis sur le lac de Bienne, on n'a retrouvé que les restes d'une seule race aux traits corporels caractéristiques déjà très prononcés. M. Rutimeyer a décrit ce bœuf des tourbières (*Bos brachyceros*). C'est un animal petit, de conformation gracieuse, avec une tête fine, analogue à celle du cerf et portant de courtes cornes recourbées vers en haut. La race du bœuf des tourbières s'est très fortement maintenue durant toute l'époque préhistorique, parce qu'il s'y joignit des espèces nouvelles; occasionnellement elle donna naissance à un bœuf complètement dépourvu de cornes (*Bos akeratos*).

Ce qui milite en faveur de la grande diffusion de cette race en Europe, c'est qu'on a trouvé des restes du bœuf *Brachycère* non seulement dans toutes les constructions sur pilotis de la Suisse, mais encore en Angleterre et en Scandinavie. Tout récemment M. O. Schœtensack en a décrit qui proviennent du Rhin moyen.

Ainsi que l'établissent avec certitude des raisons anatomiques, cette ancienne race du bœuf des tourbières a constitué le point de départ des bœufs bruns actuels des Alpes, de ceux de l'Albanie, de la Pologne et du Nord de la Russie.

Bœuf sans cornes de l'ancienne Egypte

La souche sauvage des bœufs des tourbières se trouve en dehors de l'Europe et concorde avec celle des bœufs zébus de l'Asie et de l'Afrique; il faut donc la chercher dans le Banteng (*Bos sondaicus*). Il est possible qu'une partie d'entre ces animaux soit venue en Europe de l'Asie occidentale, mais le gros du contingent a dû faire le détour par l'Afrique et aborder de bonne heure en Europe. C'est certainement un fait très digne de remarque, que dans des reproductions des plus vieilles dynasties de l'ancienne Egypte, on retrouve un bœuf à courtes cornes qui concorde d'une façon frappante par sa taille et sa couleur avec les races actuelles de bœufs bruns de petite stature.

La lente transition de l'âge de pierre à l'âge des métaux est le moment où apparaît un bœuf nouveau, beaucoup plus grand. La structure de son crâne permet de reconnaître catégoriquement en cet animal un primigène provenu de l'aurochs sauvage de l'Europe. On a retrouvé des restes de race pure, tantôt isolément, tantôt en grandes quantités. On a par exemple relevé leur existence à Concise, Wauwyl, Meilen, Robenhausen, Luscherz, Soutz, etc. Il est facile de comprendre qu'il ait apparu des races intermédiaires se rapprochant du bœuf des tourbières, car il se produisit souvent des croisements avec des races plus anciennes.

S'appuyant sur ses études des constructions sur pilotis de la Suisse occidentale, M. A. David remarque que l'élevage atteignit son apogée au début de l'âge de bronze. On rencontrait sur des territoires d'une circonscription restreinte, des races de bœufs petites, grandes, aux cornes plus ou moins développées, ainsi que des races dépourvues de cornes. Souvent, la taille de l'ancienne race des tourbières s'était agrandie ou transformée. Il est vrai que plus tard il se produisit un mouvement de recul, car, à la fin de l'âge de bronze, la situation du bétail empire, on en néglige l'entretien, et les animaux s'étiolent. Par contre, le progrès semble avoir été de plus longue durée dans l'Europe septentrionale; la nouvelle race primigène y a été davantage transformée par la civilisation et engendra le magnifique bœuf Frontosus qui ne pénétra que beaucoup plus tard dans les Alpes. On ne saurait déterminer avec certitude que le *Bos frontosus* ait existé à l'état de race apprivoisée

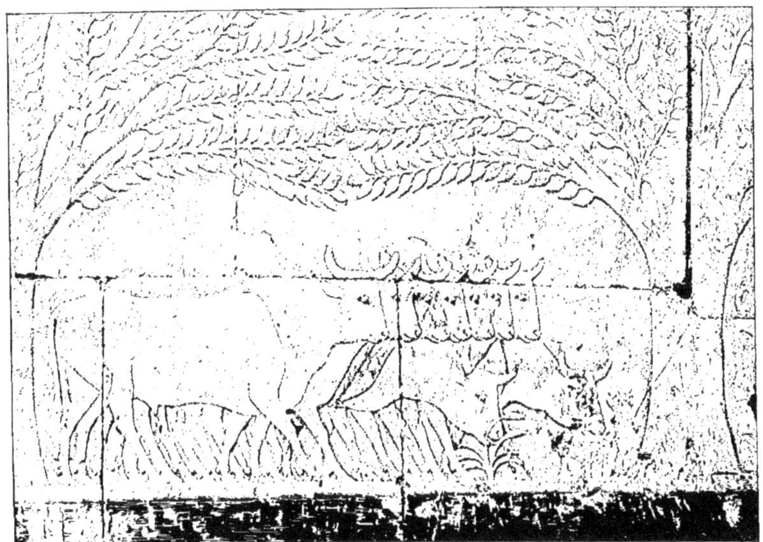

Bas-relief de Deir el Bahri, avec des bêtes à cornes du pays de Pount
D'après M. E. Naville

dans les constructions sur pilotis de la Suisse. C'est seulement après l'époque helvético-romaine que cet animal apparut dans la Suisse occidentale, où il prédomine actuellement sous la forme de bœuf tacheté.

Parmi les ongulés plus petits, la chèvre et le mouton apparurent de bonne heure, mais au début ils n'étaient représentés chacun que par une race. Dans les constructions sur pilotis les plus anciennes on ne trouve le mouton que rarement; la chèvre l'emporte. C'est ce qui confirme cette loi bien connue, à savoir que l'élevage de la chèvre est partout l'indice d'une forme économique primitive.

La chèvre des tourbières avait des cornes de grandeur moyenne, et ne s'écartait d'ailleurs pas beaucoup, par son apparence extérieure, de la chèvre actuelle. Le crâne est un peu moins long et plus haut, en outre fortement bombé; selon toute vraisemblance, les chèvres de l'âge de pierre étaient un peu plus petites que celles de l'âge de bronze. Somme toute, cet animal se maintint sur le sol européen avec un caractère très conservateur. C'est ce que confirme le fait que presque toutes les chèvres de montagnes, depuis la péninsule des Balkans jusqu'aux Pyrénées, appartiennent toutes à une race uniforme, de couleur chamois.

Le mouton domestique subit de plus grandes vicissitudes. La forme la plus ancienne apparaît dans le mouton des tourbières, de conformation particulière (*Ovis palustris*) qui ressemblait davantage à une chèvre qu'à une race ovine actuelle. C'était un petit animal, à jambes minces et assez hautes. Ainsi que cela ressort de restes de crânes retrouvés, la tête n'est pas busquée, le museau est allongé, le front extraordinairement uni. Les cornes sont très inclinées par rapport au plan moyen du crâne et se recourbent très gracieusement en dehors et en arrière; par opposition aux moutons actuels, leur coupe a deux arêtes très prononcées. M. Rutimeyer en conclut à juste titre que la ligne de séparation des cornes était à double arête, et ne se terminait jamais en spirale. On a pu déterminer l'existence des fosses lacrymales, signe distinctif des moutons authentiques, sur un crâne de mouton des tourbières examiné par M. Glur. C'était manifestement une race à queue longue.

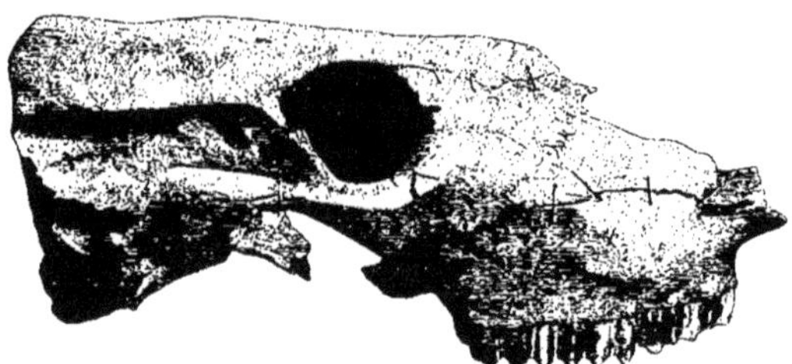

Crâne du bœuf palafittique sans cornes
D'après A. David

Le domaine du mouton des tourbières n'est pas limité aux constructions sur pilotis de la Suisse; on en a également relevé l'existence à Neuenheim et à Unter-Grombach, et on en connaît des restes de provenance danoise. M. Rutimeyer nous apprend d'autre part qu'il s'est conservé des rejetons de l'ancien mouton des tourbières, sous une forme très peu modifiée, jusqu'à l'époque moderne. Dans l'Oberland bernois, on a élevé jusqu'à ces derniers temps, un mouton gracieux, de manières extraordinairement vivaces et fournissant une chair excellente, mais peu de laine. Ce mouton suisse a une longue queue, des cornes de chèvre, avec une tête extraordinairement allongée. Il y a quarante ans, on pouvait rencontrer, au-dessus de Disentis, de grands troupeaux de moutons d'un gris argenté ou noirs; aujourd'hui ils ont été transformés par le croisement et la race pure a disparu, ou c'est tout comme. Ainsi que la chose ressort des trouvailles faites à Vindonissa, la race pure du mouton des tourbières vivait, à l'époque helvético-romaine, à côté d'autres races encore très nombreuses dans la plaine suisse. Il est possible qu'il en subsiste encore quelques vestiges vivants dans des régions écartées du Nord, peut-être aussi en Islande.

Durant longtemps la question de la provenance des anciens moutons des tourbières a présenté de grandes difficultés. En l'absence d'espèces sauvages vivant en France, il faut admettre une immigration.

Dans l'intervalle, la civilisation mycénienne a fourni, à côté d'autres images d'animaux, la reproduction de moutons dont on ne saurait méconnaître la parenté avec le mouton des tourbières. On peut ainsi suivre la trace de cet animal jusque dans le Sud-Est de l'Europe; mais, en dernière analyse, il provient de la zone civilisée de l'Egypte ancienne, où l'on domestiqua le mouton sauvage à crinière. Celui-ci n'est qu'à moitié mouton, car par la structure de son crâne et la conformation de ses cornes, il se rapproche de la chèvre.

Au point de vue anatomique, le crâne du mouton suisse et de l'ancien mouton des tourbières présente la plus grande parenté avec celui du mouton à crinière, à l'exception de la fosse lacrymale, absente chez ce dernier. Il faut toutefois admettre que cette fosse lacrymale a disparu par suite d'un croisement avec

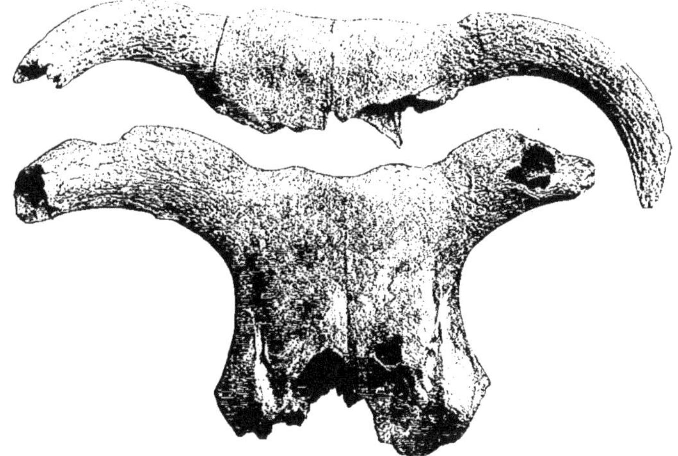

Pivot des cornes de la race primigène
D'après A. David

des races asiatiques, tandis que pour le reste, le sang africain a persisté grâce à sa grande force de résistance. C'est encore une confirmation de la loi, suivant laquelle la souche d'origine la plus ancienne se distingue par une grande faculté de transmission héréditaire. Les demi-moutons sont les formes anciennes, les moutons authentiques, les formes récentes.

A la fin de l'âge de pierre apparaît, dans les constructions sur pilotis, un nouveau mouton, aux cornes épaisses et magnifiques, mais qui diffère absolument du mouton des tourbières. La courbure des cornes est plus prononcée, la ligne de séparation n'est pas à double arête, mais de forme elliptico-ronde. Les cornes ont dû être très développées; une corne frontale trouvée à Luscherz ne mesure pas moins de 260 millimètres à son incurvation supérieure, comme nous l'apprend M. Glur.

Le mouton venait sans doute du Sud; ses restes sont d'abord très peu nombreux, et c'est beaucoup plus tard seulement qu'on les trouve en plus grande abondance. Il est à supposer que les premiers, rencontrés isolément, provenaient d'un mouton de l'espèce du mérinos, qui apparaît d'ailleurs de très bonne heure dans l'Asie occidentale et qui en s'avançant vers l'Europe méridionale, ne tarda pas à devenir la race prédominante.

A l'époque de l'âge de bronze apparaît une troisième race de moutons, de structure tout à fait différente. Son crâne est moins long que celui du mouton à cornes de chèvre et ne porte aucune trace de cornes. On pourrait peut-être s'imaginer que ce mouton sans cornes de l'âge de bronze est né, par suite d'un procédé d'élevage, du mouton à cornes de chèvre des constructions sur pilotis plus anciennes, mais l'apparition inopinée de ce dernier animal rend cette hypothèse invraisemblabe; il a dû plutôt immigrer du dehors, à l'état de race déjà constituée. La station de Mœringen, sur le lac de Bienne, a fourni un crâne dans un état de conservation assez parfait.

Le porc a, dès le début, joué un rôle important dans l'alimentation des constructeurs sur pilotis. On le trouve dans les stations les plus anciennes à l'état de race remarquablement uniforme; Rutimeyer l'a désigné sous le nom de porc des tourbières (*Sus palustris*). Son crâne est reconnaissable à son cachet particulier, très différent de celui de notre sanglier; il se distingue par un angle facial court, bas et pointu, à côté de petites canines qui pouvaient à peine dépasser les lèvres; le groin n'avait qu'un faible développement, les yeux étaient proportionnellement grands; les molaires sont bien développées, leur émail extraordinairement abondant. En général, le porc des tourbières avait une structure fine et élancée, rappelant à peu près celle d'un cochon de lait à demi-adulte.

M. F. Otto a montré que, dans les stations de la Suisse occidentale, apparaissent, à une époque ultérieure, une foule de maxillaires inférieurs fins, gracieux, appartenant à une race de porcs des tourbières petite. Suivant l'âge des constructions sur pilotis, ces restes sont d'abord isolés; à la fin leur nombre est tout à fait prépondérant. Il faut en conclure qu'une direction particulière donnée à l'élevage amena un affinement de la race du porc des tourbières et finalement le fixa. On rencontre toutes les degrés intermédiaires, depuis l'ancienne race du porc des tourbières, jusqu'au type plus affiné.

Vers la fin de l'époque néolithique, on rencontre cependant, dans les constructions sur pilotis de la Suisse occidentale, des restes de maxillaires qui se rapprochent du sanglier ordinaire, tout en étant plus faibles, ce qui permet d'y reconnaître des signes distinctifs de domestication. On a également pu déterminer l'existence d'un produit du croisement avec le porc des tourbières. Il faut en conclure, qu'à la fin de l'âge de pierre, le constructeur des habitations sur pilotis avait fait du sanglier un animal domestique et attiré le porc de la région. Cette nouvelle juxtaposition se maintint jusqu'en pleine époque historique, car il existait encore un grand nombre de porcs des tourbières dans les contrées situées au pied des Alpes, ainsi que nous amènent à le conclure les restes de la colonie romaine de Vindonissa. A l'heure actuelle, il subsiste des rejetons peu modifiés de l'ancien porc des tourbières autour du massif du St-Gothard, ainsi que dans les vallées montagneuses de la Réthie.

La race du porc des tourbières domestique avait déjà une grande extension à l'époque préhistorique. M. Strobel l'a trouvée dans les terramares et les constructions sur pilotis de l'Italie septentrionale, et M. Woldrich dans la construction sur pilotis de Ripac en Bosnie. M. Schœtensack cite des restes de porcs des tourbières provenant de découvertes paléolithiques faites à Worms, Neuenheim et Unter-Grombach.

Porc destiné au sacrifice
Bronze gréco-romain d'époque inconnue. (British Museum, Londres)

Les conditions de l'élevage semblent avoir été un peu différentes dans le Nord. M. Nehring voit en effet dans les porcs préhistoriques et du commencement de l'époque historique de l'Allemagne du Nord et du Danemark, des rejetons du sanglier commun. Ils étaient d'une stature remarquablement petite (*Sus scrofa nanus*); cette diminution frappante de la taille doit être attribuée à une domestication tout à fait primitive, à un élevage et un entretien peu soignés. D'après cela, il est très concevable que la civilisation relativement récente des constructeurs sur pilotis passa directement de la fréquentation du porc des tourbières à l'élevage de l'ancien porc régional qui, jusqu'à une époque récente, a conservé la prépondérance numérique dans ces régions. La question de la provenance des porcs des tourbières a été un objet fréquent de discussion. La structure des dents, la forme de l'os lacrymal et la physionomie tout entière du crâne diffèrent tellement du sanglier indigène, qu'il ne saurait être question de voir en ce dernier animal la souche d'origine.

M. Rutimeyer a primitivement exprimé l'opinion que le *Sus palustris* vivait encore à l'état sauvage en Europe à l'époque des constructions sur pilotis, et que plus tard il s'est maintenu à l'état apprivoisé, tandis que la forme sauvage disparaissait. En fait, un grand nombre de crânes de porcs des tourbières présentent une ressemblance avec la forme sauvage, à cause de la partie squameuse du derrière de la tête et de son profil droit. Mais, ainsi que nous l'ont appris des expériences faites sur des porcs domestiques de l'Asie, ces conditions anatomiques sont dues à une manière de vivre très libre; les porcs des tourbières n'étaient pas parqués dans des écuries, mais circulaient au voisinage des établissements. Aussi M. Rutimeyer, visiblement influencé par M. Nathusius, n'a-t-il pas, dans la suite, maintenu le caractère originellement sauvage du *Sus palustris*, mais rattaché généralement la race du porc des tourbières à la souche porcine asiatique.

On peut donc se baser sur l'anatomie pour affirmer l'existence de cette souche d'origine extra-européenne. Mais, chose remarquable, quelques auteurs se sont, tout récemment, prononcés à nouveau en faveur du caractère sauvage du *Sus palustris*. On peut évidemment être tenté d'interpréter certains faits dans ce sens. En Sardaigne notamment, il existe deux espèces de porcs qui vivent à l'état sauvage. L'une d'elle appartient au groupe de notre sanglier commun (*Sus scrofa*); l'autre est beaucoup plus petite, et d'après nos propres recherches, proche parente du porc des tourbières, du porc roman, mais aussi du *Sus vittatus*. Mais, vouloir y voir un reste du porc des tourbières repoussé beaucoup plus à l'Ouest, serait une affirmation risquée, car il n'existe pas de colonies analogues dans tous les territoires intermédiaires, situés entre ce point et l'Asie orientale, y compris les Indes. Le petit porc, dit sauvage, de la Sardaigne n'est en réalité qu'un porc roman retourné à l'état sauvage. On retrouve des phénomènes analogues sur le sol africain, attendu que le soi-disant porc sauvage du Sennaar et de la Tunisie n'est qu'une forme redevenue sauvage du porc domestique asiatique.

Le cheval est également représenté, parmi les Equidés, à l'époque des constructions sur pilotis. Mais, M. Rutimeyer avait déjà été frappé de la rareté des restes d'ossements de cet animal domestique, et il penchait à admettre que le cheval avait manqué tout au moins aux habitants des plus anciennes constructions sur pilotis. Rien de surprenant à cela. Les relations se pratiquaient alors principalement par voie d'eau, et dans des cadres étroits du continent encore fortement boisé; le cheval ne pouvait pas encore servir à ce but. C'est pour cela que la station de Moosseedorf n'a fourni qu'un seul os du métatarse, qui par-dessus le marché a encore été l'objet d'un travail artistique. A Wangen, on n'a trouvé qu'une dent et à Robenhausen qu'un os de la plante des pieds.

Le cheval apparaît en un peu plus grand nombre sous l'âge de bronze. Il est représenté par la race orientale, de structure gracieuse, ce qui nous autorise à conclure à une importation venue du dehors. On a, par exemple, appris à le connaître d'après la Suisse occidentale et les constructions sur pilotis du lac de Starnberg. On a déterminé l'existence d'une forme de cheval plus grande et d'une autre plus petite à Ripac en Bosnie. Sur le Rhin moyen, on a trouvé des ossements de cheval dans des dépôts néolithiques, mais en extraordinairement petite quantité. Suivant M. Schœtensack, il est très vraisemblable que les colons de cette époque chassaient le cheval mais ne l'élevaient pas. Ce qui vient à l'appui de cette thèse, c'est l'abondance de chevaux sauvages qu'on retrouve dans le pays rhénan jusqu'en pleine époque historique. C'est seulement au cours de l'âge de pierre ultérieur que, dans l'Europe centrale, le cheval entra, d'une manière plus générale, au service de l'homme. La période des habitations sur pilotis se termine, à la fin de l'âge de bronze, par un déclin général de l'élevage du bétail. Il est possible que ce déclin dans la possession matérielle ait été accompagné d'une décadence générale des conditions sociales. Selon toute vraisemblance, il se produisit des déplacements considérables des éléments ethniques, et un changement dans leur pratique économique. On abandonna les villages lacustres; les établissements sur la terre ferme se firent plus nombreux. On y transplanta plus tard une grande partie du patrimoine animalier des habitants des constructions sur pilotis, et on le traita avec plus de soins. Il y a quelques races d'animaux domestiques de l'heure actuelle dont on peut faire remonter le point de départ jusqu'à cette époque depuis longtemps disparue. Mais, c'est seulement au début de notre ère, lorsque les civilisateurs énergiques qu'étaient les Romains, fondèrent des colonies au nord des Alpes, que commence un nouvel et puissant essor de l'élevage dans l'Europe centrale.

Assurbanipal à la chasse — Bas-relief assyrien (668—626 av. J.-C.)

IV. Les animaux domestiques de la région civilisée babylonico-assyrienne

La région comprise entre le Tigre et l'Euphrate, si grandement favorisée par la nature, quoique désolée aujourd'hui, a été le sol sur lequel se développa sans doute la civilisation la plus ancienne du globe. Mais, il y a longtemps que la Mésopotamie a vu tomber en ruines cette civilisation. La vie orientale ne brilla que d'un éclat passager en ces lieux, quand les califes arabes imprimèrent à Bagdad un si merveilleux essor à la vie intellectuelle de l'Islam. C'était à l'Occident, qui avait déjà reçu de Babylone bien des impulsions civilisatrices, qu'il était réservé de revivifier ces théâtres d'une splendeur disparue. Le jour où la voie ferrée reliera la Méditerranée au golfe persique et où l'Occident portera son activité créatrice sur les bords de l'Euphrate et du Tigre, ces régions verront luire des temps meilleurs.

Au point de vue scientifique, la Mésopotamie a déjà célébré sa résurrection. Les archéologues ont arraché à l'oubli les témoins, ensevelis dans le sable, de la prospérité d'autrefois. Les fouilles opérées par des savants tels que Rich. Layard, Rawlinson, Smith, de Sarzec, etc. — enrichirent les musées européens, en particulier ceux de Londres. Certains champs de découverte comme Birs Nimroud, Khorsabad, Koujoundschik, Tello, devinrent célèbres au point de vue archéologique.

Les plus anciens habitants ont été les Sumériens, peuple absolument distinct des Sémites, qui sut développer des éléments de civilisation importante et qui, par exemple, possédait déjà l'écriture cunéiforme. Les Sumériens se mélangèrent plus tard aux Babyloniens sémitiques. Ceux-ci prédominèrent d'abord, mais durent plus tard renoncer à leur puissance en faveur des Assyriens, qui demeuraient plus au nord et dont l'énergie et les talents militaires étaient hors de pair.

De nombreux animaux domestiques apparaissent au cours de la civilisation babylonico-assyrienne. A vrai dire, ce fait ne nous est pas attesté par des restes d'ossements. On a négligé de collectionner ces trouvailles et c'est à l'avenir qu'il est réservé de rattraper le temps perdu. Par contre, nous possédons des documents irréfutables dans les bas-reliefs qui reproduisent le monde animal de la Mésopotamie. Ils se distinguent par leur grande fidélité par rapport à la nature et, à côté de la forme sauvage, représentent à l'envi les animaux domestiques de cette époque.

Dans son « Histoire de la Babylonie et de l'Assyrie », M. F. Hommel remarque très à propos, qu'il n'existe pas un très grand nombre de reproductions d'animaux datant de l'époque babylonienne ancienne. Des fouilles futures amélioreront peut-être cet état de choses. A l'époque assyrienne, les matériaux sont beaucoup plus abondants et permettent de tirer des conclusions très sûres au sujet de la composition du monde animal domestique à cette époque.

Le cheval jouit d'une grande vogue et est d'un emploi fréquent. Son élevage a probablement atteint son apogée au temps de la domination assyrienne; un grand nombre de bas-reliefs nous montrent qu'on l'employait dans un but militaire. Les anciens Sumériens ne semblent pas encore avoir possédé de chevaux domestiques. Par contre, ils ont dû occasionnellement entendre parler de chevaux sauvages, qu'ils appelaient « ânes de montagnes », parce qu'il y en avait un grand nombre dans les régions montagneuses élamitiques, situées à l'est du Tigre. Ce furent seulement les anciens Babyloniens sémitiques qui arrivèrent à posséder le cheval apprivoisé.

C'est notamment l'art assyrien qui nous a conservé l'aspect extérieur de l'animal. Les proportions harmonieuses du corps, la finesse de structure des membres, la légèreté de la tête avec l'expression sans raideur de la figure, l'incandescence des yeux en saillie, et pour finir le profil concave, tout indique un cheval de descendance orientale, le cédant de peu au noble coursier de l'Arabie. On lui donne une queue très longue, nouée au milieu, fréquemment dénouée à l'extrémité inférieure. Par contre, on ne semble pas avoir recherché les longues crinières; d'après certaines figures, on dirait cette crinière tondue de très près, toute droite; quelquefois même le rebord supérieur est dentelé.

Quelques peintures sur tablettes de pierres retrouvées dans les fouilles de Nimroud permettent de déterminer la couleur de la robe du cheval, d'un seul ton bai-clair, blanc.

A l'occasion, on remarque encore une race plus petite, très semblable au cheval assyrien sauvage, par la structure de la tête et la conformation de la queue.

Cavaliers et conducteurs de char savaient guider adroitement les chevaux à l'aide de la laisse; les Assyriens avaient déjà des licous et des brides d'un travail très soigné. Les particuliers aimaient à parer quelque peu leurs animaux; tout au moins ornaient-ils son cou d'une grande houppe. Les chevaux des rois étaient richement parés, quand les souverains partaient en guerre sur leurs riches chars de gala ou s'adonnaient au plaisir de la grande chasse pour forcer des lions ou de puissants aurochs. Ces ornementations sont très minutieusement reproduites sur les bas-reliefs des palais de Ninive. Dans une scène de chasse de Nimroud, par exemple, on voit Assurnassirpal planter un couteau dans la nuque d'un aurochs qui vient d'être forcé.

Par contre, la cavalerie assyrienne encombrait le moins possible ses chevaux en temps de guerre, pour assurer leur liberté de mouvements; sur le dos, une simple housse. Des savants anglais voient aussi, dans quelques scènes, le mulet, produit du croisement entre le cheval et l'âne. A Koujoundschik, une superbe figure de l'époque d'Assurbanipal nous montre un mulet, sur le dos duquel est sellé un lourd filet de chasse; mais la tête est d'une structure trop fine pour qu'on y retrouve le sang de l'âne. Il s'agit sans doute d'un rejeton du cheval assyrien sauvage, qui était probablement une forme locale du cheval de Prjewalsky et que les Assyriens capturaient au lasso. On a inexactement fait passer ce cheval sauvage pour un onagre. Il est possible qu'il se soit produit des croisements de cette race apprivoisée avec les races déjà existantes.

Le bœuf apparaît de bonne heure dans l'ancienne Mésopotamie. Une colonne cylindrique de la Mésopotamie ancienne nous le montre déjà attelé à une charrue, ce qui est sans doute un indice de l'endroit où cet instrument agricole fut inventé. Il n'y a cependant pas une grande abondance de reproductions anciennes d'animaux domestiques. Une petite tablette d'argile provenant de Senkereh (Larsa) constitue un document particulièrement important pour la caractérisation de la race de cette époque. Elle date du trentième siècle avant Jésus-Christ et représente un homme qui, la hache levée, s'élance sur un lion venant de terrasser un de ses bœufs domestiques. La figure est d'un dessin grossier, mais très expressive.

La forme de la tête, la conformation des cornes et, avant tout, la forte bosse graisseuse qui figure sur le garrot du bœuf gisant à terre, indiquent d'une façon évidente qu'il s'agit d'un bœuf zébu; d'ailleurs, on retrouve très fréquemment des bœufs à bosse sur des reproductions ultérieures. Le bœuf babylonien ne procède donc pas du bœuf sauvage indigène, mais a été amené de la région hindoue à l'état d'animal déjà domestiqué. De même qu'en Egypte, on élevait en Babylonie une forme de bœufs zébus sans cornes. Pas de races primigènes à longues cornes. Les auteurs des nombreuses reproductions sur bas-reliefs et d'ornementations en couleur, avaient sans doute dans l'œil le bœuf sauvage (*Bos primigenius*); celui-ci jouait un rôle de premier ordre dans les conceptions artistiques des anciens Mésopotamiens.

Le bœuf était fréquemment employé comme bête de trait attelée aux petits chars à deux roues. Cette forme de véhicule s'est actuellement encore conservée d'une façon générale dans l'Inde. Ainsi que le remarque M. Durst, on ne se servait jamais du joug, mais exclusivement du collier qui est probablement une invention des Babyloniens. On n'est pas encore entièrement fixé sur le point de savoir si un autre grand bœuf, le buffle, a été élevé comme animal domestique, du moins à l'époque la plus ancienne. Les régions marécageuses étaient particulièrement propices à son élevage. On a retrouvé plusieurs pièces anciennes portant de remarquables figures de cet animal. C'est par exemple le cas d'un fût cylindrique de l'époque du roi Sargon dont le règne commence vers l'an 3800 avant J.-C.

Cheval de guerre harnaché d'un monarque assyrien
D'après un bas-relief. (British Museum, Londres)

environ. Une figure d'homme quelque peu grotesque, agenouillé, abreuve le buffle qui par ses cornes très étendues, se terminant en arc, rappelle un bœuf asiatique. Un buffle sauvage ne saurait guère être si confiant; il est possible qu'il s'agisse d'un animal apprivoisé. Mais, on ne retrouve aucune reproduction du buffle à l'époque assyrienne ultérieure; il n'est pas non plus l'objet de la chasse, d'où il semble résulter que cette forme animale a disparu.

Les nombreuses expéditions de guerre de l'époque assyrienne contribuèrent essentiellement à accroître le nombre des animaux domestiques, car les guerriers ramenaient ordinairement un riche butin de bétail. C'est ainsi que le mouton fut introduit en grandes quantités dans le pays. Une scène très expressive du palais Sud-Ouest de Nimroud, datant de l'époque de Tiglat-Pilesar II (745 av. J.-C.) représente la prise d'une ville juive. On emmène en captivité des Juifs lourdement chargés; un guerrier assyrien n'oublie pas de pousser devant lui des moutons bien engraissés. Toutes les figures représentent une race très unitaire, déjà fortement transformée par l'élevage — un mouton typique, à queue grasse, tel que nous le rencontrons encore aujourd'hui dans l'Asie occidentale et l'Afrique du Nord. Sur une autre figure, on voit des moutons à longues cornes et d'autres sans cornes maintenus ensemble; les uns sont sans doute des béliers, les autres des brebis. La toison est indiquée d'une manière très caractéristique, et, chose remarquable, on voit très bien que le mouton de cette époque avait, sans exception, les oreilles droites.

Tablette d'argile de Senkereh
représentant un bœuf domestique attaqué par un lion
D'après F. Hommel

La chèvre assyrienne est un animal domestique d'un caractère très frappant. On la représente avec une robe très touffue; la tête est assez peu longue et busquée, assez souvent d'une largeur exagérée, avec un museau camus. Menton très fort, oreilles pendantes assez larges. Tout cela indique que dès cette époque la domestication était déjà très avancée et que, par conséquent, la chèvre visait depuis longtemps à l'état domestique. Il faut écarter toute parenté avec la chèvre Bezoar; cela ressort déjà de la conformation des cornes. Celles-ci sont extraordinairement développées, dressées, faiblement recourbées à l'arrière et à l'extérieur, en outre tordues en spirales étroites. L'on peut donc faire remonter l'origine à la *Capra Falconeri* et admettre forcément que les chèvres assyriennes provinrent de l'Orient, de la région himalayenne. Il est possible qu'il y ait un peu de sang de provenance mésopotamienne dans les veines de la chèvre angora actuelle.

La politique expansive des peuples assyriens les amena également à connaître le chameau. C'est un fait digne de remarque, que l'art assyrien reproduit à la

En haut: Moutons assyriens de l'époque de Tiglat-Pilesar (745 av. J.-C.)
En bas: Bœufs assyriens de l'époque de Salmanasar II (860 av. J.-C.)
(British Museum, Londres)

fois le chameau à deux bosses de la Bactriane et la race méridionale domestiquée de cet animal, le dromadaire à une seule bosse. Les dromadaires étaient achetés aux Arabes qui vivaient plus au Sud, ou étaient acquis sous forme de tribut.

Le célèbre obélisque noir du palais de Nimroud que possède le British Museum, nous raconte par ses inscriptions cunéiformes et ses figures en relief que les chameaux à deux bosses étaient un tribut fourni au roi Salmanasar II par les villes de Gozan et de Mousri dans l'Asie occidentale. On ne tarda pas à apprécier les chameaux en qualité de montures rapides.

Nous ne possédons que de rares dates en ce qui concerne le porc. On en trouve un sur une figure en relief à Koujoundschik, à l'époque assyrienne par conséquent. C'est une truie avec de nombreux petits; les archéologues sont d'accord pour y voir une truie sauvage. Le grand nombre de petits, ainsi que la forme élégamment arrondie de l'arrière-train, semblent indiquer plutôt un porc domestique de descendance orientale. Chose frappante cependant, on voit, sur de nombreuses reproductions figuratives de scènes de chasse assyriennes, des antilopes, des moutons sauvages, des chèvres sauvages, des cerfs, etc., mais, par contre, pas de sangliers.

On ne saurait parler des animaux domestiques de la Mésopotamie ancienne, sans mentionner le fameux chien. Il était déjà connu des Sumériens et les inscriptions cunéiformes nous permettent de faire remonter sa trace jusque vers l'an 4000 environ av. J.-C. L'idéogramme dont on se sert pour le chien a en même temps la signification de serviteur, valet et esclave, de sorte qu'il devait, dès cette époque, être sous la dépendance de l'homme.

Sur les sculptures rupestres de Baviau apparaît, au milieu de races différentes, une forme plus petite où il faut vraisemblablement voir un chien paria. Celui-ci, comme on le sait, ne vit que détaché de l'homme, et les Babyloniens l'évitaient craintivement. On allait même jusqu'à lui attribuer une action maladive et on se protégeait contre lui par le port d'amulettes. Les lévriers ont manqué à toutes les époques; par contre, on entretenait des meutes considérables de dogues puissants qui jouissaient d'une estime particulière auprès des Sémites. Pour le moment, nous n'avons pas de documents cunéiformes sur leur aspect extérieur; par contre, de nombreuses reproductions figuratives, comme celles de Koujoundschik nous renseignent à ce sujet. M. Rawlinson a découvert, à Birs Nimroud, un fragment de brique cuite représentant une figure de dogue particulièrement belle; c'est un vigoureux animal dont la taille atteignait 80 centimètres jusqu'à l'épaule, proportionnellement au personnage dessiné sur le même plan.

Le dogue assyrien appartenait à une race très nettement prononcée, qui subissait manifestement depuis longtemps l'influence de la domestication. En effet, les oreilles larges, placées très haut, ne peuvent déjà plus se dresser; elles sont toujours pendantes. Sur la lourde tête, on voit retomber la peau qui se plisse; le corps et les pattes sont fortement musclés, la queue est à poils tantôt courts, tantôt longs.

Les Assyriens, grands amateurs de chasse, employaient ces dogues dans leurs expéditions cynégétiques. Nous voyons le départ des chasseurs avec leurs meutes

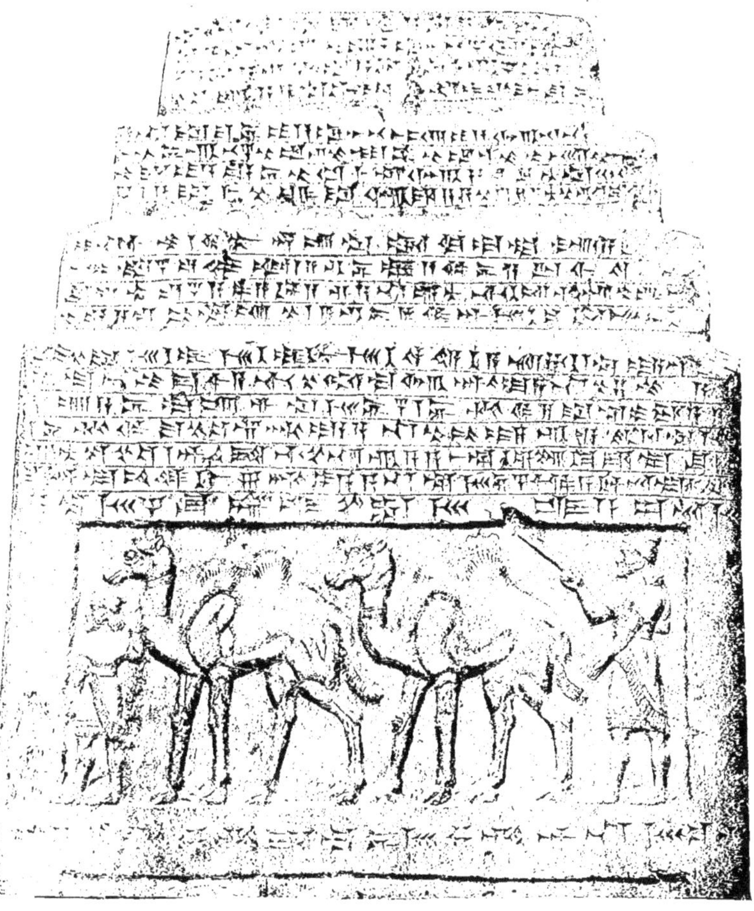

Chameaux de l'obélisque noir de Nimroud, de l'époque de Salmanasar II
(British Museum, Londres)

qu'ils ont grand'peine à tenir en laisse, tant est grande l'excitation joyeuse des dogues. Aussitôt lâchés, ceux-ci rabattent le gibier vers le filet de chasse qu'on emporte toujours. Ailleurs, nous voyons sur des figures en relief comment on capture un cheval sauvage avec son poulain, ou bien comment on terrasse un cheval sauvage qui vient d'être forcé. Pour ne pas amoindrir l'agilité de ces chiens pesants, on devait leur mesurer parcimonieusement la nourriture; du moins les côtes ressortent-elles nettement dans les images de chiens babyloniens.

Les dogues ont certainement été importés du dehors. C'est ce qu'indiquent des arguments empruntés à la géographie animale, ainsi que des documents littéraires mentionnant le Ka-lab I-lam-ti, c'est-à-dire le chien de l'Elam. C'est là l'indice d'une patrie orientale, montueuse des dogues, qu'en dernière ligne il faut chercher dans les régions montagneuses de l'Inde septentrionale et du Tibet.

Dans les chaudes dépressions de terrain, le chien pesant ne se portait bien que traité avec beaucoup de soins. C'est ce que prouve M. O. Albrecht d'après une inscription sur un fût cylindrique où il est dit que Belibus, le futur maître de Sumer et d'Akkad, était élevé dans le palais de Sanherib avec autant de soin qu'un jeune chien. Lorsque, sous la conduite de Cyrus, les Perses arrivèrent dans le pays, on commença seulement, d'après Hérodote, d'apporter un soin particulier à l'élevage des dogues très appréciés, mais plus tard cette forme marquante du monde animal domestique disparaît sans laisser la moindre trace.

La volaille domestique n'était que maigrement représentée en Babylonie. Pas d'oiseaux aquatiques, malgré des conditions d'existence favorables. Il eût été facile d'introduire l'oie, d'un élevage général en Egypte, mais les habitants n'attachaient aucune valeur à cet animal comestible. Le canard ne devint que beaucoup plus tard un animal domestique. Par contre, les Babyloniens possédaient déjà le pigeon, mais celui-ci jouait un rôle dans leurs conceptions religieuses; c'était l'animal fétiche des divinités femelles. La poule domestique n'apparut qu'avec la domination persane et, l'« oiseau persan » a sans doute passé par la Mésopotamie pour aborder dans l'Europe méridionale.

La physionomie du monde animal de cette époque s'est perdue depuis longtemps. Dans la Mésopotamie actuelle, on ne sait plus rien des grands dogues de l'Assyrie; par contre, les lévriers y ont fait leur entrée; ils venaient de l'Ouest. Les chiens parias, compagnons constants de la civilisation déclinante en Orient, reprirent le dessus et entourent les habitacles humains sur l'Euphrate. Le buffle apparut plus fréquemment; par contre, les chèvres domestiques aux cornes en spirale disparurent. Comme bêtes de somme, on trouve l'âne commun et le chameau.

Les Arabes du Sud ont continué le noble élevage du cheval assyrien. Quand les Turcs disposent de quelques ressources, ils achètent sur les marchés de Bagdad et de Mossoul le docile âne-onagre que les Arabes amènent de leur province centrale.

Crâne d'un bœuf Apis D'après F. Sarasin

V. Le monde animal domestique dans l'ancienne Egypte

A une époque où l'esprit créateur de l'homme sommeillait encore dans la Grèce ancienne, et où les destinées des peuples de l'Occident se perdaient encore dans l'empire des mythes, apparaît sur les bords du Nil, dispensateur de fécondité, une civilisation extrêmement vénérable, qui a son point de départ en Mésopotamie, mais a pris un développement tout à fait particulier. Nulle part, nous ne voyons plus nettement qu'une civilisation qui embrasse des milliers d'années, a pour bases certaines l'économie agricole. Le sol de l'Egypte a, de tous temps, été d'une inépuisable fécondité. Chaque année il était inondé par les eaux vivifiantes du fleuve, qui lui donnaient ainsi des forces nouvelles.

Le fellah actuel, descendant des anciens sujets des Pharaons, continue avec une surprenante fidélité la tradition des habitants de jadis; son habileté en fait d'agriculture ne le cède nullement à celle de ses prédécesseurs; c'est peut-être l'agriculteur le mieux entendu de la terre.

Dès l'époque primitive, l'économie rurale égyptienne met sur le même rang l'agriculture et l'élevage du bétail. L'Egypte ancienne était peut-être supérieure à l'époque actuelle, au point de vue de l'entretien des animaux domestiques; elle apportait plus d'originalité et plus de soins à l'élevage des races.

D'innombrables reproductions figurant sur des monuments et dans des chambres funéraires, d'une conservation en partie merveilleuse, nous donnent, bien mieux que des sources littéraires, un aperçu très complet de l'ancienne vie du peuple égyptien. On a également trouvé un nombre suffisant d'ossements — qui jusqu'ici ont manqué en Babylonie — pour compléter notre connaissance du monde animal domestique.

Le soin et l'amour avec lesquels les anciens Egyptiens ont constamment traité leurs animaux domestiques nous impressionnent sympathiquement; à l'occasion cela devient un véritable culte. Ce trait contraste avantageusement avec les mauvais traitements dont les animaux furent plus tard l'objet, dans les pays romans en particulier.

En Mésopotamie, la richesse en animaux domestiques avait, à l'époque de la domination assyrienne, atteint son apogée, parce que des hordes guerrières entreprenantes allaient à la conquête du butin chez les peuples voisins, obligeaient les captifs à ramener leurs troupeaux chez eux, et à l'occasion exigeaient un tribut des princes étrangers. Dans l'ancienne Egypte au contraire, l'élevage florissant du bétail a suivi des voies pacifiques. Dès le début, cet élevage est soumis à une méthode. On importait des éléments précieux du dehors, en particulier du Sud du continent, mais on domestiquait également ceux des animaux indigènes qui semblaient pouvoir être utilisés. Rappelons ici l'élevage absolument autochthone du mouton, celui de l'antilope et de l'oie. La manière de soigner les animaux domestiques ne demeure pas stationnaire; on y reconnaît la marche méthodique d'un développement progressif. On continuait à élever comme race pure ce que l'on conservait; si, au cours des temps, on trouvait quelque chose de meilleur à l'étranger, on abandonnait à l'occasion le produit indigène pour admettre ce qui était nouveau. On transforme par l'élevage et dans des sens différents, des races d'animaux domestiques particuliers, qu'on rend ainsi propres à certaines fonctions.

L'entretien des animaux était manifestement l'objet de beaucoup de soins. De nombreux documents nous montrent comment on donnait le fourrage, comment on pratiquait des procédés méthodiques d'engraissement, et comment en cas de besoin, en cas de naissance par exemple, l'homme savait venir en aide à l'animal.

Dans le monde animal de l'ancienne Egypte, on voit, dès le début, apparaître au premier plan une figure que nous rencontrons une quantité innombrable de fois dans les reproductions figuratives de l'époque des Pharaons: c'est le bœuf domestique qui manifestement est l'animal le plus utile et le plus considéré, celui qui se prêtait aux usages les plus complexes. On peut relever sa présence dans la vallée du Nil à une époque antérieure aux Pharaons. Le Musée de Gizeh possède en effet une plaque d'ardoise provenant de Negadah, où un dessin grossier mais d'une ressemblance très fidèle, représente des bœufs domestiques. Ce fut la souche asiatique qui immigra dans l'Afrique orientale, car il n'existait pas de bœuf sauvage indigène pouvant servir de forme originelle. Les bœufs les plus anciens avaient encore un caractère primitif et furent, sous les premières dynasties, améliorés par un élevage attentif.

A cette époque, les terrains de culture n'étaient pas aussi étendus qu'aujourd'hui; aussi l'habitude d'envoyer les animaux au pâturage était-elle généralement répandue.

Le Nord du pays, c'est-à-dire le fouillis marécageux du delta, offrait de vastes herbages où les éleveurs faisaient passer à leurs troupeaux une partie de l'année. Leur surveillance était confiée à des bergers expérimentés appartenant aux classes populaires inférieures, couverts de simples nattes de jonc, et allant de lieu en lieu. Leur vie monotone prenait fin, quand il leur fallait ramener leurs bêtes vers le Sud, ce qui les forçait sans doute à traverser à pied plus d'un marais, et à la nage plus

Bœufs de l'ancienne Egypte (époque de la XVIIIe dynastie)
D'après une peinture murale de Thèbes (British Museum)

d'un bras du Nil. A leur arrivée, leur premier devoir était de rendre compte au régisseur du domaine, des troupeaux qui leur avaient été confiés. Ce n'était pas une petite affaire, car, ainsi que nous l'apprend M. A. Erman, le régisseur en chef d'un seul domaine est à même d'aviser son maître que l'ensemble de son bétail comprend 1055 bêtes à cornes, 760 ânes et 974 moutons.

On comprend que dans de telles conditions de propriété, il ait fallu donner une marque à chacun des animaux pour les distinguer de ceux des autres propriétaires. Une figure reproduite par M. Erman, nous montre comment on entretient

Bœuf égyptien à longues cornes
(Ancien empire, cinquième dynastie)

le feu dans une marmite pour y chauffer les cachets avec lesquels on imprime la marque sur l'épaule des bœufs.

Il y avait déjà plusieurs espèces différentes de bœufs sous l'ancien empire. La race la plus recherchée était celle des bœufs à longues cornes, animaux splendides, aux cornes puissantes, le plus souvent en forme de lyre, mais sans bosse graisseuse. Il y avait cependant aussi des bœufs zébus, qui provenaient sans doute du Sud de l'empire. On élevait des quantités considérables de bœufs sans cornes, car sur le domaine de Cha'fra'onch, il n'y en avait pas moins de 220 à côté de 835 à cornes longues. Ils semblent avoir été de petite taille, à peu près comme le zébu nain de l'Asie méridionale, et on ne les attelait jamais à la charrure. Dès l'époque de la cinquième dynastie, on trouve, comme par exemple dans le tombeau

Animaux de l'Egypte ancienne. To.

Supplément à l'ouvrage « *Les Animaux* »
(Ne peut être vendu séparément)

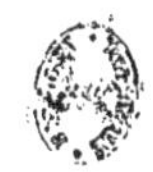

(près de Sakkarah) — V^e dynastie

Maison d'Édition BONG & Cie
PARIS

de Ti, la reproduction d'un bœuf sans bosse, aux cornes courtes, très semblable aux races primitives de bœuf brun et rouge de l'Europe, et qui s'est aujourd'hui encore conservé dans la haute Egypte.

A l'époque du nouvel empire, la physionomie des races bovines se modifie d'une façon frappante. Les bœufs à longues cornes passent tout à fait à l'arrière-plan, tandis que les bœufs à courtes cornes prédominent.

La couleur de la robe variait beaucoup. On élevait des animaux blancs comme du lait, d'un noir uniforme ou rouges-bruns; il y en avait même couleur

Bœuf engraissé de l'ancienne Egypte
D'après un bas-relief de Louxor (XXe dynastie)

pie et d'autres ressemblant au léopard, tels qu'on en rencontre si souvent, actuellement encore, dans le Soudan oriental.

Le bœuf servait aux fins les plus diverses. On l'attelait à la charrue, et dans les terrains les plus légers, on employait dans le même but la vache. On utilisait à ce propos une espèce de joug attaché transversalement devant les cornes. C'étaient les bœufs qui trainaient, à travers le désert, les pierres nécessaires à la construction des temples et qui battaient le grain.

Le rendement des vaches en lait n'avait rien d'extraordinaire, car la plupart des races zébus tarissent d'assez bonne heure. C'étaient les hommes qui étaient chargés de traire, affaire passablement compliquée, car il fallait d'abord attacher ensemble les pattes de derrière, et le plus souvent, il y avait encore un homme pour maintenir les pattes de devant. L'homme chargé de traire se mettait à genoux et recueillait le lait dans une tasse placée au-dessous des pis.

Rien de surprenant à ce qu'un peuple de sens si affinés, et doué en même temps de sentiments religieux aussi profonds que les anciens Egyptiens ait poussé, à propos du bœuf, l'amitié envers les animaux jusqu'au culte. A vrai dire, cette sanctification ne pouvait pas s'étendre à l'ensemble des individus, attendu que le bœuf répondait à un besoin économique. Mais, le clergé avait résolu très pratiquement la question du culte, en choisissant un individu déterminé comme objet de ce culte.

A Héliopolis on vénérait le taureau Mnevis, qui en sa qualité de divinité régionale, n'avait qu'une importance locale. C'était le bœuf Apis, qui, dans le temple de Memphis, constituait la divinité nationale, reconnue dans l'Egypte tout entière. Il jouissait de la plus haute considération, parce qu'il renfermait l'âme d'Osiris et qu'à l'origine on voyait en lui l'incorporation du dieu Ptah.

Le bœuf Apis était un animal dont le corps avait des traits tout à fait caractéristiques. L'engraissement du bétail semble avoir été pratiqué méthodiquement, et les anciens Egyptiens savaient déjà que la base de ce procédé est le strict repos. A Medinet Habou on voit représenté un bœuf à l'engrais, qui a un aspect tout à fait uniforme; l'allongement de ses sabots montre qu'ils ne s'usaient par aucune espèce de mouvement. On se servait pour l'engraissement de pâtes, que le pâtre agenouillé tendait au bœuf tranquillement couché. La fertilité du pays permettait ce procédé coûteux.

Les animaux ainsi engraissés servaient aux sacrifices, et c'était notamment dans les temples, où les prêtres pratiquaient un choix minutieux, qu'on faisait une grande consommation de victimes. On jugeait également le bœuf digne de porter l'homme à son dernier lieu de repos. Nous connaissons un bœuf tacheté de noir, provenant de Deir el Bahri, et qui porte attaché sur son dos le sarcophage où repose la momie de son maître.

Le noir était la couleur prédominante du bœuf Apis; sur le front une tache angulaire blanche; le dos portait un dessin blanc, aliforme; la queue avait deux espèces de poils. Autre signe caractéristique: il avait sous la langue une nodosité ayant la forme d'un scarabée.

On l'entretenait dans un temple magnifique; il avait des domestiques de choix, et une source spéciale dont lui seul buvait l'eau. Tout Egyptien pouvait le voir; on lui faisait des offrandes princières qui engloutissaient des sommes considérables.

A la mort du bœuf Apis, c'était, dans le pays, une tristesse générale. Son cadavre était soigneusement embaumé, puis enseveli dans un cercueil précieux.

Sous Ramsès II on construisit une sépulture commune pour les bœufs Apis; il était réservé à Mariette de découvrir ce caveau.

On ne reproduisait pas fréquemment l'image des ongulés plus petits, qu'au point de vue agricole on appréciait moins que les bêtes à cornes. Toujours est-il que le mouton apparaît de bonne heure déjà dans l'entourage des hommes. On a appris à connaître des restes d'ossements provenant des déchets de cuisine de Toukh, et le mouton domestique de l'époque de Negadah est très fidèlement représenté sur la dalle en ardoise de Gizeh. Ce document éclaire d'une vive lumière la descendance du mouton, car, dans toutes les figures représentant cet animal, on peut reconnaître une forte crinière du cou telle qu'elle n'existe, parmi les moutons sauvages, que chez le mouton à crinière africain (*Ovis tragelaphus*). La domestication eut son point de départ dans la vallée du Nil et remonte vers l'an 6000 av. J.-C.

Durant l'ancien empire, on ne connut que la race de moutons indigène, de forme caprine. Sur les figures les plus anciennes, cet animal a les oreilles droites, mais dès la 5e dynastie il y eut des moutons à oreilles pendantes. Cet animal domestique n'a jamais possédé une toison laineuse proprement dite; il semble avoir eu des poils courts et raides. Par contre, la crinière du cou est encore nettement dessinée dans certaines peintures sur papyrus et dans les figures funéraires d'El Bersheh. La couleur du pelage était très diverse; il y avait des moutons d'un ton clair, d'autres très foncés, d'autres même couleur pie. D'après Griffith, les moutons d'El Bersheh sont représentés de la façon suivante au point de vue de la couleur: le bélier avec la bouche et le ventre blancs, les moutons en brun, avec tache noire épaisse de forme ronde, en rouge-brun et tacheté de blanc, rougeâtre, gris pierre.

Mouton domestique de l'ancienne Egypte d'après le papyrus de Neb-Quad
(Musée du Louvre)

Au début du moyen empire, une nouvelle race pénètre dans la vallée du Nil, d'abord peu nombreuse sans doute, mais qui arrive finalement à refouler la race indigène. C'est un mouton domestique asiatique, identique à celui de la zone de civilisation mésopotamienne. A l'époque de la 12e dynastie, on représentait encore les deux races, mais à partir de la 18e, c'est la race asiatique qui semble exclusivement occuper le terrain. L'ancienne race autochthone dut se retirer dans les oasis écartées ainsi que dans les régions éthiopiennes. Les béliers en pierre de l'allée des Sphinx à Karnak offrent le plus grand intérêt; ils représentent un mouton à longue queue, tel qu'on peut encore le rencontrer aujourd'hui en Egypte, avec la conformation de tête de la race d'Arkal, et une queue mérinos qui ne paraît cependant pas aussi épaisse que chez l'ancien mouton mérinos assyrien. C'est sans doute dans la haute Egypte que la nouvelle race s'est le plus développée.

A côté de l'élevage du mouton, celui de la chèvre était assez répandu dans l'ancienne Egypte. Nous apprenons en effet qu'un seul propiétaire en possédait plus de 2200 têtes parmi son bétail.

La race a été manifestement introduite de l'Asie occidentale et était assez uniforme. D'anciennes reproductions figuratives de la vallée du Nil nous apprennent en effet que les bûcherons qui abattaient des palmiers ou des sycomores, avaient l'habitude d'emmener des troupeaux de chèvres pour leur faire brouter le feuillage de ces arbres.

Le besoin de sortes de viandes plus délicates amena de bonne heure les Egyptiens à élever des antilopes. On en parqua trois espèces (*Antilope dorcas, A. leucoryx* et *A. ellipsiprymna*), qu'on soumettait aussi à un élevage méthodique. Cet élevage égyptien national était sans doute limité aux castes élevées, car il exigeait beaucoup de soins. On capturait les antilopes à l'aide de lévriers ou au lasso; on amenait certainement aussi des faons d'antilopes et on les élevait. Des documents figuratifs nous représentent des antilopes qu'on menait paître avec les bêtes à cornes, et qui par conséquent étaient devenues de véritables animaux domestiques. Mais, elles ne pouvaient le rester d'une façon durable; dès l'époque du nouvel empire, on renonça complètement à leur élevage ce qui concorde probablement avec l'invasion de moutons asiatiques.

Le porc apparaît de bonne heure; on le représente dès l'époque de la première dynastie. Néanmoins les artistes de l'ancien empire ont renoncé plus tard, sans doute par crainte religieuse, à donner une place aux porcs dans leurs reproductions. L'éleveur de porc n'était pas très prisé et n'avait pas le droit d'entrer dans les temples. La conception artistique plus libre du nouvel empire n'exclut plus le porc; nous connaissons une bonne représentation d'un troupeau de porcs provenant de Thèbes. Hérodote nous rapporte, pour l'avoir vu lui-même, que ces animaux servaient à fouler le sol pour enfouir la semence.

Parmi les membres de la famille des Equidés, les anciens Egyptiens utilisaient l'âne et le cheval. Comme animal domestique, l'âne est manifestement l'acquisition la plus ancienne. On peut en effet en relever les traces bien au-delà de l'époque des Pharaons, jusqu'à l'époque préhistorique. Durant tout l'ancien empire, il est le seul représentant de sa famille, le cheval domestique n'étant pas encore parvenu en Egypte à cette époque.

L'apprivoisement de l'âne eut probablement son point de départ dans le Sud de l'empire. Ce fut l'âne des steppes (*Asinus tæniopus*) qui constitua l'élément sauvage; on en rencontre aujourd'hui encore une grande quantité dans la région hamitique de l'Afrique orientale. On en faisait, à l'époque ancienne, un emploi très varié. Les ânes servaient de bêtes de somme pour le transport des céréales qu'on engrangeait; on leur faisait battre le grain avec leurs sabots dans des aires circulaires; c'était à dos d'âne qu'on voyageait à travers le pays. Un dessin, reproduit par Lepsius, permet de reconnaître nettement cette façon de voyager: on assujetissait une chaise à porteurs entre deux ânes; un indicateur de route et un conducteur couraient devant les ânes, tandis que par derrière, ils étaient aiguillonnés par un autre serviteur, qui, en même temps, éventait les voyageurs. L'usage d'enfourcher l'âne n'était pas connu.

Avec la 18e dynastie apparaît le cheval domestique qui, la chose ne fait aucun doute, fut importé d'Asie. Le rôle économique de l'âne s'en trouva relégué au second plan. Dès ce moment, les voyages se font sur des véhicules à deux roues, traînés par des chevaux. Le harnais était très simple. Pas de cordes. On entourait la poitrine des bêtes de trait d'une large courroie, rattachée à la traverse du timon.

Les Egyptiens de haut rang apportaient un grand luxe à la décoration du char et des harnachements. Dans beaucoup de reproductions, la tête du cheval

L'allée des Sphinx de Karnak
D'après une photographie

est parée d'un bouquet de plumes d'autruches. D'après G. Ebers, un cheval égyptien coûtait en moyenne, à l'époque de Salomon, 280 francs. Avec la politique de conquête du nouvel empire, l'élevage du cheval prit un accroissement considérable; les vainqueurs le pratiquèrent comme un droit régalien. Les chevaux constituaient exclusivement un objet d'exportation.

Le chameau ne fut connu que très tard en Egypte. C'est un fait digne de remarque, que cet animal domestique original n'apparaisse jamais dans les reproductions figuratives de l'ancien et du moyen empire. M. A. Erman fait à ce propos ressortir qu'on ne relève pas dans l'égyptien ancien un mot étranger désignant le chameau. C'est seulement sous la domination grecque, c'est-à-dire au IVe siècle av. J.-C. au plus tôt, que les Egyptiens firent la connaissance de cet animal si utile. Encore n'adopta-t-on que la race domestiquée du Sud, le dromadaire à une bosse. Si celui-ci s'est dans la suite établi d'une façon durable dans la vallée du Nil, cela est dû à ce que le dromadaire ne pouvait manquer d'apparaître comme plus susceptible de rendre service que l'âne de petite taille, et devenir petit à petit indispensable pour le transport du fourrage et des céréales.

Comme le dit très justement M. Erman, il va de soi que l'Egyptien, ami des bêtes, ait témoigné une affection particulière au chien qui, de tous temps, a été le compagnon le plus fidèle de l'homme. En fait, le chien a vécu dans les établissements humains les plus anciens; les chiens apparaissent dans les peintures de la vie égyptienne ancienne et se rattachaient même, à l'origine, aux conceptions religieuses des habitants.

Le plaisir expressif pris à la vénerie imprima naturellement à l'élevage une direction tout à fait déterminée. De nombreuses reproductions figuratives nous apprennent que des meutes entières de chiens élégants accompagnaient l'Egyptien, grand amateur de chasse. Ils le suivaient quand il quittait la maison dans sa chaise à porteurs, tenaient compagnie au fonctionnaire de haut grade écoutant son musicien jouer de la flûte et de la harpe. La tradition raconte qu'un prince aima mieux mourir que de se séparer de ses chiens.

Anes de l'ancienne Egypte
D'après Lepsius

On entretenait différentes races qu'on s'entendait évidemment à élever pures de tout alliage. A ce qu'il semble, le chien-hyène (*Canis pictus*) était un animal apprivoisé très fréquent qu'on utilisait manifestement pour la chasse, sans qu'on

Le cheval dans l'ancienne Egypte représenté sur un bas-relief de Medinet-Habou

soit jamais arrivé à le domestiquer effectivement. Les chacals de la vallée du Nil devaient se trouver dans une situation analogue par rapport à l'homme; on les voit apparaître assez souvent dans son entourage. Les lévries étaient de beaucoup les plus appréciés et les plus nombreux. L'Egypte ancienne élevait soigneusement ces animaux, mais les tirait probablement du Sud de l'empire où ils étaient importés d'Ethiopie. M. Naville a trouvé à Deir el Bahri une forme de chien déjà fortement transformée par l'élevage qu'avait ramenée une expédition en Ethiopie.

Les lévriers de l'ancienne Egypte étaient de superbes animaux, très hauts sur pattes, peu musclés, au museau pointu et fortement tiré en avant. Sur les reproductions figuratives des dynasties anciennes, ils ont les oreilles droites; c'est ainsi, par exemple, qu'on les voit à Sakkarah et à Beni-Hasan. L'influence de la domestication se reconnaît à la conformation de la queue qui était annelée ou tronquée. On trouve cependant encore la forme primitive, avec une queue pendante, garnie de touffes de poils à partir du milieu; elle nous apparaît très belle dans le tombeau de Ti, datant de la 5e dynastie.

Sur les peintures murales de Sakkarah, les lévriers de race pure sont d'un jaune tirant sur le rouge en haut, et de couleur plus claire en bas; cette couleur naturelle était un héritage du *Canis simensis* sauvage tout à fait analogue. Cette race rendait de signalés services pour la chasse des antilopes rapides; les lévriers étaient capables d'atteindre et de terrasser l'agile gazelle. A côté de cela, il y avait de véritables chiens de chasse, aux longues oreilles et du genre des nôtres. Ils étaient fréquemment tachetés. Wilkinson reproduit une scène de chasse de l'Egypte ancienne où une chienne courante poursuit, en donnant de la voix, une autruche et un lièvre; le chien en train de hurler est dessiné avec une expression extraordinairement naturelle.

Il faut évidemment voir dans l'Egypte le principal pays d'origine des chiens de chasse. Que ceux-ci aient été obtenus par la transformation des chiens sauvages grâce à l'élevage, c'est ce qui ressort nettement des formes intermédiaires qu'on peut appeler des chiens de chasse sauvages, et qui ont encore le caractère de chiens sauvages, tout en possédant déjà des oreilles pendantes. A Beni-Hasan on voit également l'image d'une chienne basset aux oreilles droites. Il est à supposer qu'il s'agit ici d'une forme née du chien sauvage par une mutation soudaine, qui grâce à la prédilection des Egyptiens pour tous les extrêmes, fut l'objet d'un élevage prolongé et fonda la famille des bassets. En fait, la couleur naturelle rouge tirant sur le jaune s'est conservée encore aujourd'hui, totalement ou en partie chez beaucoup de bassets.

L'absence des dogues paraît au premier abord frappante; ils ne sont reproduits nulle part. Il eût été facile aux anciens Egyptiens d'utiliser l'Assyrie comme source d'importation, mais ils n'ont pas introduit les dogues chez eux. Il y a à cela deux raisons. D'abord, l'élevage présentait de grandes difficultés; en second lieu, la vallée du Nil manquait de gros gibier pour le dogue. Le grand lévrier qui existait déjà dans le pays rendait beaucoup plus de services pour la chasse à l'antilope.

Le chat occupait dans la maison égyptienne une situation tout à fait particulière. L'habitant y voyait le bon génie de son foyer, un animal sacré, qu'il était interdit de molester sous des peines sévères. Malheur à celui qui faisait mourir un chat! Diodore nous raconte, pour l'avoir vu, qu'un Romain étant en Egypte eut le malheur de tuer un chat, et cela par simple imprévoyance. C'est en vain que des hommes très haut considérés implorèrent sa grâce. Le roi lui-même fût impuissant à protéger l'étranger; le malheureux Romain fut offert par le peuple en furie en victime expiatoire aux mânes outragées du chat.

Un chat venait-il à périr dans un incendie, c'étaient de violentes lamentations. Mourait-il de mort naturelle, tous les habitants de la maison se rasaient les sourcils. On fermait pieusement les yeux du cadavre, on comprimait solidement les poils de la moustache contre la mâchoire, puis on l'entourait soigneusement de bandelettes de toile dont l'ordonnance était subordonnée à des règles très précises dans les différents districts du pays. Souvent on fabriquait des oreilles et des yeux artificiels avec des lambeaux de toile, et on enterrait la momie. Les cimetières de chats de Bubastis et de Beni-Hasan ont fourni des chargements entiers de ces momies de chats. Dès cette époque, le chat était, comme aujourd'hui, l'animal préféré de la femme. A Bubastis, le chat avait sa déesse, Basdet, représentée avec une tête de chat et servant de but de pèlerinage aux femmes qui avaient quelque préoccupation. Le fait que le chat a été si longtemps l'objet d'un culte explique le caractère capricieux du chat qu'on a tort d'accuser de fausseté. L'intelligent animal est au contraire très loyal et aime simplement d'être bien traité; quand il en va autrement, il sait rappeler très expressivement la condition aristocratique où il se trouvait dans la vallée du Nil. On a exprimé l'opinion que le chat aurait fait son apparition vers l'époque de la 12e dynastie; cependant nous avons déjà trouvé dans le tombeau de Ti (5e dynastie) la reproduction d'un chat apprivoisé avec un collier.

En débarrassant les momies de chats de leur enveloppe, on arrive facilement à relever, en cas de bonne conservation d'un grand nombre d'exemplaires, que la plupart d'entre eux appartenaient à la famille du chat fauve de la Nubie (*Felis maniculata*).

Momies de chat égyptiennes de Bubastis et de Beni-Hasan

Ce tableau des animaux domestiques de l'ancienne Egypte serait incomplet, si nous ne parlions pas de l'élevage des volailles. Les fermes des propriétaires terriens renfermaient un assemblage multiforme et bigarré de volatiles. Rien de plus naturel, car la vallée du Nil était un lieu d'élection pour le monde volatile paléoarctique et éthiopien dont on pratiquait ardemment la capture. La plupart de ces animaux jouaient cependant plutôt le rôle d'oiseaux d'ornement. Il serait difficile de se représenter dans des rapports plus étroits avec l'homme, la grue avide de disputes, les canards et les cygnes qu'on entretenait.

Deux espèces seulement, le pigeon et l'oie, étaient de véritables volailles domestiques. Nous trouvons bien des représentations figuratives du pigeon, mais il ne semble pas avoir existé en si grand nombre que dans l'Egypte actuelle. Etant donné que dans les régions du bassin oriental de la Méditerranée où l'on retrouve sa trace de meilleure heure, le pigeon semble se rattacher à des conceptions morales, il est sans doute permis d'admettre un rapport semblable, quoique sous une forme plus faible, pour le pigeon de l'Egypte ancienne.

L'oie avait beaucoup plus d'importance. On en relève déjà l'existence dans l'ancien empire, et à l'époque du nouvel empire elle a joué un rôle tout à fait hors de pair comme objet d'alimentation. Il est incontestable qu'on n'avait pas seulement l'habitude de capturer et d'apprivoiser cet animal, mais qu'on le domestiquait. En effet, il en apparaît de telles quantités sur les peintures murales de Thèbes, qu'il faut en conclure à un élevage méthodique. Nous savons également que le

Troupeaux d'oies présentés à un fonctionnaire de l'ancienne Egypte (époque du nouvel empire)
D'après une peinture murale de Thèbes conservée au British Museum

gavage des oies avec de la pâte aux fins d'engraisser ces animaux était un usage courant. Les gardeurs d'oies étaient conviés à se régaler de leurs bêtes rôties à point. Nous les voyons plumer ces animaux dans les champs et les faire rôtir au feu; une manière un peu plus primitive consistait sans doute à plonger le corps de l'oie dans de la cendre chaude et à l'essuyer ensuite avec de la paille.

L'élevage de l'oie était manifestement autochthone et différait des méthodes usitées plus tard dans l'Europe méridionale. L'élément sauvage a été fourni par l'oie du Nil (*Chenalopex ægyptiacus*), un oiseau nageur au dessin d'une remarquable beauté, indigène non seulement dans la vallée du Nil, mais répandu à travers toute l'Afrique en grande quantité. Il en apparaît chaque hiver sur les bords des lacs de steppes du pays des Somalis.

La tête et le cou sont d'un blanc jaunâtre, avec un cercle brun vers le milieu du cou. La partie inférieure du corps est d'un gris fauve, avec des lignes ondulées délicates et une tache d'un brun cannelle sur la poitrine; le dessus est vert et noir, les ailes sont blanches, noires à leur extrémité. Cette teinte demeure invariable chez l'animal domestiqué. Avec le déclin de la civilisation de l'Egypte ancienne, l'oie du Nil disparaît en tant qu'animal domestique. C'est là le plus remarquable exemple de la manière dont l'un des êtres les plus populaires a disparu de la maison de l'homme. Il ne s'est conservé aucun vestige de cet élevage de l'oie, ni dans l'Egypte actuelle, ni nulle part ailleurs en Afrique. Vers le milieu du siècle dernier on a tenté de le reprendre en France.

Bien des tempêtes ont passé sur l'Egypte depuis l'époque des Pharaons; le peuple est resté indestructible et le restera. Par contre, il s'est perdu beaucoup de traits caractéristiques de l'ancienne physionomie du monde animal domestique, mais quelques-uns se sont conservés et ont subsisté jusqu'à l'heure actuelle.

Gavage d'oies et de grues dans l'ancienne Egypte

Coqs de combat athéniens — D'après une peinture grecque

VI. L'élevage des animaux domestiques à l'époque de l'antiquité classique en Grèce et à Rome

Le monde civilisé de l'ancienne Grèce et de Rome, naturellement soumis à l'influence des civilisations beaucoup plus anciennes de la Mésopotamie et de l'Egypte, ne se contenta pas d'adopter un grand nombre d'animaux domestiques. Il en forma également lui-même et poussa beaucoup plus loin encore l'utilisation des éléments dont il disposait. Le climat et les conditions du sol étaient incomparablement propices à l'élevage du bétail, de sorte que nous trouvons de bonne heure chez les Grecs un ensemble de troupeaux varié et précieux. L'importation du dehors fut pratiquée sur une grande échelle. D'après le rapport d'Arrien, Alexandre le Grand dont le coup d'œil pratique ne négligeait rien, envoya environ 3000 bêtes à cornes de l'Inde en Macédoine, et Polycrate de Samos prit à cœur de préparer les voies à l'introduction en grand de chiens, de moutons et de chèvres. A Rome, on comprit d'assez bonne heure l'importance de cette branche de l'économie rurale. On ne se contenta pas d'importer en Italie des bêtes à cornes et des bœufs d'Epire; on fit égalcment venir des serviteurs chargés de traire et de garder les troupeaux. L'Orient eut à fournir des moutons de race fine. Lorsque le besoin d'expansion des Romains fonda des colonies au Nord des Alpes et dans l'Ouest de l'Europe, l'économie agricole et l'élevage du bétail tombés en ruine à la fin de l'âge de bronze prirent un nouvel essort. Des écrivains romains tels que Columelle et Varron n'attachèrent pas assez de prix à ce fait pour s'en occuper de plus près.

Il est incontestable que le monde antique de l'Europe méridionale a emprunté à l'étranger une certaine somme d'expériences dans le domaine de l'élevage des animaux domestiques. Mais il élargit les bases fondamentales de l'élevage et les coordonna en un certain système. M. Kræmer de Berne a eu le mérite d'étudier à fond, il n'y a pas longtemps, ce fait dans plusiers publications importantes et nous exposerons ici les résultats essentiels qu'il a obtenus.

Columelle et Varron rappellent déjà très judicieusement qu'il faut chaque année examiner attentivement le bétail et remplacer les vieux animaux domestiques par d'autres plus jeunes, capables de rendre plus de services. On met en garde contre l'achat d'animaux domestiques trop gras: on savait dès lors que l'infécondité était la suite d'une nourriture trop riche.

Aristote avait déjà des notions très justes sur l'action de l'hérédité dans l'élevage, quand il dit: « Dans la procréation, le *genus* a la même influence que l'individu, car il est la partie substantielle; ce qui est particulier et individuel a toujours une force prépondérante. » Il exprime ainsi très nettement l'influence de la race à côté du potentiel individuel; aussi les éleveurs de l'antiquité pratiquaient-ils fréquemment, en dehors de l'élevage pur, l'élevage par croisement. L'existence de pâturages étendus favorisait singulièrement la première de ces méthodes.

Il est très intéressant de savoir exactement que les conditions extérieures de la vie exercent une action transformatrice sur la conformation corporelle des animaux domestiques et sont affermies par l'hérédité. M. Kræmer a exhumé dans Strabon une citation relative à ce point et ainsi conçue: « Les qualités supérieures des chevaux et des bêtes à cornes ne sont pas seulement dues à des conditions locales, mais à l'emploi et à l'usage qu'on fait des animaux domestiques. » C'est déjà la pensée fondamentale de Lamarck nettement exprimée. Et, ce sont les figurations que nous a transmises l'art antique, qui font le mieux ressortir que les anciens dont les sens s'attachaient à la beauté ou à la force, ont obtenu d'excellents résultats de leur élevage.

En ce qui concerne l'influence des différentes espèces d'animaux domestiques, on constate des écarts par rapport aux zones civilisées mentionnées plus haut. Le caractère montueux et les landes des pays méditerranéens furent, dès le début, propices à l'élevage des chèvres et des moutons. La Grèce en particulier, attachait, par ses colonies, un grand prix à l'acquisition de moutons à fine laine. On pratique d'une façon beaucoup plus intense qu'en Orient l'élevage du porc, qui sous les empereurs romains atteignit un grand développement. On appréciait énormément les chiens, mais le chat domestique manquait encore. L'élevage de la volaille ne faisait que débuter. Il fallut d'abord organiser avec des éléments indigènes l'élevage de l'oie si répandu dans la vallée du Nil; ce fut plus tard encore qu'on apprivoisa le canard, tandis qu'on empruntait la poule à l'Asie occidentale et qu'ultérieurement on introduisait aussi le paon.

Si l'on examine en détail l'ensemble des races, on se trouve d'abord en face de données variées relatives aux chiens domestiques. Aristote énumère une série de formes canines, parmi lesquelles on fait ressortir particulièrement le chien épirote, le chien molosse et le chien laconien. Parmi les formes étrangères, on connaissait le chien cyrénéen, égyptien et hindou. Dans son ouvrage « *De re rustica* », Columelle ne cite que trois races: le chien de chasse (*Canis venaticus*), le chien de berger (*Canis pecuarius*) et le chien domestique (*Canis domesticus*).

Les documents fournis par les monnaies et les fûts de colonnes dont il existe un grand nombre, sont pour nous un guide beaucoup plus sûr que les données littéraires.

On peut admettre comme une certitude qu'on élevait dans l'antiquité classique le chien-loup déjà répandu dans toute l'Europe à l'époque préhistorique. Nous connaissons des restes de crâne de cet animal provenant de l'époque romaine, et une monnaie grecque nous en fournit une image tout à fait typique. Un didrachmon de Panormas nous apprend qu'on connaissait le grand lévrier du type de l'ancienne Egypte; il nous apparaît encore sous une forme plus belle, en compagnie d'Artémis, sur un fût de colonne provenant de la Russie méridionale. Dans les deux cas, le lévrier à la taille élancée a les oreilles droites.

Les Grecs et les Romains ont de bonne heure connu des chiens de chasse aux oreilles pendantes; plus tard on les faisait, de préférence, venir des Gaules. Ce sont des chiens courants tout à fait typiques, aux oreilles pendantes, que ceux qu'on voit sur une figure de mosaïque, trouvée en 1735 à Aventicum, la capitale romaine de l'Helvétie. Nos chiens de bergers ne peuvent être restés inconnus, car, ils immigrèrent dans le Sud-Est de l'Europe dès l'époque de l'âge de bronze.

Sur le sol grec apparaît en outre, à l'époque historique seulement, le plus imposant de tous les chiens domestiques, le chien molosse, dogue magnifique que distinguent sa force et son courage. La question de la provenance est aujourd'hui résolue. Après les profondes analyses de M. Kræmer, il n'y a plus le moindre doute: ces dogues sont identiques à ceux de l'Assyrie.

D'après les témoignages historiques que nous possédons, Xerxès, dans son expédition contre la Grèce, a emmené de grands dogues, mais nous n'avons aucun indice nous permettant d'affirmer que ces animaux firent souche. Ce fut ensuite Alexandre le Grand qui ramena ces chiens de son expédition dans l'Inde; c'est à ces animaux qu'il faut faire remonter les races qu'on obtint par l'élevage en Macédoine et en Epire.

Les Romains adoptèrent plus tard les chiens molosses et les transportèrent au Nord des Alpes, à travers les passes montagneuses. On a retrouvé dans la colonie helvético-romaine de Vindonissa, non seulement un crâne bien conservé, mais encore, sur des lampes d'argile, une excellente reproduction — la première de cette race. Nous y reconnaissons une forme de chien ayant le caractère d'un Terre-Neuve ou d'un Saint-Bernard, et il est incontestable que c'est par l'élevage des éléments amenés par les Romains, qu'on a obtenu les célèbres chiens alpestres du Saint-Bernard. Ainsi que M. Fraas l'a récemment indiqué, d'après une découverte faite dans le Wurtemberg, il y avait déjà des dogues en Germanie à l'époque romaine.

Il s'est sûrement produit des croisements entre les différentes races. Dans les montagnes de l'Albanie et de la Calabre, on rencontre aujourd'hui encore un chien de berger d'une taille imposante dont l'origine est probablement due à un mélange de dogues et de chiens de bergers et qu'il faut considérer comme un vestige de l'époque antique, attendu qu'on en donne déjà des représentations figuratives dans l'antiquité.

Parmi les ruminants plus petits, la chèvre a, dès l'époque la plus ancienne, joué un rôle prépondérant en Grèce. Mais, comme ce fut partout le cas, la chèvre dut, quand la civilisation se développa davantage, reculer devant le mouton. C'étaient les îles Egées qui formaient le centre de l'élevage des chèvres. A l'origine, cet animal domestique, indispensable à l'économie rurale agricole, se rattachait à certaines conceptions morales. La race était très uniforme; cependant, à l'aide

Levrier d'après un artiste grec

d'animaux importés, on obtint par l'élevage des races plus nobles, au poil fin, et à côté de cela, une autre race aux cornes remarquablement plus grandes dont il s'est conservé des vestiges dans les Alpes.

Le mouton, si hautement prisé pour sa toison de laine, est célébré en prose et en vers. D'après la légende grecque, c'est en Colchide qu'on a été chercher la toison d'or, c'est-à-dire l'animal à laine jaune qui en était porteur. Cet embellissement poétique contient sûrement un germe positif, attendu que c'est l'Asie occidentale, ou pour parler plus exactement, la région située entre la Perse et la mer Noire, qui constitue le pays d'origine des moutons à laine fine. N'est-ce pas là que vit aujourd'hui encore le mouton des steppes (*Ovis arkal*) dont provint le plus précieux des moutons domestiques? Il y a, à l'appui de cette thèse, des raisons tirées non pas seulement de l'histoire de la civilisation, mais encore de l'anatomie. Ce fut l'Asie Mineure qui donna d'abord le plus grand essor à la production et à l'emploi de la laine. Tyr et Milet rivalisèrent dans la fabrication d'étoffes de laine splendides. La Grèce s'empara de cette branche lucrative de l'industrie. Les races ovines de l'Epire et de l'Attique acquirent une grande célébrité. Le commerce fit passer cette industrie dans l'Italie méridionale, dans la colonie grecque de Marseille et dans la péninsule ibérique. En Italie, le premier rang fut occupé par les moutons d'Apulie, région où on les éleva soit dans des écuries, soit à l'état nomade. En Espagne, Cordoue prit de bonne heure une grande importance à cause de sa production de laines. D'ailleurs la péninsule ibérique tout entière dépassa peu à peu tous les autres pays méditerranéens dans l'élevage du mouton, et tira plus tard de la souche immigrée les mérinos à laine fine.

Ainsi que nous l'apprend Virgile, le mouton laineux était blanc quand il fut domestiqué; si Martial donne à la toison une couleur rouge tirant sur le jaune (*flava*), il entend évidemment par là le pelage encore non lavé, couvert de suint.

D'ailleurs, à côté de la race asiatique, il y en avait d'autres venant également de loin. C'est ainsi que dès l'époque mycénienne, nous trouvons la reproduction de moutons qui ressemblent, il est vrai, au mérinos.

Mais, sur une améthyste de Vaphio, on reconnaît les têtes d'un mouton à cornes de chèvres, cornes qui ne rappellent pas celle du bélier et sont fortement recourbées en avant. Il s'agit probablement d'un mouton domestique importé d'Egypte, qui était sans doute étroitement relié au mouton des tourbières. Suivant le témoignage de Columelle, on employait aussi des moutons sauvages d'Afrique pour rajeunir la race.

Dans l'antiquité classique, le bœuf fut l'objet d'une profonde sollicitude. En sa qualité de compagnon de travail de l'homme, il était si hautement prisé, qu'il était défendu d'abattre le bœuf de labour, parcequ'on le considérait comme étant au service de Cérès. D'après Columelle, la mise à mort d'un bœuf constituait un acte équivalent au meurtre d'un homme, et Ovide considérait comme une indignité que d'oser abattre cet animal enlevé à la charrue.

Les nombreuses reproductions figuratives que nous a transmises le monde antique permettent de se faire une idée de la juxtaposition des races. La race sans doute généralement répandue et qui apparaît très fréquemment sur les mon-

Jason conquérant la toison d'or
D'après une gravure du « Temple des muses », Amsterdam 1733

naies, était petite, à cornes courtes. Elle s'est conservée jusqu'à l'heure actuelle, dans sa forme originelle, dans les pays montagneux de l'Albanie. C'était en réalité le bœuf des habitations lacustres. Nous avons déjà rappelé qu'on importa également des races étrangères; il est certain que celle des zébus n'était pas inconnue, car les rapports avec l'Asie Mineure étaient fréquents. Il se peut aussi qu'il y ait eu bien des importations venues du Nord de l'Afrique. Il est impossible d'affirmer avec certitude si les bœufs à longues cornes ont été également introduits.

Par contre, on a mieux déterminé l'existence de bœufs primigènes. Les découvertes faites à Vaphio autorisent l'hypothèse que la Grèce avait déjà entrepris, de son chef, à l'époque mycénienne, la domestication de l'aurochs, dont les rejetons apprivoisés sont représentés, au point de vue plastique, avec une maîtrise accomplie. La race épirote, que Varron présente comme excellente, appartenait manifestement à la souche primigène. Elle fut exportée en Italie, et, les bœufs lucaniens, dont on fait ressortir la taille extraordinaire, descendaient d'élevages épirotes. Ils se sont conservés dans ce pays jusqu'à nos jours, et quand on voyage aujourd'hui dans l'Italie du Sud et en Epire, on ne tarde pas à être frappé par la vue de ces puissants animaux.

Enfin, le sol de l'Italie ancienne vit de bonne heure apparaître une race remarquable dont les restes vivent encore à l'heure actuelle dans la presqu'île ibérique

Taureaux représentés sur l'un des gobelets de Vaphio

sans avoir subi de changements. C'est un bœuf lourd, à tête courte, à peine inférieur par sa taille au bœuf primigène, mais qui en diffère absolument au point de vue génétique. Cette race fut transportée au-delà des Alpes pour servir à l'alimentation des légionnaires romains, et on a déterré une quantité fabuleuse de restes d'ossements et de déchets de cuisine, dans la ville helvético-romaine de Vindonissa. Les bœufs à courtes cornes qui existent à l'état d'îlots, et que nous connaissons dans les Alpes sous le nom de bœufs d'Ering et de Dux, sont des vestiges dont la taille a d'ailleurs diminué. Nous possédons des données différentes relativement à la couleur de la robe des bœufs de l'Italie ancienne. Dans le Brutium, ils étaient rouges, et c'était également la couleur des bœufs lucaniens; la petite race bovine de la Campanie était au contraire blanche. L'Ombrie possédait une race qui était grande, débonnaire, et soit blanche, soit rouge ou couleur pie.

Etant donné le sens si caractéristique que les anciens avaient de la beauté, on conçoit aisément qu'ils aient de bonne heure prêté beaucoup d'attention à l'élevage du cheval. C'est qu'il s'agissait du plus noble spécimen du monde animal domestique, sinon du plus utile. D'ailleurs, l'Asie était une source d'importation toute proche. La Cappadoce en particulier était, avec ses chevaux aux pieds rapides, une région où les Grecs allaient chercher des éléments très appréciés de

Quadrige de course romain
D'après un bas-relief (British Museum, Londres)

domestication. Dès l'époque homérique, la Thrace était célèbre par ses chevaux; la Thessalie ne l'était pas moins. On entreprit des expéditions pour augmenter l'effectif de chevaux. Philippe de Macédoine aurait, dit-on, enlevé à un roi de Scythie 20000 belles juments pour créer, à l'aide de ces animaux, un élevage particulier.

Les Romains qui pratiquaient beaucoup l'équitation, ne reculaient pas devant de fortes dépenses pour faire venir de l'étranger des animaux de races recherchées. Leur luxe équestre ne le cédait en rien à celui d'aujourd'hui.

La Thessalie constituait une source d'importation de premier ordre. Les Romains riches faisaient également venir de ce pays leurs écuyers. En Grèce et en Italie, on employait les chevaux pour la guerre, pour l'équitation et les courses.

De nombreuses et excellentes reproductions de chevaux qui nous sont parvenues, nous fournissent des points de repère suffisants au sujet du caractère des races. Sur une monnaie de Larissa, nous reconnaissons l'image typique du cheval oriental de structure légère, avec une expression fine et unie du visage, et des extrémités élancées. Cette noble race était sans doute prépondérante, mais il y avait encore des formes plus lourdes avec tendance au volume, à la croupe rebondie et au poil abondant, ce qui indiquait une race occidentale. L'étude des éléments existants a amené M. Kræmer à ce résultat, qu'il ne faudrait voir dans la masse principale des éléments chevalins de la Grèce et de l'ancienne Rome, qu'un croisement de sang occidental et oriental. Le type ainsi obtenu, présenta ensuite de nombreuses nuances, provoquées par des conditions locales. Cette hypothèse s'appuie sur la découverte faite dans la colonie romaine de Vindonissa, d'un crâne de cheval dans lequel on ne saurait méconnaître l'influence du sang oriental.

Les peuples sémitiques civilisés avaient répudié le porc, et les sujets des Pharaons professaient pour cet animal peu d'estime. Dans l'Europe méridionale, il a de bonne heure joui d'une popularité qui rappelle ce qui se passait dans l'Asie orientale. Chez les Romains, le porc arrive même à occuper le premier rang, en tant que victime pour les sacrifices.

Les reproductions figuratives nous contraignent à conclure qu'on entretenait une race très susceptible d'engraisser, avec une tête assez courte et en qui on relève l'indication des rapports les plus étroits avec les porcs asiatiques. N'étant pas autorisés à considérer le Sémite comme ayant servi d'intermédiaire pour l'introduction de cet animal domestique, nous ne voyons pas très nettement, pour l'instant, comment la race asiatique a trouvé le chemin de l'Europe méridionale. Il n'y avait pas de porc indigène en Europe; aujourd'hui encore on élève partout des porcs en qui le type oriental prédomine. On a, il est vrai, connu en Helvétie des formes romaines qui se distinguent des races du Sud et qu'il faut ramener à un autre type à cause de leur groin pointu, de leur corps élancé et maigre. On a retrouvé des restes de ces figures de l'âge de bronze au Lindenberg près de Winterthur, et on y distingue très nettement le dos de carpe, ce qui rappelle le porc indigène de l'Europe. Mais, ce ne sont pas là des produits de la zone classique romaine; c'est plutôt dans la colonie romaine que ces figures prirent naissance et l'on sait que le porc commun indigène y était déjà élevé à l'époque des constructions sur pilotis.

Porc, mouton et bœuf destinés au sacrifice
Relief du Forum romanum, Rome

Les Gaulois pratiquaient beaucoup l'élevage du porc et exportèrent, dit-on, de la viande salée en Italie. On en faisait une grande consommation à Rome où l'on avait installé un marché aux porcs spécial (*Forum suarium*). Les gourmets prisaient particulièrement la chair des animaux jeunes, provenant principalement de la Sardaigne dont les forêts de chênes fournissaient une abondante glandée. Les marchands de porcs de cette île (*suarii*) avaient été dotés par des ordonnances impériales de privilèges spéciaux pour le commerce.

L'élevage de la volaille s'était peu à peu acclimaté en Grèce et à Rome, à mesure que la civilisation se développait. Suivant M. Hehn, la poule était déjà parvenue en Grèce au VIe siècle av. J.-C. C'est le poète Théognis qui en fait la première mention. Plus tard, la poule devint un hôte recherché de la maison, et sa dénomination d'« oiseau persique » indique la voie qu'elle a suivi pour venir de l'Ouest. Cet animal se rattachait déjà à certaines conceptions de la civilisation qui ne se développèrent pas davantage en Grèce, mais s'accrurent d'une façon frappante chez les Romains. Grâce à des sentiments singulièrement superstitieux, on s'adressait à la poule, comme à un animal prophétique, dans les affaires d'Etat importantes et pour les expéditions militaires. Le « *pullarius* » mettait à l'épreuve les poules qu'il avait amenées; quand elles mangeaient avidement, c'était d'un heureux présage. Pline qui, par ailleurs, ne fait pas preuve d'un esprit de critique excessif, est stupéfié de ce que les décisions les plus importantes soient subordonnées à ces animaux. D'après Columelle, on dressait différentes espèces particulières pour les jeux, et on avait l'habitude d'en vanter les mérites.

Le paon ne tarda pas à faire son apparition. L'élevage de cet animal eut son point de départ dans l'île de Samos, et dès le Ve siècle av. J.-C., cet oiseau de luxe enthousiasmait les Romains. A Rome, il fut plus tard consacré à Junon. L'élevage des paons était pratiqué sur une grande échelle dans les petites îles de la côte italienne (îles des paons). Grâce au raffinement du goût, le paon fut introduit dans les festins des Romains de classe supérieure. C'est Hortensius, un ami de Cicéron, qui aurait, paraît-il, eu l'idée de recommander cet animal pour lequel on manifesta beaucoup moins d'enthousiasme dans la suite. Les anciens connaissaient aussi la pintade qui se rattachait d'ailleurs au culte. On entretenait cet animal dans le temple d'Artémis, dans la petite île de Leros. Le pigeon domestique était encore rare. Les Perses l'apportèrent en Grèce sur leur flotte. Les Phéniciens, grands commerçants, introduisirent le pigeon en Sicile où il était sanctifié sur le mont Eryx.

L'élevage de l'oie qui était déjà pratiqué à l'époque homérique est beaucoup plus ancien: Pénélope avait ses oies près du palais royal. En ce qui concerne les Romains, nous savons qu'ils appréciaient particulièrement l'oie blanche. C'est seulement au début de notre ère que le canard apparut dans les fermes romaines. Quand Columelle donne le conseil de recueillir des œufs de canards sauvages pour les faire couver, cela prouve que la domestication n'en était encore qu'à sa période de début.

Char de guerre assyrien

VII. L'animal domestique considéré comme motif dans les arts plastiques chez les peuples civilisés de l'antiquité

Les sentiments sincères, propres au monde antique, traduisent d'une façon très expressive l'amitié et la gratitude envers les animaux domestiques compagnons de l'homme, devenus un puissant levier de civilisation. Nous avons, à plusieurs reprises, fait ressortir les liens qui rattachaient ces animaux à l'idée de culte. Nous ne serons donc pas surpris du rôle considérable joué par les animaux dans l'art antique.

L'évolution historique du développement du sentiment esthétique dans l'âme des peuples, nous apprend déjà que les débuts de l'art plastique se font remarquer de très bonne heure. Aussi certains savants le considèrent-ils, pour ainsi dire, comme une expression générale de l'organisme social, et sont-ils arrivés à dire qu'il n'existe pas de peuple sans art.

On ne saurait souscrire à cette affirmation sans réserve. Nous connaissons des éléments de races très inférieures — qu'il suffise de rappeler les tribus de Weddas de l'Asie méridionale — chez qui l'étude la plus minutieuse de l'ergologie n'a permis de reconnaître aucune espèce de traces d'une création artistique. Il n'est pas admissible non plus que cette propriété ait existé autrefois et se soit perdu par régression.

D'autre part, on rencontre déjà dans des conditions de civilisation vraiment primitives, des embryons de manifestations artistiques, voire même de très bonnes reproductions. Les dessins des Esquimaux ont atteint une certaine célébrité; les dessins rupestres des Boschimans sont d'une fidélité naturelle remarquable, et les nègres de l'Afrique occidentale produisent d'excellentes choses dans le dessin des contours et la plastique animale.

C'est un fait nettement établi à l'heure actuelle, que les débuts de l'art plastique se font remarquer de bien meilleure heure que ceux des premiers essais de domestication animale. L'ethnographie nous montre le niveau de la civilisation de races différentes existant actuellement côte à côte dans l'espace. La préhistoire serait à même, unie à l'archéologie, d'éclairer cette matière du côté historique.

Sur le sol de l'Europe, nous connaissons des reproductions figuratives de l'époque paléolithique où manquent tous les animaux domestiques, comme nous l'avons indiqué plus haut. Autrefois, on avait coutume de railler l'ancien « art des cavernes » et, il n'est pas douteux que dans bien des cas ce scepticisme n'ait été très salutaire. Mais, l'authenticité d'un grand nombre de dessins de l'ancien âge de pierre est aujourd'hui indiscutable.

Aussi longtemps que l'homme primitif s'en tint à la chasse, son imagination devait forcément être frappée par les objets les plus proches de lui et principalement par la faune sauvage de son entourage. Ce qu'il dessine, ce sont les animaux de chasse de sa patrie. Ces êtres pleins de vie, d'une mobilité facile, occupent son imagination, alors que le manque de mobilité du monde végétal ne l'attire nullement. Aussi les images de plantes datant de cette ancienne période des débuts de l'art plastique, manquent-elles, pour ainsi dire, complètement. L'habitant primitif de l'Europe cherche à fixer les contours du renne, du bison, du cheval sauvage, les plus importants des animaux servant à sa nourriture. Le Boschiman de l'Afrique du Sud dessine, sur les parois rupestres, des antilopes, des autruches, etc., mais pas d'arbres. Bien plus tard encore, à un moment où l'on peut parler d'un art véritable, le monde végétal reste subordonné. Les dessins d'arbres des images assyriennes sont d'une gaucherie extraordinaire, et à Medinet-Habou, où est représentée la chasse de Ramsès en Asie, le paysage est un vrai gribouillage.

Du jour où les animaux domestiques apparaissent dans l'entourage de l'homme, l'art plastique s'enrichit de motifs nouveaux. La sphère d'imagination de l'homme est tout autant dominée par l'animal domestique que par la bête de chasse, et celui-ci entre dans le domaine de la reproduction figurative, soit par le dessin, soit comme bas-relief, soit comme rond de bosse. Les scènes de la vie quotidienne où les animaux domestiques jouent un rôle quelconque, deviennent de plus en plus le schéma préféré de l'artiste. Ce qui distingue particulièrement ces reproductions très anciennes d'animaux, qu'elles aient trait à des bêtes poursuivies à la chasse ou à des animaux domestiques, c'est leur caractère naturel, et c'est ce qui en fait la valeur scientifique. L'artiste de l'antiquité n'avait d'abord d'autre but que de rendre la figure animale dans toute sa beauté et sa vérité naturelles. C'est plus tard seulement qu'il com-

Dessins d'animaux abyssins du XIVe siècle

En haut: bœufs Sanga. En bas: moutons mérinos

D'après les originaux de la collection de lady Meux

Dogues assyriens
D'après un bas-relief (British Museum, Londres)

mence à faire du style, ce qui enlève à ces figures toute leur valeur aux yeux du zoologue.

On est frappé de la rapidité avec laquelle la reproduction de l'animal domestique par le dessin peut s'affirmer comme motif artistique; l'Afrique du Sud nous a offert, à ce point de vue, un exemple très instructif. Là, le Boschiman n'a jamais su s'élever jusqu'à la domestication animale; il préfère poursuivre son gibier à la chasse. L'utilité des troupeaux apprivoisés ne lui en apparaît pas avec moins d'évidence, et partout où l'occasion s'en présente, il les vole. M. Richard Andrée a publié un dessin original dû aux Boschimans; on y voit un troupeau de bœufs volé aux Cafres et qu'on emmène. La reproduction de cette scène dénote une faculté remarquable d'observation, et l'artiste Boschiman n'a pas oublié de faire ressortir, comme il convient, la bosse des bœufs.

Parmi les nombreuses créations, en partie dignes d'admiration, que l'art le plus ancien nous a laissées dans le domaine de la reproduction figurative des animaux domestiques, nous en ferons ressortir quelques-unes. Nous avons déjà effleuré l'art babylonico-assyrien dans un chapitre précédent. On peut faire remonter jusqu'à cinq mille ans avant J.-C. les bas-reliefs qui, en Mésopotamie, représentent des animaux, et le relief est employé avec une prédilection prononcée beaucoup plus tard encore par les Assyriens, à une époque où la peinture avait cependant pris de l'importance.

Les reproductions de l'époque babylonienne ancienne sont de valeur inégale et se trouvent de préférence sur des sceaux cylindriques et des tablettes d'argile; mais la moisson de reproductions d'animaux domestiques est, pour le moment, encore très maigre. Quelques figures de bœufs sont bien conservées et présentent cette particularité remarquable, que la tête ne porte le plus souvent qu'une seule corne. C'est que, dans le dessin du profil, le Babylonien trouvait superflu de dessiner la seconde corne, attendu qu'elle est cachée par la première à laquelle elle est parallèle.

L'abondance des documents fournis par l'époque assyrienne ultérieure forme un heureux contraste avec l'indigence de l'art ancien de ce pays. Layard, le véritable auteur de la découverte de Ninive qui, vers le milieu du siècle dernier, provoqua une si heureuse surprise dans le monde scientifique, a rendu d'inappréciables services, non seulement aux archéologues, mais encore aux zoologues s'occupant des animaux domestiques.

Les figures d'animaux et en particulier les reproductions d'animaux domestiques, occupent une large place dans les palais royaux mis à jour par Layard à Ninive et à Koujoundschik. Ce sont de préférence des bas-reliefs en marbre dont quelques-uns n'ont pas ce profil un peu raide et qui, à l'occasion, dénotent par leur merveilleux modelage un animalier de premier ordre. C'est ainsi par exemple que sur le bas-relief reproduit plus haut, datant de l'année 668 av. J.-C. et trouvé à Koujoundschik, nous reconnaissons des chevaux qu'on capture au lasso; l'image est très vivante et très naturelle. Le caractère du cheval oriental est magistralement reproduit dans les têtes maigres, peu musclées. Il n'y a pas moins de vie dans une scène du palais d'Assurbanipal, représentant le départ des chasseurs avec leurs dogues et leurs filets de chasse.

On ne saurait dénier à l'art assyrien un certain cachet aristocratique. Le plus souvent, ce sont des faits de guerre ou des exploits sportifs de monarques éminents qu'on choisit pour les représenter. C'est ainsi que, sur un bas-relief du palais nord-ouest de Nimroud, nous voyons Assurnassirpal représenté sur son char, traîné par trois chevaux, au moment où ce prince tue de son arme le formidable aurochs; là encore, l'artiste se contente de dessiner, pour chaque cheval une seule jambe de devant et de derrière, parce que ces animaux sont pris de profil. Ailleurs, le même souverain nous apparaît sur son char, en pleine mêlée; plus loin, nous voyons un convoi de Tiglat-Pilesar qui ramène le butin, etc.

L'artiste assyrien s'élève déjà très haut. L'idée qu'il exprime est extraordi-

Les chevaux de la grande pagode de Siringam (Inde méridionale)
D'après une photographie

nairement claire; il répudie tous les accessoires inutiles. En outre, dans les œuvres les meilleures, il s'attache avec grand soin aux détails essentiels, dans ces figures d'animaux domestiques. Dans les figures de chevaux qui reviennent si souvent, le pelage est traité minutieusement, le harnachement est fignolé jusque dans ses moindres détails. Quand il s'agit de moutons, l'artiste triomphe des difficultés que présente la matière et sait faire ressortir la toison; chez les dogues, les oreilles tombantes, larges, haut placées, et la peau ridée de la figure sont traitées d'une manière irréprochable.

Ce qui montre avec quel soin l'artiste de cette période observait, ce sont les figures de chameau de l'obélisque noir de Nimroud dont nous avons déjà parlé plus haut. Comme on le sait, les deux bosses du chameau portent à leur rebord supérieur une touffe de poils plus longs et d'un pigment un peu plus fort. Ce trait distinctif ressort très nettement sur le bas-relief assyrien en question.

Citons un autre trait digne de remarque, parce qu'on ne le retrouve d'une manière aussi prononcée dans aucun autre art. L'artiste assyrien évite les figures trop grasses pour les animaux domestiques. On ne retrouve pas ici une reproduction de véritables formes engraissées, comme celles de Mycènes ou de l'ancienne Rome. La maigreur passe pour belle; chez les bœufs et même chez dogues pesants, les côtes font fortement saillie, d'une manière qui n'est même pas naturelle. Même particularité pour les singes importés dans le pays en qualité de tribut. Les côtes sont souvent indiquées chez les animaux sauvages, et ce qui nous montre la tenacité de la tradition animale: c'est l'exemple du taureau ailé de Khorsabad dont les côtes ressortent fortement malgré les progrès du style.

Outre la pierre, on emploie d'autres matériaux; nous connaissons des images en relief assyriennes en bronze, et des sculptures de l'ancienne Babylone en ivoire.

En avançant plus à l'Est nous rencontrons également d'anciennes reproductions figuratives d'animaux. Dans l'Inde, où il faut, selon toute vraisemblance voir le point de départ du culte du bœuf, on trouve des sculptures bovines auxquelles on attribue une très grande ancienneté. La célèbre statue de la vache « Nandi » dont il est d'ailleurs impossible de déterminer exactement l'âge, a tous les traits caractéristiques du bœuf zébu hindou. Cette sculpture est l'objet d'une grande vénération de la part du peuple; en temps de disette ou de peste, les Hindous s'y rendaient en foule en pèlerinage. Dans l'Inde au-delà du Gange, on représente également d'autres animaux, à une époque antérieure à l'ère chrétienne. Sur le cintre d'une porte placée devant le sanctuaire bouddhique de Sanchi Tope, on a découvert des chiens sculptés datant du temps du roi Asoka (260 à 222 av. J.-C.). La tête au front large, avec des oreilles pendantes haut placées, d'une grandeur respectable, tout cela rappelle le dogue du Tibet. Cependant le mode de représentation prend parfois une tournure arbitraire; c'est particulièrement la queue enroulée, semblable à celle du porc, qui exerce une action désastreuse à cause de son manque de naturel.

Parallèlement à l'art mésopotamien, nous voyons les arts plastiques atteindre, sur la terre africaine, un développement qui s'impose à notre attention: c'est l'époque de l'art égyptien ancien. Ses débuts remontent à la période prépharaonique; ses produits sont encore grossiers, mais d'une vérité naturelle saisissante. Suivant une voie qui lui était tout à fait propre, cet art s'en tient, à l'époque des dynasties les plus anciennes, à des traditions de style nettement délimitées. Il atteint de bonne heure une période classique, suivie d'un recul, puis d'une renaissance.

La vie de cour menée à Memphis, le centre de l'ancien empire, était favorable à l'art. Cette sollicitude se continua également au début du nouvel empire, quand Thèbes devint le centre intellectuel de l'Egypte. L'artiste occupait une situation sociale privilégiée. Si, d'un côté, les souverains se servaient de l'art pour perpétuer leurs hauts faits, les prêtres, d'autre part, s'efforçaient d'exercer une action sur le peuple par le même moyen, ce qui imprima à l'art un caractère très démocratique.

Ce que nous rencontrons sans cesse, ce sont des scènes de la vie quotidienne des sujets des Pharaons, des tableaux de toute espèce représentant la vie agricole, et correspondant au caractère sobre d'un peuple qui s'adonne à l'agriculture et à l'élevage du bétail. Grâce à l'amitié des Egyptiens pour les bêtes, les animaux domestiques occupent chez eux une place beaucoup plus grande qu'en Assyrie. C'est ce qui permet de suivre très exactement l'apparition des espèces prises en particulier et la variation des races.

En ce qui concerne l'époque de l'ancien empire, c'est dans les chambres funéraires de Gizeh et de Sakkarah qu'on trouve les figures d'animaux domestiques de beaucoup les plus belles. A Beni-Hasan, elles appartiennent au moyen empire; à Thèbes, il y a une foule de peintures murales et de sculptures datant du nouvel empire.

On trouve des bas-reliefs dans les tombeaux royaux aussi longtemps qu'il y eut abondance de ressources; quand celles-ci diminuèrent, la peinture entre en lice. Les figures d'animaux domestiques sont donc reproduites soit en bas-reliefs, soit en reliefs en creux. La reproduction en profil des bœufs, chiens, ânes, moutons et chèvres, réapparaissant si fréquemment à l'époque ancienne, est la règle, comme dans l'art babylonico-assyrien, mais, l'artiste égyptien se permet de faire une part plus grande à ses sensations naturalistes. Aussi les figures égyptiennes sont-elles beaucoup plus impressionnantes. Les bœufs à cornes longues, puissantes, en forme de lyre, eussent paru

La vierge Marie donnant à boire à un chien
D'après un document abyssin de la collection de Lady Meux

odieux, si suivant le mode babylonico-assyrien, une seule des cornes eût été dessinée. On se rendit compte que de cette manière un caractère essentiel n'était qu'imparfaitement exprimé; aussi la tête est-elle reproduite de profil, mais les cornes de face. Chose remarquable, cette tournure n'eut pas de conséquences désastreuses. En général, l'art égyptien descend peu dans le détail; il se contente d'exprimer clairement les contours de l'idée, et y arrive par des moyens d'une simplicité merveilleuse. Mais, partout où il s'agit de traits distinctifs essentiels, on les fait ressortir. L'échine est déjà très nettement caractérisée dans les figures d'ânes de l'époque de Negadah; on traite très soigneusement le dessin des taches dans les reproductions coloriées de bœufs, de moutons et de chiens de chasse. Chez les bœufs Apis en particulier, on reconnaît immédiatement la tache blanche du front et le dessin aliforme de l'épaule; par contre, le collier des moutons n'est souvent indiqué que par une ligne de points.

On reproduisait aussi très souvent les animaux domestiques par la sculpture, en bronze ou en pierre. Les chanteuses avaient l'habitude de poser sur une colonnette une tête de chien représentant la déesse Bastet et on a appris à connaître un grand nombre de statuettes en bronze nous montrant le chat assis. Il en va de même des statues de taureaux en bronze dont beaucoup tiennent le disque du soleil entre leurs cornes. Le peseur se servait de figurines en métal représentant des bœufs, pour peser l'or brut.

C'est dans la haute Egypte, où le bélier était considéré comme le symbole de la divinité thébaine Ammon, que nous apparaissent les créations les plus importantes de la sculpture égyptienne. Ville provinciale de peu d'importance à l'origine, Thèbes s'éleva, à l'époque du nouvel empire, au rang de métropole brillante; grâce à la grandiose activité architecturale des souverains d'alors, elle fut parée des plus beaux d'entre les temples dont les ruines excitent, aujourd'hui encore, notre admiration.

Des allées entières de béliers en pierre ornaient les routes qui reliaient entre eux ces sanctuaires. A Karnak, quelques-unes de ces figures de bélier ont, il est vrai, été détériorées, mais leur état de conservation est encore suffisant pour permettre de diagnostiquer une race qui est celle du mouton asiatique immigré en Egypte. Si, sur ce point de la vallée du Nil, la production artistique a atteint son apogée dans le domaine de la plastique animale, elle est suivie d'un lent déclin, et finalement de la disparition complète de l'art de l'Egypte ancienne.

L'Afrique obtint, il est vrai, une faible compensation sous ce rapport, il y a 1500 ans. L'ancienne peinture chrétienne y pénétra depuis Byzance, poursuivit son chemin à travers la vallée du Nil, et trouva finalement un asile dans les hauts plateaux de l'Abyssinie. Des moines grecs venus de Constantinople, rassemblèrent vers l'an 400 un grand nombre de croyants en Egypte; ils se mirent en route vers le Sud, érigèrent en Abyssinie des églises et des cloîtres où l'on cultivait également l'art byzantin qui s'y est conservé jusqu'à l'époque actuelle.

Si les motifs de cet art sont principalement religieux, les conditions locales n'ont cependant pas manqué d'exercer leur influence. Elles ont imprimé au mode de reproduction des traits particuliers de caractère éthiopien, et finalement, il s'est développé, à côté de la tradition, une peinture profane. L'Abyssinie possède encore aujourd'hui de bons peintres, malgré certains indices de décadence. Autant que les

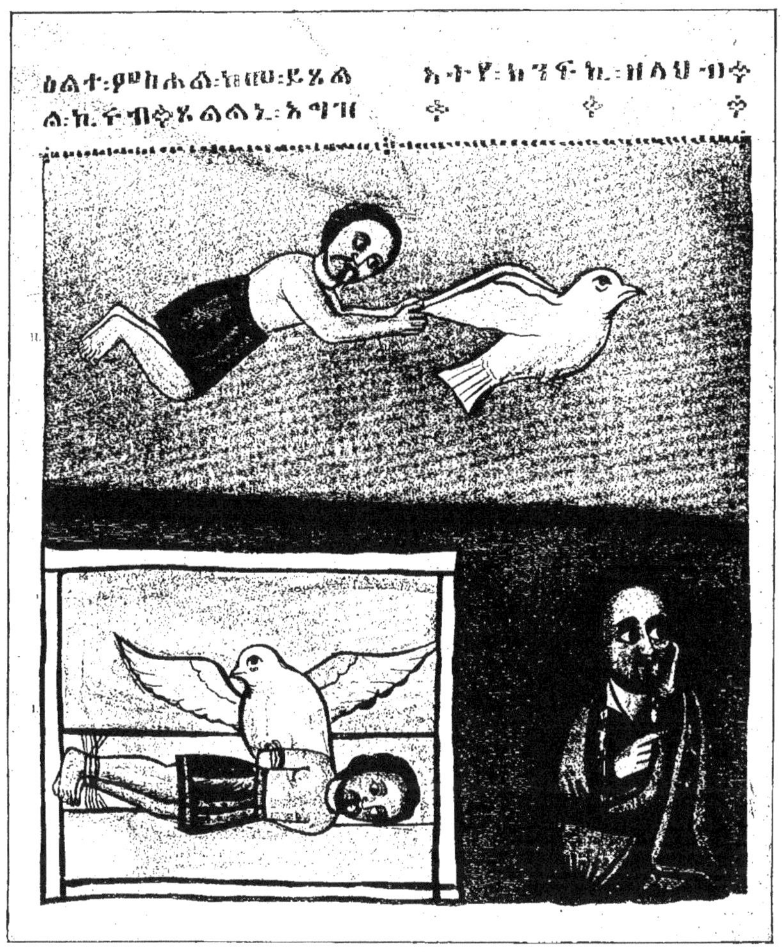

La sainte colombe

D'après un document abyssin du XIVe siècle de la collection de Lady Meux

matériaux dont nous disposons permettent d'en conclure, l'apogée de la peinture byzantinico-abyssine se place au XIVe siècle de notre ère.

A cette époque de précieuses peintures sur parchemin furent rassemblées sous le gouvernement de David Ier, pour changer plus tard de propriétaire. Elles appartinrent en dernier lieu à l'empereur Théodoros, auquel les Anglais les enlevèrent après la chute de Magdala. La collection, à laquelle nous empruntons les figures ci-jointes, a été, tout récemment reproduite dans une édition magistrale, qui malheureusement n'a pas été mise dans le commerce.

On y voit assez fréquemment des figures d'animaux domestiques comme accessoires d'aventures et d'exploits de saints personnages. Souvent on s'en tient rigoureusement à l'ancienne tradition. Quand, par exemple, la miraculeuse Marie se change en colombe pour délivrer un pauvre prisonnier, cette colombe est naturellement blanche; mais, quand elle tend de l'eau dans une pantoufle à un chien assoiffé, l'artiste choisit le beau lévrier d'Afrique, le sloughi. Les chevaux blancs ayant de tout temps joui d'une considération particulière, la plupart des saints ont des montures blanches, mais il y a des exceptions, car on emploie aussi le petit cheval brun Galla.

Sur la gravure en couleur que nous reproduisons, l'influence éthiopienne ressort nettement, car le paysan en train de labourer emploie des bœufs abyssins. Ce sont les bœufs typiques Sanga, avec la bosse graisseuse, de couleur foncée, qu'on préfère généralement sur le haut plateau. Le marchand de moutons qui offre ses animaux a, dans son troupeau, le mouton à queue longue et graisseuse qui a depuis longtemps conquis droit de cité en Abyssinie.

Si nous nous tournons vers les régions civilisées les plus anciennes de l'Europe, nous voyons apparaître, avant même l'époque homérique, sur le sol de la Grèce et des îles voisines, l'art mycénien qui atteignit son apogée dans la seconde moitié des 20 premiers siècles antérieurs à notre ère. Ses productions ont fourni au zoologue de précieux éclaircissements. Sur les gemmes nous reconnaissons des images d'animaux d'une finesse frappante. Mais, ce sont les coupes en or de Vaphio (voir notre planche hors texte) qui constituent la perle de l'art mycénien. Vers 1890, l'archéologue grec Tsunda, collaborateur de Schliemann, ouvrit à Vaphio un tombeau en coupole, encore totalement intact. Les restes humains étaient décomposés, mais différents objets occupaient leur position naturelle. Là où avaient dû se trouver les mains du cadavre, on découvrit deux coupes en or, d'une hauteur de 8 centimètres environ. Avec un peu d'imagination, on pouvait peut-être supposer que c'était quelque vieil hobereau de la Grèce ancienne dans la tombe duquel on avait placé ces merveilles de l'orfèvrerie grecque. Ces coupes sont lisses à l'intérieur; à l'extérieur il y a des figures bovines en bas-relief. Leur magistrale exécution dénote un artiste de premier ordre, qui avait emprunté à la vie les motifs de son œuvre.

Les deux coupes doivent être sorties du même atelier et sont la représentation d'une idée dont un artiste de nos jours serait incapable de s'aviser. Sur la première coupe, des chasseurs s'efforcent, dans un passage étroit, de chasser des bœufs sauvages, dans un solide filet de chasse. L'un des animaux est capturé, un second jette un chasseur à terre. Sur l'autre coupe, un homme de taille vigoureuse tient un taureau enchaîné, puis viennent deux bœufs, dans une position tranquille et commode; enfin, c'est un taureau en train de paître.

Les historiens de l'art ne sont pas d'accord sur la signification de ces scènes. Tandis que M. Tsunda croit qu'il s'agit simplement de la capture d'un troupeau, M. Perrot représente l'opinion suivant laquelle la première coupe nous montrerait des bœufs sauvages, la seconde des bœufs apprivoisés.

L'artiste aurait par conséquent représenté dans toutes ses phases le procédé de la domestication des animaux, si important au point de vue de l'histoire de la civilisation. Nous avons indiqué au moyen de la zoologie que seule cette dernière

Une merveille de l'art mycénien

Gobelet en or trouvé à Vaphio portant en relief des taureaux
(Vaphio se trouve dans la région de l'ancienne ville d'Amyclée en Laconie)

La période de l'art mycénien est la plus ancienne de la Grèce; cet art atteignit son apogée vers 1500 av. J.-C. Les gobelets dits de Vaphio furent découverts en 1886 au cours des fouilles entreprises par la Société archéologique de Grèce

Supplément à l'ouvrage « *Les Animaux* »
(Ne peut être vendu séparément)

MAISON D'ÉDITION BONG & Cie
PARIS

hypothèse peut être plausible. Les cornes des bœufs sauvages sont d'une structure plus solide que chez les individus apprivoisés, qui se sont placés sous la protection de l'homme. Le profil véritablement grec des chasseurs nous dit que la scène se déroule réellement sur une terre grecque. Il s'agit de la domestication de l'aurochs (*Bos primigenius*) dont l'existence est également confirmée par des témoignages historiques. A l'époque d'Hérodote, il y avait des aurochs sauvages dans les forêts qui s'étendaient entre Nestos et l'Achelous.

Les monnaies grecques constituent une source abondante d'images d'animaux domestiques. Le commerce a primitivement été un troc dans lequel le bétail jouait le rôle de la monnaie. Lorsque les monnaies les plus anciennes furent mises en circulation, on exprima le rapport primitif, en les revêtant d'une empreinte de bœuf, de chèvre, de mouton, de cheval ou de chien. Ces pièces représentant des animaux (*pecuniae*) portent des images de races d'une finesse extraordinaire et orientent mieux que les sources littéraires. C'est le mérite de M. Imhoof-Blumer d'avoir rassemblé ces pièces avec une singulière intégralité et de les avoir en partie publiées. Occasionnellement on trouve d'excellentes figures d'animaux domestiques reproduites sur des fûts de colonne.

Coq et poule d'une peinture grecque

L'époque romaine révèle une foule de figures d'animaux domestiques dont l'énumération nous entraînerait trop loin. Ce sont des reproductions en bas-reliefs de bronze ou de pierre, des ornements de lampes d'argile ou autres ustensiles de ménage, ainsi que des peintures.

Sur le monument commémoratif des Hattériens, l'art va même jusqu'à s'essayer à l'anatomie des animaux domestiques, car le crâne d'un bœuf brachycère s'y trouve excellemment modelé.

Nous trouvons une magnifique création artistique sur une balustrade du forum romain, où, trois animaux destinés au sacrifice, sculptés sur pierre s'avancent l'un derrière l'autre, en tête le porc planturеusement engraissé, dénotant la race orientale, puis le mouton et, en dernier lieu, le taureau qui va être sacrifié. L'antiquité classique nous a transmis, sous forme de statuettes des reproductions d'un art parfait, de chiens et de chevaux qui ont pris une grande importance pour la détermination des races. Les musées du Vatican, du Louvre et de Naples contiennent notamment de précieux matériaux.

Bœufs zébus du Mysore et de Ceylan

VIII. Le monde animal domestique actuel dans les différentes régions du globe

L'Asie

Il est incontestable que la faune d'animaux domestiques de la masse continentale asiatique dépasse celle des autres parties de la terre, au point de vue de l'originalité, de la beauté et de la variété. C'est que l'Asie présente des conditions particulièrement propices. La superficie est prodigieuse; les différences topographiques et climatériques sont si profondes, que l'économie agricole de l'homme y trouve les possibilités d'adaptation les plus étendues. A cela s'ajoute que les conditions de la géographie agricole étaient, elles aussi, exceptionnellement favorables. En effet, deux régions ou domaines de la faune totalement différents permettaient de faire mieux qu'en aucune autre région du globe, un choix d'éléments sauvages pour la domestication. Nulle part ne se trouve une telle abondance de bêtes à cornes, de moutons, chèvres et chevaux sauvages qui s'attachèrent facilement à l'homme. Des peuples d'une intelligence très élevée ont saisi l'occasion, non seulement d'acquérir des animaux domestiques, mais encore de s'entendre à les transformer en races précieuses. C'est ce qui explique très aisément ce phénomène que l'Asie ait pu, grâce à son superflu, fournir, directement ou indirectement, des matériaux à tout le reste du globe.

La famille des bovidés occupe le premier plan au point de vue de l'importance économique. Elle n'a pas fourni moins de trois espèces d'animaux domestiques, très répandues et précieuses, le bœuf zébu, le buffle et le yak.

Les bœufs domestiques, à l'exception de ceux de Sibérie, descendent d'un centre de formation asiatique; ils proviennent du Banteng. Le bœuf zébu dépasse par la souplesse de ses formes toutes les autres espèces domestiquées. Il y a des races de zébus d'une taille puissante à côté d'autres qui sont naines. Parfois les cornes sont d'une grandeur notable, dans d'autres cas elles sont petites ou manquent complètement. En général, la tête des bœufs à bosse de l'Asie méridionale présente un front très bombé et par conséquent un profil busqué; cette tête s'effile latéralement et les yeux ne sont que très peu saillants. Le crâne très allongé, d'une fine structure sur le devant, ressemble à celui du cheval. Les cornes partent de derrière la tête; en fuyant l'animal aime à les tourner du côté du front, en ramenant les extrémités vers l'intérieur de manière à former un grand O, presque fermé. Souvent ces cornes forment un angle de 45^0 avec le plan moyen du crâne dont elles s'écartent; parfois même elles sont recourbées en contre-bas.

La plupart des bœufs zébus ont sur le garrot une bosse de graisse très apparente, qui, soit dit en passant, constitue un morceau de choix; beaucoup de formes sont cependant privées de cette bosse. Un fanon très fort, qui pend au-dessous du cou, de fines extrémités et une longue queue touffue traînant jusqu'à terre, complètent le portrait du zébu. La couleur des poils très touffus et courts est très variable; on trouve des individus brun foncé, gris brun, blancs comme du lait, noirs et tachetés, rouges et tachetés, d'autres enfin tachetés comme le léopard.

C'est dans le voisinage de leur ancien centre de formation, c'est-à-dire dans l'Inde au-delà du Gange, qu'il existe le plus grand nombre de bœufs zébus. Sur la côte de Malabar et à Ceylan, on élève principalement une race très petite, avec une bosse de graisse bien développée. Ces animaux sont d'une extrême mobilité; aussi les attelle-t-on à la place des chevaux aux chars à deux roues. La principauté de Mysore possède une belle race d'une taille notable; elle a les oreilles un peu pendantes. Les animaux tachetés sont très répandus dans cette région. Grâce à son endurance et à son agilité, le bœuf du Mysore est employé dans l'armée hindoue au service de l'artillerie. Chaque année, le dépôt de remonte en reçoit 500 pour le dressage. La race du Bengale se distingue par sa grande taille. Les prêtres qui vivent des offrandes du peuple, entretiennent le bœuf du Bengale en qualité de « vache des dieux », dans les temples. On rencontre une forme de bœuf petite dans les altitudes plus hautes de l'Himalaya.

Plus à l'Est, le nombre des bêtes à cornes diminue, parce qu'on ne connaît pas l'usage du lait dans ces régions et qu'on préfère employer le bœuf, à cause de sa plus grande force corporelle, pour le labour.

La Chine a un bœuf qui est petit et sobre et est l'objet de très peu de soins. On élève des vaches dans les villes de la côte pour pouvoir satisfaire les demandes de lait des Européens. En Corée, le bétail est plus abondant et meilleur; on n'y consomme pas de lait mais la chair de la vache. La race de ce pays est grande et de forte structure.

Au Japon, l'élevage des bêtes à cornes est insignifiant, sauf dans l'île d'Yeso où les pâturages sont peuplés par une belle race. Les bœufs japonais n'ont pas de bosse et leurs cornes sont petites.

En Birmanie on ne pratique l'élevage en grand du bœuf que dans le Nord; dans le Sud, on préfère le buffle.

Le bœuf ne manque nullement chez les Malais de l'archipel indo-australien; il n'en est pas de même pour les Papous de la Nouvelle-Guinée. La région la plus importante au point de vue de l'élevage est constituée par les deux petites îles de Bali et de Lombock, qui, à côté du Bengale, servent à approvisionner de viande Java et Sumatra. Le bœuf de Bali est assez petit et présente une ressemblance frappante avec le bœuf algérien et le bœuf bai-brun de l'Europe; comme ce dernier il a assez souvent un museau de chevreuil. Il est d'une structure légère, a de courtes cornes; la couleur de son pelage est brun foncé ou noire et il a la croupe très tombante.

Si l'on jette un coup d'œil circulaire sur la partie occidentale du continent asiatique, on voit que les bœufs zébus arrivent jusqu'aux dépressions de la mer Caspienne et jusqu'en Asie Mineure; cependant la race s'altère à mesure qu'on s'éloigne davantage de la région d'origine hindoue.

Grâce à leurs alpages aux herbes succulentes, l'Afghanistan et le Béloutchistan sont très propices à l'élevage des bêtes à cornes, et on y trouve de belles races. A Boukhara, notre animal domestique est déjà négligé et le bœuf à bosse brun ou tacheté de la Perse n'y est pas de qualité supérieure. Il s'y trouve, dit-on, quelques beaux bœufs isolés, qui, d'apres les descriptions, seraient rayés comme le tigre. En Mésopotamie, il y a de mauvais éléments; les bœufs petits et maigres de l'Asie Mineure ne valent guère mieux.

La situation est meilleure en Arabie, où la race, à vrai dire, n'est pas grande, mais est bien soignée. Dans les régions steppeuses du Sud-Est de la presqu'île, on élève des bœufs à cornes courtes, d'un jaune tirant sur le brun ou d'un jaune bigarré, avec une bosse graisseuse peu prononcée. On les exporte souvent en Egypte.

D'autres éléments de races apparaissent en Asie où ils ont sans doute pénétré depuis l'Ouest. Le bœuf de la Sibérie est de pure race primigène, et remonte jusqu'à l'Amour et la Mandchourie du Nord. Bien que fortement négligé, l'élevage a été, à l'époque moderne, repris en grand dans la Sibérie où il a atteint un développement remarquable. Dans le seul gouvernement de Tomsk on compte 1 million $^1/_2$ de bêtes à cornes. Peu de gens s'imaginent que c'est la Sibérie qui, en grande partie, fournit de beurre les villes de l'Europe septentrionale. Avant la guerre russo-japonaise, l'exportation du beurre de table sibérien atteignait 27 millions de kilogrammes par an. La zone de steppes habitée par les Kirghiz possède un produit de croisement, très apprécié de l'économie agricole et fournissant même de viande les marchés russes.

Bœufs à courtes cornes des Battakés de Sumatra

Le buffle s'est acclimaté dans de vastes régions, là notamment où il y a des dépressions bien pourvues d'eau. Par rapport au bœuf, il présente le grand avantage d'être doué d'une force corporelle extraordinaire et d'une grande faculté de résistance contre les épizooties. La sobriété de cet animal implique d'autre part un entretien plus simple.

Son emploi est multiple; comme bête de trait il triomphe des plus lourds fardeaux et sert au labour; en outre, il est très docile. Le rendement en lait est considérable, car les buffles femelles fournissent en une seule période jusqu'à 2700 litres de lait; la peau donne un bon cuir, les cornes font l'objet d'une exportation qui n'est pas négligeable.

C'est sans doute dans l'Inde au-delà du Gange qu'il faut chercher le point de départ de l'élevage du buffle, encore entouré d'ailleurs de quelqu'obscurité.

De là, le buffle pénétra en Perse et en Mésopotamie; dans les régions marécageuses du bassin de l'Euphrate, il occupe la place du bœuf; l'élevage du buffle y est très étendu et joue également un rôle important en Asie Mineure. Dans l'Asie orientale où le lait n'est pas un objet de consommation, le buffle occupe le premier rang comme manœuvre. En Birmanie, on l'attelle à la charrue pour labourer les champs de riz; il en est de même en Chine; sa prédilection pour l'eau l'approprie particulièrement à ce travail.

Dans le monde insulaire de l'Asie méridionale, jusqu'au Japon et aux Philippines, on emploie une magnifique race d'élevage, avec des cornes singulièrement grandes et aplaties. Il y a aussi des espèces de buffles blanches et d'autres sans cornes.

Il existe en Asie des régions très fréquentées dont l'accès est interdit au bœuf ainsi qu'au buffle. Nous entendons par là les plateaux du Tibet, difficilement accessibles à l'Européen, dont les marchands entretiennent des relations assez importantes avec l'Inde du Nord, la Mongolie et la Chine à travers les passes montagneuses. Dans ces régions inhospitalières, c'est le yak qui occupe le premier rang comme animal domestique.

Il n'y a, dans l'espèce bovine, aucune forme qui égale le yak tibétain en originalité. Ceci s'applique aussi bien à l'aspect extérieur qu'à la manière de vivre. On pourrait comparer ce singulier animal à un buffle à queue de cheval, car le front crépu est large, le cou court et le garrot surélevé. Un pelage onduleux comme une crinière tombe des côtés et du ventre presque jusqu'à terre. La queue couverte de longs poils, depuis son point d'attache à la manière d'une queue de cheval, constitue un article de commerce très recherché; c'est elle en particulier qui fournit les insignes auxquels on reconnaît le rang des pachas turcs ainsi que les ornements des chapeaux des fonctionnaires chinois.

D'après ses mœurs, le yak est un véritable animal montagnard. Ce sont les hautes altitudes de 2 à 4000 mètres qui lui conviennent le mieux, et il y déploie une agilité de grimpeur stupéfiante, égale à celle du mouton et de la chèvre sauvages. Malgré sa pesanteur il dévale, la tête la première, les pentes abruptes, sans se faire le moindre mal; c'est un jeu pour lui de triompher de murailles de glace escarpées que l'homme n'escalade qu'en y taillant des marches. Se trouve-t-il arrêté par des amas de neiges, il y creuse tranquillement un tunnel, sa tête lui servant de charrue. Le yak apprivoisé n'a parfois pas de cornes et varie beaucoup de couleur; il y en a de tout noirs, d'autres rouges-bruns, d'autres bigarrés et de tout blancs; ces derniers sont particulièrement appréciés.

Sous des dehors frustes, le yak domestique qui n'est pas maltraité cache un fonds excellent. Chargé du bât, il traverse les passes montagneuses les plus difficiles en portant des charges de 120 à 150 kilogrammes; les Tibétains l'emploient aussi comme monture. La viande passe pour excellente; le lait crémeux a un goût agréable et est extraordinairement gras. Dans beaucoup de régions on fait sécher le fumier qu'on transforme ainsi en combustible. La sobriété et la force de résistance de cet animal dispensent d'un entretien particulier.

Le domaine du yak ne s'étend pas au Tibet seul, car on en trouve encore un grand nombre à l'Ouest de ce pays, dans la Boukharie et le Turkestan. Dans le Sud, il habite les pentes de l'Himalaya; au Nord, on le rencontre chez les Kirghiz et il pénètre jusqu'en Mongolie et même dans la Sibérie du Sud-Est. Là, on le croise volontiers avec le bœuf domestique primigène, parce que les vaches bâtardes qui en résultent donnent un lait remarquable. Sur la pente méridionale de l'Himalaya, il y a également de nombreux bâtards d'yak et de zébu; ils sont, paraît-il, d'une fécondité extraordinaire, ce qui n'a pas lieu de surprendre, étant donné la proche parenté des deux souches.

Le mouton domestique prend en Asie une importance de premier ordre partout où les pays montagneux et les plaines de steppes offrent des pâturages sans trop d'humidité; quand celle-ci est trop forte, elle est défavorable à l'élevage du

Un yak
D'après une photographie

mouton qui, pour ce motif s'efface complètement depuis l'Indo-Chine jusqu'à l'archipel malais, pour réapparaître d'autant plus abondant dans l'Asie centrale et occidentale.

L'ensemble des races est relativement simple. Il est certain que les moutons de l'Asie sont autochthones; jamais il n'y eut d'immigration étrangère qui vaille la peine d'être notée. Partout on élève des rejetons apprivoisés du mouton des steppes (*Ovis arkal*), qui se sont divisés en deux races aux traits frappants. C'est sans doute le mouton à queue graisseuse qui doit être considéré comme le plus ancien; on le retrouve déjà à l'époque babylonico-assyrienne. Son trait caractéristique, c'est sa queue, longue, tombant jusqu'à l'articulation du pied, et fortement entremêlée de graisse. C'est évidemment de cet animal que, par l'étiolement de la queue, descend, en tant que race d'élevage plus récente, la race à queue tronquée, à l'arrière-train gras. Chez celle-ci, les masses graisseuses remontent jusqu'à la région des fesses, où elles forment deux coussins graisseux arrondis et faisant saillie. L'Islam a fortement favorisé l'extension de cette dernière race, parce que le Mahométan ne pouvait demander au porc de l'approvisionner de viande et de graisse.

C'est surtout dans la partie occidentale de l'Asie que la race à queue graisseuse est chez elle. La forme d'élevage la plus parfaitement développée, c'est sans doute le mouton syrien; les femelles n'ont pas de cornes, les mâles en ont qui sont courtes et minces. La taille dépasse celle du mérinos. La queue, large, graisseuse, forme un bourrelet de graisse considérable et se recourbe vers en haut, un peu au-dessus de l'articulation du pied; l'extrémité de la queue est garnie d'une touffe de longs poils. On en pratique l'élevage, aux environs d'Alep, sur une assez grande échelle. L'Asie Mineure a de tout temps été réputée pour son élevage du mouton. D'après Kanneberg, l'Australie serait extraordinairement riche en moutons à queue graisseuse auxquels le climat sec convient extrêmement. Le villayet d'Angora possède, à lui seul, plus d'un million et demi de moutons. La laine de ce mouton n'est pas l'objet d'un commerce moins considérable que sa chair. Cette laine est en partie exportée à Constantinople, en partie utilisée dans le pays même pour la fabrication des tapis. Les tapis de Smyrne ne jouissent pas d'un renom moindre que ceux de Perse.

Les Kurdes sont très riches en moutons. La Perse pratique également l'élevage du mouton sur une grande échelle. C'est le mouton à queue graisseuse du Levant qui, excepté dans le Nord, prédomine, bien que la race présente des différences locales. La queue graisseuse est de forme allongée et carrée, mais assez courte. L'extrémité de la queue paraît desséchée et tombe mollement sur l'articulation du pied. La toison est surtout blanche, parfois aussi brune ou bigarrée. De la Perse, la race a pénétré jusqu'au Tibet et dans l'Inde du Nord; on la trouve aussi dans la Boukharie et chez les Kirghiz.

La seconde race principale, celle du mouton à l'arrière-train gras, entoure au Sud, à l'Est et au Nord l'habitat de la précédente. L'Arabie élève un mouton à queue tronquée, assez petit; il en apparaît ensuite des races différentes, avec des variations locales, depuis la région des Kirghiz jusqu'à l'Orient le plus extrême. Du bord oriental de la mer Noire jusqu'au lac Baikal, les steppes salées nourrissent des troupeaux constamment nomades qui constituent la seule fortune des peuples non sédentaires de ces contrées. La chair appétissante de ces moutons est l'objet d'une forte exportation dans les villes russes et sibériennes.

L'élevage du mouton est encore important dans la Mongolie ainsi que dans la Chine orientale, mais baisse beaucoup dans la Mandchourie. Le mouton chinois qui est, dit-on, très productif, n'a pas de cornes et est blanc; l'arrière-train graisseux est de peu de dimension. L'Inde possède de petits moutons, mal conformés. Le Japon a, dans ces derniers temps, essayé d'introduire chez lui le mouton, mais les animaux périssaient régulièrement d'épizootie, ce qui a fait renoncer à cet élevage. Aux Philippines on importe des moutons pour l'alimentation des Européens, mais on n'en élève pas. Par contre, on a réussi à acclimater l'élevage du mouton à Célèbes. D'après les renseignements fournis par les lettres des frères Paul et Frédéric Sarasin, il y a dans la vallée du Palu des villages entiers qui ne se composent que de parcages de moutons. On en exporte à Bornéo. Le mouton de Célèbes se différencie nettement du mouton chinois; les cornes du bélier sont très fortes, l'arrière-train graisseux est assez volumineux. La tête et le cou sont d'un noir foncé, le reste du corps, blanc.

En fait de chèvres domestiques, l'Asie possède des éléments très précieux dont la provenance est plus variée que sur n'importe quel autre continent. L'Asie occidentale élève des rejetons de la chèvre Bezoar, mais ayant subi de profondes modifications grâce à un élevage très soigné.

La chèvre Mamber est très répandue et très remarquable par son aspect extérieur; elle doit son nom à la montagne Mamber ou Mamer, située en Palestine. Elle est de taille notable et assez haute sur pattes. Le corps est couvert de poils abondants, très longs, ayant le brillant de la soie, blancs, gris, jaunes tirant sur le brun, ou noirs. Le trait le plus caractéristique de ces animaux, ce sont leurs oreilles d'une longueur extraordinaire, retombant sur les côtés et deux fois aussi grandes que la tête. C'est la Syrie qui semble être le pays d'origine de la chèvre Mamber; elle y était déjà connue au temps d'Aristote. Aux environs d'Alep, on en élève un grand nombre pour le lait qui est très apprécié; cet animal s'est en outre répandu jusque chez les Perses et les Kirghiz.

Comme noblesse de race, la chèvre Mamber cède le pas à la chèvre angora qui possède une toison aux longs poils, doux comme la soie, en règle générale d'une blancheur très pure, plus rarement grise ou noire. Ce poil fournit depuis des siècles la célèbre laine peignée, autrefois travaillée par des tisserands à Angora même. Aujourd'hui on l'exporte à Constantinople où elle est nettoyée par le lavage pour être ensuite expédiée dans les fabriques françaises et anglaises où elle est l'objet d'un nouveau façonnage.

Le villayet d'Angora possède plus d'un millon de ces chèvres qui d'ailleurs sont répandues dans une grande partie de l'Asie Mineure.

Plus à l'Est, la chèvre angora est remplacée par la chèvre de Cachmire, dont, la chose est certaine, on connaissait déjà l'élevage dans le monde civilisé babylonico-assyrien. Comme taille, elle est inférieure aux races moyennes de nos chèvres domestiques. Chez les deux sexes, la tête est surmontée de cornes aplaties en forme de spirales, se terminant en biais extérieurement et à l'arrière; les oreilles sont pendantes, mais non pas d'une longueur excessive. Les poils sont longs, raides, grenus, et recouvrent une toison très fine et très douce, de couleur blanchâtre. La chèvre de Cachmire est fréquemment d'un ton uniforme, soit très blanche, soit couleur isabelle, soit encore brun foncé ou noire.

C'est le Tibet qui est la région d'élevage la plus importante de la chèvre de Cachmire. Viennent ensuite la Mongolie et la Boukharie. La chèvre Murguz des peuples montagnards de la Perse semble en être proche parente; dans les Indes, la chèvre de Cachmire a pénétré jusqu'au Bengale. Le pays de Cachmire pratique moins l'élevage que la fabrication des châles célèbres qu'on tire de la toison duvetée de la chèvre. Dès le VIIIe siècle av. J.-C., l'étranger recherchait ces fins tissus de laine et il y eut, dit-on, autrefois 40000 tissanderies à Cachmire. Actuellement cette industrie a beaucoup décliné.

Dans l'Inde orientale apparaît une chèvre domestique, qui, par la conformation de la tête, a quelque chose du mouton. Le profil est nettement busqué, les cornes à deux arêtes sont courtes et épaisses, les oreilles longues et larges, et pendent un peu lâchement; le corps est garni de poils longs ou courts. Il est évident que dans les veines de cet animal coule une quantité notable de sang de la *Capra jemlaica* et les têtes de quelques individus ont absolument la couleur tabir. D'ailleurs la race vit également à l'état indigène au Tibet et s'est répandue sur le monde insulaire de la Malaisie. Tout à fait dans l'intérieur de Célèbes, on élève une forme proche parente dont les longs poils servent à orner les lances des indigènes. Un bouc provenant de cette région, conservé dans les collections de Zurich, est de taille moyenne, le pelage est noir et tacheté de blanc. La chèvre chinoise fait évidemment partie de cette famille.

Le chameau est, pour ainsi dire, devenu un animal domestique indispensable à de vastes régions de l'Asie, comme bête de somme et comme monture. Un air très humide ne lui est pas propice; aussi manque-t-il dans la partie sud-orientale du continent. Le chameau est peu sensible à la sécheresse, à la chaleur et même au grand froid. C'est pourquoi il prospère aussi bien dans les déserts brûlants de l'Arabie que dans la Sibérie orientale, où il touche à la zone d'habitation du renne. Des deux races qu'on élève, le chameau à deux bosses est davantage limité aux régions septentrionales où il est protégé contre le froid par ses poils très développés; dans le Sud-Est, on n'élève que le dromadaire. Celui-ci partage d'ailleurs dans le Nord l'habitat du chameau de la Bactriane, avec lequel il s'abâtardit fréquemment; on en rencontre encore une forme d'élevage, lourde, en Sibérie et en Mandchourie.

En Arabie, les chameaux blanchâtres ou gris du Nedjez jouissent d'une grande réputation. D'après Nolde, ces animaux sont traités avec beaucoup de sollicitude et sont aussi moins récalcitrants que leurs congénères des autres pays.

Les chameaux de course peuvent en hiver rester 25 jours sans boire d'eau. A Aden on emploie le chameau à toutes les besognes possibles; c'est lui qui, tous les jours, traîne les véhicules remplis d'eau. En Asie Mineure et en Arménie, il ne sert que de bête de somme, en Syrie de monture. Des animaux lourdement chargés circulent dans les pays de montagnes et sur des routes escarpées avec une grande sûreté. A côté du dromadaire, on élève, par endroits, le Toulou, un bâtard des deux races.

D'après Kanneberg, la route persane de caravanes allant de Tébriz à Trébizonde est fréquentée, même en hiver, par des caravanes de plus de 1 000 chameaux. Le dromadaire est généralement répandu chez les Kurdes et en Mésopotamie; la Perse élève les deux races, le dromadaire surtout dans l'Est, le chameau à deux bosses dans les montagnes du Nord. On retrouve la même réunion de races dans l'Afghanistan, l'Inde, puis en Boukharie et dans la région des Kirghiz. Le dromadaire s'efface en allant vers l'Est. Dans la Chine du Nord, les chameaux sont chargés du transport du thé vers l'Ouest, mais servent aussi beaucoup de bêtes de

Lamoutes (Sibérie) montés sur des rennes

D'après une photographie du Dr. Otto Hertz de St. Pétersbourg

somme dans les mines. Dans le Sud de la Chine, cet animal domestique fait défaut. Le Japon n'a pas de chameaux. Pendant la guerre sino-japonaise on en transporta un grand nombre, provenant du butin, mais on se contenta de les distribuer comme cadeaux, parce qu'on ne savait qu'en faire.

Dans l'extrême Nord de l'Asie, où la toundra ou steppe des glaces succède à la steppe sablonneuse, le renne prend, en tant que compagnon animal de l'homme, une importance analogue à celle du chameau. C'est le seul représentant de la famille des cerfs qui ait été domestiqué, et, à l'opposé de ses congénères, il fuit la forêt; son élément, c'est la toundra nue, ce qu'indique d'ailleurs la structure particulière du pied.

Le passage du renne à l'état domestique n'a pu se faire de bonne heure, attendu qu'il ne s'est jusqu'ici pas formé de races particulières et que la docilité de cet animal envers l'homme ne s'est pas très développée. Les troupeaux broutent où cela leur convient; c'est toute une affaire de les traire, parce que les rennes sont très récalcitrants.

Les renseignements les plus anciens relatifs à des rennes apprivoisés nous sont fournis par Lehrberg, qui, en 1499, remarque que les Samoyèdes s'en servent comme de monture. L'animal sobre qu'est le renne, a une valeur inappréciable pour la zone qui s'étend entre la ceinture de forêts et les côtes de l'Océan glacial;

grâce à lui, des relations rapides sont possibles entre les différents établissements d'indigènes. L'entretien de ces animaux et la sollicitude que l'homme leur témoigne sont quelque peu rudimentaires; en cas de fortes chutes de neige, il en périt un grand nombre par manque de nourriture et d'épuisement. L'élevage du renne est pratiqué sur une grande échelle dans toute la Sibérie. Ce sont particulièrement les Samoyèdes, les Toungouses et les Tchouktches qui par là ont acquis un certain bien-être. La chair est très appréciée; les Samoyèdes la sèchent au soleil pour en faire des provisions; la moelle des os médullaires passe pour un régal, comme chez les habitants préhistoriques de l'Europe à l'époque paléolithique; le pelage du renne fournit les chaudes bottes de fourrure et les vêtements de dessus.

Le renne sert de monture pour traverser les régions marécageuses où le cheval enfoncerait; cependant on l'emploie plus librement et plus sûrement comme bête de trait et de somme; c'est lui qui porte le mobilier dont les nomades de l'Asie septentrionale ont besoin dans leurs expéditions vers les emplacements côtiers où le poisson abonde.

Parmi les autres ongulés, le cheval domestique joue un rôle très important, particulièrement dans l'intérieur de l'Asie. L'assemblage des races est très simple, attendu que le type oriental prédomine partout; c'est seulement à une époque toute récente que des races occidentales ont pénétré en extrême Orient. Ainsi que nous l'avons indiqué plus haut, l'Asie occidentale était autrefois très riche en chevaux; par contre, leur nombre est aujourd'hui, pour ainsi dire, insignifiant aussi bien en Asie Mineure qu'en Mésopotamie. Les élevages précieux de l'époque assyrienne se retirèrent d'abord vers le Sud, où ils furent continués en Arabie. Ils ont dû être déjà très consolidés, car, suivant le témoignage de Nolde, l'élevage du cheval si réputé en Arabie est aujourd'hui quelque peu négligé; même dans le Nedjez qui en était le centre principal, le nombre de chevaux de race n'est pas très élevé.

Les meilleures juments de l'intérieur de l'Arabie sont très négligées; l'exportation des étalons oblige à employer pour les saillies des spécimens de moindre valeur. L'amitié si réputée de l'Arabe pour son cheval, n'est qu'une imagination poétique; l'animal n'est pas traité avec sollicitude et est heureusement sobre et doué d'une grande force de résistance. Dans le Yemen, on trouve de meilleurs élevages.

L'Asie intérieure est prodigieusement riche en chevaux. Déjà chez les Kurdes on rencontre de bons éléments; la Perse fait un élevage chevalin important. Des trois races qu'on y trouve, le cheval Karabagh est de petite taille, mais endurant; on l'emploie surtout dans la montagne. Le Schiras élève de beaux chevaux, de sang arabe. Le Persan a une grande prédilection pour le cheval blanc. Les chevaux des Kirghiz, petits, de peu d'apparence, rendent des services inappréciables; ils parcourent facilement 160 kilomètres en un jour. L'emploi du lait de jument est très répandu chez les Kirghiz; dans le Turkestan, le pauvre lui-même a son cheval.

Dans l'Inde au-delà du Gange, les éléments indigènes de chevaux n'ont à aucune époque été très importants; ils ont été améliorés grâce à une forte importation de chevaux arabes; c'est dans le Nord-Ouest qu'on pratique l'élevage sur la plus grande échelle. Dans sa partie méridionale, l'Inde en deçà du Gange n'est pas propice au cheval qu'on ne rencontre en plus grand nombre qu'à partir de la haute Birmanie. La Chine emploie peu le cheval, car le buffle est mieux approprié aux travaux qu'on exécute dans ce pays. Les voies fluviales si nombreuses de la Chine sont un moyen de transport si commode pour l'homme, qu'une monture devient inutile. Par contre, le cheval est plus apprécié en Mongolie et en Mandchourie. La Corée a des espèces tout à fait naines. Le Japon élevait la race vigoureuse des Nambou dans le Nord; l'île d'Yeso possède le cheval mandchourien qui, à vrai dire, est l'objet de fort peu de soins. Dans ces tout derniers temps, on a introduit au Japon des races européennes; en prévision des hostilités avec la Russie, le gouvernement avait acheté, il y a assez longtemps déjà, un grand nombre de chevaux hongrois et de lourds chevaux normands destinés à l'élevage, pour répondre aux besoins de l'armée. Auparavant, il y avait déjà eu une forte importation de chevaux américains. A Nigitaken, on élève des chevaux blancs rien que pour leurs poils qui fournissent les pinceaux des peintres japonais.

Le cheval semble avoir été originairement inconnu au monde insulaire indo-australien; actuellement il y est très répandu et on le trouve jusque dans l'île de Timor. C'est exceptionnellement seulement qu'on s'occupe avec quelque sollicitude de l'élevage. La race est petite, mais en général très résistante et endurante; les proportions du corps semblent très gracieuses, malgré le manque de soins. Les Malais emploient de préférence leurs poneys comme bêtes de trait, ainsi que pour le service des postes. Dans l'île de Célèbes, les indigènes, tant hommes que femmes, montent leurs chevaux. Les Battakés de Sumatra sont également bons cavaliers. C'est l'île de Sumba, à l'Est de Java, qui produit les meilleurs poneys.

L'âne, ce représentant moins noble de la race chevaline, sut particulièrement trouver droit de cité chez les peuples sémitiques et servait à la fois de bête de somme et de monture. On peut distinguer deux races dont l'une est manifestement venue de l'Afrique, tandis que l'autre représente une acquisition autonome. L'Asie Mineure est riche en ânes dont beaucoup sont noirs comme du charbon. Dans les classes inférieures ils servent de monture; les jours de marché, on en voit de longues files porter à la ville les produits des campagnes; à d'autres incombe le service du transport de l'eau. Les caravanes de chameaux sont toujours précédées d'un âne qui sert de guide. On apprécie beaucoup les ânes de Syrie comme montures à cause de la douceur de leur démarche. En Arabie on élève, particulièrement dans les villes côtières, l'âne africain de petite taille; il est brun, ou brun foncé, de couleur plus claire sous le ventre. Dans l'intérieur de l'Arabie, et particulièrement sur le plateau du Nedjez, on a un âne singulièrement plus beau, plus docile, d'une taille imposante, d'une blancheur le plus souvent éblouissante; il coûte très cher et n'est accessible qu'aux classes aisées. On l'amène régulièrement sur les marchés de Bagdad et de Mossoul, mais on l'exporte aussi à Mascate. L'Arabe seul a le droit de monter cet âne, à l'exclusion des Juifs établis en Arabie. Du côté de l'Est, l'âne s'est répandu au-delà de la Perse et de l'Asie centrale jusqu'en Mandchourie et dans le Nord de la Chine; on en trouve aussi une forme, un peu plus petite, dans l'Inde.

Le porc domestique est le dernier des représentants de la famille des ongulés apprivoisés en Asie. L'homme ne lui demande pas autre chose que de la viande et de la graisse; aussi n'a-t-on nulle part apporté que peu de soins intellectuels à son élevage. Au point de vue de la diffusion de cet animal, il est à remarquer, que l'Asie orientale en a poussé très loin l'élevage. Les peuples mongoliens aussi bien que malais apprécient en effet beaucoup la chair du porc, que les Sémites par contre ont de tout temps mise de côté. Le porc manque dans l'Asie occidentale et centrale, la religion musulmane interdisant de manger sa chair.

En compensation il y a déjà un grand nombre de porcs domestiques dans l'Inde, où on en élève des races à longues et à courtes oreilles; la plupart de ces animaux sont noirs. L'élevage du porc est très ancien en Chine; sans doute, c'est dans ce pays qu'on en trouve la plus grande quantité.

La Chine du Sud a des races moins communes, le plus souvent de couleur blanche. Hainan et la presqu'île de Schantoung sont les centres qui approvisionnent les très grandes villes. Le villageois est en général trop pauvre pour consommer lui-même ses produits; le Chinois aisé profite de chaque occasion solennelle pour régaler sa famille et ses amis d'une viande de porc succulente. Les meilleures des races de porcs chinois sont souvent exportées en Europe pour l'amélioration des espèces indigènes. La Chine du Nord élève des porcs noirs, qui sont très rapprochés de la forme sauvage et ne sont l'objet que de peu de soins. En Mandchourie, la province de Kirin dont on a beaucoup parlé dans ces derniers temps, est un centre très important pour l'élevage du porc, qui, de là, s'est également répandu dans les régions de l'Amour.

Chose remarquable, le porc n'a, pour ainsi dire, pas pu s'acclimater au Japon, quoique les habitants prennent un grand plaisir à chasser le sanglier et à le manger. On n'élève des porcs chinois que dans la province de Kangoschima. Il existerait aussi à ce qu'on prétend, dans ce pays, une race originelle, aux oreilles pendantes, à la figure plissée: c'est le porc japonais dit masqué, que le marchand d'animaux Jamrach amena en 1861 en Europe. Mais cet animal est inconnu au Japon, de sorte qu'il s'agit sans doute d'un porc provenant du Sud de la Chine. Dans le monde insulaire, on élève des porcs partout où ne vivent pas des peuplades musulmanes; c'est notamment le cas à Sumatra. Le porc a pénétré jusque chez les Papous de la Nouvelle Guinée qui ont appris à beaucoup aimer sa viande. Dans cette région, le porc vit à l'état de liberté autour des villages; sa nourriture se compose principalement de tubercules de taro. Des animaux échappés sont souvent redevenus sauvages et ont été pris pour des sangliers authentiques.

Parmi les animaux domestiques de plus petite taille, le chien et le chat méritent une mention particulière. Les chiens domestiques de l'Asie sont en partie d'une grande originalité et on peut souvent reconnaître en eux l'effet d'une très longue domestication.

Sur la région côtière qui borde l'Océan indien, ainsi que dans les nombreuses îles qui le parsèment, vivent des chiens paria, mal domestiqués ou complètement délaissés que les Hollandais désignent, dans leurs colonies de l'Inde, sous le nom de «Glattakes». Leur poil est très court, le plus souvent de couleur jaune-rouille;

la tête a un museau pointu, les oreilles sont droites. Un peu dressés, ils peuvent servir à la chasse. En Nouvelle Guinée on mange leur chair en même temps que celle du porc. Dans l'Asie occidentale, les chiens paria sont très nombreux en Syrie et en Mésopotamie.

La race la plus imposante a pour patrie proprement dite les plateaux du Tibet. C'est le puissant dogue du Tibet dont Marco Polo disait déjà qu'il atteint la taille d'un âne. Les Chinois disent de lui que c'est le chien le plus méchant de la terre. On n'a eu des renseignements plus exacts que par Samuel Turner qui fut chargé, vers l'année 1800, par la Compagnie des Indes orientales, d'une mission diplomatique au Tibet où il apprit à connaître ce chien célèbre dont on n'a, depuis cette époque, amené que quelques rares exemplaires en Europe.

Chien du Tibet

D'après une photographie du *Tashe Lama* de *Tashe Lhunpoo* (Tibet)

Au point de vue de la taille, le chien du Tibet correspond à peu près à notre St-Bernard. La tête est lourde, la figure très plissée, les lèvres tombantes, les oreilles pendantes avec de solides attaches très haut placées. Le cou vigoureux et court est garni de poils qui s'allongent comme une crinière; le corps est puissant avec un dos droit et repose sur des pattes proportionnellement courtes; les pieds sont petits avec une griffe de loup simple ou double, la queue est garnie de touffes de poils. Les poils de dessus, longs, soyeux sont en général noirs avec un signe couleur de rouille brune. Sur les territoires frontières on trouve aussi des chiens tibétains rouges comme le renard, sans griffes de loup; ils proviennent d'un croisement avec le chien paria.

Ces chiens ont une caractéristique très prononcée au point de vue physique. L'expression du regard a le plus souvent quelque chose de sombre et de méchant. Ces animaux ne sont pas seulement très vigoureux, mais encore très courageux; le plaisir qu'ils trouvent à l'attaque peut devenir très dangereux. Quand des voyageurs s'approchent de jour d'un village, les femmes ont l'habitude de sortir de leurs maisons pour maintenir les chiens; elles restent assises sur la tête de ces animaux jusqu'à ce que les étrangers soient partis. Les chiens du Tibet éprouvent une veritable aversion pour l'Européen, mais sont attachés à leur maître, d'un dévouement absolu et d'une obéissance extrême envers lui.

Entre autres chiens précieux, ce sont particulièrement les lévriers qui se sont acclimatés dans l'Ouest. On les rencontre en Asie Mineure, mais surtout en Perse où ils sont connus sous le nom de Tasi. Le plus souvent de couleur jaune claire, ils ont sur la queue et sur les pattes des poils allongés et soyeux. En Perse, on les emploie de préférence à la chasse du lièvre et de l'antilope. La race a pénétré jusque dans l'Inde et même en Birmanie où on l'emploie surtout à chasser le cerf. Les Arabes font un très grand cas des Sloughis de provenance africaine.

La famille des chiens-loups, en partie transformée par la civilisation, est répandue sur de vastes régions de l'Asie. M. Middendorf a trouvé chez les Samoyèdes et les Toungouses des chiens-loups à longs poils, d'un caractère primitif. M. Max Siber a observé, chez les indigènes de Sumatra, une forme analogue, très proche parente du chien des tourbières, avec des oreilles droites, et employée comme chien de garde. Il existe également des liens de parenté entre le chien-loup et le Tschau élevé par les Chinois. Le corps est cependant plus allongé, les jambes sont courtes, la tête garnie d'oreilles droites est un peu plus épaisse, avec un museau massif. Le poil très dense est le plus souvent noir foncé, la langue et la muqueuse de la gueule sont foncées. Les Chinois engraissent ce chien et l'abattent ensuite pour en manger la chair.

Au Japon, on élève un petit chien de luxe extrêmement gracieux. Il a de longs poils et ressemble un peu à notre King Charles. On l'appelle Dschinn; sa tête un peu simiesque est très bombée sur le front, mais la figure est raccourcie de sorte que le maxillaire inférieur est très proéminent.

Tout au Nord apparaît le chien esquimau, répandu tout alentour du pôle et qu'en Sibérie on désigne sous le nom de Laika. D'aspect extérieur, il ressemble au loup; les oreilles sont droites, le museau paraît pointu. Le poil, de couleur différente, est grossier, s'écarte de la peau; le pelage inférieur est épais. Le Laika rend de signalés services comme chien de trait; c'est lui en outre qui accompagne ordinairement les troupeaux de rennes qu'il garde et tient rassemblés; on l'emploie aussi à la chasse.

Le chat domestique a été emprunté à l'Afrique. Malgré les difficultés que présente la formation de la race de cet animal domestique, l'Asiatique en a su tirer davantage que l'habitant de la vallée du Nil. Nous connaissons quelques races qui portent une empreinte très nette. Dans l'Asie occidentale et centrale, la vie nomade des habitants constituait un obstacle à une forte acclimatation du chat; par contre, on en rencontre un plus grand nombre dans l'Asie orientale. Les chats angoras, aux longues oreilles, proviennent, dit-on, d'Asie Mineure. Faisons remarquer à ce propos, qu'on ne les connaît pas du tout à Angora, mais à Erzeroum.

Sous l'influence de l'apprivoisement, le chat chinois, aux poils longs, d'un jaune clair, a pris de longues oreilles. Le chat du Siam qui n'arrive que rarement en Europe, est un animal très doué au point de vue intellectuel, très attaché à l'homme. Il jouit d'une grande vogue au Japon et en Chine, et se vend assez cher; ses yeux sont, en particulier, d'un bleu magnifique. Les jeunes sont au début d'une blancheur éblouissante; plus tard ils deviennent gris argenté, avec la pointe du museau, le bout de la queue et les pattes noirs.

Un trait particulier à un grand nombre de chats de l'Asie orientale, c'est d'avoir la queue développée d'une façon anormale; c'est un fait de plus en plus fréquent au Japon, dans la presqu'île de Malacca et à Sumatra. La queue

Chat japonais à queue tronquée

se réduit à un court moignon, ou est recourbée à angle droit, ou bien encore très raccourcie, elle prend, à son extrémité, la forme d'un nœud épais. Aucune opération n'entre en ligne de compte; il ne s'agit, à ce qu'il semble, que de cette particularité qu'on désigne scientifiquement sous le nom de mutation.

Le monde des volatiles prit chez les Asiatiques une importance notable; l'élevage des races a même prospéré d'une façon remarquable. Ch. Darwin a rassemblé un grand nombre de dates relatives à la distribution des pigeons domestiques. Dans l'Asie occidentale, où il faut chercher le point de départ du pigeon domestique, cet animal jouit d'une haute considération auprès de tous les adeptes de l'islamisme, car il a protégé le prophète. Aussi élève-t-on fréquemment des pigeons dans les mosquées, comme par exemple à la Mecque. La Perse passe pour être très riche en pigeonniers qu'on construit pour avoir le fumier qui sert d'engrais pour la culture des légumes.

Dans l'Inde, Akber-Khan élevait déjà vers l'an 1600 des vingtaines de milliers de pigeons, parmi lesquels des races rares que lui envoyaient les maîtres de l'Iran et du Touran. Encore aujourd'hui il y a un grand nombre de pigeons dans les villes de l'Inde. A Ceylan on élève la plupart des races connues. Les Chinois protègent les troupes de pigeons en leur attachant au bout de la queue des sifflets, ce qui durant le vol produit un bourdonnement qui effraye les oiseaux de proie.

L'élevage des poules domestiques est plus important encore. Il a pris son point de départ dans le Sud du continent et s'est lentement répandu vers l'Ouest; c'est relativement tard que la poule est arrivée en Mésopotamie et dans l'Asie occidentale. La diffusion se fit dans de beaucoup plus vastes proportions du côté de l'extrême Orient, où la Chine et le Japon formèrent ensuite des races extrêmement précieuses. Parmi celles-ci, les poules de Cochinchine sont de bonnes pondeuses et particulièrement grandes; elles ont été introduites en Europe en 1847. Dans la Chine du Nord, on élève la magnifique poule de Langshan, noire et d'un chatoiement vert. Les Japonais ont à côté des lourdes poules soyeuses, les Bantams de l'espèce naine et les gracieuses poules Chabo; ces dernières sont enfermées dans des cages de bambou et la femelle ne dépasse pas quinze centimètres de haut. Il apparaît sans cesse de nouvelles races dans ce pays; c'est ainsi qu'il y a longtemps déjà, on put voir, à l'exposition d'Osaka, la splendide poule phénix, dont la queue a des plumes d'un mètre et demi de long. On est arrivé à élever en Allemagne ce singulier animal.

Parmi les gallinacés, le paon jouit d'une haute considération. Celle-ci est cependant due, moins à l'utilité économique de cet animal, qu'à la beauté de son apparence extérieure. Le paon joue un grand rôle en Birmanie, où il figure dans les armes nationales et où on le retrouve partout comme motif artistique.

L'Asie orientale, richement arrosée, a également favorisé l'élevage des palmipèdes; aussi y trouve-t-on à la fois des oies et des canards domestiques. C'est l'élevage du canard qui l'emporte cependant. Les canards de l'Asie orientale sont lourds, les canes bonnes pondeuses. Ces animaux se tiennent droits, presque comme des pingouins; les contours du corps se rapprochent d'un parallélogramme. Le canard de Pekin a un plumage d'un beau blanc, d'une teinte jaunâtre; par contre, le grand canard du Japon a des couleurs naturelles, c'est-à-dire le dessin et la couleur du canard commun.

Les Chinois s'occupent très activement de l'élevage et du commerce des canards dont on fait une grande consommation dans les classes aisées. Il y a aussi en Chine des établissements spéciaux, appelés Por-ach-chong, où l'on pratique la couvée artificielle des œufs de canard. Le procédé usité consiste à chauffer sur un gril, posé sur de la cendre chaude, une couche de paille qu'on met dans des paniers; les œufs sont placés entre des couches de paille chaude. On range les paniers sur un treillis sous lequel se trouvent des récipients en terre remplis de cendres chaudes. Les petits qu'on obtient ainsi sont vendus à des éleveurs et élevés dans le voisinage d'un rivage fluvial. Dès qu'ils ont atteint une taille suffisante, on les vend à des marchands qui les placent sur des bateaux spécialement construits à cet effet et les emportent vers des localités plus considérables. Souvent on conserve, en Chine, des oies et des canards dans le sel; il y a, par exemple, à Bin-chow un établissement où l'on pratique cette industrie.

Un tableau de l'élevage des animaux domestiques en Asie serait incomplet, si on ne mentionnait pas l'élevage si important du ver à soie qui a pris un très grand développement en Chine et au Japon.

Parmi les papillons de soie employés, c'est le bombyx du mûrier (*Bombyx mori*) qui s'est le plus répandu. Les chenilles fournissent en effet la matière la plus fine, et le dévidage de ses cocons est le plus facile.

La longue domestication, puis l'élevage dans des espaces clos, impliquent certaines particularités de l'animal. Les chenilles elles-même ont déjà perdu de leur indépendance, et sont incapables de trouver leur entretien, une fois qu'elles sont tombées de la plante qui les nourrit. Le lépidoptère n'a que des moyens de voler très défectueux. Il bourdonne beaucoup plus qu'il ne vole, et, abandonné à lui-même, il est incapable de retourner à l'état sauvage. Aussi n'a-t-on pas des idées très nettes sur sa souche d'origine sauvage. On remarque aussi la formation des races. En effet, les formes d'élevage se distinguent, par la grandeur, par le nombre des générations annuelles, ainsi que par la couleur des cocons. La longue domestication a également pour conséquence une diminution de la force de résistance vis-à-vis des maladies infectieuses.

Les merveilleux tissus de l'Asie orientale ont été, de bonne heure, connus à l'étranger. Aussi, malgré toute la vigilance mise en œuvre, l'élevage du ver à soie a-t-il également pénétré dans d'autres régions. Dès le début de notre ère, il s'acclimatait au Turkestan, plus tard aussi en Perse et en Asie Mineure.

La Chine est en outre la patrie d'autres vers à soie, parmi lesquels il faut citer l'*Attacus Cynthia* et le ver à soie chinois du chêne (*Saturnia Pernyi*). Cette dernière espèce donne de bons résultats et fournit deux pontes par an; la première est élevée en liberté, sur des chênes; la seconde, par contre, est conservée dans des chambres pendant l'hiver. On jette les cocons dans l'eau bouillante et on les remue avec une spatule jusqu'à ce que les fils de soie se détachent. Une espèce très proche parente (*Saturnia Yama-mayu*), vivant également sur le chêne, est élevée à l'état libre au Japon et fournit de bonnes soies.

Chameaux de selle égyptiens

L'Afrique

Le caractère de steppe très saillant de la masse continentale africaine, avec ses plaines herbeuses très étendues et ses pâturages, a naturellement poussé l'homme du côté de l'élevage. Il prédomine au Nord et à l'Est du continent, où sont établis des éléments hamito-sémitiques; il recule, dès que l'emporte l'élément nègre qui pratique en réalité l'agriculture et, à côté de cela, l'élevage en petit. Dans la région des lacs de l'Afrique centrale, nous voyons les colonies hamitiques de pasteurs, encore nettement séparées de la population Bantoue qui s'adonne à l'agriculture. Dans le Sud et dans le Sud-Ouest, les peuplades nègres mieux douées en sont d'ailleurs également arrivées à l'élevage en grand.

Etant donné l'isolement du continent qui se prolongea durant des milliers d'années, nous devons nous attendre à trouver à l'ensemble des éléments domestiques un caractère conservateur. En fait, on a vu apparaître, à l'époque moderne, des éléments de races qui se sont conservés, presque sans altérations, depuis l'antiquité la plus reculée, jusqu'à l'heure actuelle. Il vaut la peine de rassembler ces documents de l'histoire animale, car dès maintenant commencent à s'introduire du dehors des éléments étrangers qui effacent de plus en plus l'aspect du tableau primitif.

Au point de vue économique, le bœuf occupe la première place; il ne manque que dans les régions forestières de l'Ouest qui forment l'arrière pays circonscrivant le golfe de Guinée, ainsi que dans la région désertique du Sahara.

Le Nord de l'Afrique, le plus rapproché de nous dans l'espace, possède au Maroc, en Algérie et en Tunisie, un bœuf, petit, sans bosse, qu'on a désigné sous le nom de «race algérienne». D'après les inductions tirées de la structure du crâne, cette race est très proche parente de l'ancien bœuf des tourbières de l'Europe. La couleur prédominante est, dit-on, le noir de suie, qui devient gris sur le dos; la hauteur d'épaule est de 113 à 115 centimètres, et le poids d'une vache vivante de 260 à 370 kilogrammes. A côté de ce bœuf qu'on élève de préférence dans la région montagneuse et qui souvent est, pour ainsi dire, un nain, on entretient aussi, dans les terrains plus bas, des bœufs à grandes cornes, vraisemblablement importés d'Espagne. Dans la haute Egypte apparaît une forme très proche parente du bœuf de petite taille; la basse Egypte n'a pas de races propres.

Le pays a été, à plusieurs reprises, désolé par des épizooties; aussi les habitants de la vallée du Nil se sont-ils préoccupés de trouver un animal plus résistant. Le buffle domestique a, de plus en plus, remplacé le bœuf, et ce qu'il en subsiste encore, provient de l'Arabie ou de la Russie méridionale.

La Nubie a de gracieux petits bœufs dont la tête est d'une fine structure, avec de courtes cornes comme le bœuf algérien. Ils sont brun clair, tachetés de rouge, gris blanc, et quelquefois aussi tachetés comme le léopard. La race bovine des environs de Massaouah est analogue, mais semble être actuellement refoulée à l'arrière-plan par un animal hindou provenant de Bombay. En outre, une épizootie survenue en 1889 a décimé la race ancienne. Le Soudan oriental et les pays du haut Nil approvisionnaient déjà, dans l'antiquité, l'Egypte de viande; on représente souvent des bœufs comme objets des tributs payés par les peuples éthiopiens. Aujourd'hui encore la richesse bovine de ce pays est considérable.

Bœuf de l'Abyssinie du Sud

M. Brehm décrit les scènes très vivantes d'animaux conduits à l'abreuvoir. Tel était le prix qu'on attachait à cet animal domestique, que la tribu des Baggara se fit un honneur d'emprunter son nom à la vache. D'après G. Schweinfurth, les Dinka considèrent comme pur et noble, tout ce qui vient du bœuf. Le fumier est réduit en cendres et sert de badigeon, l'urine sert à laver. Jamais on n'abat un bœuf; les bêtes malades sont soignées avec la plus grande sollicitude, et leur mort est un sujet de tristesse pour leurs possesseurs. D'après l'auteur cité plus haut, les cornes sont longues et élancées, la couleur du pelage blanche avec des taches semblables à celles du léopard. Dans le Sennaar, les cornes des bœufs zébus sont courtes. A l'Ouest du Nil, la race bovine disparaît; les Niams-Niams ne la connaissent que par ouï-dire.

L'Abyssinie a été, de tous temps, réputée pour ses races bovines, et, il est vraisemblable que c'est de là que provient l'élevage du bœuf africain en général. La race Sanga prédomine; c'est un animal d'un poids et de cornes moyens, de structure compacte, à la carcasse assez épaisse. Les cornes en forme de lyre, claires à la base, noires à l'extrémité, sont droites; la bosse dorsale est modérément développée. Dans le Tigré, le Godjam et le Choa, la couleur du pelage est le plus souvent foncée; les Abyssins préfèrent cette couleur dans les hauteurs, parce qu'elle tient chaud. Les pâturages sont fréquentés jusqu'à une altitude de 2800 mètres. Dans le Kaffa, les habitants élèvent plutôt le petit bétail; les bœufs y sont rares. Dans les pays situés plus bas, on a des bœufs gris blancs, bigarrés de noir ou de rouge.

Aux environs du lac Zouaï et dans la vallée du Hawasch, on trouve encore une autre race bovine extrêmement remarquable, que les colonisateurs abyssins ont répandue jusqu'aux lacs de l'Afrique centrale. C'est le bœuf à cornes longues, pour ainsi dire colossales; cet animal ne peut marcher qu'en balançant la tête d'une manière particulière. Le volume des cornes à la base est souvent d'un demi-mètre, leur longueur de beaucoup plus d'un mètre. La race est recherchée parce qu'elle fournit à l'Abyssin ses cornes à boire; de plus, on a l'habitude d'envelopper dans de grandes cornes les provisions de musc qui sont mises dans le commerce.

Bœuf à longues cornes de l'Ouganda (Afrique centrale)
D'après H. Johnston

Le pays avoisinant des Somalis, conquis aujourd'hui en grande partie par les Abyssins, pratique l'élevage sur une grande échelle. Les bœufs à bosse, de couleur gris blanche, d'un jaune tirant sur le brun, ou rouge-tachetée, mais jamais noire, ont ou bien de courtes cornes, ou pas de cornes du tout. Leur longueur dépasse à peine 20 centimètres, et d'ordinaire varie de 7 à 10 centimètres. Le fourreau des cornes, épais, filandreux, est gris vert. Le crâne qui ressemble souvent à celui du cheval, indique un caractère de bœuf zébu. A l'intérieur du pays, dans la province d'Ogadeen, il y a un très grand nombre de bœufs aux cornes tombantes, qui, sans pivot, oscillent pendant la marche et peuvent se ramener sur le front. Les vaches du pays des Somalis donnent un lait très gras, d'un goût agréable. Ce sont les hommes qui sont chargés de traire; c'est pour eux tout une affaire, les vaches étant un peu remuantes et ne donnant leur lait que quand on a réussi à les adoucir en soufflant très fort sur leur arrière-train. La fabrication du beurre est l'affaire des femmes; on le fait fondre sur le feu pour le conserver dans de grands vases en peau de chameau (Girbes) et le remettre aux caravanes qui le transportent sur la côte d'où il est principalement expédié en Arabie. L'Afrique orientale possède, jusqu'au Zambèze, une race assez uniforme, sur une large zone qui comprend la région des lacs équatoriaux; elle est de taille moyenne, avec une bosse de graisse assez forte, des cornes droites, passablement petites. M. Merker dit que le plus grand bonheur des Masaï, c'est d'avoir le plus possible de bétail, auquel ils sont très attachés. Les bœufs portent des signes de propriété, qu'on

Bœuf Masaï
D'après M. Merker

imprime par le feu, sur le côté gauche du corps ou sur les oreilles. En outre, on embellit souvent les animaux, en leur imprimant par le même procédé des cercles ou des modèles à la façon dont on peint les guérites. Depuis quelque temps on emploie avec succès la vaccination préventive contre la tuberculose. Dans ce but, on fait, avec un couteau, une incision sur le dos du nez et on frotte énergiquement la blessure avec un morceau de poumon d'un animal malade. Des naseaux du bœuf soumis à ce traitement s'écoulent d'abondantes mucosités — la maladie sort du nez, disent les indigènes.

Dans l'Unjoro c'est le bœuf sans cornes qui prédomine; sa bosse graisseuse est rabougrie. Dans la région des lacs, où des colonies de pasteurs abyssins sont ça et là mélangées à la population Bantoue qui est agricole, le bœuf «Hima» ou «Wattusiri», aux cornes géantes, réapparaît par îlots. Sir Henry Johnson fait remarquer qu'on le rencontre principalement dans les herbages et que les énormes cornes sont plus longues chez la vache que chez le taureau. Selon lui, la couleur de cette race serait le gris, le gris-brun, le blanc ou le pie.

A partir du bassin du Zambèze, on commence à voir le bœuf à grandes cornes des Betschouans, qui prédomine dans l'Afrique du Sud. Il y a cependant dans la région des Batoka une race naine, réputée pour son rendement de lait. Chez les Makololo on aime beaucoup à imprimer sur la peau du bétail des ornements par le feu.

L'Afrique méridionale possède, à côté des bœufs du Transvaal et du Betschouana de nombreuses races bovines importées de Madagascar et d'Europe, car on y élève des bœufs de la Hollande et de la Frise.

Dans le Sud-Est de l'Afrique, l'élevage est très développé. Lors de l'arrivée des Européens, les Hottentots possédaient déjà de nombreux troupeaux; certains chefs étaient à la tête de 4000 bêtes à cornes. Les nouveaux venus, de race blanche, s'emparèrent de ces richesses; les Hottentots se firent chasseurs, mais le gibier ne tarda pas à s'appauvrir et maintenant le peuple dépérit.

L'élevage bovin est très florissant chez les Hereros. D'après M. Hans Schinz, l'un de ceux qui connaissent le mieux ce pays, le bœuf Herero serait un animal à forte charpente osseuse, avec des membres assez courts, et une queue touffue pendant jusqu'à terre. Les taureaux ont une bosse graisseuse imposante, qui manque cependant aux vaches et aux bœufs. Les cornes sont tordues et ont parfois une envergure considérable, sans atteindre la longueur de celles du bœuf des Betschouans.

L'entretien de ces animaux est l'objet de beaucoup de soins. Quand deux indigènes se rencontrent, les bœufs sont leur unique sujet de conversation. On chante ces animaux favoris, et, dans les danses nocturnes, on imite leurs mouvements. Les bœufs bien connus de l'Afrique sud-orientale, à la fois bêtes de trait et de selle s'étendent jusqu'au delà de la colonie du Cap; ils appartiennent à la race bovine à longues cornes et ont été soumis à l'élevage par les Betschouans. Comme ces tribus ont, suivant leur tradition, immigré du Nord, elles ont vraisemblablement amené de la région des lacs de l'Afrique centrale leur bœuf aux cornes gigantesques. Ce sont les chariots attelés de bœufs, qui, dans les régions de steppes et les déserts constituent le véhicule nécessaire aux relations, et les souffrances qui s'y rattachent forment régulièrement l'un des chapitres des récits de voyage.

Plus au Nord on trouve, dans l'Angola, un petit bœuf à bosse, à cornes courtes et qui est vraisemblablement parent de la petite race bovine du Zambèze.

Dans l'Afrique occidentale, c'est l'élevage du petit bétail qui occupe la première place; on n'y trouve le bœuf qu'à l'état sporadique, et, il manque totalement sur la côte de Loango. Au Sénégal qui à l'époque moderne a souffert des épizooties, on a introduit des races américaines. Dans le Soudan central, on élève une race bovine proche parente du bœuf Sanga.

Dans le monde insulaire de l'Afrique, Madagascar constitue un centre im-

Chameau de selle égyptien du Caire

D'après une lithographie de Preziosi

Supplément à l'ouvrage « *Les Animaux* »
(Ne peut être vendu séparément)

Maison d'Édition BONG & Cie
PARIS

portant par l'élevage de ses bêtes à cornes; c'est la base de la fortune des Hovas, des Betsileo et des Sihanaka; les tribus Sakalaves possèdent également de grands troupeaux. Depuis que Madagascar est devenue colonie française, on y donne des soins particuliers à l'élevage. L'exportation dans la colonie du Cap est très importante et a pris des proportions extraordinaires à l'époque de la guerre contre les Boers. D'après la statistique officielle de l'année 1904, l'île possède 2,776,600 têtes de bêtes à cornes. Les îles Mascareignes voisines de Madagascar s'y approvisionnent de viande; c'est particulièrement dans les ports de Tamatave et de Vohémar qu'on peut, chaque semaine, assister aux scènes très originales de l'embarquement des bœufs.

La race bovine de Madagascar est imposante, brun foncé, rouge-brun ou pie. Le corps est de structure assez basse, les bosses de graisse fortement développées; les cornes et la conformation de la tête rappellent, d'une façon frappante, le bœuf Sanga abyssin. Dans l'Est, on élève des races aux cornes de longueur moyenne, tandis que le bœuf Sakalave fait partie de la race à longues cornes. Tout indique une provenance de l'Afrique orientale.

A côté du bœuf, c'est le mouton qui joue le rôle le plus important comme animal d'abattoir. C'est le mouton autochthone qu'il faut considérer comme l'élément le plus ancien; on l'avait, dès l'époque primitive, tiré du mouton sauvage à crinière dont les descendants apprivoisés portent souvent encore cet ornement. Plus tard, vint s'y superposer une nouvelle race venue d'Egypte, au commencement du nouvel empire, et de provenance asiatique; sa forme la plus ancienne comprend le mouton à queue graisseuse, et sa forme plus récente le mouton à l'arrière-train gras.

La distribution actuelle des races permet de reconnaître nettement que les éléments asiatiques pénétrèrent par la périphérie du continent et refoulèrent la race, depuis longtemps établie, vers l'intérieur, où elle s'est maintenue dans les régions écartées, d'une civilisation primitive. Les pays du haut Nil forment la limite méridionale du domaine des moutons anciens de l'Afrique, le Fezzan et la Libye la limite septentrionale. A l'Ouest on trouve encore la race pure sur le haut Niger, tandis que les moutons particuliers à l'Afrique occidentale sont, vraisemblablement, le produit d'un croisement, tout en ayant conservé un pourcentage assez élevé de sang indigène.

M. Thilenius a indiqué, dans ses études sur le mouton domestique de l'ancienne Egypte, que le mouton du Niger dont un spécimen avait été amené à Berlin, est celui qui a le plus fidèlement conservé le caractère originel. Ses cornes tordues, assez longues, ont une position horizontale; l'animal est haut sur pattes et a le devant du corps couvert d'une crinière.

Le mouton à tête de chèvre est une race proche parente de la précédente; on l'élève dans les régions montueuses du Fezzan et dans la partie du Sahara qui touche à ce pays du côté de l'Est.

Le mouton du Fezzan est le plus souvent haut sur pattes, son corps assez replet; les mâles seuls ont des cornes en forme de spirale. La crinière du cou, composée de poils grossiers, est assez longue; le garrot porte une touffe de poils longs. La couleur du pelage est d'un blanc jaunâtre, blanche avec la tête noire, ou noir bigarré. Le bœuf constituant une rareté au Fezzan, l'élevage du mouton prédomine. C'est occasionnellement seulement que des caravanes amènent le mouton du Fezzan sur la côte septentrionale de l'Afrique; par contre, il est répandu jusqu'à l'intérieur du Maroc et jusqu'en Sénégambie.

Il coule également une quantité notable de sang libyen dans les veines des moutons de la haute et de la basse Guinée; c'est ce qui ressort de leur aspect extérieur. Les moutons deviennent très grands, car à la hauteur du garrot ils atteignent un mètre de haut. On les a également acclimatés dans l'Amérique tropicale à cause de leur fécondité. D'après Fitzinger, le mouton de Guinée a le poil court; par contre, le garrot est garni d'une touffe plus longue, et sur le devant du corps il y a un embryon de crinière. Les jambes sont assez hautes; la couleur du pelage varie beaucoup; c'est le noir ou le brun tacheté qui prédomine. La race ovine du Congo est proche parente de la précédente; on en élève d'innombrables troupeaux destinés à l'abattoir. Le mouton congolais a un cou d'une longueur remarquable et deux lobes de peau pendante, appelés clochettes. Il semble peu vraisemblable que cette particularité soit due à un croisement avec la chèvre.

Mouton égyptien aux oreilles tombantes

Le mouton goitreux de l'Angola est peut-être la race la plus remarquable de l'Asie occidentale; le cou, peu épais, rappelle le mouton du Congo, le front est haut. Sur le derrière de la tête on voit un épais bourrelet de graisse; en outre, au-dessous du larynx, il y a un dépôt de graisse de genre goitreux; la queue est longue et desséchée, terminée à son extrémité par une houppe. Dans l'Angola, cet animal est l'objet de peu de soins, les troupeaux passent toute l'année au grand air. On affirme qu'il s'est formé une nouvelle race dans ces derniers temps; il s'est, sans doute, produit un croisement avec le mouton à queue graisseuse.

Sur le Nil supérieur, on voit réapparaître des formes plus pures de l'ancienne race à tête de chèvre. C'est parmi elles qu'il faut avant tout ranger le mouton Dinka dont G. Schweinfurth nous fait une description détaillée. Il dit que ces moutons appartiennent à une race particulière, qui se trouve chez les nègres Dinka, Nouer et Schillouks, mais qui n'est plus connue à mesure qu'on s'avance davantage en Afrique. Le mouton Dinka, à queue longue et aux poils courts, souvent privé de toison laineuse, ne porte que sur le cou et les épaules une garniture de longs poils qui ressemblent à une crinière. Le corps est massif, les pattes courtes, la couleur du pelage d'un blanc pur, mais souvent aussi bigarrée de brun ou de rouge, parfois, brun-rouge. Les cornes courtes décrivent un demi-croissant de lune et se terminent sous les yeux. Les moutons ont souvent à souffrir de vers parasites (*Distoma*) qui se nichent, en grandes quantités, dans le foie.

Les rejetons du mouton Dinka semblent s'être beaucoup répandus dans l'Afrique du Nord-Est; on les rencontre en Nubie et au Sennaar, ainsi qu'en Abyssinie où d'ailleurs il existe d'autres races. En Tunisie, en Tripolitaine, en Algérie et au Maroc, on élève le mouton à queue graisseuse. Mais, en ces pays, la conformation de la queue a pris un caractère particulier, car son extrémité qui descend jusqu'à l'articulation du pied, est desséchée, et c'est seulement vers la base que se trouve une large masse de graisse. L'entretien des moutons est l'objet de beaucoup de soins; la tonte n'a lieu qu'une fois par an, la laine sert à la fabrication de tissus grossiers. On tire plus de profit de la chair de ces animaux.

L'Egypte élève exclusivement des moutons à queue graisseuse; les mâles seuls ont des cornes; les oreilles sont larges et tombent mollement; la queue graisseuse, branlante, est peu épaisse. La laine le plus souvent brune est grossière et sert à la fabrication de couvertures et de manteaux; la chair du mouton égyptien passe pour être succulente. La même race a, en remontant le Nil, pénétré jusqu'en Abyssinie; par contre, on ne la trouve plus dans le pays des Somalis tandis qu'elle est dispersée depuis la région des grands lacs, sur toute l'Afrique orientale et méridionale.

Chez les Masaï de l'Afrique orientale, les moutons ont des oreilles pendantes et, le plus souvent, pas de cornes. Leur couleur est fréquemment blanche, avec la tête noire; on enlève de bonne heure, par une opération, la queue graisseuse des brebis. Les Hollandais introduisirent cette race au Cap et en firent un grand élevage, mais, à une époque plus récente, elle en a été complètement refoulée, de même que du Transvaal, par le mouton mérinos. Le mouton à arrière-train graisseux et à queue tronquée qui a manifestement été introduit le dernier et qui est de relativement petite taille, semble avoir occupé primitivement une large zone, s'étendant depuis le promontoire oriental de l'Afrique jusqu'au Cap. Mais, il y a longtemps qu'on ne le trouve plus dans l'Afrique du Sud. Cet animal existe, à l'état isolé autour du Kilimandjaro; par contre, il y en a un grand nombre aux alentours de Massaouah, mais surtout dans le pays des Somalis. Quand, dans les steppes monotones de ces régions, on s'enquiert d'un établissement humain, on remarque d'abord une tache blanche, qu'on dirait de l'hermine, qui prend la forme d'un troupeau de moutons. Ces animaux qui n'ont pas de cornes, sont tous d'une blancheur éblouissante, avec une tête d'un noir foncé; ils constituent à côté de la race bovine, un important article d'exportation et, en même temps, une source d'approvisionnement pour l'indigène. Les peaux sont tannées avec l'écorce de l'accacia et fréquemment employées dans l'industrie locale. Le coussin de cuir servant à la prière (Massala), que tout Somali emporte en voyage pour s'y agenouiller afin de réciter les prières prescrites au Musulman, puis les solides manteaux de cuir, sont fabriqués avec la peau du mouton. C'est un mouton à queue graisseuse dont l'indigène fait ordinairement cadeau au blanc, pour obtenir en échange quelques médicaments. Ce mouton a également pénétré à Madagascar, où il est élevé par les Hovas de l'intérieur, tout en n'étant pas très apprécié à cause de sa chair peu succulente.

L'élevage de la chèvre est très répandu et est souvent parallèle à celui du mouton. Autant que nous le sachions, la juxtaposition des races est assez simple, attendu qu'on élève partout des rejetons de la chèvre Bezoar de l'Asie occidentale. Dans le Sahara méridional on trouve ordinairement des races naines, concommittantes en particulier de la civilisation nègre. L'Egypte a un grand nombre de chèvres qui donnent beaucoup de lait. Dans la basse et la moyenne Egypte, ce sont presqu'exclusivement des descendants de la chèvre Mamber qui constituent les troupeaux et possèdent souvent un pelage formé de longs poils touffus; leur peau sert à fabriquer les outres dont les indigènes font un si fréquent usage pour conserver l'eau. La haute Egypte élève la chèvre spéciale de la Thébaïde, qui d'habitude est assez haute sur pattes. La tête est très fortement busquée, le maxillaire inférieur proéminent, les oreilles très longues et retombant mollement, les cornes le plus souvent absentes; la couleur prédominante du pelage grossier et assez long est le brun-rouge. La race a pénétré jusqu'en Abyssinie où sa peau sert à fabriquer le parchemin.

Sur les côtes de la mer Rouge, aux alentours de Massaouah par exemple, il n'y a pas de race unique ayant un caractère particulier; on y trouve surtout la chèvre gris-blanche, aux cornes longues, aplaties, et d'une assez forte taille. Elle a vraisemblablement été importée de l'Arabie du Sud. Il existe, en outre, des races couleur chamois.

Dans l'Afrique du Nord, c'est la chèvre Mamber qui prédomine; elle est de couleur claire et a un garrot très saillant. A l'opposé de la chèvre égyptienne, la chèvre Mamber a les oreilles droites. Sa peau donne un cuir fin, qui est recherché. La chèvre blanche de la haute Guinée passe pour être un rejeton qui se distingue par sa blancheur, tandis qu'il y aurait, dit-on, des chèvres Mamber dans la basse Guinée et dans l'Angola. Dans le Sahara méridional, on s'en tient à l'élevage de la chèvre naine; dans la région orientale de l'Afrique tropicale, ces animaux sont, en majorité, de couleur blanche; c'est principalement le cas dans le pays des Somalis. Cependant, on distingue souvent, sur le dos, une raie longitudinale foncée. Les cornes sont toujours courtes; elles sont recourbées à l'arrière et en dehors. Le rendement en lait est faible, la chair par contre excellente. En général, on mène ces animaux, très bien dressés, d'une tranquillité remarquable, paître en même temps que les moutons à queue graisseuse, dans les steppes du pays des Somalis, où ils engraissent rapidement. Ce sont des enfants ou des vieillards qui ont la garde des troupeaux.

On rencontre la même race, de couleur claire, chez les Masaï. Les chèvres naines des pays nègres sont au contraire de couleur foncée, le plus souvent de couleur chamois, avec une raie foncée sur le dos, à l'épaulière; leurs poils sont tantôt longs, tantôt courts.

L'Afrique du Sud a importé des chèvres Angora dont l'élevage a pris une grande extension.

Parmi les ruminants apprivoisés, il faut encore citer le chameau dont la distribution paraît, il est vrai, plus localisée. Malgré tous ses défauts, cet animal rend d'inappréciables services dans les régions désertiques et steppeuses, attendu qu'il permet les communications, là où tout autre animal domestique est impropre à ce service. L'Afrique n'a adopté que la race d'élevage à une bosse, le dromadaire; au cours des temps, elle a en outre attiré différentes races dont les services correspondaient à des besoins particuliers.

En Egypte, le chameau est particulièrement employé comme bête de somme dans le Delta; occasionnellement on l'y attelle aussi à la charrue avec le buffle; il appartient à une race assez pesante et peut recevoir jusqu'à des charges de cinq cents kilos.

De l'Egypte, le chameau se répandit sur les côtes de l'Afrique du Nord jusqu'au Maroc. A l'époque où ces pays se préparent à leurs pèlerinages à la Mecque, on rencontre souvent, dans les caravanserails, de 1500 à 2000 chameaux de course rassemblés. Il y a bien quelques troupes isolées qui traversent le désert du côté du Sud; cependant, on n'utilise que rarement le chameau dans le Soudan central, parce que le bœuf et le cheval y passent au premier plan. Dans le Sahara occidental, les nomades élèvent un excellent chameau de course, le Mehari. Les services qu'il peut rendre le font très rechercher; les Anglais par exemple l'emploient pour leur police montée dans le pays des Somalis. Monté par deux soldats, le mehari parcourt facilement de 70 à 80 kilomètres en une journée.

En remontant vers le Nil, on trouve encore un nombre considérable de chameaux jusque dans le Kordofan et le Darfour; les pays qui s'étendent du côté de la mer Rouge, sont parfois sillonnés de fortes caravanes allant de Chartoum à Souakim ou à Massaouah. On ne trouve ensuite plus le chameau que dans l'étroite zone qui s'étend entre la mer et les plateaux abyssins. L'Abyssinie elle-même n'a pas de dromadaires. Autrefois, de fortes caravanes de commerce allaient bien jusqu'à Harrar, la capitale des Galla, mais la ligne de chemin de fer, récemment mise en exploitation, a supprimé cet usage.

Par contre, le promontoire oriental de l'Afrique est peut-être le centre d'élevage du chameau le plus important, et il n'est pas rare de rencontrer, parfois, dans les steppes herbeuses des milliers de têtes rassemblées. Le chameau des Somalis est d'une structure assez légère, et pour les voyages par caravanes, on ne le charge que de 150 à 200 kilogrammes. Cela ne l'empêche pas de parcourir de 20 à 25 kilomètres par jour. Il est d'une extraordinaire sobriété, et comme il peut sans difficulté se passer de boire toute une semaine, il rend possibles les relations entre la côte et l'intérieur, en passant par le désert complètement privé d'eau. Les animaux ont beaucoup à souffrir des innombrables tiques (*Ixodes dromedarii*) qui s'agrippent sur la peau et se gorgent de sang. Par bonheur, la nature a fourni un moyen de les éloigner. Sur chaque place de caravanes un peu grande, des douzaines d'essaims de mites (*Buphaga erythrarhyncha*) attendent les malheureux chameaux et les débarrassent soigneusement de leurs parasites. Pour le transport des marchandises, qui se composent principalement de peaux, de gomme et de beurre, le Somali emploie exclusivement les chameaux étalons. Ceux-ci marchent à la queue leu-leu, chacun étant rattaché à la queue de celui qui le précède. L'indigène ne monte jamais sur le chameau; le plus souvent il marche à côté de lui à pied, ou bien est à cheval.

On pratique beaucoup l'élevage du chameau au Sud de Berbera et, particulièrement dans la valée du Faf, dans l'Ogadeen. Dans la vallée de Webi, on ne trouve que des chameaux à l'état isolé, le fourrage vert ne semble pas leur convenir; ils y périssent souvent d'indigestion. Le lait des chamelles est d'un goût très agréable, mais, comme il est très gras on l'additionne d'eau. Les Somalis aiment passionnément la chair du chameau; aussi y a-t-il, dans différentes localités côtières un peu étendues, des abattoirs qui envoient régulièrement de la viande de chameau sur les marchés. On peut désigner la vallée de Djuba comme la frontière méridionale du chameau; cependant il y a des chameaux de somme qui vont le long du Daua jusqu'aux lacs équatoriaux. Les Masaï dont le pays est tout proche, ont aussi introduit chez eux quelques-uns de ces animaux.

Les chevaux domestiques de l'Afrique appartiennent, sans exception, au groupe des races orientales, de fine structure. L'Egypte possédait autrefois des races d'élevage très réputées et pouvait travailler pour l'exportation. Aujourd'hui elle n'a plus que des éléments assez délabrés, qui ont peu de valeur par rapport aux races des autres régions. Cela n'empêche pas qu'il y ait de belles bêtes dans les écuries des riches pachas du Caire. Le cheval n'est jamais employé à aucun travail; par contre, dans les grandes villes, il sert de monture et est attelé.

Dans les pays de l'Afrique septentrionale jusqu'au Maroc, on trouve surtout le cheval berbère, le plus souvent gris. A l'intérieur, il est de petite taille, sur la côte, par contre, il est notablement plus grand. Quoiqu'il ne soit pas de très haute race, il ne s'en est pas moins acclimaté en Espagne particulièrement, à cause des services qu'il est susceptible de rendre. A partir de l'Egypte méridionale, on rencontre de meilleurs éléments; les chevaux du Dongola jouissent d'une grande réputation. Au Darfour, au Kordofan et dans l'Ouadaï, on élève un produit du croisement entre le cheval berbère et le cheval arabe; dans le Bornou, le cheval est très demandé.

C'est sans doute la partie la plus orientale de l'Afrique qui possède les plus beaux chevaux de tout le continent. L'Abyssinie utilise pour son armée les chevaux Gallas, petits mais très résistants; ils servent aussi aux parades que le souverain a l'habitude d'exécuter avec les grands de l'empire. Il s'en fait en outre

Chevaux somalis
D'après le comte Hoyos

une certaine exportation; c'était d'Abyssinie par exemple que les îles Mascareignes tiraient autrefois les chevaux dont elles avaient besoin.

Le pays des Somalis produit de magnifiques chevaux. Ils sont très proches parents du cheval arabe authentique, et c'est un fait très caractéristique, que l'indigène ne connaît dans sa langue que le mot arabe «faras», pour désigner le cheval. Le cheval des Somalis est un peu plus grand que celui de l'Abyssinie; sa queue et sa crinière sont longues, le poitrail d'une largeur remarquable. Le Somali qui est un cavalier extraordinairement audacieux et qui traverse à toute vitesse les steppes, vêtu d'un manteau blanc flottant — excellent sujet de peinture — a précisément besoin d'une monture dont les poumons répondent à toutes les exigences. Comme les tribus isolées ont pendant des siècles vécu en perpétuelle discorde et cherchaient, dans leurs expéditions, à s'emparer du bétail de leurs ennemis, c'était le plus souvent la supériorité de la cavalerie, qui en temps de guerre, décidait de la victoire. C'est à cela sans doute que sont dûs les résultats obtenus par l'élevage des chevaux somalis, qui, en dehors de leurs nombreux avantages, possèdent encore celui de pouvoir se passer d'eau, trois et quatre jours durant.

L'Afrique orientale n'est pas très propice au cheval. La mouche tsétsé lui est fatale, et la population nègre n'adopte cet animal domestique qu'avec répugnance. L'Afrique du Sud n'a, dit-on, pas possédé de chevaux avant l'arrivée des Européens.

A Madagascar, on fit autrefois des expériences peu heureuses en y introduisant le cheval qui ne fait pas de vieux os, sur la zone côtière en particulier. Dans ces derniers temps, la France a essayé de reprendre l'élevage, dans l'intérieur du pays. Les chevaux prospèrent très bien dans les îles Mascareignes.

Le cousin moins aristocratique du cheval, l'âne domestique, est acclimaté en Afrique depuis la plus haute antiquité. Son centre de formation doit être cherché dans l'Est de l'Afrique, où ce sont probablement les ancêtres des peuples Gallas actuels qui l'ont domestiqué. C'est un fait digne de remarque que, dans cette région, l'âne domestique concorde partout et presque complètement par sa couleur et son dessin avec l'âne sauvage de ce pays (*Asinus tænopius*). Le magnifique âne des Somalis ainsi que celui des Masaï, a sans exception l'échine foncée, et ses jambes portent souvent un dessin de bandes très distinctes. Il accompagne les petites caravanes en qualité de bête de somme, mais rend aussi de signalés services comme monture, parce qu'il a un pas très sûr, même dans les passages les plus difficiles, et qu'il est très résistant. De son pays d'origine, il s'est répandu sur une étendue sensiblement parallèle au domaine occupé par le cheval, mais qui, par endroits, va encore plus loin. Les Abyssins emploient l'âne, dans les hauts plateaux, comme bête de somme; ils le croisent aussi avec le cheval. On rencontre fréquemment des ânes, depuis le Soudan oriental jusqu'au lac Tchad. L'Afrique orientale allemand recourt, de préférence, à cette bête de somme pour le transport des marchandises, tout en cherchant comme équivalent un animal plus solide. Dans beaucoup d'endroits de l'Afrique du Sud, il y a un plus grand nombre d'ânes que de chevaux, mais dans l'Ouest, l'âne ne joue aucun rôle. Par contre, il réapparaît dans toute l'Afrique septentrionale, mais, là où il s'est le plus fortement acclimaté, c'est en Egypte, où l'ânier est, comme on le sait, la figure la plus populaire. Tous les voyageurs connaissent l'insistance avec laquelle on leur offre des montures au Caire ou à Suez, et savent comment les jeunes âniers appartenant à la lie du peuple, se servent de tous les idiomes possibles, pour vanter les avantages de leurs bêtes.

Ane blanc du Caire
D'après une photographie

A côté de l'âne des rues, tombé très bas par suite d'un mauvais entretien, on rencontre au Caire, puis dans la haute Egypte, une race beaucoup plus grande et d'un plus noble caractère. Ces animaux, très dociles et pour ce motif fréquemment employés comme haquenées par les dames de condition, sont de couleur tout à fait blanche ou jaune-isabelle. Cette race est importée d'Arabie, et atteint un prix assez élevé, c'est-à-dire 750 francs par tête.

Le mulet, produit du croisement du cheval et de l'âne, est très employé. L'Abyssinie élève des mulets très réputés, qui sont souvent exportés. Comme le cheval et l'âne vivent ensemble depuis leur naissance dans ce pays, la bâtardisation s'effectue aisément.

Dans ces derniers temps, on a commencé, dans l'Afrique orientale allemande, à apprivoiser le zèbre. Le croisement de cet animal et du cheval a donné le zébroïde, un bâtard plein de promesses, plus docile et plus fort, en même temps beaucoup plus beau que le mulet.

Le porc domestique occupe un rang beaucoup plus subordonné. L'élevage de cet animal est naturellement exclu par tous les peuples musulmans, qui le répudient comme impur. En Tunisie et en Algérie, le porc a été acclimaté par les colons européens; en Egypte on ne le trouve que dans les familles coptes. De ci, de là, on le rencontre en plus grande quantité chez les peuples nègres civilisés. Dans l'Afrique orientale, c'est surtout dans le Mozambique que le porc noir, de provenance asiatique, est l'objet d'un élevage développé; il ne manque pas non plus dans la région du Congo, abonde dans la Colonie du Cap, mais est, par contre, rare dans l'Afrique occidentale.

Dans l'archipel de l'Afrique orientale, ce sont les Hovas malais de Madagascar qui s'occupent particulièrement d'élever le porc, et aux environs de la ville d'Antanarivo, il y a, par moments, jusqu'à 6000 têtes de porc. Les Sakalaves de l'Ouest de Madagascar n'élevaient autrefois pas de porcs; ils surmontent maintenant leur répugnance. Dans l'île de la Réunion, l'élevage du porc constitue une importante source de revenus pour les habitants de la vallée montagneuse de Salazie. On y emploie, pour nourrir les porcs, les tubercules du *Sechium edule*, qui donne un goût agréable à la chair. La viande fumée est exportée dans les villes de la côte.

Les chiens domestiques de l'Afrique sont relativement bien connus. M. Max Silber notamment a eu le mérite de rassembler très complètement les données très éparses relatives à cette question. On peut considérer comme indigènes les éléments de races qu'on trouve représentés. Le mélange avec des chiens européens ne saurait être considérable, ceux-ci, comme on l'a appris, ne supportant que mal le climat de l'Afrique.

Ainsi qu'il faut s'y attendre, il existe, encore aujourd'hui, un grand nombre de rejetons des beaux lévriers, si aimés des anciens Egyptiens. Ils sont l'orgueil des indigènes, et l'expression pleine de mépris « Kelb », que l'Oriental aime à employer au figuré, s'applique à des chiens de qualité inférieure, mais jamais aux lévriers, objets d'une surveillance jalouse qu'on désigne généralement sous le nom de « Sloughis ».

Répandus un peu plus sporadiquement dans l'Egypte proprement dite, les

Lévrier du Maroc
D'après une photographie

lévriers des Pharaons ont su se conserver en très grand nombre, et presque sans altération, dans les pays du haut Nil. Là, ils ont fréquemment les oreilles droites; d'autres ont une pointe de l'oreille rabattue; la couleur semble en majorité être le jaune rougeâtre, l'isabelle; plus rarement, ces animaux sont tachetés. M. A. Brehm qui a pu observer de plus près les lévriers dans le Kordofan, est enthousiasmé de leurs excellentes qualités, mais les habitants du pays se refusèrent d'abord obstinément à lui en céder un spécimen; ils ne s'y décidèrent que devant le prix élevé qu'il leur en offrit. De ci, de là, les chiens, qui sont au nombre de trois ou quatre dans chaque maison, sont employés à la chasse; mais ils rendent à l'homme un service plus important, en éloignant la nuit les hyènes, les léopards et autres animaux de proie.

Lorsque G. Schweinfurth visita le pays du Négus des Schillouks, il y rencontra de nombreux lévriers, rouges comme le renard, ou noirs, avec un museau fortement allongé. Le pelage est suivant lui couvert de poils lisses, la queue desséchée comme celle du rat. Leur agilité à la course est sans pareille; aussi attrapent-ils facilement la gazelle à la chasse.

Le lévrier semble manquer en Abyssinie, où l'habitant a, en général, peu l'habitude de tenir au chien. L'empereur Menelik qui est un grand ami des animaux, avait, de ci, de là, reçu en cadeau des lévriers du Soudan et en faisait grand cas; mais, son entourage lui en voulait, de ce que, contrairement à tous les usages, il caressât familièrement ces chiens.

Le Sloughi est très hautement apprécié dans toute l'Afrique du Nord, où il s'étend encore jusqu'aux oasis du Sahara et est, le plus souvent, de couleur fauve; les oreilles courtes, le ventre petit, les petits pieds et le long museau, lui sont particuliers. Dans l'Algérie occidentale, on trouve en outre un lévrier-setter, aux longs poils. De magnifiques lévriers, peu connus, vivent dans l'intérieur du Maroc. Autrefois, il était sévèrement défendu d'exporter cette race précieuse, et les Marocains eux-mêmes n'avaient pas le droit de faire transporter un de ces chiens d'un port à un autre.

Dans le Haoussa, on trouve une forme de lévrier aux oreilles pendantes dont on vante beaucoup les qualités. Le colonel Denham a appris à les connaître, il y a déjà longtemps, dans la province de Katzéna et a même amené en Europe quelques-uns de ces chiens vivants. Outre la chasse, on emploie ces animaux, en Afrique, à poursuivre les ennemis ou les fugitifs. Aussi cette race est-elle très importante au point de vue historique, parce qu'elle nous a fidèlement conservé, avec leurs traits caractéristiques, les lévriers de chasse de l'ancienne Egypte, disparus de presque partout ailleurs.

Les autres espèces canines, dispersées sur le continent africain, sont en majorité de moindre valeur, et souvent même mal domestiquées.

En Algérie et en Tunisie, les Arabes élèvent, dans leurs agglomérations, le chien de Kabylie de l'espèce du chien-loup, qui a l'habitude de se comporter très mal envers l'Européen. C'est le chien de garde de l'indigène; on ne connaît pas encore très bien sa descendance. D'après les descriptions qu'on nous en donne, les chiens kabyles ont de longs poils, sont de taille moyenne, et possèdent un pelage blanc-sale; la queue est très poilue, les oreilles larges et droites.

En Egypte, le chien kabyle est remplacé par le chien paria, qui est errant, mais se tient très près des habitations humaines. Pendant la journée, ces chiens parias, vivant de détritus, se glissent, sans aboyer, à travers les rues; ils évitent sauvagement l'homme, et la nuit venue, ils se réunissent, et hurlent, sans discontinuer, jusqu'à l'aube. Tous ceux qui ont passé la nuit dans une ville de province en Egypte ont eu les oreilles rompues de ce désagréable concert. On trouve encore un grand nombre de ces chiens parias à Chartoum, ainsi que le long du Nil Blanc; en Abyssinie, ils se sont établis dans le Harrar sous l'influence de l'ancienne domination égyptienne; dans le pays des Somalis, par contre, il n'y a presque pas de chiens apprivoisés.

Dans la région des lacs équatoriaux, on rencontre généralement dans les villages un chien paria déplaisant, errant, aux oreilles droites, à la queue desséchée. Ainsi que nous l'apprend Schweinfurth, les Niams-Niams n'ont, outre la poule, d'autre animal domestique que le chien; celui-ci appartient à une petite race, analogue à celle du chien-loup. Les poils sont, dit-on, courts et lisses, d'un brun tirant sur le jaune; la queue est enroulée comme celle d'un cochon de lait. Les chiens des Niams-Niams deviennent facilement gras; on les engraisse et on les mange. Les Monbouttou mangent également la viande de chien, tandis que les Dinka en ont horreur.

Le mâtin des villages de l'Afrique intérieure se rencontre en grand nombre dans la région du lac Tchad. Les Baghirmi engraissent et abattent leurs chiens dont la chair est très appréciée.

Dans l'Afrique occidentale et orientale, on ne rencontre que de mauvais éléments. M. Johnston nous dépeint un chien Masaï, petit et d'une ressemblance extérieure frappante avec le chacal; les Boschimans possèdent des chiens analogues. Le mâtin des Hottentots est au nombre des représentants les plus exécrables de la race canine; ses poils rudes, hérissés, sont de couleur gris sale; il a les oreilles droites, de larges pattes, un museau pointu. Mais, malgré son peu d'apparence, il a, dit-on, d'excellentes qualités; il passe pour être vigilant, courageux et très intelligent. Le Hottentot considère le chien comme un membre de sa famille et le traite bien. Dans l'Afrique du Sud on élève des chiens de race européenne qui ont refoulé les éléments indigènes.

Chien paria du Nil Blanc

En ce qui concerne le chat domestique, nous ne nous étendrons pas longuement, attendu que nous avons déjà exposé plus haut son histoire dans le pays des Pharaons. Dans leur ancienne patrie, les chats continuent à jouir d'une haute considération; les dames des harems leur mettent des boucles d'oreille. Suivant Bastian, ils sont inviolables dans la haute Egypte. Dans les villes côtières de la mer Rouge, on a une forme féline élancée dont la couleur ressemble beaucoup à celle du chat fauve de la Nubie. Le chat n'a que peu pénétré dans l'intérieur de l'Afrique et rarement dans la région des lacs. Dans le pays des Somalis, cet animal manque chez les tribus qui s'adonnent à l'élevage. C'est seulement dans la vallée du Webi où il y a une population agricole sédentaire, que nous trouvâmes un chat à grandes oreilles, d'un jaune fauve. Comme on cultive beaucoup de céréales, principalement le dourrah, le chat peut défendre les approvisionnements contre les petits rongeurs. Dans l'Afrique du Sud, les chats apprivoisés s'abâtardissent, dit-on, avec le chat cafre sauvage.

En Afrique, l'élevage des volailles se pratique sur une échelle beaucoup moins grande qu'en Asie, mais vaut la peine d'être nommé dans certains endroits et a un cachet original.

C'est sans doute la poule domestique qui est la plus répandue; les nègres civilisés adoptèrent cet animal avec une prédilection particulière. Chose remarquable, il n'y a pas de poules chez les Dinka, alors que tous les peuples environnants en font un grand élevage.

L'habitant des steppes de l'Afrique orientale n'a pas de poules; étant donné les fréquents changements de domicile de ces nomades, il ne leur serait guère commode d'emmener avec eux leurs basse-cours. Mais, dès qu'on arrive dans la vallée du Webi, où quelques familles nègres se sont déjà établies au milieu des Somalis, la poule apparaît. A Madagascar, on est sûr de rencontrer un grand nombre de poules, même dans les villages primitifs les plus misérables des tribus côtières, qui ressemblent à des nègres et ont les cheveux crépus. La race n'est nulle part remarquable; la poule des nègres est un animal au plumage noir et très maigre. De même, les poules de l'Afrique du Nord ne sont pas dignes d'attention. C'est au Maroc seulement que, par endroits, on rencontre une race de gallinacés très lourde.

On connaît des pintades apprivoisées sur le Niger, dans le Togo, au Bornou et en Abyssinie. Si jamais le pays des Somalis devient d'un accès plus facile, on pourrait peut-être tenter avec succès la domestication de la pintade-vautour (*Numida vulturina*) qui existe dans ces régions. Ce magnifique animal a une chair extrêmement fine, et serait par exemple très facile à acclimater dans l'Afrique orientale allemande.

Le pigeon domestique, parti de la côte, a pénétré très loin à l'intérieur. En Egypte, son élevage a pris une très grande extension; dans tous les villages fellahs du Delta, les pigeonniers frappent le regard. On les bâtit non seulement pour permettre aux pigeons de couver, mais encore pour avoir leur fumier.

L'apparition la plus caractéristique est celle de l'autruche domestique dont l'élevage se pratique dans un grand nombre de fermes. Comme on le sait, une chasse sans merci a refoulé l'autruche sauvage des régions côtières à l'intérieur du pays. L'Egypte, notamment, n'a plus du tout d'autruches, mais, il y a cent ans, on en voyait encore dans l'isthme de Suez. Pour répondre à la demande sans cesse croissante de plumes, on eut, vers le milieu du siècle dernier, l'idée de domestiquer l'autruche.

En Algérie, Hardy réussit à faire couver l'autruche et dès 1860, il put élever la seconde génération. Lorsqu'en 1866 on obtint la couvée artificielle des œufs, le problème était théoriquement résolu; il ne s'agissait plus que de le faire passer dans le domaine de la pratique.

Ce fut l'Angleterre qui sut mettre en œuvre l'idée nouvelle; la France se consacra davantage à être le pionier de la civilisation.

La Colonie du Cap se révéla comme région d'élevage très propice et les fermes d'autruche y poussèrent comme des champignons. Les chiffres sont ici très éloquents. En 1865, on ne comptait dans la Colonie du Cap que 80 autruches apprivoisées, dix ans plus tard il y en avait déjà 21 000, et après une nouvelle période décennale 150000. En 1896, l'exportation des plumes d'autruche atteignit 25 millions de francs. Depuis lors, les plumes ont été un peu dépréciées, leur qualité a perdu de prix, sans doute par suite de trop mauvais traitements. L'Afrique occidentale allemande s'est mise très énergiquement à l'œuvre dans cet ordre d'idées. La colonie possède suffisamment d'éléments sauvages permettant de rajeunir la race, et les autruches de ce pays possèdent, en outre, de tres belles plumes.

Un mot encore, sur l'élevage du ver à soie. On a jadis fondé sur l'Afrique de grands espoirs, qui d'ailleurs ne se sont pas complètement réalisés. Dans la Colonie du Cap, on dut renoncer à l'élevage du ver à soie; par contre, la France fait actuellement tous ses efforts pour le développer à Madagascar, où les chances de succès sont plus grandes. Les Madécasses ont depuis longtemps une industrie séricicole indigène qui donne des produits remarquables. Les femmes Hovas tissent très adroitement de merveilleuses étoffes de soie ou Lambas, qui servent de surtouts dans le pays, mais sont aussi l'objet d'une forte exportation. La matière, une soie très résistante, est fournie par un ver à soie indigène (*Bombyx Radama*). Les Hovas très intelligents des hauts plateaux, ne verront aucune difficulté à passer à l'élevage des vers à soie du mûrier; actuellement, on les instruit à ce sujet dans la station d'essais agricoles de Nanisana près d'Antanarivo, et on leur fournit en outre gratuitement des plants de mûrier et des œufs.

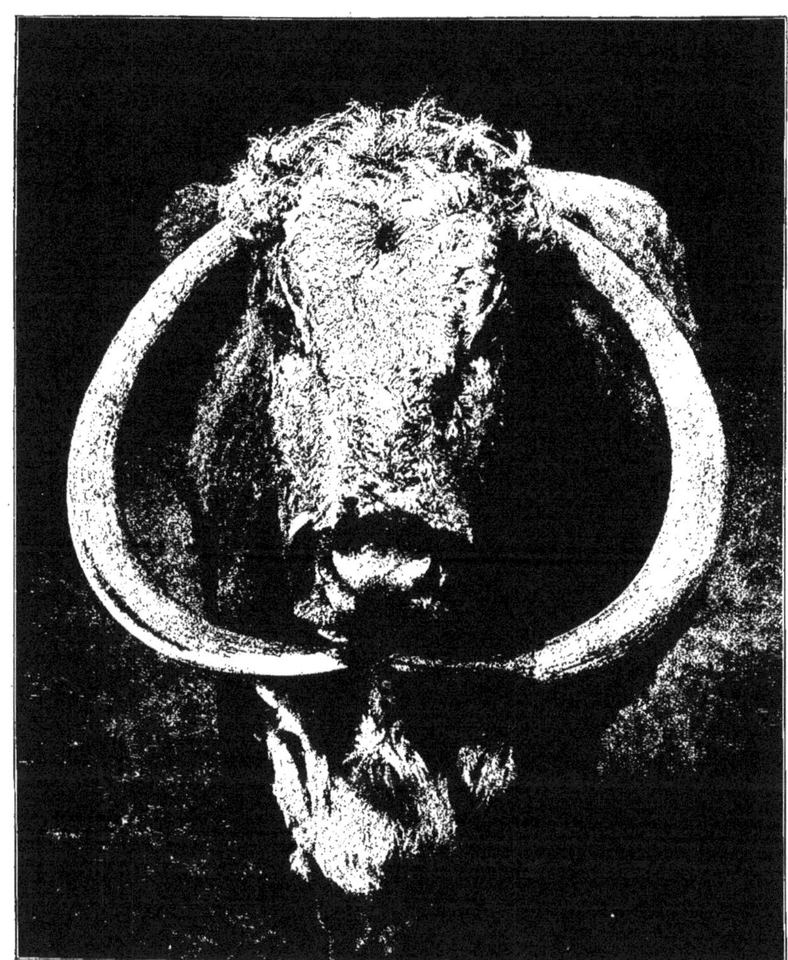

Gambier Bolton phot.

Vache anglaise à longues cornes dont le développement a été exagéré

L'Europe

Nous avons déjà exposé plus haut la forte dépendance de l'Europe par rapport aux deux continents voisins, de l'Asie en particulier. Si le monde des animaux domestiques de l'Europe présente néanmoins un grand nombre de traits originaux, il le doit moins aux gains tirés de l'état sauvage, qu'à ses procédés d'élevage très étendus. Ceux-ci se sont élevés jusqu'à l'élevage systématique en grand, et laissent bien loin derrière eux, tous les autres continents, au point de vue de la formation et de l'amélioration des races. A vrai dire, nous ne pouvons pas ici entrer dans le détail de l'élevage pur et par croisement tels qu'ils sont pratiqués aujourd'hui. C'est là l'affaire de la zootechnie. Nous nous contenterons de décrire les acquisitions générales de la civilisation.

C'est encore la race bovine qui occupe ici le premier rang. Elle y a été l'objet d'un élevage persévérant ayant en vue à la fois le travail, le rendement en viande et en lait. A côté de cela il existe, en outre, de vastes régions où l'élevage est encore tout à fait primitif.

Dans les établissements les plus anciens de date, on ne trouve que des bœufs à cornes courtes dont l'arrivée remonte à l'époque préhistorique. A l'époque actuelle, il s'y est fréquemment mêlé des éléments modernes, mais il s'en est conservé des restes encore considérables, qui ont d'ailleurs été, en partie, améliorés.

C'est la péninsule des Balkans qui, particulièrement en Albanie, possède la race bovine la plus proche du bœuf des tourbières; les races, mal entretenues des îles de la Méditerranée, rentrent dans la même catégorie. D'après les recherches de M. Adametz, il faut ranger dans cette même famille les bœufs rouges, noirs et blonds de l'Illyrie, puis le bœuf rouge polonais qui se trouve dans les Karpathes et en Galicie. Parmi les bœufs rouges des Alpes, il y a des races dont l'élevage a en partie été poussé très loin, et qui n'ont d'égales que les races des îles anglaises; la petite race noire de Kerry est très ancrée en Irlande.

Les races bovines de l'Europe septentrionale ont une tendance particulière à perdre leurs cornes. C'est ce que nous voyons dans la race Fjell de la Scandinavie et dans les troupeaux de la Russie du Nord, de l'Islande et aussi de l'Ecosse.

Les races dont l'élevage a eu son point de départ dans l'Europe méridionale ont des cornes fortes, souvent même très grandes; la tête est très raccourcie, le front par contre très élargi. Certains indices extérieurs permettent de voir dans ces bœufs à courtes cornes de proches parents des races bovines brunes; comme chez celles-ci, leur museau est cerclé de clair, et leur dos strié comme une peau d'anguille. L'Espagne possède de grandes espèces de la race à courtes cornes; les taureaux de combat bien connus de ce pays, se rangent dans cette catégorie. En Suisse, il y a de petites formes, mais elles sont circonscrites aux vallées méridionales du canton du Valais; elles apparaissent sporadiquement dans le Pusterthal et dans les comtés anglais de Devon et de Hereford.

La seconde souche bovine, manifestement autochthone et qu'il faut faire descendre de l'aurochs (*Bos primigenius*) comprend des races lourdes, très aptes au travail; elles sont réparties dans des régions plus basses. C'est la race bovine des steppes de l'Europe du Sud-Est, de structure robuste, qui en présente d'abord un type bien développé. C'est un animal d'une seule couleur, gris blanc, ou gris cendré; on en élève de grandes quantités en Hongrie, en Transylvanie, en Turquie, ainsi que dans les steppes de la Russie méridionale; du côté de l'Ouest il n'a pénétré que jusqu'en Italie. Très loin de là, nous rencontrons en Ecosse une race analogue, avec de grandes cornes. C'est le bœuf des plateaux de l'Ouest, de couleur le plus souvent noire, et de poils assez longs, ce qui le protège contre les rigueurs de la température. Il est très résistant, et on le laissait autrefois vivre en plein air, été comme hiver. Actuellement, on lui fournit, en hiver tout au moins, le fourrage nécessaire.

Dans les marches fertiles de la Hollande, du Schleswig-Holstein et de l'Oldenbourg, on trouve une race primigène affinée, mais absolument pure. La longue tête de cet animal qui vit dans les basses dépressions de terrain, a des cornes assez courtes, recourbées par devant. Le pelage est noir ou rouge, bigarré dans les deux cas. Cette race précieuse se distingue par l'homogénéité du travail qu'elle peut fournir, par son rendement en viande et en lait; aussi est-elle très recherchée à l'étranger.

Une autre race très différente que M. Rutimeyer fait, à bon droit sans doute, descendre de la souche primigène, c'est celle du bœuf *Frontosus*, avec un front volumineux, en forme de toit et des cornes aplaties, souvent dirigées vers en bas. Il apparaît sporadiquement; c'est dans sa catégorie qu'on range le bœuf anglais à longues cornes et le bœuf tacheté de la Suisse occidentale. Dans le Nord on trouve cette race de bonne heure, mais elle ne fait son apparition en Suisse qu'après le début de l'ère moderne.

Une seconde forme bovine, celle du buffle domestique, ne s'est répandue en Europe que d'une manière très restreinte. Venue de l'Asie occidentale, elle s'acclimata dans la Russie méridionale, dans les régions danubiennes, en Transylvanie, ainsi que dans les contrées marécageuses de l'Italie.

La distribution du mouton domestique offre une carte d'échantillons très bigarrée, d'autant plus que dans bien des régions il y a eu un nombre considérable de croisements. C'est dans les pays méditerranéens que, de tous temps, l'élevage du mouton a été le plus important; les races asiatiques y ont, de bonne heure, dominé exclusivement. Nous y rencontrons différentes races ovines à longue queue, parmi lesquelles le mouton à queue graisseuse a également pris pied en quelques points, par exemple dans la Russie méridionale, en Macédoine, dans l'Italie du Sud, et dans quelques départements du midi de la France. Au total, ce qui prédomine, c'est une souche à laine grossière dont les représentants primitifs se sont conservés en Sardaigne et en Corse, isolément aussi dans les vallées des Alpes centrales, par exemple dans le canton du Valais. C'est dans cette catégorie que se rangent les moutons si curieux des pays balkaniques, qui ont, la chose est possible, subi l'influence des moutons de l'ancienne Egypte. On en élève de grands troupeaux en Hongrie, en Valachie, en Serbie, en Bosnie et en Macédoine, en plaine comme en montagne, et ils passent presque toute l'année en plein air. Leurs cornes s'allongent en spirale et ont une direction horizontale. Le plus fier représentant de cette famille, c'est le mouton crétois. Il est répandu dans tout l'archipel grec, mais surtout en Crète, où de grands troupeaux paissent sur le mont Ida. Les cornes imposantes de cette race ovine, décrivent d'abord une spirale sur les côtés de la tête, puis s'élèvent en ligne droite, en spirales allongées. La race crétoise a des descendants éloignés, sans cornes, aux longues oreilles: tel est le mouton de Bergame, celui de la Thuringe et celui du Rhône.

A côté de cela, le rôle principal a été dévolu, dans les pays méditerranéens, au grand mouton laineux qui, de l'Asie Mineure, pénétra en Grèce et en Italie, pour devenir finalement, grâce à un élevage systématique, le beau mouton mérinos. Celui-ci a atteint son apogée en Espagne, et à l'époque moderne, a entrepris une marche triomphale à travers le globe tout entier. Les mérinos arrivèrent d'abord en France, où on créa, en 1776, les célèbres bergeries de Rambouillet, puis en Saxe où l'élevage prit un grand développement. L'Autriche et la Russie créèrent également des écoles d'élevage du mérinos espagnol qui, par contre, n'a jamais pu prospérer en Angleterre. Néanmoins l'élevage du mouton a une telle importance en Angleterre et, particulièrement en Ecosse, qu'il vient immédiatement après celui des pays méditerranéens. Les nombreux moutons laineux et comestibles sont presqu'exclusivement des produits de croisements.

Dans la partie septentrionale de l'Europe, les éléments de races sont tout à fait différents. Nous y trouvons, le plus souvent, de petites formes, d'une structure de tête gracieuse, avec des cornes demi-circulaires et des oreilles minces, la plupart du temps droites. A l'opposé des races asiatiques, celles-ci ont toutes une queue courte. Ce sont, visiblement, des descendants du mouflon, mais comme celui-ci n'est, à aucune époque, parvenu jusque dans l'Europe septentrionale, il semble que ces animaux sont arrivés par le Sud.

C'est le mouton des landes allemandes qui peut être considéré comme le prototype de ces races ovines à courte queue; il n'atteint qu'un demi-mètre de haut. Sa patrie, c'est la lande de Lunebourg; cependant, il s'étend jusqu'à la Frise orientale et à l'Oldenbourg. Le mouton scandinave et de la Russie du Nord est très proche parent de la race précédente; les moutons des Hébrides et de l'Islande doivent également être rangés dans cette famille. Les moutons de la Marche dont le lait sert souvent à la fabrication du fromage, n'ont pas de cornes et vivent dans les pâturages de la Hollande, de la Belgique et du Nord de la France.

L'élevage de la chèvre n'a une réelle importance que dans la partie méridionale de l'Europe; il est tout à fait insignifiant au centre et dans le Nord. L'Angleterre n'a presque pas de chèvres, mais l'Irlande en possède.

Grâce à des conditions économiques primitives, la chèvre est, sur quelques points du bassin de la Méditerranée, plus nombreuse que le mouton. A l'état isolé, cet animal a pu redevenir sauvage, comme dans l'île de Joura, en Sardaigne, et dans l'île voisine de Tavalora. C'est en Grèce et en Espagne qu'on trouve le plus grand nombre de chèvres domestiques; la Transylvanie et les pays des Karpathes viennent ensuite. Il y en a encore une grande quantité dans les Alpes, surtout dans les cantons de montagnes de la Suisse, où l'on mène paître chaque jour environ 160000 têtes de chèvres et où on élève à peu près autant dans les écuries. Dans l'Allemagne méridionale et centrale ainsi qu'en Hollande, l'élevage de la chèvre est actuellement dans une période d'accroissement.

La division des races n'a pas pris une grande extension. De la Grèce aux Pyrénées, c'est presque partout la chèvre couleur chamois qu'on élève; sa descendance de la chèvre Bezoar apparaît assez nettement. C'est d'elle que provinrent les chèvres sans cornes parmi lesquelles celle de Toggenbourg, très bonne laitière, est très recherchée. La chèvre sans cornes de Gessenay, très répandue en Suisse,

En haut: Bœufs anglais à longues cornes
En bas: Vache de l'Allemagne du Nord

42*

est tout à fait blanche ou d'un blanc jaunâtre. C'est le haut Valais qui possède la plus belle race; la chèvre au cou noir y est l'objet d'un fort élevage aux alentours du Simplon. Elle est grande et a de très longs poils comme la chèvre angora. La tête et le devant du corps sont noir foncé, le derrière de la tête d'une blancheur éblouissante. La Suisse exporte souvent des chèvres du Valais dans les pays voisins.

Deux autres ruminants apprivoisés se sont établis sur les rebords de notre continent, sans y pénétrer profondément. Au Nord notamment, le renne s'est avancé depuis la Sibérie jusque chez les Lapons en Scandinavie; au Sud, le chameau n'a pu prendre pied que sur quelques points. Dans la Russie méridionale, particulièrement en Crimée, où l'on élève un grand nombre de chameaux à deux bosses, on les utilise comme bêtes de somme et de trait. On les rencontre rarement en Turquie, mais beaucoup à Malte. L'Italie entretient depuis 1622 un haras de chameaux de la Bactriane à San Rassore près de Pise; l'Espagne a acclimaté le dromadaire qui est en train de disparaître.

Nous devons à M. Robert Muller des données très précises sur la répartition des chevaux domestiques en Europe. Au Sud et à l'Est, c'est la race orientale qui prédomine. Le cheval grec actuel a peu de valeur; on élève principalement, dans ce pays, des poneys d'une hauteur de 135 à 145 centimètres. La Hongrie et la Transylvanie élèvent de telles quantités de chevaux orientaux, qu'elles peuvent en vendre un nombre considérable à l'étranger. Le cheval russe, principalement répandu dans l'Est, constitue une race petite, sobre et très endurante. Le cheval finlandais est remarquable, car, étant brun ou rouge comme le renard, il a une crinière et une queue blanches. Dans l'Europe du Sud, l'Italie est relativement pauvre en races chevalines; l'Espagne par contre est plus riche, grâce à ses chevaux berbères. C'est en Andalousie qu'on rencontre les plus belles espèces.

Dans l'Europe centrale et occidentale, le cheval de l'Occident, lourd, de structure massive nous apparaît souvent encore dans toute sa pureté; on range dans la même catégorie le cheval norique de Salzbourg. L'Allemagne du Sud élève la même race comme bête de somme de premier ordre; dans le Nord, on s'adonne à l'élevage de chevaux de selle plus fins.

La Belgique et le Nord de la France, la Normandie en particulier, ont des chevaux lourds, que les chevaliers affectionnaient beaucoup autrefois.

En Angleterre où l'élevage rationnel a depuis longtemps atteint la plus haute perfection, l'élevage du cheval a de tout temps distancé le continent. A côté du lourd cheval de labour (*agricultural horse*), on a élevé des chevaux de trait, forts aussi bien que légers, et des chevaux de course de race fine. En outre, l'élevage des petits poneys, agiles, et en partie débonnaires, s'est considérablement accru; on le pratiquait déjà, à une époque éloignée, dans le pays de Galles. L'Ecosse et les îles avoisinantes produisent surtout de petits poneys; il en est de même de l'Irlande.

Dans les pays méditerranéens, c'est seulement chez les peuples romans que l'âne s'est beaucoup répandu comme bête de somme et de selle. Par suite de mauvais traitements, cet animal a beaucoup décliné en un grand nombre d'endroits,

Moutons de montagne anglais

ce qui l'a amené à acquérir peu à peu ses défauts; aussi est-il bien inférieur à ses congénères orientaux, mieux entretenus. Cela n'empêche pas que dans certaines régions d'élevage, comme en Espagne notamment, il y ait des ânes vraiment beaux; la Sicile et l'île de Pantellaria en produisent également d'excellents qui sont très chers. Mais, ce sont des exceptions. C'est la Grèce qui a les ânes les plus mauvais et malgré cela, ils refoulent le cheval à l'arrière-plan. Très répandu en Italie, l'âne y sert souvent à l'élevage du mulet. La Sardaigne a des ânes d'une espèce tout à fait naine, mais qui sont très nombreux.

En France, on emploie beaucoup l'âne pour des croisements avec le cheval; c'est dans le Poitou en particulier qu'on élève de beaux mulets destinés à l'exportation; on les utilise beaucoup, dans le midi, pour les relations commerciales.

En remontant vers le Nord, l'âne se fait rare. En Suisse on le rencontre encore fréquemment dans le canton du Tessin et sur les bords du lac de Genève, mais presque pas du tout dans les cantons de langue allemande. A l'Ouest, on le trouve encore en Irlande.

C'est encore dans le Sud du continent que, parmi les animaux utiles, le porc apprivoisé est le plus répandu. Le porc roman et son proche parent, le porc crépu de la Hongrie et des pays danubiens, sont reliés, par des liens de parenté tres étroits, au porc domestique de l'Asie orientale. Contrairement à ce qui se passe pour le porc indigène de l'Europe centrale et septentrionale, au dos de carpe et au groin allongé, le porc roman a un dos arrondi et large, un groin court. Il est noir; par contre on voit, chez les porcs de l'Italie centrale une bande blanche qui s'allonge en diagonale sur tout le corps.

La riche glandée des grandes forêts de chênes offre dans le Sud, au porc domestique, d'excellentes conditions d'existence, et la liberté relative où on l'élève, réagit favorablement sur son état de santé.

Dans le Sud-Est de l'Europe, l'islamisme prohibe naturellement l'élevage du porc. La Bulgarie et particulièrement la Serbie sont depuis très longtemps des pays producteurs très réputés; elles approvisionnent l'étranger de leurs excellents porcs. La Hongrie élève également un grand nombre de porcs fins à la soie crépue; il en est de même dans la Russie du Sud-Ouest.

Dans l'Italie centrale et méridionale, où les grandes bandes de lard et la charcuterie fine constituent un article de commerce remarquable, le porc prospère très bien. Il en va de même dans les îles italiennes et, en particulier, en Sardaigne. Nous trouvons le porc roman en grandes quantités dans l'Ouest de l'Espagne, au Portugal, ainsi que dans le Sud-Ouest de la France.

Dans les Alpes, cette dernière race apparaît dans quelques-uns des cantons montagneux de la Suisse, tandis que dans la plaine, c'étaient autrefois les porcs indigènes qui prédominaient. Aujourd'hui nous voyons là, comme presque partout dans l'Europe centrale et méridionale, la race indigène refoulée par le porc anglais qui a été l'objet d'un élevage intense. C'est en réalité le produit d'un croisement où s'est indroduit du sang roman ou chinois. Beaucoup de ces formes anglaises, susceptibles d'engraissement, presque trop poussées, ont un profil brisé, ce qui redresse le groin. Le Yorkshire et le Westmoreland sont réputés pour leur production de

En haut: Chevaux de labour anglais
En bas: Poney anglais servant de bête de somme

porcs; l'Irlande en élève également un grand nombre, mais l'Ecosse par contre en a moins. Les races anglaises se sont fortement acclimatées en Belgique. De même, en Allemagne. En Bavière, il est vrai, la vieille race indigène est encore grandement représentée, mais elle a diminué dans le Nord. La Westphalie, le Brunswick et la Saxe pratiquent l'élevage du porc en grand; leurs jambons et leur charcuterie sont devenus des articles de commerce réputés. Du côté du Nord, le porc domestique diminue fortement en nombre.

Le chien domestique de l'Europe est, non seulement répandu d'une façon générale, mais dépasse encore par la beauté et la variété de ses races, tout ce que l'époque actuelle est capable de présenter dans les différents continents. Commençant par le groupe des chiens-loups, représenté partout par les chiens domestiques ordinaires, le grand chien-loup, le gracieux petit caniche et l'intelligent terrier, la série se continue par les chiens de berger, parmi lesquels le Collie écossais a le cachet le plus fin, tandis que le barbet se distingue davantage par son originalité et son intelligence.

Les lévriers sont dispersés, sous de nombreuses formes, sur tout le continent. Il en est de même des chiens de chasse qui ont pénétré par le Sud. Les lévriers de l'Est présentent en somme le même aspect sous lequel nous les avons déjà vus dans l'ancienne Egypte. Ce sont des chiens de forte structure, mais néanmoins gracieux, à la figure très tirée en avant. En s'adaptant au climat plus rude, ils sont devenus plus poilus. Le plus beau spécimen, c'est le lévrier russe ou Barsoi, qui commence actuellement à s'acclimater aussi dans l'Europe centrale. En Russie, on a de fortes meutes de Barsoi qui servent à la chasse au loup. Dans l'Ouest de l'Europe, nous trouvons des lévriers grands et petits, au poil lis et au poil rude; en Angleterre, il y a des lévriers magnifiques; à côté du Grey aux poils lisses, le chien-loup aux poils rudes et le chien de meute écossais, y jouissent d'une grande considération.

Les chiens de chasse sont très intelligents, mais ne peuvent être employés à autre chose. Les chiens courants représentent la forme primitive; les chiens d'arrêt sont un produit de l'élevage moderne.

Le plus noble représentant de la famille des dogues, c'est le chien de montagne qui, en qualité de chien d'hospice, est depuis longtemps au service de l'humanité, à cause de la finesse de son flair, au Simplon, au Saint-Gothard et au Saint-Bernard. Le célèbre chien du Saint-Bernard dont on n'entendit guère parler qu'en 1778, et qui, à une époque plus récente a gagné au point de vue de la taille, a des poils courts dans la montagne; dans la partie avancée du pays et dans la plaine, on accorde la préférence à l'espèce qui a de longs poils. Dans l'Europe centrale et occidentale, on rencontre des chiens de structure pesante, au corps plein, à la tête épaisse et large, avec un museau fortement raccourci; on les désigne sous le nom de bouledogues. A côté de ces formes lourdes on trouve une espèce naine, le carlin. Dans chaque pays les lourds bouledogues ont leur cachet spécifique; il suffit de rappeler les dogues des anciens Allemands servant à la chasse à l'ours, les grands dogues français et les mastiffs anglais.

Il y a également du sang de dogue dans les veines des grands chiens de montagne qu'on a comme chiens de berger en Albanie, en Grèce, dans les Abruzzes et dans les Pyrénées; il ne s'agit cependant pas d'une race pure, mais d'un produit de croisement où figure du sang de chien de berger.

En haut: Porc domestique anglais de la race du Yorkshire
Au milieu: Jeunes porcs de Bavière
En bas: Truie du Brunswick avec jeunes

Il n'y a pas grand'chose à dire du chat domestique. Son indépendance rendant son élevage artificiel difficile, les races originales font défaut. Il faut toutefois mentionner le chat sans queue de l'île de Man dont on n'a pas expliqué d'une manière suffisante la formation. Son aspect extérieur n'est rien moins que beau.

La petite économie agricole a, en beaucoup d'endroits, particulièrement en France, dans les Pays-Bas et en Angleterre adopté avec profit l'élevage en grand du lapin domestique. Certaines races sont assez lourdes et donnent une chair savoureuse; on utilise également la peau. En tenant compte de ce que le passage à l'état domestique de cet animal n'est pas très ancien, c'est-à-dire qu'il n'a commencé dans l'Europe méridionale qu'au début de notre ère, nous ne pouvons manquer d'être surpris de l'extension qu'a prise la division des races. Il en est de même des différences remarquables, héréditairement transmissibles, au point de vue de la taille, de la couleur et du dessin, ainsi que des différences dans la longueur des poils. On en est surtout frappé en voyant les lapins élevés en France et en Angleterre dont la tête busquée laisse tomber d'énormes et de longues oreilles; au lapin gigantesque et lourd de la Belgique s'oppose le gracieux lapin argenté dont la peau est recherchée par les fourreurs. Le lapin angora, provenant soit-disant d'Asie Mineure, a, dit-on, été d'abord introduit à la fin du XVIIIe siècle en Angleterre d'où il se répandit sur le continent. C'est sans doute son poil long, doux comme la soie, qui a servi de prétexte à chercher son origine à Angora, comme si tous les animaux à longs poils devaient provenir de cet endroit!

Parmi la volaille domestique de l'Europe, c'est incontestablement la poule qui occupe le premier rang. Sa chair et ses œufs ont une telle valeur au point de vue de l'alimentation, que pour beaucoup de pays l'élevage des poules est devenu une source de bien-être. En France par exemple, où l'on pratique l'élevage des poules sur une grande échelle, l'ensemble de ces volailles représente à lui seul un capital de 400 millions de francs. En 1881, on a vendu à Paris près de 300 millions d'œufs. M. Delafosse, propriétaire à Houdan, nous apprend, qu'aux alentours de cette ville on a vendu, en une seule année, 400 000 volailles engraissées, c'est-à-dire 400 000 poulets.

Quand, d'autre part, on a vu les files interminables de voitures et les chargements de wagons qui, en Italie, amènent la volaille tuée ou vivante dans les stations balnéaires et les centres peuplés de l'étranger, on ne saurait manquer de prendre en considération l'utilité de cet animal domestique. Aussi l'élevage s'accroît-il sans cesse; la Russie notamment en est une preuve parlante. Dans ces quinze dernières années, l'élevage a pris une telle extension dans les gouvernements du centre de la Russie, qu'actuellement on y exporte chaque année pour 20 millions de roubles d'œufs et de poulets en Angleterre et en Allemagne.

Etant donné la facilité avec laquelle se modifient le plumage et la conformation de la tête, on a obtenu un grand nombre de races nouvelles. Il faut distinguer parmi elles la race espagnole, noire, à la crête régulièrement dentelée, avec son gésier garni de longs lobes; puis, la race anglaise des Dorking, lourde, à cinq orteils, enfin la race hambourgeoise avec sa large crête rouge, les poules de Pa-

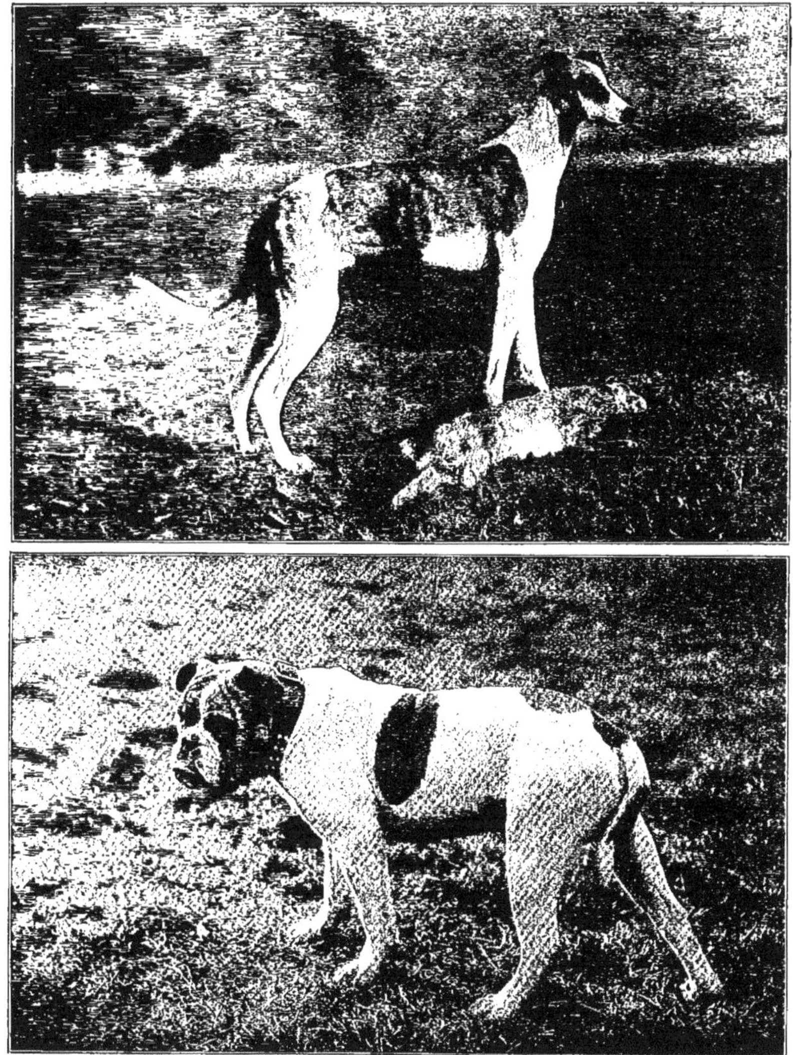

En haut: Lévrier. En bas: Bouledogue.

doue et de Houdan avec leur plumage huppé. La race de la Flèche, née en France, a, à la place de la crète, deux longues excroissances de chair, qui ressemblent à de petits croissants. La Transylvanie élève de grandes poules, au cou nu, qui ont un peu l'air d'être des vautours. L'Europe s'est également approprié les

Basse-cour d'une ferme anglaise

races précieuses de l'Asie et il y a longtemps qu'on a introduit les poules de Cochinchine, les poules soyeuses et les poules Bantam.

Parmi les autres gallinacés domestiques, le paon ne joue depuis longtemps plus le rôle culinaire, qu'au fond il ne devait qu'à la fantaisie des Romains, et a été ramené au rang d'oiseau de parade.

Les pintades apparaissent un peu plus nombreuses dans les basse-cours modernes, bien qu'elles soient un peu turbulentes. Dans les ports de l'Asie méridionale, on les expédie volontiers par paquebot, parce qu'elles supportent bien le voyage et que leurs cris rompent un peu la monotonie des longues traversées.

Le dindon est un présent de l'Amérique, et fut introduit en Europe vers l'année 1530, quand les Espagnols eurent appris à le connaître au Mexique et chez les peuples Maya. L'élevage de cet animal n'a, à proprement parler, pris une grande extension que chez les peuples romans, et, c'est en Espagne qu'il est le plus pratiqué. On trouve cependant le dindon en France, en Angleterre, en Moravie, en Hongrie et en Serbie, où il s'en est acclimaté de grandes quantités. C'est le dindon qui, avec la pintade, sert à approvisionner de volaille fraîche les paquebots pendant les traversées.

Le pigeon domestique qui, pour ainsi dire, n'entre en ligne de compte qu'au point de vue de l'alimentation, s'est fortement acclimaté dans tous les pays de l'Europe. Le sport de l'élevage des races s'est emparé, avec une remarquable prédilection de cette espèce malléable, et c'est l'Angleterre qui tient la tête à ce point de vue. Comme pour la poule, on apporta un grand soin à l'acquisition de races asiatiques d'un caractère original.

Au moyen âge, l'influence des cloîtres avait principalement favorisé l'extension du pigeon domestique. A la fin du XVIe siècle, les Pays-Bas s'étaient pris d'un grand enthousiasme pour cet animal; les amateurs de pigeons provoquèrent à cette époque la fondation d'associations particulières pour l'élevage du pigeon. Ulysse Aldrovandi, le célèbre zoologue italien, auquel nous devons un ouvrage sur l'ornithologie paru entre 1599 et 1603, nous apprend qu'à cette époque la plupart des principales races étaient déjà connues en Europe.

Au point de vue du plumage, de la conformation du bec, du nombre de plumes de la queue, du revêtement des pattes, les races de pigeons de l'Europe, présentent une foule de différences, de nature héréditaire. On en est d'autant plus étonné que tous les pigeons domestiques descendent, on peut le prouver, d'une souche sauvage unique. A côté des pigeons plus primitifs des champs, il faut signaler les pigeons-tambours, à cause de leurs propriétés musicales particulières et les pigeons dressés, importés d'Asie, qui cherchent à se dépasser en volant.

Les pigeons dits voyageurs se distinguent par l'acuité extraordinaire de leurs sens et par une faculté d'orientation qui s'est développée d'une façon presque énigmatique. C'est à cause de cela qu'on peut les dresser dans un but militaire pour la transmission des nouvelles. Les pigeons voyageurs de Bruxelles et d'Anvers jouissent d'une réputation particulière; leur plumage est surtout blanc avec les bandes sombres sur les ailes.

Les bagdettes français et anglais se signalent par des traits corporels spéciaux. A la naissance du bec, ils ont un grand nombre d'excroissances atteignant jusqu'à la grosseur d'une noix. Citons aussi les pigeons dits goitreux, si répandus sur les côtes de la mer du Nord et de la Baltique, et dont la souche d'origine est le pigeon goitreux allemand. Ils ont l'habitude de se gonfler énormément le pharynx, de sorte que leur gorge semble être bombée, sur le devant, comme un ballon. Il

Dindons

y a enfin les mouettes au petit bec, avec un gracieux écusson de plumes sur la poitrine. Chez les pigeons à perruque, la tête est cachée dans un capuchon de plumes d'un genre particulier; le plumage du pigeon appelant est hérissé. Les amateurs de pigeons aiment beaucoup le pigeon-paon dont la queue composée d'un très grand nombre de plumes, forme une grande roue. Il provient d'Asie et n'était pas connu à l'époque d'Aldrovandi.

Les palmipèdes domestiques n'ont pas en Europe la même importance que dans l'Asie orientale. Néanmoins, l'élevage de l'oie est devenu, sous certaines conditions, une branche de l'économie agricole digne d'attention. On sait en outre qu'en Allemagne, l'oie fut étroitement reliée à un saint et qu'elle joue un rôle important comme oie de Saint-Martin; mais c'est un fait qui n'est pas suffisamment

Oies grises

expliqué. La chair et les plumes de l'oie sont d'un emploi multiple. Chose remarquable, l'élevage de cet animal a disparu de certains endroits; c'est ainsi qu'après avoir été pratiqué, il y a cent ans encore, sur une vaste échelle, dans la Suisse occidentale, il a été abandonné dans la suite.

En Allemagne du Sud, on élève un grand nombre d'oies et de canards, partout où il existe des eaux au cours tranquille. L'élevage de l'oie est très développé en Poméranie, au Mecklembourg et dans l'Oldenbourg, ainsi qu'en Alsace où l'on emploie un procédé spécial pour l'engraissement, afin de développer le foie qui sert à la fabrication des fameux pâtés. Aux environs de Toulouse on pratique également cet élevage dans de grandes proportions.

Il existe plusieurs races de canards domestiques ayant un cachet très prononcé. Le canard de Rouen est d'un blanc pur; le « canard de l'empereur », en Angleterre *crested duck,* a une huppe composée de plumes tendres.

Parmi les régions d'élevage les plus importantes, il faut citer l'Angleterre en première ligne; c'est dans le comté de Buckingham qu'on trouve le plus grand nombre de canards. Les environs d'Aylesbury tirent environ 500000 francs par an de cette production. Il n'est pas rare, dit Wright, de rencontrer autour d'une hutte jusqu'à 2000 canetons. Le canard d'Aylesbury, race lourde, charnue, au plumage blanc, approvisionne notamment le marché de Londres.

En France, l'élevage du canard se pratique surtout en Normandie, où il donne, aux alentours de Rouen, d'excellents résultats.

Rappelons enfin que l'élevage du ver à soie s'est également acclimaté en Europe et a pris une grande extension dans les pays méditerranéens.

Dès l'année 536, des moines syriens apportèrent à Constantinople les œufs du ver à soie; plus tard les Arabes propagèrent cet élevage en Sicile. Des fabriques de soie s'installèrent à Bologne et à Florence.

Sous Louis XIV, Lyon devint le centre de la fabrication de la soie. Quand plus tard l'Algérie devint colonie française, la métropole y introduisit également cette branche de l'industrie qui avait pris un grand essor.

En 1856, Annibal Fantoni, missionaire piémontais, apporta en Europe le ver à soie Ailanthus auquel la France s'intéressa particulièrement. Napoléon III offrit même son domaine de la Motte-Beuvron pour les essais d'élevage. La suite a démontré qu'on s'était laissé aller à un optimisme éxagéré, et le succès ne répondit pas aux espoirs qu'on avait conçus. Par contre, l'Europe s'est enrichie d'un beau lépidoptère, car le ver à soie Ailanthus est, en beaucoup d'endroits, redevenu sauvage, et on en rencontre, par exemple, dans le Midi de la Suisse, chaque année de nombreux essaims.

Vigogne (Vicunna)

L'Amérique

En réalité, l'ensemble des animaux domestiques de ce continent est un cadeau de l'ancien monde; c'est l'Europe qui a fourni la quote-part la plus grosse, mais l'Afrique aussi bien que l'Asie y ont également participé, quoique dans des proportions beaucoup moindres. Lorsque les Espagnols entrèrent en contact avec les Indiens sur le nouveau continent, ils trouvèrent bien des éléments autochthones d'animaux domestiques, mais ceux-ci étaient restreints à des espèces peu nombreuses et d'une répartition locale.

Au premier rang figure la vigogne. Rien de plus intéressant que de consulter les récits d'autrefois, d'où il ressort que les Espagnols ont très bien observé ces animaux qui, auparavant, leur étaient inconnus. C'est ainsi qu'Antonio de Herera qui a exposé l'histoire de la découverte de l'Amérique jusqu'en l'année 1554, d'après les sources officielles les plus importantes, en donne, dans son « *Historia de los hechos de los Castellanos* » parue en 1615, la description suivante, encore très exacte aujourd'hui: « Les animaux domestiques du Pérou ont une grande valeur, notamment les moutons que les Indiens appellent « Llamas »; ces bêtes leur fournissent des vêtements, de la nourriture et servent au transport des marchandises, car elles font office de bêtes de somme; au point de vue du fourrage, les lamas se contentent des herbes des champs. Les uns ont une toison laineuse, les autres des poils courts; ces derniers sont plus propres au transport des fardeaux. Ils sont plus grands que de grands moutons, mais plus petits que des veaux d'un an; leur cou est semblable à celui des chameaux, et ils varient de couleur; leur chair est grossière, mais celle des agneaux est succulente. Les Indiens font sécher la chair des lamas mâles qui se conserve longtemps. Un seul troupeau comprend de 500 à 1000 têtes, chargées d'une marchandise quelconque. Chaque animal porte au maximum de 4 à 5 arobes (environ 50 kilogrammes). Cet animal domestique aime un climat froid. Les animaux à longs poils ou « Pacos » détestent de porter des fardeaux. »

Des deux vigognes de l'Amérique du Sud, le lama est répandu au Pérou et en Bolivie; il doit son importance à ce qu'il peut servir au travail dans les hautes altitudes des Andes, où les autres animaux domestiques ne prospèrent plus. Comme bête de somme, le lama l'emporte sur le mulet. Dans le Nord du Pérou, on l'emploie au transport du minerai d'argent, et c'est avec sûreté que cet animal suit les sentiers les plus abrupts, avec son précieux fardeau.

Les Pacos ou alpagas sont d'une utilité encore plus grande. Ils donnent une laine fine, longue qui a la composition de la soie et qui sert depuis longtemps aux indigènes à fabriquer des tissus et des couvertures très solides. D'après Tschudi, on élève l'alpaga en grands troupeaux sur les hauts plateaux de l'Amérique du Sud, où ils paissent toute l'année, sans soins particuliers. A l'époque de la tonte, on les amène dans les fermes. Ils sont très récalcitrants; l'alpaga séparé de son troupeau, se jette rageusement par terre; ni les flatteries, ni les menaces ne peuvent l'amener à se relever. L'alpaga souffre fréquemment d'une espèce de gale, qui provoque sur le corps de volumineux abcès capables de causer la mort de l'animal. Cette maladie contagieuse fit sa première apparition en 1554 et opéra de prodigieux ravages; depuis lors elle a diminué, mais sans disparaître complètement. On a essayé d'acclimater en dehors de l'Amérique cet animal au lainage si précieux, mais les tentatives faites en Ecosse et en Australie n'ont pas eu de succès durable.

Parmi les animaux domestiques, le chien a joué un rôle important, particulièrement chez les anciens Péruviens; à l'origine, il se rattachait même aux conceptions que ces indigènes avaient de la civilisation. Par leur aspect extérieur, ces chiens domestiques au poil ocre-jaune rappellent le chien de berger dont on a, dans ces derniers temps, retrouvé des descendants de race plus ou moins pure dans les districts indiens de l'Amérique centrale et méridionale; ils sont, dit-on, hargneux et montrent une grande répugnance pour l'Européen. A son arrivée dans les îles de l'Inde orientale, Colomb trouva une race de chiens complètement dépourvue de poils. Cortez l'observa également au Mexique. C'est le chien dit caraïbe. Il est encore très répandu sur la côte, les Espagnols l'appellent *parrochino* et les Anglais *hairless dog*. Il n'est pas précisément grand, un peu plus petit même que le renard, d'une taille élancée, mais il engraisse facilement. En règle générale, le chien caraïbe est d'un gris cendré foncé, tirant un peu sur le bleu. Il passe pour être vigilant et débonnaire; aussi l'Indien lui est-il très attaché. Si nous citons encore le dindon, nous aurons à peu près épuisé la liste des animaux domestiques de l'Amérique ancienne, car c'est à peine si on peut ranger dans cette catégorie le cochon d'Inde.

L'accroissement ininterrompu de la colonisation européenne a, depuis l'époque précolombienne, amené une telle transformation, qu'aujourd'hui l'Amérique est non seulement à même de satisfaire à ses propres besoins, mais encore nous inonde, pour ainsi dire, de ses produits. En même temps, la faune sauvage indigène a dû fréquemment reculer devant l'invasion de la faune apprivoisée. C'est par exemple le cas des Pampas et des vastes prairies de l'Amérique du Nord, où vivaient des centaines de milliers de bisons qui n'ont pas pu résister aux empiétements de la civilisation.

Dans les régions agricoles plus favorisées, on pratique, dès maintenant, l'élevage en grand proprement dit, d'après les méthodes européennes.

La race bovine fut d'abord introduite aux Antilles. Christophe Colomb en emmena des spécimens dès son second voyage, en 1493, et les établit à Saint-Domingue, d'où ils se répandirent rapidement. La même race parvint au Mexique vers 1525, au Brésil en 1531. De là, elle pénétra, en 1546 au Paraguay et en 1580 à Buenos Aires. Les Hollandais l'amenèrent en 1624 à New Jersey, et peu de temps après à New York.

Actuellement, c'est aux Etats-Unis que l'élevage bovin est le plus développé; on y donne la préférence aux races européennes les meilleures au point de vue de la viande et du lait. Les races précoces et faciles à engraisser sont représentées par les Shorthorns, les Hereford, Devon et Galloway, venus d'Angleterre; pour les races laitières on élève celles de Jersey, de la Frise, de Durham et de la Suisse. Le bœuf du Texas, de provenance espagnole, dont on faisait autrefois un grand élevage dans le Texas, est en décroissance.

Au Brésil, l'élevage est très développé dans les provinces de Minas Geraes, Matto-Grosso, Sao Paulo et Rio Grande do Sul. La race Franqueiro, très répandue, de provenance manifestement espagnole, rappelle les bœufs aux cornes géantes de l'Afrique centrale. La province de Matto-Grosso a fait venir des Indes orientales de forts contingents de bœufs zébus qui servent à des croisements avec des animaux de descendance européenne. L'élevage n'est pas aussi développé que dans l'Amérique du Nord, car les vaches donnent peu de lait; on tire davantage de la vente de la viande et des peaux. Dans les Pampas, on a amélioré la race par des croisements avec celle de Durham. En Patagonie, la race bovine est en forte décroissance; dans les îles Falkland il y a une foule de ces animaux qui sont retournés à l'état sauvage.

L'élevage du mouton a pris un essor considérable en Amérique, au cours des cinquante dernières années. Le mouton mérinos importé de l'Europe a partout pris le dessus; on a également introduit dans l'Amérique tropicale le mouton de Guinée venu de l'Afrique occidentale, mais il n'occupe qu'un rang inférieur.

Dans l'Amérique du Nord, c'est de préférence dans l'Ouest, riche en steppes, que l'élevage du mouton s'est développé. La Californie, l'Ohio et le Texas ont les plus grands troupeaux de moutons laineux; dans l'Est, il n'y en a qu'un petit nombre. En 1860, les Etats-Unis possédaient environ 22 millions de moutons. Aujourd'hui, ce chiffre est doublé et représente un capital d'environ 125 millions de dollars. Le Mexique a importé d'Espagne ses mérinos et en fait l'élevage dans le Nord-Ouest du pays; cependant la production indigène en laine ne suffit pas aux besoins.

Dans l'Amérique du Sud, la province de Rio Grande do Sul est seule à

Une ferme à pigeons en Californie

pratiquer en grand l'élevage du mouton; on l'évalue à 2 millions de têtes. Le Pérou et le Chili n'entrent guère en ligne de compte; ils n'ont que des éléments en mauvais état. Les *ovejas linas* ou moutons linas, autrefois répandus jusque dans les Pampas, se sont conservés jusqu'à l'heure actuelle au Chili; ce sont, dit-on, des bâtards du mouton et de la chèvre. Ils figurent encore fréquemment, à ce titre, dans la littérature scientifique, mais les éleveurs américains se montrent extrêmement sceptiques au sujet de leur caractère bâtard. En 1823, on introduisit des moutons mérinos dans les Etats de la Plata, où ils donnèrent lieu à un élevage prodigieux dont les Pampas de la République Argentine sont le centre. En outre, le mouton gras anglais prend de plus en plus d'importance.

L'élevage de la chèvre est peu développé, et cela se conçoit aisément, car les colons européens ne pouvaient adopter que des animaux domestiques de bon rapport. La Californie fait l'élevage de la chèvre angora qui paraît s'y bien comporter. La chèvre domestique apparaît en plus grand nombre au Mexique où sa chair est très appréciée; on trouve aussi beaucoup de chèvres au Brésil, en particulier dans le Nord. D'après M. Fitzinger, la race est petite, a de courtes cornes et un poil très dense; elle descend de la chèvre des Antilles qui fut importée de l'Afrique occidentale. En outre, l'élevage de la chèvre a pris un grand développement dans la partie occidentale de la République Argentine, où, par endroits, il y a plus de chèvres que de moutons.

Le fait que les chevaux ont trouvé en Amérique les conditions les plus favorables de développement et ont pris un tel accroissement qu'on en exporte déjà, est basé sur l'histoire de leur descendance. A l'époque tertiaire, le nouveau continent pullulait des précurseurs de nos chevaux actuels.

En 1860, les Etats-Unis possédaient 6 millions de chevaux; ce chiffre est aujourd'hui triplé. Le caractère national américain était, à un double point de vue, propice à cet accroissement. Partout où les Américains ont décidé de s'établir, remarque M. Moos, d'après ses impressions de voyage, ils commencent par fonder un journal, et immédiatement après un champ de courses. L'Américain aime le sport, mais il se sert aussi du cheval pour ses affaires. Ce sont des purs sangs anglais qui ont fourni la base première des trotteurs américains dont l'élevage jouit d'une haute considération. Les lourds chevaux de trait ont également pris une grande importance; on a importé un grand nombre de nos percherons pour l'élevage. Dans l'Ouest, on élève en grand nombre un cheval des steppes, très petit, mais très léger à la course et très résistant, de provenance américaine, le cheval mexicain constituant le fond.

Il est très apprécié comme cheval de selle et est tout à fait indispensable au cowboy chargé de surveiller les troupeaux. Au Mexique, on élève la même race, le plus souvent de couleur fauve, dans toutes les propriétés.

Dans l'Amérique du Sud, le Brésil a passablement négligé le cheval qui, par contre, apparaît en grandes quantités, dans les pampas de la République Argentine, Il a été introduit à Buenos-Aires, en 1535, par les Espagnols et provient d'Andalousie. Quand les habitants de cette ville la quittèrent passagèrement pour y revenir plus tard, les chevaux qu'ils y avaient laissés engendrèrent des rejetons redevenus sauvages et se répandirent en grand nombre dans les pampas, sans être utilisés par les Européens. Dénudant les pâturages, ils causèrent de grands dommages. Aussi le gouvernement provincial de Buenos-Aires dut-il, en 1865, édicter une loi rurale (*codigo rural*) d'après laquelle toutes les vaches et tous les chevaux sauvages devaient, sous des peines sévères, être exterminés dans un espace de quatre ans. On rassemblait les troupeaux, les bêtes étaient abattues; le résultat fut décisif. Aujourd'hui, il ne vit plus que quelques troupes isolées en Patagonie.

L'âne est très répandu; on l'emploie moins au travail qu'à l'élevage du mulet qui, dans certaines régions, a pris de grandes proportions. La statistique des Etats-Unis donne près de 2 millions et demi de mulets; on en trouve le plus grand nombre dans les Etats du Sud, d'où ils n'ont pas tardé à pénétrer sur la côte du Pacifique.

Dans l'Amérique du Sud le mulet sert partout de monture, surtout dans les régions montagneuses. Au Brésil, on l'élève aussi à la place du cheval.

L'élevage du porc a pris un essor véritablement prodigieux en Amérique, et ce sont encore les Etats-Unis qui, sous ce rapport, tiennent la tête. Le porc y constitue la base de la «*great industry*», comme les Américains ont l'habitude de dire. C'est dans les régions méridionales et centrales des Etats-Unis qu'on trouve le plus grand nombre de porcs domestiques; par l'excellence de leurs éléments, ces contrées ont déjà dépassé l'Europe. Une statistique comparée donnera une idée de l'accroissement de cette branche de l'économie rurale: en 1860, l'Union possédait environ 33 millions de porcs; depuis lors, ce chiffre est monté à 50 millions. Le mode de pacage généralement usuel dans ce pays a un caractère particulier. En été le porc a, tout comme le gros bétail, à sa disposition de bons champs de luzerne et un arrière-pacage, ce qui ne peut avoir que d'excellentes influences sur l'état de santé de ces animaux. On attache beaucoup de prix à n'employer que de bons éléments d'élevage; les races les plus répandues sont la race Poland-chinoise et celle du Berkshire.

Les porcs amenés au marché sont ensuite transportés aux abattoirs grandioses de Chicago, Kansas-City, Omaha et Boston. Là les produits abattus sont préparés pour la vente avec beaucoup d'habileté et, en même temps, suivant une application très raffinée du principe de la division du travail. Les Compagnies de chemin de fer ont construit des wagons spécialement destinés au transport des porcs.

A Chicago, on utilise annuellement de 5 à 7 millions de têtes de porcs; on en abat donc 20000 par jour. En allant vers le Sud, l'importance de cet animal domestique diminue; le Mexique ne s'en occupe que très peu. Au Brésil, le porc prospère, et a été adopté par les Indiens. C'est dans les agglomérations allemandes qu'on en rencontre le plus grand nombre. La République Argentine en faisait autrefois une grande exportation au Brésil, mais elle a fortement diminué, l'Amérique du Nord ayant accaparé ce commerce.

L'élevage de la volaille n'est pas resté en arrière en Amérique. La vue d'une ferme de pigeons que nous reproduisons à la page 339, d'après une photographie, nous montre que cet élevage y est pratiqué sur une vaste échelle.

L'Australie

De tout temps, le cachet antique de la faune australienne a frappé ceux qui s'occupent de géographie animale, comme un trait caractéristique très saillant. Par contre, la population d'animaux domestiques de ce continent est tout à fait moderne, et a, pour ainsi dire, été empruntée tout entière à l'étranger. Elle n'est apparue qu'avec l'établissement des peuples européens en Australie. Il est vrai que si nous allons jusqu'en Nouvelle-Guinée, nous y voyons les Papous posséder depuis longtemps, la chose est manifeste, le cochon domestique et le chien qui servent à leur alimentation. A cela s'ajoute, en Nouvelle-Hollande, le Dingo; les avis sont très partagés au sujet de sa provenance. Comme à l'exception de quelques formes d'une mobilité facile et avec d'excellents moyens de propagation pour les mammifères, la souche tout entière des animaux à placenta fait défaut en Australie, et que seuls des animaux très inférieurs y sont représentés, à côté des marsupiaux, nous sommes forcés de supposer qu'à l'origine le Dingo a été importé du Nord, en qualité d'animal domestique, par les indigènes, pour retourner ensuite àl'état sauvage. Cette immigration a d'ailleurs eu lieu de très bonne heure. A ce qu'on dit, la présence du Dingo remonterait jusqu'à l'époque quaternaire, où l'on a retrouvé ses restes en compagnie de ceux de marsupiaux disparus. Mais, lors même que cette hypothèse serait hors de tout doute, il ne peut s'agir d'un chien sauvage authentique, mais d'un animal redevenu sauvage. C'est très isolément seulement qu'on a réussi à faire du Dingo un animal domestique utilisable. En général, il a peur de l'homme, et, à cause des dommages qu'il cause, notamment aux troupeaux de moutons, il est cordialement détesté par le colon australien. En Nouvelle-Zélande, on fut assez prévoyant pour ne pas laisser ce chien retourner à l'état sauvage. Au point de vue anatomique, le Dingo qui par son apparence extérieure ressemble quelque peu à un chien de berger de taille moyenne, présente certains rapports avec le chien paria; ils ressortent surtout dans la structure du crâne. Ce fait permet de conclure à une provenance des régions hindoues.

Les conditions climatériques du pays, les steppes peu arrosées qui ont une grande extension dans l'Australie, ont donné à l'élevage une direction particulière. La première place est occupée par l'élevage du mouton; les plaines herbeuses de l'Australie occidentale et de la Nouvelle-Galles du Sud sont, en particulier, peuplées de quantités prodigieuses de moutons laineux. L'introduction du mouton mérinos se produisit au commencement du XIXe siècle, et, en 1815, la laine australienne fait son apparition sur le marché anglais. Depuis lors, l'Australie est devenue le concurrent le plus redoutable de l'Europe pour la laine. L'Amérique du Nord elle-même servit de débouché à la laine australienne qui est d'excellente qualité. En 1869, l'importation en Angleterre atteignait déjà le chiffre de 600000 balles.

En 1900, la richesse de l'Australie en moutons, abstraction faite des grandes îles, se chiffrait, malgré un recul assez sensible, à 100 millions de têtes.

Le mouton laineux est très répandu en Tasmanie et en Nouvelle-Zélande. Dans ce dernier pays, ce sont notamment les pentes de l'Ouest qui, avec leurs steppes de tussock, offrent au mouton des conditions d'existence particulièrement favorables, parce que la race ovine aime assez à brouter la laîche de ces régions.

On évalue à 25 millions et demi le nombre de moutons qui paissent en Nouvelle-Zélande et à 3 millions et demi en moyenne le nombre des agneaux qui y naissent chaque automne. La même région exporte annuellement environ 120 millions de livres de laine et expédie en outre, en Angleterre, la viande gelée de 3 millions de moutons.

La chèvre ne s'est que très peu acclimatée comme animal domestique; on élève, isolément, la chèvre angora, mais cet élevage ne semble pas faire de progrès.

Tout en n'atteignant pas l'importance du mouton, la race bovine est l'objet d'un fort élevage, dans le Queensland en particulier. C'est en 1788 que les Anglais introduisirent pour la première fois la race bovine en Australie. A l'époque moderne, cet élevage a pris un grand essor en Nouvelle-Zélande. La culture de plantes fourragères européennes, du trèfle en particulier, y a beaucoup contribué. Au début, cette culture semblait ne pas devoir très bien réussir, parce qu'on manquait de moyens pour la fécondation du trèfle par croisement, et qu'on n'obtenait pas de semence en quantité suffisante. On se souvint alors des essais de Darwin sur les bourdons comme intermédiaires de la fécondation par croisement, et on apporta des bourdons vivants en Nouvelle-Zélande. Depuis lors, la production du trèfle est en excellente voie. L'élevage bovin est particulièrement développé sur la côte occidentale de l'île du Nord. Au total, la Nouvelle-Zélande possède un million de bêtes à cornes, et l'exportation du beurre et du fromage a pris des proportions considérables.

L'introduction du chameau est de date plus récente. De grandes expéditions essayèrent d'employer le chameau comme animal de transport dans les régions pauvres en eau, et ce fut avec succès. Plus tard on importa également des éléments d'élevage de l'Afghanistan. Le chameau a surtout trouvé un très grand emploi dans l'Australie occidentale où il rend possibles les relations des régions de steppes de l'intérieur avec les ports de la côte.

Le cheval domestique a trouvé en Australie d'excellentes conditions d'existence, attendu que le climat des steppes lui convient. Il en existe un grand nombre en Australie, en Tasmanie ainsi qu'en Nouvelle-Zélande, mais il n'y a pas de race spéciale, car outre l'Angleterre, l'Afrique du Sud et les îles de la Sonde ont participé à l'importation. Les chevaux qu'on rencontre à l'intérieur du pays sont très résistants; dans la brousse, ils redeviennent, à l'occasion, sauvages. Sur les régions côtières, il y a des chevaux pur-sang et demi-sang dont la qualité équivaut au moins à celle des chevaux de la métropole.

On trouve un grand nombre de porcs domestiques dans l'Australie occidentale et dans l'Etat de Victoria. Cependant, on ne consomme pas beaucoup de charcuterie dans l'intérieur du pays, les conditions climatériques n'étant pas favorables à ce genre d'alimentation.

Parmi les races canines européennes, celles qui ont pénétré en Australie sont les Terre-Neuve, les Espagneuls et les Foxterriers. Mais, c'est le lévrier qui joue le principal rôle, principalement l'incomparable chien-kangourou dont on élève de fortes meutes et qu'on exporte fréquemment aux Indes.

Le lévrier d'Australie, de couleur généralement jaune claire, est indispensable pour la chasse au kangourou, qui exige des chevaux et des chiens d'une agilité extraordinaire. Les kangourous mâles ou « boomers » sachant se défendre avec la dernière énergie à l'aide de leurs pieds munis de griffes, plus d'un bon chien succombe. Les lévriers rendent d'excellents services pour la chasse aux Dingos universellement détestés chez les Australiens.

L'évolution de la chasse

par le professeur **A. Schwappach**

'essence même et le but de la chasse, à savoir la capture et la mise à mort d'animaux sauvages, ont subi, au cours des temps, avec les vicissitudes des conditions de la civilisation, de l'état social et politique, des transformations diverses et importantes.

L'espèce et le nombre des animaux qui sont l'objet de la chasse, se sont essentiellement modifiés; les moyens et les méthodes usités ont été complètement bouleversés. L'importance même de la chasse pour le particulier et le peuple tout entier n'a pas échappé à une transformation profonde. Enfin, les conceptions très étroitement reliées à ce sujet et relatives à l'étendue et aux limites du droit de chasse, ont à leur tour subi des vicissitudes considérables.

D'un côté, c'est l'homme de l'époque diluviale qui avec sa hache de pierre et son couteau de silex avait à lutter contre le mammouth, le lion et l'ours des cavernes, et autres animaux gigantesques, pour défendre sa vie et ne pas mourir de faim! Ici, c'est le chasseur moderne qui, armé du fusil portant à un kilomètre ou du Browning, poursuit sa proie dans tous les pays boisés du globe, ou bien est fêté, comme roi de la chasse, au milieu du bruit joyeux des verres entrechoqués, après une tuerie de centaines de créatures! Quel contraste! Dans les pages qui vont suivre, nous donnerons un court aperçu de ce développement de la chasse.

I. Les animaux de chasse

Les genres et les espèces d'animaux qui font l'objet de la chasse, varient suivant la faune d'une région et suivant les conditions économiques de l'existence de l'homme.

Ce qui, à un degré de civilisation inférieure, détermine la sphère des animaux susceptibles d'être chassés par l'homme, c'est d'un côté la nécessité où il se trouve de défendre sa vie et ses troupeaux, de l'autre, son besoin de nourriture. Aussi, n'y a-t-il guère d'espèces de mammifères ou d'oiseaux qui n'aient été, sur un point quelconque, tuées pour l'une ou l'autre de ces deux raisons.

Néanmoins les coutumes des peuples, les conceptions religieuses et les raisons de convenance ne tardent pas à amener comme un choix, de sorte que quelques espèces loin d'être dorénavant mises à mort, deviennent l'objet d'une certaine vénération. A mesure que la civilisation se développe, le nombre des carnassiers diminue; la part prise par la chair des animaux sauvages à l'ensemble de l'alimentation populaire décroît. Beaucoup d'espèces disparaissent. Il en résulte, qu'à un degré supérieur de civilisation, n'apparaît plus qu'un nombre restreint d'espèces susceptibles d'être chassées.

A cette évolution économique de la notion « de ce qui est susceptible d'être chassé », est venu s'ajouter plus tard la législation relative à la chasse. Elle n'autorise la chasse que de certaines espèces d'animaux sauvages, que ceux-là seuls qui en ont le droit peuvent tuer ou capturer (voir le chapitre V), les autres étant soumis sous ce rapport aux décisions légales intervenues sur ce point.

D'autre part, il résulte de ce que nous venons de dire, que les limites de la chasse sont subordonnées à des variations locales et temporaires. On considère en général, comme susceptibles d'être chassés aujourd'hui, au sens du droit de chasse, les animaux qu'il y a un intérêt manifeste à conserver à cause de leur utilité (lièvres, cerfs, renards, perdreaux) et qui, pour ce motif, doivent échapper à une destruction arbitraire. D'autre part, les espèces animales, dont la conservation ne paraît pas désirable au point de vue des progrès de l'économie rurale et forestière, ne sont plus, au cours des temps, reconnues comme étant susceptibles d'être chassées. C'est ainsi par exemple que d'après la loi prussienne du 14 juillet 1904 relative à la préservation du gibier, on ne peut plus chasser, sur toute l'étendue de cette monarchie le lapin, ni l'ours, le loup, le lynx, le phoque, les martes puantes (putois, furet, belette, hermine), le hamster et l'écureuil.

D'un côté, le nombre des espèces que l'on peut chasser et de leurs représentants (à peu d'exceptions près), diminue donc, de plus en plus, dans les pays civilisés. Mais d'autre part, on voit en même temps se développer un sport de chasse ayant pour but, d'abattre soit la plus grande quantité de gibier possible, soit certaines espèces, sans s'occuper si la chose présente un intérêt économique ou personnel. Pourvu que les prouesses soient consignées dans le livre de chasse, c'est tout ce qu'on demande; les chasseurs ne se soucient guère de ce que deviennent les pièces de gibier abattu; souvent même on n'en fait pas de trophées. Dans d'autres cas, on massacre le gibier en masse, par simple esprit de lucre.

Cette dernière forme de la chasse a déjà causé l'extermination d'espèces entières, comme par exemple celle du buffle de l'Amérique du nord. D'après une statistique digne de foi, on a, de 1872 à 1874, tué 3698730 têtes du troupeau « sud » des bisons; sur ce nombre 3158730 ont succombé sous les coups des chasseurs blancs professionnels dits « Buffalo », qui n'en recherchaient que la peau, laissant tout le reste se perdre. On massacra des millions d'autres buffles rien que pour en avoir la langue, ou par simple amour du sport. Le gouvernement américain laissait tranquillement faire, sous le fallacieux prétexte que ces animaux pouvaient empêcher l'exploitation du chemin de fer du Pacifique. Actuellement encore, on organise de plus en plus des expéditions de chasse à l'éléphant, à l'hippopotame, au lion, à l'antilope au point que différents Etats ont dû édicter des lois restrictives à ce sujet.

Une ordonnance du 1er juin 1903 pour les territoires du protectorat allemand de l'Afrique orientale, prescrit d'instituer à l'intérieur de chaque district civil ou militaire, pour chaque espèce de chasse, une ou plusieurs réserves de chasse interdites à tout le monde. Tout autre que les indigènes est tenu de verser pour chaque pièce de gibier spécialement protégé une somme déterminée, 100 roupies pour un éléphant ou bien une défense de l'animal abattu, pour un rhinocéros 30 roupies, pour un hippopotame 20 roupies. Les indigènes sont obligés de demander une autorisation spéciale pour capturer ou tuer l'éléphant. Eux aussi sont tenus de verser une somme de 100 roupies ou de remettre une défense de l'éléphant tué.

L'histoire des animaux susceptibles d'être chassés suit pas à pas celle de l'humanité. Dès l'époque préglaciaire (tertiaire) les hommes ont, totalement ou en partie, pourvu à leur alimentation grâce à la chasse. En mettant à jour les foyers de cette époque, on a trouvé des os médullaires, brisés ou fendus dans le sens de la longueur, dont on retirait la moelle. C'est une preuve que les espèces sauvages auxquelles ces ossements appartienent non seulement vivaient en même temps que l'homme, mais encore servaient à sa nourriture.

En Europe et en Asie qui, durant une grande partie de la période tertiaire ont constitué une région ayant une faune analogue, apparurent vers la fin de la dite époque les espèces suivantes, en partie identiques aux animaux de chasse postérieurs, en partie tout au moins proches parentes: le cheval sauvage (*Equus caballus L.*), les éléphants, le sanglier (*Sus erymanthius* et *Scrofa ferus*), différentes espèces bovines (*Bison priscus* et *Bos primigenius*), plusieurs animaux de l'espèce du cerf (*Cervinæ*) avec une ramure le plus souvent branchée, et parmi eux déjà le daim, enfin, une espèce du lièvre. Les espèces *Ursus* (*Ursus spelæus Ros.*) et *Canis* (*Canis lupus* L.) font alors leur première apparition.

La période glaciaire fit, avec l'accroissement du froid, disparaître de l'Europe et de l'Asie antérieure une grande partie de la faune du pliocène supérieur.

En Europe, la période glaciaire se traduisit par ce fait que les espèces auxquelles il fallait un climat subtropical, furent petit à petit remplacées par une faune plus arctique. Ses principaux représentants étaient: le mammouth (*Elephas primigenius*), répandu durant toute l'époque diluviale, en Europe, dans l'Asie septentrionale et l'Amérique du Nord jusqu'au Mexique; le rhinocéros au poil laineux (*Cœlodonta antiquitatis* Blum.), dans le Diluvium européen et sibérien, mais manquant au sud des Alpes et des Pyrénées; le cheval sauvage (*Equus caballus fossilis* Cuv.), répandu, pendant l'époque diluviale en grande quantité sur toute l'Europe; la *Saiga tatarica*, une forme d'antilope des steppes, qui à l'époque diluviale parvint de l'Asie centrale et de l'Europe orientale jusqu'en France; les cerfs géants (*Megaceros hibernicus* Owen et *Megaceros ruffi* Nhrg.), animaux puissants, dont la ramure atteint 3 mètres d'envergure et dont on trouve assez fréquemment des squelettes entiers dans les tourbières marécageuses de l'Irlande; le renne (*Cervus tarandus* L.), le daim (*Dama vulgaris* L.) dans l'Europe méridionale seulement; l'élan (*Alces palmatus* L.), le sanglier (*Sus scrofa ferus*); l'ours des cavernes (*Ursus spelæus*), l'un des animaux les plus nombreux et les plus caractéristiques du Diluvium européen; l'hyène des cavernes (*Hyæna spelæa*) dont il va de même. Citons encore, le *Bison priscus* et le *Bos primigenius*, ainsi que le loup (*Canis lupus*) et le lièvre polaire (*Lepus variabilis*).

Le déclin de l'époque glaciaire est caractérisé par le recul graduel des animaux du nord, en partie dans les régions polaires, en partie dans les hautes mon-

Indiens de l'Amérique du Nord à la poursuite d'un troupeau de bisons
D'après E. Aubert

tagnes, ainsi que par la disparition du mammouth, du rhinocéros, de l'hyène et de l'ours des cavernes. Le *Bison priscus* est remplacé par le *Bison europæus* Ow. Le grand-cerf (*Cervus elaphus* L.) ou une espèce proche-parente devient de plus en plus fréquent.

La conformation nouvelle des continents qui s'effectua à la fin de l'époque diluviale et au commencement de la période alluviale entraîna en même temps un changement de climat pour l'Europe centrale et occidentale. Le caractère continental que l'Europe de l'ouest avait eu à la fin de la période glaciaire disparut graduellement; les steppes immenses furent remplacées par les forêts. Par suite, les animaux de la faune des steppes tels que les gerboises, les lièvres blancs, se retirèrent de plus en plus de l'Europe centrale et le cheval sauvage diminua considérablement en nombre. Nous trouvons notamment des indications sur la faune de cette période dans les déchets qui se sont accumulés entre les habitations sur pilotis et dans leurs alentours (kjökkenmöddings).

On y trouve des restes des animaux de chasse suivants: le grand-cerf, le renne, l'élan, le sanglier, le bison, l'aurochs, le bouquetin, le chamois, le chevreuil, l'ours, le lynx, le renard, le loup, le chat sauvage, le blaireau, la marte, la loutre, le lièvre, le coq de bruyère ainsi que d'autres oiseaux.

C'est également dans ces vestiges des habitations sur pilotis qu'apparaissent pour la première fois les ossements de différentes races canines. La distribution des espèces correspond déjà, d'une façon approximative, à celle d'aujourd'hui. Les bouquetins et les chamois par exemple ne se rencontrent que dans les habitations lacustres de la Suisse et de la Bavière méridionale, tandis que le renne et le cheval sauvage en sont absents et ne se trouvent que plus à l'est et au nord.

Dessins d'Esquimaux représentant des rennes et la chasse au renne
British Museum, Londres

A ces faits établis par la paléontologie viennent s'ajouter directement les traditions historiques. Les renseignements les plus anciens se rapportent à l'Asie antérieure, l'Assyrie, la Perse, l'Afrique du Nord, la Grèce et, plus loin encore, à l'Italie. Citons, comme carnassiers: le lion, le tigre, le léopard, le lynx, la panthère, l'ours, le loup et le renard. Comme animaux utiles, on trouve, soit sur des reproductions, soit chez les écrivains grecs et romains: le cheval sauvage, le grand-cerf, le daim, les animaux dits noirs, le chevreuil, le lièvre; puis, le cygne, l'oie, le canard, le flamant, la cigogne et de nombreux oiseaux de passage.

La faune des animaux de chasse a, depuis des siècles, peut-être même depuis des milliers d'années antérieurs à l'ère chrétienne, été la même que celle d'aujourd'hui, dans le bassin de la Méditerranée. Au contraire, les renseignements datant de l'époque romaine et même de la première partie du moyen âge, nous signalent dans l'Europe centrale et en partie dans l'Europe occidentale, l'existence d'animaux qu'il faut considérer comme des survivants de l'époque diluviale et qui ne disparurent graduellement qu'au cours du moyen âge. C'est ainsi que César et Salluste mentionnent la présence du renne en Allemagne. Le premier de ces écrivains (Bell. gall. VI, 26), parle d'un « *Bos cervi figura* ». Cet animal n'aurait eu qu'une seule corne entre les oreilles et sur le front, corne qui était plus grande et plus allongée que celle des autres espèces connues des Romains. César dit encore à ce sujet: « Au sommet, les extrémités se divisent comme deux larges branches de palmier. Les deux sexes ont la même conformation au point de vue de la taille et de la grandeur des cornes. »

Abstraction faite de la corne unique fabuleuse, cette description s'applique excellemment au renne. A cela s'ajoute que Salluste écrit: « *Germani intectum renonibus corpus tegunt.* » D'après M. Quenstedt, cette présence du renne vers l'époque de la naissance de Jésus Christ, explique l'aspect de fraîcheur des ossements de cet animal trouvés à Schussenried et dans la caverne de Thayingen. On ne retrouve aucune mention de l'existence du renne en Allemagne dans les documents postérieurs. Il s'était sans doute, dès le début de notre ère, définitivement retiré vers le nord.

Certains auteurs sont d'avis que César a confondu le renne et l'élan. Cette hypothèse a contre elle la description que César donne lui-même de l'élan et de sa ramure très différente de celle du renne, et enfin ce fait, qu'il est expressément remarqué que les deux sexes possédaient une ramure, ce qui ne s'applique qu'au renne, mais non pas à l'élan.

Parmi les autres cervidés nous trouvons en Allemagne, au commencement du moyen âge, l'élan, le grand-cerf et le chevreuil; le daim par contre y manquait.

L'élan est déjà décrit par César. Quand il dit que les jambes de cet animal n'avaient ni cheville, ni articulations, cela se comprend, étant donné la démarche particulière à l'élan. Mais, plus loin, César raconte en outre que l'élan ne peut se coucher pour se reposer, ni se relever, quand un accident l'a jeté à terre. Aussi, cet animal s'appuierait-il contre un arbre pour se reposer et dormir. En conséquence, les chasseurs suivaient sa piste et sapaient tous les arbres contre lesquels l'animal se reposait, où bien les sciaient par le milieu. L'animal venait-il à s'appuyer suivant son habitude, son poids faisait chavirer l'arbre et l'entraînait à terre.

Ce qui, outre le cheval sauvage, caractérise cette époque, ce sont deux espèces bovines sauvages: l'aurochs et le bison. Pline et Strabon mentionnent le cheval sauvage. Pline donne, au sujet des espèces bovines, les renseignements suivants qui sont très exacts: « La Germanie produit d'excellentes races de bœufs sauvages, notamment les bisons (*Bison*) à crinière, et les aurochs excessivement forts et rapides, auxquels le peuple ignorant donne le nom de buffle, bien que celui-ci n'existe qu'en Afrique. »

Ailleurs on ne distingue généralement pas assez nettement l'un de l'autre l'aurochs et le bison que, par suite, on confond souvent. L'aurochs, *Bos primigenius*, avait en réalité la figure de notre bœuf, dont on peut le considérer comme la souche d'origine, bien qu'il faille admettre encore quelques croisements avec d'autres espèces, notamment avec le bison hindou et le bison lui-même. L'aurochs se distingue par son dos droit, son aspect relativement élancé, ses poils courts, simplement un peu bouclés sur le front, ainsi que par ses cornes longues, s'élançant en forme de lyre, dirigées en avant, telles que nous les trouvons encore aujourd'hui chez les races bovines des steppes de l'Europe méridionale. D'après les descriptions, l'aurochs était noir, avec des raies claires sur le dos.

Elans russes

D'après un tableau de A.-S. Stepanoff

Le bison (*Bison europæus* Ow.) est le parent européen du buffle américain. Comme celui-ci, il a l'avant-corps très haut, avec une crinière au cou et des bajoues, le tout s'élevant notablement au-dessus de l'arrière-train maigre. Chez les deux sexes, les cornes sont recourbées en arcs énergiques vers le haut et le dedans. Les dernières descriptions oculaires de ces deux bœufs sauvages sont dues au baron Herberstein (« *Rerum moscoviticarum commentarii Sigismundi liberi Baronis in Herberstein* 1571 »).

Le sanglier (*Sus scrofa* L.) occupait également une place importante parmi les animaux de chasse du commencement du moyen âge. Cependant cet animal ne descend pas, comme on l'admet souvent, du porc des tourbières (*Sus palustris*) introduit de l'Orient en Europe dès l'époque préhistorique, mais existait depuis longtemps déjà en Europe.

L'appellation de « gibier noir » ne s'appliquait alors pas seulement au sanglier, mais encore à toutes les espèces d'animaux de couleur foncée, ainsi qu'aux taureaux sauvages et aux ours. Les animaux de chasse sont divisés d'une manière différente en *Doulces* et *Puans*, dans le célèbre manuel de chasse intitulé: « *Livre du roy Modus et de la royne Racio* » (milieu du XIVe siècle). La *reine Racio* y dit: « Parmi les dix animaux qu'on peut chasser, il y en a cinq qui sont appelés doulces, et cinq appelés puans. Les doulces sont: le cerf, l'élan, le daim, le chevreuil et le lièvre; ils sont appelés doulces pour trois raisons: d'abord parce qu'ils ne dégagent pas de mauvaise odeur, en second lieu ils ont une couleur agréable qui est blanche ou rouge, troisièmement on les nomme ainsi parce qu'ils n'appartiennent pas comme les cinq autres à la catégorie des animaux qui déchirent, attendu qu'ils n'ont pas de dents dans la mâchoire supérieure. — Les cinq autres animaux (sanglier, loup, renard, blaireau et chat sauvage), sont appelés puans parce qu'ils dégagent une odeur forte et désagréable. Il faut les comparer aux méchants de ce monde. Je parlerai d'abord du sanglier, car c'est le plus important des puans; il a dix défauts qu'on peut comparer aux dix commandements du diable. » D'une façon tout à fait analogue, le *Boke of S. Albans* (1486) distingue: « *bestys of the chace of the sweete fewte, and of the stynkyng fewte* (= fuite). »

Il y avait évidemment des chamois et des bouquetins dans les Alpes au commencement du moyen âge; ils ne sont cependant mentionnés que plus tard, lorsque ces régions devinrent accessibles. Les carnassiers tels que le lion, le loup, le lynx et le renard sont connus et généralement répandus.

Nous manquons de renseignements précis sur les oiseaux sauvages de cette période. Nous savons seulement qu'on faisait la chasse à l'oie, au canard et à la grue. Il faut cependant admettre qu'il ne s'est produit, jusqu'à l'époque présente, aucun changement dans le nombre des espèces, sauf en ce qui concerne l'acclimatation du faisan. Les faisans manquaient alors dans l'Europe centrale et occidentale, et étaient encore des oiseaux d'ornement à la cour de Charlemagne et dans les domaines des grands seigneurs.

C'est le cheval sauvage qui disparaît le premier du nombre des animaux de chasse dans l'Europe centrale. Le changement des conditions de la végétation et l'accroissement subconséquent des forêts, étaient peu propices à cet animal habitué

Troupeau de bisons dans la forêt doma

D'après u

Supplément à l'ouvrage „*Les Animaux*"
(Ne peut être vendu séparément)

ialowiasch (Gouvernement de Grodno)

Friese

Maison d'Edition BONG & Cie
PARIS

Chasse au sanglier en Hollande
D'après le tableau de Snyders (1579—1657)

aux steppes et aux vastes plaines herbagées. Il se peut donc que l'animal ait déjà diminué considérablement dans l'Europe occidentale et centrale au début de notre ère, par rapport à la période diluviale.

Quand l'Europe devint chrétienne, on entreprit, à l'instigation du pape Grégoire III et de saint Boniface en 732, une campagne d'extermination du cheval sauvage, parce qu'il ne servait pas seulement à l'alimentation des Germains, mais était aussi de préférence immolé en sacrifice aux dieux.

Mais, ce qui nous montre à quel point la consommation de la viande du cheval sauvage était encore répandue au Xe siècle, c'est, entre autres, le fait, qu'à cette époque, il existait parmi les prières usitées au moment des repas dans le monastère de St-Galles, une formule particulière: « *Sit feralis equi caro dulcis in hac cruce Christi.* » D'autre part, il existait encore des chevaux sauvages en l'année 1227 dans la vallée de la Moselle. Il semble cependant que ces animaux ne se trouvaient qu'à l'état demi-sauvage attendu qu'on parle de « faire paître » les chevaux sauvages. Sous cette forme de « juments sauvages », les chevaux sauvages se sont conservés sur différents points de l'Allemagne du Nord-Ouest jusqu'au commencement du XIXe siècle, par exemple dans la brèche d'Emsch, dans la forêt de Douisbourg, dans la brèche de Merfeld, de Lette, de Gescher, de Stevern et de Dipenbrok, dans la forêt de Davert près de Munster, dans la forêt d'Arnsberg, de Hardehausen, de Reinhard, dans la Senne et le Palatinat.

Dans la brèche d'Emsch, l'année 1825 vit disparaître les chevaux sauvages quand cette vallée fut morcelée. Dans la forêt de Douisbourg, la dernière chasse au cheval sauvage eut lieu le 9 décembre 1815 avec l'aide de 2600 traqueurs; on captura environ 250 de ces animaux. Ce sont les chevaux vivant en pleine liberté, des haras de la Senne, dans la principauté de Lippe-Detmold, qui sont actuellement les derniers vestiges de ces chevaux sauvages.

Dans la Prusse orientale, le cheval sauvage était encore vers l'année 1400 au nombre des animaux qu'on chassait régulièrement. C'est ainsi que la charte de fondation de Lyck cite au nombre des impôts à payer, entre autres peaux de gibier, la peau du cheval. D'autre part, le baron de Herberstein raconte dans sa relation de voyage de 1571, qu'il existe encore des chevaux sauvages en Lithuanie. Enfin, on en mentionne encore l'existence dans la forêt de Bjalowjäsch (Gouvernement de Grodno) au commencement du XVIIIe siècle. Il se pourrait très bien que les petits chevaux lithuaniens et polonais soient d'authentiques descendants de ces anciens chevaux sauvages.

L'accroissement de la population de l'Allemagne qui commence vers l'an 900 et prend des proportions de plus en plus grandes au cours des trois siècles suivants, ainsi que les défrichements entrepris en même temps, eurent pour conséquence de refouler de plus en plus du sud vers le nord, trois formes d'animaux puissants de la forêt primitive de l'ancienne Allemagne: le bison, l'aurochs et l'élan.

Différents documents, notamment le poème des Nibelungen, indiquent que ces animaux existaient encore au XIIe siècle, dans la vallée même du Rhin. Ensuite, on n'en trouve plus mention durant des siècles. Ils ne réapparaissent que dans les descriptions du XVIe siècle, mais, c'est alors dans la partie la plus orientale de l'Allemagne, en Lithuanie et en Pologne qu'on les signale.

C'est l'élan qui a su le mieux s'adapter aux nouvelles conditions d'existence. Il disparut de la Saxe en 1746, de la Galicie en 1769 et de la Silésie en 1776, mais se trouve actuellement encore en Suède, en Norvège, dans toute la Russie du Nord et dans les provinces de la Baltique. Il s'est même conservé dans la Prusse orientale où le nombre s'en est, dans ces dernières dizaines d'années, considérablement accru grâce à l'application de lois protectrices. C'est au point que depuis quelque temps on est obligé de leur donner davantage la chasse, à cause des dommages considérables qu'ils font subir aux cultures forestières. Le total des élans dans la Prusse orientale est de 300 environ pour l'arrondissement de Königsberg et de 420 pour celui de Gumbinnen.

A la fin du moyen âge, l'aurochs avait complètement disparu de l'Allemagne, mais il s'est conservé jusqu'au commencement du XVIIe siècle en Mazurie. Nous avons déjà cité les descriptions du baron de Herberstein, datant de 1571. Les rapports polonais du XVIe siècle mentionnent l'aurochs comme un animal très rare, déjà en train de disparaître. Les derniers spécimens vivaient encore au début du XVIIe siècle dans le jardin zoologique de Zamojski; la dernière femelle y mourut en 1627.

Les uniques descendants directs de l'ancien aurochs, d'ailleurs très étiolés par l'élevage à l'intérieur, sont actuellement représentés par les races bovines parquées dans quelques districts entourés de treillis de l'Angleterre du Nord et de l'Ecosse (Hamilton, Schillingham), que leurs propriétaires élèvent comme de vieux héritages de famille.

Le bison a offert un peu plus de résistance que l'aurochs. Le baron de Herberstein mentionne son existence en Lithuanie. A la fin du XVIIe siècle, cet animal continuait à se trouver dans la Prusse orientale, bien qu'en nombre restreint. Le Grand Electeur fit venir, en 1681, de la Prusse orientale des élans et de soi-disant aurochs, mais effectivement des bisons, dans la Marche de Brandebourg. On en éleva jusqu'en 1689 dans les jardins zoologiques et le grand Electeur Frédéric III essaya, mais sans succès, d'en laisser vivre en liberté dans les fourrés. Dans la Prusse orientale, le dernier bison fut tué en 1755 par un braconnier, entre Labiau et Tilsit. La colline dite de l'aurochs, dans la forêt de Leipen, près de Wehlau, est le dernier souvenir de ce géant de l'époque primitive.

Au cours des temps, le bison se vit également réduit à quelques vestiges dans les provinces russes de la Baltique et en Pologne; on les a conservés, jusqu'à l'heure actuelle, grâce à une surveillance sévère, dans la forêt domaniale de Bjalowjäsch. En 1902, il s'y trouvait, d'après la statistique 637 bisons. Le bison adulte atteint 2 mètres 84 de long, 1 mètre 42 de haut; son poids est de 655 kilogrammes.

Quelques-uns des bisons de Bjalowjäsch ont été donnés au duc de Plesz, qui entretient actuellement, dans ses propriétés de la haute Silésie (dans le parc de Mezerzitz), environ 25 de ces animaux (en 1904: 10 taureaux, 10 vaches, 5 veaux).

Un autre genre d'animaux, qui, à l'époque historique du moins, n'a jamais existé en grand nombre dans les Alpes, et qui a, de très bonne heure, presque complètement disparu, c'est le bouquetin (*Capra ibex* L.). Il semble d'ailleurs avoir été beaucoup plus nombreux autrefois en Europe. Girtanner l'appelle un animal du centre et du sud de l'Europe, dont on retrouve les restes particulièrement abondants, dans la Suisse, dans la région du Rhône et dans la Dordogne. Les Romains employaient, dit-on, encore de grands troupeaux de bouquetins pour leurs luttes.

Au XIVe siècle le bouquetin avait déjà disparu de différents endroits ou, tout au moins, déclinait rapidement. Au siècle suivant, il devint rare, même en Suisse. C'est en 1550 qu'on tua le dernier dans le canton de Glaris, et en 1574 le bailli de Kostel se plaint, d'avoir de la peine à se procurer dans les Grisons des bouquetins pour le duc d'Autriche. Dès 1612, la chasse du bouquetin fut interdite sous peine d'une amende de 50 couronnes et de châtiments corporels sévères. C'est dans le canton de Vaud que cet animal semble s'être maintenu le plus longtemps. D'après M. Tschudi, on en aurait encore tué un, dans cette région, en 1820.

Les derniers vestiges de cette espèce de gibier se trouvent actuellement dans les Alpes Grées, où leur existence est assurée par des lois protectrices d'une extrême sévérité. Mais, ce qui a encore plus de prix, au point de vue de leur conservation, c'est, qu'en 1853 le roi Victor Emmanuel a acquis le droit exclusif de chasse, dans les communes de Cogne, Val Savaranche, Camponcher et Romboset, et en 1863, dans celle de Courmayeur, dans le massif du Mont Blanc jusqu'au col de la Seigne. On évalue à un chiffre qui varie de 400 à 600, les bouquetins qui existent encore dans ces lieux et sont l'objet d'une surveillance jalouse.

Le bouquetin espagnol (*Capra pyrenaica*) qu'on rencontre dans la partie méridionale des Pyrénées et dans différentes sierras d'Espagne, est tout à fait différent du bouquetin des Alpes, et se rapproche de celui du Caucase (*Capra caucasica* Güld. et *Capra pallasi* Schinz).

On a, de bonne heure, essayé de réacclimater le bouquetin dans d'autres parties des Alpes. Ce sont notamment les archevêques de Salzbourg qui ont porté de ce côté leurs efforts au XVIe et au XVIIe siècle; ils ont réussi à conserver un troupeau de 12 de ces animaux jusqu'en 1706, époque où on le captura. A une époque plus récente, l'empereur d'Autriche, le duc de Plesz, et le duc de Cobourg-Gotha ont fait transplanter des bouquetins en différents endroits du Salzkammergut et du Tirol et on a également entrepris de réintroduire cet animal en Suisse. Malheureusement, aucune de ces tentatives n'a été couronnée de succès.

Le grand-cerf a été beaucoup plus favorisé que les autres espèces de gibier dont il a été jusqu'ici question; depuis la fin du moyen âge, jusqu'à l'époque moderne, c'est cet animal qui constitue l'objet le plus apprécié de la chasse.

Si, ainsi que nous l'avons vu, le changement des conditions climatériques, de la végétation et de l'agriculture a, au cours du moyen âge, chassé de l'Europe centrale certaines autres espèces de gibier, il y a, par contre, deux faits qui ont favorisé la conservation du grand-cerf: la diminution du gibier carnassier et la transformation des règlements de chasse. Ceux-ci ont, dès le IXe siècle interdit à la grande masse de la population la chasse en général, mais notamment celle du cerf, pour la réserver purement et simplement à la classe privilégiée de la noblesse.

A cela s'ajoute que le cerf abhorre beaucoup moins le voisinage de l'homme que l'aurochs, le bison et l'élan et que l'accroissement de la culture agricole a créé de meilleures conditions d'alimentation.

Ce qui se passe actuellement dans les Carpathes orientales montre nettement avec quelle rapidité s'accroît le nombre des cerfs, grâce à la diminution des carnassiers et l'amélioration de l'aménagement. Aussi longtemps que ces montagnes furent couvertes de forêts, où le lion, l'ours, le loup et le lynx régnaient en

Dessin du XVIe siècle représentant un aurochs

maîtres, on n'y trouvait qu'un petit nombre de cerfs, mais la plupart étaient de forte taille. Depuis que grâce à l'exploitation forestière le nombre des plaines dénudées, avec leurs herbes et leurs végétaux augmente de plus en plus, tandis que les bêtes sauvages sont en même temps soit exterminées, soit refoulées, on voit s'accroître rapidement le nombre des cerfs. La diminution des espèces sauvages est certainement à l'avantage de l'accroissement des cervidés, mais elle amène aussi la disparition d'un facteur important de la sélection naturelle de l'élevage. C'est ainsi que bien des animaux faibles, qui jadis eussent été la proie du loup et du lynx, prennent maintenant racine, mais restent arriérés et gênent ainsi les générations futures.

L'amélioration des pâturages, due aux progrès de la culture, fut également très propice à une autre espèce animale, le gibier noir, qui, en outre, est plus capable que les cervidés de se défendre contre les carnassiers.

Le gros gibier s'était déjà une première fois répandu tout naturellement, à l'époque glaciaire, jusqu'en Europe et même jusque dans l'Allemagne du Nord, comme le prouvent des découvertes faites près de Belzig dans la province de Brandebourg. Quand les terres furent, à l'époque glaciaire, recouvertes de glaces, ces animaux furent ensuite refoulés vers le sud, avec un grand nombre d'autres formes animales, et au commencement de l'époque historique, on ne les trouvait plus que dans le bassin de la Méditerranée. Ils semblent avoir pris, de très bonne heure une grande extension et être passés assez tôt en Angleterre.

La chasse au daim est décrite par Gaston Phœbus, vers la fin du XIVe siècle, dans ses « *Déduits de la chasse* », ainsi que par Edouard II, duc d'York, dans son adaptation anglaise de cet ouvrage, sous le titre « *The Mayster of the Game* ». Edouard II écrivit probablement ce livre entre 1410 et 1412, en utilisant simultanément le plus ancien traité de chasse anglais, dû à Twici et intitulé « *le Art de Vénerie, lequel Mestre Guyllome Twici, Venour le Roy de l'Engleterre fist* » (commencement du XIVe siècle). Il y avait en outre, en Angleterre, au début du XVe siècle, un office de la chasse royale, du « *Master of Buckhounds* », ce qui indique à la fois un usage déjà ancien, et le prix attaché à la chasse du daim. D'Angleterre, ce gibier parvint en Allemagne, en passant par le Danemark. Le landgrave de Hesse, Guillaume IV, est sans doute celui qui l'introduisit le premier, et cela, en l'année 1570; vers la même époque, on en mentionne l'existence en Bavière et dans le Wurtemberg. On commença par élever cet animal dans les jardins zoologiques, et c'est seulement dans la seconde moitié du XVIIe siècle qu'on le laissa courir en liberté. Il fut introduit dans l'Allemagne du Nord par le Grand Electeur « à grands frais, et en le faisant venir des pays étrangers ». En 1703, Frédéric Ier ouvrit à ces animaux les portes des jardins de « Cölln sur la Sprée », Potsdam et Oranienbourg, et une fois qu'ils furent en liberté défendit de les tuer, sous des peines sévères.

Le chevreuil a encore moins peur de l'homme que le cerf et profite encore davantage de l'amélioration des cultures agricoles ainsi que de la diminution des carnassiers. Tant que ceux-ci, et en particulier, le loup et le lynx existent en grand nombre, il ne saurait être question d'avoir beaucoup de chevreuils. L'apparition d'un loup dans un canton rend le chevreuil extrêmement agité et farouche, phénomène qu'on peut assez fréquemment observer de nos jours dans la Prusse orientale.

Le grand nombre de carnassiers explique ce fait que la chasse au chevreuil n'est mentionnée par aucun des écrivains qui se sont occupés de la chasse dans l'antiquité, malgré le haut degré de civilisation des peuples de la Méditerranée. Le chevreuil y existait certainement, mais pas en assez grand nombre pour qu'on puisse en parler au point de vue de la chasse.

C'est pour les mêmes raisons que, durant le moyen âge, le chevreuil est beaucoup plus fréquemment mentionné et beaucoup plus hautement apprécié, en

Chamois dans les hautes Alpes
D'après une photographie de A. Grainer

Espagne, en France et en Angleterre qu'en Allemagne. Dans ce dernier pays, les grands seigneurs ne s'occupaient, au XVIe siècle encore, qu'exceptionnellement de la chasse au chevreuil qu'ils abandonnaient à leurs domestiques n'ayant à leur disposition que de très mauvais chiens. C'est seulement dans les rapports de chasse du XVIIIe siècle, qu'on en vient à parler d'une façon permanente et plus fréquente en Allemagne.

Le lièvre se trouvait dans des conditions analogues. Ayant, lui aussi, beaucoup à souffrir des carnassiers, il ne pouvait, dans une certaine mesure, se multiplier que dans des régions sûres pour lui. C'est ainsi que d'après Xénophon, ces animaux étaient particulièrement nombreux dans certaines îles grecques, par exemple à Délos, parce qu'il était interdit d'y amener des chiens. Ce qui contrebalance les nombreux pièges tendus au lièvre, c'est sa fécondité; ceci s'applique encore davantage au lapin. Comme le lièvre était très apprécié à cause de sa chair succulente, on en faisait, déjà du temps des empereurs romains, l'élevage dans des jardins particuliers (*leporaria*), entourés de murs (*jugera maceriis concludunt*). Ces « réserves à lièvres », sont très souvent mentionnées dans la suite.

Le prix attaché à la chasse du lièvre, a très souvent varié. Cette chasse était très en vogue chez les Grecs et les Romains, notamment parce qu'elle était la plus fructueuse.

On trouve déjà dans les lois spéciales des Bajuvares, des Alamans et des Burgondes, la mention de chiens particulièrement rapides pour la chasse au lièvre. Charlemagne avait déjà un personnel spécial pour cet objet (*veltrarii*). Les descriptions de Gaston Phœbus montrent qu'en France on pratiquait très assidûment cette chasse à la fin du XIVe siècle et qu'on avait des réserves spéciales de lièvre. C'est en Angleterre qu'au XIIIe et au XIVe siècle la chasse au lièvre était surtout appréciée; le lièvre y était appelé « l'animal le plus remarquable de toute l'Angleterre » et le « roi de toutes les *beasts of venery* ».

En Allemagne, il est, à vrai dire, souvent parlé du lièvre dans les documents du moyen âge et de l'époque moderne, mais les grands seigneurs n'y attachaient guère de prix, ce qui concordait sans doute avec la manière dont on pratiquait la chasse en général dans ce pays. De plus, le lièvre était moins répandu dans les régions forestières inaccessibles que dans les plaines mieux cultivées de la France et de l'Angleterre. Aussi a-t-on laissé aux paysans allemands le droit de tuer le lièvre, longtemps après qu'on leur eût interdit la chasse des autres gibiers. C'est seulement le perfectionnement des armes à feu et le développement de la chasse au tir qui a donné un peu plus de lustre à la chasse au lièvre en Allemagne, environ vers la fin du XVIIe siècle. Albrecht V, duc de Bavière, ne tua que 50 lièvres en 25 ans, de 1555 à 1579. Au Wurtemberg, on a jusqu'en plein XVIIIe siècle, tué annuellement plus de cerfs et de sangliers que de lièvres, de chevreuils et autres animaux quelconques. Par contre, le lièvre s'est multiplié d'une façon tout à fait extraordinaire, sous l'influence de la culture intensive de l'époque moderne, particulièrement de la betterave, dans différentes parties de l'Allemagne. C'est notamment le cas des régions rhénanes, de la province de Saxe et de la Silésie.

En fait de grands carnassiers, il y avait au commencement du moyen âge, dans toute l'Europe centrale et septentrionale, des ours, des lynx et des loups La lutte contre ces animaux sauvages était une des conditions préliminaires les plus importantes qu'impliquait le développement de la culture et de l'économie agricoles. C'étaient les loups qui faisaient sentir leur présence de la manière la plus désagréable. Aussi a-t-on entrepris, de très bonne heure, de lutter très

Chasse à l'ours en Suède

D'après une peinture de J.-W. Wallander (A. Bonnier, éditeur, Stockholm)

Supplément à l'ouvrage «*Les Animaux*»
(Ne peut être vendu séparément)

MAISON D'ÉDITION BONG & Cie
PARIS

Battue de cerfs au XVe siècle

D'après «The Mayster of the Game» du duc d'York Edouard II (vers 1412)

énergiquement contre eux, et cette lutte s'est continuée durant des siècles, simplement comme mesure de police, sans qu'on tînt compte des conditions du droit de chasse. Charlemagne imposait déjà, comme charge spéciale à ses intendants l'extermination des loups. Chaque domaine devait avoir deux chasseurs de loup; le roi exigeait qu'on lui communiquât, périodiquement, le nombre de loups qu'ils avaient tués.

Le loup a, paraît-il, disparu de l'Angleterre, aux environs de l'an 1000. Le roi de Galles qui avait été vaincu en 938 à Brunanbourg par le roi Athelstan, devait fournir chaque année, au roi Edgar (969 à 975), un tribut de 300 peaux de loup. Guillaume Ier (1075), Edouard III (1369) et Henri VI (1432), donnèrent à leurs nobles des domaines, pour les défendre contre les loups. Il est probable cependant que cette stipulation, n'avait plus, tout au moins sous Edouard III et sous Henri VI, qu'une signification de pure forme. Si en effet on mentionne le loup dans les livres de chasse les plus anciens, datant de l'époque d'Edouard II (1307 à

1327), on ne décrit nulle part l'art de chasser cet animal. Les loups se maintinrent en France jusqu'à l'époque actuelle et ont causé, notamment pendant les guerres de religion et les guerres civiles, des dommages très importants. Aussi, en-dehors de l'obligation de chasser le loup qui incombait à la noblesse, on avait institué des fonctionnaires spéciaux «*sergeants de la louveterie*» qui étaient probablement les successeurs des chasseurs de loup de l'époque carolingienne.

De même, à la fin du moyen âge, la mise à mort des carnassiers était en Allemagne tantôt un droit, tantôt un devoir de tout sujet. C'est ainsi qu'il est dit, dans le Miroir de la Saxe (environ de l'année 1215), qu'en Saxe, il y a trois cantons forestiers où toute chasse est interdite (*dar den wilden dieren vrede geworcht is bi koninges banne: sunder beren und wolven und vössen*). Un évêque de Passau permettait à ses serviteurs, quand ils avaient tué un loup, d'abattre un cerf comme récompense.

Malgré tous ces efforts, les loups, les ours et les lynx non seulement se maintinrent durant des siècles encore dans l'Europe centrale, mais se sont encore occasionnellement multipliés au point de devenir un fléau national. Cela est particulièrement vrai des loups, à l'époque de la fin de la Guerre de Trente Ans et durant les décades suivantes.

De 1638 à 1663, on tua dans le duché alors encore peu étendu de Wurtemberg, 1755 loups et 235 lynx. Les ours y étaient également encore très nombreux au XVIIe siècle; c'est ainsi que de 1611 à 1653 on en tua 203, ainsi que le fait est consigné. Dans la Saxe électorale, le chiffre des loups tués n'atteignit pas, de 1611 à 1655 moins de 5093, celui des lynx 305 et celui des ours 324. D'après Gaston Phœbus, les ours étaient également très nombreux en France à la fin du XIVe siècle: «*L'ours est assez commune beste*».

Les lynx, les loups et les ours se sont maintenus en Allemagne jusqu'au XIXe siecle. Les derniers lynx furent tués en 1818 dans le Harz, en 1838 dans les Alpes de Bavière, en 1843 dans la forêt de Thuringe. Actuellement, c'est dans les Carpathes orientales et en Bukowine qu'on rencontre encore le plus grand nombre de lynx à l'intérieur de l'Europe; on les trouve en moins grande quantité en Roumanie et dans les provinces russes de la Baltique. En 1801 on a tué dans le canton forestier de Schorellen, dans la Prusse orientale, un lynx qui y était venu des provinces baltiques de la Russie.

A l'intérieur de l'Allemagne on a tué les derniers ours dans la forêt de Bavière en 1833 et près de Ruhpolding (Haute Bavière) en 1835. Ces animaux se sont maintenus dans la forêt de Bohême jusqu'en 1856, et dans les Grisons presque jusqu'à la fin du XIXe siècle. Actuellement on ne trouve plus l'ours que dans certains endroits de l'Europe orientale et septentrionale. De nos jours, le loup a refait son apparition en Allemagne, après en être disparu complètement pendant assez longtemps. Sa présence est cependant limitée aux régions frontières touchant à la France et à la Russie. Sur le premier point ils viennent des Ardennes, sur le second du nord-est de la Pologne et de la Lithuanie.

En ce qui concerne les espèces d'oiseaux considérées comme gibier, les

Chasse au lièvre au XVe siècle
D'après «The Mayster of the Game» du duc d'York Edouard II (vers 1412)

modifications survenues depuis le début des traditions historiques sont beaucoup moindres que pour les mammifères susceptibles d'être chassés.

Le fait le plus remarquable, c'est l'acclimatation du faisan. On le mentionne pour la première fois au XIVe siècle, comme vivant en liberté dans l'Allemagne du Sud-Ouest. Le duc Louis le Barbu possédait en 1416 une faisanderie près d'Ingolstadt; au XVe siècle il y avait également des faisans à l'état libre, dans la vallée supérieure de l'Inn. Ce n'est qu'assez lentement qu'ils s'avancent plus au nord et au nord-est. Le Grand Electeur introduisit ces animaux en Prusse en 1678 et les exposa dans des faisanderies à Potsdam et à Zossen. On chercha à favoriser leur propagation par différentes ordonnances. C'est ainsi qu'en Bavière par exemple, l'ordonnance de 1765 ne permettait à aucun chasseur dûment autorisé de tuer ou de prendre un faisan, à moins de n'avoir auparavant exposé au moins 2 faisans et 15 poules faisanes. Néanmoins la diffusion du faisan n'a été que très limitée en Allemagne jusqu'au milieu du XIXe siècle; on continuait à le considérer comme un animal d'une grande valeur dont la chasse était réservée aux classes supérieures. C'est seulement grâce à l'extermination des petits carnassiers, à des lois protectrices très strictes et à un élevage très attentif, que le nombre des faisans, s'est, à une époque récente, considérablement accru et répandu.

On est frappé de la grande quantité de petites espèces d'oiseaux qu'il était encore permis de chasser au XVIIe siècle. Prenons par exemple le livre de chasse de l'Electeur de Bavière Max Emmanuel, qui, en général permet de jeter un coup d'œil intéressant sur les prouesses cynégétiques de ce grand seigneur, ainsi que sur l'état du gibier à cette époque. Durant la période qui va du 14 juin 1715 jusqu'à la fin de 1725, «son Altesse électorale», a pris, forcé et tué les animaux suivants: 349 cerfs, 38 animaux sauvages, 10 faons, 1013 chevreuils, 2430 sangliers, 4 marcassins, 2038 lièvres, 962 canards, 2357 faisans, 3752 perdrix, 1005 cailles, 5 ramiers, 18 tétras, 6834 alouettes, 29 lapins, 68 oies, 244 bécasses, 329 hérons, 82 milans, 181 corneilles, 1 chat sauvage, 2 loutres, 1 coq de bruyère, 1 écureuil, 2 pies, 7 hiboux, 12 geais, 1022 mésanges, 5 oies sauvages, 4 cygnes, 267 oiseaux, 5 castors, 2 grives, 1046 autres oiseaux, 1 casse-noix et 14,585 étourneaux. En France, on élevait encore des masses de gibier plus considérables. C'est ainsi par exemple, qu'en l'espace de 31 ans, de 1748 à 1779, le prince de Condé a abattu, dans ses chasses de Cantilly, 924,717 pièces de gibier.

Le désir de tuer plus de gibier ou de se livrer à cet exercice plus aisément que dans les varennes, a, de bonne heure provoqué l'établissement de parcs fermés. L'intention d'acclimater des espèces étrangères ou tout au moins de les réserver à des chasses spéciales, y a d'ailleurs également contribué. Mais, les données dont nous disposons, ne nous permettent souvent pas de distinguer s'il s'agissait d'un parc de chasse au sens actuel du mot ou d'enclos réservés au gibier étranger. Ces enclos étaient déjà connus des anciens Egyptiens qui les affectionnaient beaucoup. De nombreuses reproductions nous montrent comment les gardes attrapent de jeunes gazelles et les amènent dans les parcs. On mentionne l'existence d'établissements analogues dans l'Asie centrale. D'après Xénophon, Cyrus avait déjà fait aménager un parc pour le gibier; il y organisait de nombreuses chasses à cheval, pour s'entretenir la main et faire prendre de l'exercice à ses coursiers. Le «paradis» qui, d'après l'Ancien Testament (Nehem. II, 8), existait à Babylone, a sans doute été un parc de ce genre. D'après Pline, ces établissements étaient également connus des Romains, et furent pour la première fois installés par Fulvius Lupinius «pour le sanglier et autre gibier». L. Lucullus et Q. Hortensius l'imitèrent.

En dehors de ses vastes territoires de chasse, Charlemagne avait encore, dans ses forêts domaniales, des parcs à gibier spéciaux, entourés de murs et qui furent appelés *brogilus*, en français *breuil*, en allemand *Brühl*. Cette dernière dénomination s'est différemment conservée dans la région du Rhin jusqu'à l'heure actuelle (Brühl près de Cologne et Bröhlthal). Beaucoup de grands seigneurs établirent des installations de ce genre à la fin du moyen âge, surtout lorsque les espèces animales qu'on avait connues au cours des croisades se répandirent davantage. C'est ainsi que l'empereur Frédéric II possédait en Italie plusieurs établissements destinés au gibier étranger. Le jardin zoologique de Berlin a originairement eu le même

Parc à gibier au XVe siècle
D'après un manuscrit de la bibliothèque Bodleienne d'Oxford

but; c'est là, comme nous l'avons déjà remarqué, que le Grand Electeur fit, pour la première fois, exposer des daims. Le parc impérial de Luxembourg près de Vienne, qui est un bon exemple des installations de ce genre, abrite également du gibier étranger (moufflons) à côté du gibier indigène. C'est surtout au XVIIIe siècle que se fit sentir le besoin d'une installation de parcs à gibier, lorsque les conditions de l'économie rurale ne permirent plus de laisser vivre en liberté la quantité énorme de gibier existant à cette époque, en même temps que se manifestait le désir d'abattre le plus grand nombre possible d'animaux. Ce sont les mêmes points de vue — la protection contre les dégâts causés par le gibier et le maintien de quantités considérables de ce même gibier — qui, à l'heure actuelle, occasionnent la création de nouveaux parcs ou la clôture de régions boisées plus ou moins étendues.

Dans ce qui précède, nous avons à différentes reprises indiqué l'accroissement du gibier de toute espèce au cours des temps, grâce aux progrès de la culture et, d'autre part, la diminution des carnassiers ainsi que la limitation du droit de chasse à des classes restreintes de la population. Prenons comme preuve à l'appui de ces changements, les données suivantes fournies par le Wurtemberg, qui à cette époque était un duché. D'après les rapports relatifs au gibier, on y trouvait alors, en fait de cerfs:

année	pouvant être chassés	dont la chasse était interdite	sauvages	jeunes	total
1569	1268	983	—	—	2251
1611	1249	1023	3900	—	6172
1665	1263	759	3544	—	5602
1718	995	1119	4508	910	8096
1733	1429	1406	4189	1472	8496

Ce qui montre l'énormité des masses de gibier au XVIIe et au XIXe siècle, c'est qu'en 1633 on comptait, rien que dans la forêt de Romrod, dans le landgraviat de Hesse (Vogelsberg) 1000 cerfs qu'on avait le droit de chasser. Le roi de Prusse, Frédéric Ier, donna en 1728 la chasse à 618 ragots et sangliers, 733 laies et 2235 marcassins. En 1737, pour parer aux dégâts causés par le gibier, on tua, dans le Wurtemberg, 6518 cerfs et 5058 sangliers. En 1787, une chasse dans le Spessart donnait au tableau 141 cerfs.

Ces masses de gibier et les méthodes de chasse en usage, eurent pour conséquence des dégâts considérables des cultures, qui se firent d'autant plus sentir que l'agriculture se développait davantage. En France où l'on était de beaucoup en avance sous ce rapport, les rois Philippe le Bel et Charles le Bel se virent, dès 1311 et 1321, contraints de payer aux voisins de leurs forêts des indemnités considérables pour les dégâts causés par le gibier. En Allemagne, c'est seulement vers l'an 1500 que les plaintes devinrent plus vives. Quand éclata la guerre des paysans, ceux-ci publièrent parmi leurs griefs, qu'ils ne voulaient pas continuer à subir les dégâts que leur causait la surabondance du gibier qu'il leur était interdit de tuer.

Au XVIIe et au XVIIIe siècle ce sont, en beaucoup d'endroits, des plaintes désespérées sur le même sujet. C'est une ordonnance de la princesse Hedwig

Sophie de Hesse-Cassel, datée de 1669, qui nous montre le mieux les proportions qu'avait prises le mal. « Attendu qu'il nous est parvenu, de tous endroits, un nombre de plus en plus grand de plaintes sur les dégâts toujours plus considérables causés dans le pays tout entier par le gibier, que des commissaires envoyés pour se rendre compte par eux-mêmes et d'autres personnes nous ont fait sur ce sujet des rapports dignes de foi; que, malgré l'ordonnance rendue par nous-même l'année derrière pour expulser et éloigner le gibier des champs, celui-ci n'en continue pas moins à circuler, comme s'il était apprivoisé et sans crainte, dans la campagne et jusqu'à l'entour des portes des villes, à gîter dans les champs les plus fertiles, et même à y faire ses petits qui, ainsi élevés dans les champs sont habitués à ne plus connaître les forêts qu'ils redoutent plutôt; que les gardes-champêtres sont impuissants à faire fuir, à arrêter, à effrayer et à chasser dans les bois ces animaux, ni par le battement du tambour ou autres bruits, ni par des cris de toutes sortes; qu'en outre le gibier, descendant au printemps des forêts plus hautes, arrive en grande quantité, broute deux ou trois fois les premières pousses des récoltes, puis se rend dans les prés qu'il tond également, pour revenir, au moment des foins, quand les céréales commencent à prendre bon goût et à mûrir, et en tondre tout le reste, de sorte, qu'à la place de l'abondante récolte sur laquelle il comptait, le laboureur ne trouve plus qu'une mauvaise paille, de l'ivraie et quelques pointes d'épis, et qu'il n'en résulterait qu'une dévastation de champs immenses dans des villages tout entiers. »

Le village de Treisa, près de Darmstadt, eut tellement à souffrir du gibier, que ses habitants émigrèrent et qu'en 1674, cinq familles seulement y restaient. Dans le Wurtemberg on voyait, vers l'année 1664, des compagnies de 30 à 50 sangliers, en plein jour, dans les champs qu'ils broutaient jusqu'à la paille. On y fit en 1674 l'évaluation des dommages causés par le gibier. Le résultat fut le suivant: « Vin perdu, 4715 muids, idem, 175,630 boisseaux de fruits, estimation en gros, idem, 4087 $^3/_4$ de voitures de foin. Il faut ajouter à cela les pertes d'argent occasionnées par les frais de garde: 18,153 Gulden et 4 Kreuzer. Puis, en champs perdus, mais sans estimation de leur valeur propre ou de leur rapport en argent, 57 arpents $^1/_2$, en vignes 205 arpents, en près 386 arpents, et enfin, en champs dévastés et non estimés, 20,120 arpents, en vignes 318 arpents, en forêts 161 arpents. » De 1611 à 1680 les Électeurs de Saxe tuèrent 50,000 sangliers qui avaient causé des dégâts prodigieux dans les campagnes.

En France, la situation n'était pas moins mauvaise qu'en Allemagne. Les méfaits du gibier font partie des causes nombreuses et non pas les moindres de la Révolution, après avoir causé auparavant un assez grand nombre de soulèvements moins importants. L'Anglais Arthur Young qui voyagea en France de 1787 à 1789, dit, entre autres choses, ce qui suit au sujet des grands domaines de chasse du prince de Condé à Chantilly. « Ce district de chasse a, dit-on, une étendue de plus de 100 milles (anglais), c'est-à-dire que dans toute la région, les habitants sont ruinés par le gibier, sans pouvoir se défendre, simplement pour le bon plaisir d'un seul homme. »

Les moyens qu'on permettait aux sujets d'employer pour se protéger contre les dégâts occasionnés par le gibier, étaient partout, en France comme en Allemagne, calculés de moyen à ne pas trop effrayer ni traquer les animaux, et étaient absolument insuffisants quand il s'agissait de grandes masses de gibier. C'est ainsi que les paysans ne pouvaient avoir que de petits chiens, qui devaient être attachés, munis d'un billot ou paralysés; les communes étaient d'autre part autorisées à avoir des gardes, chargés de disperser le gibier avec des chiens comme ceux dont il vient d'être question et en faisant du bruit. On permettait moins d'avoir recours au tambour et d'allumer des feux, plus rarement encore de tirer à blanc, afin de ne pas rendre le gibier sauvage. Quant au moyen très efficace des clôtures ou des simples haies entourant des domaines ou des communes tout entières pour en écarter le gibier, il était combattu. En outre, on creusait des fossés, ou on élevait des murs pour se protéger contre le gibier. Dans le Spessart par exemple, les paysans érigeaient avec les pierres qu'ils trouvaient dans leurs champs, des murs grossiers, sans ciment, à l'orée des bois, et dont une partie subsiste encore aujourd'hui. Les clôtures furent fréquemment interdites, dans la Hesse en 1724, dans le Wurtemberg en 1718, ce qui occasionna de grands mécontentements. On les autorisait cependant dans la plupart des cas, à condition qu'elles ne fussent pas trop hautes et ne se terminassent pas en pointe.

Le moyen le plus sûr et le plus efficace d'empêcher les dégâts du gibier, c'eût été de l'abattre, ce que le conseil royal et la cour de justice royale préconisèrent catégoriquement. Mais, les princes ne s'y décidèrent que rarement, et tout au plus, dans une mesure très restreinte. C'est seulement vers le milieu du XVIIIe siècle qu'on marcha énergiquement dans cette voie et qu'on arriva peu à peu à abattre les sangliers et les cerfs qui gîtaient dans les champs. En 1786, l'empereur Joseph II ordonna que dorénavant on ne garderait plus de sangliers que dans les parcs à gibier.

Cependant, bien qu'il n'existât aucune obligation judiciaire de compenser les dégâts occasionnés par le gibier, des mécontentements trop vifs et l'insistance des autorités, parfois aussi la situation politique, firent tout au moins accorder un dédommagement aux sujets du royaume. Par son testament de l'année 1553, Maurice, Electeur de Saxe, ordonna de payer à ses sujets, dans ses territoires de chasse, 2000 Thalers, 4 mois après son décès. Durant sa captivité (1547 à 1550), Philippe, landgrave de Hesse, aima mieux accorder des compensations à ses sujets que de consentir à la diminution du gibier. Le plus souvent, on accordait un dédommagement pour les frais occasionnés par la surveillance du gibier. Dès 1555, l'Electeur de Saxe, avait exprimé le principe, bientôt oublié, d'un dédommagement à accorder à ses sujets, pour les dégâts causés par le gibier. C'est dans le décret rendu en Saxe dans l'année 1783 que se trouve pour la première fois une disposition formelle, relative à l'estimation des dégâts causés par le gibier et aux indemnités qui devront être payées. De même, l'ordonnance relative à la chasse, publiée en Autriche en 1786, contient une disposition légale, suivant laquelle les chasseurs autorisés sont tenus d'indemniser ceux qui ont subi des dégâts du fait du gibier.

En France, c'est occasionnellement seulement qu'au XVIIe et au XVIIIe siecle,

Départ pour la chasse

D'après le « Breviarium Grimani » de la Bibliotheca Marciana de Venise (1475)
Publié par M. S. Morpurgo, J.-W. Sijthoff, éditeur, Leyde

on a accordé des indemnités pour les dégâts de chasse, c'est-à-dire pour la dévastation des champs en fleurs par les chasseurs, mais non pas pour les dommages occasionnés par l'invasion du gibier qui tondait tout.

Ce qui d'autre part constituait une charge accablante pour les paysans, c'était la corvée de la chasse qui, durant des semaines entières, les absorbait tout entiers, souvent à l'époque des travaux agricoles les plus pressants. Le moyen âge n'avait pas connu ces prestations, qui n'entrèrent en usage que vers l'an 1500, avec le développement de la chasse organisée. Suivant la règle, les sujets proprement dits devaient seuls y être astreints. Il n'y avait d'exception que pour les chasses au loup organisées par la police, auxquelles devaient participer tous les habitants corvéables d'un district, en France aussi bien qu'en Allemagne, et cela dans l'intérêt du bien public. La corvée de la chasse revêtait les formes les plus diverses. Les paysans étaient obligés d'amener les équipages de chasse des dépôts dans les régions de chasse et de les ramener, de guider les chiens, de les faire sortir pour les préparer aux grandes chasses, de servir de traqueurs, de tracer des chemins, de rapporter le gibier tué, etc.

Pas de règles fixes pour les corvées de chasse; c'était l'arbitraire absolu. Très souvent on les exigea sans aucune raison et même durement. Pour une seule chasse, on commandait souvent plus de 1000 personnes, qui parfois étaient obligées de passer en forêt des semaines entières, au moment des travaux les plus pressants ou en plein hiver, sans même recevoir une bouchée de pain. C'était la corvée de la chasse au loup qui était la plus oppressive, car elle donnait souvent lieu à des exactions de la part des fonctionnaires. Ceux-ci ordonnaient de dépister le loup, alors qu'il n'en existait pas et que le plus souvent il s'agissait simplement de chasser le lièvre. C'est ainsi qu'Otto de Malsbourg rapportait, en 1644, à la princesse de Hesse: « Ma conscience m'interdit de passer sous silence que pour un lièvre ou un renard qu'on poursuit un jour tout entier plusieurs centaines d'hommes travaillent souvent pendant 4, 5 et 6 semaines, par le plus grand froid et au milieu de la neige et font l'office de chiens, ce qui attendrirait une pierre, et combien de vieillards et d'enfants n'ont-ils pas les membres gelés, ce dont ils souffriront toute leur vie! » On trouve des descriptions et des plaintes analogues en masse, dans les documents de cette époque.

Au XVIIe et au XVIIIe siècle la corvée de chasse ne se borna plus au travail personnel et au travail d'attelage. C'est ainsi que dans la Hesse, on exigea des tisserands de livrer à un bas prix la toile nécessaire aux équipages et des tailleurs du pays, de la travailler. Les Juifs furent souvent forcés de fournir les plumes nécessaires pour garnir les épouvantails; en 1705 par exemple ce tribut atteignit le chiffre de 1000 plumes par personne dans la Hesse-Darmstadt. D'autre part, certaines personnes, les meuniers par exemple, étaient tenus d'élever les jeunes chiens et de nourrir ceux des seigneurs tout le temps où l'on ne chassait pas; pendant la chasse, ils étaient obligés de fournir ce qu'on appelait le pain de chien.

En outre, la chasse au sanglier causant souvent la mort d'un grand nombre de chiens, les bergers et les bouchers étaient, dans beaucoup de régions, forcés de donner les leurs. Partout, les équarisseurs étaient tenus de fournir la quantité de bétail abattu nécessaire à l'installation de charogneries.

Parfois, comme par exemple en Hesse et en Prusse, on allait jusqu'à forcer le peuple à acheter le gibier, et cela à un prix très élevé. C'est ainsi qu'au XVIIIe siècle, les communes de la Hesse-Darmstadt étaient obligées de payer 18 Albus un lièvre qu'elles ne pouvaient revendre que pour une somme de 4 à 8 Albus. Un seul village se trouvait avoir ainsi de 100 à 200 lièvres. Il se peut, que dans quelques cas cet achat forcé soit venu de ce que les arrondissements avaient de plein gré proposé d'acheter le gibier, quand celui-ci diminuait d'une façon sensible.

Aux dégâts causés par la chasse et aux corvées venaient enfin s'ajouter les dommages occasionnés par l'exercice même de la chasse, de la chasse au chien courant d'abord, puis plus tard de la chasse à courre, et dont avaient à souffrir les champs cultivés et les vignes.

Aussi le Miroir de la Saxe interdisait-il déjà de « chasser à travers champs », quand les céréales avaient atteint un certain développement (*Neman ne mut die sat tredden durch jagen noch durch hitzen, sint der tied dat dat korn ledekene* (petits membres) *hevet*). Cette prohibition se retrouve presque textuellement dans les ordonnances françaises relatives à la chasse. Celles-ci datées de 1601 et 1669 interdisent la chasse à courre du chevreuil et du sanglier: « ni dans les blés, depuis qu'ils sont en tuyau ni dans les vignes depuis le premier jour de mai jusqu'après la dépouille d'icelles. »

Malheureusement ces prescriptions n'étaient guère observées. Les dégâts causés par le gibier, les corvées et les méthodes de chasse tout à fait destructrices causèrent un grave préjudice à l'agriculture. La classe des paysans qui sans cela occupait déjà une situation extraordinairement inférieure au XVIIIe et au XIXe siècle était à ce point opprimée, qu'elle en conçut à la longue une irritation violente et souvent très justifiée contre les grands seigneurs chasseurs et le gibier. Plus d'une fois cette irritation se traduisit non seulement par des réclamations et des plaintes des Etats provinciaux, mais encore par la violence.

La responsabilité de cet état de choses incombe aux princes qui sacrifièrent le bien des populations rurales à leur passion de la chasse et ne surent pas ramener la quantité du gibier à une mesure raisonnable.

D'autres gouvernants de cette époque reconnurent par contre les grands inconvénients qui résultaient de l'accroissement illimité du gibier. C'est Frédéric le Grand qui condamne le plus sévèrement la passion de la chasse des princes de son époque, dans l'Anti-Machiavel: « D'ailleurs, la chasse est de tous les amusements celui qui convient le moins aux princes. Ils peuvent manifester leur magnificence de cent manières beaucoup plus utiles pour leurs sujets, et s'il se trouvait que l'abondance du gibier ruinât les gens de la campagne, le soin de ces animaux pourrait très bien se commettre aux chasseurs payés pour cela . . . » Et plus loin il dit encore: « Je crois qu'on peut permettre aux princes d'aller à la chasse, à condition que celà n'arrive que rarement et pour les distraire parfois d'affaires très ennuyeuses. Encore une fois, je ne veux interdire aucun plaisir décent, mais le plus grand de tous les plaisirs, c'est incontestablement de s'efforcer à bien régner, à rendre son Etat florissant, à le protéger, à mettre à profit tous les progrès des arts; malheur à celui qui serait d'un avis différent. »

C'est dans le « livre de chasse intime » de Maximilien Ier que se trouve la conception la plus noble de l'exercice de chasse, susceptible de se concilier avec beaucoup d'inconvénients. Il y est dit: « Toi, roi d'Autriche avec les pays héréditaires appartenant à la maison d'Autriche, tu as à te réjouir éternellement du grand plaisir de la chasse, de sorte que tu peux donner satisfaction sous ce rapport à tous les rois et princes; tu peux aussi consoler par là tes sujets, en leur faisant savoir, que tous, pauvres et riches, riches et pauvres peuvent prendre part à la chasse et qu'ils ne doivent pas avoir à en souffrir. Quand tu chasseras, tu emmèneras toujours ton secrétaire et quelques chevaliers, pour pouvoir visiter les gens du peuple et leur permettre de venir à toi, ne pas perdre de temps et voir toujours les faucons voler et les chiens courir. »

Chasseurs assyriens entourant de filets une partie de forêt (VIIe siècle av. J.-C.).

II. Engins et armes de chasse

Il n'y a relativement pas très longtemps qu'on se sert d'armes permettant d'atteindre sûrement le gibier à une grande distance.

L'arc et l'arbalète portent passablement loin, mais les blessures occasionnées par la flèche ne suffisent qu'exceptionnellement pour causer rapidement la mort du gros gibier. Aussi voit-on les peuplades sauvages actuelles qui se servent de l'arc et des flèches, empoisonner fréquemment leurs projectiles, afin d'abattre ainsi plus sûrement et plus rapidement le gibier. C'est le même procédé que, d'après Strabon et Pline, employaient les anciens Gaulois.

Avant l'invention de la poudre et des armes à feu destinées à la chasse, le but du chasseur était de s'approcher assez près du gibier pour pouvoir employer avec succès des armes de très petite portée, telles que les massues, les épées, les épieux, etc. Etant donné ce combat à courte distance, il était nécessaire de diminuer la faculté de résistance d'animaux qui pouvaient devenir dangereux pour l'homme. Il s'agissait d'empêcher de fuir les espèces qui tentaient de s'échapper aux embûches, ou de les poursuivre jusqu'à épuisement.

Le procédé le plus simple, d'ailleurs déjà usité à l'époque préhistorique, consiste à creuser des fossés.

On pratique ces trous sur des emplacements propices, en leur donnant un développement et une profondeur suffisantes; puis, on les recouvre de branchages, de feuilles, etc. . . . de manière que le gibier chassé de tous côtés, vienne à passer sur cette espèce de pont, tombe dans le fossé et puisse y être facilement tué.

Pour servir d'appât, on attache à l'occasion, près du fossé un animal d'une espèce appréciée par le gibier. Autrefois on plantait, au milieu du fossé, un épieu pointu (*cippus*) sur lequel l'animal venait s'embrocher dans sa chute.

On a employé ces sortes de pièges destinés à l'extermination des carnassiers, presque jusqu'à l'époque moderne. C'est ce que prouvent les dénominations locales qu'on rencontre encore souvent, telles que la brèche aux ours, la brèche aux loups, etc. Dans les régions tropicales, on emploie encore aujourd'hui ce procédé pour capturer le tigre, la panthère, le léopard, etc.

On peut ranger dans la même catégorie différents autres engins qui avaient déjà été assez perfectionnés dans l'antiquité classique.

Les écrivains romains et grecs qui ont écrit sur la chasse, notamment Xénophon, Oppien, Gratien et Nemesianus mentionnent les espèces de filets suivantes:

a) Les filets d'affût (*δίκτυον, rete*) qui, d'après Xénophon avaient seize fils, et de 20 à 60 mètres de long. On les tendait en pleine campagne ou sur l'un des côtés d'une région boisée. Les lignes, le plus souvent des chemins, sur lesquels on pratiquait cet exercice généralement avec des filets et autres procédés de barrage et plus tard avec les équipages de chasses, s'appellent en conséquence des trains et les parties des forêts ainsi entourées reçoivent parfois le nom d'écuries.

Les filets d'affût étaient en tous cas très solides, car ils servaient à capturer les espèces de gibier les plus variées: oiseaux, lièvres, cerfs et ours.

b) Les filets (*ἄρκυς*) à mailles larges; c'étaient les *casses* des Romains, ils avaient des fonds et on les appelait filets à poche ou à sac, filets à calotte (*κόλπος, sinus*); ils avaient de 30 à 40 mètres de long, et étaient d'une solidité et d'une hauteur variables. Les animaux s'y empêtraient et y étaient retenus. Ils servaient aussi bien à capturer les lièvres que les sangliers, les lions et les ours.

c) Les filets de passage (*σαγήνη, ἐνόδιον, plaga*), filets souples, avec beaucoup de mailles, analogues aux filets de pêche, de 4 à 6 mètres de long seulement. On les tendait sur le passage du gibier et on l'y poussait.

d) Un autre grand filet (*πάναγρον*), sans autre description.

Pour tendre les filets, on se servait de fourches de bois (*σχαλίδες, amites, ancones*) pour soutenir les filets tendus, et de *στάλικες* pour les suspendre; ces fourches étaient hautes de 1 à 2 mètres. Des câbles (*ἐπίδρομοι*) passaient en haut et en bas, à travers les dernières mailles et servaient à tendre les filets. Les entailles des fourches n'étaient pas profondes, de manière à ce qu'au premier choc le filet tombât et enveloppât l'animal.

A côté des filets on employait les lacets. Il y en a deux espèces: a) les collets (*βρόχοι, laquei*) servant à accrocher et à étrangler, b) les *ποδάγρη, pedica,* servant à entortiller les pieds et les jambes.

Les lacets où le gibier devait se prendre par les pieds étaient installés d'une manière très raffinée. Sur le passage du gibier, on creusait une ouverture circulaire d'environ 40 centimètres de profondeur, on y plaçait une planchette de bois (*στεφάνη*) pourvue de clous pointus, sur laquelle était fixé un lacet (*βρόχος*). On recouvrait le piège de brindilles pour que le gibier vînt s'y prendre sans méfiance. Le lacet qui lui entourait le pied était fixé à un billot de bois ou à un poteau. Si, par hasard, l'animal réusissait à arracher la planchette, sa fuite était entravée par le billot de bois ou le poteau et il ne pouvait échapper au chasseur. On prenait aussi des cerfs et des sangliers avec ces lacets. Les Arabes emploient actuellement encore un engin analogue qu'ils ont sans doute emprunté aux anciens Egyptiens. Les braconniers se servent aussi parfois de la planchette de bois, munie de longs clous.

Ces filets et ces lacets déjà employés dans l'antiquité ont été conservés, sans grandes modifications, en partie jusqu'à l'époque moderne. On y a eu plus ou moins recours, suivant les méthodes de chasse qui de temps à autre passaient au premier plan; en outre la variété des coutumes de chasse eut une action essentielle à ce point de vue.

Un grand nombre de manières de chasser, aujourd'hui sévèrement interdites et considérées comme barbares, comme par exemple la capture du perdreau et de

Oiseleur apportant sa prise à la dame du château
D'après le « Nouveau Livre de Chasse et de Vénerie » (1582)

la caille au filet, ou celle de l'alouette au filet de nuit, étaient encore parfaitement admises en vénerie il y a cent ans seulement.

Il y a plus. Les conceptions relatives aux méthodes de chasse autorisées ne sont pas uniformes, à la même époque dans les différents pays, voire même à l'intérieur d'un même pays. Il suffit de rappeler la chasse aux petits oiseaux pratiquée dans l'Europe méridionale et en France, sévèrement interdite en Allemagne. Dans l'Allemagne du Nord la capture de la grive au lacet est autorisée; elle est prohibée dans l'Allemagne du Sud. Aussi M. Skowronnek dit-il avec raison que le titre de « vénerie » doit être refusé à toute méthode de chasse incompatible avec les principes dominants d'une protection raisonnée du gibier, mais qu'on ne doit pas élever cette notion à la hauteur d'un dogme.

Au début du XVIIIe siècle, on employait encore les espèces de filet suivantes:

a) Filets tombants, suspendus à des perches et servant à prendre les animaux qui s'y introduisaient. On distinguait les filets pour cerfs, pour sangliers, pour chevreuils et pour lièvres.

b) Filets adhérents, suspendus verticalement aux perches pour que les oiseaux vinssent s'y empêtrer; on distingue les filets pour alouettes et les filets pour bécasses.

c) Les filets couverts qu'on abaissait horizontalement sur ou sous le sol par-dessus les animaux pour les prendre. Cette catégorie comprend les filets pour renard, pour perdreau et pour alouette.

d) Les filets fixés en terre, n'ayant que de 10 à 20 centimètres de hauteur et qui servaient à prendre les perdrix, les cailles et les faisans.

e) Les filets-sacs, placés soit à la sortie du gibier vivant sous terre, soit sur le sol ou dans l'eau pour prendre le gibier de poil et de plume (piège à blaireau, piège à lapin, piège à loutre, filets pour perdreaux et pour canards).

Si l'on compare ces filets aux données des écrivains de l'antiquité mentionnées plus haut, on remarque une concordance tout à fait remarquable.

Aujourd'hui cependant tous ces engins, à l'exception des pièges à lapin usités dans la chasse au furet et de la capture des canards encore en usage dans quelques régions côtières, ont presque partout complètement disparu de la pratique ordinaire de la chasse.

De même, on n'admet plus en vénerie les collets. Seuls les braconniers s'en servent, et c'est, entre leurs mains un instrument très dangereux et mal famé. On fait une exception pour la grive qu'on prend dans des lacets en crin de cheval. Ces lacets sont fixés tout du long, et, à des distances déterminées, à des arbres et appâtés avec des sorbes. C'est ce qu'on appelle la chasse aux lacets.

Une forme particulière de l'emploi du collet consiste à prendre le gibier au lasso. C'est le procédé préféré des Indiens de l'Amérique du Nord et actuellement employé par les bergers de l'Amérique du Sud. D'ailleurs, on trouve déjà le lasso chez les anciens Egyptiens; par contre on n'a pas de renseignements à ce sujet dans l'Asie-Mineure ni en Europe, tout au moins à l'époque historique.

Au cours des temps, les lacets de pied ont été remplacés par les pièges. On ne s'en sert cependant pas chez nous pour prendre le gros gibier, à l'exception du loup, mais seulement pour les petits carnassiers. Toutefois il y en a qu'on peut employer avec beaucoup de succès pour prendre de grands carnassiers dans les régions tropicales, tels que le tigre, la panthère et le léopard.

Le piège le plus ancien est sans doute le piège fait avec des gourdins. Il se compose d'un assemblage de rondins en biais, qu'on érige à l'aide de petits bouts de bois taillés spécialement dans ce but. Il y a d'autres engins de même espèce, connus depuis longtemps: ce sont le brayon et le cou de cygne. Le dernier sert principalement à prendre le renard. Selon les règles, le renard doit être pendu par le cou entre les étriers. Pour prendre les oiseaux de proie on emploie l'épervier et des pièges en fer.

Il faut ranger parmi ces engins les pièges à loup et à renard. Le piège à loup est très ancien; on le mentionne déjà sous les Carolingiens. Il se composait d'une tige de fer, longue d'environ 30 centimètres, aux deux extrémités de laquelle on fixait une pointe ayant la forme d'un hameçon. Cette pointe était garnie de viande et les hameçons étaient placés à une hauteur telle, que le loup était obligé de faire un saut pour s'emparer de l'appât; ce faisant l'hameçon de fer s'enfonçait dans sa gorge. — Les forestiers et les bûcherons ont conservé ces hameçons de fer comme signes caractéristiques et pour indiquer les délimitations. Le piège à renard est de date plus récente; il est basé sur les mêmes principes mais est d'une exécution plus raffinée. On ne l'emploie actuellement presque plus nulle part, à cause de la cruauté qu'il implique.

Chasse au lasso dans l'Amérique du Sud

Pour détruire les carnassiers on a également, depuis une époque très ancienne, eu recours au poison. C'est du moins à ce point de vue qu'il est mentionné dans le Capitulaire de Charlemagne, *De Villis*, de l'année 800. Ce procédé a été conservé jusqu'à l'époque actuelle et on l'emploie aujourd'hui notamment pour se débarrasser des renards (strychnine). Faut-il le considérer comme étant de bonne « vénerie »? Les avis sont partagés sur ce point. Néanmoins la majorité des chasseurs, en Allemagne du moins, concède qu'on peut avoir recours au poison, partout où le piège ou la trappe ne suffit pas pour prendre les renards jeunes dont la destruction doit s'opérer sans restriction, comme par exemple dans les faisanderies. Toutefois en Angleterre on considérerait l'empoisonnement des renards comme tout à fait inadmissible. Ce caractère particulier de la conception anglaise apparaît déjà nettement au moyen âge.

Limier sur les traces du cerf

A

Chasse à courre au sanglier

La chass

D'après « The Mayster «

Supplément à l'ouvrage « *Les Animaux* »
(Ne peut être vendu séparément)

nt

Découplement de la meute

Quête du lièvre

XVe siècle

duc d'York (vers 1412)

MAISON D'ÉDITION BONG & Cie
PARIS

Dans ses « *Déduits de là chasse* » Gaston Phœbus décrit entre autres choses, la destruction des carnassiers à l'aide de viande parsemée de débris de verre. Dans le « *Mayster of the Game* » par contre, cette méthode et d'autres encore, comme par exemple la trappe, ne sont pas admises par la conception anglaise de la vénerie.

Les filets dont nous avons parlé plus haut ont pour principal but la prise du gibier; ils peuvent cependant, du moins en partie, servir à empêcher la fuite du gibier ou influer sur sa route. Il y a toute une catégorie d'engins exclusivement appropriés à cette fin. Tels sont les haies, les miroirs et les crochets.

Les haies ou clôtures (*hayes, indagines*) devaient servir à forcer le gibier à changer de direction et étaient faites d'un treillis de brindilles ou de buissons (le plus souvent de taillis); on en plaçait de nouvelles pour chaque chasse ou on leur donnait plus de solidité pour qu'elles durassent davantage. Elles étaient le plus souvent disposées en forme de V ou d'X. Quand le gibier se trouvait dans la zone de ces haies ou y était chassé par les traqueurs ou les chiens, il se heurtait au sommet de l'angle ou au point d'intersection de l'X, à des trappes, à des chasseurs ou à un mur de filets. Ainsi enfermé de tous côtés, on pouvait l'abattre facilement.

Le plus souvent on pratiquait dans les haies, à différents endroits, des ouvertures où les chasseurs guettaient le gibier qui venait à passer, pour pouvoir le tirer. Quand le treillis n'était pas de longueur suffisante, on l'allongeait par des clôtures ou par des filets.

Les haies semblent être d'origine celtique; du moins leur emploi remonte-t-il, en Gaule et en Angleterre jusqu'aux temps les plus reculés. En France de nombreux noms de lieu où se trouvent les mots « la haye » (par exemple le *Bois de la Haye* près de Nancy), attestent l'ancienneté de la chose. En ce qui concerne l'Angleterre, le *Domesday book* de 1086, ne mentionne pas moins de 60 haies de ce genre, notamment dans le Worcestershire, le Shropshire et le Cheshire. Elles étaient le plus souvent placées par groupes de 2 à 7, et avaient parfois une longueur d'un kilomètre. Vers l'an 1000 les haies passèrent de France en Allemagne.

Les anciens Egyptiens ont établi des dispositifs analogues en utilisant des vallées resserrées et des filets. Les Indiens du Canada employaient encore ce genre de haies au XVIIe siècle, et les indigènes de l'Afrique du Sud ainsi que les Sibériens s'en servent, paraît-il, encore à l'heure actuelle. En France et en Angleterre, on y renonça au début du XVe siècle. Gaston Phœbus en donne encore la description, mais c'était déjà un usage démodé. En Allemagne par contre, ce procédé, quoique modifié, s'est conservé jusqu'à la fin du XVIe siècle.

Si la haie permettait de poursuivre le gibier avec beaucoup plus de sûreté, elle avait d'autre part le grand inconvénient de trop limiter l'exercice de la chasse à des endroits déterminés. Aussi employa-t-on en Angleterre, dès le règne d'Edouard Ier, des filets pour forcer le gibier à changer de direction. On élevait aussi des obstacles, dont les ouvertures étaient garnies de lacets où se cachaient des chasseurs vers lesquels le gibier était chassé. On pouvait dresser des murs de ce genre en n'importe quel endroit, et les préparatifs de chasse ne prenaient pas autant de temps qu'il n'en fallait pour tresser les haies.

Un autre moyen d'effrayer le gibier, ou tout au moins de le retenir pendant un court moment dans un district forestier, consiste à le fasciner.

Gratien, Nemesianus et Oppien décrivent déjà ce procédé. Une longue corde, à laquelle étaient fixées, à de courts intervalles, des plumes bigarées, était attachée à de minces perches et, sur une hauteur d'un mètre environ, tirée autour de l'emplacement où se trouvait le gibier. Aux plumes on ajouta plus tard des lambeaux d'étoffe d'environ 60 centimètres carrés.

Le procédé du barrage est beaucoup plus efficace. On prend à cet effet des filets solides ou des toiles. C'est en Allemagne qu'on employa probablement les toiles pour la première fois. Cet usage passa de là en France vers le milieu

Tigre pris au piège

du XVe siècle et fut introduit en Espagne par Charles V au XVIe siècle. En France, François de la Boissière était dès l'année 1464, *garde et tendeur des toiles du Roy.*

C'étaient de solides toiles de lin et on les distinguait en hautes toiles et en demi-toiles. Les premières avaient 3 mètres de haut et 120 mètres de long. Elles servaient principalement à la chasse au cerf et au daim; les demi-toiles étaient employées pour la chasse au sanglier, au chevreuil et au loup; elles n'avaient qu'un mètre 80 de haut, mais 170 mètres de long.

Les toiles, pour pouvoir être dressées, portaient en haut et en bas des mailles d'un tissu plus solide ou des anneaux de fer. On y faisait passer des fils ou des cordes qui permettaient d'attacher les toiles aux perches. Comme supplément de garantie contre le gibier, on attachait encore, tous les quinze pas, les toiles à des piquets.

Pour renforcer (doubler) ou remplacer ces toiles, on se servait soit des filets sacs mentionnés plus haut, soit de filets d'affût spéciaux, de dimensions égales. Quand les filets d'affût devaient servir à emprisonner le gibier, on les tendait très fortement, tandis que dans les filets où le gibier devait se prendre, ces mêmes toiles pendaient mollement. Il est vrai que certains filets pouvaient servir à doubler les toiles, tandis que d'autres ne peuvent être utilisés pour la capture du gibier parce qu'il est impossible de leur faire prendre la forme d'un sac.

Tout cet appareil de filets, de toiles, de chiffons qu'avec les accessoires nécessaires au transport et à l'installation on appelait un équipage de chasse, était devenu très encombrant quand il s'agissait des chasses organisées dont nous parlerons dans le chapitre suivant. L'inventaire du rendez-vous de chasse de Bebenhausen (près de Tubingue), datant de l'année 1816, en donnera une idée. Cet inventaire comprenait:

A. Toiles: 26 charrettes à 4 toiles avec une longueur totale de 6656 klafters (environ 13 kilomètres), 2 toiles transversales de 150 à 180 pas de longueur, 2 toiles enroulées d'une longueur de 120 pas, une demi-toile longue de 92 aunes.

B. Filets: 71 filets doubles, d'une longueur moyenne de 40 klafters (environ 12 kilomètres), 15 filets d'affût de 40 à 57 klafters de long, 25 filets doubles pour le cerf, 65 filets de la même espèce, simples; 83 pelotes de filets pour les lièvres, 4 filets pour le canard, 128 paquets de chiffons de couleur ou autres, longs de 120 mètres chacun, 168 paquets d'épouvantails en plumes, également longs de 120 mètres, 3 grands filets à pièges longs de 66 klafters et 24 petits filets de la même espèce.

C. Engins pour les toiles: 1770 perches en bois de cèdre pour la chasse au cerf, 1048 perches pour la chasse au sanglier, 955 perches pour tendre la toile, 120 tiges recourbées (perches d'une solidité particulière, qu'on plaçait aux angles et aux contours), 180 gourdins pour la chasse au sanglier, 260 gourdins pour la chasse au chevreuil et au lièvre, 310 bâtons pour les lambeaux d'étoffe, 44 perches pour les grands filets d'affût, 198 houes pour piocher le sol gelé.

D. Voitures: 91 voitures pour les toiles, les filets, les perches, les parasols et les bagages, 39 chariots pour les perches, 1 chariot auxiliaire.

E. Cages pour le gibier (servant au transport des animaux capturés): 62 cages à cerf, 62 cages à chevreuil, 131 cages à sanglier, 15 cages à loup et à renard. A côté de cela, il y avait une grande quantité d'accessoires.

Quand les grandes chasses organisées passèrent au second plan, cet équipage de chasse tomba tout à fait en désuétude; on ne s'en sert plus, sous une forme d'ailleurs très simplifiée, que dans certaines chasses royales.

La chasse dispose d'un second groupe de ressources comprenant les armes qui servent à abattre le gibier. A l'origine ce n'étaient que des gourdins, des massues et des pierres, le tout très primitif. On y ajouta la hache, l'épieu et les couteaux d'abord en pierre (silex, néphrite, etc.) et, en partie en os, puis en bronze et finalement en fer. Il faut ranger dans la même catégorie l'épée, qui sous sa forme la plus primitive était également en bronze et que plus tard on forgea en fer. Les Grecs se servaient encore pour abattre de grands animaux de gourdins dans lesquels on fondait du plomb (*κορῶναι μολιβοςφιγγεῖς*).

Suivant les coutumes des peuples, l'épée, le couteau et l'épieu, ont, au cours des temps, subi de multiples transformations.

Dans l'antiquité l'épée n'était guère employée à la chasse. C'est seulement au moyen âge que l'usage s'en développa. C'est en Allemagne que la grande épée de chasse fut employée le plus longtemps, jusqu'à la fin du XVIe siècle. On la transforma plus tard en coutelas, de formes également diverses.

Le couteau qui à l'origine était l'arme la plus usitée pour tuer les animaux à portée de la main, servait déjà en règle générale aux Grecs et aux Romains, comme *culter*, *φάσγανον*, à éventrer et à vider le gibier. On ne l'employait comme arme défensive qu'à la dernière extrémité. En cette qualité on l'a conservé jusqu'à l'époque actuelle, sous diverses formes. Au moyen âge, le couteau constituait l'armement régulier des écuyers et des valets, tandis que le glaive et le coutelas étaient réservés aux chevaliers et aux seigneurs.

Le *couteau de chasse* (à proprement parler un coutelas très court) long de 30 centimètres environ, et le coutelas particulier à la Bavière méridionale, au Tirol, etc.... sont des formes particulières de ce genre d'armes. Le coutelas correspond au « knife » du Nord.

Il y a une autre forme de coutelas, un peu plus court, ayant 25 centimètres de long sur 10 centimètres de large environ, fixé à un manche avec un dos très solide, qui sert à dépecer le gibier.

Les javelots et les épieux sont au nombre des armes de chasse les plus anciennes et sont encore aujourd'hui usités en Orient. Les épieux des Grecs, d'origine macédonico-thrace ou scythique, étaient très longs, épais et lourds, avec une pointe relativement mince et courte, analogues aux épieux dont on se servit plus tard pour la chasse au sanglier. Xénophon mentionne un épieu de ce genre, mais qui, à la place de la massue en bois, portait deux longues dents de fer servant à parer le choc et à arrêter autant que possible l'attaque furieuse du sanglier.

A côté des lances ou des épieux lourds et d'une certaine longueur qui ne servaient qu'à lutter de très près, on employait, dans l'antiquité comme le font actuellement encore les peuplades non civilisées, des javelots plus légers, susceptibles d'être lancés à une certaine distance. Projetés par une main vigoureuse, ces javelots constituent une arme redoutable; les chasseurs en avaient habituellement deux chacun. Les javelots servent de transition aux armes destinées à une action à distance.

Ce sont sans doute les pierres à fronde lancées avec une courroie en cuir, qui ont été les engins de ce genre les plus simples et les plus grossiers. Quand le chasseur est suffisamment adroit, cette arme est très efficace. C'est ce que démontrent l'histoire de David et de Goliath et le braconnage occasionnel des bergers qui, avec leurs houlettes, lancent des pierres ou des mottes de terre sur les lièvres.

Dans l'antiquité classique, la fronde servait à la chasse et à la guerre. La fronde mentionnée par Virgile (*funda*) était un filet en forme d'entonnoir avec laquelle on lançait une balle de plomb, par exemple sur les daims (*figere damas*).

Fosses et trappes

D'après «Le parfait Chasseur allemand» de Hans Fleming (Leipzig 1724)

Elle était analogue à l'arme des frondeurs baléares (*funditores*) bien connus, ou lui était peut-être tout à fait identique. On se servait également, pour tuer de petits animaux, de morceaux de bois ou de branches, habilement lancés. C'est ainsi que pour la chasse aux oiseaux, les anciens Egyptiens employaient de préférence des morceaux de bois recourbés, et en Grèce ainsi qu'en Asie-Mineure on lançait sur les lièvres un bâton recourbé analogue à la houe des bergers. Le Boumerang dont se servent aujourd'hui encore les nègres de l'Australasie représente le dernier vestige de cette arme de chasse.

La flèche et l'arc sont de beaucoup supérieurs aux armes à portée lointaine citées jusqu'ici. Leur emploi remonte jusqu'à l'époque préhistorique et était encore général en Europe au XVe siècle. Dans l'antiquité, on n'avait qu'une seule espèce d'arc, les *short bow*, courts, d'un mètre de long environ; au moyen âge apparurent les *long bow*, longs d'environ 2 mètres. En dehors des flèches pointues, on employait pour chasser de petits animaux, par exemple le lièvre, des carreaux épointés. La portée de ces arcs était plus considérable qu'on ne l'admet ordinairement. Nous savons que les tireurs à l'arc anglais pouvaient tirer douze coups à la minute, et que celui qui manquait son homme à 220 mètres était un objet de mépris. On dit que le Sultan Sélim tirait juqu'à 720 mètres avec son arc! La force de pénétration était tout à fait suffisante jusqu'à des distances de 100 mètres, ce qui correspond à la portée des fusils considérée comme ordinaire jusqu'à ces derniers temps.

Au commencement du moyen âge, on employait aussi pour la chasse des armes spéciales ayant la forme d'une fronde, ou d'un arc et d'une flèche (*ballista*).

L'arbalète (*cross bow*) est extrêmement plus efficace et de portée plus sûre que la flèche et l'arc. Elle était, à la vérité, déjà connue des Romains, mais ce furent seulement les Croisés qui l'apportèrent dans l'Europe centrale et occidentale. Au XIIIe siècle, cette arme est mentionnée à plusieurs reprises, par exemple dans le Miroir des Saxons et dans le Miroir des Souabes, puis dans Tristan et Iseult. Par contre c'est seulement depuis le XVe siècle que l'arbalète a été employée d'une façon générale comme arme de chasse; elle s'est maintenue jusqu'à une époque avancée du XVIIe siècle pour le tir à la cible en Angleterre, et en Suisse jusqu'au XVIIIe siècle; enfin, plus longtemps encore en certains endroits.

La raison pour laquelle l'arbalète a été si longue à se répandre parmi les chasseurs, c'est d'un côté la commodité du maniement de l'arc et de l'autre ce fait qu'autrefois l'emploi des armes à projection contre le gibier de race était presque aussi sévèrement prohibé que celui des trappes et des lacets.

L'efficacité de l'arbalète s'accrut considérablement par l'adoption de l'arc en acier; depuis la fin du moyen âge, on lançait aussi avec cette arme des balles de marbre et de plomb. Ainsi qu'on peut le voir dans les descriptions et par les spécimens existant encore dans les collections, on fabriquait souvent des arbalètes d'un très grand prix. La crosse était en ivoire ciselé, le carquois orné de plumes d'autruche et de paon. Les armes à feu avaient beaucoup de peine à égaler la portée et la sûreté de coup de l'arbalète, bien que la moitié de l'infanterie en ait déjà été armée au milieu du XVIIe siècle.

Filet pour la chasse au lièvre
D'après «The Mayster of the Game» du duc d'York Edouard II (vers 1412)

C'est une histoire racontée dans le «Weiszkünig» de l'empereur Maximilien Ier qui nous montrera le mieux le rapport qu'il y avait au début du XVIe siècle entre l'efficacité de l'arbalète et celle des armes à feu. «Il y avait un chamois, grimpé sur une très haute muraille de pierre, qu'aucun chasseur de chamois ne pouvait atteindre, et c'était fini de chasser, ce que le chamois sur sa haute muraille de pierre avait bien vu. Le roi avait avec lui un très bon tireur au fusil, nommé Georges Purgkhardt, particulièrement habile à manier cette arme. Le roi donc lui ordonna de tirer avec son fusil sur le chamois, mais il lui répondit que le chamois était placé trop haut et qu'il ne pourrait pas l'atteindre avec son fusil. Alors le roi prit en main son arbalète et dit: Vous allez avoir, je vais tirer le chamois avec mon arbalète, et il tira sur le chamois et l'atteignit du premier coup, ce dont ils s'émerveillèrent beaucoup, parce que le chamois était à une hauteur de plus de cent klafters.» Voici un autre trait caractéristique de la sûreté de portée des anciennes armes. Même au commencement du XVIIIe siècle, avec les armes à platine à silex, introduites dans les armées de cette époque, les gens inexpérimentés tirant sur une muraille de planches longue de 100 pieds, haute de 6 pieds, n'atteignaient le but que 60 fois sur 100, et à 300 pieds, 25 fois sur 100 seulement.

De plus, avec les anciennes armes à feu, même après l'adoption de la platine à silex, on ne pouvait tirer tout au plus qu'un coup toutes les dix minutes, tandis qu'avec l'arbalète on lançait 2 carreaux par minute. D'autre part la grande force de pénétration qui recommanda de bonne heure les armes à feu pour la guerre entrait moins en ligne de compte pour la chasse, à laquelle l'arbalète rendait des services tout à fait suffisants.

D'un autre côté ce qui en dehors de la lourdeur des armes à feu de cette époque en a entravé l'adoption par les chasseurs, c'est sans doute aussi la pratique de la chasse à courre dont nous avons déjà parlé, ainsi que la répulsion qu'on éprouvait contre la nouvelle invention qu'on ne considérait pas comme très chevaleresque. De même l'incommodité et la saleté du maniement des fusils massifs et lourds, en comparaison de la simplicité et de la propreté du maniement de l'arbalète d'une fabrication gracieuse et pleine de goût, ne furent pas favorables à la diffusion de la nouvelle arme. On comprend donc très bien que l'arbalète n'ait que très lentement disparu du nombre des armes de chasse.

L'ordonnance française de 1601 ne connaît que l'arbalète; c'est dans celle de 1603 qu'est, pour la première fois mentionné le « pistolet », sorte de carabine, à côté de l'« arquebuse ». L'ordonnance saxonne de 1653 pour les districts d'Altenbourg et de Ronnebourg nous apprend qu'à côté des armes à feu, l'arbalète est encore employée à la chasse.

Dans différentes collections, on trouve encore des arbalètes qui, la chose est prouvée, étaient la propriété de princes et dont on se servait même encore dans la seconde moitié du XVIIe siècle.

Les chasseurs ne commencèrent à tenir davantage compte des armes à feu que quand celles-ci atteignirent par leur maniabilité, leur sûreté de portée et la rapidité de leurs coups, l'efficacité de l'arbalète. Mais, cela n'arriva en réalité qu'au cours du XVIIe siècle, grâce à l'adoption générale de la platine à silex.

Les armes à feu de construction ancienne, fusils à mèche et fusils à rouet, ne doivent donc pas, malgré un emploi occasionnel à la chasse, être considérés comme des armes de chasse proprement dites et d'un usage général. Leur fréquence dans les collections d'armes de chasse, prouve précisément que dès cette époque on les appréciait particulièrement, parce qu'on les employait rarement et qu'on les a introduites dans ces collections en qualité d'ornements de premier choix. Cependant, l'usage du fusil à rouet s'est maintenu isolément, dans quelques régions éloignées, même jusqu'au commencement du XIXe siècle. Le fusil à platine et à pierre fit déjà son apparition au début du XVIIe siècle, vers le milieu duquel il chassa le fusil à mèche des armées. Dans la seconde moitié du même siècle il fut accepté comme fusil de chasse, et s'est maintenu en cette qualité jusque vers 1840. Le chasseur ne renonça à l'arbalète que devant les avantages qui lui offrait le fusil au point de vue de la simplicité du maniement, de la sûreté de l'inflammation, du fonctionnement constant du mécanisme grâce au perfectionnement des autres parties de l'arme, ainsi que de la sûreté du coup. Les fusils doubles ont été connus dès le XVIIe siècle, sous une forme d'ailleurs très grossière encore; tout au début on réunissait même plus de deux canons sur un même fusil. C'est seule-

Les chiens couvrent le ragot

D'après le « Breviarium Grimani » de la Bibliotheca Marciana de Venise (1475)
Publié par M. S. Morpurgo, J.-W. Sijthoff, éditeur, Leyde

Supplément à l'ouvrage « *Les Animaux* »
(Ne peut être vendu séparément)

Maison d'Édition BONG & Cie
PARIS

ment au début du XVIIIe siècle qu'apparurent les fusils à deux canons, analogues à nos fusils actuels à deux coups, soudés ensemble et avec une ligne de mire commune.

Ainsi que l'exigeaient les besoins de l'armée qui durant longtemps firent loi dans la fabrication des armes à feu, il n'y eut au début d'autre projectile que la balle. On la tirait avec des fusils soit à canon lisse, soit à canon rayé à l'intérieur. La dernière de ces inventions est attribuée à différents armuriers allemands vers la fin du XVe et le commencement du XVIe siècle.

Les rayures les plus anciennes qui existaient déjà au milieu du XVIe siècle,

Epieu et épée pour la chasse au sanglier
D'après le «Nouveau Livre de Chasse et de Vénerie» (1582)

allaient en ligne droite, et on les appelait à cette époque des rigoles à saleté, à cause de la mauvaise poudre qui encrassait fortement. Aussi n'est-ce que plus tard qu'on reconnut dans les rayures plus perfectionnées un complément agréable. Le fait que l'adoption des rayures sinueuses ait été réellement dûe au désir d'éviter les déviations dans la trajectoire est assez vraisemblable, parce que le principe de la rotation était déjà appliqué dans l'arquebuse. Les armes pourvues de rayures sinueuses étaient exclusivement appelées « carabines ».

Les fusils à chevrotines avaient été adoptés par les chasseurs dès l'époque où les nouvelles armes s'étaient trouvées acclimatées, c'est-à-dire vers le milieu du XVIe siècle. On commença par employer du plomb haché ou des découpures de lames de plomb; plus tard on confectionna les chevrotines en coulant du plomb fondu dans l'eau, puis en jetant du plomb fondu du haut de tours élevées. Une ordonnance bavaroise de l'année 1695 exigea même pour la chasse au petit gibier l'emploi de la carabine. L'usage du fusil pour la chasse au gibier de plume n'était autorisé que pour les besoins de la cuisine de la cour. Seule la carabine pouvait être employée pour la grande chasse.

Dans la première moitié du XVIIIe siècle, on employa pour la chasse aux oiseaux aquatiques le fusil dit à chariot, arme à deux coups d'un très gros calibre, munie d'une crosse ordinaire. Cette arme était suspendue, à l'aide d'une chaîne de fer, à une fourche, fixée sur un chariot à deux roues, traîné par des chevaux. Pour qu'on pût s'approcher des canards, des oies, etc. sans éveiller leur méfiance, le fusil à chariot était masqué par l'image d'un bœuf. Le chasseur arrêtait les chevaux à l'endroit propice et faisait feu. Le fusil à platine et à pierre fut, avec quelques perfectionnements apportés au cours des temps, employé d'une façon générale par les chasseurs jusque vers le milieu du XIXe siècle. On se servait surtout de carabines au canon rayé et de balles rondes d'un assez gros calibre (environ 18 millimètres). Vers l'année 1820 on inventa l'inflammation par percussion, ce qui permit de charger beaucoup plus facilement les armes, de s'en servir sans souci de la température, et d'amener l'inflammation très rapide de la charge. Tous ces avantages eurent pour conséquence l'adoption assez rapide des fusils à percussion par les chasseurs. Dans les premières dizaines d'années du XIXe siècle on fit aussi des essais de création d'un fusil se chargeant par la culasse, d'un maniement et d'une sûreté suffisants. Il fallut cependant près d'un demi-siècle pour arriver à construire une arme de ce genre convenant à la chasse. Les essais de cette espèce plus anciens et remontant jusqu'au XIVe siècle n'entrent pas en ligne de compte au point de vue pratique.

C'est l'armurier parisien Pauly qui, en 1814, fit breveter le fusil dont les canons se rabattent, et perfectionna ensuite beaucoup cette innovation; différents autres armuriers français prirent également des brevets pour des fusils de chasse basés sur le même principe. A l'exposition industrielle française de 1828, Lefaucheux exposa des armes construites d'après le système de Pauly et fut breveté, en 1833, pour un perfectionnement du mécanisme apporté aux «*fusils à bascule dits à la Pauly*». Si Pauly doit être considéré comme l'inventeur du fusil moderne se chargeant par la culasse et avec canon à bascule, Lefaucheux a d'autre part le mérite d'avoir rendu cette arme viable en fabriquant, en 1836, la cartouche d'un seul tenant et de densité gazeuse.

Il fallut cependant plus de vingt ans pour que cette arme fût adoptée par les chasseurs. C'est seulement quand on eut apporté de nouveaux perfectionnements à l'obturateur et qu'on eut fabriqué de véritables cartouches de densité gazeuse, que la méfiance contre les fusils se chargeant par la culasse se dissipa petit à petit chez les chasseurs.

A peu près vers la même époque où se généralisait l'usage du Lefaucheux, c'est-à-dire vers 1850, les chasseurs commencèrent à se servir du fusil à aiguille de Dreyse, dans l'Allemagne centrale et septentrionale. Mais le Dreyse ne fut de

Chasse au lion en Assyrie

Palais d'Assurbanipal à Ninive (668—626 av. J.-C.)

50*

beaucoup pas aussi répandu que le Lefaucheux et ne se maintint pas aussi longtemps. Ce qui était le plus déconcertant dans le fusil à aiguille, c'était le mécanisme compliqué de la platine, difficile à nettoyer et peu approprié au fusil à deux canons.

Le Lefaucheux et le Dreyse ne tardèrent pas à trouver un concurrent redoutable: ce fut le fusil à percussion centrale. Ce procédé a, selon toute vraisemblance, été d'abord appliqué en France, car dans les dix premières années du XIXe siècle, on fabriquait déjà des fusils à deux coups et à percussion centrale dans les célèbres ateliers de l'armurier Pauly. Le nouveau principe fut graduellement développé et c'est seulement en 1850 que l'armurier liégois Bernimulin fabriqua un fusil à percussion centrale avec cartouche. Mais, on ne lui prêta aucune attention. Ce fut seulement l'armurier anglais Lancaster qui, en 1852, construisit une arme basée sur les mêmes principes et qui parvint à s'affirmer. Toutefois, la cartouche de Lancaster de l'année 1852 différait encore essentiellement de la cartouche actuelle. Ce sont notre compatriote Pollet et l'armurier parisien Schneider qui, environ sept ans plus tard, donnèrent à la cartouche la forme

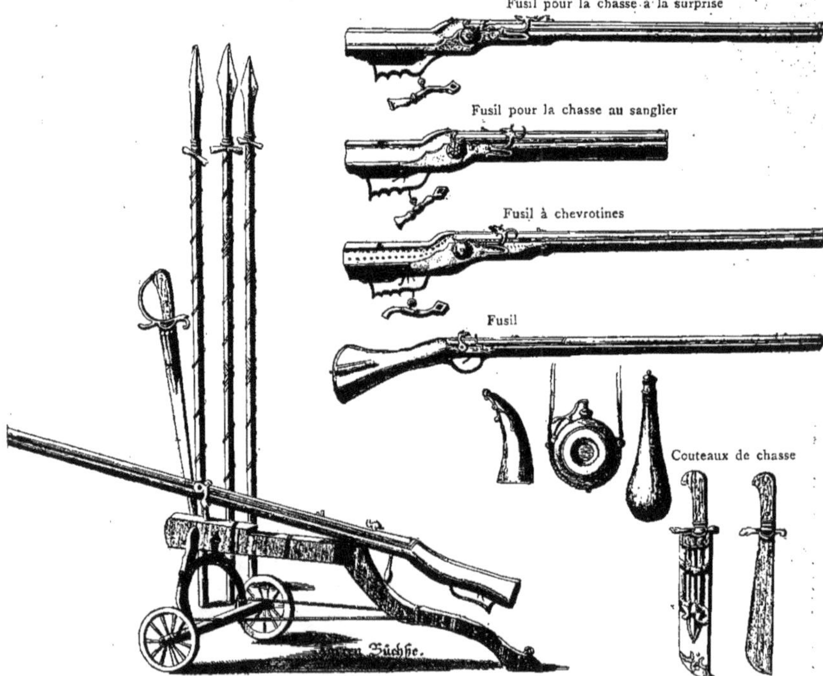

Fusil à chariot et épieux pour la chasse au sanglier de la première moitié du XVIIIe siècle — Armes de chasse du XVIIIe siècle

D'après «Le parfait Chasseur allemand» de Fleming (Leipzig 1724)

Types de races de chiens de chasse du XVe siècle

D'après « The Mayster of the Game »

qu'elle a aujourd'hui. Elle fut exposée à l'exposition internationale de Londres de 1861 par l'armurier anglais Daw.

Le fusil à percussion centrale se répandit de plus en plus à partir de 1870. Avec les différents perfectionnements dont elle a été l'objet (armement automatique, disparition du chien), c'est encore aujourd'hui la meilleure arme de chasse, du moins comme fusil à chevrotines, comme canardière et comme Drilling. Dans ces derniers temps le Browning (à magasin) a commencé à lui faire une concurrence redoutable. On adapte fréquemment à la chasse les systèmes de fusils de guerre, avec quelques légères modifications appropriées à leur but spécial. L'adoption, depuis une dizaine d'années, du fusil à répétition pour la chasse, n'a pas modifié le procédé d'inflammation des cartouches, mais on a dû remplacer les canons à bascule par des canons fixes.

* * *

A côté des armes, et en beaucoup de cas plus efficacement qu'elles, c'est l'auxiliaire fidèle de l'homme, le chien qui contribue au succès de la chasse. Son odorat généralement très développé, sa vitesse et sa force, sa grande prudence et sa capacité d'adaptation aux désirs et aux idées de l'homme, ont de très bonne heure fait passer le chien pour un auxiliaire précieux du chasseur. Aussi a-t-il été, dès les temps les plus anciens, très apprécié et l'objet de soins particuliers. Au cours des temps, on a dressé des chiens spéciaux pour presque chaque espèce de gibier, voire même pour chaque espèce de chasse et les différentes subdivisions de la même chasse. Cela nous entraînerait trop loin d'en parler, même très rapidement; nous nous contenterons de tracer ici un tableau général de l'évolution historique des chiens de chasse.

Les races canines qui furent employées à la chasse en Europe, en Asie et dans l'Afrique septentrionale durant l'époque historique, n'ont pas d'ancêtre commun. Elles ont pris leur développement dans des centres de formation différents, en partie très éloignés les uns des autres. Les chiens de chasse se rattachent soit au loup, soit au chacal, tandis que ce sont les races canines de l'espèce du renard qui semblent être exclusivement les ancêtres de nos chiens domestiques.

Afin d'avoir des points de repère servant à nous orienter au milieu des différentes races de chiens de chasse, il convient d'abord d'établir de quels groupes de races descendent nos chiens de chasse. Les variations et l'élevage ont ensuite participé, au cours des temps, à la formation des races nombreuses, d'une diversité extraordinaire.

D'après M. Keller il faut admettre les groupes suivants de races:

a) Chiens-loups. Dans cette catégorie se rangent les chiens domestiques les plus anciens de l'Europe. Ils n'ont fait leur apparition que relativement assez tard; les habitants primitifs de l'Europe n'avaient pas encore le chien domestique, et ne l'ont importé du dehors qu'à la fin de l'époque paléolithique. On ne trouve pas de chien dans les gisements diluviaux demeurés intacts. Le chien n'apparaît guère qu'à l'époque paléolithique, au début de la période des constructions sur pilotis. Un fait digne de remarque, c'est qu'il n'existait alors qu'une seule race, extrêmement répandue, celle du chien des tourbières, *Canis palustris*, ce qui milite précisément en faveur d'une pénétration venue du dehors. Ce chien des tourbières était un chien-loup petit, d'une taille souvent moyenne.

Les chiens-loups sont extraordinairement répandus; on les trouve dans tout l'ancien continent, et même encore dans le monde insulaire indo-australien où s'en sont conservées des formes anciennes. On peut sans doute faire remonter leur descendance au chacal (*Canis aureus*), qui est peu farouche et suit volontiers l'homme dans ses expéditions. Parmi nos chiens de chasse, le griffon et le terrier (*Canis aureus terrarius*), font seuls partie de ce groupe de races.

b) Les chiens de prairie et c) les chiens de berger, n'ont pas participé à la formation des races canines de chasse. Par contre les plus importants et presque tous les chiens de chasse dont on se sert actuellement font partie du groupe des lévriers d). D'ailleurs nos chiens de chasse présentent des formes fortement transformées par l'élevage, vraisemblablement mélangées de sang étranger et s'éloignant passablement du type originel.

Les représentations figuratives des chambres funéraires égyptiennes nous montrent que les anciens Egyptiens avaient pour animaux favoris de grands lévriers

Dogues assyriens terrassant des chevaux sauvages blessés
D'après un bas-relief de Koujoundschik (British Museum, Londres)

au poil lisse, aux oreilles droites, et qui servaient principalement à la chasse de l'antilope. Ils existaient déjà à l'époque des dynasties les plus anciennes; leur domestication est en tout cas antérieure de plusieurs milliers d'années à l'ère chrétienne.

A côté des grands lévriers de race pure, cette forme a été transformée par l'élevage en lévrier aux oreilles pendantes et finalement en chien de chasse du caractère de nos chiens courants, par les anciens Egyptiens; on en tira même le basset. Toutes ces formes canines parvinrent plus tard en Europe, l'Egypte étant sortie de son isolement au début du nouvel empire et ayant noué des relations plus étroites avec le dehors. Des peuplades celtes répandirent les lévriers et les chiens de chasse dans l'Europe occidentale.

Les formes les plus importantes de ces races canines sont: 1⁰ le lévrier de l'ancienne Egypte (*Canis Pharaonis*). Il existe aujourd'hui sur le haut Nil comme lévrier du Soudan et comme chien de chasse très apprécié. 2⁰ Le lévrier russe, Barsoi (*Canis sarmaticus*). 3⁰ Les lévriers de l'Europe occidentale (*Canis europæus*). Parmi les anciennes formes de lévriers que les Celtes élevaient déjà, il faut mentionner: le chien-loup irlandais (*Irish wolfhound*), le lévrier écossais (*Scotch deerhound*) et le lévrier anglais (*greyhound*). 4⁰ Le chien de chasse (*Canis sagax*). Celui-ci est plus méridional et de provenance africaine, mais en passant en Europe, il a reçu beaucoup de sang étranger. Sur les monuments de Sakkareh qui datent des dynasties les plus anciennes, on voit déjà des chiens courants typiques, aux oreilles pendantes. 5⁰ Le basset (*Canis vertagus*). Il apparaît de très bonne heure (environ 2000 ans av. J.-C.) dans la vallée du Nil. Il est vraisemblable que les anciens Egyptiens ont tiré cette race du lévrier ou du chien courant, car ils rendirent héréditaire la conformation rachitique des extrémités.

c) Le groupe des dogues. Selon toute vraisemblance, c'est le loup du Tibet, indigène des hauts plateaux tibétains (*Canis niger*) qu'il faut considérer comme l'ancêtre originel de ce groupe. Il a une parenté morphologique très proche avec le dogue du Tibet (*Canis niger tibetanus*), indigène du même pays.

On n'emploie plus aujourd'hui de chiens de chasse appartenant à ce groupe; par contre, ils étaient très appréciés dans l'antiquité et au moyen âge, pour leur courage et leur force, ainsi que pour leur attachement et leur fidélité envers leurs maîtres.

En Assyrie et en Babylonie, le dogue de structure vigoureuse était le chien préféré. Les bas-reliefs du palais d'Assurbanipal (668 av. J.-C.) nous montrent que les grands chiens de l'Assyrie servaient à chasser, notamment à terrasser les chevaux sauvages.

Alexandre le Grand apprit à connaître les dogues du Tibet au cours de son expédition dans l'Inde. Le roi Porus lui fit présent d'une meute de ces chiens que le fils de Philippe ramena en Macédoine. C'est sans doute de là que descendent les grands chiens molosses, et en particulier aussi les chiens grecs de l'Epire que les Romains répandirent ensuite dans leurs colonies au nord des Alpes. C'est également dans ce groupe des dogues qu'il faut ranger les mastiffs, les bouledogues, les Terre-Neuve, les St-Bernard et les mâtins.

Les écrivains grecs et romains apprécient à une très haute valeur l'importance des chiens. Le choix d'un bon chien, son dressage et son entretien sont l'une des tâches les plus importantes du chasseur. L'expression même qui en grec désigne le chasseur, *κυνηγέτης*, exprime l'étroitesse de ses rapports avec le chien. Celui-ci est l'auxiliaire inséparable et indispensable du chasseur; il partage avec lui toutes les peines et toutes les fatigues de la chasse, et c'est de son adresse que dépend essentiellement le succès. Aussi Gratien demande-t-il qu'on lui accorde chaque fois la participation au butin qui lui revient.

Les descriptions des races canines employées comme chiens de chasse en Asie-Mineure, en Grèce et en Italie, ne permettent pas de les identifier, sans autre forme de procès, aux races venues plus tard.

En réalité, on peut cependant distinguer trois types différents. Ce sont les espèces du groupe des dogues qui se reconnaissent le plus nettement. Parmi les chiens de chasse, au sens plus étroit de ce mot, on mentionne ceux qui se distinguent particulièrement par leur vitesse (*Canis vertagus*) et d'autres qui avaient un flair plus développé mais qui étaient très enclins à s'enfuir, tels que les chiens spartiates, crétois et locriens.

Les chiens hindous provenaient, dit-on, d'un croisement du chien et du tigre. Ils méprisaient, soit-disant, tout autre espèce de gibier et ne combattaient que contre le lion. Elien raconte, à propos d'un chien de ce genre, qu'il avait si profondément mordu un lion qu'il fallut pour l'en détacher, le couper en morceaux et que malgré cela les dents restèrent incrustées jusqu'à la fin. Il s'agissait sans doute en l'espèce, d'une sorte de crampe des mâchoires, comme cela se présente encore aujourd'hui chez nos bouledogues. Les chiens de chasse molosses étaient très réputés. Ils étaient solidement bâtis, agiles, violents et courageux, également propres à la chasse au cerf et au loup et à garder la maison contre les voleurs.

Le développement pris par l'élevage du chien au commencement du moyen âge est tout à fait surprenant. Les principales qualités, flair, vitesse et vigueur avaient été chacune l'objet d'un soin spécial et se retrouvent avec un cachet particulier dans différentes races.

Dans les chartes populaires allemandes qui ne s'appliquent pas seulement au

Chenil du XVe siècle

D'après « The Mayster of the Game » du duc d'York, Edouard II (vers 1412)

domaine actuel de l'Allemagne mais encore à de grandes parties de la France, de l'Italie et de l'Espagne, on mentionnait les 9 races canines suivantes: 1° L'indicateur pour la recherche (pour relever les traces) du gros gibier. 2° Le limier pour la recherche de l'élan, du bison, de l'aurochs. 3° Le rabatteur servant à dépister le sanglier. 4° Le chien de chasse ou plus exactement le « chien chassant » pour la poursuite du gros gibier. On distinguait dans cette race, comme plus tard dans la meute, le chef de file et le chien de meute ordinaire. 5° Le braque qui servait également à chasser le chevreuil, le lièvre, etc. 6° Le lévrier. Il attrapait le lièvre, grâce à sa vitesse. 7° Le chien courant, dogue employé pour la chasse à l'ours, à l'aurochs, au gros gibier, etc. A l'opposé de ceux cités plus haut, ces chiens ne chassaient que le gibier qu'on recherchait. 8° Le chien castor pour la chasse souterraine. 9° Le chien épervier, pour la chasse au gibier de plume. Il est cependant probable que toutes les espèces énumérées n'ont pas été autant de races constantes. Elles semblent bien plutôt n'avoir, pour la plus grande partie, servi qu'à exprimer le mode d'emploi de ces différents chiens.

Dans les sources de la fin du moyen âge, on retrouve, en réalité, les mêmes races canines que dans les chartes populaires. Ce sont les littératures française et anglaise qui nous donnent la description la plus détaillée des chiens de chasse de cette période; la littérature allemande est beaucoup plus pauvre sous ce rapport.

I. En premier lieu venaient les braques, *raches*, plus tard *running hounds*, *chiens courants* avec les *limiers*, *lymers*. On entendait par braques, tous les chiens qui poursuivaient le gibier en donnant de la voix. On les laissait courir soit seuls, soit accouplés. Suivant l'espèce de gibier qu'ils servaient à chasser, ils recevaient une dénomination spéciale: pour le cerf, *cervericiis*, pour le daim, *deimericiis*, pour le lièvre *canes heirettes* (de *hare*, poil), pour le renard *gupillerettis* ou *wulpericiis*.

A ce qu'il semble, il n'y avait pas encore au moyen âge une race constante de limiers; on employait comme tels les meilleurs des braques. Dans le poème des Nibelungen, ce chien est désigné tantôt sous le nom de limier (*spurehunt*), tantôt sous celui de braque.

Gaston Phœbus et le *Mayster of the Game* n'énumèrent vers l'an 1400, en fait de chiens de chasse, que deux espèces de dogues, le lévrier, des chiens pour la chasse aux oiseaux (*chiens d'oisel*), et les braques. Plus loin, on parle des limiers en même temps que des braques.

Par contre, il est dit, dans le fragment trouvé dans l'Allemagne du Sud, d'un grand ouvrage sur la chasse datant de la fin du XIVe ou du commencement du XVe siècle: « Si tu veux devenir bon chasseur, il te faut chasser longtemps le cerf avec un limier. »

L'élevage des chiens de chasse a, de bonne heure, été très développé. Les plus réputés étaient les chiens courants du couvent St-Hubert, dans les Ardennes. Ils étaient subdivisés en *chiens noirs* et *chiens blancs*. Les premiers avaient un poil noir et rouge, sans aucun signe blanc, et d'après leur description correspondaient exactement à nos limiers et à nos braques. Ils ne se prêtaient guère à la chasse à courre, n'aimaient à chasser qu'en meute fermée, et étaient relativement lents; c'étaient par contre de très bons limiers. Les abbés de St-Hubert ont chaque année fourni, jusqu'en 1789 des chiens de ce genre pour la chasse royale. Les chiens blancs étaient d'un blanc pur ou tachetés de blanc et de brun; ils n'étaient propres qu'à la chasse au cerf et se distinguaient par leur vitesse. Au XVIe et au XVIIe siècle les meutes des rois et des très grands seigneurs se composaient exclusivement de ces chiens courants blancs.

II. Lévriers de tailles différentes, *leporarius*, *greyhound*. Le nom de *greyhound*

Lévriers du XVe siecle
D'après «The Mayster of the Game» (vers 1412)

se rattache probablement au mot celte «*grech*» ou «*greg*» = chien. Cette catégorie comprend des chiens rapides aussi bien pour le gros que pour le petit gibier. Les espèces les plus grandes, très appréciées, servaient aussi à défendre leur maître contre des ennemis armés, l'accompagnaient constamment, même à la guerre, et jouissaient de la plus grande liberté à la maison; ils avaient leur niche dans la chambre à coucher. Les colliers qui servaient à les accoupler étaient souvent ornés d'orfèvreries d'or et d'argent. Cette espèce de chien est typique pour l'époque de la chevalerie. Un proverbe anglais dit: «On reconnaît l'homme noble à son faucon, à son cheval et à son *greyhound*». D'après une loi de Canut le Grand, les nobles seuls pouvaient avoir des lévriers. Ils servaient, tout comme les faucons, aux princes à se faire des cadeaux entre eux.

III. Dogues, dont deux espèces: *alauntes*, *alans* et *mastiffs*, mâtins. Les premiers étaient de grands et de lourds chiens courants, servant à la chasse à l'ours, au sanglier et autre gibier analogue; ils étaient chargés de saisir et de maintenir le gibier poursuivi et fatigué par les braques et les lévriers. Leur nom d'*alauntes* ou *alans* vient, dit-on, de la peuplade des Alans qui, au cours de ses migrations amena ces chiens dans l'Europe occidentale, en particulier en Espagne, d'où cette race se répandit en France et en Angleterre. S'il faut en juger d'après les dessins, les alans ont très fortement ressemblé à nos chiens de boucher. Les *mastiffs*, mâtins, attrapeurs d'ours des Allemands, étaient de lourds bouledogues et ne servaient pas à chasser, mais à garder les fermes.

IV. Epagneuls; ce sont des chiens d'arrêt, aux longs poils, de provenance espagnole, et servant à la fois à la chasse au faucon et à celle des oiseaux aquatiques.

Rien de surprenant comme les prescriptions détaillées relatives aux soins à donner aux chiens qui existaient déjà au XIVe siècle et répondent absolument aux exigences modernes.

Le chenil, *kennel*, devait se trouver sur un emplacement libre, ensoleillé, être nettoyé quotidiennement et pourvu d'une épaisse couche de paille fraîche. Les chiens couchaient sur des planches, à 30 centimètres environ au-dessus du sol; on devait leur donner de l'eau à boire en abondance, autant que possible de l'eau courante; l'écoulement de ces eaux devait être prévu. Le « *Mayster of the Game* », réclame en outre une chambre qui puisse être chauffée, pour permettre aux chiens de se réchauffer, au retour de la chasse. Pour empêcher les chiens de se mordre entre eux, il devait y avoir, jour et nuit, un valet de garde dans le chenil. Les chiens étaient très bien nourris, de viande et de pain, bouchonnés et baignés chaque jour. Les jours où l'on ne chassait pas, on les promenait. En cas de maladie, les chiens étaient l'objet des plus grands soins, comme le montrent les nombreuses gravures des livres de chasse. Il y a même plus. Pour certaines maladies, notamment pour la « rage », les prescriptions anglaises recommandaient d'envoyer les chiens aux bains de mer.

Lynx de chasse hindou
D'après un dessin de M.-W. Friedrich

C'est au XVIIe et au XVIIIe siècle qu'il y a eu le plus grand nombre de races de chiens de chasse. Dans son « *Manuel du prince* » de 1751, Hepfe n'énumère pas moins de 21 espèces. D'après les deux auteurs allemands du XVIIIe siècle les plus remarquables par leurs ouvrages sur la chasse, Fleming (*Le parfait chasseur allemand*, 1724), et Döbel (*Nouvelle pratique de la chasse*, 1745), on utilisait, dans la première moitié du XVIIIe siècle, les chiens suivants:

En haut : Setter (chien anglais pour la chasse au perdreau) En bas : Braque anglais

1° Limiers pour rechercher et commencer à courre le cerf. C'étaient les plus appréciés. Savoir bien « travailler » (conduire) le limier était le summum de l'art pour un chasseur de cerf. 2° Les braques (*bloodhound*) pour la poursuite du gros gibier blessé sur le parcours. Ce n'était pas une race particulière, car on employait à cette besogne des limiers de moindre valeur. 3° Différents chiens pour courre le gibier non blessé. On distinguait: a) les chiens à courre (une espèce de braque), b) les chiens de chasse proprement dits, chiens courants, de descendance française et anglaise, c) des chiens de chasse allemands et polonais, plus lourds que les précédents; d) des métis danois, pour la chasse au cerf et au renard; e) des lévriers allemands et russes; f) des mâtins pour là chasse au sanglier, n'appartenant à aucune race déterminée. 4° Dogues et bouledogues. 5° Chiens pour la chasse à la perdrix, dont le dressage était d'ailleurs encore très inférieur. 6° Les barbets, correspondant à peu près à notre chien d'arrêt au poil hérissé. 7° Le chien pour la chasse à la loutre (chien-castor). 8° Le basset. 9° Le chien pour la chasse au coq de bruyère. 10° Le chien pour la chasse au faisan. 11° Petits chiens anglais pour la chasse au lièvre, qui servaient, deux à deux, à rechercher et à faire lever le lièvre. 12° Les espions, d'une taille intermédiaire entre celle du chien pour la chasse à la perdrix et celle du basset. Ils servaient à faire lever le lièvre et le gibier de plume, à une courte distance devant le chasseur, afin de permettre ensuite aux faucons et aux chiens de chasse de prendre ce gibier.

Depuis le milieu du XVIIIe siècle, le nombre des races canines a considérablement diminué, grâce aux transformations de la chasse. En même temps, le dressage a pris en partie une direction toute nouvelle. La disparition des grands carnassiers a d'abord fait rayer les dogues du nombre des chiens de chasse. C'est occasionnellement seulement qu'on les trouve dans les meutes de chiens destinées à la chasse au sanglier, qui, en différents endroits, ont été conservées jusqu'à l'heure actuelle.

L'ancien limier si réputé a tout à fait disparu comme tel et avait presque cessé d'exister à la fin du XIXe siècle, à part quelques maigres restes qui s'étaient conservés en Allemagne, notamment dans le Hanovre. Depuis 25 ans environ, on continue à en faire l'élevage, en nombre restreint, en qualité de braque. Les « chiens chassants », ont presque complètement disparu de l'Allemagne sous leur ancienne forme de braques; par contre, le chien courant continue à jouer en France un rôle important. Les chiens courants dont on se sert dans quelques contrées montagneuses de l'Allemagne sont des bâtards du basset et de l'ancien braque.

A mesure que la grande chasse diminuait d'importance, on s'est davantage porté vers le dressage des chiens pour la petite chasse. Grâce à cela, le chien d'arrêt destiné à la chasse à la perdrix, autrefois peu prisé, est devenu le principal objet de l'élevage des chiens.

En Allemagne on vise à former un chien qui puisse servir à chasser toutes les espèces de petit gibier, mais capable aussi de suivre le chevreuil à la piste et pourvu d'une mâchoire suffisante pour étrangler le renard et le chat. En Angleterre on a eu uniquement en vue la chasse à la perdrix et on élève dans ce but les pointers et les setters au nez excellent, mais trop faibles pour rapporter un lièvre; conformément au principe de la division du travail, ce soin incombe aux « rapporteurs ».

En dehors des chiens, on emploie encore, comme auxiliaires de la chasse, d'autres animaux. Le guépard ou léopard de chasse (*Cynælurus jubatus*) est, depuis une époque très ancienne, dressé en Perse et dans l'Inde à la chasse à l'antilope, au chevreuil, etc. que les grands seigneurs orientaux de jadis avaient l'habitude de pratiquer avec un luxe et un attirail tout à fait extraordinaires. Le guépard dont la tête est enveloppée d'un chaperon est en outre attaché sur un chariot à bœufs très bas, et dans cet équipage, auquel le gibier est habitué, on l'amène le plus près possible, contre le vent. A ce moment, on débarrasse le guépard de son chaperon et on lui montre la harde. Il se glisse adroitement vers elle, se précipite, en quelques bonds puissants sur l'animal le plus proche qu'il terrasse à l'aide de ses pattes de devant pourvues de griffes émoussées en le tambourinant pour ainsi dire et en le battant, pour ensuite le saisir par le cou dans sa mâchoire. Les chasseurs accourent alors immédiatement et ramènent le guépard jusqu'au chariot en l'alléchant avec le sang et le foie de sa victime. Au XVe et au XVIe siècle, on se servait encore passagèrement et isolément du guépard en Italie et en France. François Sforza, duc de Milan, avait des léopards de chasse de ce genre. Louis XII les ramena en France et François Ier possédait, lui aussi, des guépards. On cite l'empereur Léopold Ier, comme ayant été le dernier possesseur de guépards en Europe; il en emmenait souvent un, en croupe de son cheval.

Dans l'Inde, le lynx de chasse (*Felis caracal*) sert comme autrefois le guépard à chasser; mais on l'emploie pour le petit gibier (lièvre, lapin, et même de grands oiseaux). Les anciens Egyptiens ont, dit-on, employé d'une façon analogue, des lions apprivoisés.

Parmi les animaux indigènes des contrées tropicales, il nous faut mentionner ici l'éléphant de l'Inde qui rend de précieux services, en qualité de monture et de traqueur, pour la chasse au tigre. On l'emploie aussi à traquer et à capturer ses congénères sauvages.

Partout où le cheval existe, il sert de coursier pour la chasse. En Europe, cet emploi du cheval était autrefois extraordinairement plus répandu qu'aujourd'hui, parce que la chasse à courre était à proprement parler le genre de chasse le plus usité et en tout cas le plus distingué. Il en sera parlé dans le chapitre suivant.

D'après M. Frank, on distingue deux races principales de chevaux domestiques, l'une orientale, l'autre occidentale. Le cheval oriental est de structure légère et gracieux; le cheval occidental, au contraire, a des formes massives, avec une tête lourde et des extrémités vigoureuses. Dans toutes les descriptions des chevaux de chasse que nous devons à Oppien, à Nemesianus et à Gratien et autres auteurs ayant écrit sur la chasse dans l'antiquité, on reconnaît le cheval oriental. Il a une large poitrine, des flancs solides, des jambes élancées et minces avec de hauts sabots. La tête est allongée, avec des yeux flamboyants. Ces chevaux sont très vivaces, beaux, étincelants, endurants. Par contre, les chevaux indigènes de l'Allemagne étaient, d'après César, petits et odieux, mais rendaient de grands services.

Léopard de chasse hindou
'D'après un dessin de M.-W. Friedrich

La diversité des races chevalines eut également son influence sur les méthodes de chasse. La chasse à courre proprement dite, où il s'agissait de déployer une grande vitesse, n'était possible que là où l'on disposait du cheval oriental de race pure ou bien là où, par des croisements, il avait déjà exercé une influence favorable sur les races chevalines indigènes. Aussi est-ce en France que cette chasse s'est tout d'abord développée. C'est là que les races méridionales s'étaient le plus tôt acclimatées et ont pu le plus longtemps servir aux croisements. Les croisades ont exercé une action particulière à ce point de vue, en mettant les croisés en contact direct avec le cheval oriental de race pure. Depuis lors, c'est en France et en Angleterre qu'on a le plus longtemps et le mieux élevé des races légères. Aussi la chasse à courre a-t-elle dans ces deux pays fleuri de meilleure heure et d'une tout autre façon qu'en Allemagne, où le cheval lourd, calme, a continué à prédominer durant des siècles; quand la chasse à courre fut adoptée en Allemagne, on se servit presqu'exclusivement de chevaux anglais. On employait encore le cheval à la chasse pour s'abriter derrière lui et arriver ainsi à portée du gibier.

On s'est, dans le même but, et à une époque de beaucoup antérieure, servi de gros gibier dressé à cet effet. Les cerfs ou chevreuils apprivoisés étaient marqués d'un indice, et il était défendu, sous les peines les plus sévères, à ceux qui n'étaient pas autorisés, de les abattre. Les chartes populaires allemandes renferment de nombreuses prescriptions relatives à ce sujet, ce qui fait croire que cet usage était très répandu au commencement du moyen âge. D'après une autre

Retour de la chas

D'après

Supplément à l'ouvrage « *Les Animaux* »
(Ne peut être vendu séparément)

le Nord de l'Inde

opstein

MAISON D'ÉDITION BONG & Cie
PARIS

hypothèse, émise au sujet de l'emploi du gibier apprivoisé, on l'aurait élevé et nourri jusqu'à l'état adulte dans des endroits clôturés, d'où il pouvait, par des sorties, se répandre dans les forêts libres. De là, il serait régulièrement revenu, à l'heure du fourrage, à sa place habituelle. A cette occasion, seraient venus se joindre à lui, notamment à l'époque du rut, des cerfs étrangers, que le chasseur à l'affût aurait pu facilement abattre. Mais, cette hypothèse a contre elle, à la fois la teneur des chartes populaires où il est dit que les cerfs apprivoisés étaient emmenés à la chasse par leurs maîtres (*quod eum dominus suus in venationem habuisset, Loi salique* XXXIII, 3), et un dessin des *Déduits de la chasse* de Gaston Phœbus. On y voit, comment un chasseur, à l'abri d'un cerf, se glisse vers une harde. Mais, comme l'emploi d'animaux apprivoisés était dès la fin du XIVe siècle sorti des usages, on se servait de deux aides pour imiter cet animal en leur donnant des vêtements appropriés.

Le dernier des mammifères employés à la chasse, c'est le furet (*Mustela furo L.*), forme albinos du putois et ennemi mortel du lapin. Il est venu en même temps que celui-ci d'Espagne en Allemagne. On le fait pénétrer dans le terrier des lapins qui à ce moment se précipitent dehors, et sont, ou bien pris dans des filets disposés devant le terrier, ou tués à coups de fusil.

On a, depuis une époque très ancienne, employé différentes espèces de faucon pour la chasse aux oiseaux. La linguistique comparée nous montre, par la juxtaposition de l'idiome gothique, slave, perse et celte que l'emploi des oiseaux de vol remonte jusqu'à une époque antérieure à la séparation des peuples.

Les auteurs grecs et romains qui ont écrit sur la chasse mentionnent le faucon comme compagnon fidèle de l'homme. Il semble cependant que chez les Grecs et les Romains on l'ait employé, moins pour saisir le gibier à plume que pour l'effrayer afin qu'il se jetât dans les filets et les lacets. Dans la première partie du moyen âge, on se servait déjà beaucoup de ces oiseaux; néanmoins, les chartes populaires ne distinguent les espèces de faucon que d'après leur grandeur et l'emploi qu'on pouvait en faire. Les plus grands étaient appelés *accipitres*, les petits *sparuvarii*. Il est cependant permis d'admettre qu'on employait non seulement l'autour à perdrix, *Falco palumbarius* et l'épervier, *Astur nisus*, mais encore d'autres espèces de faucon, indigènes de l'Europe centrale, notamment le faucon pèlerin, *Falco peregrinus* et le faucon des tours, *Falco tinnunculus*.

C'est à la fin du moyen âge que la chasse au faucon atteint son apogée. Le haut intérêt qu'on portait alors à cette méthode de chasse impliquait aussi une manière particulière de soigner ces animaux et la multiplication des espèces employées à cette chasse.

C'est sans doute le lanier, *Falco lanarius*, indigène de l'Europe du Sud-Est qui est venu, en premier lieu, s'ajouter aux espèces de faucon déjà nommées; il a, probablement, d'abord été employé à Byzance, d'où les Arabes l'apportèrent en Italie et en Espagne, pour passer ensuite en France et en Angleterre. Les deux noms de *sakker* et de *lanier* déjà usités en Allemagne au XIIIe siècle, se rattachent à ce mode d'expansion; le premier est d'origine orientale, le second d'origine romane.

L'acclimatation des deux grandes espèces septentrionales du faucon islandais, *Falco islandicus* et du *gerfaut, Falco gyrfalco,* ne se produisit qu'à l'époque où la guerre et les relations commerciales eurent établi des rapports réguliers entre l'Europe centrale et l'Europe septentrionale. Néanmoins, l'épervier et l'autour restèrent longtemps encore les plus usités parmi les oiseaux de ce genre, à cause de leur bon marché, même après que les croisades eurent, à côté des espèces septentrionales, amené l'introduction, en grandes quantités, de faucons orientaux. C'est pourquoi les littératures française et allemande du XVe et du XVIe siècle ont encore des monographies relatives à la chasse à l'autour.

Les bons oiseaux de vol avaient une grande valeur et étaient, dès le commencement du moyen âge, considérés comme des cadeaux très appréciés et comme une précieuse rançon. Les oiseaux de vol allemands avaient, à cette époque, une certaine réputation. Le roi de Kent, Edelbert, pria, en l'an 745, saint Boniface de lui envoyer quelques faucons d'Allemagne, parce qu'il était difficile de s'en procurer dans son royaume et qu'ils n'étaient pas de si bonne constitution. Saint Boniface lui envoya donc un autour et deux faucons, en lui faisant remarquer dans sa lettre: « *Interea pro signo veri amoris et devotæ amicitiæ, direximus tibi accipitrem unum et duo falcones* ». Dans la chanson de geste intitulée Biterolf et Dietleib, Brunehaut fait remettre au margrave Rudiger un oiseau de vol et un chien de chasse. L'empereur Charles-Quint abandonna l'île de Malte aux chevaliers de Saint-Jean, sur la promesse qu'ils lui procureraient chaque année un faucon blanc.

Les conceptions relatives à la valeur de chaque espèce d'oiseaux de proie et à la possibilité de les employer à la chasse ont fréquemment varié. C'était tantôt le lanier, tantôt le faucon pèlerin, qu'on préférait aux autres espèces. En France, on appréciait particulièrement les gerfauts; la couleur et l'âge des oiseaux servaient également à déterminer leur valeur.

Ce qui nous permet de nous rendre le plus exactement compte de l'estime où l'on tenait les différentes espèces de faucons, c'est qu'en Angleterre, on prescrivait au XVe siècle, d'après le « *Boke of Saint Albans* » (1486) pour chaque classe autorisée à pratiquer la chasse au faucon, des oiseaux de chasse déterminés:

An Eagle for an Emperor (Aquila heliaca?).	L'aigle pour l'empereur.
An Gerfalcon for a King (Falco gyrfalco).	Le gerfaut pour le roi.
A Peregrine for an Earl (Falco peregrinus).	Le faucon pèlerin pour le comte.
A Merlyon for a Lady (Falco æsalon).	Le merlin pour la dame noble.
A Goshawk for a Yeoman (Astur palumbarius).	L'autour pour le propriétaire terrien.
A Sparehawk for a Priest (Accipiter nisus).	L'épervier pour le prêtre.
A Muskyte for an holiwater Clerke (Buteo).	Le busard pour le diacre.

Pour répondre à la grande demande d'oiseaux de vol, il a été, dès le début du moyen âge, sévèrement défendu à ceux qui n'y étaient pas autorisés, de les dénicher; plus tard même, ce droit a été réservé aux souverains. Moyennant des impôts très élevés, ceux-ci s'en départissaient en faveur de marchands revêtus de pouvoirs spéciaux.

Il était beaucoup plus difficile de répondre à la demande de faucons étrangers, ce qui amena de très bonne heure à se développer un commerce très étendu qui

Chasse au cerf derrière un valet de chasse déguisé

D'après « The Mayster of the Game »

d'ailleurs n'était pas sans danger. Il arrivait en effet que des transports de faucon étaient attaqués et volés par des princes sur le territoire desquels ils passaient.

Dans Tristan et Iseult (qui date d'une époque allant de 1200 à 1220) Gottfried de Strasbourg raconte déjà qu'on faisait venir des faucons de Norvège.

A la fin du moyen âge, il s'établit des entrepôts principaux pour le commerce des oiseaux de vol, grâce aux chevaliers de l'ordre teutonique à Marienbourg et grâce aux chevaliers de Saint-Jean à Rhodes.

Lorsqu'on entretint des relations plus suivies avec l'Islande, les faucons islandais furent particulièrement appréciés et envoyés d'une façon assez régulière en cadeau par le roi de Danemark aux autres princes. Il recevait en retour des présents de très haute valeur. En Wurtemberg, c'était une somme de 200 Goulden, en Bavière, 100 ducats, sans compter d'assez importants pourboires aux commissionnaires. Etant donné cette grande valeur des oiseaux de vol, on conçoit qu'on ait apporté des soins extraordinaires, souvent même excessifs, à l'entretien de ces animaux qu'il n'était pas facile de traiter. Ils séjournaient dans les chambres spéciales qui devaient être spacieuses et, avant tout, sèches et bien aérées. On y plaçait des perchoirs épais de 5 à 8 centimètres, à hauteur d'homme et à une distance du mur d'au moins un mètre. Les oiseaux de vol y étaient enchaînés, et cela de manière que leurs entraves leur laissassent la liberté de leurs mouvements, mais non pas celle de s'envoler. Les oiseaux devaient être assez éloignés les uns des autres pour ne pas pouvoir se toucher réciproquement. A l'époque de la mue, on les transportait, de leur habitation ordinaire dans une chambre spéciale, où, délivrés de leurs chaperons et de leurs chaînes, on ne les plaçait plus sur un perchoir, mais sur des blocs de bois de peu de hauteur.

Dans beaucoup de pays, on établit, à partir du XVIe siècle, une dîme sur les pigeons, pour subvenir à l'alimentation des faucons. Ce fut par exemple le cas

Chasse au faucon
D'après le «Nouveau Livre de Chasse et de Vénerie» (1582)

pour la Hesse où le landgrave Philippe prescrivit en 1588 que tous ceux qui élevaient des pigeons auraient à remettre un pigeon sur dix au fauconnier du prince. Lorsque plus tard la fauconnerie tomba en décadence, on supprima la livraison directe au fauconnier dont les besoins étaient estimés à 400 pigeons; le reste devait être remis aux cuisines du seigneur.

Citons encore parmi les oiseaux employés à la chasse le grand duc, *Bubo maximus*, qui servait à chasser la corneille. A cet effet, on attachait le grand duc à une perche longue d'environ un mètre, qu'on fixait sur le toit d'une hutte en terre, ou à proximité. Le chasseur caché dans la hutte, se trouvait alors en mesure de tuer les corneilles ou autres oiseaux de proie qui fondaient sur le grand duc.

Mentionnons, pour terminer, les cornes de chasse qui jouaient un grand rôle, notamment dans les chasses à courre.

Pour la pratique de la chasse, partout où il manque de chemins en quantité suffisante et où le pays est peu civilisé, il semble désirable et nécessaire de pouvoir s'entendre avec ses compagnons par des appels ou des signaux, de diriger les chiens, et dans les cas les plus fâcheux, d'appeler au secours. Comme la voix humaine ne suffit le plus souvent pas à remplir ce but et que les coups de sifflet ne peuvent servir que pour une courte distance, on a, de très bonne heure déjà, employé à cet effet des instruments, le plus souvent des cornes de bœuf, telles qu'elles sont encore d'un usage général aujourd'hui parmi les gardes forestiers de Roumanie.

Chambre à faucons au XVIe siècle
D'après le « Nouveau Livre de Chasse et de Vénerie » (1582)

Aussi jusqu'au milieu du XIIIe siècle, voit-on toujours les chasseurs représentés avec leur corne de chasse. La corne de chasse et l'attache en corne à laquelle est fixé cet instrument font, encore aujourd'hui, partie de l'uniforme de gala, dans certaines régions, en Prusse par exemple.

Actuellement l'usage de la corne est très limité. On s'en sert le plus souvent quand on chasse au chien courant en France, et pour les battues en Allemagne.

Les cornes de chasse les plus anciennes n'étaient que peu courbées; elles avaient une longueur, soit de 20 centimètres environ, soit de 40 à 50. Suivant la règle, ces instruments étaient en corne, mais il y en avait aussi en ivoire avec des ciselures. Au commencement du XVe siècle, on adopta le cor de chasse, encore plus long, en forme de croissant, le plus souvent en cuivre, avec un son étouffé et mélancolique. Au XVIIe siècle, on mit en usage le cor pour la chasse à courre qui ne fait que deux tours et est assez grand pour pouvoir être porté sur l'épaule, sans baudrier ni attache. Le petit cor dont on se sert actuellement est d'invention encore plus récente.

Du moment qu'on employait des instruments de ce genre, on ne devait pas tarder à être amené à s'en servir pour donner des signaux et, suivant leur conformation, soit en mariant simplement des sons longs et des sons courts, soit par l'émission de sons de hauteur différente.

C'est en France que ces instruments se perfectionnèrent le plus tôt, grâce au développement pris, dans ce pays, par la chasse à courre. Celle-ci exigeait en effet, d'une façon particulière, qu'on pût, à une grande distance, diriger les chiens qui chassaient en donnant de la voix, et informer les chasseurs de la marche de la chasse.

Les renseignements les plus anciens sur ce genre de signaux se trouvent dans le « *Trésor de la Vénerie* » du Seigneur Hardouin de Fontaines-Guérin, de la fin du XIVe siècle. A ce moment, ils ne comprenaient que des sons courts et longs. On ne se mit à marier des sons plus hauts et plus bas qu'une fois en possession de cors de chasse plus perfectionnés.

C'est Jacques du Fouilloux, qui dans sa « *Vénerie* » (1561) nous présente le premier tableau d'ensemble de ces instruments. Ceux qu'il nous décrit se sont ensuite conservés, sans modifications, jusqu'à l'heure actuelle. Depuis qu'on a commencé de se servir du petit cor de chasse dont on peut tirer des modulations beaucoup plus riches, on a inventé un grand nombre d'autres signaux et appels qu'on trouvera dans les traités de chasse.

Chasse au canard sauvage dans l'ancienne Egypte

III. Méthodes de chasse

En ce qui concerne les méthodes de chasse des époques préhistoriques, nous ne pouvons émettre que des hypothèses, basées soit sur des trouvailles de restes d'armes et d'ossements, soit sur les conditions des peuples primitifs actuels.

L'absence de toute arme d'une portée lointaine efficace rendait très inégale la lutte entre les animaux souvent gigantesques de l'époque primitive et l'homme. Il fallait combler cette lacune d'une autre manière.

Les trappes, le lasso et autres engins de capture désarmèrent les animaux et les mirent dans l'impossibilité de se servir de leur force ou de leur rapidité. En beaucoup de cas, le chasseur guettait le gibier au moment où il allait boire, et, depuis son embuscade toute proche, le blessait mortellement; souvent aussi, les membres d'une même tribu s'associaient et unissaient leurs forces pour abattre les animaux puissants.

Les descriptions de la façon de vivre des peuples primitifs actuels nous contraignent souvent à admirer leur adresse dans le maniement de leurs armes et de leurs outils, leur sagacité à la chasse et à la pêche, ainsi que leur faculté d'observation exacte et subtile. Nous savons, comment les Indiens de l'Amérique du Nord tuaient le buffle, comment les indigènes de l'Afrique s'emparent de l'éléphant. C'est de la même manière que procédaient les habitants primitifs de l'Europe, comme le prouvent les trouvailles faites dans les cavernes et les constructions sur pilotis.

On a conservé des renseignements extraordinairement intéressants et approfondis sur la pratique de la chasse chez les anciens Egyptiens, non pas d'ailleurs sous une forme écrite, mais dans les sculptures et les dessins de leurs constructions et de leurs monuments.

Nous sommes vraiment stupéfiés de voir à quel point la chasse s'était déjà développée dans ce pays, à une époque antérieure de plusieurs milliers d'années à l'ère chrétienne. Il y a des formes de la pratique de la chasse que nous trouvons en substance dans ces documents, qui se sont conservées jusqu'à l'adoption des armes à feu, et en partie même, jusqu'à ces derniers temps.

Pour les espèces de gibier quadrupèdes on employait les méthodes suivantes:

1⁰ Dans les plaines étendues, on chassait avec des chiens; le chasseur, debout sur son char, suivait jusqu'à ce que le gibier eût été pris par les chiens ou fût venu à portée d'arc. A la place des chiens, on employait, souvent aussi, des lions apprivoisés.

2⁰ Dans les régions plus montagneuses, les chiens donnaient la chasse au gibier, tandis que les chasseurs cherchaient à lui couper la retraite et à arriver ainsi à portée d'arc. C'est tout à fait le même procédé que celui de la chasse actuelle au chien courant.

3⁰ Quand la contrée avait la forme de vallées étroites, on barrait les sentiers avec des filets; les chiens rabattaient le gibier contre cet obstacle et les chasseurs le tuaient à coups de flèche ou d'épieu.

4⁰ On se servait aussi d'une espèce de lasso pour capturer les bœufs sauvages et les gazelles; cependant les anciens Egyptiens ne semblent pas s'être livrés à cet exercice à cheval.

On pratiquait de préférence la chasse aux oiseaux, à laquelle les grandes étendues d'eau, abondamment peuplées de l'Egypte étaient particulièrement propices. On se servait à cet effet soit de bâtons recourbés (*boumerang*), soit de différentes espèces de filets.

Les sculptures de l'Assyrie nous montrent la chasse à la flèche et à l'arc, et avec des chiens. Les chasseurs sont tantôt à cheval, tantôt montés sur des chars à deux roues. Des dogues vigoureux et des espèces de léopard servaient à attraper le gibier, à le terrasser et à le maintenir jusqu'à l'arrivée du chasseur.

Cyrus donnait déjà des battues en Perse. Des chasseurs à pied et à cheval allaient en avant, en rangs dispersés, pour faire lever le gibier; les seigneurs (*ἄριστοι*), tantôt à pied, tantôt à cheval, eux aussi, prenaient position et abattaient le gibier sur son passage ou en le poursuivant.

Nous possédons des descriptions extraordinairement vivantes de la chasse telle qu'elle se pratiquait dans l'antiquité classique. Un certain nombre des méthodes en usage à cette époque se sont conservées jusqu'à une période avancée du moyen âge, voire même jusqu'à l'époque actuelle, avec des modifications entraînées par la technique des armes. A vrai dire, il n'est pas toujours facile de démêler, dans les récits souvent exagérés des écrivains qui, pour la plupart, n'étaient pas eux-mêmes des chasseurs, comment les choses se passaient véritablement, suivant nos idées.

Au point de vue des méthodes en usage pour quelques espèces de gibier prises en particulier, on peut emprunter ce qui suit aux écrivains de l'antiquité.

1⁰ On traquait avec les chiens, le cerf, le daim, le chevreuil, que des chasseurs à pied ou à cheval poursuivaient ensuite jusqu'à ce que ces animaux se retournassent contre les chiens ou fussent capturés, ce qui arrivait assez vite pour les individus faibles, notamment pour les faons. Parfois,. on simplifiait cette chasse à courre, en disposant des rets sur le passage du gibier. La même chasse, à cheval, était surtout en usage dans les vastes plaines de l'Asie-Mineure, de la Russie méridionale (Scythie) et des pays du bas-Danube. Aussi y trouvons-nous la même méthode de chasse que celle qu'au commencement du moyen âge on rencontre dans l'Europe centrale et occidentale. Les cerfs qui s'étaient retournés contre les chiens et étaient ainsi devenus dangereux, étaient toujours terrassés de loin, à l'aide de la flèche, du javelot ou de la fronde. On savait de même déjà se servir de ruses pour s'approcher du gibier et le tuer ensuite avec la flèche et l'arc. Enée aurait, de cette façon, abattu sept cerfs en une seule journée.

Une autre méthode de chasse consistait à capturer le cerf et le daim à l'aide des lacets décrits plus haut. Ainsi embarrassé, le gibier n'avançait que lentement, ce qui permettait aux chasseurs de le poursuivre facilement avec les chiens et de l'abattre avec le javelot ou la flèche.

2⁰ La chasse au sanglier était pratiquée avec ardeur en Grèce, en Macédoine et particulièrement en Italie où ce gibier était très abondant. Avec les armes dont on disposait à cette époque, cette chasse exigeait beaucoup de courage et de force. Aussi les écrivains décrivent-ils, d'une manière très vivante, les dangers et les difficultés de cette chasse. Le fait de tuer ces géants puissants de la forêt vierge était un acte de bravoure et passait pour un exploit digne des héros eux-mêmes. C'est ainsi qu'Hercule vainquit le sanglier d'Erymanthe. La même célébrité s'attachait à la chasse en Chalcédoine, à laquelle prenaient part les plus grands héros de cette époque, pour tuer le sanglier envoyé par Diane dans les champs d'Oinée.

Dans sa description de cette chasse, Ovide, dit, entre autres choses, ce qui suit au sujet du sanglier:

Le feu et le sang jaillissent de son regard, sa nuque se hérisse,
Ses poils sont droits comme un mur, comme des hampes dressées,
L'écume bouillonne en frémissant et coule en torrents
Le long de son poitrail, et ses boutoirs sont menaçants comme les défenses d'un sanglier hindou.
Sa bouche lance des éclairs, son haleine enflamme les feuilles.

Il décrit, de la façon suivante, l'acte final:

Le héros de Pylos fut sur le point d'être enlevé avant l'époque de Troie;
Mais, brandissant sa lance sur laquelle il s'appuie,
Il grimpe au haut de l'arbre le plus proche
D'où, il put contempler l'ennemi qui le terrifiait.

Plus d'un héros paya de sa vie son audace, jusqu'au jour où Méléagre tua le sanglier de Chalcédoine.

La méthode la plus usitée pour la chasse au sanglier était la suivante. On commençait par relever l'endroit où ces animaux se tenaient, puis on plaçait des filets en forme de poches, autour de la fraction de forêt où se trouvait le sanglier; ces filets étaient fixés à des arbres à l'aide de cordes. Ces préparatifs terminés, on lâchait la meute qui forçait les sangliers à quitter leur retraite et les poursuivait. A leur approche auprès des filets, les chasseurs et les chiens apostés en cet endroit, devaient empêcher l'animal de s'enfuir ou de faire demi-tour, et chercher, à coups de pierre et de javelot, à le faire pénétrer dans le filet où il s'embrochait sur les épieux.

La chasse devenait plus difficile et plus périlleuse quand le sanglier essayait de forcer la ligne des chasseurs qui l'entouraient ou même les attaquait. Dans ce cas on était obligé de le laisser se précipiter sur l'épieu.

Xénophon nous décrit très exactement le maniement de cette arme. De la main droite, on la saisissait par devant, de la gauche, par derrière. On la faisait partir du pied gauche. Il fallait la tenir avec beaucoup de précaution, pour que le sanglier, en écartant la tête, ne la fit pas tomber des mains, car elle est incapable de résister à la force du choc. Au cas où le chasseur échouait dans son entreprise, il devait se précipiter la face contre terre, pendant que ses camarades tombaient sur le sanglier à coups d'épieu et l'écartaient de son ennemi gisant sur le sol.

Les Romains affectionnaient d'entourer de filets de grandes fractions de forêts pour la chasse des animaux les plus divers. On pratiquait moins la chasse à courre du sanglier, à cause des difficultés qu'il y avait souvent à le poursuivre dans les fourrés épais.

3° Le lièvre était très apprécié et faisait l'objet d'une chasse ardente. Les méthodes de chasse différaient, suivant qu'on chassait en plaine ou en forêt.

Dans le premier de ces deux cas, on cherchait à s'approcher le plus possible, grâce à des limiers, du gîte du lièvre, sans lui donner l'éveil. A cet effet, on plaçait des filets pour prendre le gibier. Ces filets une fois placés, on lâchait les chiens chargés de pousser le lièvre dans le piège. Quand le chasseur avait la chance de s'approcher d'assez près du gîte, il lançait sur le lièvre un gourdin; mais il n'était de bonne vénerie, que de frapper le lièvre une fois levé, non pas couché.

Une autre méthode correspondait à notre manière de chasser le lièvre. Des chasseurs en grand nombre s'avançaient sur une ligne dans les champs; dès qu'un lièvre était levé, le chasseur le plus rapproché lâchait son lévrier qui attrapait facilement le lièvre et le rapportait à son maître sans entaille ni endommagement d'aucune sorte.

Les Celtes pratiquaient un genre de chasse analogue avec un limier pour lever le lièvre et un lévrier pour l'attraper. On avait aussi dès cette époque l'habitude de chasser à courre le lièvre, avec des chiens courants. Le matin, on envoyait des gens chargés de découvrir où il y avait des lièvres. Au cours de la chasse, on levait ces animaux que poursuivaient des chasseurs à cheval, aidés des chiens. Pour la chasse en forêt, on entourait sans bruit une partie du bois avec des filets, puis on lâchait un limier. Dès que celui-ci avait relevé une piste, on découplait les chiens courants qui poursuivaient le lièvre jusqu'à ce qu'il vînt se prendre dans les filets ou s'échappât. Toutes ces méthodes n'étaient guère propices à favoriser le maintien d'une grande quantité de lièvres.

Butin de chasse en Egypte

D'après une peinture de la ville des tombeaux à Thèbes (XVIIe dynastie)

4° Parmi les différentes méthodes employées pour la chasse à l'ours, on affectionnait particulièrement les suivantes, en Arménie et en Assyrie, d'après Oppien.

A l'aide de limiers, on commençait par découvrir le gîte de l'ours. Ensuite, les chasseurs venaient se mettre à couvert, en face du gîte; pour empêcher l'ours de faire irruption de côté, on lui barrait le chemin avec des filets. Deux hommes, munis d'une longue corde légèrement tendue, garnie d'étoffes de couleur et de plumes, se postaient devant l'antre. Quand tout était prêt, un violent coup de trompette retentissait. L'animal excité se précipitait en grognant et en lançant des regards farouches, hors de sa retraite, était attaqué de côté, mais ramené en arrière par la corde qu'on agitait, ce qui le remplissait d'effroi; il cherchait finalement à se frayer un passage. A ce moment, les chasseurs le poursuivaient au milieu des cris et du bruit des trompettes, jusqu'à ce qu'il se jetât dans l'un des filets où on le maîtrisait.

Suivant d'autres méthodes, on chassait l'ours à courre après avoir entouré de filets une portion de forêt, tout comme pour la chasse au sanglier. On capturait aussi l'animal dans des fosses ou bien on l'empoisonnait.

5° Par leur grand nombre, les loups constituaient un véritable fléau pour les propriétaires de troupeaux. On cherchait à s'en débarrasser de différentes façons, par des pièges, par le poison, par des filets; quelquefois, mais rarement, on les attaquait avec la flèche et l'arc.

6° On chassait principalement le renard avec les chiens, car on ne connaissait pas, à ce qu'il semble, les méthodes de capture à l'aide de filets et de lacets. Oppien dit que ces animaux sont extrêmement malins, qu'ils découvrent immédiatement les stratagèmes et sont capables, grâce à leur adresse, non seulement de déchirer les liens, mais encore de dénouer les lacets et d'échapper ainsi à la mort.

7° Nous possédons, à vrai dire, de nombreuses indications relatives à la chasse des grands fauves, tels que le lion et le tigre, mais elles ont un air si fabuleux, qu'il faut apporter une grande circonspection à émettre des hypothèses sur la vraie méthode de chasse.

En Libye, on capturait des lions dans des fosses où l'on attachait un agneau (à une colonne de pierre!). Le fait que l'on descendait dans la fosse une cage munie d'un appât, dans laquelle le lion se serait précipité, ne peut de rapporter qu'aux cas ou il s'agissait de prendre des lions vivants, destinés au cirque par exemple. Dans la région de l'Euphrate, des chasseurs montés sur des chevaux et des traqueurs brandissant des flambeaux ou faisant un vacarme assourdissant avec leurs trompettes, auraient, dit-on, poussé le lion dans des filets.

8° On pratiquait de préférence la chasse au gibier de plume. A l'aide d'appelants, on attirait les perdrix et les cailles dans des rets. Souvent aussi, on employait le faucon pour faire sortir le gibier de plume de forte taille et le chasser dans les filets.

On prenait les canards sauvages, les oies sauvages et d'autres oiseaux aquatiques dans des filets placés sur le rivage. On éparpillait de l'orge ou du millet pour servir d'appât.

Pour la chasse à l'oie sauvage (plus souvent sans doute pour le canard), on employait aussi la ruse suivante. On fabriquait une oie en bois (un canard?), qu'on plaçait sur l'eau où, attachée à une longue et mince ficelle, elle demeurait immobile. Ses congénères arrivaient et attaquaient l'appeau du bec pour le chasser, comme un étranger. A ce moment, le chasseur, tirait, de sa cachette, avec beaucoup de précaution, son oie artificielle jusqu'au bord. Les oiseaux sauvages suivaient

L'empereur Trajan à la chasse au sanglier
Bas-relief de l'arc de Constantin à Rome

cette soi-disant fuite et arrivaient ainsi jusqu'au filet où ils étaient capturés. Pour des oiseaux plus petits, on employait des pipeaux, des lacs et des rets munis d'appâts, des appeaux et des appelants.

Nous ne possédons pas de renseignements authentiques sur les méthodes de chasse en usage dans l'Europe occidentale et centrale durant les premiers siècles de l'ère chrétienne, et même au commencement du moyen âge. Nous ne pouvons que tirer des conclusions des indications relatives aux ressources dont disposait alors la chasse, et de la comparaison entre les méthodes de l'antiquité d'un côté, et celles de la fin du moyen âge de l'autre. Tout cela se résume dans ces mots qui nous sont familiers: affût, chasse à courre, prise, etc.

On se mettait à l'affût près des sentiers ou des endroits où le gibier venait s'abreuver, on l'épiait afin de l'abattre, d'aussi près que possible, avec la fronde, l'épieu de chasse, ou avec la flèche et l'arc. L'usage de chasser le gibier avec des chiens, jusqu'à ce qu'il fût pris ou se retournât contre la meute, était également très ancien. Pour s'emparer du gibier on se servait encore de trappes, de coups automatiques et de lacets. Pour les carnassiers, notamment pour le loup, on employait aussi des hameçons et le poison.

Par contre, il ne semble pas que durant la période en question on ait fait un grand usage des filets, notamment quand on employait des chiens courants. Tout au moins les sources ne contiennent-elles pas d'indications permettant de conclure sur ce point. C'est seulement à la fin du moyen âge que nous trouvons aussi ces méthodes dans l'Europe centrale et occidentale.

Comme il était difficile d'arriver à portée d'arc des cerfs et des chevreuils, on se servait de leurs congénères apprivoisés, pour pouvoir, ainsi abrité, se glisser plus facilement jusqu'à eux.

La condition préliminaire de la chasse à courre, c'était de constater d'abord, à l'aide du limier, la présence du gibier qu'il s'agissait de chasser. Les chasseurs suivaient ensuite la chasse, à cheval ou à pied, avec des braques ou des dogues. Les images de chasse allemandes nous montrent, encore vers la fin du moyen âge, un grand nombre de chasseurs non montés. Etant donné la difficulté d'avancer à cheval dans les forêts sans routes, l'emploi du coursier n'offrait pas, à beaucoup près, les mêmes avantages que dans les plaines sans arbres. En outre, le cheval qui à cette époque était répandu dans l'Allemagne centrale se distinguait bien par son endurance, mais non par sa vitesse. Dans les contrées boisées d'un accès difficile, le chasseur qui allait à pied avançait tout aussi vite, souvent même plus vite, que le cavalier. Pour les mêmes raisons, les chiens ne pouvaient pas déployer une trop grande vitesse.

Dans ces conditions, les chasses se déroulaient avec beaucoup plus de lenteur que nos chasses à courre modernes qui se terminent après un bon galop de quelques kilomètres. Nous lisons qu'elles duraient toujours plusieurs heures, souvent même toute la journée et que plus d'une fois elles ne donnaient aucun résultat. Même les chasses à courre le loup qu'on pratiqua plus tard, entraînaient à des distances de 60 à 80 kilomètres. La longue durée et la difficulté de la poursuite sur des terrains qu'il était impossible d'embrasser du regard, amenèrent sans doute de très bonne heure les chasseurs à utiliser deux systèmes, qui ne furent également mieux décrits et perfectionnés qu'à la fin du moyen âge: les relais et les postes. Les chevaux ne pouvant fournir une course de durée suffisante, on en expédiait d'avance d'autres sur des points convenus, pour permettre aux cavaliers d'en changer. De même, on postait sur les montagnes ou d'autres emplacements plus élevés des gens chargés d'observer la direction prise par le gibier poursuivi.

La mise à mort du gibier arrêté ou pris par les chiens, présentait, étant donné la taille et la vigueur de ces animaux, encore assez de danger et exigeait beaucoup de courage et d'adresse de la part du chasseur.

M. Horn dit, très justement, dans son « *Sport de la chasse* », à propos de la chasse au sanglier: « Ce n'était pas une petite affaire que de s'avancer l'épieu à la main contre le sanglier, qui, de ses armes acérées, avait tué le chien le plus vigoureux, et qui maintenant, fou de rage, les boutoirs pleins d'écume et aiguisés, s'élance contre le chasseur qui s'avance d'un pas lent et sûr. Cette chasse n'était pas sans présenter de risques! »

La chasse du bison et de l'aurochs présentait encore de bien plus grandes difficultés et de bien plus grands dangers.

Chasse au lion dans l'ancienne Egypte
D'après un bas-relief de Medinet-Habou (Thèbes)

Les chasseurs de l'époque préhistorique se sont sans doute bien gardés de s'avancer contre l'aurochs excité et plein de rage, avec autant de tranquillité que nous le montre le groupe du jardin zoologique de Berlin. Les dessins que nous a transmis Herberstein nous indiquent bien plutôt qu'on cherchait d'abord à rendre ces animaux inoffensifs, tout comme procèdent encore actuellement les nègres de la forêt vierge de l'Afrique, quand ils chassent l'éléphant. En effet, les chasseurs, l'aurochs une fois levé par les chiens, se glissaient vers lui par derrière, lui coupaient le tendon d'Achille d'un coup d'épée, de manière à faire tomber l'animal sur ses pattes de derrière, ce qui lui enlevait en grande partie sa liberté de mouvements.

Nous manquons également de données précises sur la chasse avec les oiseaux de vol dans la première partie du moyen âge. Tout ce que les renseignements existants nous apprennent, c'est qu'on pratiquait cette chasse avec ardeur, qu'on s'y intéressait énormément, mais on ne nous donne aucun détail sur la manière dont elle s'exerçait. C'est seulement à la fin du moyen âge, au début des croisades que dans les cours, la chasse avec les oiseaux de vol devint un art très apprécié et qu'en même temps naquit une riche littérature relative à ce sujet.

La pratique de la chasse subit une transformation considérable pendant le moyen âge. Cependant, ce changement fut dû, beaucoup moins à l'invention de méthodes nouvelles et efficaces, notamment de l'adoption des clôtures et de l'arbalète, qu'au développement pris par le sport de la chasse.

Alors qu'au commencement du moyen âge la chasse servait encore essentiellement, dans l'Europe centrale, et même dans une grande partie de l'Europe occi-

Chasse au bœuf sauvage en Assyrie
D'après Layard «Monuments of Niniveh»

dentale ainsi qu'en Angleterre, à procurer des vivres à la grande masse du peuple, elle perdit de plus en plus ce caractère grâce à un meilleur développement de l'agriculture et de l'élevage du bétail. En même temps se produisit un bouleversement complet des conditions du droit de chasse, dont nous parlerons d'une façon plus détaillée à un autre endroit. L'exercice de la chasse, du moins des grandes espèces de gibier et notamment celle du cerf, devint un privilège réservé aux gens de condition. Parallèlement, il se produisit une modification profonde des mœurs et des idées dans les classes élevées, grâce à la fondation de la chevalerie et la pénétration des idées orientales par suite des croisades. Toutes ces causes eurent pour conséquence que dès lors, ce qui entra en ligne de compte, ce ne fut plus le résultat de la chasse en lui-même, mais la manière et la façon de pratiquer cet exercice, ce qui donna bientôt naissance à un cérémonial complet.

D'ailleurs, la notion du sport de la chasse était déjà connue dans l'antiquité. Arrien (second siècle après J.-C.) ne dit-il pas: « Le vrai chasseur ne se met pas en campagne avec ses chiens pour attraper des lièvres, mais à cause de la joute entre le lièvre et le chien, et pour prendre de l'exercice; il se réjouit, quand le lièvre s'échappe. »

C'est dans Tristan et Iseult qu'au moyen âge ce point de vue nous apparaît pour la première fois. C'est ainsi que Tristan est le bienvenu à la cour du roi Arthur parce qu'il est le plus célèbre des chasseurs et l'inventeur de tous les signaux de chasse.

En France, on prit de bonne heure l'habitude de voir un manque de distinction dans le fait d'abattre le gibier, sans lui avoir donné d'abord l'occasion de s'échapper.

La façon et la manière dont les cours pratiquaient la chasse exigeaient beaucoup de connaissances, d'expérience et de courage. Le fait de mettre finale-

Chef anglo-saxon accompagné de son veneur à la chasse au sanglier
D'après un dessin manuscrit du IXe siècle après J.-C. dont l'original est au British Museum

ment un terme à la vie du cerf, de l'ours ou du loup par un coup de flèche ou d'épée n'était qu'un incident, sans plus d'importance que le « coup de grâce » dans la chasse à courre moderne.

Ce qui montre à quel point la chasse passait pour une occupation chevaleresque, c'est que les auteurs français et anglais du moyen âge qui ont écrit sur la chasse, ne mentionnent que le chien comme auxiliaire de la chasse, mais jamais le cheval. Il va de soi que tout chevalier devait être bon cavalier; par contre la chasse exigeait une école particulière et longue.

Jusqu'au XIIe siècle, la chasse continua à se dérouler sous les formes simples du début du moyen âge. L'une des images de chasse les plus anciennes, un dessin qui se trouve dans un manuscrit du IXe siècle, montre un chef anglo-saxon, chassant le sanglier en forêt, accompagné d'un chasseur et d'un couple de chiens. Le chef porte l'épieu et l'épée, le chasseur l'épieu et la corne de chasse.

Au XIIIe siècle se développa ensuite l'emploi des clôtures ou haies décrites plus haut, qui en même temps assurèrent davantage le succès de la chasse. Ce procédé était usité aussi bien en Allemagne, qu'en France et en Angleterre. Mais, tandis que dans ces deux derniers pays on y renonça d'assez bonne heure, vers la fin du XIVe siècle environ, il s'est maintenu en Allemagne jusqu'au cours du XVIe siècle, et y a été le point de départ de la chasse à l'affût dont nous parlerons plus tard.

On attachait une importance particulière à la « constatation » du cerf et à la qualification exacte de sa vigueur, d'après les « signes du cerf », comme on disait. La théorie relative aux « signes du cerf » s'est développée en Allemagne, plus tôt, et plus abondamment qu'en France.

Il semble que vers le milieu du XIVe siècle, un veneur accompli de la Souabe ait écrit sur la chasse au cerf un grand ouvrage dont il ne nous reste que des extraits ou des fragments. M. Karajan les a publiés sous le titre de « *Sur les indices du cerf* ». On y énumère 25 indices, d'après lesquels il est possible de se prononcer sur le sexe et la force de l'animal.

Le nombre de ces signes, s'est, dans la suite des temps, de plus en plus accru; Döbel, en énumère 72, au milieu du XVIIIe siècle.[1] Les signes relevés au XIVe siècle, comprennent tous ceux auxquels on ajoute encore actuellement foi, tandis que les autres, survenus plus tard, sont depuis longtemps démonétisés.

Par contre, le *Livre du Roy Modus et de la Royne Racio* qui a dû être écrit vers la même époque que l'ouvrage allemand dont il vient d'être question, ne connaît que 5 signes. « *On le peult juger et cognoistre grant cerfs a cinq signez, le premier est par les trasses, le second par les fumees, le tiers par les froiers; le quart par le lit, le quint au bois porter.* »

Le plus ancien ouvrage français sur la chasse: *La Chace dou Cerf,* indique déjà trois de ces signes: les traces, les fumées, les signes célestes.

« Si tu vues aprendre et véoir
Si entens bien: quant les fumées
Ne seront aucor pas formées
Par le pié bien cognoisteras
A quel cerf corre tu devras:

Grosse esponde et large talon
Ce ne doit refuser nuns hom
Sil a gros et larges les os
Si tu t'en pars tu seras fos.
— — — — — — — —
Lors iront les cers as fréoirz. »

La différence la plus essentielle entre la théorie allemande et la théorie française relative aux signes du cerf, consiste en ce que la seconde attache la princi-

[1] Texte original accompagnant la gravure de la page 419.

DEVANT le Roy viens pour mon rapport faire,
Le ſaluant, vn chacun ſe doit taire:
Lors de ma trompe ie tire mes fumées,
Sur vertes fueilles les luy ay preſentées:

SIre, voila d'vn beau cerf de dix cors,
Que ie me croy deſtourné en tels forts:
Quand les aurez par tout bien regardées
Les trouuerez longues, oinctes, formées,
Groſſes, noüées, n'ayans aucun piquon,
Mais bien mouluës, monſtrant ſa venaiſon.

IAQVES DV FOVILLOVX. 36

COMME IL FAVT FAIRE SON RAPPORT ayant veu le cerf à veuë, en la haute saison.

Tiré de «La Vénerie» de Jacques du Fouilloux (1561)

pale importance aux excréments et au nettoyage et ne traite des traces que d'une manière accessoire.

Parmi les 25 signes indiqués dans l'ouvrage allemand, 22 se rapportent aux traces et aux excréments; les signes célestes sont communs aux deux pays; quant au « lit », on n'en tenait aucun compte.

Sur ces 22 signes, *La Chace dou Cerf* n'en connaît que 3: l'*esponde*, c'est-à-dire la conformation des pieds devant, le *talon*, c'est-à-dire les pattes de derrière, et les os (pattes de derrière).

De même, dans les ouvrages qu'on écrivit plus tard en France sur la chasse à courre, on ne traite en général que du volume et de l'étendue des traces, en tant que signes distinctifs du cerf; à ce point de vue, la vénerie allemande est beaucoup plus avancée. Des deux ouvrages cités plus haut, *La Chace dou Cerf* et celui intitulé « *Les signes du cerf* », il résulte qu'il est impossible de décrire complètement les signes du cerf, et que seule la pratique forme le vrai chasseur.

La Chace dou Cerf se termine par les vers suivants:

« Or, retien bien ce que dit t'ai
Et sache bien que eslit ai
Les paroles a mon povri
Qui au déduit doivent valoir.

Mes j'à, pour ce, non laisseras
A demande, quant tu verras
Home qui te puist enseigner. »

La conclusion des « *Signes du cerf* » est un peu plus amère: « Si tu veux devenir bon chasseur, il te faut chasser longtemps le cerf avec les limiers, tu verras ainsi beaucoup de choses qu'il est impossible de décrire complètement; si tu chasses sans te décourager, tu tueras le gibier . . . »

L'étendue des districts de chasse et le manque de refuges convenables même dans les châteaux et les pavillons de chasse de ceux qui étaient autorisés à chasser, ainsi que les méthodes de chasse elles-mêmes qui pouvaient mener dans les régions les plus éloignées, nécessitèrent l'adoption de mesures nouvelles pour augmenter le confort des chasseurs. On eut donc recours aux ressources d'un usage général au moyen âge pour les voyages des grands seigneurs, et on demanda, aux régisseurs, aux fermiers, et dans certains cas aux sujets, l'hospitalité et l'entretien pour les hommes et les animaux.

Ces services étaient, le plus souvent, exigés au nom du droit d'entretien, *jus albergariæ*, basé sur le droit de jouissance de biens déterminés ou sur certaines concessions, mais souvent aussi au nom d'une hospitalité excessive et abusive. Comme les chasses duraient souvent très longtemps, c'était pour ceux des contribuables chez qui l'on prenait quartier, ce qui se faisait de préférence dans les monastères, une charge très lourde qui provoqua de nombreuses plaintes.

Le plus souvent la durée et le genre des services étaient très nettement spécifiés. Dans le livre de salle du grand veneur d'Ingolstadt en Bavière, datant de 1418, on trouve un répertoire des cloîtres, qui durant un temps déterminé (probablement l'époque de la chasse) avaient à défrayer les chasseurs et les chiens du duc, en tout 3 chasseurs, 10 valets de chasse, 5 chevaux et 42 chiens. Les cloîtres soumis à ces réquisitions sont ceux de Tegernsee, 6 semaines, Eital, 2 semaines, Scheftlarn, 2 semaines, Diessen, 1 semaine. Dans le registre de la forêt de Spurkenberg (datant du commencement du XIIIe siècle), il est dit: « *Forestarius accipiet advocatum ville bis in anno cum uno milite et eorum servis, cum uno venatore et duobus servis peditibus, cum 12 canibus, et uno cane leidehunde et bene providebitur eis in victualibus, in sero, in mane, in prandio.* » (Le forestier recevra le curateur de la propriété avec un chevalier et ses chasseurs ainsi que deux valets à pied, 12 chiens de chasse et un limier deux fois par an et les approvisionnera de vivres, le matin, à midi, le soir.)

Ce droit d'entretien s'est, dans beaucoup d'endroits, conservé jusqu'au cours du XIXe siècle. D'après l'ordonnance de la principauté de Schwarzbourg-Sonderhausen, de l'année 1811, les communes dont c'était le tour, étaient tenues de fournir une table, bonne et abondante, pour les parties de plaisir, les battues, la chasse au sanglier, la chasse aux rets et pour toute autre chasse qu'il plaisait au prince d'entreprendre. De même en Angleterre, le shérif de l'arrondissement avait à s'occuper de tous les préparatifs nécessaires au logement et à l'entretien des chasseurs, des chevaux et des chiens.

En France et en Angleterre à partir de la conquête de ce pays par les Normands, se développa, à la fin du moyen âge, la méthode de chasse que nous désignons sous le nom de « chasse à courre ».

Les bases fondamentales de la pratique sont en général les mêmes que celles du genre de chasse analogue pratiqué en Allemagne. Par contre, il y a des différences essentielles au point de vue des territoires attribués à cette chasse, au point de vue des races de chevaux, et avant tout au point de vue du sport de la chasse tel qu'il était pratiqué par les cours.

Ainsi que nous l'avons déjà fait remarquer, les régions en majorité montagneuses de l'ouest de l'Allemagne, avec leurs forêts d'une étendue encore considérable à cette époque, étaient peu propices au déploiement d'une grande vitesse à cheval, notamment pour une longue durée. Le cheval de la fin du moyen âge continuait à être le cheval lourd, gauche, quoique très endurant, des temps primitifs; la lourdeur de l'armement des chevaliers avait empêché les croisements avec les races plus légères.

Au contraire, le centre et le midi de la France, avec leurs vastes plaines et leurs collines de faible altitude, déjà fortement déboisées à cette époque, stimulaient le développement du sport de la chasse, favorisé par les races chevalines légères et rapides de ces régions. Ajoutons à cela la prédilection nationale pour ce genre de chasse. Arrien raconte déjà que les Gaulois ne pratiquaient pas la chasse pour en tirer du profit, mais à cause du plaisir recherché qu'on trouve à cet exercice. Le même auteur remarque encore que nos ancêtres n'avaient pas besoin d'employer des filets, grâce à l'agilité de leurs chiens.

Si d'autre part, on tient compte du grand essor, pris de bonne heure par la vie de la chevalerie et des cours, comme ce fut le cas pour le pays des troubadours, on verra immédiatement comme a dû se développer le sport de la chasse, tel que le représente la chasse à courre. Cette méthode s'est probablement développée entre le Xe et le XIIe siècle, car nous trouvons déjà dans Tristan et Iseult des traits essentiels de la chasse à courre, comme le dépeçage conforme aux règles de l'art, la curée, etc. . . ., décrits jusque dans leurs moindres détails.

La Chace dou Cerf nous montre déjà la chasse à courre accomplie, telle qu'elle s'est conservée jusqu'à la fin du XVIIIe siècle, avec quelques modifications insignifiantes.

La chasse à courre ne tarda pas à passer de France en Angleterre. Enthousiasmé par l'art et la musique de chasse de Tristan, le roi Marke le nomme immédiatement son maître de chasse.

Nous voyons la chasse à courre en plein épanouissement, dans de célèbres ouvrages du XIVe siècle. Ce sont: pour l'Angleterre « *Le Art de Venerie* » de Guyllome Twici (1307—27), pour la France « *Le Livre du Roi Modus et de la Royne Racio* » (milieu du XIVe siècle) et les « *Déduits de la Chasse* » de Gaston Phœbus (vers 1380). La chasse à courre ne s'est que très peu répandue vers le sud, notamment en Espagne, parce que les fortes chaleurs ne s'accommodent pas aux exigences de cette méthode ni pour l'homme, ni pour le cheval, ni pour le chien. La chasse à courre a été au XVIIe siècle un produit artificiel en Allemagne; elle n'y est jamais devenue une méthode nationale.

Le terme de « chasse à courre » provient de ce que le gibier est principalement terrassé grâce à la rapidité des chiens qui le poursuivent jusqu'à ce qu'il s'arrête. L'expression véritable, c'est « *prendre à force de chiens* » ou « *hunting by strength of hounds* », en abrégé « *prendre à force* », « *hunting at force* ». On dit encore « *vénerie* », ou « *chasse à cors et à cris* ». A l'expression « *prendre à force de chiens* » correspondait pour la chasse aux oiseaux de vol celle « *de prendre à force d'oiseaux* ». En France, la chasse à courre a pris un tel développement qu'on l'appelle encore aujourd'hui « la chasse française par excellence ».

On employait la chasse à courre pour chasser le cerf, le daim, le chevreuil, le sanglier, le lièvre, et en Angleterre aussi le renard. Mais c'était toujours le cerf qui en était l'objet préféré. En Angleterre, cette méthode de chasse se répandit déjà énormément au XVe siècle et servait aussi à chasser le lièvre.

Au jour fixé par la chasse, on commençait par « quêter ». A cet effet, chaque chasseur allait reconnaître, avec son limier, s'il se trouvait un cerf (ou autre gibier de chasse), dans un périmètre qui lui était assigné. Après entente avec les chasseurs qui avaient exploré les autres parties de la forêt, on désignait par où il y avait des chances que le gibier passât. On *marquait par brisées* la marche régulière de sa direction.

Le maître de la chasse et ses hôtes, s'étaient pendant ce temps réunis à un endroit désigné d'avance (*assemblée*), où les veneurs venaient faire leur rapport pendant le déjeuner. A cet effet, les veneurs n'employaient jamais des expressions précises, comme *j'ai vu*, *j'ai connu*, *j'ai trouvé*; d'après le cérémonial, ils devaient dire: « *je mescroys*, *je supçonne d'avoir vu* », etc. Du XIVe au XVIe siècle, les chasseurs apportaient aussi à l'assemblée les « laissers » du gibier dont ils avaient constaté la présence (« *donc doivent venir les veneurs, chacun doit faire son rapport et mettre les fumées devant le seigneur* ».) (Gaston Phœbus.) Plus tard, cet usage disparut.

En même temps, on indiquait les signes caractéristiques des traces, par exemple: « A la patte gauche de devant il a un signe qui me permet de reconnaître sûrement que l'extrémité de la patte droite de derrière est recourbée à l'intérieur, grâce à quoi on ne peut le manquer », etc. Lors donc que le maître de la chasse avait désigné le cerf qu'il s'agissait de chasser, on demandait au veneur quelle direction le cerf allait prendre, afin de disposer des relais aux endroits propices. La direction des relais était considérée comme un poste de confiance. On choisissait des endroits ombragés sur des lieux de passage, et on y tenait prêts des chiens particulièrement bons et des chevaux frais.

Comment un chasseur doit lever le cerf et le livrer aux chiens

D'après le « Nouveau Livre de Chasse et de Vénerie » (1582)

En Angleterre on distinguait « *vauntellay*, *lay* et *relay* ». Dans le *vauntellay* on lâchait de nouveaux chiens au milieu de la meute, dans le *lay* ou dans l'*allay*, la meute fatiguée était renforcée par une meute fraîche; dans le *relay* proprement dit, on lâchait, derrière la meute épuisée, de nouveaux chiens qui ne tardaient pas à la rattraper. Quand la chose était possible, on cherchait à éviter l'usage des relais. La plus grande gloire pour un chasseur, c'était de forcer un cerf « sans les relais ».

Quand tout était prêt, le maître de la chasse en était informé. En même temps on lui passait, ainsi qu'aux cavaliers, des baguettes de noisetier ou de bouleau, de la grosseur d'un pouce et longues d'un mètre environ, servant à écarter les branches pendant la chevauchée à travers bois. Si la ramure du cerf qu'on chassait était lisse, ces baguettes devaient être décortiquées, dans le cas contraire on leur laissait l'écorce.

A ce moment, la compagnie se mettait en marche dans l'ordre suivant. En tête s'avançait le veneur avec son limier; derrière lui le reste de la société, les fonctionnaires affectés au service de la chasse, puis le maître de la chasse, suivi des cavaliers et des invités. Le cortège se rendait d'abord à l'endroit où se trouvaient les dernières « brisures » des traces; on les montrait, on les examinait et là-dessus on donnait l'ordre de « forcer » ou de « lancer le cerf ». A cet effet, le veneur qui avait « constaté » le cerf, suivait les traces en tenant en laisse son chien qui devait aboyer pour lever le cerf. Le reste des chasseurs suivait, à droite et à gauche, pour empêcher le cerf de faire demi-tour.

Dès que le tumulte donnait à supposer que le cerf était levé, toute la société en était informée par des appels et observait la direction prise par l'animal. A ce moment le veneur devait examiner les traces et le « lit » du cerf qui fuyait, pour se rendre compte si c'était bien le vrai cerf qui avait été levé. S'il y avait concordance, le droit de sonner du cor revenait à celui qui le premier avait établi la chose; c'est seulement ensuite que les autres chasseurs sonnaient le signal de découpler la meute (*cornure de queste*). Les chiens découplés, toute la société commençait la poursuite, au cours de laquelle il fallait constamment prendre garde à chasser le même cerf, sans qu'il y eût de « change ».

Quand la meute réunie suivait le gibier en bon ordre, cette forme s'appelait « *parfet* », en anglais « *parfyt* ». Si au contraire la meute se dispersait, de manière à ce qu'une partie seulement des chiens suivît le gibier, tandis que les autres ne relevaient plus les traces et ne tardaient pas à ne plus montrer aucun entrain à suivre la chasse, il y avait « *forlonge* », en anglais « *forloying* ». Dès qu'on arrivait à un relais, on découplait de nouveaux chiens et les cavaliers enfourchaient en même temps d'autres montures. Pendant la chasse, les veneurs qui étaient en tête sonnaient du cor pour stimuler les chiens, et donnaient les signaux convenus pour informer la société de la marche de chasse.

La chasse se poursuivait ensuite jusqu'à ce que le cerf eût été rejoint par les chiens, ou qu'il se fût retourné contre eux. C'est le moment où, d'après l'expression de *La Chace dou Cerf*, « *le cerf se fait aboyer* ».

Le chasseur arrivé le premier abattait le cerf d'un coup d'épée et plus tard avec son couteau de chasse, si le cor de l'animal n'avait pas son plein développement. Dans le cas contraire, et s'il était à craindre que le cerf ne devînt dangereux, on appelait les chiens pour terrasser l'animal, ou bien on commençait par lui trancher le tendon d'Achille, après quoi on lui donnait le coup de grâce (*défaire*). Après quoi, on sonnait la « cornure de prise ».

La suite du cérémonial du dépeçage du cerf (*breekyng or*) et de la curée était déjà très ancienne et se trouve déjà décrite, d'une façon très expressive, dans Tristan et Iseult. Tout cela est également d'origine française, et s'est, de chez nous, répandu dans les autres pays, suivant la très belle description qu'en donne déjà Gottfried de Strasbourg. Le cerf une fois abattu, les chasseurs anglais l'éten-

Une chasse au

D'après le « Parfait chasseu

Supplément à l'ouvrage «*Les Animaux*»
(Ne peut être vendu séparément)

du XVIIIe siècle

Flemming (Leipzig 1719)

MAISON D'ÉDITION BONG & Cie
PARIS

Chasse au cerf avec la meute
D'après «The Mayster of the Game» (vers 1412)

daient sur l'herbe « *uf alle viere alsam ein swin* ». Tristan demande avec effroi ce que cela veut dire! On lui répond:

« Wie wiltu, kint, daz ich im tuo?
hie ze lande, enist kein ander list,
wan alse der hirz enthintet ist,
sô spaltet man in über all
von dem houbete ze tal
und dâ nâch danne in viere
sô daz der vier quartiere
decheinez iht vil groezer sî
dan daz ander dâ bî. »

(Comment veux-tu que je fasse autrement? On ne procède pas autrement ici; quand le cerf est abattu, on le fend de la tête aux pieds, puis, on le dépèce, de manière à ce que tous les quartiers soient égaux et que la part de l'un ne soit pas plus grande que celle de l'autre.)

Là-dessus, Tristan répond qu'il est habitué à procéder tout autrement, et il s'offre à montrer son adresse. A la grande stupéfaction des assistants, il dépèce le cerf suivant toutes les règles de l'art et se sert à ce propos des mêmes termes de vénerie qu'on emploie encore aujourd'hui.

Plus tard se répandit la coutume, actuellement encore suivie en France, de tailler d'abord, dans la jointure de la patte de derrière du cerf, une bande de peau de la largeur de la main. On perçait un trou dans la peau pour suspendre le pied au couteau de chasse. On offrait ce pied à un hôte de marque ou au maître de la chasse.

Quand Tristan eut terminé le dépeçage, il demanda à faire la « fourchée »; on lui répondit avec stupéfaction:

« Fourchée, noble enfant, qu'est-ce cela?
Tu me parles d'une chose qui je ne connais pas. »

La fourchée, « *forchie* », à laquelle Tristan procéda ensuite, consistait à suspendre à un perche ayant la forme d'une fourche, qu'on portait au milieu de l'assemblée et qu'on offrait au maître de la chasse, certains morceaux du cerf particulièrement appréciés. C'étaient: 1° le foie, 2° le filet avec les rognons (*lumbele*, *lomble*) et 3° la longe (*zimere*, *dintiers*). Tout ce qui était pendu à cette fourche, appartenait au maître de vénerie; c'étaient les « *menuz droitz* ». Cela fait, Tristan dit: « Et maintenant à la curée! »

« Curée, dirent-ils tous, Nous n'y comprenons rien.
Qu'est-ce cela? Qu'est-ce que la curée, cher homme? »

Alors, Tristan prépare la curée (*cuirie*, *curie*, *querry*). Tristan fait lui-même venir ce mot de *cuir*. On recouvre la peau des chiens des déchets du dépeçage, du cœur coupé en morceaux, de la rate, des poumons, etc., pour qu'à l'avenir ils apportent encore plus d'entrain à la chasse. Pour écarter les chiens sans user de la cravache, un veneur portait à l'écart et leur jetait les intestins. Pendant qu'ils se régalaient de ce festin, on leur enlevait les morceaux dont ils étaient recouverts. A mesure que la chasse devenait de plus en plus un simple objet de sport, la curée devint plus abondante; c'est ainsi que plus tard, on donna en récompense aux chiens les deux épaules.

On ramenait ensuite à la maison, solennellement, aux sons du cor, le cerf dépecé, avec la peau à laquelle étaient encore attachés la tête et le cor (*le massacre*); là, si le maître de la chasse n'avait pas assisté à l'expédition, on lui remettait la fourchée, avec la peau et la tête; dans le cas contraire, on lui faisait cette remise aussitôt après le dépeçage.

Le nombre des chiens employés dans une chasse à courre s'accrut considérablement à la longue. C'est ainsi qu'en 1285, Philippe le Bel ne possédait en tout que 12 chiens courants. D'après le « *Roman des oiseaux* » qui date du milieu du XIVe siècle, on aurait aussitôt après avoir donné le courre, lâché 50 chiens. Sous Louis XIV et Louis XV, on eut des meutes de plusieurs centaines de chiens.

A côté de la chasse à courre, on pratiquait aussi, à la fin du moyen âge, en France et en Angleterre, *la chasse à tir*. Au commencement, cette méthode ne fut, à beaucoup près, pas aussi appréciée en France que la chasse à courre. En terminant son chapitre très détaillé sur la chasse à courre, Gaston Phœbus dit qu'il va enseigner comment on peut tuer le gibier « *par maistrise ne aquels engines* », c'est-à-dire avec la flèche et l'arc, et à l'aide des trappes. Un bon chasseur doit

Dépeçage du gibier
D'après «The Mayster of the Game» (vers 1412)

connaître ces procédés. «*Mais de ce je parle mal volontiers!*» Aussi ne traite-t-il que brièvement de ces méthodes de chasse et renvoie-t-il, pour les détails, aux Anglais, chez qui la chasse à tir «*le droit mestier est*». En France, c'est à proprement parler sous Louis XIV seulement que la chasse à tir a conquis de droit de cité à la cour. Dans le «*Mayster of the Game*» on trouve déjà une description très approfondie des formalités à observer, quand le roi veut donner une battue. D'après le «*Mayster of the Game*» et Gaston Phœbus, les choses se passaient de la façon suivante:

Les tireurs étaient placés sur une ligne, à une portée de pierre les uns des autres et plus près encore dans les régions de forêts touffues; chacun était appuyé contre un arbre; c'est de là que vient l'expression de chasse à l'affût, ou plus exactement «à fût». Tout autour de la partie de la forêt où devait se dérouler la chasse, on plaçait une armée de traqueurs et quelques tireurs à l'arc aux lieux de passage, à moins qu'on ne préférât entourer de filets tout le périmètre. Les traqueurs et les chiens levaient le gibier. Quand le chasseur avait blessé un animal, il poussait un long cri d'appel; là-dessus on amenait l'un des chiens qu'on tenait tout préparés, et on commençait avec lui la poursuite.

En Angleterre, les dames assistaient aussi, en spectatrices, aux battues, dès le début du XVe siècle. On apprêtait, à leur intention, un emplacement particulier, à l'abri de la pluie et du vent (*trestes*). En Ecosse notamment, on organisait des battues de ce genre, avec un apparat vraiment barbare, conforme à l'état social de ce peuple de montagnards sauvages. Des milliers de *clansmen* (hommes des clans) suivaient les chefs de tribus, des centaines de chefs nobles suivaient les rois dans les districts de chasse des hauts plateaux, et c'était par milliers que les pièces de gibier tombaient sous les flèches et les épieux de ces chasseurs sauvages.

A une chasse organisée par Jacques V († 1542), il n'assista pas moins de 8000 personnes, dont les deux tiers étaient armés. A l'occasion d'une autre chasse, donnée par le comte d'Atholl en l'honneur de ce même prince, on avait élevé, au milieu de la forêt, un château de chasse, avec le bois des arbres fraîchement abattus, entrelacé de branches, et dont l'intérieur avait été aménagé avec une magnificence royale. La chasse dura trois jours; on abattit une quantité innombrable de renards, de loups et 600 cerfs. Au moment du départ, le comte d'Atholl fit mettre le feu au palais.

Tandis que dans la chasse à courre, on ne doit, suivant la règle tuer qu'une seule ou tout au moins qu'un très petit nombre de têtes de gibier, il s'agissait, dans les battues, d'en tuer une grande quantité. Dans ce but, on donnait des battues, souvent et même suivant la règle, à ce qu'il semble, dans des parcs à gibier.

Les auteurs français et anglais qui ont écrit sur la chasse à la fin du moyen âge, nous décrivent aussi l'affût et la chasse à la surprise. On retrouve naturellement ces deux formes, partout où l'on pratique la chasse. On peut donc admettre les descriptions qu'on en a faites en Angleterre et en France, comme s'appliquant également à l'Allemagne, quoique nous manquions pour ce pays de données datant de cette époque. D'après Gaston Phœbus, on pratiquait la surprise sous trois formes.

En premier lieu, il s'agissait de s'approcher furtivement; les chasseurs étaient à deux, pour se soutenir réciproquement. On attachait un grand prix à la couleur verte du vêtement, ce qui permettait au chasseur d'être moins facilement reconnu par le gibier; l'arc même devait être peint en vert.

A cette manière de s'approcher furtivement, on préférait l'emploi d'une attrappe, sous la forme d'un cerf ou d'une vache. Au début on se servait à cet effet de deux aides, sur lesquels on jettait une enveloppe de toile, pour remplacer les cerfs apprivoisés qu'on employait auparavant pour ce genre de chasse. Plus tard on remplaça ces figures par une image dessinée sur de la toile. Très souvent, on cherchait à arriver jusqu'auprès du gibier en voiture; le chasseur était assis sur un char léger, à deux roues, qui, tout comme le chasseur et le cheval était masqué par des branchages verts.

A côté de la chasse à courre, et sur une échelle plus vaste encore, florissait à l'époque de la chevalerie et des troubadours, la chasse au faucon (*fauconnerie, hawking*).

Il est difficile de se faire aujourd'hui une idée exacte de la prédilection extraordinaire, ainsi que du respect touchant à l'exaltation, avec lesquels on pratiquait la chasse au faucon. Exclusivement réservé aux classes privilégiées, le droit de chasser au facon ne fut jamais accordé au peuple.

A l'époque des trouvères et des troubadours, cette chasse devint le symbole de la force et du courage; pour le chevalier, c'était le symbole de la bien-aimée, qui se soustrait aux liens de son amour jusqu'à ce que sa fidélité ait été éprouvée. Nous possédons un lai d'amour datant du XIIe siecle, où la bien-aimée apparaît sous les traits d'un faucon.

Pour les femmes, le combat du faucon contre l'aigle constituait un symbole de la lutte que l'homme aimé d'elles avait à soutenir. Son issue était considérée comme un présage du triomphe ou de la mort de leur héros.

Ces allégories atteignirent leur apogée dans la seconde moitié du XIVe siècle, dans le poème « *Le lai du fauconnier* », d'un poète souabe anonyme qui transforme la dame de ses pensées en un faucon pour l'inviter à dévorer la proie, son cœur.

Ce qui prouve la haute considération dont au moyen âge la chasse au faucon jouissait dans les cours, c'est que durant cette période on représentait de préférence les rois et les princes sous les dehors d'un chasseur au faucon, ou tout au moins le faucon au poing. Les dames prenaient également très volontiers part à cette chasse, et cela avec d'autant plus d'ardeur que c'était là une des rares occasions qui, dans l'état des mœurs de cette époque, permissent des rapports plus libres et plus intimes entre les deux sexes. A la fin du moyen âge et jusqu'au cours du XVIe siècle, le beau sexe coopérait à un tel point à la chasse au faucon, que c'était pour ainsi dire une mode pour les dames nobles, de ne jamais se montrer sans l'oiseau préféré au poing.

Le clergé lui-même s'adonnait avec une telle passion à la chasse au faucon, que différents conciles protestèrent et interdirent souvent cet usage, mais sans succès durable. Charlemagne ordonnait déjà dans son Capitulaire de l'année 789: « *Et episcopi et abatissae cuplas non habeant nec accipitres nec jaculatores.* » (Les évêques et les abbés ne doivent avoir ni chiens de chasse, ni faucons, ni veneurs.) Il y eut même plusieurs papes qui ne purent s'empêcher de pratiquer cette chasse, comme par exemple Pie II et Léon X.

Durant l'époque où la chasse aux oiseaux de vol battit son plein on emmenait les faucons même à l'Eglise. La noblesse avait le droit de déposer ces oiseaux à droite de l'autel, les prêtres déposaient les leurs à gauche et déclaraient que cette place était la plus honorable parce qu'elle est le côté de l'Evangile.

C'est à la chasse au faucon qu'est consacré le premier ouvrage écrit sur la chasse par un Allemand, l'empereur Frédéric II de Hohenstaufen. Ce livre, imprimé pour la première fois à Augsbourg en 1596, avait pour titre: « *Reliqua librorum Frederici II, imperatoris de arte venandi cum avibus, cum Manfredi regis addidionibus.* » Il s'y trouve ajouté une dissertation du célèbre savant Albert le Grand: « *capita de falconibus et accipitribus.* » Le premier chapitre est un éloge de la chasse au faucon, qui, comme on le prouve, est de beaucoup plus noble que toutes les autres méthodes de chasse. On y trouve également une description de la structure anatomique de l'oiseau, de ses mœurs et de ses migrations. L'auteur traite ensuite des différentes espèces de faucon employées à la chasse, de la manière de les apprivoiser et de les dresser, et finalement de la pratique même de la chasse aux oiseaux de vol.

Le côté technique de la chasse est très bien traité. Par contre, dans le chapitre consacré à l'histoire naturelle, on trouve des notions physiologiques et biologiques encore tout à fait basées sur les vieilles théories d'Aristote et notamment sur celles de Gallien telles qu'elles avaient été répandues au moyen âge par les Arabes et se sont maintenues jusqu'au delà de l'an 1000. C'est aussi aux Arabes, que suivant son propre aveu, l'empereur Frédéric est redevable de la majorité de ses connaissances. Il en résulte que l'Orient et en particulier les Arabes ont exercé une influence considérable sur le développement de la fauconnerie occidentale. C'est seulement à partir des croisades que l'on commence à avoir des renseignements plus abondants sur la pratique de la chasse aux oiseaux de vol dans les différents Etats de l'Europe, bien qu'elle ait sans doute déjà existé auparavant, en Orient et en Occident, partout où le pays s'y prêtait.

En Allemagne notamment cette chasse avait une grande importance pour les ordres de chevaliers, parce que ceux-ci pourvoyaient toutes les cours princières d'oiseaux de vol du Nord. Le grand maître Conrad de Jungingen établit, en 1396, une école de fauconnerie à Marienwerder, d'où il envoyait, dès l'année 1400 des oiseaux de vol en cadeau aux rois de Pologne, de Bohême et de France, au duc d'Autriche Léopold et à un grand nombre d'autres princes.

En France et en Angleterre, la chasse au faucon fut également de plus en plus appréciée, et pratiquée avec un faste tout à fait extraordinaire, par les rois et la haute aristocratie.

En dehors de l'Europe, cette chasse était notamment développée dans les vastes plaines de l'Asie. Les Chinois la connaissaient dès le VIIe siècle avant J.-C.; par l'intermédiaire des Turcmènes elle passa en Perse et de là, au VIIe siècle après J.-C., en Arabie. Les croisades fournirent aux Arabes l'occasion de transmettre leur dextérité à l'Europe méridionale et centrale. De l'Asie centrale, la fauconnerie se répandit aussi vers le nord-ouest, en Russie, où elle fut longtemps pratiquée avec prédilection par les grands princes et les tsars.

Ce qui est remarquable, mais s'explique facilement, c'est la concurrence qui au XIVe siecle s'établit entre les deux genres de chasses pratiquées par les cours, la chasse à courre et la chasse au faucon dont chacune prétendait à la primauté.

Des excès et des abus de toute sorte, ainsi que l'énormité des frais occasionnés par la chasse aux oiseaux de vol, causèrent, dès la fin du moyen âge, le déclin d'un exercice qui au début et dans sa pratique même avait eu un caractère chevaleresque et distingué. A la fin du moyen âge, la chasse aux oiseaux de vol avait déjà dépassé son point culminant, mais elle fut encore d'une pratique générale au XVIe siècle. En France, elle eut un épanouissement extraordinaire sous François Ier, bien qu'on appréciât davantage la chasse à courre. Le grand fauconnier de France, René de Cassé recevait 4000 livres par an, il avait sous ses

La Curée
D'après «The Mayster of the Game» (vers 1412)

ordres 50 fauconniers, tous nobles et 50 fauconniers auxiliaires; le nombre des faucons était en moyenne de 300 et les dépenses annuelles s'élevaient à 40,000 livres pour ce chapitre. Cet apparat colossal suivait le roi dans tous ses voyages. Louis XIII préférait de beaucoup la chasse au faucon à toutes les autres chasses et dépensait des sommes extraordinaires à cet effet, mais fut le dernier roi de France à s'occuper de fauconnerie. En Angleterre, cette chasse diminua de plus en plus par suite du déclin de la chevalerie et devint accessible à d'autres classes qu'à la noblesse; aussi les grands propriétaires fonciers furent-ils autorisés à s'y adonner, dès le règne d'Elisabeth.

Parmi les grands princes du XVIIe et du XVIIIe siècle, amateurs de fauconnerie, il faut citer, en dehors de Louis XIII, Marie-Thérèse, l'empereur Joseph Ier, Charles VI, l'électeur de Bavière Charles-Albert et Georges II, landgrave de Hesse.

Vers la fin du moyen âge, on s'éleva de plus en plus contre l'exercice de la chasse au faucon par les prêtres. La Réforme vint encore renforcer ce courant, de sorte que le clergé renonça graduellement et complètement à cette chasse, à partir du milieu du XVIe siècle environ.

La chasse au faucon ne cessa de décliner avec le changement des idées et aussi à cause des frais qu'elle entraînait; au XVIIIe siècle elle n'avait plus qu'un reflet de son ancienne splendeur; il ne s'en est conservé que quelques vestiges, destinés à disparaître, jusque dans les premières dizaines d'années du XIXe siècle.

Voici, très brièvement résumé, ce qu'il y a d'intéressant à dire au sujet de la pratique de la chasse aux oiseaux de vol.

On l'employait principalement à chasser différentes espèces d'oiseaux, notamment l'outarde, la grue, le cygne, le pluvier, la caille, l'oie sauvage, le canard sauvage, le ramier, les oiseaux fluviaux de toute espèce, le milan, la buse, le corbeau, la corneille, la pie, l'alouette et d'autres petits oiseaux. La chasse au héron n'apparut que relativement tard. Parmi les mammifères, on chassait au faucon le chevreuil, le renard, le lièvre et le lapin; cependant cette méthode était peu usitée dans l'Europe centrale et occidentale, mais davantage en Asie et en Russie.

Le départ se faisait en nombreuse société, à cheval, en compagnie des fauconniers qui portaient les faucons. Pour les oiseaux farouches, tels que la grue, le héron, le cygne, l'oie, il s'agissait d'approcher d'eux avec beaucoup de précaution, souvent à pied, en s'abritant derrière les chevaux. Quant aux espèces d'oiseaux qui se blotissaient, comme les perdrix et les faisans, on les faisait lever par des chiens spéciaux (*chiens d'oisel*, le plus souvent des épagneuls), ou par des valets armés du bâton de fauconnier; plus tard, on employa dans le même but le tambour et les coups de fusil. D'après la règle, on devait tenir le faucon sur le poing gauche, et le lancer de manière à ce qu'il pût s'élever contre le vent.

Lorsque le faucon avait atteint dans les airs l'oiseau qu'il s'agissait de chasser, on accourait aussi vite que possible à l'endroit où les deux oiseaux devaient, selon toute vraisemblance, tomber à terre. On devait s'y prendre de manière à ce que les oiseaux ne tombâssent pas dans de grandes rivières; quand cela arrivait, celui qui avait lancé le faucon était tenu de courir à son secours. Lorsque le faucon atteignait le sol avec sa proie, le chasseur devait « l'aider », c'est-à-dire mettre l'oiseau capturé dans l'impossibilité de combattre. En France, on dressait souvent des lévriers à cet effet. Il était de règle de ne pas lancer le faucon contre un gibier vigoureux pour l'empêcher d'être blessé ou de se chagriner en cas d'insuccès. De même, il ne fallait pas chasser trop d'oiseaux le même jour, pour ne pas trop fatiguer le faucon.

A l'origine, on donnait en récompense au faucon l'oiseau qu'il avait attrapé, mais parfois on ne lui en abandonnait que la cervelle. Plus tard quand ce genre de gibier devint plus rare, on gavait le faucon de miettes de pain préparées d'avance et on rendait la liberté à sa proie, quand elle avait encore des chances de vie. Il arrivait souvent qu'à cette occasion, on mît à la patte des hérons un anneau d'argent avec le chiffre de l'année ou d'autres inscriptions. Toutefois, ce n'est qu'à l'époque du déclin de la fauconnerie qu'on prit cette habitude de remettre en liberté les oiseaux capturés.

La chasse aux oiseaux de petite espèce à l'aide de différents filets et rets fut pratiquée avec ardeur, comme divertissement particulièrement préféré des femmes, durant tout le moyen âge, jusqu'en plein XVIIIe siècle. Les hommes s'y adonnaient également. C'est ce que montre l'histoire de l'empereur Henri Ier, surnommé l'« Oiseleur », et qui, d'après la légende, se serait élevé de son aire d'oiseleur jusqu'au trône impérial.

La chasse aux oiseaux à l'aide du grand duc était déjà connue des Grecs et des Romains; cela ressort de la description d'Aristote.

Comment on s'approche du gibier avec des voitures de chasse dissimulées sous des branchages
D'après «The Mayster of the Game» (vers 1412)

En France, on avait l'habitude de ne pas faire voir les chouettes elles-mêmes, mais d'imiter leur cri, ainsi que le gazouillement des oiseaux qu'on poursuivait, pour éveiller la curiosité de leurs camarades. Dès le XIVe siècle le *Roy Modus* consacre un chapitre spécial à ce genre de chasse. Certains rois de France, comme Louis XIV par exemple, aimaient beaucoup ce sport.

Alors qu'en France la chasse à courre est, dès le XIIe siècle devenue une forme de chasse caractéristique, de la façon décrite plus haut, en Allemagne l'ancienne chasse aux chiens courants, avec l'usage des haies, fut longtemps sans subir de modifications essentielles. C'est seulement au XVIe siècle que s'y développa la chasse à l'affût, qu'on prit plus tard l'habitude d'appeler la « chasse allemande », par opposition à la chasse à courre française.

Le développement de cette méthode se rattache à la transformation de la « haie ». Au lieu de haies fixes, on employa des murailles artificielles de filets ou de toiles. Ceci donna non seulement une plus grande latitude dans le choix des endroits où l'on voulait chasser, mais encore une plus grande certitude de succès, grâce à un adroit aménagement. Le procédé le plus ancien (dans la seconde moitié du XVIe siècle) était le suivant:

On élevait, du côté où le gibier était présumé devoir passer, sur un emplacement libre, un ou plusieurs abris derrière lesquels se postaient les tireurs et les chasseurs avec les chiens. Plus en arrière, on dressait des filets et des rets, tendus ou lâches, pour que le gibier s'y prît en partie, ou fût en partie tout au moins empêché de fuir plus loin. Tout le reste de la forêt où l'on chassait était entouré de traqueurs et de chasseurs, chargés d'empêcher le gibier de s'échapper et de le rabattre vers les postes des chasseurs.

Vers le milieu du XVIIIe siecle apparurent, dans le Leicestershire, les premiers chasseurs de renard réguliers; à la fin du même siècle, la chasse au renard s'était répandue dans toute l'Angleterre et on avait établi à ce sujet un système où les moindres détails étaient réglés. Le premier principe était de *Fair play*, c'est-à-dire pas de filets, de trappes, ni d'armes à feu! En 1800, lord Forrester et lord Delamare fondèrent le « *Old Melton Mowbray Club* » qui, au début ne se composait que de quatre membres, mais ne tarda pas à se renforcer au point que le petit village de Melton-Mowbray est devenu une ville, dont les habitants vivent exclusivement de la chasse au renard et tiennent des écuries pour environ 1000 chevaux.

Faucon blanc posé sur le poing revêtu d'un gant de cuir

Pour la chasse aux oiseaux, la méthode la plus usitée fut jusqu'à la fin du XVIIIe siècle, à côté de la fauconnerie, la capture au filet, au lacet, au pipeau. On ne tirait à proprement parler les oiseaux, que quand on avait l'occasion de les surprendre assis ou couchés.

C'est ainsi qu'on aimait à surprendre les oiseaux en se cachant derrière un mannequin de bœuf, notamment pour les espèces très farouches, comme l'oie, le canard et l'outarde. Pour la chasse au canard et à l'oie, on employait non pas le fusil ordinaire à chevrotines mais le fusil posé sur un chariot, beaucoup plus efficace, que nous avons décrit plus haut. Suivant un procédé déjà usité dans l'antiquité, on effrayait les perdrix à l'aide de faucons et d'autours, pour les forcer à rester immobiles, ce qui permettait de les tirer facilement. On cherchait aussi à faire monter les faisans dans les arbres en lâchant sur eux les limiers, et on les tirait, pendant que le chien aboyait.

Le roi Conradin à la chasse au faucon
D'après le «Grand manuscrit de chants d'Heidelberg» du commencement du XIVe siècle

Fleming ne mentionne le tir sur le gibier de plume que dans son appendice et dit qu'un chasseur allemand, n'a à proprement parler pas besoin de posséder « une adresse aussi rapide que celle qui est nécessaire au tir dans l'air». De même, il ne parle que de la chasse au coq de bruyère et au petit tétras, c'est-à-dire des cas où le gibier à plume est tiré au gîte. En ce qui concerne les faisans, les perdrix et les cailles, cet auteur ajoute qu'on les prenait au panneau.

De même Döbel ne décrit, vers le milieu du XVIIIe siècle aucune méthode, d'après laquelle on tire les oiseaux au vol; suivant ses explications, ce genre de chasse semble n'avoir joué à cette époque qu'un rôle tout à fait subordonné. En France, l'emploi du chien couchant a même été interdit jusqu'à la fin du XVIIIe siècle.

* * *

Au cours du XIXe siècle, la pratique de la chasse a subi une transformation profonde dans ses formes. Par suite des modifications intervenues dans les conditions du droit de chasse, grâce notamment à l'obligation d'indemnité en cas de dégâts causés par le gibier et à la disparition de la corvée de chasse, beaucoup de méthodes de chasse devinrent si coûteuses, que même les gens fortunés durent y renoncer. De même, les idées relatives à l'estimation de la chasse par rapport à l'économie rurale et forestière, sont devenues tout autres qu'elles n'étaient jadis.

Il devint désormais impossible d'entretenir des masses de gibier aussi considérables que celles requises par les grandes chasses à l'affût, et de pratiquer la chasse à courre si néfaste aux cultures. D'autre part, l'exercice de la chasse n'est plus un privilège réservé à la haute aristocratie; il est accessible à toutes les classes de la société.

Le perfectionnement des armes à feu eut une importance capitale au point de vue de la pratique de la chasse. Enfin, il y a un grand nombre de méthodes de chasse, autrefois très appréciées et très usitées, qui ne nous semblent plus compatibles avec nos conceptions modifiées de la vénerie.

Durant le siècle dernier, la chasse, débarrassée d'accessoires et d'une pompe superflue, est à vrai dire devenue plus simple, mais répond d'autre part davantage à la notion exacte de la vénerie, quoiqu'il faille avouer que bien des chasseurs d'aujourd'hui ne sauraient être considérés comme de vrais compagnons de Diane. Ni le déploiement d'un luxe inutile, ni la poursuite d'un record au point de vue du nombre de gibier tué ou d'autres trophées de chasse, n'ont rien à voir avec la véritable notion de vénerie.

Nous nous contenterons de donner ici une brève esquisse des méthodes de chasse telles qu'elles se sont développées à l'époque moderne, au simple point de vue historique. Un tableau systématique de la vénerie moderne sortirait des cadres de cet ouvrage.

Les méthodes de chasse les plus importantes de l'ancien temps et celles qui étaient alors préférées, la chasse à courre, la chasse au faucon et la chasse à l'affût, appartiennent aujourd'hui à l'histoire. S'il s'en est conservé quelques vestiges jusqu'à l'heure actuelle, ils n'ont plus qu'un caractère de souvenir historique. Tout cela est étranger à la pratique actuelle de la chasse; tous les efforts pour faire revivre ces usages lutteraient inutilement contre le formidable courant de l'évolution progressive.

Les chasses à courre, au sens ancien du mot, se sont maintenues en France (d'une manière d'ailleurs très restreinte et considérablement simplifiées); la chasse au renard anglaise représente également une transformation moderne de l'ancienne chasse à courre. Par contre, la chasse à courre, pratiquée à cheval, qui depuis quelque temps a un très grand regain en Allemagne, ne rentre plus dans le domaine de la chasse, mais dans le domaine du sport de l'équitation (voir tome II). Il n'y est plus question de la chasse proprement dite dont le but est d'abattre le gibier ou du moins d'instituer une émulation entre ce gibier et le chasseur. Que dirait un vrai chasseur d'autrefois en voyant le sanglier capturé, à moitié apprivoisé, rendu en outre inoffensif, grâce à la peine qu'on prend de scier ses armes (boutoirs)! Les chasses de Saint-Hubert, données par quelques cours avec l'ancien cérémonial, sont de simples réjouissances.

Il en est de même des chasses à l'affût, qui se sont maintenues le plus longtemps à la cour prussienne de l'empereur Guillaume Ier, sous une forme d'ailleurs considérablement simplifiée. Autant qu'elles ont encore lieu aujourd'hui, elles ne servent qu'à des représentations, comme beaucoup d'autres dont l'essence ne correspond plus à ces solennités d'un autre âge; par contre, tout cela n'a plus aucune importance au point de vue de l'exercice de la chasse proprement dit.

La chasse au faucon a survécu en Europe, à l'état de rares vestiges jusqu'à une époque avancée du XIXe siècle; c'est en Hollande qu'elle s'est maintenue le plus longtemps. L'école de fauconniers du village de Falkenwerth en Flandre, existait encore au commencement du XIXe siècle et avait derrière elle une histoire vieille d'un siècle.

En 1840 s'était fondée, sous la direction du baron Findall et sous le patronage du prince Albert des Pays-Bas, une société de fauconniers, qui se composait principalement d'Anglais. Elle avait son siège au château de chasse de Lô, en Flandre, où se trouvaient 45 faucons, et où, l'année même de la fondation, on avait déjà chassé 237 hérons. Cette société, qui, à son époque fit beaucoup parler d'elle, n'a cependant subsisté que durant 10 ans.

De temps en temps, on a fait de nouvelles tentatives pour rappeler à la vie la chasse au faucon, comme par exemple dans la province de Brandebourg en 1904; mais le temps de cette méthode de chasse est passé, en Europe du moins. Par contre, elle continue à être florissante en Orient, particulièrement chez les peuples des steppes de l'Asie intérieure, dans l'Inde, en Chine, et, avant tout, au Japon.

Les méthodes de chasse actuellement usitées en Europe, abstraction faite de la chasse aux grands fauves, sont l'affût, la surprise, la battue, la quête et la chasse au furet. Sans nous étendre sur les détails de la pratique de la chasse, réservés aux nombreux manuels et traités de chasse, nous nous contenterons de présenter ici les observations suivantes, relatives à l'essence et à l'emploi de ces méthodes.

1° L'affût consiste à se cacher à un endroit où le gibier peut être attendu, par exemple du côté d'un passage sûr, quelque temps avant la sortie ou le passage du gibier, sous un bon vent. L'affût peut se pratiquer, aussi bien le soir, avant le crépuscule quand le gibier sort de la forêt pour aller brouter dans les champs ou dans les prés, que le matin, avant le lever du jour, quand le gibier rentre dans les bois. Pour la chasse au gros gibier, on pratique souvent l'affût sur des points surélevés (arbres, échafaudages). Les principales règles de ce genre de chasse sont l'observation d'une immobilité et d'un silence absolus, en particulier à l'approche du gibier et l'épaulement du fusil sans mouvements violents.

L'affût au lièvre est la forme la plus connue et constitue le plus souvent les débuts de la carrière d'un chasseur. On va également à l'affût du chevreuil et du cerf, ainsi que du sanglier et du renard. L'affût de nuit, pour le cerf, le chevreuil et le lièvre n'est pas considéré comme conforme aux règles de la vénerie, à cause de l'incertitude du tir. Par contre, cette méthode est employée, aussi bien en Allemagne, que, dans une mesure plus grande encore, dans les pays chauds, pour chasser le gibier noir et les carnassiers. Pour mieux attirer les carnassiers, tels que le renard et le loup, on emploie volontiers la « charogne », c'est-à-dire des animaux abattus; pour les grands carnassiers des régions tropicales, on se sert

Joh. El. Ridinger inv. et del. — Mart. El. Ridinger sculpr. Aug. Vind.

Seht hier, ein feines Bild des Glüks der Hofe doch!
Der Falk u. Reiger steigt mit kühnem Flug gleich hoch.
Doch es geht Beyden so, wie andern ihrer Brüder:
Weñ sie am höchsten sind, so stürzen beyde nieder.

Chasse au faucon

aussi, dans le même but, d'animaux vivants, notamment de chèvres, ou des restes des déprédations de ces fauves, au voisinage desquels on se met à l'affût, au clair de lune. On range encore dans cette catégorie la *passée* (au printemps le matin, en automne le soir), puis l'attaque du canard, en hiver, sur des rivières gelées. En France on n'aime pas beaucoup user de l'affût, sauf pour les passages d'oiseaux et les grands fauves; on y voit une méthode de chasse quelque peu déloyale, convenant davantage au braconnier qu'au chasseur.

2º La chasse à la surprise (*stalking*) constitue, d'après nos conceptions actuelles, le plus noble des plaisirs de la chasse.

Elle exige du chasseur la plus grande adresse et la plus grande circonspection. Pour réussir, il faut avoir un bon vent, utiliser chaque abri, s'approcher sans bruit, s'arrêter souvent, avoir l'œil et l'oreille au guet, s'immobiliser, quand le gibier lève les yeux, être calme et avoir la main sûre en tirant au moment propice. La « fièvre de la chasse », dont un grand nombre de chasseurs excellents pour le reste ne savent se défaire complètement, même après une longue pratique, cause les déboires les plus cruels. Du reste, cette chasse doit être pratiquée suivant l'espèce particulière de gibier poursuivi et d'après les conditions locales qui doivent être tout à fait familières au chasseur.

En Allemagne, on pratique la chasse à la surprise, d'après les règles, pour le cerf, le daim, le chevreuil, et sans être constamment accompagné d'un chien. Il est très bon d'emmener un mâtin ou un chien ordinaire digne de confiance, mais le plus souvent, dès que le coup de fusil heureux est parti, on « dépose » ce chien, c'est-à-dire qu'on le laisse à un endroit approprié, où il doit attendre le retour de son maître, sans donner de la voix. Dans le Nord de l'Ecosse où le « *deer stalking* » est également très apprécié, le chasseur emmène toujours un ou deux *deerhounds* (*grampian deerdogs*).

Dans la plaine, on affectionne de s'approcher du gibier sur des voitures « à surprise ». Le plus souvent le gibier ne s'enfuit pas à la vue de la voiture. D'ailleurs il est entendu qu'on ne tirera pas depuis la voiture, mais que le chasseur descendra, autant que possible sans se faire remarquer, de son véhicule en marche, se mettra immédiatement bien à l'abri, et lâchera son coup pendant que le gibier suit la voiture de l'œil. Ce procédé présente des difficultés particulières dans la chasse à la grande outarde (*Otis tarda*), dont il faut s'approcher sur des voitures à fumier ou à foin, masquées.

En Allemagne, c'est par un temps humide, notamment tout de suite après les pluies d'orage, que la chasse à la surprise donne les meilleurs résultats. Les feuilles qui recouvrent le sol ne bruissent pas; les gouttes de pluie tombant des arbres, remplissent la forêt de bruit, et le gibier qui en d'autres moments perçoit la moindre rumeur, n'entend pas si facilement le craquement d'un branchage foulé par le pied du chasseur. D'autre part, le gibier abandonne les taillis mouillés et s'avance dans les clairières.

Dans les régions montueuses où la chasse à la surprise est souvent totalement impraticable, à cause de la nature difficile du terrain sans routes, comme par exemple dans les Karpathes, on chasse de cette manière le cerf à l'époque du rut, en employant l'« appel », c'est-à-dire en imitant le cri d'un rival en rut, pour amener le cerf à plus grande proximité du chasseur. On use du même procédé dans certaines parties de la Russie pour la chasse à l'élan. D'autre part, pour attirer le chevreuil, on imite, avec une feuille de hêtre, le cri d'angoisse d'une biche poursuivie par un mâle, mais aujourd'hui, on se sert le plus souvent, à cet effet, d'instruments d'appel de construction spéciale.

Toute autre est la chasse à la surprise de l'élan de Norvège. Là, le chasseur part à la chasse avec un limier sans collier, mais portant une sorte de harnais. Quand le vent est bon, on poursuit l'élan jusqu'à ce qu'on arrive à portée de fusil, ce qui demande souvent beaucoup de temps et est extraordinairement fatigant. On chasse encore l'élan, en Norvège, au chien détaché. Le chien est lâché à un endroit approprié et va à la recherche de l'élan, pendant que le chasseur attend. Quand le chien tombe sur un élan, il essaie de l'arrêter et aboie contre lui. C'est alors au chasseur d'accourir le plus rapidement possible et sans faire de bruit, en tenant compte du vent. Cette chasse à la surprise, lente et circonspecte, a sa contre-partie absolue dans les procédés usités, en l'absence de tout abri, dans l'Afrique du Sud, par exemple dans la chasse à l'antilope où il faut s'approcher rapidement à cheval, sauter à terre et faire feu.

3° La quête (*chasse à tir au chien d'arrêt* ou *au chien courant*) s'exerce contre le gibier faisant partie de la chasse inférieure, particulièrement contre le lièvre, la bécasse, le canard et autres oiseaux aquatiques. La condition principale, c'est d'avoir un chien qui sache bien lever et arrêter le perdreau. La chasse à la perdrix est surtout agréable quand on la pratique seul, ou tout au plus, avec deux bons chiens. Quand il y a trop de chasseurs et de chiens, on se presse trop, on tire mal, on accable les chiens de coups et on se désole. Pour chasser la perdrix, il faut « épier » le gibier avant le lever du jour, et placer des postes d'observation sur des points élevés pour voir où tombent les perdreaux tués.

La quête au lièvre présente l'inconvénient qu'on tue principalement des hases, parce que ce sont elles qui tiennent le plus longtemps. Une quête exagérée peut amener la disparition totale du lièvre. Dans ces derniers temps on a limité de plus en plus l'exercice de cette méthode de chasse, ce qui a contribué à accroître notablement le nombre des lièvres.

En forêt, on emploie principalement la quête pour chasser la bécasse. La quête à la bécassine est pénible, parce que ce gibier est le plus souvent caché dans des fonds, à côté desquels les chiens passent facilement. D'autre part, la bécassine qui s'envole est un des coups les plus difficiles. On chasse particulièrement le canard près des cours d'eau dont les bords sont couverts de roseaux. La condition principale, c'est de se mettre à l'abri et de pouvoir s'approcher sans se faire remarquer. Dans les districts de chasse bien garnis, on chasse, à l'automne, les coqs de bruyère jeunes.

Une autre forme de quête consiste à ne pas emmener de chien (*la chasse au cul levé*). Tantôt, c'est un seul chasseur qui parcourt les champs, tantôt ce sont plusieurs chasseurs qui s'avancent en ligne et font lever le gibier. La première de ces méthodes est considérée comme n'étant pas de très bonne vénerie;

Chasse au faucon

D'après « Le Caucase

Supplément à l'ouvrage « *Les Animaux* »
(Ne peut être vendu séparément)

province d'Erivan)

ackelberg, Paris 1847

MAISON D'ÉDITION BONG & Cie
PARIS

elle peut, en peu de temps, détruire tout le gibier d'une région, notamment parce qu'on tue beaucoup de hases, comme nous l'avons déjà fait remarquer plus haut. D'autre part, beaucoup d'animaux sont blessés et ne sont pas retrouvés parce qu'on manque de chiens.

4° La battue est employée à chasser les espèces de gibier les plus différentes, du tigre au lapin, et est, en conséquence, extrêmement variée. Dans l'Europe centrale et méridionale, les formes de battue les plus usitées sont les suivantes: pour chasser le cerf, le daim et le chevreuil, on se sert de toiles, on se blottit ou l'on se verrouille; les battues en forêt sont organisées pour la chasse au lièvre, au

Chevaliers français et dames nobles à la chasse au faucon
Tiré du «Livre du Roy Modus et de la Royne Racio» (fin du XIVe siècle)

lapin, au chevreuil et au renard; la battue, à poste fixe, sert à chasser, dans les champs le lièvre, le lapin, le faisan, et en Angleterre le grouse; la chasse au rabat ou battue bohémienne, pour le lièvre et le lapin; enfin la battue dans les marais et les roseaux, pour le canard et autres oiseaux aquatiques.

Chaque battue doit être menée d'après un plan arrêté; la direction, les chasseurs et les traqueurs doivent s'entendre en connaissance de cause. Autant que possible, la battue doit se dérouler tout entière contre le vent, mais chaque rabat doit aller sous le vent.

Dans la battue à poste fixe, il y a un front contre lequel on chasse le gibier et des ailes, également garnies de chasseurs ou couvertes de toiles. L'éloignement des tireurs est calculé d'après l'étendue du terrain, d'après le nombre de fusils disponibles et suivant aussi qu'on tire à balles ou à chevrotines; les deux chasseurs les plus rapprochés l'un de l'autre doivent toujours pouvoir tirer ensemble.

Dans la battue en forêt, quand on chasse le cerf ou le renard, on se contente de garnir d'un petit nombre de chasseurs, les passages placés « sous le vent »; souvent aussi, on place des chasseurs sur les « passages de retour », notamment à la chasse au cerf, au sanglier et au chevreuil. Pour les battues de cerf et de renard, il suffit de quelques traqueurs, qui s'avancent en silence et qui, de temps en temps, frappent contre les arbres avec leur bâton, toussent, ou cassent

Comment on doit prendre perdreaux, cailles, faisans
D'après le «Nouveau Livre de Chasse et de Vénerie» (1582)

des branches sèches. Pour la battue de sangliers, il faut non seulement un grand nombre de traqueurs, mais encore, quand il y a des taillis de grande étendue, des meutes de chiens suffisamment agressifs, sans condition de race, pour forcer les troupes de sangliers. Il est recommandé aussi d'entourer tout le périmètre de la battue de tireurs, pour que le sanglier ne change pas de route; en l'absence d'un nombre suffisant de fusils, on a avantage à employer les toiles. Pour les battues de lièvres, il faut également un grand nombre de traqueurs qui chassent devant eux le gibier en faisant du bruit avec des claquets; il faut cependant éviter de faire trop de bruit, sans quoi beaucoup de lièvres reviennent sur leurs pas.

Les tireurs doivent se tenir très tranquilles, surtout à la chasse au sanglier, au cerf et au renard.

Après chaque battue, on fait l'« alignement », c'est-à-dire que l'on dispose le

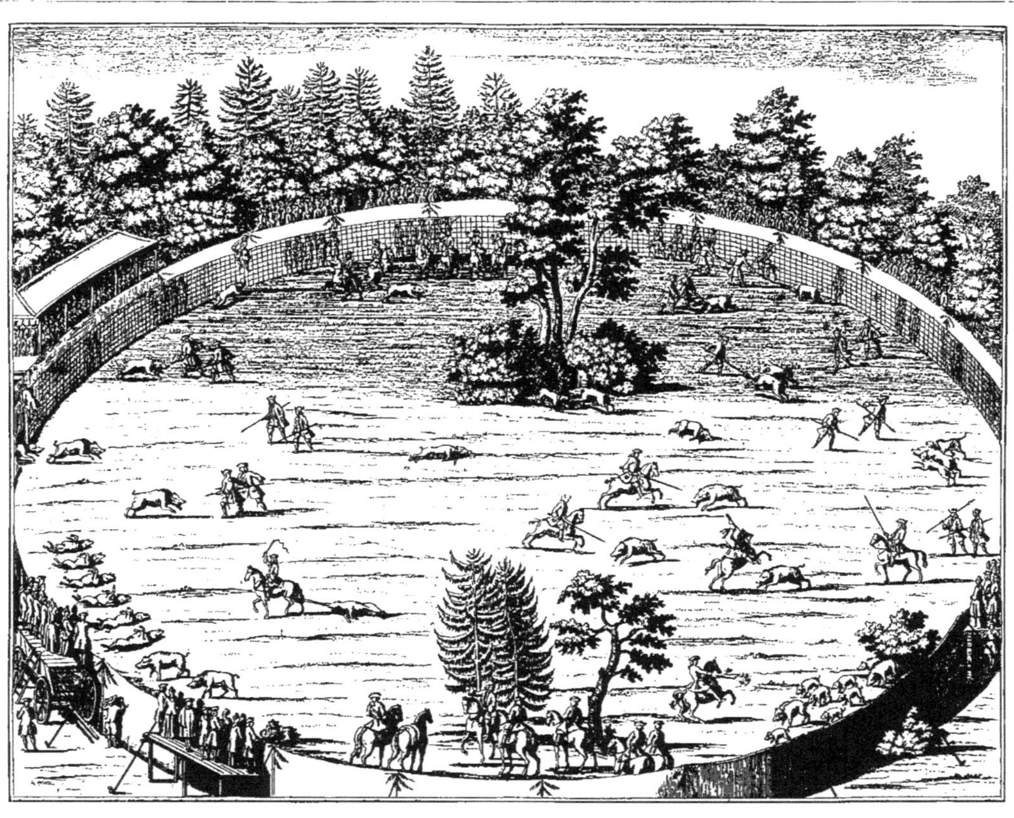

Chasse au sanglier

D'après Fleming « Le parfait chasseur allemand » (Leipzig, 1724)

Une

D'après « Le pa

gibier tué, suivant un ordre déterminé, par séries, d'après l'espèce, le sexe et la taille, sur le côté droit. Jadis, on sonnait les différents signaux de « mort » (mort du cerf, mort du sanglier, mort du renard, etc.). Quiconque franchit « l'alignement » se rend coupable d'une grave infraction et est passible d'une amende. Les battues à poste fixe dans les champs sont analogues aux battues en forêt, mais embrassent un plus grand périmètre. Ordinairement, les traqueurs sont accompagnés de quelques chasseurs chargés d'abattre le gibier qui revient sur ses pas.

La chasse au rabat est de préférence employée dans les battues de lièvres sur de grandes étendues de terrain. La dimension des rabats est calculée d'après le nombre des fusils et des traqueurs; en tout cas, ils ne doivent pas être trop longs, afin de pouvoir se relier sans difficulté.

Voici les chasseurs rassemblés. Sous la conduite de ceux d'entre eux qui

ècle
(Leipzig, 1724)

connaissent bien les lieux, ils s'avancent en décrivant un arc de cercle, de manière à ce que les tireurs et les traqueurs se suivent exactement, en alternant, sur le même chemin, jusqu'à ce que les deux chefs de file se rencontrent; le cercle se trouve ainsi fermé. Quand la chasse est bien dirigée, les groupes de chasseurs et de traqueurs doivent être parfaitement concentriques. A ce moment, tout le monde, à un signal donné, fait front vers le centre du cercle sur lequel on marche, et le cercle se rétrécit de plus en plus. Au début, il est encore permis de tirer dans le cercle, mais bientôt après on n'est plus autorisé qu'à tirer vers l'extérieur. A la fin, on envoie encore la totalité des traqueurs à l'intérieur du cercle, tandis que les chasseurs s'arrêtent. Pour la chasse au rabat, il est indispensable d'avoir quelques cornets à signaux. Pratiquée en hiver, par un beau soleil, dans des plaines étendues et couvertes de neige, cette chasse constitue une distraction très récréative.

Chasse au loup
D'après le « Nouveau Livre de Chasse et de Vénerie » (1582)

Fosses à blaireau au XVIe siècle
D'après le « Nouveau Livre de Chasse et de Vénerie » (1582)

La battue bohémienne est une battue volante; elle s'exerce contre le lièvre et sur de vastes espaces. On met à profit ce fait que les lièvres ne s'avancent que sur une certaine distance, puis reviennent sur leurs pas. Les chasseurs et les traqueurs se placent sur un front plus étendu et sur deux lignes particulièrement longues, s'avançant à peu près à angle droit sur ce front. Toute la troupe se meut en conservant la forme d'un rectangle allongé, ouvert sur le devant. Le nombre des traqueurs est en général de beaucoup plus grand que celui des tireurs. Dans les chasses, dites de cavaliers, en Bohême, il y a, pour 2 à 3 chasseurs, plusieurs centaines de traqueurs. Les tireurs sont ensuite répartis aux angles de battue, et suivant les besoins, sur le côté long.

Chasse à courre au lévrier en Pologne
D'après un tableau de A. Kowalski

5° En France, on continue à beaucoup aimer la chasse aux chiens courants. Le cerf, le lièvre et le renard en sont l'objet. A cet effet on emmène de 7 à 8 chiens, autant que possible dirigés par des piqueurs à cheval. Le ou les chasseurs se placent à des endroits propices, au voisinage de passages; ils tirent le gibier, soit immédiatement après qu'il a été levé, au cas où il arrive à portée de fusil, soit seulement, lorsque après avoir été longtemps poursuivi par les chiens, il revient à son gîte. Ce dernier cas est rare, notamment pour le cerf. Aussi s'agit-il pour le chasseur de suivre la chasse de manière à devancer le gibier aux passages en prenant des raccourcis et en faisant des crochets. Parfois, aussi, on place quelques chasseurs auprès des passages éloignés.

Cette méthode de chasse a le grand inconvénient de beaucoup agiter le gibier et de l'effaroucher à tel point qu'il disparaît presque complètement des régions où l'on chasse souvent au chien courant. Aussi n'emploie-t-on ce procédé en Allemagne que dans les régions d'un accès difficile, marécageuses ou notamment rocheuses où il est difficile de faire des battues. C'est ainsi que dans le Sauerland westphalien on apprécie beaucoup ce genre de chasse. Il est vrai que les bassets employés en Allemagne ne chassent pas si longtemps que les braques proprement dits ou chiens courants.

En Russie et en Asie, on chasse aussi le lièvre et le loup, en particulier, avec des lévriers; en Australie on emploie le chien courant contre le kangourouh.

6⁰ Parmi les méthodes de chasse usitées dans les pays en dehors de l'Europe, nous citerons les suivantes, en dehors des battues de tigres déjà mentionnées, où les chasseurs sont le plus souvent montés sur des éléphants et de la chasse à l'antilope qui se fait à cheval.

Fauconnier kirghiz
D'après un tableau de Werestschaguine

a) *Pig-sticking.* Dans l'Inde orientale où le sport de la chasse, notamment avec l'emploi de la lance est très en honneur (*spearing*), la chasse à courre au *Sus indicus* (*Sus cristatus*) indigène dans le Dekhan est un amusement très recherché. Le sanglier hindou se distingue par sa taille et ses fortes défenses; aussi est-il plus vigoureux, plus haut sur pattes et plus rapide que celui de nos pays. Pour chasser ce gibier on se sert soit d'une lance longue de 1 mètres 80 (*jobbing spear*) qu'on empoigne par le bout, soit de la même arme longue de 2 mètres 50 qu'on manie différemment. Dans le premier cas, on pousse la lance du coude, dans le second, avec le bras tout entier, comme font les lanciers. Les chevaux, de provenance généralement australienne (*walers*), ne sont pas seulement très rapides, mais encore extraordinairement sûrs, ce qui est très important dans les régions d'accès difficile.

Voici comment se pratique cette chasse. Les chasseurs s'avancent à cheval, sur la même ligne que les traqueurs, ou bien, se postent au bord d'une jungle, de plantations de cannes à sucre ou de champs de céréales, et attendent que les

Chasse à courre avec la meute

D'après une peinture de Stepanoff dans « La chasse des tsars en Russie à la fin du XVIIe et au XVIII siècle » par Nicolas Kutepow

Supplément à l'ouvrage « *Les Animaux* »
(Ne peut être vendu séparément)

Maison d'Edition BONG & Cie
PARIS

Chasse du perdreau au chien d'arrêt

D'après un tableau de Roth

sangliers fassent irruption. La poursuite commence aussitôt et donne lieu à un joyeux galop qui dure souvent très longtemps. Il est prudent de fatiguer un sanglier par un long galop. On cherche à frapper mortellement la bête d'un coup de lance; le mieux est de l'atteindre au défaut de l'épaule gauche. Pour cela, quand le sanglier veut attaquer, il faut immédiatement faire tourner le cheval à gauche, au cas où un chasseur galopant à droite ne serait pas à même de le frapper simultanément ou tout au moins de l'occuper. Comme un solitaire frappé d'un coup de lance, mais non pas mortellement, peut devenir un adversaire dangereux, les chasseurs portent le plus souvent, outre la lance, un mousqueton chargé de

Pick-sticking, chasse à courre au sanglier avec l'épieu de chasse dans l'Inde
D'après un dessin de R. Caton-Woodville

balles explosives ou une carabine à répétition leur permettant d'achever l'animal. Cette méthode de chasse a été, dans ces derniers temps, propagée par les Anglais dans les montagnes de l'Algérie et du Maroc. Outre le sanglier, on chasse encore à la lance, dans l'Inde orientale, le cerf (*Cervus Aristotelis Cuv.*) et l'antilope Nilgaï.

b) Un genre de chasse tout à fait particulier, c'est la capture d'éléphants sauvages, à l'aide de leurs congénères apprivoisés, comme cela se pratique dans l'Inde orientale, à Ceylan, etc.

Dans ce but, on élève, au pied d'un talus, sur un emplacement recouvert de taillis et d'arbres de haute futaie, une espèce de tour solide ayant la forme d'un rectangle allongé, haut de 4 mètres environ, et bâti sur de solides piliers. L'entrée qui demeure ouverte a une largeur d'environ 7 mètres. Des traqueurs chassent lentement devant eux, sur une longue ligne demi-circulaire, un troupeau d'éléphants sauvages, du côté de la tour. Le nombre de ces traqueurs est très élevé et atteint souvent plusieurs milliers d'hommes. Devant la ligne des traqueurs, et aussi près que possible des éléphants, s'avancent un certain nombre d'hommes chargés de suivre les éléphants à la piste. Chacun de ces chasseurs poursuit un éléphant déterminé et ne le quitte pas des yeux avant qu'il soit arrivé dans la tour. Tâche difficile et dangereuse, surtout dans les taillis impénétrables, car l'éléphant peut facilement se retourner et attaquer l'homme qui est à ses trousses et n'a d'autre

La chasse du kangourouh en Australie
D'après un dessin de Mahony dans « L'Australie illustrée », par A. Garran (Sidney, 1892)

arme qu'un bâton muni d'une pointe en fer. On dit cependant que l'éléphant ne tient que rarement tête à un homme qui s'avance vers lui, armé de la sorte. C'est de cette manière que les éléphants sont graduellement poussés dans la tour qu'on ferme immédiatement après.

Au bout de quelque temps, on fait entrer quelques éléphants apprivoisés dans la tour; chacun d'eux porte deux hommes, un traqueur et un autre muni d'une corde. Chaque éléphant a, autour du cou, une ceinture de chanvre solide, à laquelle se rattache par un nœud coulant la corde dont l'un des deux hommes grimpés sur l'éléphant apprivoisé tient l'autre extrémité qui se termine également par un nœud du même genre.

Les éléphants apprivoisés commencent par éclaircir le taillis en tassant le bois mort. Puis, on se met à attacher les éléphants sauvages. A cet effet, on dirige d'abord les éléphants apprivoisés sur le plus vigoureux de leurs congénères sauvages qu'ils entourent et séparent de ses compagnons. Cela ne se passe pas toujours sans lutte; dans le cas le plus extrême, on est obligé de tuer à coups de fusil l'animal qui offre trop de résistance. Quand les éléphants sont ainsi privés de leur chef, ou qu'ils se montrent moins récalcitrants, on a relativement peu de peine à les attacher. Les éléphants apprivoisés entourent l'un après l'autre chacun des éléphants sauvages et l'occupent; pendant ce temps, l'homme qui porte la corde se glisse par derrière, chatouille le gros orteil de l'animal jusqu'à ce qu'il lève la patte qu'au même moment il entoure du nœud coulant en le tirant en haut, jusqu'à la première articulation. A ce moment, notre homme remonte sur son éléphant apprivoisé, à l'aide duquel il entraîne l'animal capturé jusqu'à l'arbre le plus proche, où on le garotte solidement. Dès qu'ils sentent leurs entraves, les éléphants sauvages font des efforts désespérés pour s'en débarrasser, se jettent à terre et poussent des cris effrayants. C'est au bout de quelques jours seulement qu'on arrive à les transporter plus loin et à les habituer graduellement au travail.

Saint-Eustache D'après le tableau de Breughel

IV. L'administration de la chasse et la vénerie

Les renseignements les plus anciens que nous possédions sur l'administration de la chasse datent de l'époque d'Auguste. Les Romains riches possédaient alors, parmi leur «*familia*», des chasseurs, divisés en quatre classes: *vestigatores* (valets de chiens), *indagatores* (esclaves chargés de tendre les filets), *alatores* (traqueurs) et *pressores* (chasseurs chargés de tuer le gibier pris dans les filets).

Depuis Dioclétien, il y eut à la cour impériale romaine une organisation formelle de l'administration de la chasse, subordonnée au *comes sacrarum largitionum*. L'Italie et les provinces étaient divisées en districts de chasse (*cynegia*), administrés par des procurateurs ayant sous leurs ordres des chasseurs organisés militairement (*venatores, sagittarii*). La forêt des Ardennes qui, à l'époque impériale, s'étendait encore du Rhin jusque dans la région de Reims et de la Belgique au Jura, comprenait cinq *cynegia*. Les procurateurs de quatre cynegia, ayant leur siège à Metz, Trèves, Reims et Tournai, dépendaient du *comes sacrarum largitionum*. Le cinquième district était administré par un fonctionnaire d'un grade particulièrement élevé, ayant le titre de préfet (*præpositus*) des Ardennes. Il demeurait à Chiny, petite ville des Ardennes belges et dépendait directement du *præfectus rerum privatarum*.

Dans l'empire romain d'Orient on connaissait déjà la fonction de grand-maître de la chasse.

Charlemagne imita cette organisation et créa également une catégorie de fonctionnaires supérieurs pour la chasse. Chez les Carolingiens comme chez les empereurs romains, la direction des chasses dépendait des deux ministres chargés d'approvisionner la cour royale, le sénéchal et le grand bouteiller. Au-dessous d'eux il y avait un grand-maître de la chasse et un grand fauconnier. Les districts dépendant des grands-maîtres de la chasse étaient la Neustrie, l'Austrasie, l'Aquitaine et la Bourgogne. On leur adjoignait, en qualité de fonctionnaires royaux subordonnés, des chasseurs et des fauconniers, dont les premiers se distinguaient, suivant l'espèce de chasse à laquelle ils étaient affectés, en *veltrarii*, *beverarii* et *bersarii*. Les *veltrarii* devaient leur nom au *Canis veltrans*, le lévrier, et ont sans doute chassé aussi bien avec ce chien qu'avec le braque, et ont par conséquent servi à la chasse à courre. Les *bersarii* (du vieux mot français, *berser*, tirer), exerçaient leurs fonctions dans les chasses à tir. La destination des *beverarii* est moins claire; leur nom vient de *Biber* (castor); ils fonctionnaient sans doute dans la chasse sur l'eau, peut-être aussi dans la chasse sur terre.

Les chasseurs et les fauconniers étaient des fonctionnaires, sans indépendance il est vrai, mais on les estimait beaucoup à cause de leur adresse, et, grâce à leur affectation au service immédiat du roi et de la reine, ils jouissaient d'une situation privilégiée. Ils étaient à demeure dans les palais royaux et, suivant les besoins, le grand-maître de la chasse les envoyait dans les domaines et les forêts où l'on avait l'intention de chasser.

Aux chasseurs étaient adjoints des serviteurs subalternes chargés de la surveillance et de l'entretien des chiens, ainsi que de dresser les filets et les rets.

La chasse au loup était pratiquée par des chasseurs qui occupaient une situation tout à fait spéciale. Ils étaient chargés d'exterminer les carnassiers, notamment les loups, et avaient dans une certaine mesure des pouvoirs de police. Ils demeuraient dans les différents domaines, dont les administrateurs les avaient sous leurs ordres. Etant donné les services qu'ils rendaient à la population et au bétail, ils étaient dispensés du service de guerre et de la présence aux assemblées de justice; d'autre part, les habitants de leur circonscription leur payaient chaque année un impôt en nature.

Les régisseurs de domaine étaient tenus de fournir les oiseaux de vol nécessaires, de veiller au dressage des chiens de chasse, de maintenir en bon état les clôtures des parcs à gibier. Ils devaient de plus avoir sous leurs ordres des gens capables de tresser les filets nécessaires à la chasse et à la pêche. C'était également à eux qu'incombait la protection de la chasse.

L'exercice même de la chasse fut, pendant le moyen âge et encore longtemps après, complètement séparé de l'administration des forêts. A l'époque carolingienne, l'économie forestière dépendait des régisseurs de domaine, qui, à cet effet, employaient des *forestarii*, forestiers; ceux-ci n'avaient rien à voir avec la pratique de la chasse. A la fin du moyen âge, la direction de la chasse était encore l'un des offices de cour les plus importants. L'influence des grands dignitaires de ce ressort s'accrut encore, à mesure que l'exercice de la chasse devenait un privilège réservé aux princes et à la haute aristocratie. En Allemagne on trouve toujours, à partir du XIe siècle, un nombre variable de grands-maîtres de la chasse qui semblent avoir été affectés aux différentes parties de l'empire. C'est ainsi par exemple que l'empereur Henri III, lors de la reconstruction de Goslar, nomma le comte de Spiegelbourg « le plus haut placé des chasseurs »; aux principautés de Stettin et de Rugen, se rattachait un office de grand-maître impérial de la chasse. Les comtes d'Urach, plus tard ducs de Wurtemberg, portent également le titre de grands-maîtres impériaux de la chasse; le duc d'Autriche revendique le même office, en sa qualité de successeur des ducs de Carinthie. A côté des offices de grands-maîtres impériaux de la chasse, il a existé, temporairement du moins, à ce qu'il semble, un office d'archi-grand-maître que divers princes sollicitèrent. Le seul renseignement certain relatif à l'existence d'un archi-grand-maître de la chasse et d'un grand-maître héréditaire chargé de le remplacer date de l'époque de l'empereur Charles IV, où le margrave de Misnie fut nommé « *archivenator* », et le comte de Schwarzenberg « *subvenator* ».

De même que pour les autres institutions de la cour impériale, les princes investis de la souveraineté au XIIIe siècle créèrent également des offices de grand-maître de la chasse, avec des attributions naturellement moins étendues. C'est ainsi que plus tard on retrouve cette dignité, sous des titres différents, à la cour de tous les princes souverains. C'est probablement l'archiduc d'Autriche Rodolphe qui, l'un des premiers, eut un grand-maître de la chasse, car Frédéric de Kreusbach fut, en 1359, promu à cette dignité.

L'exercice proprement dit de la chasse incombait à un personnel de chasseurs qui, dès l'époque de Charlemagne, furent à demeure à la cour ou dans des châteaux déterminés et qui, suivant les besoins, étaient employés dans les différents districts de la chasse.

L'ancienne division du travail entre les chasseurs exista dès le début et se développa graduellement à mesure que l'exercice de la chasse s'affinait. C'est ainsi, par exemple, qu'en l'année 1418, le duc d'Ingolstadt Louis le Barbu, avait 2 chasseurs de cerf à cheval, avec 10 valets à pied, 68 chiens pour la chasse au cerf et 64 pour la chasse au sanglier, 1 chasseur monté pour la chasse à la surprise avec 1 mâtin, 1 chasseur pour la chasse au lévrier, et 50 traqueurs avec 30 chiens.

Dans le Wurtemberg, le personnel affecté à la chasse se divisait au XVIe siècle en maîtres, valets et garçons. Les maîtres de la chasse veillaient au travail des limiers et à la quête du gibier, ce qui constituait la partie la plus importante et la plus difficile de la besogne; ils aidaient le grand-maître à la surveillance de la chasse dans son ensemble. Dans la même catégorie se rangeait le maître du chenil, auquel incombait le soin des nombreux chiens courants (braques, dogues et lévriers) et leur dressage. Lors des chasses à courre, il était chargé de choisir dans l'ensemble des chiens chacune des meutes, de déterminer leur point d'attache et de surveiller toute la poursuite. Quand on ne chassait pas à courre, le maître de chenil devait prendre part à la mise en état de l'équipage de chasse et à l'installation des haies.

La catégorie des valets comprenait les valets de chasse et les valets de chien. Les premiers étaient chargés de veiller au bon état et à la conservation de l'équipage de chasse, et de dresser filets et rets pendant la chasse; aux seconds incombait l'entretien et le soin des chiens, quand ceux-ci n'étaient pas placés à cet effet chez des sujets du prince. Sous ce rapport, les valets de chien dépendaient du maître de chenil pour tous les chiens courants; pour les autres chiens, ils étaient placés sous les ordres du maître de chasse. A la chasse, ils s'occupaient de tous les chiens employés.

Les valets affectés à la chasse à la surprise, ainsi que ceux affectés à la chasse au chevreuil et au renard, occupaient une situation intermédiaire entre les maîtres de chasse et les valets. Les premiers étaient chargés de courre et de prendre, avec leurs braques, le gibier sur lequel on avait tiré ou qui était blessé d'une manière quelconque; c'est également à ceux qu'il incombait de surprendre par ruse le gibier. Le plus souvent, les hommes affectés à la chasse au chevreuil et au renard pratiquaient eux-mêmes la chasse à ces animaux qui, à cette époque, était peu prisée des grands seigneurs; ceux-ci s'y adonnaient rarement eux-mêmes.

Les garçons étaient adjoints en qualité d'aides au maître et, en partie aussi, aux valets. Leur principale fonction était d'entretenir et de soigner les chiens.

Le personnel affecté à la chasse était à la fin du XVIe siècle peu nombreux, en comparaison de ce qu'il fut au XVIIe et au XVIIIe; c'est ce que montrent les chiffres que nous avons donnés plus haut à propos du duc de Bavière-Ingolstadt.

De tout temps, les fauconniers ont occupé une situation tout à fait particulière par rapport au reste de la vénerie, à cause de la technique tout à fait spéciale de cette branche de la chasse. La connaissance des différentes espèces d'oiseaux de vol, leur entretien, leur soin, leur dressage exigeaient une éducation particulière. En outre, les fauconniers devaient être doués de la rare capacité de communiquer avec ces oiseaux qui ne s'habituaient que difficilement à l'homme, et de gagner leur confiance. Un tel homme n'était pas du tout facile à trouver; aussi n'y a-t-il rien d'étonnant à ce qu'à l'époque de l'apogée de la chasse aux oiseaux de vol, un fauconnier émérite ait souvent occupé à la cour une situation plus élevée que celle qui correspondait à proprement parler à son rang. Le personnel de la fauconnerie n'a jamais été que peu nombreux en Allemagne et se composait d'un nombre restreint de fauconniers, à côté d'une quantité plus considérable de valets et de chasseurs.

La situation est la même, jusqu'à la fin du XVIe siècle, en France et en Angleterre qu'en Allemagne. La principale différence provint du développement plus affiné de la chasse à courre dans les deux premiers de ces pays.

En France, les débuts de la vénerie royale ont été également modestes. Philippe le Bel n'avait, en l'année 1285, que 3 veneurs et 1 valet de chasse, 5 valets de chien, 2 tireurs à l'arc, 6 fauconniers, 1 louvetier, 1 oiseleur, 1 veneur pour la chasse à la perdrix (*perdriseur*), et 1 veneur pour le lapin (*fuironneur*). C'est seulement sous Charles VI, vers la fin du XIVe siècle, qu'on voit apparaître un *maître veneur*.

Même à la fin du XVe siècle, le personnel affecté à la chasse n'était que peu nombreux. Charles VIII avait un grand veneur, 9 maîtres d'écurie qui étaient des gens nobles et étaient adjoints en qualité d'aides au grand veneur, 9 veneurs, 2 valets de veneur, 5 valets de chiens et 1 maître de chenil. Le personnel de la

Chass

D'après u

Supplément à l'ouvrage « *Les Animaux* »
(Ne peut être vendu séparément)

ssie.

Friese

Maison d'Edition BONG & Cie
PARIS

Tsarine russe s'amusant à chasser au XVIIIe siècle

L'impératrice de Russie Anna Ivanowna (1730—1749) tire des cerfs depuis un pavillon de Peterhof

D'après une peinture de Surikow dans «La Chasse des Tsars en Russie à la fin du XVIIe Siècle» par Nicolas Kutepow

fauconnerie que Charles VIII aimait beaucoup comprenait 1 maître fauconnier avec 4 aides et 10 fauconniers.

La vénerie prit un essor considérable sous François Ier qui aimait à la fois le faste et le sport, et sous Henri II. Celui-ci avait, vers le milieu du XVIe siècle, le personnel suivant pour ses chasses à courre: 1 grand-veneur, 16 veneurs nobles, 11 maîtres de chenil; pour la chasse au faucon, 1 grand-fauconnier aidé de 85 fauconniers.

L'ancienne institution des chasseurs de loup avait été maintenue par les Capétiens. Plus tard, les rois nommèrent à ce poste des dignitaires d'un rang plus élevé (*chasse-leus*); c'est ainsi par exemple qu'en 1331 Nicolas de Choiseul est appelé: *Caceleu nostre Sire le Roy en sa forest de Bréval.* François Ier créa ensuite l'office de *louvetier royal* dont dépendaient les *sergents louvetiers* et plus tard les *lieutenants de la louveterie.* Ces derniers avaient le droit et le devoir de réquisitionner, plusieurs fois par an, les habitants de leur district, pour des battues au loup. Les sergents louvetiers remplacèrent les chasseurs de loup et furent chargés, d'une manière permanente, d'exterminer les loups.

En Angleterre, c'est au XIVe siècle seulement qu'on mentionne un veneur de cour royal; c'est Twici, l'auteur du plus ancien traité de chasse anglais, que nous avons déjà cité à plusieurs reprises. Ce livre parut d'abord en français et Twici y portait le titre de *Venour le Roy d'Engleterre.* Il ne semble pas qu'il ait existé à cette époque un titre correspondant en anglais, car dans la traduction en vieil anglais de cet ouvrage, il est dit simplement: *Wilm Twety, that were wyth kyng Edward the secunde.* Au début du XVe siècle, nous trouvons ensuite un «*Mayster of the Game*» en qualité de grand-maître de la chasse, et le dignitaire de cette fonction était Edward II, Duke of York, l'auteur du traité de chasse portant le même titre (*Mayster of Game*), que nous avons déjà eu l'occasion de citer plusieurs fois.

Au-dessous de ce *Mayster of the Game* se trouvaient placés quatre autres fonctionnaires royaux, qui, comme au temps de Charlemagne, étaient désignés sous des noms spéciaux, d'après le genre de chasse ou plutôt d'après les espèces de chien qu'on y employait. C'étaient le *Master of harthounds* (chiens pour la chasse au cerf), le *Master of buckhounds* (chiens pour la chasse au daim et au chevreuil), *Master of harriers* (chiens pour la chasse au lièvre), *Master of otterhounds* (chiens pour la chasse au gibier d'eau).

La dignité d'un *Master of harthounds* était souvent réunie, comme pour Edouard duc d'York, à la situation de *Master of the Game.* La dignité de *Master of the buckhounds* a subsisté jusqu'en l'année 1901, où la dernière meute entretenue par l'Etat a été dissoute. Au cours des temps cette situation avait pris le caractère d'une fonction politique. Son dignitaire, qui était toujours un pair, changeait à chaque ministère.

Comme personnel de chasse proprement dit, on avait au XVe siècle, pour la chasse au cerf: des *yeomen at horse,* chasseurs à cheval ou piqueurs, correspondant à nos *gentilshommes de vénerie*; des *yeomen at foot* ou *berners,* chasseurs à pied; des *fewterers,* conducteurs de meutes et des *chacechiens,* valets de chenil. Par contre, pour la chasse au chevreuil, on n'avait que des *berners* et des *fewterers.*

Il existait en outre en Angleterre un office de « grand-fauconnier » d'Angleterre. Cette dignité continua à rester héréditaire, de génération en génération, même après la disparition de la fauconnerie, mais est tombée au rang de simple titre de cour. Sous le règne de George IV on essaya encore, à l'instigation du duc de Saint-Albans, grand-fauconnier héréditaire d'Angleterre, de donner des chasses au faucon.

Indépendamment de ce personnel qui était rattaché aux différentes espèces de meutes, nous trouvons encore les *lymerers*, chargés de mener les limiers, qui semblent avoir été à demeure à la cour.

Au XVIIe et au XVIIIe siècle, le nombre des fonctionnaires affectés à la chasse s'accrut considérablement en même temps qu'augmentait le faste cynégétique, notamment en Allemagne grâce à l'entrée de la chasse à l'affût dans les mœurs.

Ce fut la France, qui de même que dans le domaine tout entier du cérémonial, donna le ton sur ce point, et en particulier sous Louis XIV et sous Louis XV.

Déjà, sous le règne de Louis XIII, la grande vénerie avait été élargie sur les bases suivantes: 4 lieutenants, 4 sous-lieutenants, 40 veneurs nobles, 2 pages de chasse, 4 maîtres de chenil montés et 17 à pied, 18 conducteurs de limiers, 4 valets de chiens. Louis XIV simplifia même ce personnel, en réduisant à 6 le nombre des veneurs nobles qui n'ont sans doute jamais rendu de bien grands services. A cela s'ajoutaient: une vénerie, pour les braques blancs de petite taille, puis le personnel de la chasse à l'affût (*l'équipage des toiles*), les fauconniers et la grande louveterie.

En 1748 Louis XV supprima presque totalement la chasse au faucon.

En Allemagne s'opéra pendant cette période du développement de la chasse à l'affût une fusion entre l'administration de la chasse et celle des forêts, du moins en ce qui concerne les situations supérieures et moyennes, tandis que pour les employés subalternes et les serviteurs, la séparation des deux administrations s'est maintenue presque jusqu'au XIXe siècle.

Au XVIIIe siècle on exigeait en Allemagne des fonctionnaires chargés de l'administration des forêts d'être à la fois versés dans la connaissance de la « chasse au cerf », et dans celle de l'économie forestière; ils devaient être à la hauteur des progrès de ces deux branches.

La fusion de ces deux administrations finit par devenir très préjudiciable au développement de l'économie forestière; les inconvénients qui en résultèrent n'ont pas encore complètement disparu, même à l'heure actuelle.

Il y a une disposition de l'ordonnance forestière weimarienne de 1775 qui caractérise les idées qu'on avait sur ce point en Allemagne au XVIIIe siècle; il y est dit, que pour les nominations de gardes généraux, il faut avant tout faire appel aux arquebusiers du prince et aux chasseurs laïques.

C'est seulement durant la seconde moitié du XVIIIe siècle que la situation s'améliora quand on décida de traiter à l'avenir l'administration de la chasse et l'administration forestière, tout au moins sur le même pied.

A la tête de l'administration de la chasse tout entière était placé un grand-maître de la chasse, pourvu de différents titres, qui occupa constamment, comme déjà au moyen âge, une situation très élevée à la cour. Depuis la fin du XVIIe siècle, le chef de la vénerie était en même temps, dans la plupart des Etats, chargé de diriger l'administration des forêts. En Bavière, ce fut seulement en 1789 qu'on spécifia qu'un maître forestier n'était pas tenu d'être en même temps grand-maître de la chasse. Une autre ordonnance de 1790 décrète qu'en cas de désaccord l'administration de la chasse doit passer après celle des forêts, mais, à ce propos, il était dit plus loin, « néanmoins, dans les questions de rang, notre grand-maître de la chasse continuera à avoir la préséance sur le grand-maître des forêts ».

Grünndtliche Conntterfettung wie der loblich vnnd werde Römische Kaiser Maximilian inn seiner Klaidung auff den gejaideren gestaltet gewesen.

L'empereur Maximilien Ier en chasseur

D'après le « Livre de Chasse de l'Empereur Maximilien » (1510)

Jusqu'à la fin du XVIIe siècle, le grand-maître de la chasse a toujours, dans la règle, pris une part active à l'exercice de la chasse. C'était à lui de diriger en personne toutes les chasses auxquelles assistait le prince; il était d'autre part chargé de donner lui-même toutes les autres chasses. Grâce au développement progressif de la vie de cour au XVIIIe siècle et aux modifications introduites dans la pratique de la chasse qui devenait de plus en plus un objet d'apparat et de faste, la situation du grand-maître de la chasse devint par contre un pur office de cour. Il était à demeure à la cour, accompagnait le prince à la chasse dont, il prenait, au dernier moment, la direction personnelle, mais seulement au point de vue de la représentation; en réalité la préparation et le déroulement de la chasse sont en de tout autres mains. Pour donner encore plus d'éclat à la cour, on adjoignait en outre au grand-maître de la chasse des veneurs et des pages de chasse; à côté de cela, plusieurs princes avaient encore institué d'autres charges cynégétiques. C'est ainsi que dans le Wurtemberg il y avait, en 1797, un grand-maître de la chasse, un vice-grand-maître, un grand-maître de la chasse domaniale, un vice-grand-maître, un grand-maître des forêts de la cour et un vice-grand-maître, 2 veneurs, 3 veneurs adjoints et 3 pages de chasse.

Les offices de chasse supérieurs, qu'on appelait charges de vénerie royales, étaient exclusivement réservés à la noblesse et souvent héréditaires.

Ainsi que nous l'avons déjà établi plus haut, on distinguait à la fin du XVIIe siècle et au cours du XVIIIe trois groupes différents de méthodes de chasse: la chasse allemande, qui était principalement une chasse à l'affût, la chasse française ou chasse à courre, et la chasse hollandaise ou fauconnerie.

Chacun de ces trois groupes avait son personnel propre. Le plus nombreux était celui de la chasse allemande. Il se composait des fonctionnaires forestiers et d'un grand nombre de chasseurs et de domestiques. D'après M. Moser, il y avait par exemple, dans le Wurtemberg, en l'année 1784, 1 secrétaire de la chasse, 1 maître de gibier, 4 maîtres chasseurs, 1 maître d'équipages, 1 chargeur de fusil, 1 laquais de chasse, 1 valet de chiens, 3 tireurs, 2 maîtres de faisanderie, 2 chas-

L'ordre prussien de St-Hubert

seurs de cour, 5 employés chargés de préparer les haies, et 3 valets affectés au même service.

Fonctionnant dans l'entourage immédiat du prince, ce personnel de la chasse possédait certains privilèges effectifs; aussi existait-il entre lui et les fonctionnaires affectés à la chasse une certaine jalousie. C'est ainsi que Fleming dit par exemple à propos du chasseur de la cour: « C'est l'homme dont le zèle joue le plus grand rôle quand il s'agit de chasser réellement. Quand on le charge d'organiser une chasse, il est tenu, en toute équité, et d'après ses instructions, d'aller voir le grand-maître des forêts du ressort, mais cette démarche n'a rien de franc, et c'est ailleurs qu'il s'informe; il est facile de comprendre combien semble pénible à un forestier la perspective de voir prendre tout le gibier de son district qu'il passe son temps à épargner avec tant de zèle. »

La chasse à courre et la chasse au faucon dépendaient à vrai dire du grand-maître de la chasse, mais avaient souvent encore des chefs particuliers. C'est ainsi par exemple que dans le Wurtemberg, on créa en 1709 un office de vice-grand-maître de la chasse à courre.

En Bavière le personnel de la chasse comprenait en 1727: 1 commandant,

1 lieutenant ou *gentilhomme* de la chasse, 4 piqueurs à cheval, 2 valets de quête, 6 garçons; il y avait en outre 50 chiens pour la chasse au cerf, 14 pour la chasse au sanglier et au chevreuil, et 6 limiers.

La chasse aux oiseaux de vol avait déjà fortement décliné à cette époque; seuls quelquels princes la pratiquaient encore exceptionnellement. Aussi, le personnel qui n'avait jamais été très nombreux, fut-il encore réduit dans la suite.

L'impératrice Marie-Thérèse qui aimait la chasse au faucon avait, en 1746, 1 grand-maître de la fauconnerie impériale (en même temps grand-maître de la chasse domaniale), 1 secrétaire de la fauconnerie impériale, 4 maîtres de fauconnerie, 1 valet pour le grand-duc, 4 valets, 8 garçons de fauconnerie, 1 piqueur, et 1 garçon pour les lévriers et les chiens pour la chasse à la caille.

Au cours du XIXe siècle le personnel de l'administration de la chasse a été considérablement réduit et simplifié par suite des modifications intervenues dans la pratique de la chasse.

En Allemagne, les grandes chasses à l'affût et à courre sont devenues des réjouissances princières, autant du moins que les éléments cynégétiques le permettent.

Les chasses à courre des Instituts militaires n'ont pas pour but principal de forcer le gibier, mais sont plutôt des exercices d'équitation.

Seules quelques cours ont encore des organisations spéciales pour les chasses à l'affût et à courre; en Prusse par exemple, il y a l'Institut des équipages de chasse dans le château de Grunewald et l'équipage de la chasse à courre dans le pavillon de chasse de Klein-Glienicke près de Potsdam.

Dans les pays même où l'on pratique encore davantage la chasse à courre qu'en Allemagne, comme la France et l'Angleterre, l'apparat qui y préside est loin de ressembler à ce qu'il était au cours des deux derniers siècles.

Il existe encore des charges de chasse dans la plupart des cours, mais ce sont le plus souvent des offices accessoires attribués à des fonctionnaires supérieurs de l'administration forestière. En Prusse, par contre, il subsiste une dignité de grand-maître de la chasse. La direction de l'administration de la chasse revient à l'office impérial de la chasse, dont le chef est un grand-maître de la chasse, et qui a pour membres les gardes généraux des forêts des gouvernements où se trouvent des districts de chasse royale. Il en va de même en Autriche.

* * *

L'éducation des chasseurs a, de tout temps et en tous lieux été presque exclusivement pratique. Gaston Phœbus et le *Mayster of the Game* nous racontent déjà que les chasseurs de profession entrent en service le plus tôt qu'il se peut, si possible dès l'âge de 7 ans, en qualité de « garçons de chiens », d'où, par leur travail, ils devaient s'élever aux grades supérieurs. Au XVIe siècle, nous trouvons déjà la hiérarchie de garçons, valets et maîtres, qui correspondait tout à fait à la gradation du métier. Au XVIIe et au XVIIIe siècle, l'éducation des veneurs avait pris un caractère tout à fait routinier, dont nous parlent notamment Fleming, Döbel et Heppe.

C'était un chasseur d'un certain âge, le maître instructeur, qui était chargé de cette éducation, d'une durée de trois années, les trois cordes disait-on, ce qui correspondait au dressage du limier à la laisse.

Pour entrer en apprentissage, il fallait être de bonne famille, jouir d'une réputation intacte être vigoureux et sain, zélé et assidu, sobre de paroles, modeste, boire modérément et craindre Dieu. Une fois admis, l'apprenti était autorisé à endosser le costume de chasseur, mais sans le baudrier ni le couteau de chasse; on ne lui permettait qu'une simple ceinture.

Durant la première année, l'apprenti qui à ce moment était nommé « garçon », ou « garçon de chiens », avait à s'occuper spécialement du pansage, du nettoyage et de la pâtée des chiens; c'était lui qui pansait le cheval de l'instructeur, qui lui donnait à manger et le sellait; d'autre part, il devait apprendre à tirer et à sonner du cor et à connaître le district de chasse.

En seconde année, l'apprenti était autorisé à porter le baudrier et prenait dès lors le nom « d'apprenti ». Dès ce moment il devait, d'après Hesse, renoncer totalement à toutes les niches et à tous les mauvais tours des garçons, ne plus paresser, s'enivrer, jouer, courir les filles, jurer, sacrer, mentir, tromper, se disputer, se chamailler, et ne plus se commettre avec les autres « garçons ». Sa principale tâche, durant cette seconde année, consistait à apprendre à guider les chiens, et à se familiariser avec la pratique proprement dite de la chasse, notamment de la chasse à l'affût; en outre, il devait continuer à s'exercer au tir avec ardeur.

En troisième année, l'apprenti devait continuer à développer les connaissances acquises pendant la seconde année et notamment arriver à travailler par lui-même avec le limier. Au terme de son apprentissage, il était tenu de connaître sur le bout des doigts le langage de la vénerie, la pratique du gibier et des terriers, et en général tout ce qui est du ressort de la chasse.

Quand il en était ainsi et que le maître instructeur était convaincu que l'apprenti avait non seulement acquis toutes les connaissances nécessaires, mais était encore, à tous les points de vue, un homme honorable et capable, on procédait à son armement, avec un cérémonial emprunté en partie à la corporation, en partie à la chevalerie. Parfois, on exigeait auparavant, comme « épreuve de compagnonnage », l'organisation d'une chasse d'essai. Dans son ouvrage qui date de 1752, Heppe décrit la cérémonie de la façon suivante: « Le prince instructeur invite à assister à cette épreuve en qualité de témoins, quelques-uns de ses bons camarades, et de ses voisins immédiats, sans compter d'autres bons amis. Quand tous ces personnages sont réunis dans la salle, le prince instructeur et l'apprenti qui doit être armé y pénètrent à leur tour; l'apprenti a revêtu son plus beau costume, il porte le baudrier et a ceint le ceinturon destiné au couteau de chasse. Le prince pose sur la table le certificat d'instruction et le couteau de chasse qui seront remis à l'apprenti, fait une courte allocution, saisit ensuite de la main gauche le couteau de chasse par le manche, le prend sur la table, le tient levé du côté de l'apprenti, et lui donne, de la main un léger soufflet en lui disant: « C'est ce que tu ne souffriras plus désormais, ni de moi, ni de qui que ce soit d'autre. » Là-dessus, il lui tend le couteau de chasse. »

Saint-Eustache (Hubert)

Gravure sur cuivre d'Albrecht Durer. (Début du XVIe siècle)

Wladimir Monomach, grand-duc de Kiew (1113—1125) à la chasse

D'après une aquarelle de V.-M. Wassnezow dans « La chasse des grands-ducs et des tsars en Russie »

Supplément à l'ouvrage « Les Animaux »

En témoignage de son instruction parachevée l'apprenti recevait un certificat, conçu suivant le goût de l'époque.

Leur apprentissage déterminé, les veneurs se mettaient en route, tout comme les compagnons, pour compléter leur éducation et se cherchaient enfin une position stable.

Au XIXe siècle, ce genre d'écolage a revêtu des formes tout autres et beaucoup plus simples, même là où il n'existe pas de relations étroites entre la pratique de la chasse et l'économie forestière. Toutefois l'instruction professionnelle n'a pas cessé d'être indispensable. Ce qui a disparu, c'est avant tout l'apparat de l'armement et du certificat d'apprentissage; quant aux connaissances exigées du chasseur, elles se sont adaptées aux formes modifiées de la pratique de la chasse.

Le but de s'approcher du gibier autant que possible sans être aperçu, a de bonne heure amené à choisir pour le vêtement du chasseur, des couleurs susceptibles de le faire distinguer le moins possible de son entourage.

C'est dans Gaston Phœbus que se trouve la première prescription relative à la couleur du vêtement. « *Le veneur*, dit-il, *doit estre vestu de vert en este pour cerf et en hiver en gris pour le sanglier.* »

Cette prescription basée sur une observation tout à fait judicieuse, fut, dans la suite, grâce à une plus grande extension des périodes de chasse et sans qu'on tînt compte des saisons, interprétée de telle manière qu'on était tenu d'être toujours vêtu de vert pour la chasse au cerf, de gris pour la chasse au sanglier. Aussi Jacques du Fouilloux déclara-t-il avec raison, dans sa « *Venerie* », de l'année 1561 que cette considération du choix de la couleur du costume est sans objet, et doit être abandonnée au gré de chacun. Il demande seulement que le vêtement soit léger, que le chasseur ait des bottes solides et suffisamment hautes, et porte le cor de chasse autour du cou.

La prescription relative au choix des couleurs suivant le gibier qu'il s'agit de chasser, se trouve également dans le « *Neuw Jag- und Weydwerk Buch* », paru en 1582 et qui en réalité n'est qu'une traduction de l'ouvrage de du Fouilloux. On n'y mentionne pas les hautes bottes ni le cor de chasse; on y dit simplement que le chasseur doit être vêtu « chevaleresquement ». L'auteur inconnu se place encore, comme le prouvent ses dessins, au point de vue de l'ancienne chasse allemande aux chiens courants, et non pas à celui de la chasse à courre française qui, à cette époque, était parvenue à son entier développement.

La prescription relative au costume vert et gris se trouve aussi dans le « *Livre de Chasse intime* », de l'empereur Maximilien, qui date de l'année 1510. Il y est dit: « *Item, tu auras des vêtements gris et verts, en partie gris, en partie verts.* »

Dans un livre de préceptes du XVIe siècle, on rencontre une prescription plus claire encore: « Le bailli devra pour monter à cheval, porter en été un costume vert, en hiver un costume gris, donner de l'éperon des deux pieds, pour ne pas effrayer le gibier. »

C'est seulement au milieu du XVIIIe siècle, que le costume prend une coupe particulière. Auparavant il n'y avait comme accessoires essentiels du costume chasse que l'épée de chasse et plus tard le coutelas, ainsi que le cor de chasse qui se portait sur le baudrier et permettait de donner des signaux et de se retrouver dans les forêts sans chemins. En France, c'est vers l'année 1600 qu'on commença de se servir du grand cor de chasse arrondi, comme nous l'avons déjà fait remarquer plus haut.

Au cours du XVIIe siècle, on tint de moins en moins compte de la couleur des costumes de chasse. La chasse était un divertissement de la noblesse; celle-ci revendiqua pour elle le droit de porter des costumes verts et des coutelas, et de les faire porter à ses veneurs progressivement « armés ». Dans la seconde moitié du XVIIe siècle, on publia dans différents Etats, notamment en Autriche, des ordonnances défendant « aux bergers, huissiers et autres gens de peu et sans honneur », de porter des vêtements verts. Cette interdiction fut même étendue aux gardes forestiers « qui ne sont pas chasseurs », par une ordonnance de l'empereur Léopold, en date de 1701.

D'après Fleming, la distinction de rang ne résidait encore en 1724 que dans la conformation du ceinturon, du coutelas et du baudrier. Les « ordinaires », c'est-à-dire les chasseurs de classe bourgeoise, n'avaient, en général, à cette époque pas de tenue spéciale; les chasseurs nobles par contre, endossaient « en majorité », des costumes verts, brodés d'or pour les personnages de rang supérieur, d'argent pour les personnages subalternes. C'est seulement vers le milieu du XVIIIe siècle qu'on adopta pour les hauts fonctionnaires de la chasse un vêtement unique, correspondant à l'uniforme militaire par sa coupe, sa couleur et son ornementation.

En Allemagne et en France, ces uniformes de chasse étaient, d'après la règle, verts avec des dessous et des revers de couleur différente. On portait le même uniforme à la cour et à la chasse; parfois on se contentait à la chasse de l'uniforme, tandis qu'à la cour on endossait le vêtement prescrit. Dans certains Etats on prescrivait pour la « chasse allemande », et la chasse à courre, des uniformes différents. De même, on a conservé, isolément et jusqu'au cours du XVIIIe siècle, l'usage de porter des habits de couleur différente pour la chasse au cerf et la chasse au sanglier. C'est sans doute en Prusse qu'a été publié, en l'année 1786, le plus ancien règlement relatif à l'uniforme des fonctionnaires des forêts et de la chasse de tous grades. D'après ce règlement, les uniformes étaient verts avec des broderies d'or et d'argent; les cols différaient suivant les provinces.

Le « précis de chasse » de G. L. Hartig paru en 1811, nous renseigne très bien au sujet des idées qui avaient cours à la fin du XVIIIe et au commencement du XIXe siècle en ce qui concerne les costumes et les uniformes de chasse. Il dit que pour l'exercice de la chasse, le vêtement ne doit pas être d'un vert ni d'un gris trop foncés. Les uniformes de chasse étaient aussi à cette époque en général gris ou verts (en Bavière par exemple gris brochet), avec des revers de couleur; les uniformes de gala portaient des broderies. Le couteau de chasse faisait partie de l'uniforme, le cor de chasse s'ajoutait probablement à l'uniforme de gala.

L'uniforme des chasseurs à courre se composait d'un collet de cheval plus ou moins richement garni, de longues culottes de cuir, de bottes rigides et d'éperons. Le chasseur n'avait pas de cor de chasse, mais un long coutelas; c'étaient les piqueurs qui portaient le cor de chasse.

L'habit rouge pour la chasse à courre provient d'Angleterre où il est devenu usuel, au commencement du XIXe siècle, pour la chasse au renard. Les gravures de la fin du XVIIIe siècle nous montrent encore des habits de couleurs tout à fait différentes, dont un certain nombre sont cependant déjà rouges. Depuis le milieu du XIXe siècle, le « *hunting dress* » pour la chasse au renard, se compose d'une casquette en velours noir, d'un habit de chasse rouge, de culottes de peau blanches, de bottes à l'écuyère avec des revers blancs, d'une cravache et du cornet de chasse. Les fauconniers portaient au XVIIIe siecle à peu près le même uniforme que les chasseurs à courre: sur le côté gauche le couteau de chasse, sur le côté droit l'étui sur lequel pendait l'appeau pour le faucon, et sur la tête une casquette en cuir avec un écusson et une aigrette.

En parlant de la vénerie, il faut aussi mentionner les ordres de chasse qui existent depuis longtemps et se divisent en deux classes. La première comprend les ordres qui étaient conférés pour services de chasse exceptionnels; dans la seconde, il faut ranger les ordres qui sont en général des insignes de sociétés, mais qui représentent néanmoins une certaine distinction, attendu que pour les obtenir il faut remplir une série de conditions le plus souvent assez difficiles.

Dans la première de ces deux catégories, il faut citer particulièrement les ordres de Diane, qui apparurent dès la fin du moyen âge et qui eurent une floraison extraordinaire, notamment au XVIe siècle. Il faut également y ranger l'ordre des chevaliers du Harz, dont le maître de chasse, Hans de Hackelberg (plus exactement Hackelbernd) était le « chasseur-fantôme ». On avait comme insignes des médailles qu'on portait à un ruban vert, noir et blanc; quand un chasseur se distinguait à plusieurs reprises, on lui conférait un couteau de chasse avec les insignes de Diane, ou un coutelas ornementé de la même façon. Pour les femmes, l'insigne se composait d'un croissant d'argent, orné de diamants, en forme de diadème. Ces ordres sont probablement tombés en désuétude au début du XVIe siècle. Un certain comte de Lippe créa une confrérie analogue qui était placée sur le même rang que les ordres précédents et disparut en même temps qu'eux.

Parmi les ordres de chasse de date postérieure, il faut mentionner celui dit « du Cor », fondé en 1702 dans le Wurtemberg. Il fut institué par le duc Frédéric Charles de Wurtemberg, en sa qualité de maître impérial de chasse. Chaque année avait lieu, le 3 novembre, une assemblée générale, à l'occasion de laquelle le duc organisait, en l'honneur de tous les membres de l'ordre, une chasse fastueuse. L'ordre subsista jusqu'au 23 septembre 1818 et fut à cette époque fusionné avec l'ordre du service civil de la couronne wurtembergeoise. L'ordre du « cerf d'or » fut institué le 23 août 1672 par Georges Guillaume, duc de Silésie, de la maison des Piasts, à l'occasion d'une chasse de gala tenue dans le parc à gibier de Brieg. — L'ordre de chasse de Nassau-Dillenbourg fut créé le 10 janvier 1712 par le prince Guillaume de Nassau. — L'ordre des chevaliers de Saint-Hubert, ordre de chasse pour la Bohême, doit sa fondation au comte Frédéric Antoine de Spork, qui, en

1723 avait été invité à une chasse de gala, donnée en l'honneur du couronnement de l'empereur Charles VI comme roi romain. C'est en souvenir de cet honneur que le comte de Spork fonda l'ordre de Saint-Hubert qui subsista jusqu'à la guerre de Sept ans. — L'ordre de Saint-Hubert, de Cologne, fut institué à Cologne en 1746 par l'électeur Clément et semble avoir déjà disparu à la mort de son fondateur.

Comme ordre de chasse, il ne subsiste actuellement plus en Allemagne que celui du « *Cerf blanc Sancti Huberti* », créé le 3 novembre 1859 « en l'honneur de la vénerie » par le prince Frédéric-Charles et qu'en 1889 Guillaume II a de nouveau consacré silencieusement, en qualité d'ordre privé. Il n'est permis de le porter que sur l'habit de chasse et pour les repas de chasse. Cet ordre a, en dehors de l'empereur qui est membre d'honneur et du prince de Pless qui est grand-maître, des membres dits « impératifs », un maître de chasse, un chancelier, un capitaine, un maître de haies, un maître de chenil, un maître arquebusier et un maître du hanap.

L'insigne est porté à un ruban large de 6 centimètres, couleur d'eau vert-sombre, avec cette inscription en lettres d'or « *Vive le Roy et ses chasseurs* » (devise de l'ancien régiment de chasseurs sous Frédéric le Grand). Il se compose d'un fragment de trois feuilles de chêne en or, au centre desquelles un rubis représente une goutte de sueur, de glands de chêne en argent, au-dessous desquels figurent deux couteaux de chasse. Sous ces couteaux se trouve la couronne royale, à laquelle est suspendue par une simple chaîne, un grand cerf d'argent, en pleine fuite, avec un cor à 12 branches, au milieu desquelles il porte la croix droite. Pour être candidat à l'ordre, il faut avant tout prouver « qu'on s'est toujours occupé avec zèle de vénerie et qu'on passe pour bon chasseur ».

Comme représentant de la seconde classe des ordres de chasse, il faut citer « la société noble de Diane la chasseresse ». Cet ordre fut institué par un roi de Naples, et a sans doute cessé d'exister pendant l'occupation de Naples par les troupes françaises. Il avait pour grand-maître le roi de Naples. La société était répandue non seulement en Italie, mais encore en Autriche et en France. D'après une communication des « Archives forestières » de Moser de l'année 1779, on était admis sur une demande autographe et moyennant un versement de 16 Goulden. La cotisation annuelle se montait à 4 Goulden 48 kreutzers. Le but de l'ordre était d'encourager les jeunes gens au plaisir et au talent de la chasse, pour leur permettre d'acquérir une éducation convenable, et de soutenir des chasseurs devenus pauvres et manquant de pain. Cette catégorie d'ordres sert de transition aux sociétés actuelles pour la protection de la chasse.

L'ordre bavarois de Saint-Hubert ne fait pas partie des ordres de chasse et n'a, en principe, aucun rapport avec la chasse. Il fut institué en souvenir de la victoire que Gérard V, comte de Berg, de Juliers et de Gueldre avait remportée, le 3 novembre 1444, aux environs de Ravensberg sur Arnold d'Egmont. Après être tombé dans l'oubli vers le milieu du XVIIe siècle, au cours des luttes engendrées par des questions d'héritage, cet ordre a été institué à nouveau, en l'an 1708, par Jean-Guillaume, comte palatin du Rhin et électeur de Bavière, en souvenir de la

Bénédiction de la meute dans le monastère de St-Hubert

D'après une photographie

nouvelle réunion du haut Palatinat à la mère patrie; c'est le plus distingué des ordres de la maison de Bavière.

Indiquons à ce propos, que la vénération de saint Hubert comme patron de la chasse, ainsi que sa conversion due à l'apparition d'un cerf avec la croix entre sa ramure, n'ont été admis qu'assez tard en Allemagne. Ce miracle n'est nullement mentionné dans la vieille *Vita St. Huberti* de l'année 744 qui n'a été écrite que 16 ans après la mort du saint survenue en 728. On le trouve pour la première fois dans la *Historia St. Huberti* publiée par le père jésuite Robert, en 1621.

Un fait est certain, c'est que dès le Xe siècle, les chasseurs des Ardennes ont vénéré saint Hubert comme leur patron protecteur. D'autre part on sait que les moines du couvent de Saint-Hubert, autrefois Andain dans les Ardennes, où avaient été transportés les ossements du saint, ont de bonne heure pratiqué un élevage de chiens très réputé, et dont nous avons parlé plus haut. Il faut enfin tenir compte de ce qu'après les anciens martyrologes la fête de Saint-Eustache était également célébrée le 3 novembre; actuellement elle est reportée au 20 septembre. On raconte au sujet de saint Eustache qui vivait au IIIe siècle la même histoire de conversion qu'à propos de saint Hubert. Le cerf, ayant une croix lumineuse entre sa ramure aurait dit: « Placidus (nom païen d'Eustache), pourquoi me persécutes-tu? Je suis le Christ, tes aumônes et tes bonnes œuvres sont parvenues jusqu'à moi; aussi veux-je avoir pitié de toi, vas trouver l'évêque des chrétiens et fais-toi baptiser. » Dans ces conditions, il n'y a qu'un pas à faire pour supposer que les moines de Saint-Hubert ont attribué au saint qui était leur patron la conversion d'Eustache qui s'était produite à la chasse, et cela dans l'intérêt de leur élevage de chiens.

On peut suivre jusqu'à la fin du XVIIIe siècle la confusion établie entre Hubert et Eustache. C'est ainsi qu'au commencement du XVIe siècle, Durer a peint plusieurs figures de saint Eustache, connues dans le public comme figures de saint Hubert, bien que dans son « journal néerlandais », Durer désigne expressément l'une d'entre elles comme étant Eustache. De même on doit à Breughel une figure de saint Eustache, dans la position qu'on emploie actuellement toujours pour saint Hubert. Vers le milieu du XVIIe siècle, Hubert et Eustache furent fêtés le même jour comme patrons de la chasse, ainsi que le prouve une brochure parue en 1649, sous le titre de: « *Les particularités de la chasse royale faite par sa Majesté le jour de saint Hubert et du saint Eustache, patrons des chasseurs, accompagnée de plusieurs seigneurs de marque de sa cour* », *Paris* 1649. Döbel dit au début de la description de la fête de Saint-Hubert: « J'ai déjà rapporté beaucoup de choses au sujet de « Sancto Huberto ». Il s'est auparavant appelé Eustache. » Le traducteur anonyme de l'ouvrage de *Le Verrier de la Conterie* « *Ecole de la chasse aux chiens courants* » (Munster 1780), dit dans une remarque sur la fête de Saint-Hubert: « Cet Hubert s'appelait auparavant Eustache. » Au XVIIIe siècle, les chasseurs allemands observaient encore peu le jour de la Saint-Hubert. Fleming se contente de dire froidement: « Le jour de la Saint-Hubert, fête du patron général de la chasse, tout chasseur véritable doit se rendre à la chasse . . . pour s'amuser dans le pavillon de chasse le plus proche. »

Saint-Hubert n'est jamais mentionné dans les vieux dictons ni dans les cris de chasse; on n'y parle que de Diane qui, au XVIIIe siècle était encore l'objet d'une grande vénération de la part des chasseurs allemands. Fleming a choisi pour frontispice de son ouvrage la représentation de la légende de Diane et d'Actéon. En France, par contre, la fête de la Saint-Hubert a été célébrée d'assez bonne heure, d'une façon générale, même dans la chasse bourgeoise. C'est probablement de ce pays que s'est introduite en Allemagne, dans la première moitié du XVIIIe siècle, la coutume de vénérer saint Hubert comme patron de la chasse.

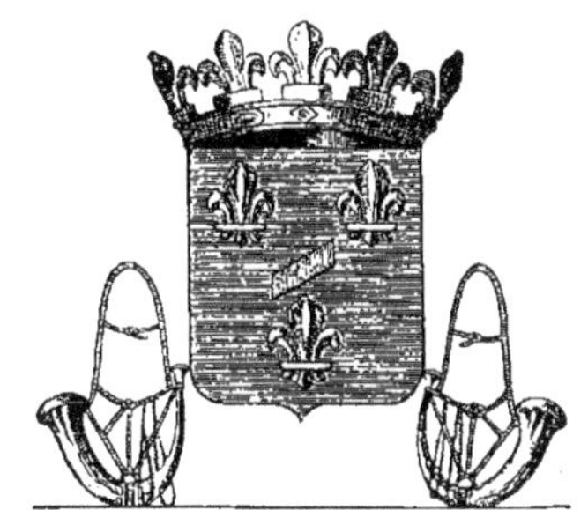

Armes du grand-maître de la chasse sous la royauté

Chasse à courre au sanglier — D'après une gravure sur cuivre de Ridinger (Augsbourg, 1761)

V. Droit de chasse

Tant que la chasse constitue une source d'alimentation essentielle pour les peuples ou est nécessaire à la protection de la vie et de la propriété contre des animaux sauvages, son exercice est partout un droit, voire même un devoir de l'homme. C'est pourquoi, chez les peuples de civilisation inférieure, les hommes ou la plupart d'entre eux, préfèrent en temps de paix s'adonner à la chasse, tandis que les soins du ménage et ordinairement aussi la plus grande partie de la culture des champs reviennent aux femmes et aux esclaves. Dans ces conditions, la notion de la propriété du terrain et du sol n'est nulle part très développée et n'impose pas de limites à la chasse dans l'espace. Les membres d'une tribu ont le droit de chasser aussi loin que s'étend la domination de cette tribu ou de cette horde!

C'est seulement au fur et à mesure que des parties de plus en plus grandes de la propriété collective sont concédées, d'abord en usufruit, puis, dans les civilisations plus avancées, à titre de propriété personnelle, que la notion d'un droit de chasse privé apparaît comme attribut de la possession du terrain et du sol.

Nous trouvons cet état de choses dans les plus anciens documents des chartes populaires germaniques vers l'an 500. L'exercice illimité de la chasse semble avoir été la règle à cette époque; il n'était borné, qu'au cas où le gibier avait été déjà poursuivi, blessé ou même tué par un troisième chasseur. C'est dans ce sens qu'il faut sans doute comprendre les dispositions des Francs saliens et ripuaires, qui frappent de peines sévères les larcins commis à la chasse (*Si quis de diversis venationibus furtum fecerit*).

[illegible]дьте охочи, забавляйтеся, утѣшайтеся сею доброю по[тѣх]ою, зѣло потѣшно и угодно и весело, да не одолѣютъ васъ кручины и печали всякія...

Le tsar quitte le Kremlin de Moscou pour aller chasser au faucon (XVIIe siècle)

D'après Nicolas Kutepow « La chasse des tsars au XVIIe siècle »

Supplément à l'ouvrage « *Les Animaux* »
(Ne peut être vendu séparément)

MAISON D'ÉDITION BONG & Cie
PARIS

Ce sont les rois francs qui ont été les premiers à faire valoir avec une grande rudesse le droit de chasse du propriétaire foncier; ils étaient d'ailleurs les mieux placés pour protéger ce droit.

Grégoire de Tours raconte le cas d'un camérier du roi qui en 590 avait tué, sans autorisation, un buffle dans la forêt royale des Vosges. L'accusé ayant nié, on le soumit au jugement de Dieu qui lui fut défavorable, en suite de quoi le malheureux fut lapidé.

Dans les actes de donation de propriétés foncières, on mentionne dès le VIIIe siècle la chasse parmi les dépendances; la chose est d'autant plus fréquente que le rapport entre la propriété terrienne et la chasse qui existait déjà auparavant avait été ébranlé par le développement d'autres organisations. Le droit de chasse des rois francs fut de très bonne heure renforcé par le fait qu'on étendit la notion de l'immunité à toutes les possessions royales.

Comme conséquence de la concession de l'immunité, toutes les redevances des terres à qui elle fut attribuée durent être payées au roi; d'autre part, il était défendu aux fonctionnaires royaux et à toutes les autres personnes de pénétrer sur ces propriétés et d'y exercer des droits. Dès lors, les forêts royales furent réservées à l'usage exclusif du roi, non seulement par l'effet du pouvoir souverain, mais grâce encore à une institution juridique spéciale.

Ceux qui y portaient atteinte encouraient la peine très sévère de l'anathème royal et une amende de 60 sous d'or. L'anathème signifie un ordre ou une défense solennels dont l'infraction était punie de la peine citée plus haut. Un sou d'or vaudrait aujourd'hui 17,50, de sorte que l'amende se montait à 1050 francs. Comme d'autre part la valeur actuelle de l'argent est de 10 fois supérieure, l'amende atteint la somme très élevée, même de nos jours, de 10,500 francs.

De ce que les gardes forestiers royaux jouissaient grâce à cette protection renforcée du droit exclusif de la chasse, le mot latin medieval «*foresta*» (*forêt*, en anglais *forest*), qui vient du vieil allemand « Forst » et qui jusqu'alors n'avait servi qu'à distinguer la forêt royale des autres forêts prit la signification d'une forêt où le droit de chasse appartenait soit au roi, soit à son fondé de pouvoir, à l'exclusion de toutes les autres personnes. A cette époque, celles des forêts royales qui jouissaient de cette protection particulière étaient désignées sous le nom de «*silva*» ou de «*nemus*». Cette organisation a dû s'effectuer vers la fin du VIIIe siècle, car en l'an 800 on mentionne déjà l'institution de forêts spéciales et en 802 des infractions commises à ce sujet.

Le plaisir que les souverains prenaient à la chasse les amena non seulement à revendiquer de plus en plus le droit de chasse sur leurs propriétés, mais encore à étendre davantage les forêts domaniales même sur les terrains dont la propriété foncière ne leur appartenait pas. Dans le *Capitulare missorum* de l'année 802, Charlemagne interdit l'exercice de la chasse dans les forêts domaniales aux fonctionnaires les plus élevés. Charles le Chauve défendit à son fils de chasser dans la plupart des forêts et ne le lui permit, dans les autres, que sous certaines restrictions.

En Angleterre, la situation était la même, à l'époque anglo-saxonne que chez les Carolingiens. C'est ainsi que le roi Canut (1017—1035) ne permettait de chasser dans les forêts royales qu'aux grands *thanes*, aux évêques et aux abbés. Pour avoir chassé indûment, un noble ou un thane subalterne perdaient leur rang, un propriétaire foncier devenait esclave, un esclave était mis à mort. Par contre, les propriétaires terriens avaient encore à cette époque le droit de chasser sur leurs propriétés en Angleterre comme en Allemagne.

Sous les Carolingiens, les forêts domaniales furent dès le début du IXe siècle de plus en plus étendues grâce à de nouveaux empiétements, ce qui ne tarda pas

Chasse au loup
D'après le «Nouveau Livre de Chasse et de Vénerie» (1582)

à provoquer les plaintes des propriétaires fonciers qui en étaient victimes. Louis le Débonnaire fut amené, dès l'année 819, à ordonner un examen de ces doléances, et la restitution des domaines injustement incorporés aux forêts domaniales.

Celles-ci n'en continuèrent pas moins à s'accroître, en France et en Allemagne, jusqu'au XVe siècle. Ce mouvement devint même plus fort à mesure que se développait la puissance souveraine des princes.

En France, par exemple, le roi Jean adressa, en 1355, aux *Maîtres des Eaux et Forêts*, la défense d'étendre davantage les forêts domaniales et ordonna en même temps d'abandonner celles qui avaient été instituées sous son règne. Cette ordonnance correspond presque mot pour mot au Capitulaire de Louis le Débonnaire, antérieur de 500 ans, et c'est ce qui prouve le mieux, comment la tendance à une extension toujours plus grande du droit de chasse royal s'est poursuivie constamment et régulièrement.

Les conquérants normands procédèrent encore avec plus de rudesse en Angleterre. D'après le droit normand, le roi semble avoir eu comme privilège exclusif le droit de chasse comme d'ailleurs la propriété foncière du pays tout entier. Guillaume le Conquérant (1066—1087) aimait le gibier, comme s'il en avait été « le véritable père ». Pour arrondir le *New-Forest* dans le Hampshire à sa convenance, le roi Guillaume fit abattre 22 églises avec les villages et les métairies qui s'y rattachaient. C'est plus tard seulement qu'il fut permis aux barons et aux seigneurs ecclésiastiques de chasser sur leurs propriétés, mais la chasse au cerf (la bête royale) leur resta interdite sans réserve.

Les grands seigneurs ecclésiastiques et laïques étaient tout aussi amateurs de chasse que le roi. L'ardeur exagérée que les ecclésiastiques apportaient à cet exercice fut l'objet, durant tout le moyen âge et en partie même pendant les siècles suivants, d'un grand nombre d'interdictions, la plupart inobservées, de la part des conciles, des papes et des rois. Déjà le concile d'Agde de 505 avait interdit aux évêques et au reste du clergé d'avoir des chiens de chasse et des faucons. Dans ces conditions, il n'y avait rien d'étonnant à ce que la noblesse et le clergé cherchassent à protéger leurs droits de chasse, tout comme le faisait le roi. A cet effet, il fallait que le roi défendît les infractions au droit privé de chasse sous la peine de l'anathème, privilège qui devint graduellement usuel depuis le milieu du IXe siècle.

Dans la mesure où cette protection du droit de chasse empiéta sur les limites de la propriété royale et s'étendit à d'autres personnes, la notion «*forestis*» perdit simultanément son rapport avec un bien-fonds déterminé. Depuis le milieu du IXe siècle, elle désigna aussi bien des terrains faisant partie d'un domaine, que, dans un sens abstrait, l'autorisation privilégiée d'exercer la chasse.

La fin du moyen âge est caractérisée, au point de vue du droit de chasse, par un accroissement considérable des forêts domaniales au profit des princes souverains et de la haute noblesse.

En Allemagne on peut déterminer, pour cette période, l'existence de bien plus de 100 forêts domaniales, dont une grande partie se trouvait entre les mains du clergé. En Angleterre on en connaît plus de 70, et en France, le nombre des *forêts et garennes* ne cessa de s'accroître. Le mot *garenne* (*warrena*), vient de l'allemand «*wehren*» et «*wahren*», et désigne à l'origine comme le terme *forêt*, un bois où le droit exclusif de chasse était réservé au seul propriétaire. Mais, à partir du XVIe siècle, l'expression de garenne fut exclusivement employée au sens de réserve à lapins, fût-elle ou non entourée de murs.

A l'institution des forêts domaniales se rattachaient souvent des formalités destinées à donner connaissance de ce fait aux habitants des terrains limitrophes. Nous n'avons pas d'indications précises sur ce point pour l'Allemagne. En France, l'ordonnance de Louis XIV «*sur le fait des chasses*» (1669), proclame encore le principe que l'institution de ces forêts doit être publiée «*à son de trompe et cri public*».

En Angleterre, on procédait de la manière suivante à ce sujet. Quelques hommes « dignes et prudents », faisaient le tour de la forêt qu'il s'agissait d'ériger en forêt domaniale et plantaient des bornes très apparentes. On nommait des fonctionnaires spéciaux chargés de protéger les forêts domaniales et de livrer à la justice les braconniers et autres délinquants. Dans les forêts domaniales, le droit de chasse était sous la protection des « *forest laws* », le droit de chasse des autres propriétaires fonciers était protégé par les « *game laws* ».

C'est exceptionnellement sans doute que le droit de chasse s'est étendu à toutes les espèces de gibier susceptibles d'être chassées. Le cerf, le sanglier, le gibier de plume (celui contre lequel on pratiquait la chasse aux oiseaux de vol), étaient l'objet d'une protection spéciale. La chasse au gibier de moindre qualité resta pendant le moyen âge le plus souvent libre ou était concédée d'une façon particulière; c'est en Angleterre seulement que le lièvre a toujours été rangé dans la catégorie du gibier particulièrement protégé.

Pendant longtemps, tout le monde eut le droit de tuer les carnassiers, même dans les forêts domaniales. La participation à la chasse au loup, était, dans l'intérêt public, exigée des sujets pour ainsi dire comme une obligation.

De cette manière, la distinction entre la « haute » et la « basse chasse », a dû exister de bonne heure, du moins en fait, quoique la distinction formelle n'ait été établie que plus tard. Les expressions de « haute » et de « basse » chasse n'apparaissent dans les documents que vers l'année 1500; l'expression de « chasse des broutilles », correspondant aux ramilles, apparaît pour la première fois en Autriche vers le milieu du XVe siècle.

Auparavant, on désignait souvent le gibier de la haute chasse, sous le nom de « gros gibier », ou de gibier « au pied fendu »; la basse chasse comprenait le gibier au pied « rond ». D'une façon analogue le gibier est divisé, en Angleterre, en « *beasts of venery* » comprenant les animaux qu'on chassait à courre et en « *beasts of the chace* », comprenant tous les animaux qu'on chassait suivant les autres méthodes.

Vers la fin du moyen âge, on en vint en France, à réunir presque exclusivement le droit de chasse entre les mains des princes souverains, et à le considérer comme un privilège de la couronne, un droit régalien.

En Allemagne, les princes souverains avaient, depuis l'extension de la souveraineté au XIIIe siècle, emprunté aux empereurs, avec le reste des droits régaliens, celui d'instituer des forêts domaniales. Ils n'en firent cependant que peu usage, et surent étendre de plus en plus leurs droits de chasse et les protéger efficacement d'une tout autre manière.

A côté des chasses dont ils étaient propriétaires, la plupart des seigneurs souverains possédaient encore des forêts domaniales autrefois concédées par l'empereur. A cela venait s'ajouter l'autorisation de chasser sur des terrains très étendus provenant des relations de ces seigneurs avec l'organisation qu'avaient à cette époque les communes rurales et les associations des Marches. Celles-ci avaient été en partie dès le début soumises à l'autorité seigneuriale; d'autres le devinrent, à leur tour, malgré la constitution de communes libres, ou du moins demeurèrent sous un patronage très effectif.

Tant qu'il s'agissait de régions où les seigneurs possédaient la propriété foncière, leurs habitants ne pouvaient revendiquer le droit de chasse qu'autant que les princes voulaient bien le leur accorder. Mais ceux-ci s'entendirent à gagner, même dans les Marches qui n'étaient que placées sous leur patronage ou sous leur haute justice, des droits de chasse de plus en plus étendus. Entre les princes et la noblesse provinciale, s'engagea dès le XIVe siècle, une lutte de plus en plus acharnée pour l'extension du droit de chasse; cette lutte eut des résultats variables suivant les individualités et la situation politique. Les princes conçurent leur droit de souveraineté dans un sens tel que ce n'était pas seulement la surveillance publique de la chasse dans leurs territoires, mais encore le droit même de pratiquer la chasse qui leur revenait. Ce fut Rodolphe, duc d'Autriche, qui donna le signal en s'appuyant sur le *Privilegium majus*. C'est un document qui date soi-disant de l'année 1156, mais qui est en réalité un faux commis durant l'hiver de 1358 à 1359 et qui conférait aux ducs d'Autriche des privilèges spéciaux, parmi lesquels « *bannum silvestrium et ferinarum, piscinæ et nemora* ». On masqua ce faux prodigieux en ne retirant pas leur droit à ceux qui l'avaient possédé jusqu'alors, mais en le leur laissant sous forme de droit concessible, dépendant du duc. Peu de temps après, les ducs de Bavière revendiquèrent à leur tour le droit de chasse sur tout leur territoire, comme droit régalien. En effet, dans une querelle entre l'évêque de Passau Léonard et le duc Louis de Bavière, ce dernier fit valoir, en 1435 « que le droit de chasse est un droit tel qu'il n'appartient qu'au prince dans son pays ». Les griefs de la chevalerie bavaroise contre le duc Georges le Riche en 1499, montrent qu'à cette époque le droit de chasse de la noblesse devait céder le pas au bon plaisir du duc. Au XVIe siècle, les plaintes de la noblesse contre les atteintes portées par les seigneurs souverains au droit de chasse devinrent de plus en plus fréquentes. Les chevaliers d'empire allèrent jusqu'à se plaindre en 1601 à l'empereur qui prit une décision suivant laquelle les chevaliers ne devaient pas être lésés dans leurs droits ni l'institution de nouvelles forêts domaniales autorisée.

La situation empira encore à partir de la fin du XVIIe siècle, lorsqu'une grande partie de la noblesse eût été appauvrie par la guerre de Trente Ans et, que, suivant le courant de l'époque, elle entra au service des cours et des armées. Dans ces conditions, il était difficile de résister aux seigneurs souverains devenus de plus en plus puissants et indépendants.

La tendance à l'élargissement du droit de chasse fut extraordinairement favorisée par le développement de l'autorité souveraine, parce qu'elle acquit désormais des bases légales. Les princes jouissaient en général du droit de rendre des ordonnances obligatoires, qu'ils exerçaient dans le domaine de la chasse par la publication de nombreux édits et mandats. Du droit de publier des prescriptions relatives à l'exercice de la chasse et au braconnage, on déduisit la latitude d'interdire également la chasse, en principe, notamment quand il y avait des raisons d'intérêt public que les juristes étaient très habiles à inventer. On aimait à dire surtout, que la chasse éloignait trop les sujets de leurs travaux, que cela les rendait sauvages et qu'en les autorisant à se servir d'armes, on leur fournissait le moyen de se mutiner et de se soulever. C'est ainsi que l'ordonnance wurtembergeoise de 1588 dit déjà: « Dès qu'ils (les sujets) s'adonnent à tuer le gibier, ils deviennent oisifs, paresseux, dépensiers, débauchés, et ont une mauvaise influence sur femme et enfants. »

Les juristes ont pris une part considérable au développement du droit régalien de chasse, grâce à leurs conceptions romano-juridiques, qu'ils appliquaient fréquemment d'une façon tout à fait détournée, parfois même avec une fausseté intentionnelle, à la situation de leur époque pour complaire aux princes. C'est ainsi qu'au point de vue de la chasse, on confondit les notions de « *imperium* » et de « *dominium* », en soutenant que le prince n'était pas seulement seigneur souverain, c'est-à-dire possesseur de la souveraineté, mais encore « seigneur du pays », au sens de propriétaire ou de propriétaire supérieur. Cette dernière qualité conférait au prince le droit de chasse sur le pays tout entier. D'autre part, on faisait valoir que les animaux sauvages étaient « *res nullius* » et qu'en conséquence, ils appartenaient, tout comme les autres objets sans maître, au seigneur souverain. D'autres disaient que le droit de chasse n'appartenait sans doute au prince que sur ses propriétés particulières, mais ils ajoutaient que le gibier passait de là dans d'autres terrains et pouvait ensuite être facilement tué, voire même complètement exterminé, si chacun avait le droit de chasser sur sa propriété. Cette façon de voir avait pris en France une signification pratique par ce fait que personne n'y avait le droit de chasser sur ses terres quand celles-ci étaient à moins d'une lieue, et pour le chevreuil et le sanglier à moins même de trois lieues du district royal de chasse. Comme preuves à l'appui du droit de chasse du seigneur souverain, on invoquait aussi la *Constitutio Friderici I de regalibus* de l'année 1156, la *Lex regia* et jusqu'à la Bible. (Or, donc j'ai donné tous ces pays à mon serviteur Nabuchodonosor, roi de Babel, et je lui ai aussi donné tous les animaux sauvages des champs, pour qu'ils lui appartiennent.) (Jérémie, 27, 6.)

Sans doute il n'arrivait que rarement, et tout au plus dans de petits Etats, qu'on exerçât le droit régalien de chasse dans toute sa plénitude. Cependant, les princes obtinrent, outre une extension considérable du droit de chasse, un bouleversement complet des conceptions juridiques, en ce sens que dans le droit de souveraineté sur les régions giboyeuses il fallait comprendre le droit même de pratiquer la chasse. C'est ainsi par exemple que Moser dit dans ses « Principes de l'économie forestière » parus en 1757: « La chasse doit être régulièrement rangée au nombre des droits régaliens; ceux qui le nient doivent démontrer le contraire comme une irrégularité. » Beaucoup de princes tenaient même si peu compte de la possession effective du droit de chasse, que ceux qui étaient autorisés à chasser ne devaient être protégés dans le *possessorium* qu'autant qu'ils pouvaient présenter un document prouvant leur concession ou démontrer que leur possession remontait à un temps immémorial.

En 1562 la chambre impériale de justice avait encore rejeté la prétention des princes souverains au droit de chasse. Mais, au XVIIIe siècle, elle se fit le représentant du principe de la régalité; de même, le droit coutumier prussien de

Départ d'une dame de condition pour la chasse

D'après une miniature du manuscrit des Epîtres d'Ovide conservé à la Bibliothèque nationale

1794 traita le droit de chasse en se plaçant tout à fait au point de vue de la théorie régalienne.

Cette conception du droit de la chasse eut pour conséquence pratique une extension de plus en plus grande des territoires de chasse des princes souverains. Ces territoires comprenaient toutes leurs possessions allodiales et concessibles en location, toutes les forêts domaniales, tous les districts des Marches, et enfin d'autres parties du pays, où les princes revendiquaient le droit de chasse au nom du droit régalien.

En dehors des seigneurs souverains, la noblesse provinciale fut seule à réclamer depuis la fin du moyen âge des droits de chasse étendus. Elle le faisait aussi bien pour ses propriétés personnelles, que dans la région des Marches, où, tout comme les seigneurs souverains, les nobles possédaient ce droit depuis longtemps en qualité de seigneurs justiciers ou de patrons, ou bien avaient su se l'approprier au cours des temps.

Nous avons déjà rappelé plus haut que les seigneurs souverains avaient commencé, dès la fin du moyen âge, à restreindre de plus en plus les droits de chasse de la noblesse. Cette lutte qui se termina de différentes façons, eut en bien des cas, notamment dans l'Allemagne du Sud et en Autriche, pour résultat un partage du droit de chasse. Ce partage fixa juridiquement la différence qui, en fait, existait, antérieuremeut déjà entre la haute et la basse chasse et qui fut considérée comme ligne de démarcation du droit de chasse entre les seigneurs souverains et les autres classes de la société. Les premiers eurent par suite le droit de haute chasse dans un grand nombre de districts, tandis que la noblesse n'avait que le droit de basse chasse et de chasse aux brindilles.

En d'autres cas, les seigneurs souverains, quand ils ne pouvaient pas exercer leurs revendications dans toute leur plénitude, laissaient à la noblesse provinciale les droits de chasse dont elle avait joui jusqu'alors, mais de façon à ce qu'elle ne les possédât plus en tant que droit propre, mais en tant que droit « concédé ». A ce propos on exprima souvent le vœu, que les cerfs d'une taille considérable fussent attribués « en hommage », aux seigneurs souverains.

Ce qui en dehors de sa situation politique et sociale fut déterminant pour le maintien du droit de chasse de la noblesse, c'est que depuis la fin du moyen âge elle fut presque seule à avoir des propriétés personnelles et capable d'en louer.

Depuis que la notion du droit régalien de chasse s'était établie, ceux-là seuls pouvaient avoir des droits de chasse qui en avaient reçu la concession. Or, comme la noblesse était à la fois en possession des droits de chasse et capable de faire des locations, on vit naître la théorie très généralement répandue au XVIIe et au XVIIIe siècle, suivant laquelle les nobles seuls pouvaient acquérir et exercer des droits de chasse. On leur assimila le haut clergé, les patriciens des villes (les « familles anciennes »), puis les personnes « graduées » (docteurs) et enfin aussi, dans quelques Etats, les hauts fonctionnaires. En ce qui concerne le droit de chasse des villes, il faut distinguer entre les villes d'empire et les villes dépendant des seigneurs souverains. Les premières étaient de condition impériale et, outre les autres privilèges attachés à cette situation, jouissaient également du droit de chasse.

Chasse a

D'apr

Supplément à l'ouvrage „*Les Animaux*“
(Ne peut être vendu séparément)

ys-Bas

ves

Maison d'Édition BONG & Cie
PARIS

Néanmoins il arrivait souvent à des princes voisins d'exercer ce droit sur le territoire de ces villes. Une partie des villes impériales était comprise dans les districts où la chasse à la surprise était libre, et dont il sera question plus loin. Les villes territoriales possédaient également, en majorité, le droit de chasse sur leur territoire, mais le plus souvent sous une forme restreinte. Les droits de chasse des villes étaient généralement exercés par tous les bourgeois, conformément à l'ordonnance rendue par le Conseil.

Mais, c'est le droit de chasse des paysans qui, déjà à partir du XVe siècle se présenta sous l'aspect le plus défavorable. Les plaintes relatives au retrait du droit de chasse jouèrent déjà un rôle considérable dans la guerre dite des paysans. Dans les « 12 articles des paysans soulevés », il est dit: « en quatrième lieu, il a jusqu'ici été en usage qu'aucun pauvre homme n'a eu le pouvoir de prendre le gibier, les oiseaux ou les poissons dans l'eau courante».

Cependant les paysans eurent, sur différents points de l'Allemagne, jusqu'à la guerre de Trente Ans, le droit d'exercer la « basse chasse »; dans le Wurtemberg, des paysans « dignes de confiance » étaient encore autorisés, en 1614, à prendre un lièvre à leur profit; de même il était permis, parfois même ordonné, de tuer des carnassiers ou des sangliers. On trouve encore, vers l'année 1600, des traces isolées du droit de chasse complet. Les derniers vestiges du droit de chasse de paysans allemands disparurent vers le milieu du XVIIe siècle, par suite du déclin des associations des Marches, de la situation sociale inférieure de la classe rurale et de l'extension générale du droit régalien de chasse. Les seigneurs souverains utilisèrent souvent le droit de chasse retiré aux paysans à dédommager la noblesse provinciale du droit de haute chasse, en lui accordant le droit de basse chasse même en dehors des districts qui lui avaient été affectés.

Vers la fin du moyen âge, ce fut une nouveauté quand on institua des territoires où la chasse à la surprise était libre. C'étaient d'assez grands districts comprenant des Etats provinciaux, pour la plupart des villes impériales, des couvents et des villages d'empire. Là, tous les habitants honorables, bourgeois et paysans avaient le droit d'exercer la chasse dans toute sa plénitude. Il y avait plusieurs de ces districts dans l'Allemagne du Sud, par exemple sur le Danube, dans la lande de Leutkirch, sur le haut Neckar, dans la Forêt noire, etc.

Cette institution s'est probablement développée, en tant que vestige de l'ancien droit allemand de liberté de la chasse, dans des régions qui ne faisaient pas partie d'un district domanial de chasse. Sans doute aussi leur peu d'étendue et l'enchevêtrement des différentes parties du terrain ne semblaient-ils pas convenir à l'exercice de la chasse sur un territoire propre.

La chasse à la surprise dans ces régions provoqua, dans la suite de temps, un grand mécontentement et un grand dépit chez les seigneurs souverains limitrophes. Ceux-ci se plaignaient beaucoup des inconvénients qui résultaient de cet état de choses: cela attirait les vagabonds, le gibier était exterminé et les districts de chasse domaniaux avoisinants étaient menacés.

Les seigneurs souverains n'étaient que rarement à même d'exercer seuls leurs droits de chasse si étendus et accordaient souvent à d'autres personnes l'autorisation de chasser, comme un effet de leur grâce. Sous sa forme la plus ancienne, cette concession permettait à un favori ou à un dignitaire de tuer chaque année, dans l'intérieur d'un territoire domanial de chasse, un nombre déterminé de pièces de gibier. C'est ainsi que le roi Conrad permit, dès l'année 912 à l'évêché d'Eichstätt, de faire tuer annuellement trois sangliers, trois cerfs et trois chevreuils dans le district de chasse royale jouxtant. Parfois, on concédait aussi le droit de tenir une ou plusieurs chasses.

Depuis la fin du moyen âge, on trouve de plus en plus la mesure finalement seule usitée, de concéder le droit de chasse complet à l'intérieur d'un district déterminé. On distinguait à ce point de vue, la concession héréditaire, les chasses héréditaires, et la concession viagère, qu'on appelait parfois la « faveur » de chasse, dans un sens plus restreint. Les chasses de faveur n'étaient pas toujours concédées gratuitement. Fréquemment il fallait payer une redevance très considérable soit annuelle, soit en une seule fois. Aussi ces faveurs prirent-elles peu à peu le caractère d'affermages formels de la chasse. C'est ainsi qu'en Bavière par exemple, la concession des chasses de faveur fut, dès le XVIe siècle, pratiquée comme mesure financière. Un document de cette époque dit: « Liste de ceux qui sont autorisés par faveur ou ont fait des offres en argent: à l'abbé de Raitenhaslach, on a demandé 1000 florins; au couvent de Rohr, 2000 florins, etc. » En Wurtemberg on procédait à la même époque à l'affermage des droits de basse chasse. Ces chasses affermées s'appelaient aussi chasses effectives. Dans les districts concédés comme chasses de faveur, les seigneurs souverains revendiquaient, le plus souvent pour leur profit, le droit de participer à la chasse.

Dans l'exercice de la chasse au moyen âge qui se pratiquait le plus souvent sous forme de chasse aux chiens courants, il n'était pas toujours possible de rester dans les limites d'un territoire de chasse particulier, quand il s'agissait d'entrer en possession d'un animal qu'on avait commencé à courre ou qu'on avait blessé.

Aussi a-t-on connu, dès la première partie du moyen âge, un droit de poursuite du gibier (*droit de suite*); néanmoins ce droit n'a jamais été tout à fait absolu, mais s'est toujours trouvé rattaché à certaines conditions. C'est ainsi par exemple que la *Lex Langobardorum* stipule que les chasseurs avaient 24 heures pour rechercher le gibier blessé. De même, le droit de poursuivre le gibier était autorisé d'après les livres de droit du XIIIe siècle, et même jusque dans les forêts domaniales. Le Miroir des Saxons dit à ce sujet: « Quand un animal qu'on a commencé de chasser se réfugie dans une forêt domaniale, le chasseur a le droit de le poursuivre, mais sans sonner du cor, ni sans exciter ses chiens. » Si ensuite les chiens attrapaient le gibier, le chasseur n'encourait aucune peine. Quand le gibier n'était pas blessé, mais simplement levé, il était de principe que le chasseur avait droit de le poursuivre aussi longtemps qu'il suivait des traces fraîches. Lorsqu'un animal blessé, ayant fui au-delà des limites était déjà mort à l'arrivée du chasseur, celui-ci avait le droit de l'emporter; si au contraire l'animal était encore vivant, il appartenait au maître de la forêt domaniale où il se trouvait. Parfois même, la poursuite pouvait continuer durant plusieurs jours; seulement le chasseur n'avait pas le droit de rentrer chez lui le soir. Dans d'autres territoires on a de bonne heure fixé une limite qu'il était interdit de dépasser en poursuivant le gibier.

Le droit de poursuite sous les conditions que contient déjà le Miroir des Saxons — défense de sonner du cor et d'exciter les chiens par des appels — a subsisté en France pour la chasse à courre (*la chasse noble à cor et à cri*) jusqu'à la fin du XVIIIe siècle. En Allemagne, les seigneurs souverains commencèrent déjà au XIVe siècle, à restreindre de plus en plus le droit de poursuite, du moins pour leurs forêts domaniales.

A mesure que la chasse aux chiens courants déclinait en Allemagne et qu'on adoptait la chasse à l'affût ainsi que d'autres genres de chasse qui n'impliquent pas une longue poursuite du gibier, on tendit de plus en plus à restreindre ce droit ou à le supprimer complètement.

De différents côtés on admit, même encore à cette époque, le droit de poursuite comme basé sur une origine commune et par là généralement établi. Dans la majorité des cas cependant il n'était autorisé, depuis le milieu du XVIIe siècle que lorsqu'il était concédé par un droit particulier soit acquis par des conventions ou par prescription.

Enfin on tint de plus en plus compte, pour le droit de poursuite, de la situation des Etats. On prétendait que des Etats d'empire de rang égal pouvaient exercer réciproquement le droit de poursuite, mais que ceux de condition inférieure ne pouvaient prétendre le faire sur le territoire d'Etats de condition plus élevée.

Là où s'exerçait cette poursuite, il fallait habituellement « briser » c'est-à-dire indiquer par des branches brisées que le gibier avait reçu un coup de feu et qu'on avait franchi la limite. De même, on devait dans les 24 heures au plus tard en informer le propriétaire ou le fonctionnaire le plus proche. Quant à la recherche même du gibier, elle ne pouvait s'exercer que 48 heures au plus tard après qu'on avait tiré sur l'animal, et il fallait souvent abandonner son fusil ou du moins dévisser la platine à silex.

C'est dans une ordonnance autrichienne de l'année 1786 qu'a été énoncé pour la première fois le principe de la législation moderne de la chasse, suivant lequel la poursuite ne peut nullement être revendiquée comme un droit. Dans la transformation du droit de chasse au XIXe siècle, le droit de poursuivre le gibier fut ou bien passé sous silence, ou bien expressément interdit. Malgré la direction commune que prit en Allemagne le développement du droit de chasse, il y eut cependant, par suite du morcellement des Etats, des différences assez considérables au point de vue local.

Tout autre est par contre l'histoire du droit de chasse en France où l'Etat a de bonne heure pris son caractère unitaire en même temps que se développait un puissant pouvoir central monarchique. Il faut également remonter ici jusqu'aux forêts domaniales de l'époque carolingienne. Sous la féodalité, les seigneurs terriens se contentèrent d'interdire la chasse étrangère dans leurs forêts et garennes; les propriétaires pouvaient chasser sur d'autres terrains. Par contre, la chasse était interdite aux paysans, qui depuis longtemps étaient dans l'état de servitude, ce qui les empêchait de devenir propriétaires. Cette stipulation fut encore expressément maintenue par l'ordonnance royale de 1396, à une époque où l'ancienne dépendance du paysan s'était, en beaucoup d'endroits, considérablement adoucie. A côté de la noblesse propriétaire terrienne, le droit de chasse appartenait aux bourgeois d'un grand nombre de villes, soit qu'il fût basé sur le droit coutumier, soit qu'il eût été l'objet d'une concession particulière.

Ce fut d'abord une lutte entre la noblesse et les bourgeois; ceux-ci virent leurs droits de chasse se restreindre de plus en plus. Dès le XIVe siècle la chasse

La vie des payans au XVIe siècle
D'après une gravure sur cuivre de l'édition de Virgile publiée à Lyon en 1517
A l'arrière-plan on voit des payans en train de chasser le gibier qui cause des dégâts

était interdite aux artisans et permise seulement aux « *bourgeois vivants de ses possessions et rentes* ».

A peine cependant la noblesse avait-elle réussi à usurper le droit exclusif de chasse, qu'elle commença à son tour d'être lésée sur ce point par les rois. Déjà sous les Valois on vit apparaître le principe que la chasse était un privilège de la couronne, et que les sujets ne possédaient le droit de chasse que par une faveur royale ou par une concession, ce qui permettait au monarque d'y apporter les restrictions qui lui plairaient.

Le premier roi qui chercha à réaliser complètement cette prétention, ce fut Louis XI. Il provoqua par là un soulèvement armé de la noblesse et céda quelque peu à cette résistance, sans toutefois renoncer à ses visées. C'est après sa mort seulement (1484) qu'il fut interdit aux grands-maîtres royaux de la chasse, par l'ordonnance de 1485, de chasser sur les terres de la noblesse. Mais, ce succès ne fut que passager. François Ier et ses successeurs revendiquèrent la chasse comme un droit exclusivement réservé au roi et aux princes du sang: « *le plaisir que Nous et les Princes de notre sang prenons à la chasse.* » (*Ord. de Henri III*, 1578.) En 1601, Henri IV rendit une ordonnance qui n'accordait plus le droit de chasse qu'à la noblesse (*seigneurs, gentilshommes et nobles*) et l'interdisait expressément aux « *marchands, artisans, laboureurs et autres telles sortes de gens roturiers* ».

A peu d'exceptions près, les bourgeois perdirent le droit de chasse au commencement du XVIIe siècle. Dans la grande ordonnance de Louis XIV « *sur le fait des chasses* » (1669), le droit de chasse n'était accordé aux bourgeois qu'autant qu'ils possédaient des domaines ou remplissaient de hautes fonctions de justice.

Le droit de chasse de la noblesse était restreint même sur ses terres. Avant tout, la chasse au cerf était réservée, en tant que « gibier royal », partout et sous toute forme, au souverain, depuis 1526; elle n'était permise à d'autres personnes que par une autorisation spéciale. D'après l'ordonnance de 1669, le droit de chasse s'exerçait dans les conditions suivantes:

1° En dehors de ses districts de chasse, le roi avait le droit de chasser partout le cerf.

2° La noblesse jouissait du droit de chasser sur ses propriétés le reste du gibier, y compris le chevreuil et le sanglier, à condition que le terrain fût à 3 lieues de distance des districts royaux de chasse.

Les nobles étaient tenus d'organiser, tous les trois mois, des battues pour l'extermination des carnassiers, notamment du loup et du renard, en faisant appel à leurs sujets.

3° Tout exercice de la chasse était interdit au commun des bourgeois, aux artisans, aux paysans; en outre, il leur était défendu, sous les peines les plus sévères, d'avoir des armes de chasse, des trappes et des filets.

Il existait des dispositions spéciales pour la surveillance des prescriptions relatives à la chasse. A cet effet, on avait institué des « capitaineries » pour les districts de chasse du roi et des princes du sang. Elles comprenaient non seulement les propriétés royales et toutes les forêts domaniales, mais encore tous les terrains qui se trouvaient dans l'un de ces districts. Chacune de ces capitaineries avait à sa tête un capitaine des chasses avec des sous-lieutenants de chasse auxquels était adjoint le personnel nécessaire à la surveillance. Le *rachasseur* avait la fonction spéciale de ramener en arrière, à l'aide de chiens, le gibier qui était sorti de ces districts de chasse. Louis XIV avait 40 de ces capitaineries (*plaisirs du Roi*). Les masses prodigieuses de gibier qu'on accumulait dans ces capitaineries et les procédés inconsidérés des officiers de police provoquèrent une irritation considérable dans la population et furent extrêmement préjudiciables au développement de l'agriculture.

Dans les districts qui ne faisaient pas partie de ces catégories, on accordait implicitement à la noblesse le droit de chasser, même le cerf. Les seigneurs dont il s'agit étaient ensuite nommés « conservateurs » des forêts royales qui leur étaient confiées.

La compétence judiciaire des délits de chasse, du braconnage, etc. appartenait dans les capitaineries à des fonctionnaires spéciaux (*lieutenants de robe longue*), avec le concours des capitaines et des lieutenants de chasse, et en dehors de ces districts, aux fonctionnaires de l'administration des forêts et de la chasse; les appels de leurs jugements étaient reçus par une cour spéciale, « *la table de marbre* ».

Tandis qu'en Allemagne et en France le droit de chasse se concentrait de plus en plus entre les mains des seigneurs souverains, jusqu'au XVIIIe siècle, les choses se passaient tout autrement en Angleterre.

Les rois anglo-normands y possédaient les droits de chasse les moins limités et les plus étendus. La Grande Charte vint à leur encontre en 1215; l'extension des droits de la bourgeoisie qui en résulta au XIIIe et au XIVe siècle apporta une restriction assez considérable aux privilèges royaux en faveur des propriétaires terriens. Quiconque possédait un revenu annuel de 100 l. st. avait le droit de chasser sur ses propriétés. Déjà, d'après la Grande Charte, chaque « gentleman » était autorisé à chasser sur les terrains qui lui appartenaient.

Le droit de chasse fut également accordé aux bourgeois de certaines villes. C'est ainsi que les bourgeois de Londres reçurent déjà de Henri II (1100—1135), le droit de chasser, comme l'avaient fait leurs ancêtres, dans le Chiltern, le Middlesex et le Surrey. On en usait encore au commencement du XVIIIe siècle. Les Londoniens amateurs de chasse partaient chaque année, avec la meute du lord-maire pour le « *common hunt* » et revenaient fortement décimés et la figure meurtrie.

Cette législation de chasse peu sévère ne fit pas diminuer le braconnage, de tout temps très répandu en Angleterre. Alors qu'auparavant des bandes entières de braconniers avaient sous Robin Hood et William Clodesly rendu la fréquentation des forêts royales peu sûres, il y eut désormais aussi des personnes de classe plus élevée pour s'adonner, sans en avoir le droit, à l'exercice de la chasse, parce que l'amende encourue ne s'élevait qu'à 30 livres st. Dans la crainte d'être pris, on emportait toujours cette somme, afin de pouvoir payer immédiatement l'amende. Il est possible que Shakespeare ait fait partie de cette catégorie de chasseurs, lorsque dans sa jeunesse il fut arrêté pour braconnage. A la longue cette chasse illégale prit de telles proportions, que le Parlement transforma l'amende en déportation.

L'oppression causée par le retrait du droit de chasse, par les dégâts du gibier et les corvées de chasse, fit naître en Allemagne et en France un mécontentement et une irritation sans cesse grandissants.

Ces sentiments furent exprimés avec autant de force que de succès au moment de la Révolution. Le droit de chasse fut au nombre des privilèges auxquels la noblesse renonça dans la nuit mémorable de 4 août 1789.

Cette renonciation fut confirmée par l'article 3 de la loi du 11 août 1789, qui dit: « Le droit exclusif des chasses et garennes est pareillement aboli et tout propriétaire a le droit de détruire et de faire détruire, seulement sur ses possessions toute espèce de gibier, sauf à se conformer aux lois de police qui pourraient être faites relativement à la sûreté publique. »

C'est cette stipulation qui constitue la base de la loi française de la chasse du 3 mai 1844, encore actuellement en vigueur. D'après cette loi, le propriétaire seul et son mandataire ont un droit de chasse dont l'exercice implique l'acquisition d'un permis et est soumis à l'observation des époques de chasse déterminées par le préfet. Dans les chasses affermées, la chasse à courre et la chasse à tir sur le même territoire peuvent être louées à des personnes différentes. La chasse à courre comprend le cerf, le daim, le sanglier et le loup; la chasse à tir comprend tout le reste du gibier y compris le chevreuil et la permission de tuer le loup avec des armes à feu.

La disposition suivant laquelle chaque propriétaire foncier a le droit de chasser sans restriction sur toute l'étendue de son domaine, a l'inconvénient de rendre très difficile l'organisation de districts de chasse d'une superficie suffisante pour permettre de s'adonner à cet exercice dans de bonnes conditions. Les tentatives faites pour modifier la loi sur le modèle de la législation allemande n'ont pas abouti jusqu'ici. Aussi s'est-il, dans ces derniers temps, constitué des syndicats de chasse, dans le but d'améliorer la situation en réunissant tous les efforts.

En Allemagne, il y eut lieu de modifier le droit de chasse dans les régions de la rive gauche du Rhin temporairement réunies à la France et où, sous la domination française le vieux droit de chasse avait été aboli avec les autres privilèges féodaux; cet état de choses subsista, lors du retour de ces provinces à l'Allemagne. Dans le reste de l'Allemagne, ainsi qu'en Autriche, l'ancien droit subsista jusque vers le milieu du XIXe siècle, bien qu'une grande partie des anciennes rigueurs, notamment la corvée de chasse si oppressive, eussent pratiquement presque cessé d'exister. C'est en 1848 seulement qu'a été aboli en Allemagne le droit de chasser sur le terrain d'autrui.

Dans certains Etats allemands (Prusse et Bavière) le droit de chasse fut aboli sans indemnités; dans d'autres, il fut tout au moins rachetable. Dans bien des cas (Hesse électorale, Hesse-Darmstadt, Schleswig-Holstein), le droit de chasse fut supprimé, mais rétabli pendant la période de réaction qui commença en 1850, et ne devint plus rachetable que moyennant finances. La législation plus récente a partout (sauf en Mecklembourg) rétabli l'ancien principe allemand, suivant lequel le droit de chasse est une émanation de la propriété foncière. Les restrictions qui existent encore découlent simplement de considérations de police. Pour permettre d'exercer la chasse avec succès, la législation de tous les Etats allemands (à l'exception de l'Oldenbourg) prescrit que les districts de chasse aient une superficie minimum, où le propriétaire où le possesseur peuvent exercer eux-mêmes le droit de chasse. Cependant l'étendue requise est variable (15 hectares dans le Wurtemberg, 250 hectares dans l'Anhalt). Les propriétaires fonciers de chaque commune qui, d'après cette loi ne possèdent pas eux-mêmes le droit de chasse, sont forcés de réunir leurs domaines en un district de chasse commun. Ils constituent une société de chasse qui décide elle-même de la manière dont s'exercera la chasse, ou bien la commune exerce le droit de chasse comme représentant des propriétaires fonciers en question, et à leur compte.

Dans les deux cas, le produit de la chasse est partagé entre eux, suivant l'étendue de leurs propriétés.

En Allemagne il est nécessaire, comme en France, d'avoir un permis pour chasser; de même, on est tenu d'observer les prescriptions relatives aux époques de la chasse.

En Angleterre la législation de la chasse a été améliorée dans l'intérêt des fermiers par le *Ground Game Act* de 1880. En principe, le droit de chasse appartient également au propriétaire foncier; il peut soit l'exercer lui-même, soit l'affermer. Par contre le fermier ne peut que profiter lui-même de l'autorisation qu'il a reçue pour protéger ses récoltes, ou bien la déléguer par écrit à ses parents ou à des chasseurs engagés par lui.

Quand le domaine est affermé, le propriétaire n'en conserve pas moins seul le droit de chasser le gibier de plume (*winged game*); par contre, il partage avec le fermier le droit de chasser le lièvre et le lapin (*ground game*). Les fermiers et leurs mandataires ne peuvent chasser qu'au fusil.

En ce qui concerne la chasse dans les champs, il n'y a pas, à quelques exceptions près, de restrictions, au point de vue du temps, pour le lièvre et le lapin. Dans les marais et les terrains incultes (*mooreland and unenclosed lands*) le fermier n'a, par contre, le droit de chasser que du 11 décembre au 31 mars. Cette stipulation s'explique par ce fait que le propriétaire a le droit de chasser le grouse, chasse qui ferme le 10 décembre.

Les infractions au droit de chasse étaient déjà très sévèrement punies au commencement du moyen âge, comme le prouve le récit de Grégoire de Tours que nous avons rapporté plus haut. Les chartes populaires contiennent également de nombreuses stipulations relatives à ce point. Elles ne concernent pas l'exercice indu de la chasse proprement dit, mais traitent principalement de l'emploi de certains moyens (chiens, faucons, cerfs apprivoisés), ou du gibier pris ou tué par un tiers.

D'après les chartes populaires, les peines encourues par ces infractions étaient toujours des amendes qui, suivant le système des compensations alors en vigueur, étaient attribuées à celui qui avait subi le préjudice. En outre, il fallait le plus souvent réparer ce préjudice en fournissant des chiens et des faucons, dont l'équivalence par rapport aux animaux volés ou endommagés devait être établie par serment. On ne trouve une peine spéciale pour l'infraction au droit de chasse lui-même qu'après la constitution des forêts domaniales, vers l'an 800. Cette peine, c'était l'anathème royal de 60 sous d'or. Peu de personnes eussent été à même de payer cette somme tout à fait élevée pour l'époque, sans s'appauvrir ou sans encourir l'esclavage pour dettes. Il est probable qu'on appliquait alors aux insolvables des peines corporelles et même la peine de mort.

Dans le royaume franc, et, après son partage, en Allemagne, la peine normalement encourue pour l'exercice illégal de la chasse, était une amende de 60 sous d'or. La valeur de l'argent et l'étalon monétaire ayant varié au cours des temps, cette mesure pénale fut modifiée en conséquence et augmentée par suite du développement pris par la passion de la chasse. C'est ainsi qu'au XIe et au XIIe siècle, on trouve la menace d'une peine de 20 et même de 100 livres d'or pur. A partir du XIVe siècle, les délinquants outre le paiement d'une amende,

Chasse à courr

D'après un dessin

Supplément à l'ouvrage „*Les Animaux*"
(Ne peut être vendu séparément)

n Angleterre

: par H. Alken

MAISON D'ÉDITION BONG & Cie
PARIS

furent tenus de fournir un animal domestique de taille correspondante, par exemple pour un cerf un bœuf, pour un chevreuil une chèvre.

Etant donné leur montant très élevé, ces amendes ne pouvaient se rapporter qu'à l'exercice illégal de la chasse par de hauts seigneurs capables de les payer. Ce qui justifie cette hypothèse, c'est que pour punir un délit de chasse que pouvait commettre un homme de petite condition avec les moyens dont il disposait, on avait toujours recours à des peines corporelles.

Le Miroir de la Souabe lui-même, qui dit expressément que personne ne peut être puni d'une peine corporelle ou de mort pour un délit de chasse, menace de la perte de la main droite ceux qui enlèveraient des faucons de leur nid et qui seraient insolvables.

Les délits de chasse les plus souvent nommés étaient: la pose de lacets et de collets, le guet, c'est-à-dire le fait de prendre des lièvres au filet, la pose de pièges. A la fin du moyen âge, ces délits entraînèrent la perte du pouce ou de la main, parfois même du pied. Les fonctionnaires de la chasse étaient le plus souvent autorisés à appliquer ces peines, sans autre forme de procès, au moment même du flagrant délit.

Ce sont les rois anglo-normands qui au XIe et au XIIe siècle ont proféré les menaces les plus cruelles et les plus dures contre les délits de chasse; ces menaces ont été mises à exécution tout au moins par Guillaume le Conquérant et par son fils, Guillaume II le Rouge.

« Si un gentilhomme », ainsi l'ordonnaient les lois de chasse normandes, « chasse accidentellement ou intentionnellement devant lui un animal sauvage de la forêt de façon à lui faire perdre haleine, il doit payer au roi une amende de 10 shellings; si cela arrive à un fermier, il doit payer 20 shellings; si c'est un serf, il doit être fouetté jusqu'au sang. » On crevait les yeux à ceux qui tuaient un cerf ou un chevreuil. Les braconniers qui étaient attrapés par les fonctionnaires de la chasse dans les forêts royales devaient sans autre forme de procès être exécutés sur place, et leurs chiens mis à mort.

Henri II et Richard Cœur de Lion apportèrent déjà un grand adoucissement à l'application de ces peines. La Grande Charte les abolit complètement. A partir de cette époque les braconniers purent s'en tirer avec une forte amende; en cas d'insolvabilité, ils étaient emprisonnés pendant 1 an et 1 jour et à leur libération ils devaient trouver quelqu'un qui répondît de leur bonne conduite pour l'avenir, sans quoi ils étaient bannis.

Depuis la fin du moyen âge, il s'accumula en Allemagne, en Autriche et en France des quantités prodigieuses de gibier. Les dégâts dont par ce fait souffrirent les récoltes, la passion de la chasse, tout cela incitait à chasser sans y être autorisé, d'autant plus que cette chasse prenait souvent le caractère d'une défense pour ainsi dire légitime.

Il est donc injuste d'admettre, comme on le fait souvent, qu'on ait appliqué ces peines très sévères, et, suivant nos conceptions assez souvent barbares, au pauvre paysan mourant de faim, qui, dans un accès de désespoir, tuait un lièvre dans son jardin potager. Il est hors de doute qu'on a commis des excès sous ce rapport, mais, en général, on distinguait très bien entre les différentes espèces de délits et leurs mobiles.

En Allemagne et en Autriche on ne considérait comme braconnage que le fait de tuer le cerf, le daim et le chevreuil; tuer du petit gibier ne constituait qu'un délit. Même la chasse illégale au cerf était souvent considérée, non pas comme du braconnage, mais comme une « légitime défense non autorisée », ou comme « délit contre l'ordre public ». Dans ce cas, les peines étaient peu sévères, quand on n'avait voulu que défendre ses récoltes et que le gibier tué était remis à ceux qui avaient le droit de chasser. On ne considérait comme braconniers que ceux qui tuaient le gros gibier par habitude ou par plaisir. Il arrivait assez souvent que ces braconniers formassent des bandes assez considérables, livrant de véritables combats contre les gardes-chasse, menaçant souvent les habitants de fermes isolées, voire même de localités entières, pour en obtenir le gîte, la nourriture et des renseignements sur les fonctionnaires affectés au service de la chasse.

On procédait d'ailleurs avec la plus grande sévérité contre ces braconniers, et on les punissait le plus souvent de peines corporelles, voire même de mort. Les peines ordinaires pour les cas de braconnage les moins importants consistaient en un emprisonnement assez long dans des maisons de correction; souvent les condamnés étaient en outre astreints à porter sur la tête une ramure de cerf fixée sur un cercle de fer. Enfin, il y avait différentes peines corporelles: on crevait les yeux, on coupait la main, on infligeait le supplice de l'estrapade (*tratto di corda*), on fustigeait les coupables, etc.

En cas de récidive, mais notamment en cas de résistance aux fonctionnaires des forêts et de la chasse, et si ceux-ci étaient blessés, on prononçait la peine de mort assez régulièrement. Il était rare que cette peine fût appliquée pour un premier cas de flagrant délit sans motif d'aggravation, comme par exemple dans la Hesse, par une ordonnance de 1613. Ce qui rendit ces procédés encore plus sévères, c'est qu'il était assez généralement permis aux gardes-chasse de faire usage de leurs armes, même quand ils ne se trouvaient pas en cas de légitime défense. Une ordonnance du prince de Schwarzbourg-Rudolstadt, rendue en 1626, allait même jusqu'à édicter d'abattre purement et simplement d'un coup de fusil le braconnier qui emportait le gibier volé.

A côté de ces peines corporelles et de la peine capitale, il y avait encore (c'était la continuation de l'ancien système) des amendes, comme par exemple dans l'ordonnance des forêts de la Prusse de l'année 1720. Ces amendes, de même que l'ancienne peine de l'anathème du roi, semblent avoir été moins dirigées contre les braconniers proprement dits que contre les infractions au droit de chasse commises par des personnes haut placées et fortunées. Qu'eût par exemple signifié pour un braconnier une amende qu'en aucun cas il n'eût été capable de payer, de 500 thalers pour avoir tué un cerf et de 50 thalers pour un lièvre! Notre hypothèse est d'autant plus plausible qu'environ vers la même époque, on rendit à plusieurs reprises des ordonnances, d'après lesquelles les braconniers devaient être pendus.

Les peines édictées en France étaient également très sévères et furent finalement codifiées dans l'ordonnance de Louis XIV (1669) « *sur le fait des chasses* ».

D'après cette ordonnance, le premier cas de délit pour avoir tué un cerf était puni d'une amende de 83 livres, pour un sanglier ou un chevreuil, de 41 livres. En cas d'insolvabilité, le braconnier devait être fouetté de verges « jusqu'à effusion du sang. » A la première récidive, les malfaiteurs étaient promenés, avec accompagnement de coups de verges, tout autour du théâtre de leurs méfaits, puis bannis à 15 lieues de cet endroit. En cas de seconde récidive, les braconniers devaient être, soit envoyés aux galères, soit battus de verges, et après confiscation de leurs biens, bannis à perpétuité du royaume. S'ils revenaient, ils étaient menacés du « dernier supplice », sans qu'on spécifiât la forme de l'exécution. En effet, à un autre endroit de cette ordonnance, il est établi, en opposition avec les stipulations antérieures, que personne ne devait être condamné à mort pour braconnage.

Au cours du XIXe siècle les pénalités ont également été considérablement modifiées, et cela dans le sens de l'adoucissement. Les chasseurs s'en plaignent beaucoup. Là où subsistent des pénalités sévères, comme par exemple en Angleterre, elles ne sont que rarement appliquées, parce que leur dureté répugne aux idées modernes.

Peinture grecque — Le retour de la chasse

VI. L'importance économique de la chasse

L'importance de la chasse dans la vie économique d'un peuple dépend de son génie national, de son degré de civilisation, ainsi que de la situation géographique et climatérique de son habitat.

Les témoignages les plus anciens relatifs à l'apparition des hommes à une époque préhistorique montrent, tout comme l'état des peuplades qui actuellement encore se trouvent en dehors de la sphère civilisée, les rapports multiples et étroits qui, à un degré de civilisation inférieure, existent entre l'économie de l'homme et le monde animal qui l'entoure. Ils sont une conséquence de la lutte pour l'existence sous ses diverses formes.

La nécessité de se défendre contre des animaux sauvages d'un côté, et le besoin de nourriture et de vêtement de l'autre, ont de bonne heure contraint l'homme, à l'époque la plus reculée, à réaliser les paroles de la Bible: « L'homme doit régner sur les poissons dans l'eau, sur les oiseaux sous le ciel, sur tous les animaux et sur toute la terre! »

La situation géographique et climatérique de chaque pays a eu de tout temps, et a aujourd'hui encore la plus grande importance au point de vue du genre et de l'intensité de cette lutte entre l'humanité et le monde animal.

C'est ainsi que sous les Tropiques, la défense contre les grands fauves passe au premier plan. Dans l'Inde orientale anglaise, le tigre fait, aujourd'hui encore, environ 1000 victimes humaines par an. D'après une communication de l'*India office*, il a péri en 1900, 943 personnes; en 1901, 1171; en 1902, 1046; en 1903, 866; en 1904, 786. Par contre, pour des raisons physiologiques, l'homme est moins enclin, dans ces pays, à se nourrir de chair animale. Toute l'année durant, la nature offre à l'indigène le moyen de se nourrir par de nombreux et de succulents fruits, faciles à se procurer sans peine. De même le vètement, pour autant qu'en principe il semble nécessaire, peut aisément être emprunté aux substances fibreuses du monde végétal.

Dans les climats plus froids, le nombre des animaux susceptibles d'être dangereux pour l'homme est en général moindre, aussi bien au point de vue des espèces qu'à celui des individus. Par contre le besoin d'une nourriture plus riche en graisse et en azote s'y fait sentir davantage; c'est dans le monde animal que l'homme peut se la procurer le plus simplement.

Il en résulte que pour tous les peuples d'une civilisation inférieure, vivant dans les zones tempérée et froide, la chair des animaux tués à la chasse constitue une partie essentielle et fréquemment même la plus importante de leur nourriture, surtout lorsque la mer ou d'autres grandes nappes d'eau ne leur offrent pas la ressource d'une pêche abondante. La peau des animaux tués sert à se mettre à l'abri des rigueurs de la température; avec leurs os et leurs intestins, on a, à l'époque la plus reculée, fabriqué un grand nombre d'objets servant à la vie journalière.

Dès qu'il put être question d'une « économie », au sens le plus primitif du mot, la capture ou la mise à mort méthodiques des animaux, dont la chair, la graisse, la peau, les os ou les cornes étaient utilisables, ou qui étaient nuisibles en tant que carnassiers, ont constitué cette branche importante de l'activité humaine, que nous désignons sous le nom de « chasse ». La chasse et la pêche, dans le but de trouver de la nourriture ont été la première manière de produire des aliments; la seconde consista à apprivoiser et plus tard à élever les animaux.

Beaucoup de peuplades ont, de très bonne heure, pratiqué presqu'exclusivement l'élevage du bétail et l'agriculture. Tels furent par exemple les Juifs, qui n'ont sans doute jamais été un peuple chasseur proprement dit, tandis que d'autres, comme par exemple les Indiens de l'Amérique du Nord, continuent aujourd'hui encore à demander à la chasse la partie la plus importante de leur subsistance. Les anciens Egyptiens étaient des chasseurs passionnés comme nous le montrent d'une manière si intéressante leurs monuments; de même les Assyriens et les Perses. Les Babyloniens aimaient tant la chasse que, d'après Ammien Marcellin, c'était de sujets de chasses qu'ils ornaient de préférence les murs de leurs chambres. Les Grecs payaient également un large tribut à la chasse et y voyaient un moyen d'éducation de premier ordre. Par contre, les Romains prenaient peu de goût à la chasse. C'est seulement à partir de César et d'Auguste, ainsi que sous quelques empereurs postérieurs qui résidèrent en Gaule, que la chasse fut considérée, d'une façon passagère, comme un sport distingué. La prédilection nationale pour les massacres dans l'amphithéâtre fit toujours passer la chasse à l'arrière-plan.

Ce qu'il y a d'intéressant, c'est que les Romains connaissaient déjà le type du « chasseur du dimanche ». Horace s'égaye au sujet du rodomont, qui le matin s'en va, à grand fracas, avec un appareil de chasse considérable, avec des chiens et des filets et revient le soir, tout silencieux, en rapportant un sanglier qu'il a acheté:

« Gargilius, qui mane plagas, venabula, servos
Differtum transire forum populumque, jubebat.
Unus ut e multis, populo spectante referret
Emptum mulus aprum. . . . » *Epîtres. Livre I. 6.*

Grâce à la transition de la chasse à l'élevage, la lutte pour l'existence devint beaucoup moins âpre; par contre, l'importance économique de la chasse diminua en même temps. Dès lors, le fait de tuer des animaux comestibles ne repondit plus à un besoin pressant. Cela devint graduellement un luxe et un sport, tandis que la chasse aux carnassiers revêtait le caractère d'une mesure protectrice, nécessaire pour les troupeaux de bétail au pâturage.

L'histoire du peuple allemand offre un exemple intéressant de la transition graduelle de la vie de chasse et de pâture à l'agriculture. Les Germains font partie de la famille de peuple ariens, dont l'Asie centrale passe pour avoir été le foyer, ce que d'ailleurs on a contesté dans ces derniers temps. Les résultats fournis par la linguistique comparée permettent de conclure que les Ariens pratiquaient déjà, avant la grande séparation des peuples, l'agriculture à côté de la chasse et de l'élevage, bien qu'ils ne fussent pas sédentaires. Ce fut la diminution et l'épuisement des territoires de chasse et des pâturages qui causèrent la séparation et l'émigration; cependant la direction prise fut sans doute souvent déterminée par la pression exercée par d'autres peuples demeurant plus à l'est.

Après leur arrivée en Allemagne, les Germains continuèrent de s'adonner à la chasse et de faire paître leurs troupeaux, à côté d'une agriculture peu importante et très extensive qu'ils ne pratiquaient qu'au cours de leurs migrations. C'est ainsi que César nous représente encore, vers 56 avant J.-C. les Germains comme étant, au point de vue économique, avant tout un peuple de chasseurs. Il dit en effet: « *Vita omnis in venationibus atque in studiis rei militaris consistit* ». (Toute leur vie se passe à la chasse et aux exercices militaires.) Dans un autre passage, César nous apprend que les Germains se nourrissaient principalement de lait, de fromage et de viande.

C'est seulement lorsque les Germains se virent empêchés par les Romains de s'avancer davantage à l'ouest et au sud, qu'ils devinrent plus sédentaires et s'adonnèrent à une culture plus intensive du sol. Tacite nous apprend (99 av. J.-C.) que les Germains s'étaient établis partout à poste fixe, bien que d'une manière indéterminée et attachaient une grande importance à l'agriculture.

Néanmoins la chasse a encore joué, durant bien des siècles, un rôle de premier ordre dans l'économie politique. C'est ce que prouvent les nombreuses stipulations relatives à ce point, dans les chartes populaires du Ve au VIIIe siècle.

C'est précisément dans leurs règlements juridiques sur la chasse qu'apparaît la différence de la situation économique où se trouvaient les diverses peuplades alle-

Le retour de la chasse dans une famille de Botocudos
D'après le « Voyage de l'Astrolabe » par Dumont d'Urville (1833)

mandes. Les lois des Burgondes, des Visigoths et des Lombards vivant sur des terres romanes, au milieu de peuples de civilisation plus avancée et plus ancienne, contiennent beaucoup plus de ces stipulations que les lois des autres tribus allemandes.

Cependant la chasse et le pâturage qui prédominaient encore dans la première partie du moyen âge, en connexité avec une agriculture très extensive, exigeaient des étendues de terrains extraordinairement vastes pour subvenir à l'alimentation de la population. Dès que celle-ci s'accrut dans de notables proportions, sans qu'il y eût possibilité d'aller à la recherche de nouveaux territoires, il s'en suivit forcément un changement correspondant dans les mœurs et une pratique meilleure de l'économie rurale. L'histoire de l'économie politique allemande nous montre que cette transformation commença avec le IXe siècle. La population de l'Allemagne occidentale s'accrut avec une telle rapidité, que de 900 à 1100 elle doubla et qu'au commencement du XIIIe siècle elle avait presque quadruplé.

Pour trouver de nouveaux établissements et des terrains de culture suffisamment étendus, on commença, à cette époque le défrichement des forêts. Ce fut là une opération d'une importance capitale, à laquelle participèrent les grands seigneurs terriens, ecclésiastiques aussi bien que laïques. A cela s'ajouta depuis le milieu du Xe siècle un retour offensif des Germains vers l'est, ce qui engendra une lutte avec les Slaves, victimes de cette nouvelle invasion. Cette colonisation systématique des territoires reconquis, par des communautés rurales allemandes, commença au XIIIe siècle. De tout cela il résulta que la chasse perdit de plus en plus de son importance, comme moyen d'alimentation pour la grande masse du peuple, à partir du Xe siècle, en Allemagne tout comme en France et en Angleterre. Petit à petit, elle céda presque complètement le pas à l'agriculture et à l'élevage.

La transformation de la situation politique et sociale qui s'opéra en même temps, eut d'autre part pour conséquence de faire perdre complètement, à partir du XIIe siècle, à la classe paysanne le droit de chasse qui ne lui était plus nécessaire et devint ainsi un privilège réservé aux classes supérieures. Le droit de porter les armes et le droit de chasse étaient parallèles, et tous deux furent désormais limités aux hautes sphères de la population, aux princes, à la noblesse et au clergé.

Par là même, l'exercice de la chasse prit un caractère essentiellement différent. Autrefois son but principal, c'était la mise à mort du gibier; dès ce moment, on attacha de plus en plus d'importance à l'observation de formes déterminées dans l'exercice de la chasse, à triompher du gibier après une lutte chevaleresque, à l'équitation, à la bonne qualité des chiens et à tous les autres accessoires de la chasse.

Il ne s'agissait plus désormais de gagner son pain; la chasse devenait une passion noble, un sport! A côté du jeu des armes, c'était la seule occupation digne d'un homme distingué en temps de paix, et la meilleure école préparatoire à la guerre. Alors, la chasse devient « la fiancée joyeuse du dieu sévère de la guerre ». La période proprement dite de l'épanouissement de la chasse se place à la fin du moyen âge. A cette époque, il fallait beaucoup plus de courage personnel, d'adresse et de présence d'esprit, que dans la période si réputée et ordinairement citée en première ligne dans les cercles de chasseurs, période du rococo et des chevelures à tresses du XVIIe et du XVIIIe siècle. D'autre part, il en résulte de bonne heure des conséquences fâcheuses au point de vue de l'économie politique. Ceux qui avaient le droit de chasse, faisaient tous leurs efforts pour accroître les réserves de gibier; on atteignit le même but, par la diminution du nombre des carnassiers et la meilleure culture des terres en temps de paix. Mais, l'accroissement du gibier causa, de même que les méthodes de chasse alors en usage, des préjudices de plus en plus sensibles à l'économie rurale.

Ces inconvénients devinrent particulièrement graves au XVIIe et au XVIIIe siècle quand d'un côté le territoire tout entier du pays eût été mis en culture en même temps que la population continuait à accroîtrę, et que d'autre part on se mit à entretenir des masses excessives de gibier. C'est seulement dans la seconde moitié du XVIIIe siècle, qu'on commença de mettre un terme aux plus criants de ces abus.

Les grandes masses de gibier de cette époque causèrent également des dégâts très sensibles dans les forêts, dont la situation empira d'une façon générale; cela ressort très nettement des descriptions de cette époque.

Ces contrastes devinrent encore plus frappants à mesure que la culture forestière et la culture agricole progressaient. Il en résulta, en connexité d'ailleurs avec de grands bouleversements politiques, des modifications des conditions du droit de chasse et une limitation de la quantité du gibier, qui se firent jour en France dès 1789 et en Allemagne à partir de 1848 seulement.

C'est au XIXe siècle que s'est définitivement terminé le conflit entre la chasse et la culture du sol. Aujourd'hui, le propriétaire foncier possède le droit de chasse; il peut se protéger lui-même contre les dégâts ou bien, dans les cas où il n'est pas à même de le faire, il peut réclamer une indemnité équivalente au dommage encouru. En pratique cependant, la chose, pour différentes raisons, ne se fait pas aussi complètement ni aussi rapidement que ne semble l'indiquer le texte même des lois.

Toujours est-il qu'actuellement l'économie rurale jouit, de cette façon, d'une assurance presque partout suffisante contre les dégâts causés par le gibier. L'économie forestière par contre est moins favorisée à ce sujet; on manque en effet souvent de mesures protectrices suffisantes, mais surtout, on reconnaît et on évalue beaucoup trop peu les dégâts causés par le gibier.

Quand il s'agit de cultures agricoles, pour lesquelles il ne s'écoule tout au plus qu'une année entre les semailles et la récolte, la somme du dégât occasionné par le gibier est le plus souvent facile à évaluer. Il en va tout à fait autrement pour l'économie forestière; là, il s'écoule de longues années entre le moment de la plantation et celui où l'on abat les arbres.

En fait cependant, étant donné le développement qu'a pris l'économie forestière, les dégâts causés par le gibier sont beaucoup plus considérables qu'on ne le croit ordinairement et qu'on n'est disposé à le concéder dans l'intérêt de la chasse.

Toute réserve de gibier un peu considérable augmente de différentes manières les frais de culture. Ou bien, on est obligé de prendre des mesures protectrices coûteuses (clôtures), qui le plus souvent ne constituent qu'une défense imparfaite, ou bien on est obligé d'employer des méthodes dispendieuses de culture des terrains (en les rajeunissant artificiellement au lieu de naturellement). En broutant les pousses, le gibier retarde extraordinairement le développement des cultures. On est souvent forcé de renoncer à planter, à cause des dégâts causés par le gibier, certaines espèces de bois qui s'approprient tout à fait à un sol déterminé et qu'on devrait également choisir au point de vue du rendement économique. Dans un grand nombre de forêts de pins très vastes, on trouve à peine un tronc qui ne soit pas décortiqué par les cerfs; par suite, la neige est beaucoup plus préjudiciable à ces arbres et le bois perd beaucoup de sa valeur.

Dans ces dernières années, on a, en différents endroits employé des remèdes préventifs contre cette décortication, et en particulier dans quelques domaines de la Bohême. On est ainsi arrivé à remédier à une perte d'au moins $20\,^0/_0$, et cela a diminué dans d'assez fortes proportions la quantité de cerfs vivant dans ces forêts.

La situation ne s'est pas améliorée à la dernière heure; au contraire elle a empiré. Pour obvier aux dégâts causés par le gibier dans les champs, on l'en éloigne de plus en plus et on le réduit ainsi à trouver sa nourriture presqu'exclusivement dans les forêts. Tout cela, sans prendre les mesures nécessaires à l'amélioration des conditions dans lesquelles le gibier est amené à brouter, en lui réservant par exemple des champs et des prairies spécialement affectés à cet objet. Dans cet état de choses, le gibier est contraint à chercher sa nourriture sur les terres cultivées, au détriment des plantes forestières qui s'y trouvent.

En même temps des intérêts sportifs, ou bien encore des considérations relatives au rendement de la chasse, souvent même ces deux mobiles réunis, ont dans ces dernières dizaines d'années, provoqué sur de vastes territoires, un accroissement notable des dégâts causés par le gibier.

Ce qui montre le mieux à quel point la chose en est venue, c'est la comparaison du rendement de la chasse en Autriche (Cisleithanie), pendant la période qui va de 1874 à 1900. Au cours de cette période, le rendement moyen de la chasse, calculé par pièce de gibier, s'est accru d'environ $150\,^0/_0$. De 53,280, la quantité de gibier de poil (cerfs, daims, chevreuils, chamois et sangliers) tué dans cet intervalle, est monté à 129,603! Pour le cerf seul, il y a un accroissement annuel de 5974 à 16,524 pièces!

Il est nécessaire d'établir qu'au point de vue forestier, les réserves de gibier causent dans un grand nombre de forêts des Etats de l'Europe centrale et occidentale, une diminution très notable du rendement économique. En Angleterre, les considérations relatives au sport de la chasse constituent un obstacle considérable, souvent même le plus grand de tous, à l'introduction d'une économie forestière sensée et notamment au reboisement si important et si nécessaire.

Un examen de l'importance économique de la chasse à l'heure actuelle nous donnera les résultats suivants:

Dans des régions très vastes d'un développement inférieur au point de vue de l'économie politique et de la civilisation, comme par exemple dans une grande partie de la Russie du Nord-Est, en Sibérie, au Canada, etc., la chasse est, aujourd'hui encore, une source de richesse très importante, parfois même la seule. Mais c'est moins la chair des animaux abattus qui constitue le rendement de cette chasse, que leur fourrure dont la demande suit une marche ascendante.

La chasse aux petits ours marins (*Callorhinus ursinus L.*), qui fournissent une fourrure si appréciée, est d'un tel rapport, que les îles désertes qui s'étendent entre le Kamtschatka et l'Alaska et où cet animal se tient à l'époque de l'accouplement, sont depuis de longues années l'objet de controverses politiques très vives et de discussions diplomatiques sans fin entre la Russie et les Etats-Unis.

Lors des grandes foires d'Irkoutsk, on voit chaque année apparaître sur le

Chasseur de fourrures sibérien du Kamtschatka
D'après «La Chasse des Tsars en Russie du Xe au XVIe Siècle» par Kutepow (St-Pétersbourg, 1892)

marché des millions de peaux précieuses d'écureuils, de renards bleus, de zibelines et d'autres animaux à fourrures. Tout cela est exporté principalement à Londres et à Leipzig, les deux centres du commerce des fourrures dans l'Europe occidentale. En Russie, on évalue le rendement annuel de la chasse, principalement à cause du commerce des fourrures, à 300 millions de roubles; la chasse y occupe donc une place importante en tant que source de richesses.

La statistique de l'empire allemand nous fournit des données relatives au rôle joué par le commerce des fourrures en Allemagne. La valeur et la quantité de l'importation et de l'exportation dans la branche spéciale du commerce allemand des peaux et pelages nécessaires à la préparation des fourrures, ont atteint, en 1903:

a) importation: 46,062 quintaux-métriques, d'une valeur de 122,120,225 francs
dont, pour la Russie: 19,463 „ „ „ „ 36,037,543 „
b) exportation: 26,178 „ „ „ „ 87,667,025 „

Grâce à l'amélioration des moyens de communication, la Suède, la Norvège et la Russie envoient aujourd'hui, tout au moins en hiver, de grandes quantités de gibier congelé, notamment de gibier de plume, dans les grandes villes d'Allemagne, de France et d'Angleterre.

Si l'on examine les avantages que la chasse offre actuellement dans les pays civilisés, il faut distinguer entre l'utilité directe et l'utilité indirecte.

L'utilité immédiate comprend le gain procuré par la chair, les peaux et les fourrures des animaux abattus. L'importance de la venaison, en tant que nourriture saine et agréable est plus grande qu'on ne le croit ordinairement.

C'est ainsi que le ministère de l'agriculture en Autriche, évaluait la quantité de venaison qui, vers 1890, était annuellement apportée sur le marché, à plus de 6 millions de kilogrammes, ce qui correspond à la masse de viande fournie par 15,790 bœufs engraissés, à 400 kilogrammes chacun.

En Prusse, la production de venaison a été, du 1er avril 1885, au 31 mars 1886, de 1,050,673 kg, par conséquent de 0,37 grammes par habitant. On a tué: 4,573,634 pièces de gibier de plume, dont, 2,521,864 perdrix, 129,628 faisans, 270,000 canards, 5424 oies, 397 coqs de bruyère; 2,987,672 pièces de gibier de poil, dont, 9 élans, 14,986 cerfs, 8586 daims, 109,702 chevreuils, 2,373,499 lièvres, 9391 sangliers, 85,247 renards, 314,116 lapins. On peut évaluer à 13,779,110 frs. la valeur totale du gibier tué, dont 10,933,388 frs. pour le gibier de poil et 3,841,631 frs. pour le gibier de plume. C'est la petite chasse qui donne le meilleur rendement: le lièvre et le perdreau ont à eux seuls rapporté 8,935,226 frs., le cerf 820,672 frs. seulement. Si l'on applique à l'Allemagne toute entière les chiffres établis pour la Prusse, la valeur du gibier tué dans l'empire allemand montera à environ 27,500,000 frs.

Nous avons des données plus récentes pour l'Autriche (Cisleithanie) que pour l'Allemagne. En 1900 on y a tué: 1,703,523 pièces de gibier de poil, dont 1,413,433 pièces d'animaux utiles et 290,000 animaux nuisibles; 1,971,854 pièces de gibier de plume, dont 1,511,548 animaux utiles et 430,306 oiseaux nuisibles.

Au point de vue des espèces animales tuées, il faut faire ressortir les chiffres suivants: 16,524 cerfs, 3063 daims, 97,216 chevreuils, 9155 chamois, 3625 sangliers, 1,202,914 lièvres, 36 ours, 84 loups, 48 loups-cerviers, 30 chats sauvages.

Citons comme gibier de plume: 6273 coqs de bruyère, 10,883 tétras, 2123 perdrix blanches, 212,759 faisans, 1,092,847 perdrix, 1069 aigles.

La valeur du rendement du gibier en Autriche (Cisleithanie) a été évaluée, pour la période quinquennalle de 1892 à 1896, à une moyenne annuelle de 5,082,500 frs. dont 41,2 % pour la chasse au gros gibier et 58,8 % pour le petit. C'est le lièvre qui a donné le rendement le plus élevé avec 2,263,750 frs., puis la perdrix avec 167,500 frs., le chevreuil et le faisan avec des sommes à peu près équivalentes.

Il ne faut voir dans ces chiffres qu'une approximation du total véritable, qui, en fait s'élèverait beaucoup plus haut. Les propriétaires ont une répugnance compréhensible à donner des chiffres réels, pour ne pas renchérir le prix des chasses affermées.

Un fait mérite d'être établi, c'est que les rendements en argent les plus élevés sont fournis par les animaux de la petite chasse, relativement les moins nuisibles à l'économie rurale et forestière, notamment par le lièvre et la perdrix. Pour le gros gibier au contraire, les dégâts qu'il occasionne, sont environ inversement proportionnels au bénéfice immédiat que procure leur chasse. C'est le point de vue du sport de la chasse qui, en ce dernier cas, passe au premier plan.

Malgré les quantités énormes de viande fournies par la chasse, on ne peut nullement dire que dans nos Etats civilisés la venaison soit un aliment populaire indispensable, même important. C'est ce que prouve ce fait qu'en Prusse, il n'est pas même consommé 500 grammes de venaison chaque année par tête d'habitant, sans d'ailleurs tenir compte, à cet effet, de l'exportation considérable de gibier qui se fait notamment en France. La grande masse du peuple ne connaît pas du tout la venaison, ou n'en consomme qu'une quantité si insignifiante, que si elle venait à disparaître complètement, cela n'aurait aucune importance. Ce sont principalement les classes aisées qui mangent de la venaison dont la préparation seule est déjà coûteuse. Le vieux proverbe: « Gibier et poisson sont réservés à la table du seigneur », qui d'ailleurs a pris naissance dans des conditions tout à fait différentes, a aujourd'hui encore toute sa valeur, du moins en ce qui concerne le gibier.

Parmi les profits immédiats de la chasse, il faut avant tout compter le revenu de l'affermage des chasses et les autres bénéfices tirés de l'autorisation de chasser accordée à des tiers. Ajoutons-y les revenus que l'Etat tire de ses propres chasses, ceux de la police de la chasse, enfin les émoluments que l'exercice de la chasse procure à de nombreux professionnels et à d'autres personnes (par exemple aux rabatteurs).

Le sport et la mode font actuellement de la chasse un des plaisirs les plus recherchés et qui ne demande qu'à se manifester le plus souvent possible. Aussi, les sommes payées pour avoir la permission de chasser, que ce soit sous forme d'affermage du droit de chasse, ou sous forme d'autorisation de tuer quelques pièces de gibier, dépassent-elles presque partout, et de beaucoup, le rendement immédiat de la chasse, sans compter les autres frais qu'elle entraîne dans son exercice. C'est seulement dans quelques régions éloignées que le prix de la location de la chasse est encore assez peu élevé pour que les locataires puissent, à la rigueur, en tirer quelque bénéfice.

Les moyens de communication modernes, avec le développement du réseau des voies ferrées et, dans ces derniers temps, de l'automobilisme, transportent en quelques heures les amateurs de chasse en des recoins très éloignés. Au moment du renouvellement des baux de chasses, ceux qui en avaient été jusque là les bénéficiaires, sont souvent désagréablement surpris de se trouver en face de concurrents redoutables.

On attache un prix particulier à la possibilité de tuer des cerfs ou d'autres animaux rares tels que le chamois, le coq de bruyère, etc. Les districts de chasse où se trouve du gibier de ce genre atteignent des prix de location souvent fabuleux.

Les prix de location de 2 à 4 frs. par hectare sont une moyenne et montent souvent à 12 frs., au voisinage des villes. Le prix atteint par la location de la forêt de Mark, dans le Taunus (pour la partie qui appartient à la commune d'Oberеschbach) est tout à fait extraordinaire. Pour la période de 1892 à 1900, on y a payé, pour un district de 111 hectares 4000 frs., soit par hectare une somme ronde de 36 frs. Actuellement cette location n'est plus que de 2500 frs.

D'après une statistique établie par M. Eheberg, le produit des locations de chasse en Bavière, a, de 1885 à 1890 augmenté de plus de 100 %. Il en a sans doute été de même, dans la plupart des autres régions de l'Allemagne.

M. Eheberg évalue les recettes des communes de la Bavière pour la location et l'administration en partie autonome de leurs chasses à environ 3,750,000 francs pour l'année 1900. Selon lui, on serait, de cette manière, arrivé à couvrir presque le quart des charges communales.

En France, on paye en moyenne 10 francs par hectare pour tout un département. La location de la forêt de Saint-Germain (340 hectares) était, dès 1890, montée à 40,000 francs soit 120 francs par hectare en chiffres ronds.

En Angleterre et en Ecosse, les prix de location de 50,000 à 125,000 francs pour un seul district de chasse sont très communs; toutefois ces sommes commencent à paraître trop élevées, même aux Anglais. C'est ainsi que dans ces derniers temps, plusieurs chasses d'Ecosse ont été louées à de riches Américains.

La location à longue échéance de districts de chasse tout entiers étant non seulement très coûteuse, mais encore très souvent incommode pour différentes raisons, on en revient, depuis quelque temps, de plus en plus à une coutume très répandue au moyen âge, et on achète simplement la permission de tuer un certain nombre de pièces de gibier.

C'est probablement en Angleterre que ce système s'est le plus tôt développé, pour la chasse aux grouses. On y paie ordinairement 12,50 par tête de grouse qu'on tue. Aussi l'apparition d'une épizootie chez les grouses en 1904, causa-t-elle, la chose se conçoit, une certaine frayeur aux propriétaires terriens. L'Etat mit immédiatement en branle un grand apparat de spécialistes chargés de rechercher les causes de la maladie et d'en empêcher, autant que possible, la diffusion. La permission de tuer un cerf, coûte, en Angleterre, le plus souvent, entre 500 et 1000 francs.

Ce système est, depuis longtemps usité en Russie pour la chasse à l'ours. Les paysans vont à la recherche des gîtes d'hiver (*Gaura*) des ours et vendent leurs renseignements pour une somme de 100 roubles par ours, en règle générale.

En Suède, la permission de tuer un élan coûte 100 couronnes.

Dans ces derniers temps, on a suivi cet exemple en Hongrie et en Galicie, et l'on vend le droit de tuer le cerf dans les forêts des Karpathes. S'il faut en croire les journaux de chasse, on court souvent le risque d'être induit en erreur. Depuis 1905, l'administration forestière de Hongrie procède de même. Elle demande:

pour	un	cerf	à	8	cors	400	francs
„	„	„	„	10	„	600	„
„	„	„	„	12	„	825	„
„	„	„	„	14	„	1000	„
„	„	„	„	16	„	1290	„
„	„	„	„	18	„	1375	„
„	„	„	„	20	„	1450	„

Pour avoir le droit de tuer un ours âgé de moins de 4 ans, cela coûte 400 francs, pour un ours adulte 800 francs.

On commence également à imiter cet exemple en Allemagne; c'est ainsi que dans les journeaux de chasse, on trouve souvent des annonces relatives à la cession de l'autorisation de chasser le cerf, parfois même le perdreau, le lièvre et le renard. On demande jusqu'à 125 francs par cor de cerf, et on les obtient! D'après ce système, un dix cors revient à 1250 francs! Les personnes jouissant d'une grande

Frédéric Ier roi de Prusse chassant le perdreau
D'après un tableau du château de chasse de Wusterhausen près de Berlin

fortune, peuvent, de cette façon, abattre un nombre de pièces de gibier tout à fait anormal dans une saison. C'est sans doute le comte de Grey qui a détenu le record, en tuant, dans l'espace de 29 ans, 316,999 pièces de gibier. Là-dessus il y avait 26,500 lièvres et autant de lapins, 111,190 faisans, 89,400 perdrix et 45,500 grouses!

Au point de vue absolu, les recettes que l'Etat tire de ses propres chasses sont assez importantes étant donné l'étendue considérable de ses forêts, mais par contre relativement faibles si on les calcule d'après l'unité de surface et qu'on les compare au rendement des chasses.

Cela provient de ce que dans la majorité des Etats allemands, ainsi qu'en Autriche, la chasse n'est pas louée, dans les forêts de l'Etat au plus offrant, mais est ou bien administrée en régie propre, ou bien laissée aux fonctionnaires des forêts à des conditions relativement peu élevées.

On procède ainsi, soit pour maintenir d'une façon durable une réserve de gibier déterminée, et pour éviter les inconvénients qui pourraient résulter pour les forêts de l'accroissement de cette réserve, soit dans l'intérêt du service qu'on exige des forestiers. Ceux-ci, étant donné l'isolement de leurs demeures, sont obligés de renoncer à un grand nombre de jouissances et d'avantages de la vie urbaine et ont droit à un certain dédommagement que leur procure l'exercice de la chasse. On espère aussi que, grâce à la chasse, ils passeront plus de temps dans les forêts et notamment dans les parties moins accessibles.

Si l'on voulait donner en location la chasse dans l'ensemble des forêts d'un grand Etat, comme par exemple la Prusse, il ne se présenterait peut-être pas un nombre suffisant d'amateurs, surtout dans le cas où les réserves de gibier constituées sous le régime actuel auraient fortement diminué. En France, la loi du 20 avril 1832 prescrit la location des forêts domaniales; il en est de même dans certains Etats allemands, tels que la Hesse et le grand-duché de Bade.

Les expériences faites en France démontrent que l'accumulation du gibier a fréquemment eu des conséquences très fâcheuses pour l'économie forestière; c'est ainsi que les cultures ont été complètement détruites sur de vastes étendues, grâce aux méfaits combinés des lapins et des cerfs. En Allemagne, la location des chasses n'a pas eu les mêmes inconvénients, mais cela n'en donne pas moins lieu à des désagréments résultant des heurts et des froissements qui se produisent entre l'administration forestière et les locataires de la chasse ou leurs préposés.

D'ailleurs, il est indispensable de faire remarquer, que dans le système le plus souvent adopté en Allemagne et en Autriche, on a la faculté de comprendre d'une manière très différente ce qu'il est convenu d'appeler une quantité « modérée » de gibier et cela arrive en effet très souvent.

Le rendement des forêts administrées ou louées aux employés est de beaucoup inférieur à celui des forêts louées à l'enchère.

C'est ainsi qu'en Prusse, la location de la chasse dans les forêts de l'Etat a donné, 1903, un produit net de 407,055 francs, soit 0,15 par hectare.

En Bavière l'administration en régie des forêts a donné, en 1897, 0,14 par hectare; par contre, les chasses louées, rapportèrent, dans la partie de la Bavière située sur la rive droite du Rhin où les locataires sont pour la plupart des forestiers, 0,27 par hectare et dans le Palatinat, 1,10 par hectare.

En France, la location de la chasse dans les forêts de l'Etat a produit:

dans la période de 1872—1880: 1,149,995 francs ou 1,18 par hectare
„ „ „ „ 1890—1898: 1,572,226 „ „ 1,51 „ „

Les permis de chasse et autres autorisations de police relatives à la chasse donnent également des sommes assez élevées revenant tantôt à l'Etat, tantôt aux communes ou autres associations communales et parfois partagées entre l'Etat et les communes.

En Prusse par exemple, la délivrance de 159,937 permis de chasse a produit en 1903 2,809,606 francs; 14,877 de ces permis ont été délivrés gratuitement à des employés des forêts et de la chasse.

La somme de ces droits est très différente suivant les divers Etats. C'est ainsi par exemple qu'en Prusse, un permis de chasse revient à 17,50 à l'indigène, à 50 francs à l'étranger; en Bavière c'est 17,50, en Saxe 15 francs, en France 28 francs, en Belgique 45 francs (35 francs pour l'Etat et 10 francs pour la province); en Angleterre le coût du permis s'élève jusqu'à 75 francs.

En outre, un certain nombre de villes tirent des revenus assez élevées des droits d'octroi sur le gibier. Breslau par exemple, 231,250 francs, Strasbourg 133,750 francs, Munich 37,500 francs.

A ces profits, il faut ajouter les frais assez considérables faits pour l'acquisition et le renouvellement des armes et autres engins de chasse, pour les munitions, l'entretien des chiens, l'alimentation du gibier, les voyages d'aller et retour des chasseurs, le salaire des rabatteurs, la garde de la chasse, etc.

Mais, pour avoir une idée exacte de l'importance de la chasse dans les Etats civilisés modernes, il faut pour établir la balance des recettes et des dépenses, faire entrer également en ligne de compte les avantages immatériels de cet exercice.

Les écrivains de l'antiquité classique, avant tout Xénophon, Virgile, Horace, Oppien et beaucoup d'autres encore, célèbrent déjà la chasse en tant qu'exercice physique excellent, préparatoire à la guerre et comme moyen d'éducation. Chez les Perses et les Spartiates, la chasse passait pour l'occupation la plus belle et la plus honorable.

Oppien fait ressortir la jouissance pure et intime de la nature que procure la chasse. « Quel plaisir délicieux que de se reposer, au printemps, dans les champs en fleurs; quel bien-être de s'allonger, en été, dans une grotte fraîche; avec quel appétit le chasseur fait une légère collation, assis sur le rebord d'un rocher, après s'être bien fatigué! Quel réconfort que de boire à la source fraîche qui jaillit du rocher! Comme un bain froid soulage! Et quel plaisir en outre pour ceux qui aiment les fleurs! »

Gaston Phœbus loue avec plus d'enthousiasme encore les plaisirs et les profits de la chasse. Il dit, entre autres choses: « Avant tout, on apprend par la chasse, à se préserver des sept pêchés capitaux; elle vous enseigne aussi à très bien monter à cheval, à être équitable, attentif, audacieux, entreprenant, à connaître le pays, tous les chemins et les sentiers; en un mot c'est de la chasse que viennent toutes les bonnes habitudes et coutumes, le salut de l'âme; quiconque fuit les sept pêchés capitaux, est, selon nous, bien heureux; le chasseur devient bien heureux et jouit, déjà sur cette terre, de joies et de plaisirs en suffisance. . . . On souhaite de rester longtemps sur cette terre, bien portant et joyeux et on espère trouver à la fin de sa vie, le salut de son âme; les chasseurs ont tout cela, soyez donc tous chasseurs, et vous obtiendrez ce que vous désirez! »

Il est difficile d'exprimer d'une façon plus frappante la haute valeur des avantages matériels et moraux de la chasse, que ne le font les passages cités et que nous pourrions multiplier à volonté, en les empruntant aux écrivains de toutes les époques.

D'ailleurs, la chasse moderne ne fait pas un si grand appel au courage personnel ni aux capacités physiques qui, dans l'antiquité et au moyen âge, lui donnaient tant de lustre. Il n'y a qu'un petit nombre de privilégiés qui disposent d'assez de temps et de fortune pour pouvoir aller collectionner dans des pays éloignés, et au prix de grandes fatigues, voire même au péril de leur vie, des trophées rares. Par contre, le « chasseur du dimanche », n'a guère le droit de parler de fatigues et de privations!

Malgré cela, la chasse est aujourd'hui encore une distraction bienfaisante pour un grand nombre de gens et constitue un précieux dérivatif à la vie épuisante et énervante des affaires, ainsi qu'à l'existence en commun si fatigante. La chasse éveille en plus d'un d'entre nous l'intérêt et l'intelligence de la nature. Aucun mode d'activité ne repose plus vite les nerfs que l'exercice de la chasse.

A ce point de vue, on est heureux de constater que le nombre des adeptes de la chasse augmente sans cesse et a ainsi l'occasion de se reposer, plus ou moins longtemps, dans le calme des forêts, de la lutte moderne pour l'existence.

Ce profit immatériel mérite d'être prisé très haut. C'est ce qui ressort de ce fait, que le pays où l'amour du gain passe plus que partout ailleurs au premier plan, à savoir les Etats-Unis, s'adonne depuis quelque temps, avec une véritable passion à la chasse. L'exemple a été donné par le président Roosevelt, qui, après avoir déposé le fardeau du pouvoir est allé chasser la « grosse bête » en Afrique.

Tout le monde sait que l'empereur Guillaume II va chaque année se reposer au milieu des forêts de la lande de Romint des fatigues du gouvernement de ses Etats.

Sans doute faut-il faire ressortir que l'exagération du sport cynégétique et notamment l'accroissement excessif des réserves de gibier peuvent causer effectivement de graves déboires; néanmoins, la disparition complète de la chasse ne serait nullement conforme à l'intérêt de l'économie politique. Pour des raisons sociales, morales et économiques, il vaut beaucoup mieux s'efforcer de pratiquer la chasse d'une manière sensée, ce qui établira une balance entre les frais et les recettes, non seulement au point de vue sportif, mais encore au point de vue économique.

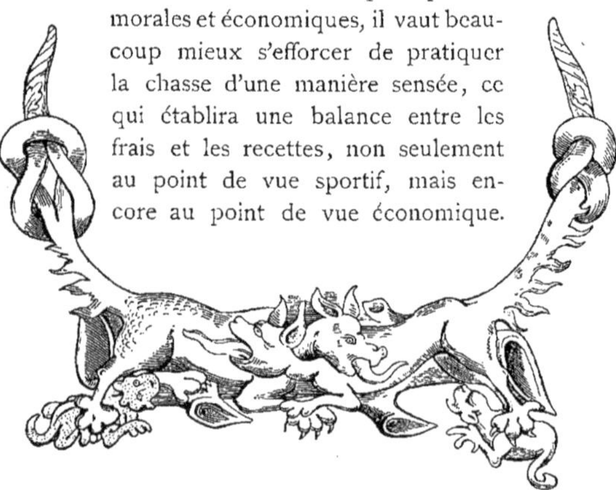

Ornement provenant d'un document parisien du XVIe siècle

Les animaux ennemis des cultures

par le professeur **K. Eckstein**

Si l'on veut comprendre comment les animaux peuvent être ennemis de l'agriculture, il faut d'abord les étudier dans leurs rapports avec l'ensemble de la nature et chercher seulement ensuite à expliquer les relations qui existent entre eux et les travaux de l'homme. C'est de cette manière seulement qu'il est possible de se faire une idée nette de la situation qu'occupent les animaux par rapport à l'homme, et en particulier ceux que nous avons l'habitude de considérer comme nos ennemis.

Prenons une région délimitée géographiquement, ou un petit coin de terre, soit une forêt, soit un lac ou même un marécage. Nous verrons que leurs habitants, aussi bien les plantes que les animaux, prospèrent plus ou moins bien, sont très nombreux ou au contraire isolés et étiolés, suivant ce qu'ils ont à attendre de leur habitat. Les plus favorisés sont appelés les maîtres de la faune ou de la flore de la région.

Dominer, c'est l'emporter sur les autres en puissance et en influence; être dominé, opprimé et subjugué, ce sont des expressions plus fortes, s'appliquant à celui qui a un maître au-dessus de lui; lorsqu'il croit être arrivé à son niveau, il veut dominer en même temps que lui: il lui dispute l'hégémonie.

Ces mots peuvent s'appliquer aux peuples, aux nations, aux hommes qui se font concurrence, aux arbres de la forêt, aux membres du règne animal et végétal d'une région, obligés de vivre ensemble et se consumant dans la lutte pour la vie. Cette lutte est engagée par certains individus contre d'autres, par des espèces contre des espèces. Le prix du combat c'est l'existence de l'individu et de l'espèce. Les armes sont extrêmement multiples, souvent égales entre les combattants; elles subissent peu l'influence de la personnalité, de sorte que celui qui est impuissant et désarmé semble devoir être la victime de celui qui a de meilleures armes. Que se passe-t-il pour les arbres de la forêt? Leur effectif comprend ceux qui prédominent, ceux qui dominent, ceux qui partagent la domination, ceux qui la subissent, les opprimés, les moribonds et ceux qui ont déjà cessé de vivre. Ils

65*

nous présentent le tableau de la lutte pour l'existence qui se déroule dans la vie d'un arbre souvent plus que centenaire, alors que pour les animaux dont la vie a peu de durée, la même lutte finit si vite! De même, parmi les chenilles qui en quelques semaines dépouillent les arbres et les plantes, il y en a de grandes et de vigoureuses, de bien nourries et de saines, à côté d'autres qui sont petites, rabougries, arriérées et souffrantes. Les premières se développeront, subiront leur transformation, voltigeront de fleur en fleur en qualité de lépidoptères, et les meilleures d'entre elles, c'est-à-dire celles qui sont pourvues des avantages les plus attrayants et les plus favorisées par l'adaptation de couleurs protectrices, se propageront. C'est que, toute la lutte pour l'existence tourne autour de deux pôles: en premier lieu, il s'agit de conserver son propre « moi » grâce à une nourriture suffisante et à une protection nécessaire, en second lieu, de conserver l'espèce par la possibilité de la propagation.

Dans cette lutte, on fait appel aux différents avantages physiques et intellectuels. Le vainqueur, c'est celui qui l'emporte sur son adversaire ou rival par sa supériorité et son habileté, par son courage et sa force, ainsi que par sa faculté d'adaptation aux conditions du moment. Il semble superflu de citer des exemples à l'appui de ce fait. Les événements quotidiens de la vie animale et humaine sont suffisamment éloquents. Efforçons-nous de les comprendre pour apprendre à reconnaître la connexité merveilleuse des phénomènes naturels et à fixer la situation propre à chacun dans la dure lutte pour l'existence.

La faculté d'adaptation entraîne une transformation des habitudes. L'Européen vivant sous les tropiques s'adapte aux conditions climatériques des lieux; il mène une vie tout à fait différente de celle qu'il a jusqu'alors menée dans sa patrie. Les plantes se règlent, dans leur besoin de chaleur, de lumière et d'humidité d'après les conditions de leur habitat. Il suffit à ce propos de rappeler la dimension des fleurs des Alpes et l'époque de leur végétation. Quant aux animaux, ils se surpassent les uns les autres par la diversité de leur adaptation aux lieux qu'ils habitent; c'est dans la formation de couleurs protectrices spécialement et dans le développement de certains organes que ce phénomène nous frappe le mieux. Il en résulte que la lutte pour l'existence est extrêmement diverse et se poursuit dans tous les sens pour chaque individu. La victoire appartient, comme nous l'avons vu, à celui qui, suivant son caractère propre, s'adapte le mieux aux conditions du moment. Il transmettra ces qualités, mais ses descendants perdront, soit après quelques générations seulement, soit après un laps de temps très long, d'autres qualités ne s'adaptant pas à leur entourage. Si l'on compare les plus vieux de ces ancêtres à leurs rejetons les plus récents, on reconnaîtra à peine qu'il existe entre eux une parenté de race, tellement ils se différencient. Seuls les membres intermédiaires, sous toutes les formes transitoires possibles, prouvent qu'ils appartiennent à une même espèce mais en attestent en même temps la variabilité.

Pour chaque espèce animale, il y a des périodes de déclin où elle n'est plus à la hauteur de ses ennemis, a même le dessous et finit parfois par disparaître. A d'autres moments, cette même espèce augmente au point de vue du nombre de ses individus, en refoule d'autres et devient prédominante.

On peut faire un grand nombre d'observations de ce genre dans un laps de temps très court; on parle d'années à chenilles et à souris, on observe la diminution des hirondelles et des rossignols, l'accroissement du nombre des grives. Puis, ce sera le tour des grives de devenir plus rares, et celui du rossignol de charmer de nouveau nos oreilles. Un court examen nous suffira pour reconnaître les alternatives de la lutte que tous les êtres vivants soutiennent entre eux pour leur existence, sans arrêt, mais avec un succès variable.

Dans cette alternative constante de triomphe et de défaite, de développement plus prononcé et de recul profond, qui se déroule sans cesse dans la nature et qui, après quelques fluctuations revient toujours à ses premiers errements, la nature jouit d'un repos et d'un équilibre imaginaires, autour desquels elle se meut, sans jamais pouvoir y atteindre. — C'est dans cette nature que l'homme apparut; laissant loin derrière lui tous les autres êtres vivants, il suivit une marche évolutive tout à fait spéciale. Il ne tarda pas à se trouver en situation de se considérer comme le maître du monde; il s'attaqua à l'équilibre de la nature, exerça son influence sur les communautés vivantes d'animaux et de plantes jusqu'alors locales, troubla l'équilibre établi. Il força les animaux qu'il ne put apprivoiser, soit à passer de son côté avec armes et bagages, soit à devenir les ennemis de ses travaux de culture en s'adaptant aux conditions nouvelles d'un entourage transformé.

D'après ces indications, il sera facile de se convaincre, par quelques exemples, de l'influence troublante de l'homme. Cette action apparaît dans la forêt, dans les champs et les jardins, poussée à l'extrême dans la mère patrie, à ses débuts dans les colonies.

Nous trouvons un tableau approximatif de la forêt à son état naturel, dans la forêt mixte, où sont représentées différentes espèces ligneuses, à des âges différents, ainsi qu'un grand nombre de buissons et de végétaux formant comme une mosaïque, mais le plus souvent isolés. Par contre, une forêt aménagée suivant toutes les règles de l'art ne contient sur de grandes étendues qu'une seule espèce ligneuse, d'un développement presque régulier avec des individus de même âge. Là, il n'y a plus de lutte pour l'existence entre différentes espèces d'arbres, sous l'égide desquelles a pu se propager une flore luxuriante de buissons et de plantes. L'homme a su, pour obtenir un rendement aussi grand que possible, éliminer tous les concurrents de l'espèce préférée, et fournir à tous les individus de cette espèce les meilleures conditions de développement.

En est-il autrement aux champs, au jardin, dans la prairie?

Leur trait le plus caractéristique, c'est leur uniformité totale ou partielle. On détruit les plantes dont on ne veut pas; alors même qu'ailleurs on les voit avec plaisir, on les considère ici comme mauvaise herbe. Il n'y a qu'un petit nombre de groupes de plantes, le plus souvent même qu'une seule espèce, à qui, dans les parterres de roses, les jardins potagers, les champs ou les prairies, on procure les conditions d'existence les meilleures en éloignant tous les autres végétaux, les mauvaises herbes, en amendant le sol, en les transplantant, etc. Aussi se développent-elles avantageusement à tel ou tel point de vue, soit en charmant les yeux de l'homme par une floraison abondante, soit en le récompensant largement de sa peine par de nombreux et de beaux fruits. On en prend la semence qu'on sème sur des parterres proprement entretenus, dont le sol, grâce à un fumage artificiel, bien compris, contient en abondance les principes nutritifs qui conviennent à la plante. Les jeunes pousses sont piquées, transplantées, améliorées; elles prospèrent dans la forme impersonnelle voulue par l'homme, puis, après quelques générations reviennent à un état plus proche de l'état primitif, dès que vient à manquer la main du jardinier vigilant ou de l'agriculteur qui a influencé la lutte pour l'existence, dans son intérêt et à l'avantage de la culture des plantes.

Jadis s'élevait, adossée à la montagne, à l'orée du bois, une misérable ferme, à moitié tombée en ruines. Un grand nombre de champs s'étaient, à la longue, trans-

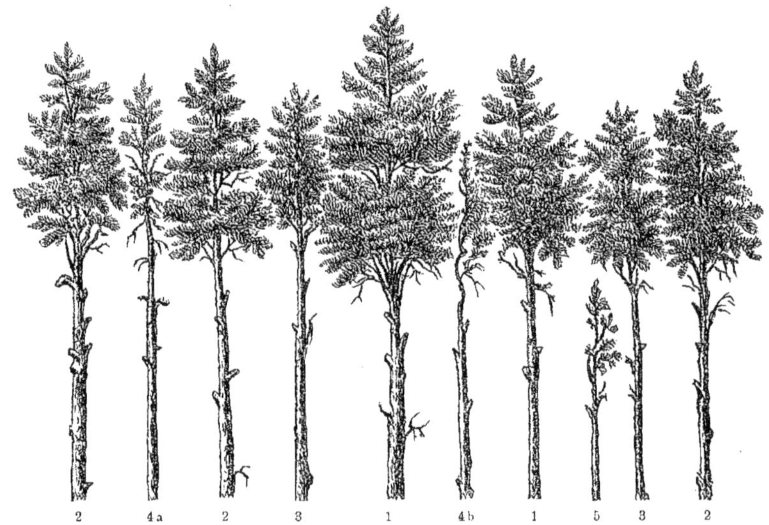

Manière dont différents individus d'un même bouquet de pins se disputent l'air et la lumière

Le n° 1 est le plus vigoureux; sa force est exceptionnelle. Les n°s 2 constituent la partie principale du bouquet, leur couronne est bien développée; les n°s 3 poussent moins bien; la croissance du n° 4 a est entravée; il en est de même des n°s 4 b et 5 dont le premier est partiellement, le second entièrement hypogyne. D'après Kraft

formés en pâturages; ailleurs, des arbres avaient poussé, dont la semence avait été apportée par le vent. En un mot, on avait devant soi le spectacle d'une ferme tombée en décadence, dont la possession n'avait rien d'attrayant. Voilà qu'un beau jour arrivèrent des ouvriers en colonnes serrées. La pioche et la pelle entrèrent en jeu; les maçons et les charpentiers se mirent à l'ouvrage; on nivela le sol, on planta, et l'hiver n'avait pas fait sa seconde réapparition, qu'une nouvelle maison de maître s'était élevée. Un couple d'hommes jeunes, énergiques, était entré dans le nid qu'il s'était fait bâtir en cet endroit. Un grand nombre de valets et de servantes vaquaient dans la nouvelle ferme, et sous la direction de l'agriculteur expérimenté, tout prospéra à merveille.

Mais, voici que des larves de hannetons vinrent dévorer jusqu'à la racine navets et carottes; la sauterelle exerça son œuvre de dévastation sur les céréales à peine sorties de terre. Dans la pépinière, les jeunes troncs tombaient par rangées, rongés souterrainement par le campagnol. D'où venaient toutes ces bêtes nuisibles? Avaient-elles immigré en ces lieux, ou y étaient-elles venues en vol serré? Non, elles étaient là; hannetons et sauterelles vivaient là, menant une existence isolée et misérable, mangeant des asters, s'en prenant à quelques herbes. Au bord du ruisseau, le campagnol se contentait de saules et d'aunes dont l'homme ne s'était pas inquiété. On troubla leur tranquillité; on arracha saules et aunes; plus d'asters. Au lieu de quelques herbes il y eut beaucoup de céréales. Les hannetons trouvèrent les raves qui leur convinrent tout à fait, se rassasièrent de leurs feuilles sur lesquelles leurs larves se développèrent rapidement. Les sauterelles sucèrent jusqu'à la moelle les feuilles et les tiges des céréales. Les campagnols, depuis que le hérisson et la fouine frustrés de leurs recoins étaient partis, s'étaient rapidement multipliés et avaient trouvé, dans le bois des jeunes arbres fruitiers, un mets succulent pour calmer leur faim. En empiétant sur la communauté de vie des animaux et des plantes, l'homme les avait forcés à s'adapter aux conditions nouvelles et celles-ci leur étant trop favorables, ils s'étaient plus fortement multipliés, au détriment de l'homme.

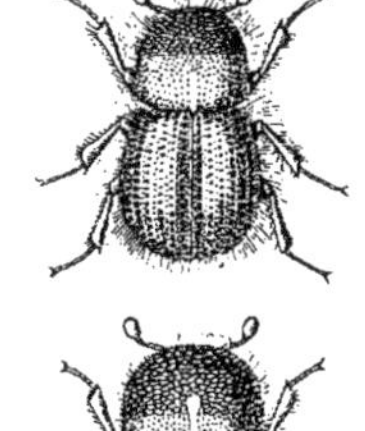

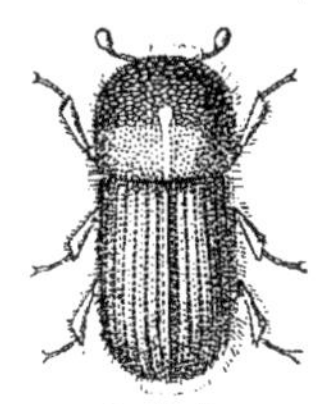

Scolyte
(Tomicus dispar)
En haut: mâle
En bas: femelle
Très fort grossissement
D'après Lövendal

Ce sont surtout les oiseaux sur lesquels les travaux de culture de l'homme exercent une grande influence, et rien de plus facile que de démontrer que leur diminution est due à l'activité ou à la nonchalance humaine. Dans le parc bien entretenu, le rossignol ne trouve plus la nourriture ni l'occasion de faire son nid qu'il y rencontrait jadis, quand tout cela n'était qu'un taillis inculte, avec des couches de feuilles en décomposition et non pas un gazon bien taillé; quand il n'y avait là que des sentiers marécageux, empiétant de tous côtés, au lieu de chemins couverts de gravier, larges et propres. Le rouge-queue et la fauvette, le bouvreuil et l'oiseau moqueur, nichaient dans le fourré, dont l'accès était rendu difficile à l'homme par les orties et autres végétaux dont les graines adhèrent à ses vêtements et qui lui sont pour ce motif désagréables. On les a fait disparaître; l'ancien taillis qui n'avait besoin d'aucun entretien, a été remplacé par des plantes précieuses, toujours bien taillées, enveloppées en hiver: mais il n'y a plus d'oiseaux insectivores. Les insectes que jusque-là ils avaient fortement décimés, sont délivrés de leurs ennemis et se multiplient davantage. Plus que jamais certaines espèces d'évonymes sont couvertes d'odieuses araignées, tondues par les chenilles. Les roses dont les pousses terminales sont évidées par les larves des guêpes, n'arrivent plus à fleurir. Sur les pruniers vient s'établir un scolyte (*Tomicus dispar*), et l'arbre meurt dans l'année même. « Protégeons les oiseaux », dont à l'époque actuelle l'heureuse influence a souvent été rendue compréhensible à tous par des conférences, tel doit être le mot d'ordre. On prend les chats dans des trappes, le putois et la fouine dans des pièges, on empoisonne le renard, on tue le hérisson qui parfois a pillé un nid d'oiseaux. Et pourtant le nombre des oiseaux chanteurs diminue; seul le merle noir augmente en nombre, il change ses habitudes, se met à piller les nids! Il n'a plus à avoir peur de ses ennemis: l'homme les a détruits. C'est lui le voleur dont les oiseaux insectivores sont les victimes.

De même que pour les jardins, la situation des champs est aujourd'hui tout autre qu'il y a trente ou quarante ans. L'appropriation des champs a eu pour conséquence que la surface non utilisée d'une région est devenue aussi petite que possible. Plus de haies qui servaient de refuge aux oiseaux de proie, mais par contre le fléau des souris augmente rapidement. Délivrés des embûches de leurs ennemis, ces rongeurs si nuisibles se multiplient, par une température favorable, dans des proportions incalculables.

Par ses travaux de culture, l'homme détruit les conditions d'existence des animaux ou leur porte préjudice; eux, par contre, changent leurs habitudes, s'adaptent aux conditions nouvelles. La guerre d'extermination contre tous les animaux reconnus nuisibles s'allume; elle doit se faire, avec les derniers perfectionnements de la technique, à l'aide d'engins spéciaux, à coups de poison, pour qu'on puisse se rendre maître de la vermine.

Celle-ci ne s'attache pas seulement aux plantes des champs et des forêts; elle s'attaque également aux approvisionnements. On est obligé de défendre contre les animaux nuisibles, les aliments et les approvisionnements de marchandises de toute espèce, les vêtements ou les étoffes qui servent à leur confection. De même le bois, travaillé ou non, les belles pièces de mobilier, les poutres des maisons ou des navires, ne sont pas à l'abri des attaques des animaux.

Les animaux utiles, que ce soient des animaux domestiques, du gibier ou du poisson, ont eux aussi pour ennemis toute espèce d'animaux dont l'entrée en scène peut, dans certaines circonstances, devenir très appréciable et redoutable non pas seulement aux particuliers, mais à des peuples et à des nations tout entières.

Enfin, la personne même de l'homme n'est pas à l'abri de ces entreprises. Sans doute, il est à même de se défendre, dans la majorité des cas, contre les attaques brutales du grand fauve. Par contre, il n'échappe qu'au prix de grandes précautions à l'attaque inopinée du serpent venimeux; il est exposé, presque sans défense, aux cruelles morsures des animaux articulés et au danger d'être, à cette occasion, infecté de micro-organismes pathogènes.

Prise isolément, l'action des innombrables animaux nuisibles est si diverse, suivant leurs particularités physiques, leur développement et leur manière de vivre, qu'on ne peut faire ressortir que tel ou tel exemple. Mais, il suffira d'en choisir quelques-uns, pour démontrer l'importance de l'action des animaux.

Les animaux ennemis des cultures agricoles et forestières

Le mode de dommage que les animaux causent aux plantes de culture consiste, le plus souvent dans la destruction de la substance végétale solide. Tout le monde a vu des champs de choux sur lesquels sont venu s'abattre les chenilles; les trognons ne portent plus que les côtes desséchées des feuilles. Personne n'ignore

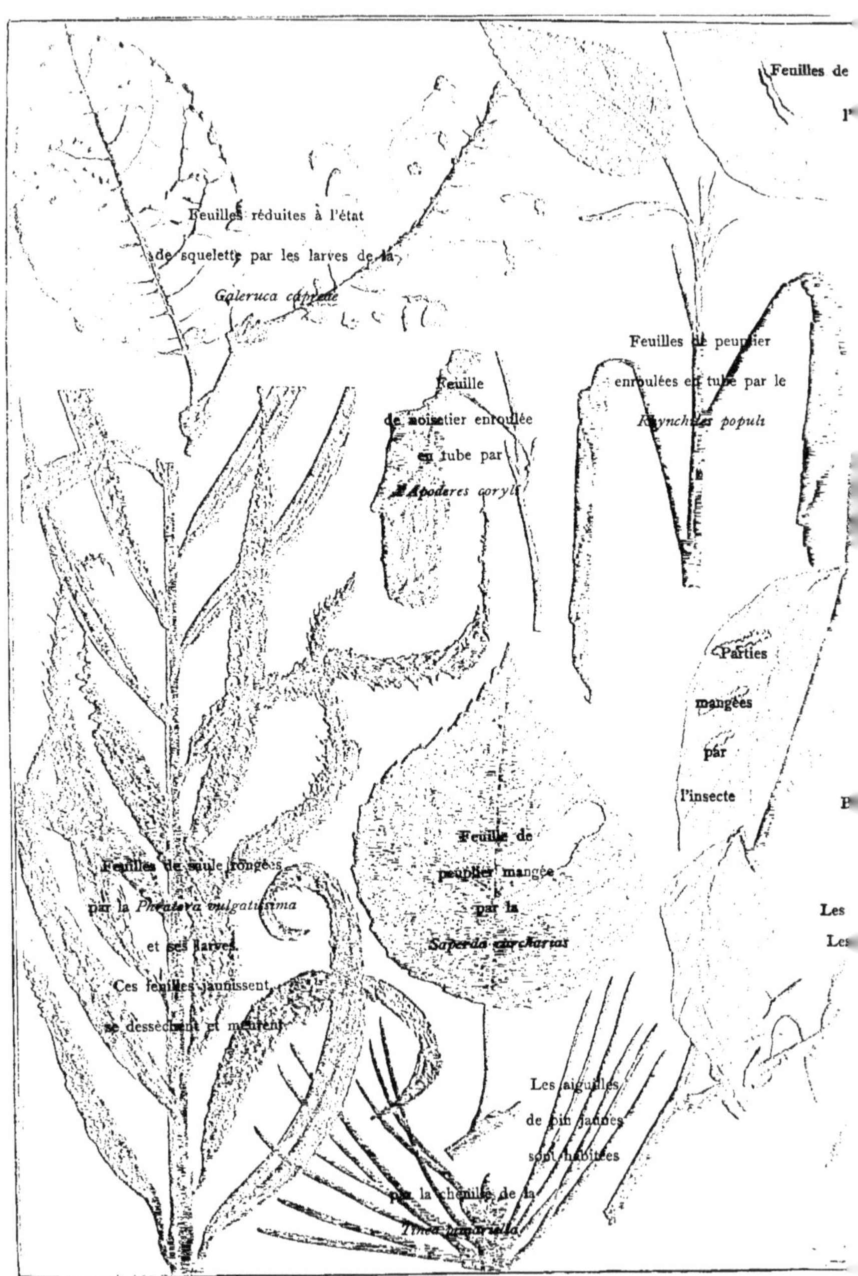

Feuilles et

Supplément à l'ouvrage « *Les Animaux* »
(Ne peut être vendu séparément)

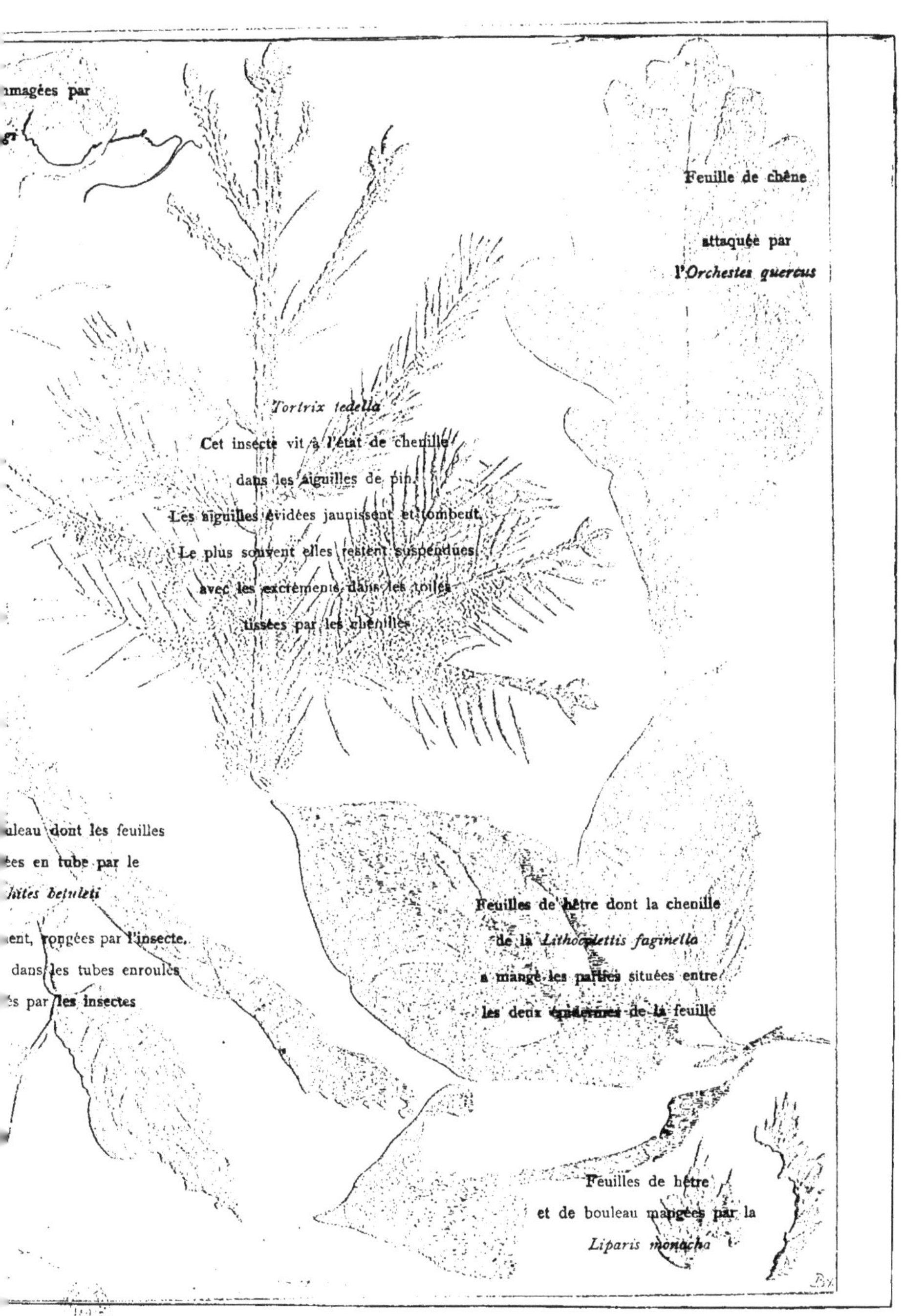

s par des insectes

kstein

MAISON D'ÉDITION BONG & Cie
PARIS

Feuilles et aiguill

Dessin d

Supplément à l'ouvrage «*Les Animaux*»
(Ne peut être vendu séparément)

par des insectes

stein

Maison d'Édition BONG & Cie
PARIS

les ravages redoutables que des essaims innombrables de sauterelles peuvent exercer en quelques heures. Tous les rongeurs tels que la souris et l'écureuil, le castor et le muscardin, mangent les racines et les fruits, l'écorce et le bois des arbres et des arbrisseaux les plus divers. D'autres animaux attaquent les plantes de manière à leur faire perdre leur sève végétale qu'ils soustraient en passant ou d'une façon permanente. Les punaises et les pucerons exercent, à ce point de vue, une action désastreuse. D'autres encore, se bornent à une seule, mais efficace attaque. Les piqûres de certaines guêpes et de certaines mouches qui y déposent leurs œufs, occasionnent des hypertrophies que nous désignons sous le nom de galle. La petite chenille qui vit dans les branches qui viennent d'émerger des bourgeons du pin, cause des déviations en forme de cornet de postillon; un autre insecte produit sur les pommiers des plaies susceptibles de fournir aux champignons des points d'accès dans le bois des arbres.

Il n'y a pas un point de la plante qui soit à l'abri des attaques animales. Les racines des herbes et des végétaux, des arbres et des arbrisseaux sont rongées par les souris, mangées par les larves du hanneton et les vers de terre; certaines guêpes et certains pucerons pénètrent jusqu'au fond du sol pour entreprendre leur œuvre de destruction sur les racines. Les tiges des végétaux recèlent d'innombrables ennemis. Il suffit de citer les insectes qui détruisent les céréales, les larves des guêpes vivant au sein des roses. Le tronc ligneux des arbres est attaqué par les scolytes, par les chenilles des papillons, tels que mites, etc.; les abeilles émiettent les parties tendres de l'écorce annuelle qui s'est formée pendant l'été. L'écorce des pins est endommagée par le gibier qui en arrache en été de longs lambeaux, par où s'écoule une profusion de résine, et qui, en hiver se contente d'y faire des entailles de la dimension d'une assiette; le forestier dit que le gibier décortique les pins. Des charançons rongent l'écorce des sapins par petites places ou la percent de petites blessures fines, semblables à des piqûres.

Il est impossible d'énumérer tous les insectes qui s'attaquent aux feuilles, depuis le hanneton jusqu'à la chenille microscopique qui trouve, entre les deux membranes de l'épiderme, une place suffisante pour creuser des galeries de mine extrêmement sinueuses. (Notre planche en couleurs montre la multiplicité des lésions que les feuilles et les aiguilles subissent du fait des insectes.) Comme type d'insecte destructeur des fleurs, contentons-nous de citer celui qui s'attaque au pommier. Les fruits servent à rassasier le singe, certaines chauves-souris, d'innombrables oiseaux — le moineau dans les champs, l'étourneau dans les vignes, le geai et le bec croisé, le pic et l'écureuil dans la forêt. Les myriapodes rongent les fraises, le sanglier déterre la pomme de terre; nous trouvons des vers dans les fruits à pépin et à noyau.

Les plantes sont pourvues d'une faculté de résistance remarquable contre un grand nombre de ces attaques. Un charme a beau être entamé sans cesse par les troupeaux au pâturage — là où il y a encore des pâturages forestiers —; il se rabougrira, ne grandira pas, mais continuera de vivre. Enfin, quand les branches latérales se seront suffisamment étendues pour entraver la marche du bétail, il s'élève au milieu une pousse qui s'allonge et cherche à rattraper, sans entraves, le temps

Pins endommagés par l'*Hylesinus piniperda*

En haut: Pins dont les cimes sont entravées dans leur croissance par les attaques annuellement répétées de l'*Hylesinus*
En bas: Pins dont la cime, indemne de toute attaque, a cru normalement

perdu. — Quand une plante est attaquée dans sa première jeunesse, elle en meurt le plus souvent; plus elle avance en âge, plus sa force de résistance s'accroît. On compte entre 800 et 900 ennemis d'espèce animale qui peuvent s'attaquer au chêne, mais dont le plus petit nombre seulement met l'arbre en danger de mort. Si, dans beaucoup de cas, il y a destruction de certaines parties de l'arbre, surtout de feuilles, ce qui porte préjudice aux fonctions respiratoires de la plante, celle-ci n'en demeure pas moins saine. Même les branches complètement dénudées par une famille de chenilles ne meurent pas, parce que l'écorce et les bourgeons demeurent intacts. Dans d'autres cas, les lésions ont pour résultat des malformations capables d'entraîner de graves conséquences pour la plante. Nous avons parlé plus haut du rabougrissement de jeunes pins par suite des attaques d'une chenille; des pucerons du genre *Chermes* n'engendrent pas seulement la galle sur le sapin. Il en résulte simultanément de fortes cassures des pousses, dont la multiplicité a pour conséquence le rabougrissement et l'étiolement de l'arbre dont la croissance est retardée.

Les parties de la plante ainsi attaquées sont assez souvent complètement détruites.

Quand au mois de mars le soleil commence à devenir plus chaud, un petit coléoptère, l'*Hylesinus piniperda*, sort de son long sommeil hivernal. Il vole de tous les côtés, en nombreuse compagnie, à la recherche d'un domicile où il pourra travailler à la conservation de l'espèce. Comme endroits propices au dépôt de ses œufs, il choisira les troncs de pin abattus durant l'hiver et qu'on n'a pas encore enlevés, ou bien des pins en train de mourir, mais encore debout, avec une écorce grossièrement déchirée. La femelle y creuse une galerie qui a d'abord la forme d'une pioche, puis s'élève perpendiculairement, précisément entre le bois et l'écorce; c'est là, que dans des niches disposées latéralement, elle pondra ses œufs en quantité innombrable. Les larves qui en naissent, affouillent l'écorce par en dessous, y deviennent chrysalides, et les jeunes coléoptères pratiquent des trous de sortie correspondant à leur grosseur. Jusque-là l'attaque de ces animaux n'a pas eu grande importance, le bois n'a rien perdu de son prix, car, il a tout au plus commencé d'être rongé très superficiellement; l'écorce même n'a pas de valeur. Les coléoptères ont rempli leur mission dans la vie naturelle intérieure, en contribuant à faire dépérir plus vite les sapins qui périclitent et en préludant à la destruction de la plante attaquée. Mais, voici que les jeunes cherchent à apaiser leur faim: ils creusent des tranchées dans les pousses aux aiguilles vertes, surtout dans les plus jeunes, ils les affouillent en avançant vers l'extrémité. La faible paroi qui subsiste sous l'écorce n'est plus capable, quand elle a à supporter le poids des lourdes aiguilles, de résister aux ouragans de l'automne; la pousse se casse et tombe à terre. Comme un grand nombre de pousses périssent de cette manière, le sommet des arbres qui sont chaque année l'objet de ces attaques réitérées, prend forcément un aspect particulier. Tantôt, ces sommets s'élèvent comme des pignons, tantôt la couronne semble taillée suivant les préceptes des jardiniers les plus savants, de sorte que M. Ratzebourg a baptisé ces coléoptères du nom très pittoresque de « jardiniers des forêts ».

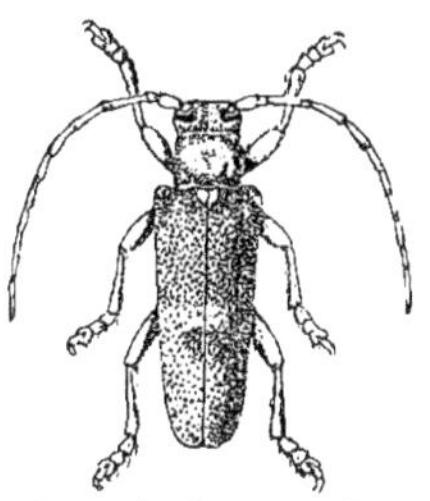
Saperde du peuplier
(Saperda carcharias)
Grandeur naturelle
D'après Ratzebourg

Cependant ce coléoptère ne tue pas les pins. Une autre espèce qui lui ressemble beaucoup, l'*Hylesinus minor*, qu'on ne trouve que rarement dans les pousses, n'aime pas l'écorce épaisse, mais la partie supérieure du tronc, couverte de cette écorce aux feuilles minces, de couleur rouge-jaune claire. La galerie creusée par les coléoptères femelles est à deux bras; elle s'enfonce profondément dans l'aubier conducteur de la sève et a une direction horizontale qui interrompt la circulation de la sève dans l'arbre. Quand il y a un grand nombre de ces galeries, la vie disparaît de la cime de l'arbre dont les jours sont dès lors comptés.

Les espèces ligneuses se comportent d'une manière très différente contre les mêmes attaques. Les arbres toujours verts de la zone tempérée — par conséquent les conifères — sont beaucoup plus sensibles à la perte de leurs aiguilles que ne le sont les arbres feuillus, verts en été, à la perte de leur feuillage. Tous deux subissent une perte plus ou moins complète des organes de leurs feuilles, se traduisant par une diminution de croissance, c'est-à-dire que les couches annuelles sont plus minces, quand il y a eu dégât, que les précédentes. Les conifères qui, lorsque rien ne vient troubler leur croissance, perdent leurs aiguilles la troisième année, voire même la cinquième ou la sixième seulement, ont besoin de toutes ces aiguilles pour respirer; les arbres feuillus au contraire ont assez des feuilles nées en une année. Ils peuvent compenser une perte temporaire éprouvée dans l'année par une nouvelle frondaison à la St-Jean; quand ils perdent leurs feuilles à la fin de l'été, ce n'est pour eux qu'une anticipation sur leur dépouillement automnal. Il en résulte que les chênes complètement dénudés par la chenille plieuse (*Tortrix viridana*), reverdissent en été, tandis que les hêtres dépouillés de leurs feuilles en octobre par la daschyre pudibonde (*Orgyia pudibunda*) présentent l'aspect d'une forêt d'automne.

Des conifères plus ou moins rongés périclitent pendant quelque temps; ils bourgeonnent à nouveau au printemps, mais n'ont en général que de jeunes aiguilles, ce qui ne leur permet d'avoir leur pleine frondaison que la troisième année. La manière toute différente dont se comportent le pin et le sapin est très intéressante; le premier a une très grande force de résistance, le second n'en a guère. On a pu observer cette différence avec beaucoup de netteté lorsque, entre 1890 et 1900, la nonne (*Liparis monacha*) s'abattit comme un véritable fléau sur les forêts allemandes, en s'avançant du sud au nord. Il fallut abattre des futaies entières de sapins complètement dénudés, tandis que les pins, victimes du même fléau, se rétablirent.

En agriculture, il est avantageux, voire même nécessaire, de varier plus ou moins, dans chaque terrain le genre de céréales ou de plantes; l'économie rurale rationnelle connaît toute une série d'assollements avantageux et éprouvés. Il en résulte qu'il est possible, en présence d'une grande quantité d'animaux nuisibles de la même espèce, de replanter, dès l'année suivante, une plante dédaignée jusque là. Une espèce a-t-elle beaucoup souffert des cicadelles par exemple, on ensemencera l'année suivante, au même endroit, des raves ou des pommes de terre, parce que ces animaux nuisibles microscopiques ne s'en prennent qu'aux graminées. De même, dans un terrain épuisé par la culture de la rave, on renoncera à cette culture et il faudra combattre énergiquement les vers microscopiques du groupe des nématodes auxquels est dû cet épuisement.

Dans la culture des champs et des jardins, l'attaque d'un animal nuisible — si elle a en principe une grande importance — prend un terme au moment où la plante attaquée périt ou est récoltée. Les dégâts causés, par exemple, aux légumes par les chenilles, ceux des petites chenilles plieuses vivant dans les feuilles du poireau, des larves de mouches qui à la fin de l'été rongent les carottes, n'ont aucune action sur le rendement de l'année suivante. Par contre, les dégâts éprouvés par les vignes, les vergers, et tout particulièrement par les forêts, se feront non seulement sentir durant de longues années, d'une manière ou de l'autre, mais seront très préjudiciables à la récolte annuelle ou à celle qui n'aura lieu que plusieurs dizaines d'années plus tard. C'est ainsi que j'ai eu l'occasion de connaître certains cas où la saperde du peuplier (*Saperda carcharias*) a détruit des pépinières de peupliers canadiens. Un cimetière dont les tombes avaient de préférence été plantées de saules pleureurs, présentait, quelques années après l'arrivée du Cossus gâte-bois (*Cossus ligniperda*) un aspect tout à fait différent; les arbres mouraient l'un après l'autre; de vastes étendues du cimetière qui jusqu'alors ressemblaient à un bosquet peu élevé, semblaient comme déboisées. Les expériences faites sur l'extension de ces fléaux contraignent l'homme, pour éviter de plus grands dommages, à aller jusqu'à détruire des plantes dont il semble pouvoir tirer encore quelque bénéfice, quand elles sont attaquées par un

Charmes rongés par le bétail
Au lieu de fûts élevés on n'a que des arbustes. Les pousses hors de la portée des animaux se sont élancées très haut
D'après une photographie de M. Eckstein

ennemi dangereux. Tout foyer de phylloxéra est impitoyablement détruit dans les vignes, et le vigneron assiste tristement à l'arrachage des plants sur lesquels il n'avait pas encore remarqué la présence de l'animal nuisible.

Dans l'économie forestière, on distingue ordinairement les animaux imperceptiblement nuisibles, ceux dont l'action nuisible est perceptible, et ceux qui sont très nuisibles. Il serait plus exact de les diviser en animaux exceptionnellement et en animaux fréquemment et régulièrement nuisibles. En effet, on ne tient en principe et ordinairement aucun compte des dégâts imperceptibles. Parmi les animaux auteurs de dégâts imperceptibles, il faudrait, en toute équité, compter tous ceux qui vivent dans les arbres des forêts; leur action n'a certainement aucune utilité, mais ses conséquences sont tout aussi certainement rendues inefficaces à bref délai, par conséquent imperceptibles.

Chenilles du bombyx du pin fuyant devant les pluies d'automne
D'après une photographie de M. Eckstein

La seconde catégorie entre davantage dans la réalité des faits. Les animaux qui la composent, dès qu'ils n'apparaissent plus à l'état tout à fait isolé, deviennent régulièrement nuisibles. Tels sont les chenilles, les araignées, les hibous, la guêpe rousse. Ces mots servent au forestier à désigner, non seulement le groupe des chenilles, des araignées, etc.... mais des espèces tout à fait déterminées: le bombyx du pin (*Lasiocampa pini*), la phalène du pin (*Fidonia piniaria*), la noctuelle du pin (*Trachea piniperda*), le lophyre du pin (*Lophyrus pini*). D'autres espèces, qui dans certaines circonstances pourraient captiver notre attention, comme beaucoup de chenilles plieuses, tels que la *Grapholita pactolana* et la *Grapholita tedella* devraient souvent être considérées comme nuisibles. On peut citer quelques exemples d'animaux devenus exceptionnellement nuisibles. C'est ainsi que vers 1890, un bombyx très répandu dans toute l'Allemagne occidentale, attaqua d'une façon désastreuse les chênes de la forêt de Nienbourg sur le Weser. Cet animal (*Gastropacha quercus*), avait trouvé les chênes de son goût et les avait complètement dénudés; un autre, de la même espèce (*Pseudophia lunaris*) s'en prit en 1904 aux chênes d'une localité de l'arrondissement de Bensheim d'une façon tout à fait inquiétante. Le plus souvent, un tel animal, devenu par exception perceptiblement nuisible, a disparu au bout d'un ou deux ans, sans laisser de traces. Il tombe dans l'oubli, jusqu'à ce qu'après de longues années, il fasse de nouveau parler de lui.

Pour établir le degré de ces effets nuisibles, il faut tenir compte de plusieurs circonstances accessoires. Ce qui est en premier lieu important, c'est la durée de la génération des insectes. On entend par durée de la génération le laps de temps qui s'étend du jour de la ponte des œufs au moment où l'animal né de l'œuf devient lui-même capable de se propager. Il y a des insectes à génération annuelle, d'autres à génération biennale, triennale, voire même à génération se renouvelant tous les quatre et tous les cinq ans. La génération annuelle s'étend entre deux années du calendrier; elle dure environ 365 jours; dans la génération double, tous les phénomènes de la propagation et de l'évolution se déroulent deux fois dans l'espace de 365 jours répartis sur deux années du calendrier, mais pour les générations biennales, il faut deux fois 365 jours. Personne n'ignore ce qu'on entend par hannetons. Ils reviennent régulièrement tous les quatre ans, en beaucoup d'endroits dès la troisième année, ou la cinquième seulement. A côté de ces coléoptères apparaissant en grandes masses les années d'essor, on en trouve, dans les années intercalées où ils vivent à l'état de larves, d'autres qui font partie d'une série différente. Dans des conditions favorables, une tribu de hannetons jusque-là faible peut se multiplier, de sorte qu'on observe deux années d'essor consécutives. La tribu longtemps souveraine peut, en même temps, si les conditions d'existence se modifient et deviennent moins propices, s'affaiblir, ce qui explique très clairement le déplacement des années d'essor.

Etant donné que l'animal adulte (*Imago*) ne vit en règle générale que quelques jours ou quelques mois, la durée d'une génération de plusieurs années implique une longue étape à l'état de larve, d'où des effets nuisibles durant plusieurs années. Les vers du hanneton mangent pendant trois années. Les générations de scolytes naissant dans l'espace d'un an (les troisièmes ou même les quatrièmes), ne sont à l'œuvre que pendant un espace de temps assez court. Mais, elles répètent le dégât commis par la première, dont les femelles s'étaient installées dans les trous percés dans l'écorce d'arbres sains sous laquelle elles avaient creusé des galeries gracieuses qui caractérisent les espèces, avec de petites niches destinées aux œufs à pondre. L'œuvre de destruction a été continuée par les larves nées de ces œufs, dont chacune s'est creusée une galerie à l'extrémité de laquelle elle s'est transformée en chrysalide. Finalement, le jeune hanneton, après avoir quitté, en passant à travers un orifice extérieur, son domicile jusqu'alors étroit et sombre, devenu aussitôt capable

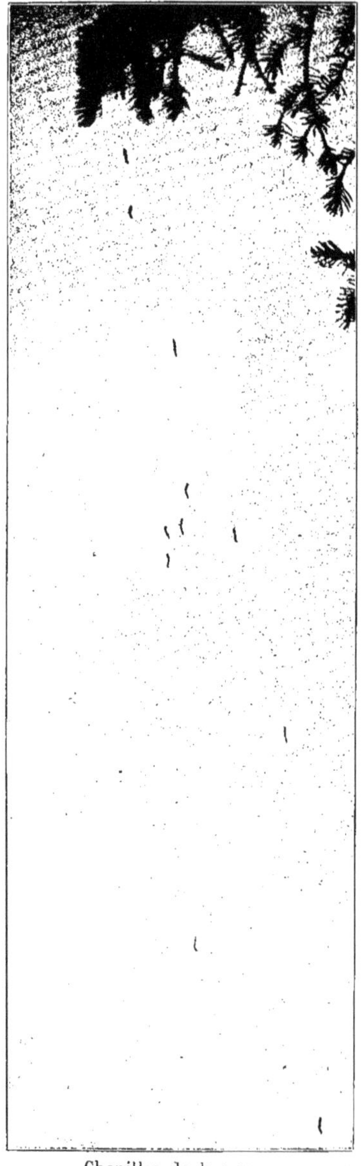

Chenilles de la nonne
en train de descendre d'une branche de pin le long d'un fil et flottant dans l'air. D'après une vue du Dr. Tubeuf

de procréer, se met à creuser lui-même une galerie où il s'accouple et pond à son tour.

L'attaque a des résultats essentiellement différents suivant le climat et les saisons. D'abord, dans les climats tempérés, l'hiver imprime à la vie des plantes annuelles une allure assez nette. Les attaques de certains animaux doivent donc se produire d'une façon tout à fait différente, suivant qu'elles ont lieu au printemps, au moment de l'épanouissement des feuilles et qu'elles portent sur des pousses jeunes non encore devenues ligneuses, ou sur les bourgeons gonflés, ou bien suivant qu'à la fin de l'été elles détruisent le feuillage, peu de temps avant sa chute naturelle. D'autre part, il y a une quantité innombrable de particularités qu'en général il serait impossible de compter, qui jouent un rôle. C'est ainsi que les arbres feuillus mangés au printemps, ne reverdissent rapidement et complètement que si toutes leurs feuilles ont été radicalement détruites, ce dont le hanneton par exemple se charge volontiers. S'il reste encore quelques vestiges de feuilles, ou si celles-ci n'ont été dévorées qu'après la St-Jean, les bourgeons ne donnent en règle générale plus rien ou pas grand'chose. Quand la chenille plieuse et le bombyx ont dévoré les feuilles du chêne au printemps, l'arbre reverdit. Lorsque le rouge-queue a, à la fin de l'été, dépouillé le hêtre de son feuillage, cet arbre ne reverdit jamais la même année. Les conditions fortuites de la température ont également une influence. Un mois de mai froid, humide, trouble le vol des hannetons, est préjudiciable à la ponte de leurs œufs, et peut être la cause initiale du déplacement de l'année d'essor. On connaît des cas qui nous montrent comment un grand vent, un ouragan, ou une pluie battante, balaient un danger qu'on observait jusque-là anxieusement et qui s'avançait à pas menaçants. C'est ainsi

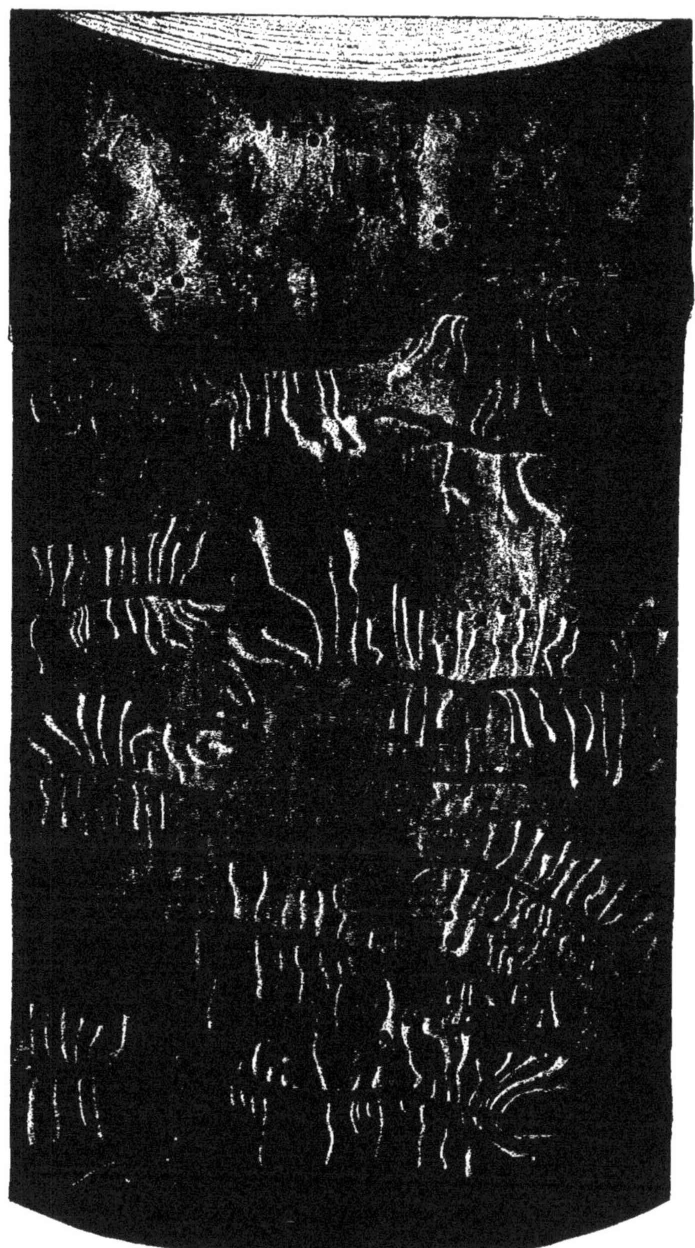

Ecorce de pin rongée par de petits charançons

Dessin d'après nature de K. Eckstein

Partie de l'extrémité supérieure d'un tronc de pin où l'on voit les galeries de ponte de l'*Hylesinus minor Htg.* On reconnait les galeries maîtresses visibles, après la disparition de l'écorce, noires, à deux branches, que l'insecte a creusées, les galeries de ponte courtes, claires, pratiquées par les larves, ainsi que les trous noirs par lesquels les jeunes insectes sont sortis des « berceaux de chrysalides » se trouvant dans le bois. Grandeur nature

Supplément à l'ouvrage « *Les Animaux* »
(Ne peut être vendu séparément)

MAISON D'ÉDITION BONG & Cie
PARIS

que les chenilles dites nonnes, surtout celles qui sont jeunes, sont facilement emportées par le vent. Si, à l'orée du bois, elles sont poussées dans les champs de céréales limitrophes et passent des conifères aux arbres feuillus, le bois est sauvé. Les gelées tardives et la pluie sont souvent très préjudiciables aux insectes qui apparaissent au printemps. Sous une pluie froide d'automne, les chenilles plieuses qui dévorent très tard l'écorce des pins, abandonnent l'arbre en grandes masses et se réunissent par tas au pied des troncs. Les années humides sont extrêmement plus favorables à la réparation des dégâts causés aux plantes par les animaux que les années sèches. La perte des feuilles ou des aiguilles implique le danger du dessèchement des pousses, une plus grande humidité de l'air réagit contre ce péril. On peut même dire, d'une façon générale, que toutes les conditions de température qui exercent une influence heureuse sur la croissance des plantes, surtout des plantes ligneuses, diminuent les conséquences désastreuses des méfaits causés par les animaux nuisibles.

Dans certaines circonstances, le dégât causé à une forêt a des suites tout autres encore que celles auxquelles on s'attend. C'est ainsi qu'on trouve par exemple que les jeunes pins, attaqués par un certain champignon, même après avoir perdu toutes leurs aiguilles, jusqu'à celles des pousses les plus récentes, se rétablissent le plus souvent, mais périssent dans d'autres cas. Un examen attentif nous apprend que les dernières ont, au cours de leur maladie, semblé convenir au charançon pour la ponte de ses œufs. Cet animal — *Pissodes notatus* pour les spécialistes — vit à l'état de larve sous l'écorce des pins débilités, et les fait mourir. De même, après un incendie heureusement arrêté, ce charançon vient s'établir sur les petits troncs qui ont été roussis. Un jour, ce même animal apparut, en quantité relativement faible d'ailleurs, sur un territoire traversé journellement par des cerfs se rendant dans une prairie voisine. Les cerfs ne lacérèrent pas les pins, comme c'est ordinairement le cas, c'est-à-dire qu'ils n'arrachèrent pas l'extrémité des branches avec les bourgeons, mais se contentèrent de décortiquer les aiguilles. Par suite, les pins hauts de 1 à 2 mètres périclitèrent, le *Pissodes notatus* les trouva à son gré et y pondit ses œufs. Il en résulta une dévastation épouvantable; — notre gravure (p. 523) a fixé l'impression que produisait cette futaie autrefois florissante.

L'économie rurale et forestière trouvera le monde des animaux qui lui est nuisible à l'œuvre de deux façons. D'une part, les grands et les petits ennemis sont préjudiciables à la santé et à la vie des plantes cultivées et en second lieu ils portent préjudice à l'utilisation et à la valeur marchande des produits obtenus. En d'autres termes, les animaux peuvent causer des dégâts physiologiques ou techniques. Très souvent les deux espèces de préjudice apparaissent simultanément, car les oiseaux ne détruisent pas seulement les parties des plantes précieuses pour l'homme; ils font en même temps obstacle à une croissance ultérieure et à une compensation du dommage. Les plantes annuelles et biennales souffrent, le plus souvent, aux deux points de vue; les plantes annuelles ne sont fréquemment éprouvées que de l'une ou de l'autre façon.

Il est très intéressant de voir que, suivant les circonstances, le dommage technique peut être contrebalancé, quand le dégât physiologique n'est pas trop fort.

La chenille blanche du chou vit en génération double. Les lépidoptères qui volent au printemps pondent leurs œufs sur des crucifères croissant à l'état sauvage. La seconde génération née sur ces plantes et qui apparaît en été sous forme de lépidoptères, attaque les différentes espèces de chou que nous désignons sous le nom de chou-fleur, de chou de Bruxelles, de chou vert, blanc et rouge.

Alors que le chou-fleur, le chou blanc et rouge, fortement rongés, au point que seules les côtes vigoureuses des feuilles subsistent encore, n'arrivent à ne donner que de petites têtes, parce que leur croissance est terminée dès l'automne et qu'on les cueille au mois d'octobre, les choux de Bruxelles et les choux verts peuvent réparer complètement le dégât.

Nous ne consommons que les feuilles les plus récentes de ces plantes en qualités de légumes, que ce soient les têtes isolées du chou-fleur, ou la pousse terminale ouverte du chou vert. Toutes les feuilles plus grandes sont dures et rudes, ont mauvais goût, ne peuvent se mâcher et sont par conséquent inutilisables pour la cuisinière attentive. Or, les feuilles les plus récentes, utilisées à la fin de l'automne et en hiver, ne poussent que quand la saison des chenilles est passée. Comme le lépidoptère ne pond ses œufs que sur la face interne des feuilles extérieures les plus fortes, les ravages des chenilles sur le chou vert et le chou de Bruxelles ne portent aucun préjudice à la récolte quand ils ne dépassent pas certaines limites supportables.

Les dégâts physiologiques dans les forêts sont dûs, abstraction faite d'un grand nombre d'autres animaux articulés, à la chenille plieuse du pin, à la chenille nonne et au charançon; quand leurs attaques ne sont que relativement faibles, ces animaux débilitent les arbres, mais quand ces attaques se produisent par masses, les arbres meurent souvent en un très court espace de temps.

Nous étudierons plus loin les animaux causant des dégâts techniques, parce qu'ils s'en prennent au bois déjà abattu. C'est à la fois au point de vue physiologique et au point de vue technique que sont nuisibles les animaux qui portent préjudice à la croissance des plantes, et les rendent en même temps inutilisables pour des emplois techniques. Une pousse de saule attaquée par le puceron galeux a une cassure à l'endroit où s'est formé la galle; on ne peut donc s'en servir pour la vannerie; en même temps la forme de sa croissance a été influencée au même endroit, ce qui l'a empêchée de devenir plus tard saine et utilisable.

Pour évaluer l'importance des dégâts causés par les animaux à l'économie rurale et forestière, il faut envisager deux espèces de point de vue. Il y a, en premier lieu, à tenir compte du dommage éprouvé par chaque propriétaire, et ensuite de celui dont la prospérité d'un pays tout entier peut avoir à souffrir. On ne saurait d'ailleurs passer sous silence que, d'autre part, il peut en résulter des avantages nullement insignifiants et que les animaux nuisibles ont une valeur telle que loin de songer à les combattre, à les détruire et à les exterminer, les intéressés sont très volontiers disposés à tirer profit des dégâts qu'ils ont causés. Il suffit de rappeler ce qui se passe pour les cerfs et les chevreuils. Ils causent souvent des dégâts très élevés en foulant aux pieds et en mangeant les céréales à peine sorties de terre, en déterrant les pommes de terre. La loi relative aux dégâts causés par

Pins endommagés par le gibier et détruits par le *Pissodes notatus*

En haut : au premier plan, pins dont les aiguilles ont été arrachées en hiver par les chevreuils; les jeunes pousses commencent à se développer

En bas : les pins sont détruits par suite des attaques du charançon. A la place d'une futaie vigoureuse, on ne voit plus qu'un terrain dénudé

D'après des photographies de M. Eckstein

le gibier oblige le locataire de la chasse à des indemnités. Et pourtant, le sport de la chasse est tellement prisé, le gibier et la chasse ont une telle valeur pour le chasseur, que, pour satisfaire à sa passion, il paie les dégâts, bien que l'évaluation de leur montant donne souvent lieu à des désaccords.

Citons, comme animaux nuisibles qui attaquent de vastes régions et les dévastent, les sauterelles et les souris. En Allemagne on n'a guère eu à souffrir des sauterelles que dans quelques cas tout à fait isolés. Par contre le Midi et le Sud-Est de l'Europe, ont à plusieurs reprises été accablés par ce fléau; de même l'Asie Mineure, la Syrie ainsi que l'Amérique du Sud en particulier ne sont pas à l'abri des invasions de sauterelles. Mais rien n'approche des ravages qu'elles exercent en Afrique. Nous avons à ce sujet des renseignements datant de la plus haute antiquité; les écrivains romains nous en parlent ainsi que la Bible elle-même. Les colons algériens ne redoutent rien tant que les sauterelles dont l'apparition constitue en ces pays une véritable calamité publique.

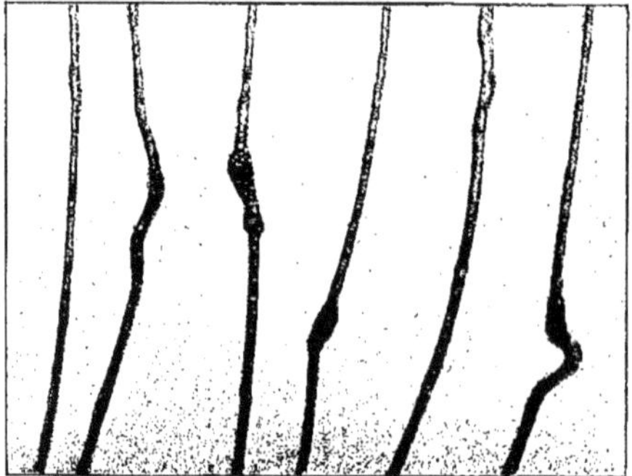

Baguettes de saule endommagées par des insectes
Moitié de la grandeur naturelle
D'après une photographie de M. Eckstein

De même, les souris constituaient déjà dans l'antiquité un des fléaux de l'humanité. Les écrivains grecs et romains en parlent et disent les mesures qu'on prenait à ce sujet.

« Elles apparaissent parfois en quantités si incommensurables qu'elles détruisent presque les récoltes. Cela se passe si vite que des campagnards ont trouvé leurs récoltes dévorées au moment où ils venaient les couper, alors que quelques jours auparavant ils les avaient encore vues sur pied en pleine maturité. Mais, chose tout aussi incompréhensible, les souris disparaissent avec la même rapidité! Les hommes sont incapables de s'en rendre maîtres; ils ont beau faire de la fumée, creuser des fossés et amener des porcs dans les champs. Les porcs affouillent les trous de souris, les renards leur tendent des pièges, la belette les traque encore davantage, mais à eux tous, ils sont impuissants devant cette multiplication prodigieuse. Seule des pluies abondantes font rapidement disparaître les souris. » (Aristote, *Histoire naturelle.*)

Nous avons un grand nombre de récits historiques relatifs au fléau des souris; cela nous entraînerait trop loin de les citer tous. Quelques chiffres suffiront. Dans les années 1813/1814, on attrapa en Angleterre 30,000 souris dans la forêt *of Dean*, 11,500 dans le *New Forest.* Dans l'arrondissement de Saverne, on tua, en 1822, dans l'espace de 14 jours, 157,000 souris, et 862,268 dans un autre canton.

1853, 1855, 1857, 1861 ont été des années à souris pour la Poméranie antérieure, 1871 pour la province de Saxe. Dans la commune d'Osthofen on prit en 1872, 462,557 souris, on dépensa 338,75 pour achat de poison et les dégâts furent estimés à 150,000 francs, soit à 15% de la récolte. Les souris ne causent pas moins de ravages dans les forêts; la littérature forestière mentionne également de grands dégâts causés par ces rongeurs aux écorces et aux racines.

Cependant les pertes dues aux ravages exercés par les insectes dans les forêts sont de beaucoup plus importantes. C'est ainsi qu'au début du siècle, la lande de Letzling, forêt importante de la province de Saxe, a éte en grande partie détruite par la chenille plieuse du pin; il en a été de même dans la forêt de Nuremberg durant la période qui va de 1892 à 1896.

La littérature forestière nous renseigne au sujet des invasions dévastatrices de la chenille nonne en Allemagne, de 1784 à 1797, de 1837 à 1840, de 1845 à 1867.

Destruction de sauterelles à l'aide de projections électriques
D'après un dessin d'A. Dressel

Cet animal causa des dégâts beaucoup plus considérables lorsque s'avançant du rebord septentrional des Alpes vers le nord, il s'attaqua aux forêts de conifères allemandes de 1888 à 1897. A l'époque de l'essor, en été, les troncs semblent comme couverts d'épais flocons blancs (v. p. 527). Ce sont des lépidoptères blancs, plus ou moins grossièrement dessinés par des dentelures noires et des bandes, qui se détachent nettement de l'écorce foncée des sapins, des pins et des arbres feuillus. Les œufs pondus dans les déchirures de l'écorce donnent naissance à des chenilles de croissance rapide et gloutonnes, qui dénudent les arbres et qui pendent ensuite le long des troncs.

De même le bombyx du pin (*Lasiocampa pini*) a causé, au cours des siècles, de grands dégâts à plusieurs reprises. Les ravages exercés dans les forêts domaniales de Prusse de 1791 à 1794 nous fournissent des données précises sur ce point; les forêts de l'Allemagne du Nord ont souffert de cette calamité d'une façon permanente de 1862 à 1872. Le fléau s'étendit à 2349 milles carrés, dont 313 plantés de forêts de sapins de 25 ans furent fortement menacés. Plus de 41,600 hectares furent endommagés, dont 10,244 complètement dénudés, et l'on abattit 2 millions de mètres de « bois de chenille ». Le dommage causé sur la même superficie par les pertes éprouvées lors de la vente du bois et les frais de préservation s'éleva à 2,975,500 francs.

Les chiffres suivants donneront une idée des dégâts causés par le scolyte. Les renseignements relatifs à la vermoulure — comme on appela la chute de troncs par suite des ravages des larves du scolyte — remontent jusqu'en 1649 pour le Harz. 1665 et 1677 furent également des années de dévastation. De 1681 à 1691 on amortit le mal dans le Harz en abattant rapidement les troncs pour en faire du charbon. Mais, le fléau ne tarda pas à réapparaître et prit, à partir de 1703, de graves proportions, pour se prolonger durant tout le XVIIIe siècle dans les régions forestières de l'Allemagne centrale. Il atteignit son point culminant dans le « Communion-Harz » de 1781 à 1783 et ne disparut que vers 1787. Le nombre des troncs desséchés fut, en 1781, de 182,451; en 1782 de 251,106; dans les dernières années plus de 3359 arpents de forêt perdirent leurs arbres, et jusqu'à la fin de l'année 1786 près de 500,000 troncs avaient de nouveau été desséchés. Le total des dégâts fut évalué à 3 millions de fûts de pins.

Les animaux ennemis de l'industrie et destructeurs des approvisionnements

On ne peut parler des animaux en tant qu'ennemis de l'industrie que dans un sens très restreint. Il est évident, en effet, que les relations entre les animaux et l'activité industrielle de l'homme ne sauraient être qu'indirectes; il n'y a qu'un petit nombre de cas connus jusqu'ici.

Un grand nombre d'établissements industriels font écouler leurs résidus dans les rivières et les fleuves; ce sont avant tout les fabriques d'amidon, les sucreries, les papeteries, les teintureries, les blanchisseries, sans compter beaucoup d'autres. Ces résidus contiennent, amalgamées ou dissoutes mécaniquement, des substances organiques qui, par leur décompositon, fournissent des produits vénéneux ou des acides et autres combinaisons chimiques qui sont directement vénéneux, comme l'acide sulfurique, l'hydrogène sulfuré entre autres.

Les cours d'eau sont souvent souillés sur de grandes étendues par ces déjections à un point tel que les poissons meurent très vite, ou bien que fuyant devant les flots empoisonnés, ils abandonnent le terrain. Comme l'adduction des substances nuisibles se poursuit sans interruption, les eaux qui en sont victimes deviennent forcément pauvres en poisson ou n'en ont plus du tout. C'est pourquoi l'industrie doit être considérée comme nuisible à la pêche; les plaintes et les procès des pêcheurs menacés dans leurs anciens privilèges et subissant un préjudice considérable,

Troncs d'arbres recouverts de chenilles jusqu'à la cime
Vue prise en juillet 1891 par M. Tubeuf

ne prennent pas fin. La loi et les arrêts des juges forcent les usines à remédier à cet état de choses. Elles construisent à grands frais des conduites de clarification et prennent des mesures pour débarrasser les eaux des substances nuisibles avant qu'elles n'arrivent dans les districts de pêche menacés. Leurs propriétaires sont souvent obligés de payer de grandes indemnités à moins de racheter le droit de pêche.

On peut donc dire que l'industrie est préjudiciable à la pêche fluviale. N'oublions cependant pas que la grande industrie a plus d'importance pour le bien-être national que les revendications des pêcheurs. Le petit doit céder la place au puissant. Les jours de la pêche fluviale sont comptés. Les relations maritimes sans cesse croissantes, les vapeurs et les canots automobiles contribuent puissamment au refoulement graduel des poissons. Du moment que la pêche se défend et se débat et que l'industrie trouvant un obstacle à son développement est contrainte à des installations coûteuses, les poissons doivent être considérés comme des ennemis. Cette conception qui est en contradiction apparente avec les idées généralement reçues, cessera d'étonner, si l'on examine qu'une pêcherie d'un rendement annuel de quelques milliers de francs doit céder le pas aux bénéfices de plusieurs centaines de mille francs qu'une seule industrie vaut à la population. De même les chemins de fer ont fait disparaître de nos routes nationales les innombrables véhicules de transport qui les sillonnaient autrefois.

Nous connaissons un autre cas où des animaux ont amené des propriétaires d'usine à faire des installations particulières et à occuper des ouvriers.

Le *Tomicus lineatus* est un scolyte, très petit comme tous ses congénères, et qui se développe dans des galeries d'un genre particulier à l'intérieur des conifères (v. p. 529). Les galeries qu'il a creusées dans le bois noircissent et cette couleur s'étend, sur un centimètre d'épaisseur, aux parties ligneuses limitrophes. De plus, cette coloration est tellement imprimée aux cellules du bois, que, lors de la transformation en cellulose, les parties ainsi colorées se détachent en taches sombres et diminuent considérablement la valeur du produit obtenu. Aussi fait-on passer le bois sec, haché en menus morceaux, sur une large courroie sans fin, de chaque côté de laquelle se tiennent des ouvrières uniquement occupées à trier les petits morceaux de bois tachetés de noir. La présence des galeries de ponte déjà abandonnées par le scolyte occasionne à l'industrie de la cellulose un accroissement des frais de fabrication.

Dans les conifères frappés de mort, vivent, aussi longtemps que les troncs demeurent encore debout dans la forêt, les larves de guêpes rousses du genre *Sirex*. Elles creusent des galeries rondes, dont l'étendue, correspondant à leur croissance, s'accroît constamment et qui traversent le bois du tronc en décrivant de vastes courbes.

Les larves bouchent, derrière elles, ces galeries si fortement, qu'il faut l'œil exercé du forestier pour les voir sur une incision faite à l'arbre, tandis que le charpentier n'aperçoit pas ces légers indices. La larve se développe lentement; il y a longtemps que le tronc d'arbre a été enlevé de la forêt, travaillé par le charpentier et a servi à construire la maison. Celle-ci est couverte; les chambres sont habitées.

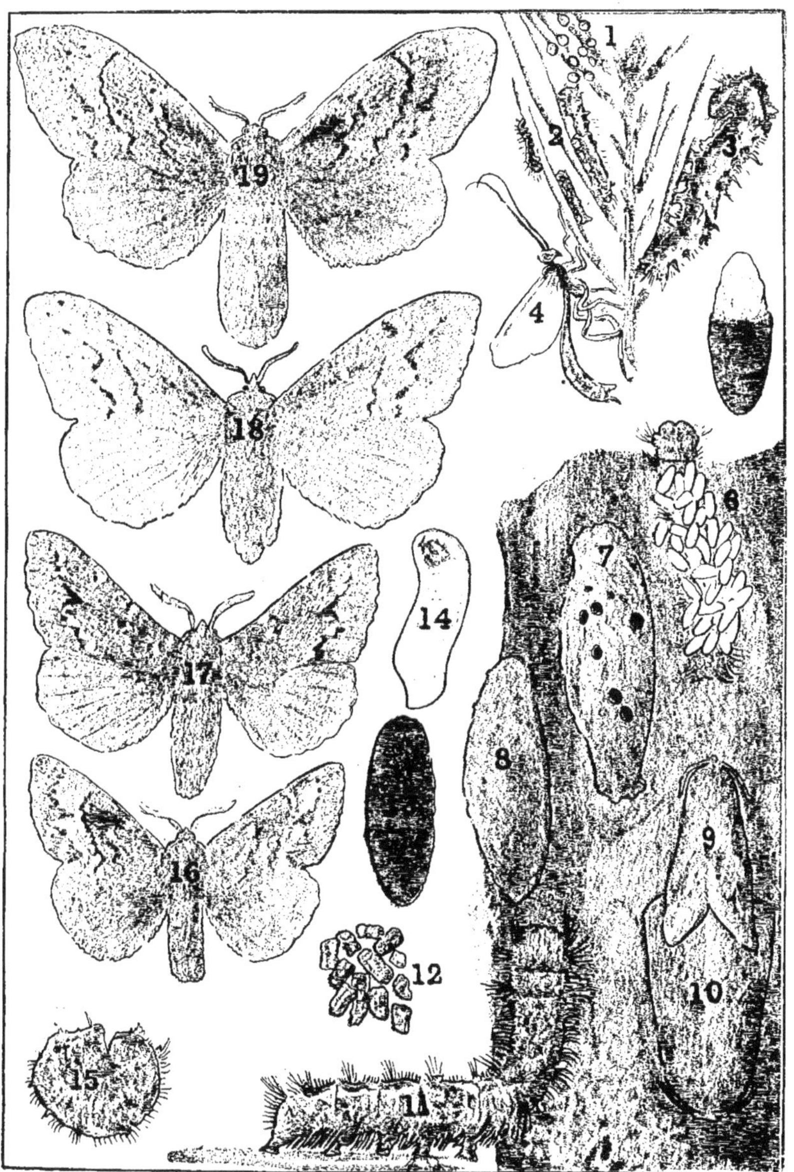

Bombyx du pin (Lasiocampa pini)

Dessin d'après nature de K. Eckstein

[illegible] à la moitié de leur croissance rongeant des pins. 4. et 5. *Anomalon circumflexum* [illegible] dans la chrysalide du bombyx. 6. Chenille moribonde couverte des cocons du para[illegible] les trous d'échappement de la *Pimpla* parasite. 8. Cocon. 9. Mâle. 10. Femelle. [illegible] 13. Chrysalide. [illegible] Larve de l'*Anomalon*. [illegible] Chenilles plongées dans le [illegible] d'élytres vivaces. 17. Mâle avec élytres en train de disparaître. 18. Femelle d'un dessin pâle. 19. Femelle de coloration vivace.

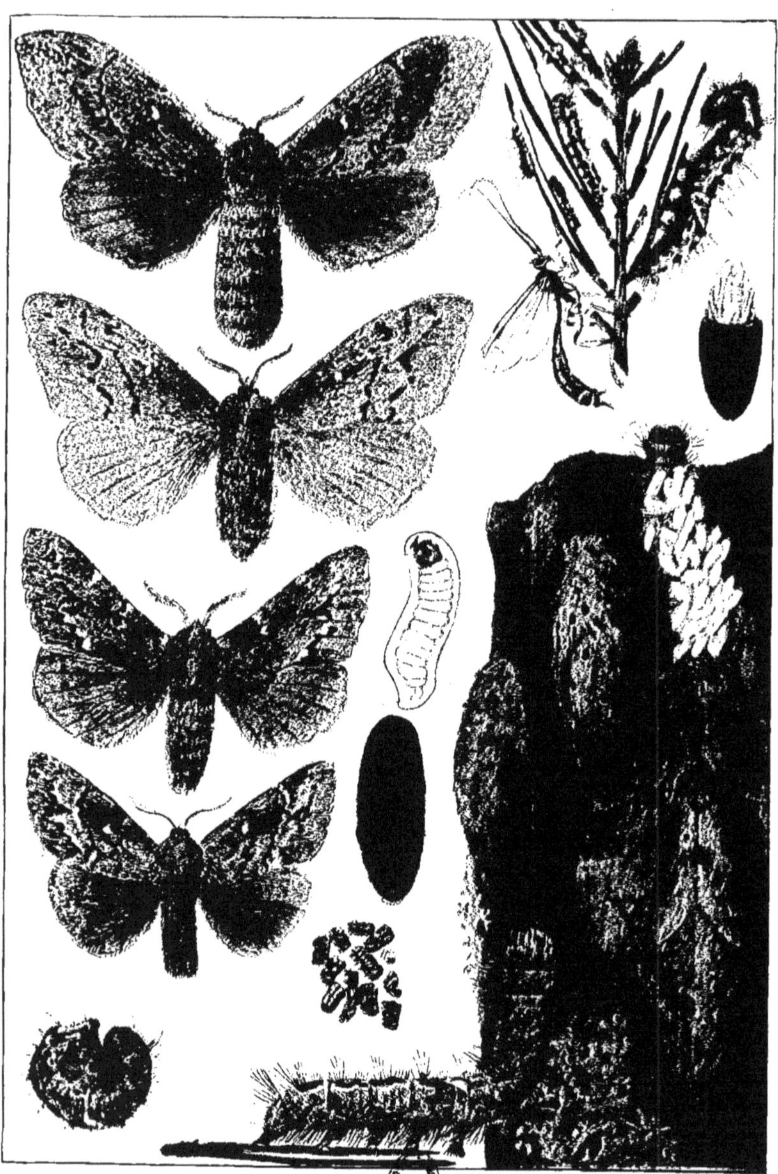

Bombyx du pin (Lasiocampa pini)

Dessin d'après nature de K. Eckstein

1. Œufs. 2. Jeunes. 3. Chenilles à la moitié de leur croissance rongeant des pins. 4. et 5. *Anomalon circumflexum* à l'état d'insecte et de chrysalide dans la chrysalide du bombyx. 6. Chenille moribonde couverte des cocons du parasite *Mikrogaster*. 7. Cocon avec les trous d'échappement de la *Pimpla* parasite. 8. Cocon. 9. Mâle. 10. Femelle. 11. Chenille adulte. 12. Excréments. 13. Chrysalide. 14. Larve de l'*Anomalon*. 15. Chenilles plongées dans le sommeil hivernal. 16. Mâles pourvus d'élytres vivaces. 17. Mâles avec élytres en train de disparaître. 18. Femelle d'un dessin pâle. 19. Femelle de coloration vivace

Supplément à l'ouvrage « *Les Animaux* »
(Ne peut être vendu séparément)

MAISON D'ÉDITION BONG & Cie
PARIS

Les guêpes ont enfin subi leur transformation; de leur dard aigu elles se fraient un chemin à travers la poutre, le plancher et le linoleum. Tout à coup, la chambre est envahie par un essaim monstrueux d'insectes d'une taille supérieure à celle du frelon, quoique le profane n'y voie aucune différence. Cet essaim ne tarde pas à se multiplier, le plancher est bientôt percé de trous comme les poutres du plafond. Le développement de ces animaux s'opère si irrégulièrement et si lentement, qu'il peut s'écouler des années jusqu'à ce que les poutres aient été débarrassées de leur dernier habitant. La guêpe rousse est donc, elle aussi, un être nuisible à l'industrie humaine parce que le bois a subi son attaque avant d'être travaillé et que le dommage causé grève l'industrie.

Cette guêpe forme donc, comme le *Tomicus lineatus,* un contraste avec les

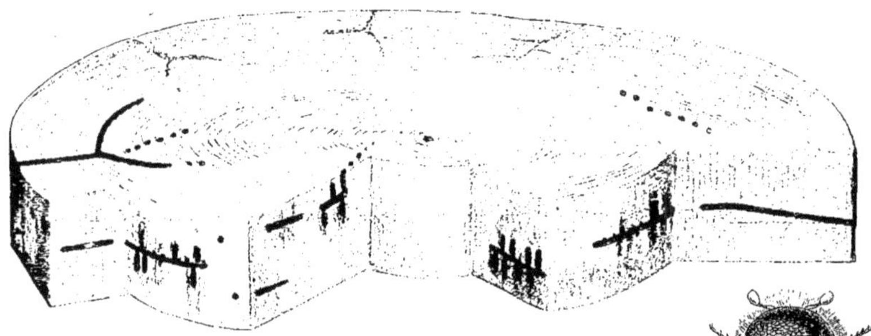

Le scolyte strié, *Tomicus lineatus* (fortement grossi) et les galeries de ponte creusées par cet insecte dans du bois de sapin (grandeur naturelle)

Les larves se trouvent dans les échelons de l'échelle dirigés vers en haut et vers en bas

Dessiné d'après nature par M. Eckstein

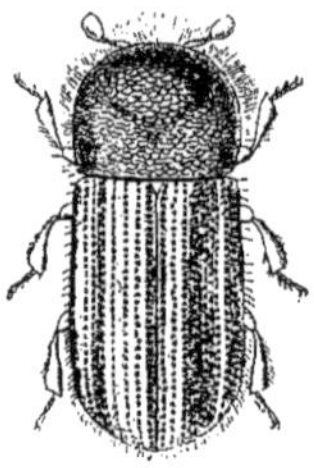

D'après Lövendal

animaux nuisibles qui détruisent les substances animales et végétales, soit aussitôt après se les être procurées et les avoir sur le champ employées, soit seulement après les avoir davantage mises en œuvre, amoncelées et emmagasinées. Les animaux consomment et détruisent exclusivement des substances organiques, et en première ligne le bois si précieux pour l'homme, à tant de points de vue. Les animaux nuisibles exercent leurs ravages même dans les herbiers, ainsi que sur les objets précieux tirés du règne animal servant pour les collections et les usages ordinaires, tels que les collections d'insectes, les peaux d'animaux, les musées zoologiques, les vêtements de laine, les fourrures et les matelas et les reliures de cuir des bibliothèques. Les comestibles même et les drogues, et en particulier les approvisionnements de céréales permettent à ces animaux d'exercer leur action qui souvent passe longtemps inaperçue.

Il arrive aussi, mais plus rarement, que l'animal joue le rôle d'un obstacle aux relations commerciales. Qu'une forêt soit infestée de bombyx vénéneux, l'accès n'en devra être autorisé qu'avec la plus grande précaution. Voici un parc dont les vieux chênes servent d'abri au bombyx spongieux, ou à la chenille verte du chêne, et dont les branches s'étendent dans les airs, plus ou moins dénudées. L'homme devra le fuir, car la fiente de cette vermine dégringole sans arrêt des arbres pour couvrir bientôt le sol d'une couche épaisse. Les chenilles plieuses, poussées par la faim, se laissent couler des arbres le long de leurs fils, courent agitées, et par milliers sur le sol, le long des troncs ainsi que sur les bancs placés dans ce parc.

On sait qu'il y a environ une dizaine d'années, les stations balnéaires de la côte orientale de la Prusse ont été pendant quelque temps beaucoup moins fréquentées à cause de la présence, sans cesse accrue, de la chenille du pin. Inutile d'expliquer pourquoi il faut éviter les lieux de plaisir et les jardins publics, dont les arbres sont couverts de chenilles. De même, il suffit d'indiquer le préjudice qu'occasionne à un hôtelier l'absence de visiteurs, sans compter le contre-coup qui résulte de ce fait qu'un lieu d'excursion jusque-là très recherché se trouve déprécié, et que la concurrence a vite fait de détourner vers un autre point le flot des touristes.

Quand un mammifère de forte taille est rejoint et écrasé par un train de chemin de fer à l'allure rapide, le temps pris pour dégager les roues et les différentes parties de la machine, occasionne un retard plus ou moins long. C'est la vitesse croissante des trains et l'impossibilité de les arrêter subitement sur une courte distance, qui peut apporter au bon fonctionnement un trouble dans le genre de celui dont nous venons de parler. Or, si nous en croyons Brehm, on a vu des accidents de même espèce causés par des insectes. Dans sa « Vie des animaux », il nous raconte, d'après les informations de M. Dohrn, le fait suivant qui se produisit en 1854: « Le train venait de sortir d'un petit tunnel, lorsque, tout à coup, il avança beaucoup plus lentement, sans qu'on pût attribuer ce fait au passage devant une halte. L'allure devint traînarde, et bientôt le train s'arrêta. La raison de cette paralysie était aussi imprévue qu'incroyable. Là où un éléphant, un buffle eussent échoué, les pièrides du chou (*Pieris brassicæ*) avaient réussi. Sur le côté gauche de la voie se trouvaient quelques champs, dont les trognons de chou complètement rongés permettaient de reconnaître nettement l'œuvre des chenilles. Or, on apercevait à quelque distance, à droite des rails, quelques planches de choux dont les plantes avaient encore toute leur verdure. Aussi, une assemblée populaire des chenilles avait-elle, peu de temps auparavant, décidé à l'unanimité, suivant la règle *ubi bene ibi patria,* de troquer la petite patrie trop étroite du grand-duché de gauche contre le grand-duché de droite. Par suite, les rails étaient au moment même où le train arrivait à toute vitesse, recouverts d'une

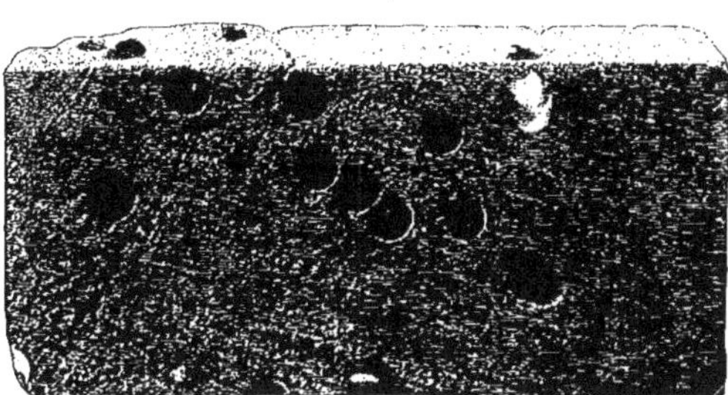

Trous percés dans des solives par la guêpe rousse

(Grandeur naturelle)

D'après une photographie de M. K. Eckstein

couche épaisse de chenilles, sur plus de 200 pieds de longueur. Naturellement les chenilles furent écrasées en une seconde sur les premiers 60 ou 80 pieds, mais leur masse gluante adhéra aussitôt si fortement aux roues, qu'à la seconde suivante, celles-ci avaient juste assez d'adhérence pour avancer. Mais, comme chaque pas en avant, diminuait de plus en plus l'adhérence par un nouvel écrasement de chenilles, les roues refusèrent finalement tout service, avant d'avoir fini de traverser la colonne des chenilles en marche. Il fallut plus de dix minutes pour balayer les rails devant la locomotive et nettoyer les roues de manière à pouvoir remettre le train en branle. »

Collection d'insectes détruite par des dermestes
(Moitié de la grandeur naturelle)
D'après une photographie de M. Eckstein

Beaucoup d'animaux, à l'opposé des guêpes du bois citées plus haut qui pondent leurs œufs sur des conifères débilités, se développent dans un bois tout à fait sec, qui était sain au moment où il a été travaillé, et ne l'attaquent que plus tard.

On connaît la vrillette appelée aussi l'« horloge de la mort » parce que dans la nuit elle produit souvent un bruit curieusement rythmé, sorte de tic tac qu'elle fait en frappant le bois de sa tête. C'est un coléoptère faisant partie du genre *Anobium* et qui se trouve dans de vieux meubles « piqués des vers ». Un de ses proches parents vit dans les poutres des maisons, quand celles-ci ne sont pas protégées extérieurement par un crépi ou un badigeon. Parfois, on trouve ces animaux en abondance dans l'Est de l'Allemagne riche en forêts, ainsi que dans les vieux blockhaus du Spreewald contre lesquels ils dirigent de fortes attaques. Extérieurement, on ne remarque rien au sujet de ces bêtes vivant à l'intérieur, avant qu'ayant subi leur transformation, elles n'aient abandonné leur lieu de naissance, en passant par des trous de forme circulaire. La même remarque s'applique au *Spondylis buprestoïdes*, qui se développe dans les troncs non équarris des pins, dans les forêts, mais se retrouve souvent dans les poutres descellées des vieilles maisons. Il en va également de même du scolyte (*Callidium bajulum*) qui, se développant dans les conifères, est souvent la cause du délabrement des maisons, et surtout de la toiture.

Les fourmis détruisent, elles aussi, le bois. La fourmi rouge des forêts, qui grâce à de petits morceaux de bois détachés, arrive à construire les grandes fourmilières des forêts de pins, s'établit très volontiers sur une vieille souche de bois déjà à moitié pourrie. Une espèce, proche parente de la fourmi géante, habite, dans les régions montueuses, le tronc de pins et de sapins encore couverts de leurs aiguilles. La fourmi noire du bois utilise de vieux troncs d'arbre, comme ceux du tilleul, du peuplier, du saule, du chêne. Elle se distingue extérieuremeut très peu de la fourmi qui, à l'opposé des espèces jusqu'ici nommées, établit aussi sa demeure très ramifiée dans le bois employé pour les bâtisses. On voit ces animaux diligents s'avancer le long d'une route stratégique étroite; souvent on les voit passer d'un arbre, jusqu'à la cime duquel ils ont grimpé, sur un mur ou une vieille haie. Il est très difficile de les chasser des pavillons de jardins ou des maisons forestières où ils se sont nichés; ils en rongent les poutres, en s'y prenant de telle façon que les parties dures des couches annuelles subsistent, mais que le bois printanier, aux grandes cellules, est complètement détruit. Si la cloison de charpente est faite d'un mélange de terre glaise et de paille, les fourmis détruisent aussi les fétus de paille et empêchent ainsi les cloisons de se maintenir. Le même procédé est employé par les tarets, qui habitent la mer et détruisent les maisons bâties au bord de l'eau, dans les ports et sur les jetées. Le taret ou ver de vaisseau est un mollusque qui, grâce aux rudiments des coquilles qu'il s'est formées, creuse des galeries ayant presque la largeur d'un crayon dans les pilotis des maisons construites au bord de la mer.

Les mites qu'on trouve dans l'armoire aux habits, dans les meubles rembourrés, dans le piano, sont l'effroi de la ménagère. Les garnitures lourdes, en laine, des fenêtres et des portes, sont très propices à la ponte de leurs œufs. Les mites ont encore pour victimes les fourrures, les animaux empaillés des collections zoologiques, mais ceux-ci sont encore exposés aux attaques du dermeste et des larves de l'anthrène, capables de causer de grands dégâts.

La vrillette du pain attaque les pâtisseries de toute espèce, les biscuits préparés pour un long usage, le biscuit de mer, les provisions que le pharmacien et le droguiste conservent dans leurs magasins.

Les espèces d'animaux capables d'endommager les approvisionnements de céréales sont très nombreuses. Citons le charançon du blé ou calandre (*Calandra*) et les espèces apparentées, puis le *Trogosita mauretanica*, le *Læmophlœus ferrugineus* et le ténébrion de la farine (*Tenebrio molitor*); on trouve aussi, mais surtout dans la farine, des chenilles de papillons comme la teigne des grains (*Tinea granella*) et la pyrale des farines (*Asopia farinalis*); l'hôte du sucre, *Lepisma saccharina* aime également beaucoup la farine. Les fruits secs et les semences sont exposés aux attaques de la teigne friande (*Phycis elatella*); le beurre, la graisse et le lard ont à redouter l'*Aglossa pinguinalis*. On sait que les mouches font de fâcheuses visites à la viande fraîche sur laquelle elles déposent leurs ordures. Enfin, les petites et les grandes teignes vivent des déchets de cuisine; il en est de même des grillons de maison.

Tout le monde sait que des oiseaux mangeurs de grains, surtout les moineaux sont capables de causer de grands dégâts dans des greniers à céréales mal préservés, et que les souris peuvent exercer autant de ravages dans les granges que dans les champs. On remarque que le nombre de souris diminue dans les maisons et dans les champs, d'une façon générale, du moins en Allemagne. La souris devient rare dans les moulins, dans les magasins de céréales et de farines; nous avons en vain demandé à des boulangers des souris vivantes dont nous leur offrions un prix élevé et dont nous avions besoin pour des expériences. Les vieilles maisons en bois disparaissent; les maisons de pierre sont d'un accès difficile à ces petits animaux qui n'y peuvent plus séjourner. Le cas du rat est tout différent. Venant de l'est, il pénétra en Europe au commencement du XVIIIe siècle, et, continuant sa marche vers l'ouest, il est actuellement répandu, non seulement dans l'ancien continent, mais encore dans l'Amérique et l'Australie.

Solive d'une maison où l'on voit les galeries des larves et les trous de sortie du Spondyle buprestoïde

(1/4 de la grandeur naturelle)

D'après une photographie de M. Eckstein

Cet animal se trouve aussi bien chez lui sur les navires que dans les canaux de grandes villes et les écuries des cultivateurs. Etant le plus vorace de tous les rongeurs, il détruit des quantités incommensurables de matériaux utiles à l'homme. Il ne manque plus au rat que de s'enivrer d'eau-de-vie, sans quoi on pourrait dire qu'il aide à consommer tous les aliments de l'homme et tout ce dont il jouit.

Ennemis s'attaquant directement à l'homme: animaux venimeux, parasites, animaux pathogènes

Le nombre des espèces animales qui voient dans l'homme une proie, l'attaquent et le déchirent ou l'engloutissent, est très faible. N'entrent en ligne de compte à ce point de vue que des animaux aquatiques qui tendent également des pièges à d'autres grands animaux. Rien d'étonnant à ce qu'ils cherchent à happer l'homme qui se débat gauchement dans l'eau à la manière d'une grenouille. C'est notamment le cas du requin et du crocodile. Il est peut-être permis de ranger dans la même catégorie quelques-uns des grands serpents. On désigne sous le nom de parasites dont il sera question plus loin, des animaux plus petits qui s'en prennent également à l'homme, mais ne menacent pas sa vie, du moins sérieusement. Les grands carnassiers de l'espèce féline et canine qu'on considère généralement comme les ennemis les plus dangereux de l'homme viennent bien après ceux que nous avons cités plus haut. Ce sont des bêtes farouches, lâches, nocturnes, dont l'homme devient victime, soit par un accident malheureux, soit par sa propre faute. Elle n'attaqueront pas l'homme de leur propre mouvement, pour le plaisir de tuer; elle cherchent plutôt à l'éviter sans bruit et à passer inaperçues.

Les attaques des ongulés, munis de cornes ou de ramures, sont beaucoup plus dangereuses. Grâce à l'indifférence stupide des espèces ap-

En haut à gauche: Planche rongée par le taret des navires, 1/4 de la grandeur naturelle
En haut à droite: Morceau de bois mangé des abeilles, grandeur naturelle
En bas: Fragment d'un poteau détruit par des tarets, grandeur naturelle

privoisées et aux rapports quotidiens qu'il a avec elles, l'homme considère ces animaux comme inoffensifs; la timidité de la gazelle et du cerf le trompe au sujet de la nature proprement dite de ces animaux vivant en troupeaux. Que de fois n'a-t-on pas capturé un chevreuil gracieux, confiant! C'est un bel animal, très mignon, qui accourt à votre appel; quelques années plus tard, le faon est devenu un mâle qu'on est obligé d'éloigner à cause de sa méchanceté.

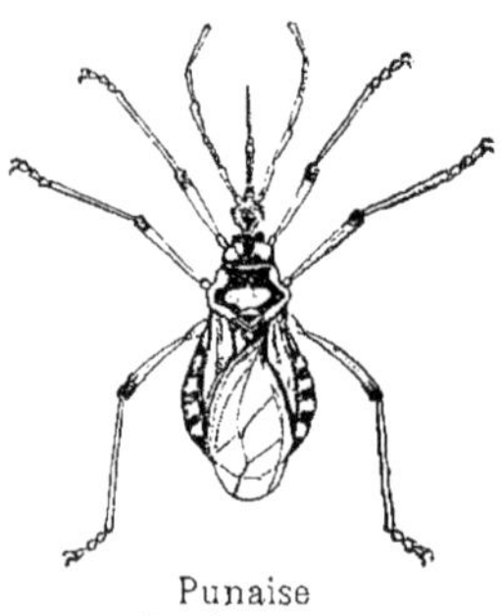

Punaise
Grossie deux fois

On pourrait énumérer un grand nombre d'exemples, si l'on prenait la peine de réunir les renseignements dispersés dans la littérature cynégétique, d'où il ressort que le cerf en rut devient agressif contre l'homme qu'il rencontre, et ne se contente pas d'une seule attaque, mais l'accule sans se lasser.

De même les abeilles et les guêpes, les vipères, les scorpions, certains singes, des oiseaux même attaquent l'homme. Tout comme pour les carnassiers cités plus haut, c'est de nuit que ces animaux assaillent la tente du voyageur, qu'ils cernent la hutte de l'indigène et que le loup assoiffé de sang suit les traîneaux. Tous ces carnassiers doivent éprouver un certain attrait à leurs agressions; ils n'obéissent ni à un sentiment de défense, ni aux affres de la faim.

Quand l'animal est torturé par la faim, il n'en oublie nullement toute précaution. Le renard affamé tourne très souvent autour du morceau empoisonné, de l'appât du piège, contemplant avec méfiance la bouchée alléchante qui s'offre à lui d'une manière si contraire à ses habitudes ordinaires et par là si peu naturelle. « L'homme trouve le procédé excellent et tout à fait naturel. » Le sentiment de la faim finit par devenir insupportable, c'est-à-dire s'impose tellement, qu'il triomphe de la résistance du raisonnement et que l'animal oublieux de tout, se précipite sur l'appât.

Les choses se passent d'une façon analogue, peut-être beaucoup plus rapidement, avant que l'animal affamé n'attaque l'homme. Si, à ce moment, il croit remarquer chez l'homme le moindre indice de crainte ou de recul, la moindre envie de fuir, son propre courage augmente immédiatement en même temps que le plaisir d'attaquer et la soif du sang.

A notre avis, l'instinct de la défense et de la conservation en même temps que l'attaque et l'agression contre l'homme sont le plus souvent provoqués par lui, quoiqu'inconsciemment. Savons-nous pourquoi la guêpe vient soudainement se poser sur notre main et nous pique le doigt, pourquoi la vipère mord le pied de l'enfant en train de cueillir des mûres? Pourquoi la punaise des bois projette sur notre main la sécrétion de ses glandes puantes, pourquoi la punaise ordinaire nous pique douloureusement, pourquoi l'écrevisse nous pince le doigt de ses tentacules? Sans le vouloir ni le savoir, nous avons marché sur la queue de ces animaux, c'est-à-dire que par notre apparition nous les avons réveillés de leur sommeil, excités, fâchés, éveillé en eux le sentiment d'un danger menaçant. Ils tournent de tous côtés et se défendent avec leurs armes naturelles. Ce que nous avons pris pour une attaque n'était qu'un acte de défense.

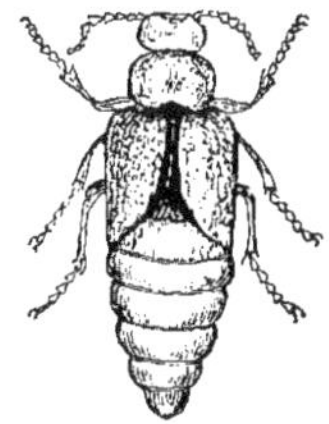
Escarbot onctueux
Grandeur naturelle

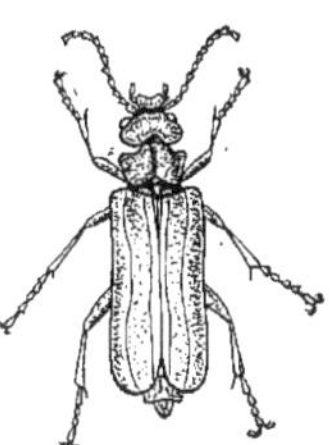
Cantharide

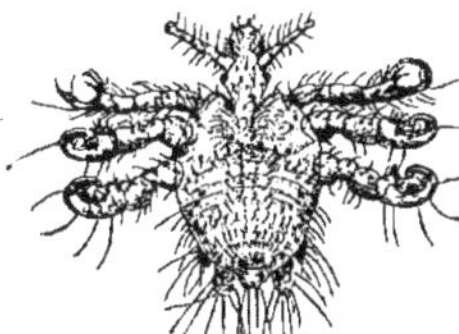
Pou du pubis
Très grossi

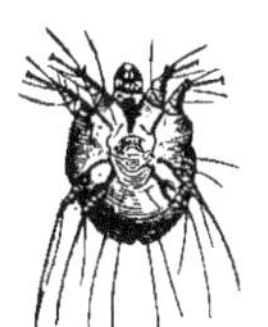
Ciron ou acare de la galle
Fortement grossi

Puce
Fortement grossie

Tandis que d'un côté l'homme s'expose sans s'en douter et souvent aussi légèrement à l'attaque d'un animal, il en redoute d'autres d'une manière qui n'a pas sa raison d'être. Que de fois n'entendons-nous pas la surveillante de nos enfants, et hélas! aussi les parents, dire: « N'y touchez pas, ça mord, c'est venimeux »! L'enfant qui eût sans crainte attaqué le hanneton qui gigote et eût joué avec l'orvet mort, prend dès lors garde à s'attaquer à un animal quelconque, par crainte qu'il n'ait en lui quelque chose de désagréable, qu'il ne soit venimeux. La répugnance, le dégoût des magnifiques créatures de la nature a été donné à l'homme par l'éducation, de même que la crainte des animaux venimeux.

On entend en général par venin une substance solide, liquide ou gazeuse, qui, lorsqu'elle pénètre, en plus ou moins grande quantité dans un être vivant, trouble l'activité de certains organes et provoque ainsi un état morbide, voire même la mort. Les animaux produisent le venin dans leur corps et l'épanchent sur des points tout à fait déterminés, les uns quand on les touche, comme par exemple les méduses, d'autres, comme les serpents, quand ils mordent, ou, comme les abeilles, en piquant. Certains animaux venimeux tels que l'anguille, ont régulièrement dans le sang ou dans quelqu'organe (dans les œufs du barbeau) un venin qui n'est pas éliminé comme tel. D'autres ne sont qu'exceptionnellement venimeux comme les moules, quand ils sont forcés de vivre dans des conditions défavorables auxquelles ils ne peuvent se soustraire.

Un grand nombre d'animaux que l'homme redoute par une superstition injustifiée, comme les araignées, sont réellement venimeux. C'est le cas non pas seulement des espèces dangereuses pour l'homme dans certaines circonstances telles que celle des régions tropicales de la Russie méridionale et d'autres contrées, mais de toutes les espèces de nos pays. Elles ont dans leur mâchoire supérieure une glande qui secrète du venin pénétrant dans la blessure ouverte. Il s'agit donc de bien comprendre le mot « venimeux », car ce mot a besoin d'être complété, notamment par l'indication des êtres vivants auxquels le poison est destiné, c'est-à-dire auxquels il est préjudiciable. Il faudrait aller plus loin et dire que les araignées de nos pays sont venimeuses pour de petits animaux articulés, qui se prennent dans leurs toiles et qui mordus par elles deviennent incapables de se défendre. L'araignée des oiseaux est dangereuse pour de petits animaux à sang chaud, la *Lycosa singoriensis* de la Russie méridionale l'est pour l'homme qui souffre longtemps des suites d'une morsure.

Cet exemple montre que la crainte des animaux venimeux est le plus souvent exagérée. Dans les régions où les serpents venimeux, les scorpions et autres sont indigènes, on emploie certaines mesures préventives qui sont suffisantes dans la plupart des cas.

Comme animal venimeux de nos pays n'attaquant jamais l'homme, mais dont le corps contient un poison redoutable, il faut citer la cantharide. Si nous avalions un de ces animaux un peu desséché et écrasé, nous pourrions en mourir. Employé à l'usage extérieur, sous la forme d'emplâtre, le poison sert à guérir.

Les parasites forment contraste avec les carnassiers et les animaux venimeux dont nous avons parlé jusqu'ici. On désigne sous ce nom les animaux qui trouvent sur le corps d'un autre animal leur nourriture ou leur nourriture et leur logement. L'homme lui-même n'est pas à l'abri des fâcheux parasites. De même que presque tous les animaux, il en est infesté. Ils vivent à la surface d'un corps insuffisamment propre, mal soigné; les poux dans les cheveux de la tête, les morpions dans les poils du pubis, les puces dans les habits. Les acares s'incrustent dans la peau; d'autres parasites comme le lombric et le ver solitaire élisent domicile dans les cavités du corps, de préférence dans l'une des parties de l'intestin; d'autres enfin vivent dans tel ou tel organe, la sangsue du foie dans le foie, les trichines dans la partie charnue des muscles.

A côté de ce groupement en ectoparasites et en entoparasites, on peut en adopter un autre suivant que les parasites habitent d'une façon constante la personne de leur hôte, comme les poux stationnaires, ou temporairement seulement comme les punaises. Celles-ci attaquent le dormeur, sucent son sang, puis se recachent dans les replis de la literie, dans les fentes du bois de lit, sous les tapis, derrière les gravures accrochées au mur et les glaces, jusqu'à ce que la faim les pousse à de nouvelles attaques.

Grâce aux progrès de la civilisation et à l'éducation, la propreté s'accroît chaque jour et entraîne la diminution du nombre des parasites. Chose remarquable, c'est précisément la punaise qui à l'époque moderne s'est répandue d'une façon prodigieuse! Ce fait s'explique par les mœurs de ces animaux, par la manière dont ils s'établissent. Ils trouvent un asile dans le linge, dans la malle du voyageur, et à notre époque de voyages, il n'y a rien d'étonnant à ce que la vermine se répande. Par contre, les maladies qu'occasionnaient autrefois plus fréquemment qu'aujourd'hui les vers intestinaux ont diminué, et cela grâce à une inspection rigoureuse et sévère des viandes. Ce qui montre à quel point beaucoup de ces parasites peuvent devenir dangereux, ce sont les cas où, malgré une surveillance très attentive, ils peuvent engendrer la trichinose.

Il faut appeler spécialement l'attention sur ce fait que c'est par l'intermédiaire du rat que les porcs sont infectés de trichines. Le paysan laisse négligeamment traîner près de la rigole le cadavre d'un rat; le porc le trouve, et s'il le dévore, s'infecte de ces parasites dangereux seulement pour l'homme.

Citons encore comme ectoparasites de l'homme les chauves-souris qui sucent le sang; le vampire est devenu proverbial. Tous ces animaux habitent les pays chauds, la petite chauve-souris, au nez en fer à cheval, arrive encore jusque dans l'Allemagne méridionale et centrale.

Il n'y a pas très longtemps qu'on a reconnu la nature et les causes des maladies dangereuses et qu'on a non seulement trouvé les voies et les moyens de les combattre et d'en guérir, mais appris également à écarter le danger menaçant de leur apparition grâce à un service prophylactique très étendu. Ces maladies qui malgré cela font de nombreuses victimes, sont dues à des microorganismes. On sait que pour certaines d'entre elles, les agents pathogènes sont, comme par exemple dans le typhus, la phthisie, le torticolis, des bactéries, pour d'autres des sporozoaires. Les bactéries se rapprochent davantage des plantes que des animaux, les sporozoaires au contraire ont un caractère animal plus prononcé et méritent d'être étudiés de plus près. Nous en rencontrerons un très grand nombre dans le chapitre suivant; contentons-nous de rappeler ici les parasites de la malaria. Ce sont de petits êtres vivants qui, au cours des différentes formes de leur vie et de leur évolution, sont sphériques, filiformes et fusiformes. Ils exercent leur métier de parasite dans le sang de l'homme, mais une partie de leur évolution se passe dans l'intestin et dans les glandes salivaires du moustique (du genre *Anopheles*). C'est au moment où le moustique pique les vaisseaux sanguins de l'homme, et lors d'une autre phase de l'évolution, que ce parasite passe de là dans l'intestin de l'insecte. Celui-ci n'est donc pas seulement un parasite suceur de sang, mais encore un agent de transmission de maladies désignées sous le nom de malaria, fièvre intermittente ou paludéenne, dont le trait caractéristique est le retour, à des époques régulières, des accès de fièvre. Au cours de ces accès, les globules sanguins contiennent de multiples parasites, aux différentes étapes de leur évolution, nés de leur dissociation; ces parasites pénètrent dans le liquide sanguin et infectent de nouveaux globules du sang. A ce moment, la fièvre tombe. Le parasite croît, se dissocie, et quand 48 ou dans d'autres cas 72 heures après, il est en pleine action de multiplication, il se produit un nouvel accès fébrile, par conséquent après deux jours passés sans fièvre. Quand l'infection est répétée, la fièvre intermittente ne suit naturellement plus ce cours régulier.

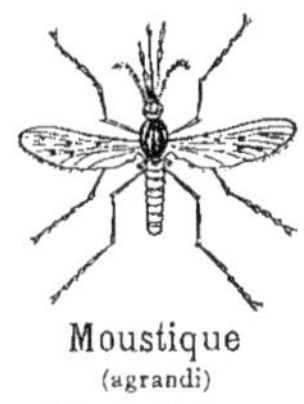

Moustique
(agrandi)
D'après Meigen

Les animaux ennemis des animaux domestiques, du gibier et du poisson

On pourrait croire que les animaux ennemis des animaux utiles à l'homme se trouvent vis-à-vis de ceux-ci, dans les mêmes rapports que les ennemis personnels de l'homme vis-à-vis de celui, surtout si l'on distingue entre carnassiers, animaux venimeux, parasites et animaux pathogènes. En réalité ils se comportent tout autrement entre eux que l'homme envers ses ennemis. Les rapaces qu'on trouve parmi les mammifères, les oiseaux, les reptiles, même parmi les amphibies et les poissons, procèdent toujours d'une manière agressive contre les animaux qui leur servent de proie. Ils leur dressent des pièges, les guettent et les surprennent soudainement, ou les poursuivent avec acharnement. Même dans les pays cultivés, il reste encore un nombre suffisant de carnassiers dont l'action joue un rôle important dans les efforts économiques de l'homme. La ferme isolée, la dernière maison de la rue latérale d'un village menant à la forêt, reçoivent la visite nocturne du putois et de la marte, peut-être aussi du renard. Le blaireau pénètre dans le poulailler, mais même, au milieu des petites villes, on retrouve, surtout quand l'hiver est rigoureux, le putois ou la marte. La volaille n'est pas à l'abri des attaques de l'oiseau de proie; les poules qui se risquent trop loin dans les champs sont victimes des corneilles; les pigeons voyageurs sont poursuivis par le faucon pèlerin.

Plus encore que le paysan et l'éleveur de volailles, le chasseur subit un préjudice de la part des animaux de proie. Il s'emploie avec ardeur à abattre à coups de fusil ces ennemis abhorrés, quand il ne préfère pas avoir recours aux pièges et au poison. A-t-il raison? Ne se fait-il pas tort à lui-même? En tuant et en prenant ces animaux, le chasseur bénéficie de leur pelage souvent précieux; en même temps il débarrasse de ses pires ennemis le gibier, lièvre, lapin, chevreuil, perdrix, faisan, etc.... Mais, ces rapaces ne peuvent en général happer que celles de leurs proies qui sont inférieures à leurs congénères sous le rapport de la dextérité corporelle, de la rapidité à la course, de l'acuité des sens, de l'attention et de l'adaptation des couleurs. L'entrée en scène des rapaces produira donc une sélection parmi les animaux qui leur servent de proie. Les mieux armés survivent, transmettent leurs avantages à leurs descendants, dont ceux-là seulement qui portent des tares ataviques ou sont de faible constitution succombent dans la lutte pour l'existence. La persécution d'un ennemi favorise le développement des bonnes qualités et anoblit. Si l'on tuait tous les animaux nuisibles à la chasse, on arriverait en un espace de temps, relativement court, à faire décliner la chasse d'une manière très sensible.

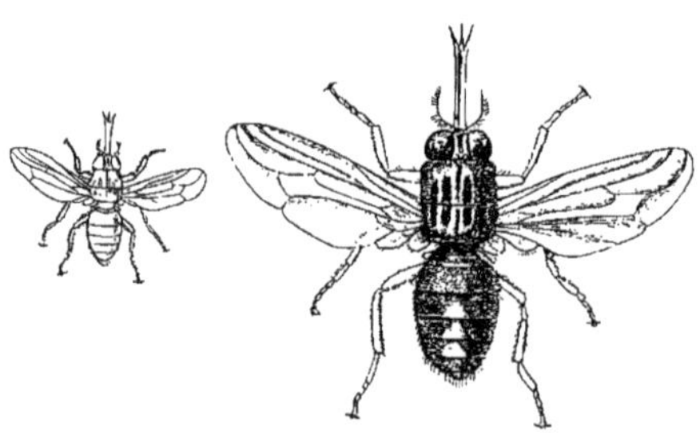

La mouche tsetsé *(Glossina morsitans)*
Grandeur naturelle et grossissement. D'après Blanchard

Ce qui est vrai du gibier, l'est aussi du poisson vivant dans les cours d'eau reliés entre eux par des rigoles plus ou moins larges et profondes.

Le poisson est exposé aux attaques d'un grand nombre d'ennemis, mammifères, oiseaux et poissons voraces, qui en veulent à ses alevins et à son frai. Cependant il est impossible de constater une diminution du nombre des poissons due à ce fait. La quantité des œufs et des alevins est incommensurable; le nombre d'œufs que porte une seule carpe s'élève, en chiffres ronds, à 100,000. Quelque grand que soit le nombre de ceux qui périssent prématurément, les ennemis naturels des poissons n'ont jamais pu arriver à empêcher qu'il n'en reste plus que largement assez pour assurer la conservation de l'espèce. A côté des ennemis connus des poissons, tels que la loutre, l'aigle de mer, le héron, le martin-pêcheur, le scieur et d'autres, il y a aussi des animaux inférieurs, notamment ceux qui s'en prennent au frai. Il faut citer, à ce propos, la musaraigne d'eau et ses larves, différentes punaises, telles que le scorpion d'eau, la punaise qui nage sur le dos et la punaise nageuse, ainsi que les larves des demoiselles ou libellules. Ce sont précisément ces dernières qui font un nombre colossal de victimes avec leurs terribles antennes.

Les animaux ont beaucoup moins à souffrir que l'homme des morsures ou des piqûres venimeuses; c'est bien rarement qu'un chien errant dans la forêt est mordu par une vipère. Les seules conséquences d'une morsure qui eût entraîné mort d'homme, sont une forte enflure, la fièvre, un épuisement qui ne tarde pas à disparaître. Il faut admirer la sûreté avec laquelle circulent les animaux, sans se laisser induire en erreur, sans se heurter, en évitant chaque obstacle. Avec quelle rapidité le chien ne traverse-t-il pas la forêt et les taillis, s'arrêtant et reniflant un instant par endroits, puis soudainement guidé par son flair, faisant un crochet! Il continue à courir sans se lasser et sans dommage; aucun des insectes qui piquent ne l'attaque, bien que le bout de son museau découvert, la partie dorsale du nez peu poilue semblent très propices à ce point de vue. Doué de sens aigus, il évite les animaux dont l'odeur lui est antipathique; il n'a pas, comme l'homme, besoin de tâter, de toucher, d'examiner tout ce qu'il rencontre; c'est pour cela qu'il provoque si rarement la colère et l'attaque des autres animaux. Il en est de même des autres animaux domestiques. Leurs dons naturels, la manière instinctive, conforme à leurs habitudes dont se traduit leur vie extérieure, les préservent de la rencontre d'animaux venimeux. C'est l'inverse qui se passe pour les parasites. Il faut chercher la cause de la facilité de transmission de certains parasites dans un grand nombre d'actes de la vie, dans l'action de flairer, de lécher, de visiter le gîte abandonné par un congénère. Par contre, il se rattache une évolution adaptée au changement dans la personne de l'hôte des parasites au fait de la prise régulière de certains animaux de proie (chat prenant une souris). Les parasites n'ont une action pathogène chez les animaux que dans de rares cas, comme par exemple le ver-coquin dans la cervelle du mouton. Le cheval loge des milliers de lombrics en qualité de parasites intestinaux, le porc ne s'inquiète pas de la trichine; il est rare que le chien n'ait pas le ver solitaire. On ne prendrait certainement pas particulièrement note de ces parasites, si on ne savait pas que beaucoup d'entre eux continuent à vivre chez l'homme, à la même ou dans d'autres phases évolutives, provoquent des malaises, voire même dans certains cas, la mort.

Le parasite qu'on avale vivant en même temps que la viande de bœuf crue ou la viande à moitié rôtie, se développe et se transforme en ténia dans l'intestin de l'homme. Le ténia échinocoque dangereux de l'homme, long seulement d'un demi-centimètre, dont le dernier anneau s'attache à nos mains quand nous caressons notre chien et que nous finissons par avaler, se transforme dans l'intérieur de notre corps en un ver redoutable. Sa grandeur et sa forme varient entre 1 millimètre et le volume d'une tête d'homme; il atteint parfois un poids de 15 kilogrammes et cause des maladies graves qui amènent souvent la mort. L'homme est en proie aux attaques non seulement des parasites des animaux domestiques, mais encore à celles des parasites du poisson. Le ténia « large » de l'homme, long de 5 à 9 mètres, se composant de 3 à 4000 anneaux, vit dans le brochet et la lotte. C'est là ce qui explique l'importance considérable qu'on attache à l'inspection des viandes. Aussi faut-il être reconnaissant du soin que l'on prend d'interdire l'importation du lard d'Amérique non examiné, de l'obligation d'inspecter tout le bétail d'abattoir, obligation qui s'étend également aux porcs. Par contre, ne sont pas transmissibles à l'homme les agents pathogènes qui provoquent chez les animaux domestiques de graves maladies infectieuses connues sous le nom d'épidémie de la mouche tsetsé, maladie de Surra, fièvre du Texas et épizootie des chevaux. Il en est de même de ceux qui engendrent chez les poules, les oies, les canards et les pigeons des épidémies et les font périr par grandes quantités.

Les agents pathogènes sont, dans toutes les maladies que nous avons nommées, des sporozoaires qui transmettent ces maladies. Dans l'état actuel de nos connaissances, ce sont des animaux articulés qui sucent le sang: la *Glossina morsitans*, espèce proche parente du *Stoxomys calcitrans* existant en Allemagne, transmet le parasite du sang aux bœufs, aux chevaux, aux mulets et aux antilopes. Les chevaux, chameaux, éléphants et buffles de l'Inde ayant pris la maladie de Surra, ont probablement été infectés par des piqûres de mouches. Le bétail américain souffre de la fièvre du Texas, quand il est attaqué par une tique (*Boophilus bovis*). On n'a pas encore découvert la cause certaine de l'épizootie des chevaux de l'Afrique du Sud. Les agents pathogènes de l'épizootie de la volaille de nos pays sont également des sporozoaires qui se trouvent en grandes quantités dans les excréments et qui probablement pénètrent dans le corps au moment où les poules picorent, surtout quand on éparpille le grain dans le poulailler sale. Les recherches entreprises avec beaucoup de soin dans ces derniers temps ont fait ressortir qu'un grand nombre de maladies des poissons qui prennent souvent un aspect repoussant doivent être attribuées à l'action des sporozoaires.

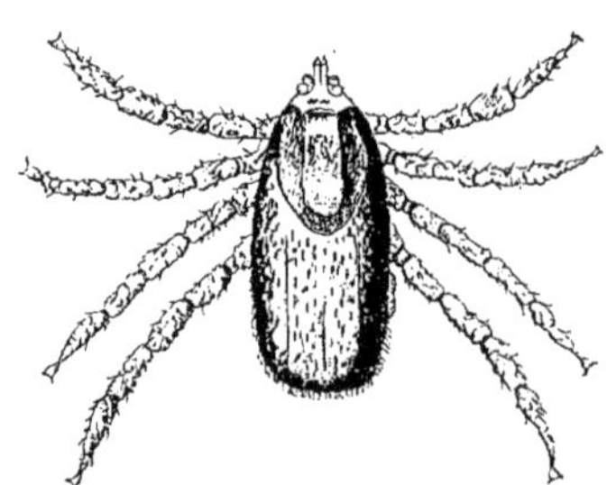

La tique du bœuf (*Boophilus bovis*), agent de transmission de la fièvre du Texas

Tentatives faites pour attirer des insectes par la lumière — D'après une gravure sur cuivre du XVIIe siècle

La défense contre l'ennemi

Au moyen âge, à cette époque où les sciences naturelles étaient encore dans l'enfance, on considérait comme un décret et une punition de la Providence la peste et la famine, l'invasion des souris et des sauterelles, des hannetons et des chenilles. On cherchait à combattre les animaux par l'excommunication et autres peines ecclésiastiques, qui avaient tout aussi peu de résultats que les processions en prières que, vers 1890, on organisa dans certains pays pour se défendre contre la chenille nonne.

En faisant appel aux recherches exactes dans le domaine des sciences naturelles, on est arrivé à connaître les conditions d'existence des animaux qui entrent en scène en qualité d'ennemis de nos cultures. Ainsi ont été jetées par dessus bord toutes les théories souvent très curieuses, qui persistent encore de nos jours, relatives aux phénomènes désagréables observés à propos de nos animaux domestiques et de nos plantes de culture. Il s'est créé une doctrine consciente de son but, des mesures d'extermination et de combat. Néanmoins, il règne encore aujourd'hui, dans le public profane, des préjugés contre les remèdes proposés dans tel ou tel cas, et qui sont d'autant plus difficiles à détruire que le sceptique est moins capable de comprendre le fondement scientifique d'une mesure de ce genre. Mais, de même qu'il n'est guère possible à qui n'est pas du métier de connaître toutes les particularités de la technique de l'électricité, de même il est souvent impossible de répondre à la question de ceux qui, n'étant pas au courant, demandent pourquoi un remède est efficace à tel ou tel point de vue.

La systématisation des sciences naturelles et la description des espèces ont créé une base solide qui a permis d'étudier de très près les organes des animaux. De la théorie on a passé à la pratique, et on est arrivé ainsi à des résultats extrêmement remarquables.

A côté des instituts zoologiques et botaniques des grandes écoles, on fonda des stations biologiques destinées à l'étude des mœurs des animaux et qui en même temps poursuivaient d'autres recherches. Ces établissements étaient en grande majorité consacrés à l'étude des animaux aquatiques; les stations destinées aux études végétales eurent pour mission d'apprendre à connaître les animaux nuisibles aux plantes de culture, leur vie et leur action. Il leur incomba de chercher les mesures efficaces pour combattre ces fléaux, d'en faire l'essai et d'apprendre au public leur mode d'application le plus simple. Ces laboratoires de recherches répondent avec empressement aux questions de leur compétence. On y étudie les animaux nuisibles et leurs dégâts, et l'on indique gratuitement les mesures à suivre, voire même, dans certaines circonstances, les remèdes à employer. Par des brochures traitant d'abord des animaux nuisibles les plus connus et les plus répandus, on cherche à accroître les connaissances des intéressés, à les rendre attentifs, et à leur faire connaître les mesures à prendre. De même, les jardins d'essais coloniaux ont également compris, dans leurs plans de travaux, les mesures à prendre contre les animaux nuisibles. On a créé des établissements de ce genre en France, en Allemagne, en Belgique, aux Etats-Unis, au Danemark, en Autriche, etc. Si nous disposons de vétérinaires pour guérir les maladies de nos animaux domestiques, on n'avait par contre, jusqu'en ces dernières années, fait que peu de chose pour combattre et faire disparaître les maladies des poissons. La Bavière peut s'enorgueillir d'avoir possédé en Europe la première station d'essai pour l'étude des maladies des poissons; c'est l'Autriche qui eut la seconde. Il y a aujourd'hui des stations de biologie ichthyologique sur un grand nombre de points du globe.

Les établissements techniques ont commencé à s'occuper des champignons et des animaux en tant qu'ennemis de l'industrie; on a mis en train des essais pour savoir comment on pourrait, par des moyens chimiques, protéger le bois en l'imprégnant.

Tous ces établissements travaillent indépendamment les uns des autres; chacun poursuit un but spécial, tous servent à l'intérêt général. Les connaissances qu'ils ont acquises sont à la disposition de tout le monde, mais on s'en remet aussi à tout le monde pour en faire usage. Les autorités n'imposent en général aucune obligation en ce qui concerne les animaux nuisibles. Seules les lois rurales et quelques ordonnances rendues par les pouvoirs locaux, obligent sous peine d'amende à combattre un certain nombre d'animaux nuisibles à l'agriculture. On doit par exemple détruire, en temps voulu, les nids de chenilles sur les arbres fruitiers et les haies. En ce qui concerne les animaux nuisibles aux forêts, la Belgique a, par une loi spéciale, attribué au gouvernement le pouvoir de prendre, même dans

Grattage des arbres dans l'Amérique du Nord (Massachusetts)
D'après Fernald

les forêts privées et contre le gré de leurs propriétaires et à leurs frais, des mesures pour la destruction d'animaux nuisibles tels que le scolyte et le charançon. En Allemagne, il y a des lois pour la lutte contre le phylloxéra, pour la protection contre l'introduction de la cochenille de San José; la ville de Hambourg entretient, dans son port libre, une station prophylactique composée de zoologues et de botanistes. On empêche l'introduction des épizooties en Allemagne par l'interdiction d'importer de l'étranger des bêtes de boucherie, malgré le manque de viande par moments considérable et la hausse des prix qui en résulte.

Les mesures prises pour combattre les animaux sont simples et primitives, aussi longtemps qu'elles consistent à saisir ou à rassembler, à capturer, à tuer ou à effrayer ces êtres nuisibles. Pour cela il faut souvent des pièges, des filets ou des hameçons qui, au cours des siècles, ont subi mainte modification. Il en va de même des projectiles, lancés soit par la force de projection de l'arc ou l'expansion des gaz de la poudre. Pour éloigner les animaux on se sert de poisons ou de remèdes qui leur répugnent. Aucun de ceux-ci n'a une action perpétuelle; il faut donc répéter les mesures et les appliquer à coup sûr, en donnant aux moyens employés une efficacité durable, en observant constamment l'animal auteur de dégâts et en l'attaquant en temps opportun. Le succès est à ce prix. Il n'y a pas d'erreur plus grossière que celle qui consiste à user d'une parcimonie et d'une mesquinerie égoïstes. Rien ne coûte plus cher que d'employer des remèdes secrets qu'on vend sur certains marchés!

Les Américains du Nord ont donné un exemple d'énergie par la manière dont ils ont combattu l'*Ocneria dispar* importée de l'Allemagne. On employa toutes les mesures possibles jusqu'à ce qu'après une lutte de plusieurs années on se fût rendu maître de l'ennemi.

On distingue en général les mesures préventives et les mesures destructrices. On a recours aux premières avant que l'ennemi n'apparaisse ou ne devienne

Fosse à charançons

Les charançons tombent dans le fossé où ils continuent leur course pour venir tomber dans les trous pratiqués au fond

D'après une photographie de M. Eckstein

menaçant par sa masse; les secondes servent à combattre les animaux causant déjà des dégâts.

Tous les travaux qui concourent à assainir les terres, ainsi que le labourage qui détruit les conditions d'existence des animaux nuisibles qui sont à redouter, ont une action préventive. Les meilleures mesures préventives à prendre consistent

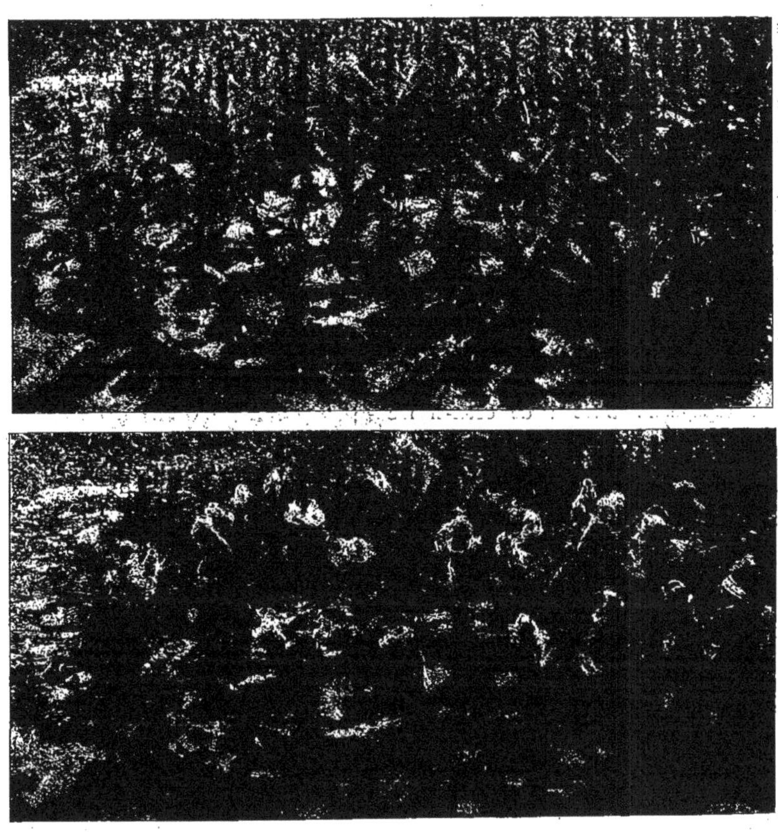

Jeunes pins dont les aiguilles ont été enduites de goudron (en haut) ou enveloppées d'étoupe (en bas) par mesure de précaution contre le gibier
D'après des photographies de M. Eckstein

à exécuter soigneusement tous les travaux, les semailles et la récolte dans les champs et les forêts, à planter et à dessécher les étangs, à bien envelopper et conserver les approvisionnements, à traiter consciencieusement et attentivement les animaux domestiques, à tirer avec méthode le gibier. Il faut en outre suivre les prescriptions sanitaires; l'exécution de mesures préventives entraîne souvent l'extermination de quelques-uns des animaux nuisibles, et dans ce cas elles servent en même temps de mesures de destruction.

On emploie comme mesures préventives des moyens mécaniques et chimiques. Le fourreur bat ses fourrures, le forestier creuse de bonne heure, au printemps, des fossés profonds pour détourner les charançons qui s'avancent en courant, au cas où ils apparaissent à l'époque des chaleurs plus fortes; en automne il enduit les bourgeons et les pousses des jeunes conifères de matières mal odorantes ou les

Comment on entoure en Amérique les troncs d'arbre de bandes destinées à éloigner les insectes qui ont l'habitude de venir s'y établir
D'après Forbush

entoure d'étoupe, ou bien encore les arrose de chaux pour empêcher les cerfs et les chevreuils de s'y attaquer en hiver. Le jardinier entoure ses arbres fruitiers de couches de limon ou de branchages de peuplier, pour éloigner les araignées d'hiver. Les Américains emploient également ce système dans leurs forêts, ce qu'on ne fait pas encore en Europe. Lors des années à hannetons et quand l'automne est précoce, on évite autant que possible, en forêt, de rendre la terre meuble et d'y faire des trous, ce qui faciliterait beaucoup aux hannetons femelles la ponte de leurs œufs.

Le cultivateur renonce à semer des céréales menacées par la présence d'animaux nuisibles. Il ne cultive pas de betteraves quand on a découvert l'existence des nématodes qui s'attaquent à cette plante.

En dehors des moyens de capture cités plus haut et d'un usage général, on emploie des méthodes de destruction qui consistent à placer des engins destinés à allécher les animaux nuisibles. On attrape les cloportes et les escargots avec des quartiers de pommes de terre, les charançons qui menacent les pins avec des morceaux de bois ou d'écorce. Pour attirer le scolyte, on abat de bonne heure des arbres sains; quand l'incubation de scolytes qui se développe sous l'écorce de ces arbres a atteint un certain âge, c'est-à-dire avant que les larves ne se soient transformées en chrysalides, on décortique les troncs ainsi sacrifiés et l'on fait périr, de cette manière, les animaux nuisibles qui s'y trouvent.

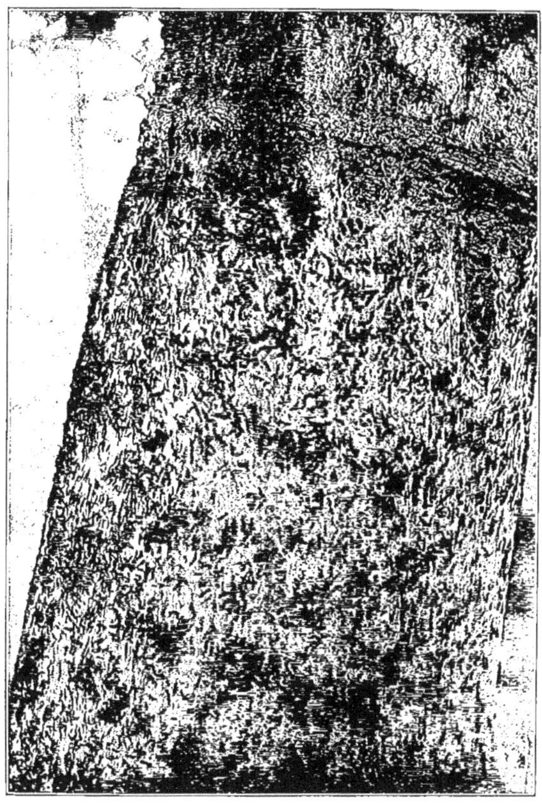

Action d'une couche de glu appliquée sur un arbre
Sous cette couche se trouvent des milliers de chenilles qui périront de faim
D'après une photographie de M. Tubeuf

On arrose les pucerons des feuilles et de l'écorce avec toute sorte de poisons qui les tuent, dissous dans l'eau; à cet effet on emploie des arrosoirs ou des pompes automatiques. Les Américains qui sont très inventifs ont même utilisé des gaz délétères, en recouvrant les arbres attaqués de grandes bâches. Souvent on empoisonne les rongeurs pernicieux ou l'on fait naître chez eux artificiellement, à l'aide de bactéries obtenues dans des bouillons de culture, des maladies infectieuses.

L'observation de ce fait, que dans les chaudes nuits d'été on trouve des insectes autour des lampes, a donné l'idée d'allumer des feux pour attirer et brûler les coléoptères. Il y a plus de 200 ans qu'on employait déjà des cierges fumeux et des lampes. A la fin du XIXe siècle on les remplaça par des lampes à pétrole. On employa également les projecteurs électriques. Notre gravure de la page 525 nous montre comment on écrase les sauterelles pendant la nuit. Ce serait cependant une erreur de croire qu'elles sont attirées par les rayons lumineux. Elles s'en effrayent et volent plus loin. Si elles avaient suivi le rayon lumineux jusqu'à son foyer, les essais tentés vers 1890 eussent été couronnés de succès. A cette époque, on avait installé des aspirateurs qui pompaient l'air du cône lumineux près de la lampe. Si les insectes avaient volé du côté du foyer lumineux, ils eussent été tous entraînés par le courant d'air et anéantis. On avait placé, directement devant la lampe un treillis de fils de fer très fins qui étaient rougis au feu et tuaient tout insecte qui les touchait.

Mais qu'étaient-ce que ces 38,000 insectes attrapés dans l'espace de 7 jours, du 7 au 14 août 1898, dans le canton forestier de Lyck, dans la Prusse orientale, à côté du nombre incommensurable de ces animaux qui, au même endroit n'avaient pas volé du côté de la lumière? A quoi bon employer, à grands frais, des dynamos, si en 7 nuits et en 27 heures de travail en tout, on est arrivé à tuer 38,000 insectes, alors que 15 femmes et autant d'enfants, payés de 60 à 75 centimes par jour, ont en 3 journées de travail, détruit en les écrasant 64,200 de ces animaux sur les arbres? L'emploi de la lumière, même électrique, pendant la nuit pour la destruction des animaux nuisibles n'a pas jusqu'ici présenté d'avantages.

Toutes ces mesures entraînent des frais; il faut acheter les ingrédients, payer le salaire des ouvriers. C'est pourquoi les animaux qui, surtout lorsqu'ils apparaissent en masses, sont des ennemis de l'agriculture, apportent souvent aux hommes un travail qu'ils attendaient peut-être depuis longtemps et procurent des gains considérables aux ouvriers et aux fabriques qui fournissent les ingrédients.

Dans presque toutes les forêts de conifères et d'arbres feuillus de l'Allemagne, on protège annuellement, comme nous l'avons déjà dit plus haut, les plantes jusqu'à ce que leurs sommets soient hors de portée des cerfs et des chevreuils, en les enduisant de certaines matières ou par d'autres moyens. Dans les forêts domaniales de la Prusse, on n'emploie pas moins de 40 de ces procédés, et on consomme des centaines de quintaux de ces ingrédients.

On a calculé que de 1887 à 1891 on a employé en Allemagne 71,800, 63,092, 71,050, en tout 205,942 quintaux de glu pour les chenilles, au prix moyen de 13,75 le quintal, c'est-à-dire pour une somme totale de 2,631,700 francs. Cet ingrédient sert à combattre la chenille du pin en l'empêchant de grimper le long des arbres au printemps. On en enduit chaque tronc, sous forme d'anneaux d'une largeur de 3 centimètres et d'une épaisseur de 4 millimètres en moyenne. La quantité employée eût suffi à protéger une étendue de 128,714 hectares de pins, de taille moyenne, de 60 ans. Ce travail de badigeonnage — y compris toutes les autres dépenses accessoires pour l'achat des instruments, le transport, l'assurance ouvrière, la préparation préalable des troncs par le polissage de l'écorce —, coûte 12,50 par hectare. Les frais de ces quinze années se sont donc élevé en tout à 2,731,502,50 + 1,608,925 = 4,340,442,50 soit à 335,041,25 par an.

On peut faire de très beaux gains, même en travaillant sur une plus petite échelle. C'est ainsi que durant l'été de 1861, on a pris et livré dans la région de Alsheim, dans la Hesse rhénane 409,532 souris et 4707 hamsters. La caisse communale dépensa à ce propos 6482,50. Beaucoup de familles ont, grâce à cette extermination des souris, gagné de 125 à 150 francs par le travail de leurs enfants; on cite même un heureux père de famille à qui cela a rapporté 255 francs.

En face de tous les efforts faits pour combattre les animaux nuisibles, on pourrait croire qu'on a réussi à en exterminer au moins l'un d'entre eux. Loin de là! Le rat et la souris, le bombyx et la chenille, même la puce et la mouche ou la punaise ordinaire, par conséquent les plus dangereux et les plus importuns de tous les ennemis de la civilisation humaine, ont bien été parfois fortement décimés, localement, par le travail humain, mais non pas anéantis et exterminés. La perspicacité de l'homme, unie à l'énergie et la persévérance, triomphera-t-elle, grâce à la collaboration de tous les intéressés, sur l'un des nombreux points où la lutte recommence chaque jour?

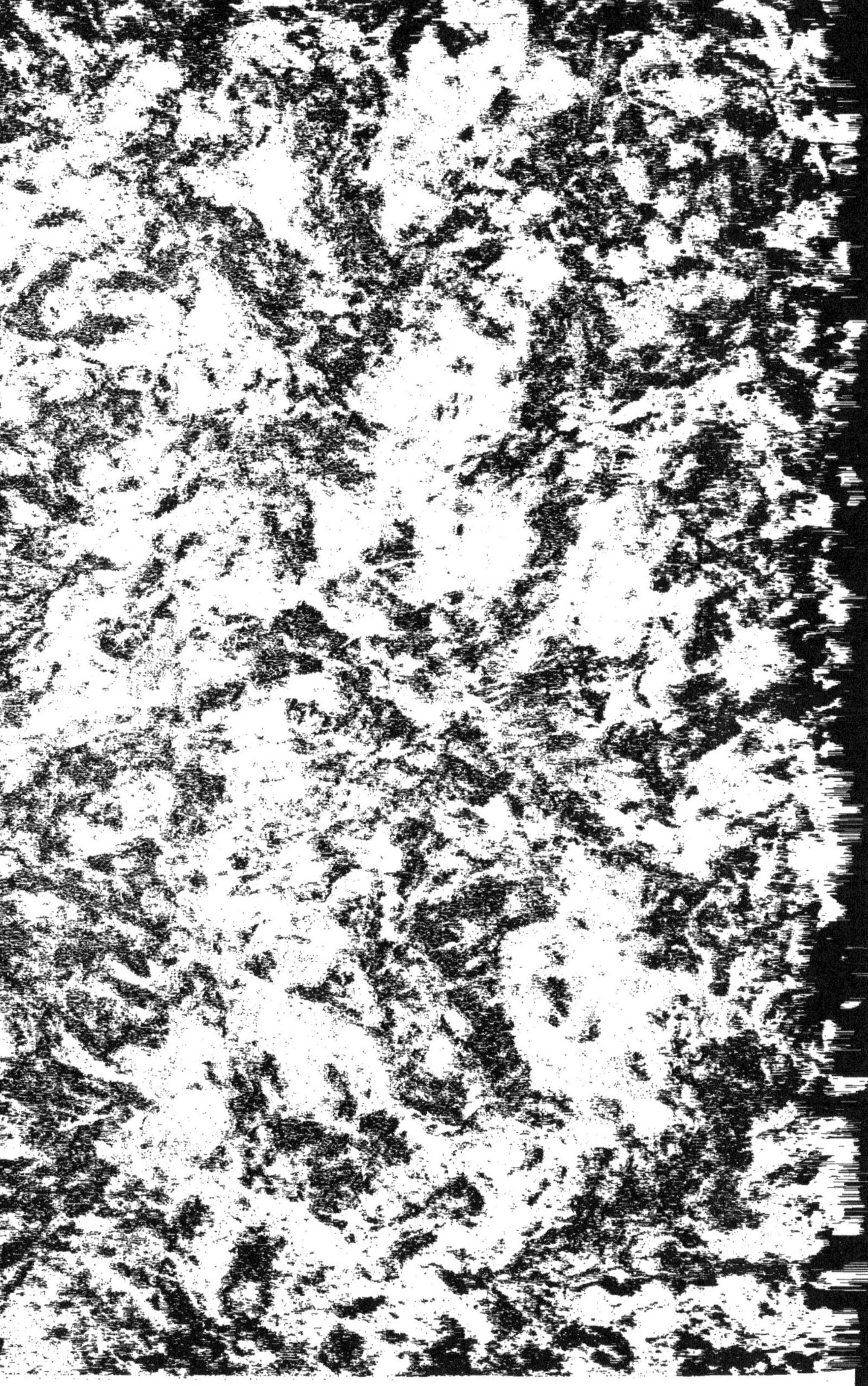

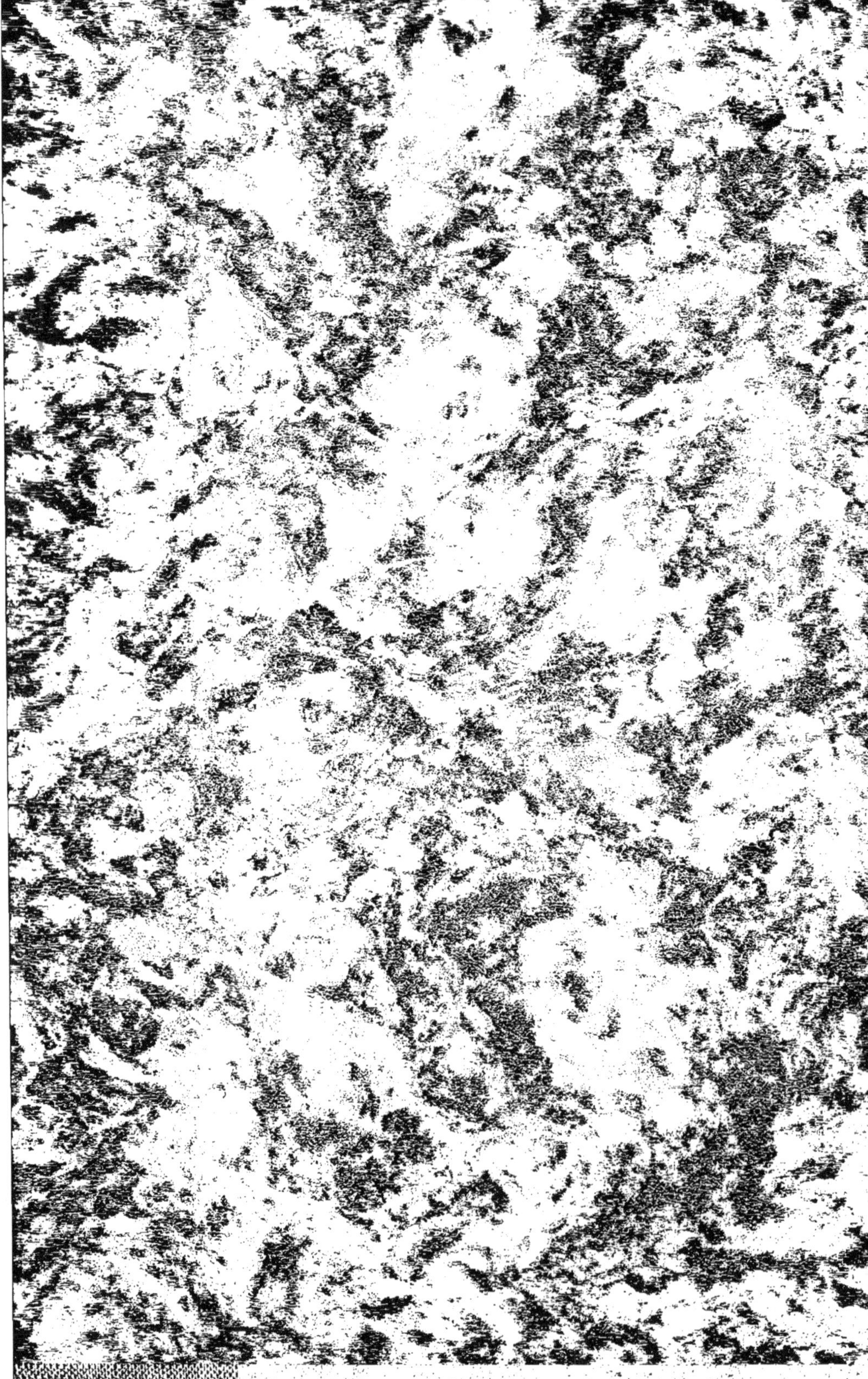

www.ingramcontent.com/pod-product-compliance
Ingram Content Group UK Ltd.
Pitfield, Milton Keynes, MK11 3LW, UK
UKHW021859260726
13966UKWH00006B/62